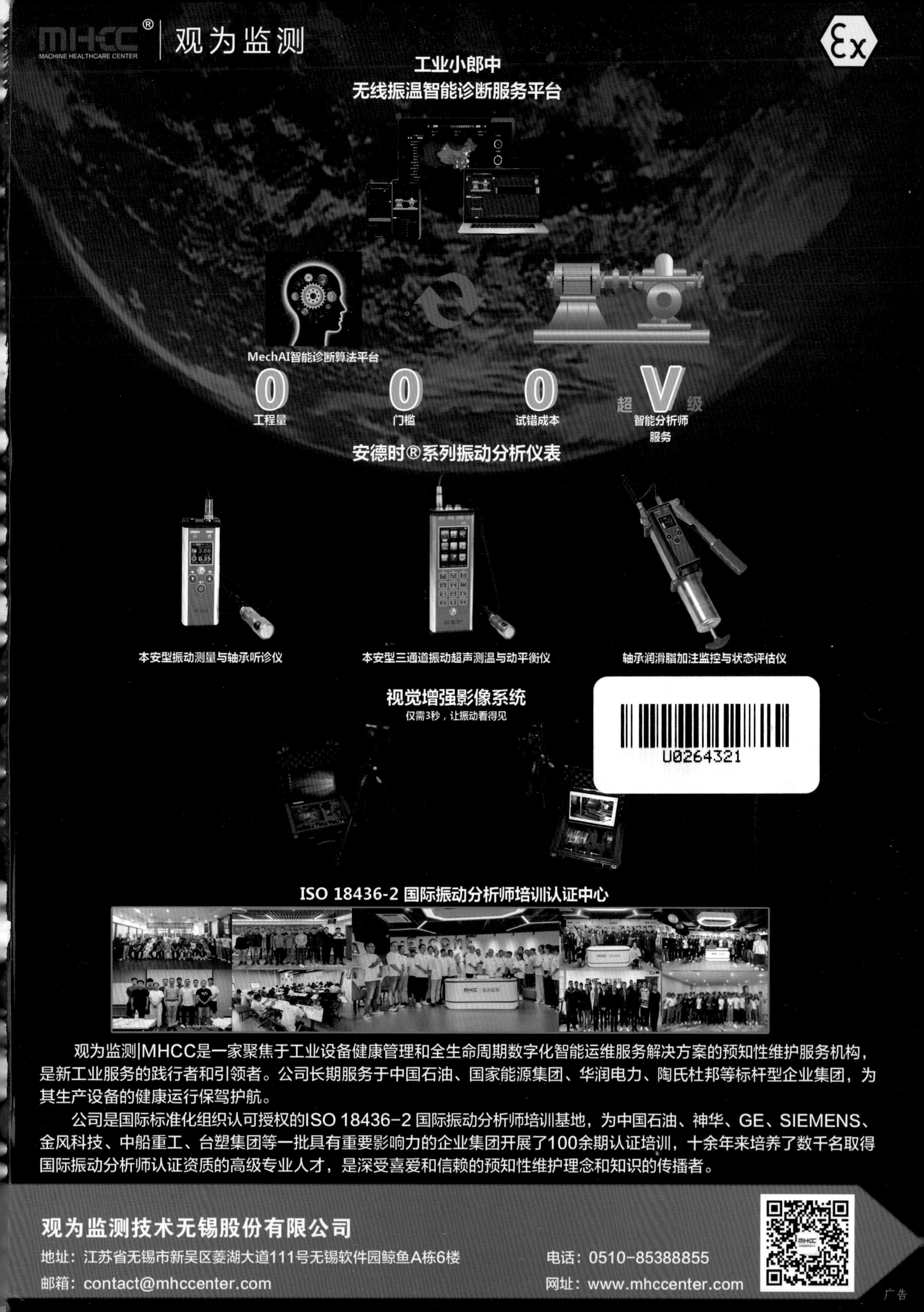
MHCC®
MACHINE HEALTHCARE CENTER
观为监测
Ex
工业小郎中
无线振温智能诊断服务平台
MechAI智能诊断算法平台
0
工程量
0
门槛
0
试错成本
超 V 级
智能分析师
服务
安德时®系列振动分析仪表
本安型振动测量与轴承听诊仪
本安型三通道振动超声测温与动平衡仪
轴承润滑脂加注监控与状态评估仪
视觉增强影像系统
仅需3秒，让振动看得见
U0264321
ISO 18436-2 国际振动分析师培训认证中心
观为监测|MHCC是一家聚焦于工业设备健康管理和全生命周期数字化智能运维服务解决方案的预知性维护服务机构，是新工业服务的践行者和引领者。公司长期服务于中国石油、国家能源集团、华润电力、陶氏杜邦等标杆型企业集团，为其生产设备的健康运行保驾护航。
公司是国际标准化组织认可授权的ISO 18436-2 国际振动分析师培训基地，为中国石油、神华、GE、SIEMENS、金风科技、中船重工、台塑集团等一批具有重要影响力的企业集团开展了100余期认证培训，十余年来培养了数千名取得国际振动分析师认证资质的高级专业人才，是深受喜爱和信赖的预知性维护理念和知识的传播者。
观为监测技术无锡股份有限公司
地址：江苏省无锡市新吴区菱湖大道111号无锡软件园鲸鱼A栋6楼
电话：0510-85388855
邮箱：contact@mhccenter.com
网址：www.mhccenter.com
广告

华天通力 | www.tonglitech.com

炼油在线分析仪器的开拓者

详情请访问：
www.tonglitech.com

武汉华天通力油品质量在线分析
——国产民族品牌的骄傲！

武汉华天通力科技有限公司是专业从事油品质量在线分析仪器的研发、生产和销售的高科技企业，产品广泛应用于炼油化工、环保及各类流程工业过程。公司拥有一批长期从事在线分析仪器及相关系统研究和应用的高中级工程技术人员，并具有一支经验丰富、技术过硬的生产和售后服务队伍。

公司自创立以来，相继研制开发出一系列性能优异的国产化在线分析仪产品，其中全馏程在线分析仪、凝点/倾点/冷滤点在线分析仪、冰点在线分析仪、饱和蒸气压在线分析仪、黏度在线分析仪、闪点在线分析仪、原油凝点在线分析仪、润滑油蜡油馏程/黏度等在线分析仪，先后投用于石家庄炼化、沧州炼化、华北石化、中海油气泰州石化、天津石化、四川石化、九江石化、中韩（武汉）石化、长岭炼化、荆门石化、国家管网集团（南阳站、胡集站、荆门站）、山东京博化工、山东东营联合石化等大型炼化企业，分析仪运行稳定，分析值与人工化验值对比高度吻合，对生产工艺调整起到很好的指导作用，同时为APC先进控制和RTO在线优化系统的成功应用提供了重要的实时数据，实际应用达到了国际先进水平。为炼化企业生产过程保证和提高产品质量，实现精准操作，提高轻质油收率，降低人工采样化验分析频次或取代人工分析，提高经济效益，创造了有力条件。

在线分析集成小屋应用现场

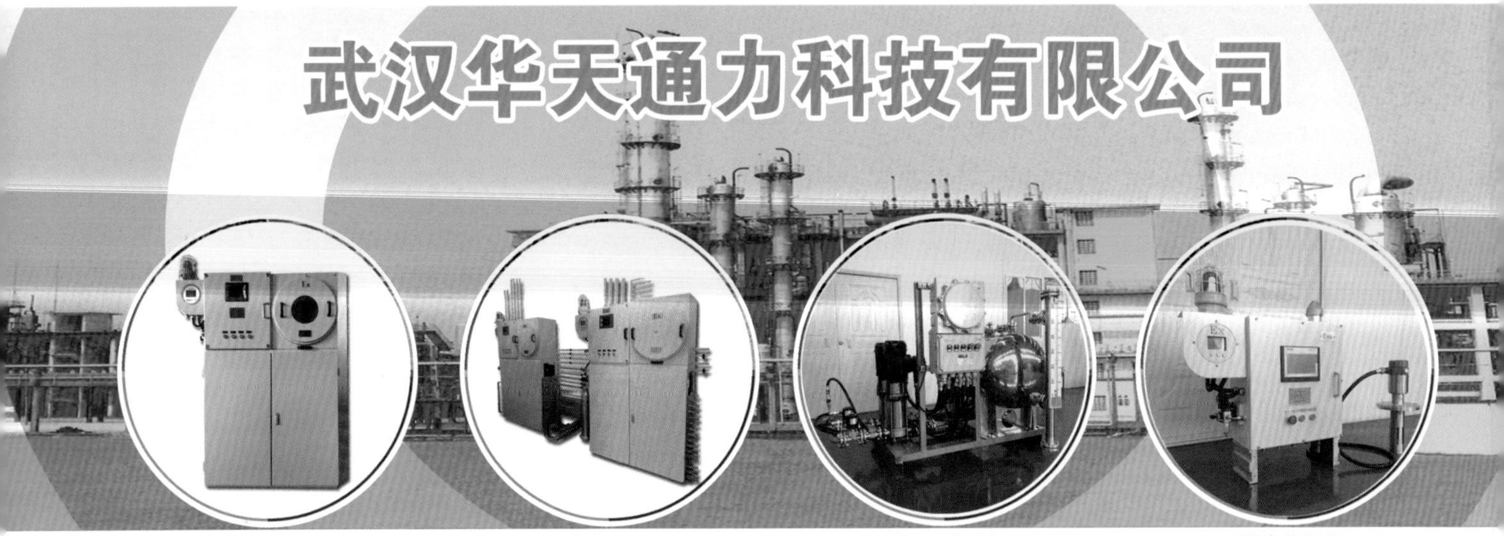

馏程分析仪　　仪表安装在分析小屋内　　样品回收系统　　黏度分析仪

主要产品型号及种类

1.全馏程在线分析仪	HTLC-1000	9.插入式黏度在线分析仪	HTND-1510C	17.密闭样品自动回收系统	HTHS-2000
2.倾点/凝点在线分析仪	HTQD-1100P	10.原油凝点在线分析仪	HTQD-1100N系列	18.密闭采样器	HTMB-2610/2620
3.冷滤点在线分析仪	HTQD-1100C	11.润滑油蜡油专用质量在线分析	HTLC-1000R系列	19.分析小屋系列	
4.冰点在线分析仪	HTQD-1100F	12.航煤专用质量在线分析仪	HTLC-1000N	20.在线分析仪无线远程监控系统	HTJK-2200
5.黏度在线分析仪	HTND-1510	13.汽油专用质量在线分析仪	HTLC-1000Q	21.烟气、色谱、总硫、水质等在线分析仪预处理及系统集成	
6.饱和蒸气压在线分析仪	HTZQY-1400	14.柴油专用质量在线分析仪	HTLC-1000C		
7.闪点在线分析仪	HTSD-1200	15.多通路油品质量在线分析	HTLC-1000X	22.炼油化工厂委托维护保养在线分析仪	
8.密度在线分析仪	HTMD-2300	16.自动样品标定系统	HTBD-2000		

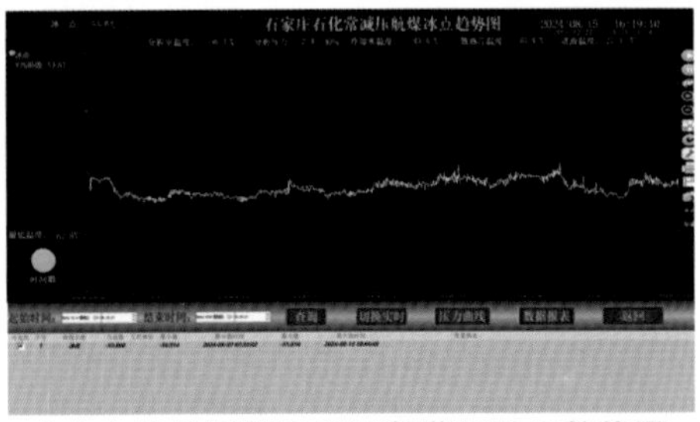

冰点在线分析仪无线远程监测数据趋势图

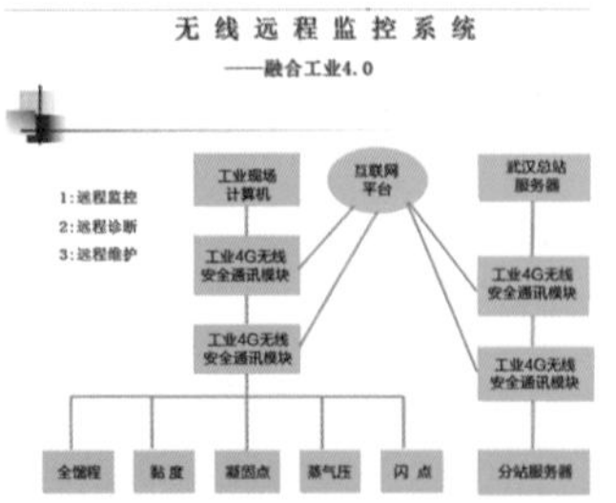

在线分析仪无线远程监控系统

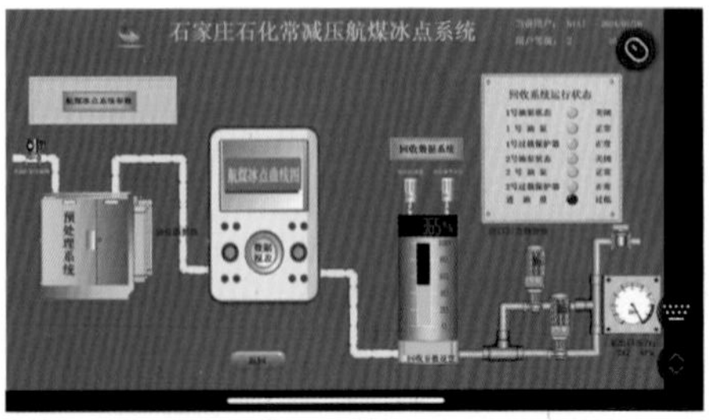

在线分析仪无线远程监控状态参数

地址：武汉市东湖高新开发区大学园路
湛魏新村19号楼（位于国家级光谷开发区）
邮编：430223
电话：027-81739779 81739836 传真：027-81739836
网址：www.tonglitech.com E-mail:tonglitech@163.com

广告

气化炉拱顶预组装 *耐火衬里*　气化炉筒身预组装 *耐火衬里*　气化炉锥底预组装 *耐火衬里*　气化炉炉体结构 3D模型 *耐火衬里*　现场施工照片 *耐火衬里*

中钢集团洛阳耐火材料研究院有限公司

SINOSTEEL

中钢集团洛阳耐火材料研究院有限公司是中钢洛耐科技股份有限公司下属的国有控股科技型企业，国家高新技术企业，国家创新型企业和国家技术创新示范企业，是从事耐火材料专业研究的大型综合性研究机构，是我国耐火材料行业技术、学术和信息中心。公司经营范围涵盖耐火材料产品，产品质量检测，信息服务，工程设计、咨询、承包，国内外贸易以及检测仪器、齿科医用设备、包装材料、加工工具生产等多个领域。年产中高档耐火材料6万余吨，主要应用于钢铁、有色、石化、陶瓷、玻璃、电力等多个行业，产品远销美洲、欧洲等40多个国家和地区。

石油化工高温装备用全系列耐火材料：

●内衬材料

★高铬砖　★铬刚玉砖　★复合SiC砖　★高纯刚玉砖

★刚玉莫来石砖　★氧化铝空心球制品　★重质/轻质浇注料

●中高档保温隔热材料

★莫来石质/高铝质轻质砖　★多晶氧化铝纤维　★普通硅酸铝纤维

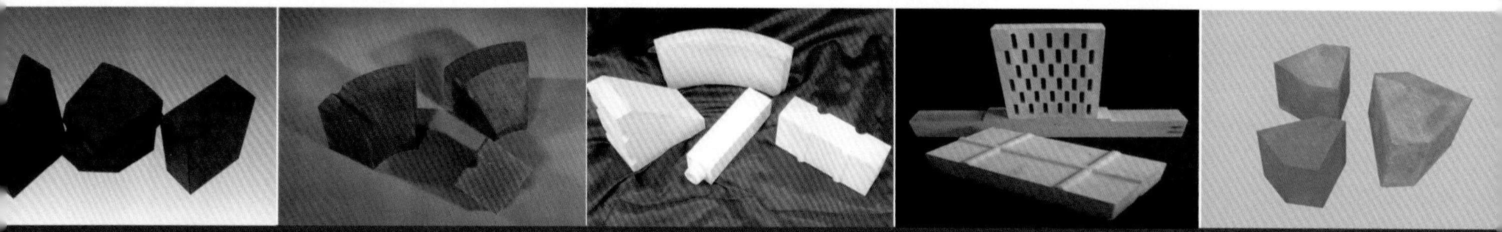

高铬砖　铬刚玉砖　氧化铝空心球砖　莫来石砖　碳化硅砖

资质证书

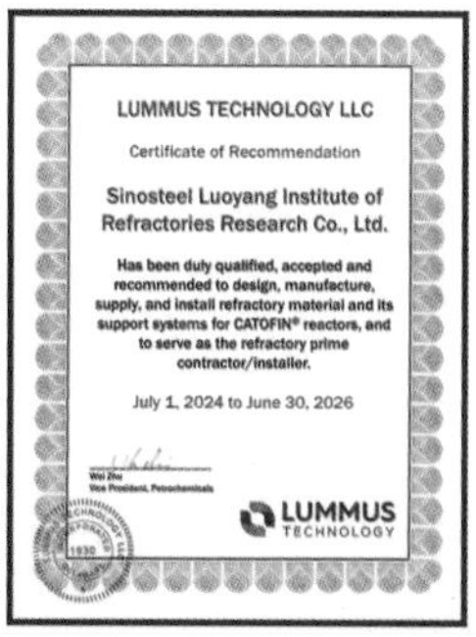

销售总经理：董先生（13598183098）
销售副总经理：吕先生（18638876368）
固定电话：0379-64206119

公司地址：河南省洛阳市涧西区西苑路43号　邮编：471039
电子信箱：sales@lirrc.com
公司网址：www.lirrc.com

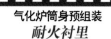

广告

HYTORC®

无力臂预紧力控制紧固技术

无需热紧，提高装置长周期运行可靠性

凯特克为用户提供安全、精确、高效、定制化、多用途的螺栓紧固解决方案。

THE WORLD'S MOST TRUSTED INDUSTRY BOLTING SYSTEM

专利的紧固技术

先进的紧固设备

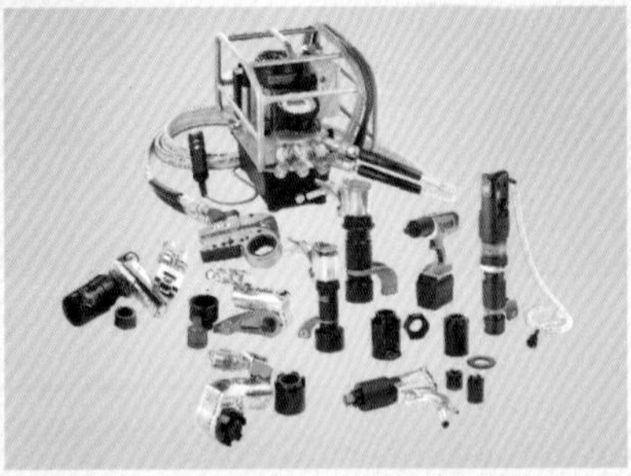

专业的技术团队

美国 HYTORC 中国分支机构

凯特克集团有限公司

上海市嘉定区嘉前路688弄10号楼4层

Tel：021-62540813 Fax：021-62540968

全国免费服务电话：40088-51076（我要零泄漏）

E-mail：info@hytorchina.com

www.hytorc.com www.hytorchina.com

HYTORC无反作用力臂紧固系统所采用的预紧力控制技术使法兰连接在紧固过程中实现：

- 不需要热紧，减少紧固步骤
- 不需要外部反力支点，精确控制紧固过程中的摩擦力
- 不需要对螺栓进行过度拉伸，精确控制螺母转动角度
- 紧固中不需要手扶机具，操作人员安全性提高
- 保证螺栓载荷精度高于10%
- 可大幅缩短紧固时间

广告

您正面临哪些材料挑战？

Sanicro® 35弥补了材料间的性能差距

换热器上是否有结垢、点蚀和缝隙腐蚀？您是否也担心海水导致液压仪表管泄漏？

现在您有一个更优解决方案，选择我们的新型超级奥氏体合金Sanicro® 35。它弥补了普通不锈钢与更昂贵的镍基合金之间的性能差距。Sanicro® 35含有35%的镍和大于52的PRE值(耐点蚀当量值)，确保其具有成本效益的同时仍能具备高性能。

不仅如此，Alleima合瑞迈自1862年在瑞典山特维肯扎根以来，现拥有一支300名研发专家团队，随时为您提供支持。我们采用循环生产方式，使用83%的回收钢以及无化石能源。听起来很有趣？找我们一起聊聊吧。

如需查询，请电邮至：tube.cn@alleima.com
您也可以登录我们的官网alleima.com了解更多产品信息。

Alleima 合瑞迈（上海）材料科技有限公司

广告

专注油品污染管控及漆膜清除技术

VIFLUTER 威胜达

促资源再循环
让环境更美好

离子树脂+静电吸附清除漆膜净油机

聚结分离+平衡电荷聚结分离平衡电荷净油机

过滤前轴瓦图片

过滤后轴瓦图片

过滤前轴面图片

过滤后轴面图片

运行前后漆膜对比

昆山威胜达环保设备有限公司研发生产的净油机在石化、空分、煤化工等领域得到大量应用，且在部分特定领域已作为标配产品。

合作客户

中国石油　BASF We create chemistry　恒力石化　赛科 SECCO　BLYB　浙江石油化工有限公司　SANNING　盛虹集团 SHENGHONG GROUP　FREP　三江化工　陕西煤业股份有限公司　中国电建 POWERCHINA　中国华电 CHD　华谊集团　延长石油

昆山威胜达环保设备有限公司
江苏省昆山市百富路88号
江苏威胜达智能装备科技有限公司
江苏省常熟市金威路8号
电话：177-6807-1783
网址：www.wsdks.com

扫码获取更多案例　企业微信公众号

广告

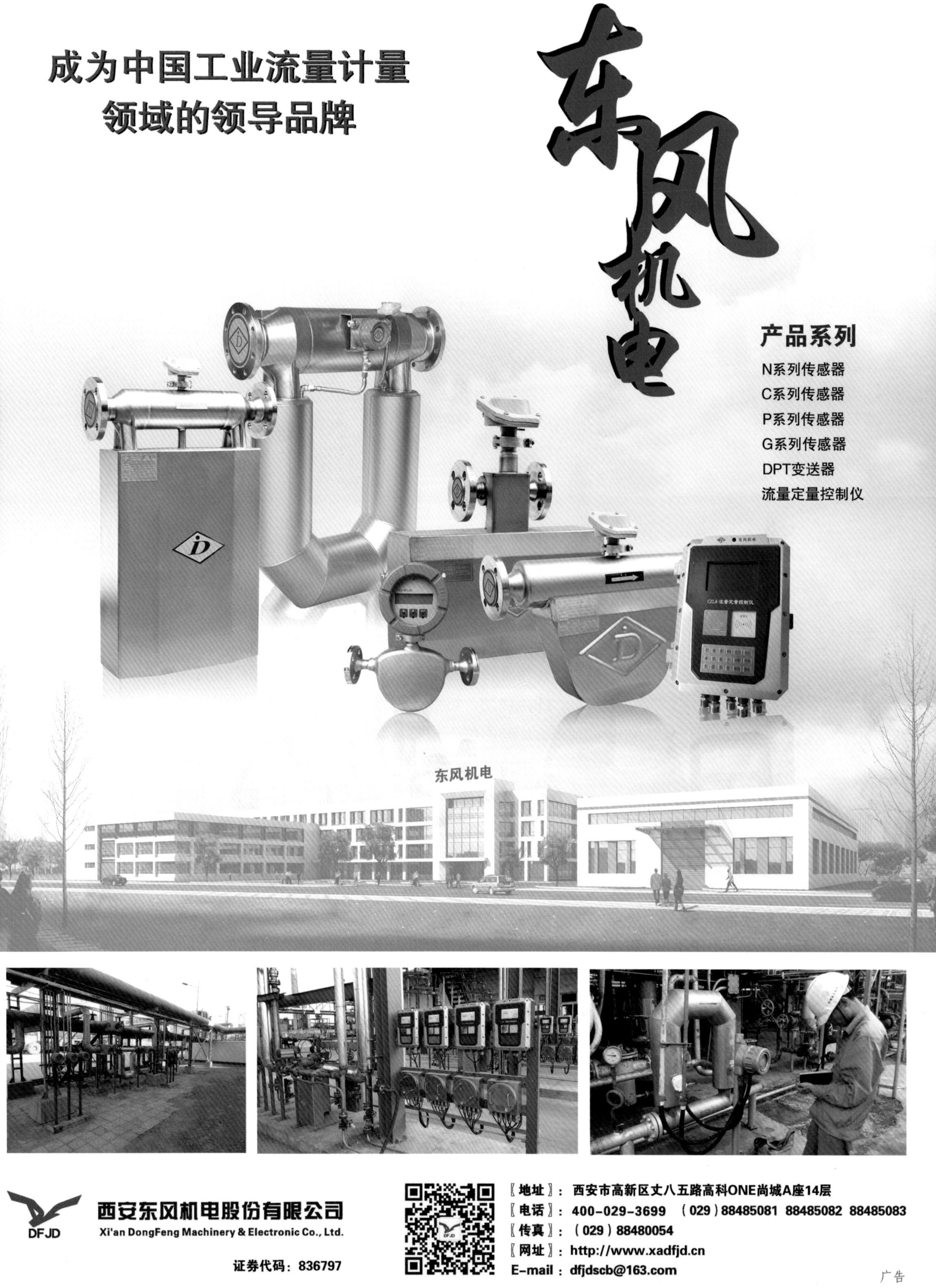
成为中国工业流量计量
领域的领导品牌
东风机电
产品系列
N系列传感器
C系列传感器
P系列传感器
G系列传感器
DPT变送器
流量定量控制仪
东风机电
西安东风机电股份有限公司
Xi'an DongFeng Machinery & Electronic Co., Ltd.
DFJD
证券代码：836797
〖地址〗：西安市高新区丈八五路高科ONE尚城A座14层
〖电话〗：400-029-3699 （029）88485081 88485082 88485083
〖传真〗：（029）88480054
〖网址〗：http://www.xadfjd.cn
E-mail：dfjdscb@163.com
广告

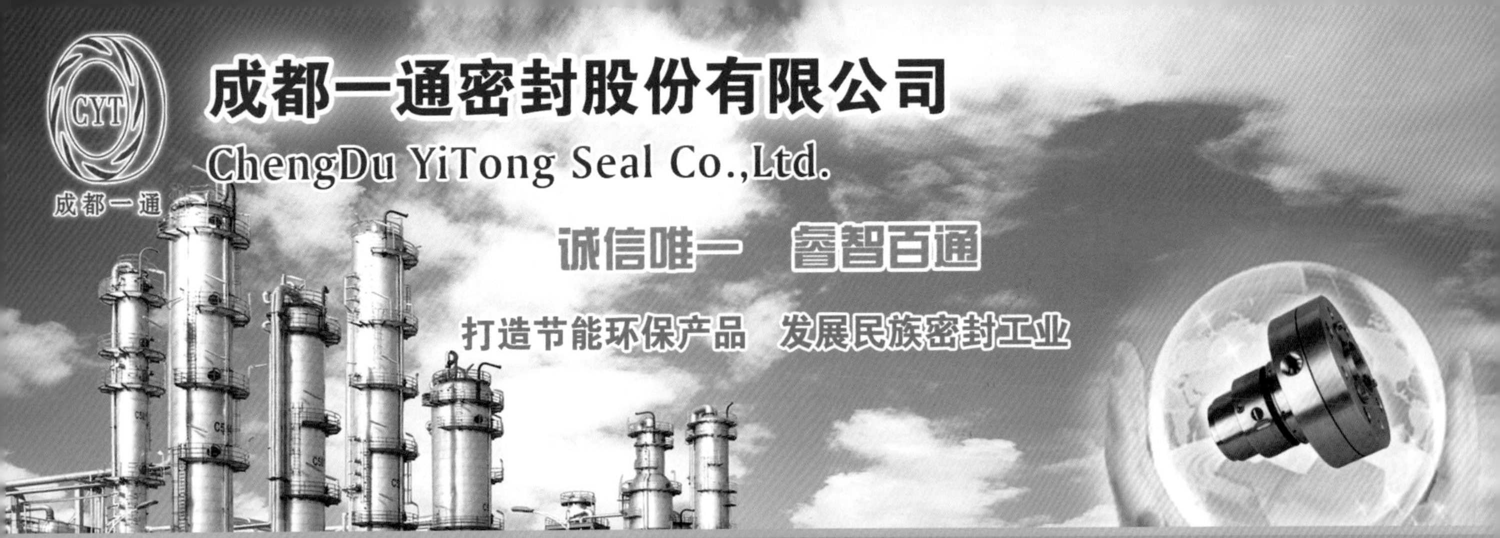

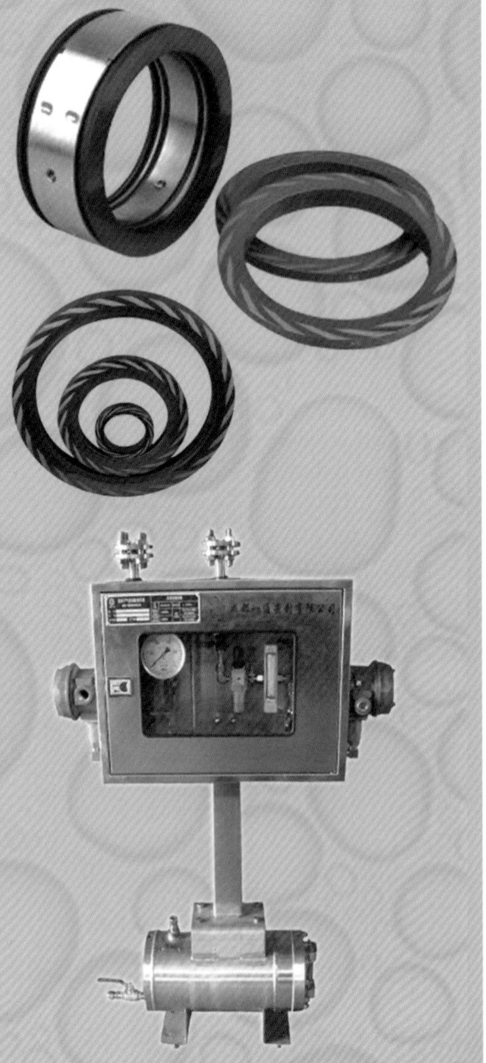

成都一通密封股份有限公司成立于1999年，是一家以设计制造干气密封、高速离心压缩机密封为主的高新技术企业。公司主要产品为高速离心压缩机、离心泵、反应釜等旋转设备用的机械密封、干气密封及其控制系统。公司年产离心压缩机、离心泵、反应釜等各类旋转设备用密封近3万余套。产品广泛应用于石油、化工、化纤、化肥、炼油、造纸、核电、火电、冶金、食品、医药等行业。

公司位于成都经济技术开发区，占地面积63亩。目前公司在职职工280余名，其中一级教授一名、博士一名、硕士五名、大专学历以上职工一百余名。公司下设销售部、技术部、研发部、生产部、采购部、质检部、装配部、财务部、办公室、人力资源部、后勤服务部等十一个部门，其中，销售部管辖分布全国的19个办事处。

公司主导产品为具有自主知识产权（专利号：03234764.2）的高新技术产品——干气密封，该产品具有节能、环保、长寿命的优点，目前已经在国内各大石油化工企业获得应用，并产生了良好的经济效益和社会效益。公司拥有完备的加工、试验、检测设备。转速达36000r/min的密封试验台可以对该转速范围内的机械密封、干气密封进行模拟试验。公司研制出的干气密封动压槽加工设备，可在包括SiC、硬质合金等材料表面加工出任何槽形、任何深度的动压槽。同时，公司具有极强的研发能力，为公司新产品开发奠定了坚实的基础。

地址：四川省成都市经济技术开发区星光西路26号　邮编：610100　网址：www.cdytseal.com
电话：028-84846475　传真：028-84846474　邮箱：cdyt@cdytseal.com

广告

Your Dreams, Our Challenge

艾杰旭派力固（大连）工业有限公司成立于1994年，是AGC PLIBRICO的全资子公司，隶属于拥有全球网络的玻璃、电子、化学品、生命科学及工业陶瓷制造商——艾杰旭集团（AGC Group）。公司注册资金为300万美元，总投资额为300万美元。

公司主要生产各种不定形耐火材料，如可塑料、浇注料、喷涂料以及修补料等，应用于冶金、石化、炼铝及出口等领域。公司拥有5套先进的自动程序控制生产线，设计年生产能力为3万吨。公司自主研发的喷涂可塑料产品与从日本本社引进的可塑料喷涂技术及专用施工设备的完美结合，使可塑料喷涂施工得以实现，填补了国内空白，并得到广泛应用。我们凭借先进的生产工艺及设备、丰富的质量管理经验、完善的检测设备和仪器、经验丰富的专业技术人员确保了产品及施工质量，能够满足客户对于不定形耐火材料的各种需求。

公司通过了ISO 9001、ISO 14001管理体系的认证，始终遵循"用我们一流的产品和工作的质量，提高客户对我们的信任"这一质量方针，以保护环境、节约资源为己任，竭诚为中国乃至海外客户提供优质产品和满意服务。

公司历经近30年的蓬勃发展，已将捣打可塑料与喷涂浇注料产品，广泛应用于硫黄回收、废酸焚烧及CO焚烧炉；将自流型耐磨浇注料及高耐磨材料，广泛应用于催化裂化的斜管、提升管及旋风分离器；将自流型刚玉浇注料及低铁隔热材料，广泛应用于合成氨、制氢冷壁集合管及废热锅炉。这些优异的应用成果均得到了客户的一致好评。

地址：大连经济技术开发区振鹏中二路 11 号

电话：86-411-87511333　　传真：86-411-87511838

广告

JINFENG 金锋

·中国专利新技术新产品博览会金奖·高新技术企业·辽宁股权交易中心挂牌企业·辽宁省“专精特新”中小企业

沈阳金锋30年来始终致力于大型挤压造粒机组关键易损耗部件的开发、生产与销售，是国内聚烯烃造粒设备备品配件的知名生产制造企业，与中国石油、中国石化、中国海油、中国中化集团以及国家能源集团等建立了长期稳定的商务合作关系，并出口美国、捷克、巴西、泰国和西班牙等国际市场。

沈阳金锋产品技术指标达到或超过国外同类产品先进水平。在科研技术方面，沈阳金锋同中国科学院金属研究所和俄罗斯科学院强度物理与材料科学研究所建立了深度的合作，产品获得多项国家专利，并多次获得国家、省、市奖励和荣誉。

沈阳金锋努力成为中国领先的流体切割核心部件提供商，用科技创新推动中国制造业进步，为客户提供高附加值的产品和优质服务！

主要产品：金属陶瓷复合切粒刀、造粒模板、切粒刀盘、齿轮泵滑动轴承、模板隔热密封垫、气动树脂切割锯、离合器摩擦片等。并提供导热油加热系统的设计和制造，以及造粒模板和切粒刀盘的设计、制造和维修服务。

代表性专利

- 一种大型塑料挤压造粒机组水下切粒系统（发明专利）
- 一种TiCuN纳米复合涂层及其制造方法（发明专利）
- 一种高碳高铬马氏体不锈钢及其制造方法（发明专利）
- 直接水冷的粉末烧结多元合金镀膜靶及其制造方法（发明专利）
- 一种大型塑料挤压造粒机组水下切粒系统专利证书（实用新型）
- 一种切粒用随动刀盘专利证书（实用新型）
- 一种切粒用异形刀专利证书（实用新型）
- 一种减少热量损失的造粒模板（实用新型）

沈阳金锋特种刀具有限公司
沈阳金锋特种设备股份有限公司

地址：沈阳市经济技术开发区开发南二十六号路29号　邮编：110027
电话：024-25268423　传真：024-25268423　http://syjfdj.cn

广告

切粒刀

提供不同类型的水下切粒刀：NiCr–TiC系金属陶瓷复合切粒刀、Fe–TiC系金属陶瓷复合切粒刀以及切粒钢刀。复合切粒刀刃部为金属陶瓷材料，刀体选用优质结构钢或不锈钢材料。

切粒刀盘

切粒刀盘分为固定式刀盘（刚性刀盘）和随动式刀盘（挠性刀盘）两种。

沈阳金锋研制设计的随动式切粒刀盘，通过特殊结构的连接材料和连接方式，实现一定幅度的端面摆动补偿，其最大补偿达1mm，可使切刀和模板造粒带实现紧密贴合，有利于延长切刀和模板的使用寿命。

造粒模板

采用先进的数值模拟仿真技术和有限元分析手段为造粒模板提供可靠的理论依据，根据客户的造粒工艺条件和造粒生产线运行状况设计制造适合各种树脂牌号生产的造粒模板。

公司制造的聚丙烯、聚乙烯造粒模板，已达到国外同类产品水平，可替代进口产品。

①造粒模板修复技术

拥有国内专业的造粒模板修复使用和维护服务中心，能够为用户提供模板修复、现场安装与指导等服务。

②造粒模板扩容改造技术

在不改变原有模板安装尺寸的前提下，可改变模板孔数和切刀把数，使造粒产能提高20%以上。

③造粒模板蒸汽加热改导热油加热节能技术

原模板安装尺寸和造粒带尺寸不变，由原蒸汽加热改造成导热油加热。

造粒模板

切粒刀盘

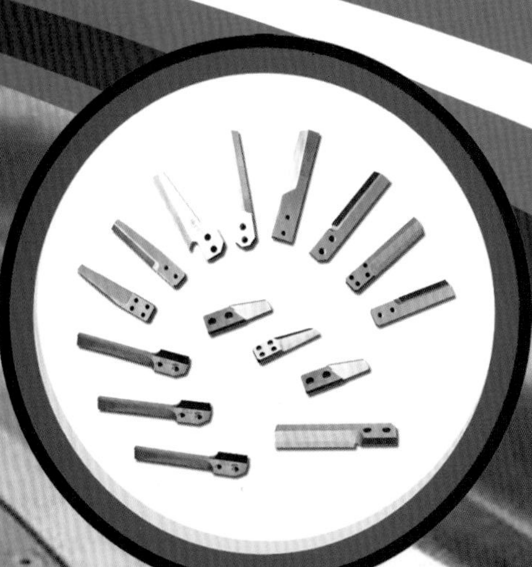

切粒刀

广告

CJPCE

湖北长江石化设备有限公司
HUBEI CHANGJIANG PETROCHEMICAL EQUIPMENT CO., LTD.

耐腐蚀材料的摇篮
高效换热器的基地

- 中国石化集团公司资源市场成员
- 中国石化股份公司换热器、空冷器总部集中采购主力供货商
- 中国石油天然气集团公司一级物资供应商
- 全国锅炉压力容器标准化技术委员会热交换器分技术委员会会员单位
- 中国工业防腐蚀技术协会成员
- 美国HTRI会员单位

广告

湖北长江石化设备有限公司

HUBEI CHANGJIANG PETROCHEMICAL EQUIPMENT CO., LTD.

CJPCE

耐腐蚀材料的摇篮

高效换热器的基地

我们具备以下资质

A1、A2压力容器制造许可证

A2压力容器设计许可证

A3空冷式换热器（含Ⅰ、Ⅱ类翅片管）安全注册证

ASME证书（美国机械工程师协会“U”钢印）

“抗高温硫腐蚀和湿硫化氢应力腐蚀防腐空冷器”获得国家火炬计划项目证书

“稀土合金钢(09Cr2AlMoRE)强化传热换热器”获得国家重点新产品证书

我们为您提供的产品与服务

- 设计和制造09Cr2AlMoRE稀土合金钢、碳钢、铬钼钢、双相钢、钛材等材质的换热器、空冷器
- 拥有发明和实用新型专利20项。发明的耐腐蚀09Cr2AlMoRE稀土合金钢（专利号：99116658.2），抗H_2S恒载荷应力腐蚀性能$\sigma_{th}\geqslant 0.75\sigma_s$，高于美国腐蚀工程师协会NACE TM0 177—96规定$\sigma_{th}\geqslant 0.45\sigma_s$的要求。在石化行业的实际应用中，耐湿$H_2S$及$Cl^-$腐蚀性能优越。管材、锻件、板材品种匹配，均已通过全国锅炉压力容器标准化技术委员会的评审
- 生产塔器、容器、塔内构件、填料、过滤器、消音器、阻火器
- 生产低中压锅炉用无缝钢管、石油裂化用无缝钢管
- 生产各类翅片管、波纹管、螺纹管、T形管及缩放管等高效换热元件

地址：湖北省洪湖市府场镇中华路35号

邮编：433226

电话：0716-2852047

传真：0716-2852251

邮箱：cjpce@163.com

网址：www.hbcjsh.com

广告

杭州大路实业有限公司
HANGZHOU DALU INDUSTRY CO.,LTD.

石油、石化与煤化工机泵供应商单位

始建于1973年，是一家集技术研发、生产制造与工程服务于一体的国家高新技术企业及国家专精特新小巨人企业，拥有省级研发中心，是中石油、中石化、中海油等石油化工集团，以及浙江石化、恒逸石化、盛虹炼化、裕龙石化等大型民营炼化企业流程泵与汽轮机设备供应商。公司致力于为石油与天然气、石油化工、煤化工、化肥、冶金、电力、海洋工程等领域提供高品质、先进的泵与汽轮机成套技术解决方案。

中国浙江省杭州市萧山区红山
产品销售专线：（0571）82600612　83699350
检维修专线：13858186587
传真：（0571）83699331　82699410
全国统一服务电话：400 100 2835
Http://www.chinalulutong.com

围绕高效节能、无泄漏与可靠设计
确保装置长周期、安全稳定运行

杭州大路工程技术有限公司是杭州大路利用其在泵和汽轮机方面的技术优势注册成立的专业从事机泵检维修工程技术服务的公司，主要为石油与天然气、石油化工、煤化工、化肥、冶金、电力、海洋工程等领域提供专业机泵工程技术服务。

主营业务：各类进口或国产机泵设备(包括离心泵、磁力传动泵、蒸汽透平、液力透平、压缩机、阀门等)的设备开车、维护保运、检维修、专业培训、国产化改造及配件定制等。服务型式：技术支持、驻点服务、定期上门服务、远程监测与故障诊断服务等，也可根据客户需求开展定制服务。

企业资质
Enterprise Qualification

GB/T 19001—2016/ISO 9001:2015质量管理体系认证

GB/T 24001—2016/ISO 14001:2015环境管理体系认证

GB/T 45001—2020/IISO 45001:2018职业健康安全管理体系认证

特种领域、核领域资格认证

国家高新技术企业认证

中石油、中石化、中海油等石油化工及煤化工领域入网许可证

易派客信用评价等级:A+级

易派客产品评价等级:A级

自主知识产权：发明与实用新型专利授权

中国机械工业科学技术一等奖等

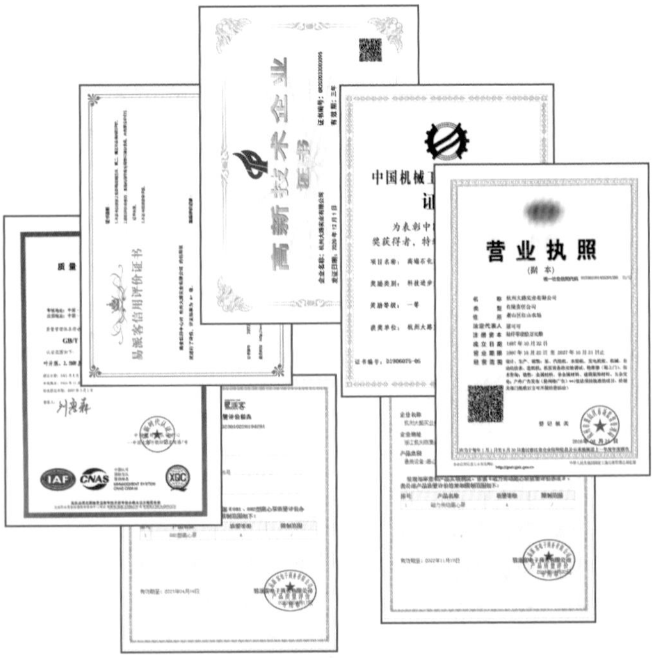

专注于为用户提供高品质泵与汽轮机成套技术解决方案

工业泵专业工程技术服务

杭州大路工程技术有限公司利用其在炼油、乙烯、煤化工、化肥等装置的高压液氨泵、加氢进料泵、无泄漏磁力传动泵等高端关键设备的设计开发、制造与过程控制、创新技术和在国产化机泵过程中所积累的经验，专业提供石油化工流程泵的工程技术服务。服务的产品包括进口或国产化高压液氨泵、高压甲铵泵、加氢进料泵、高压切焦水泵、辐射进料泵、裂解高压锅炉给水泵、各类磁力传动泵等。

服务范围：设备开车、维护保运、检维修、操作培训、国产化改造及配件定制等。

大庆石化45/80高压甲铵泵检维修

内蒙古博大50/80高压甲铵泵检维修

内蒙古亿鼎30/52高压甲铵泵检维修

磁力泵国产化替代或配件国产化

大庆石化45/80高压液氨泵检维修

独山子石化急冷水泵国产化改造

广西石化减底泵国产化改造

进口关键机泵再制造及配件国产化

工业驱动汽轮机、压缩机等动设备专业工程技术服务

汽轮机、压缩机、挤压机等动设备是化工装置的主要设备，其安全与经济运行是保证装置安全生产的重要条件。选择一个强有力的技术服务团队十分重要，我公司从事工业汽轮机设计制造已有20年，从事动设备检修也有10余年，拥有专业的技术研发团队60余人，机泵检维修团队80余人，可以承接功率最大为25000kW的各类汽轮机、配套压缩机、挤压机等工程技术服务，也可提供各类调速系统改造等专业化服务。

服务范围：设备开车、维护保运、检维修、安装、系统改造、国产化配件定制等。

独山子石化进口汽轮机成套服务

广西石化进口汽轮机开车服务

进口汽轮机再制造和检维修

汽轮机调速系统改造

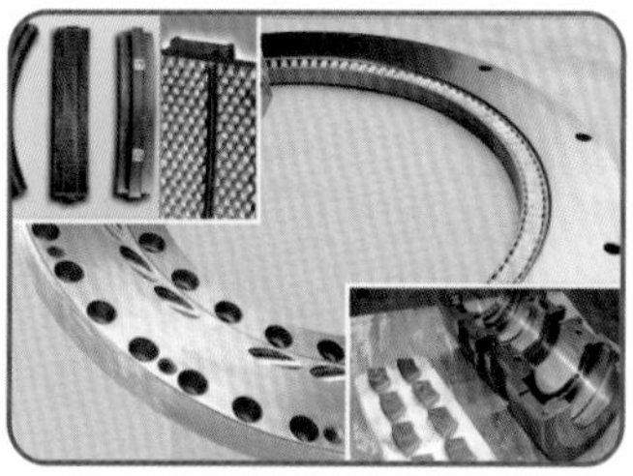

进口汽轮机配件国产化

进口汽轮机转子国产化

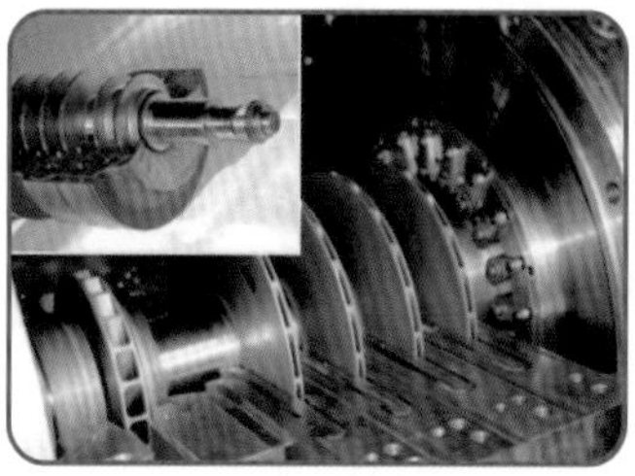

压缩机检维修及配件供应

挤压机等动设备检维修及配件供应

广告

沈鼓测控 | GRUSEN 格鲁森

在应用商店 因思工业服务 下载APP

动静设备一体化平台 让设备管理更高效

因思云

因思云动静设备一体化监测平台，以卓越科技能力助力企业数字化转型。公司拥有一支以沈鼓集团诊断专家为主，并聘请多名行业知名的诊断专家和资深振动分析工程师、腐蚀研究工程师的专家服务团队，利用物联网技术和智能采集、传感技术，为工业客户提供各种系统运维服务，远程和现场故障诊断、数据分析服务，以及各种故障诊断培训等标准化或定制化的服务。适用于大型旋转式压缩机组、风机、机泵、电机疏水阀、安全阀、管道、炉、塔等设备，为实现机组“安、稳、长、满、优”运行提供坚实保障，为机组预知维修提供可靠依据。

全生命周期智慧服务 | 在线状态监测 | 故障诊断及分析 | 腐蚀监测及管理 | 装置风险评价

合作伙伴

中国石油 | SINOPEC 中国石化 | 中海石油 | CHEMCHINA 中国化工集团公司 | 中煤集团 | 中国神华
兖矿集团 | 中国大唐集团有限公司 China Datang Corporation Ltd. | 荣盛石化 RONGSHENG PETROCHEMICAL | 潞安集团 LU'AN GROUP | 陕煤集团 | 延长石油
盈德气体 YINGDE GASES | FUHAI 富海集团 | 泸天化集团 LUTIANHUA GROUP | 河南能源 HENAN ENERGY | 宝丰能源 BAOFENG ENERGY | 山东能源集团

400-8866295

沈阳鼓风机集团测控技术有限公司
SHENYANG BLOWER WORKS GROUP MONITORING & CONTROL TECHNOLOGY CO.,LTD
深圳格鲁森科技有限公司
SHENZHEN GRUSEN TECHNOLOGY CO.，LTD

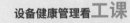

设备健康管理看工课
识别二维码，定制培训方案

广告

石油化工设备维护检修技术

Petro-Chemical Equipment Maintenance Technology

（2025 版）

中国化工学会石化设备检维修专业委员会　组织编写

本书编委会　编

中国石化出版社

·北京·

内 容 提 要

本书收集的石油化工企业有关设备管理、维护与检修方面文章，均为作者亲身经历实践积累的宝贵经验。全书内容丰富，包括设备管理、状态监测与故障诊断、检维修技术、腐蚀与防护、机泵设备、润滑与密封、节能与环保、新设备新技术应用、仪表自控设备、电气设备等 10 个栏目，密切结合石化企业实际，具有很好的可操作性和推广性。

本书可供石油化工、炼油、化工及油田企业广大设备管理、维护及操作人员使用，对提高设备维护检修技术、解决企业类似技术难题具有学习、交流、参考和借鉴作用，对有关领导在进行工作决策方面也有重要的指导意义。本书也可作为维修及操作工人上岗培训的参考资料。

图书在版编目（CIP）数据

石油化工设备维护检修技术：2025 版 /《石油化工设备维护检修技术》编委会编 .—北京：中国石化出版社，2025. 3. — ISBN 978-7-5114-7819-1

Ⅰ. TE960. 7-53

中国国家版本馆 CIP 数据核字第 20250AN486 号

未经本社书面授权，本书任何部分不得被复制、抄袭，或者以任何形式或任何方式传播。版权所有，侵权必究。

中国石化出版社出版发行

地址：北京市东城区安定门外大街 58 号

邮编：100011 电话：(010) 57512500

发行部电话：(010) 57512575

http://www. sinopec-press. com

E-mail: press@ sinopec. com

北京艾普海德印刷有限公司印刷

全国各地新华书店经销

*

889 毫米×1194 毫米 16 开本 18. 5 印张 32 彩页 475 千字

2025 年 3 月第 1 版　2025 年 3 月第 1 次印刷

定价：198. 00 元

《石油化工设备维护检修技术》

编辑委员会

主　　任：徐　钢

名誉主任：胡安定

顾　　问：高金吉　中国工程院院士

　　　　　王玉明　中国工程院院士

副 主 任：张　涌　杨　锋　邱宏斌　林震宇　周　敏　佘浩滨

　　　　　赵　岩　金海峰　张　哲　韩　平　魏　冬　王子康

　　　　　黄志华

主　　编：徐　钢

副 主 编：周　敏

编　　委：(以姓氏笔画为序)

　　　　　于江林　于宝海　于艳秋　于晓鹏　于　群　万国杰

　　　　　王一海　王云池　王百森　王　军　王连军　王妙云

　　　　　王明涛　王金光　王建军　王俭革　王　勇　王振业

　　　　　王雁冰　王　锋　王　群　孔光跃　邓杰章　叶国庆

　　　　　付　伟　白　桦　吕运容　朱铁光　乔　元　任　刚

　　　　　刘小春　刘子英　刘文智　刘玉力　刘百强　刘　伟

　　　　　刘传云　刘　阳　刘　昕　刘　承　刘　栋　刘振宏

　　　　　刘晓伟　刘海春　刘祥春　刘　骏　刘　毅　汤衢明

安永明	孙宏飞	孙　雨	孙国栋	孙海疆	孙新文
纪　松	严　红	杜开宇	杜博华	李大仰	李卫军
李　吉	李春树	李俊斌	杨宥人	杨鹏飞	吴文伟
吴伟阳	吴育新	邱东声	何广池	何承厚	何海科
汪世明	宋运通	初泰安	张一钧	张旭亮	张军梁
张如俊	张宏宇	张国信	张恩贵	张维波	张　喆
陆　军	陈　刚	陈　伟	陈兴虎	陈　岗	陈明忠
陈　锋	陈攀峰	苗海滨	范志超	易拥军	金　强
郑选基	屈定荣	孟庆元	孟庆华	赵玉柱	赵　勇
胡　佳	施华彪	闻明科	袁庆斌	栗雪勇	贾红波
贾朝阳	原栋文	顾雪东	钱青松	徐文广	徐凯荣
徐懿仁	高文炳	高明超	高俊峰	郭绍强	陶传志
黄卫东	黄绍硕	黄　敏	黄　强	黄毅斌	常培廷
崔正军	康宝惠	盖金祥	梁中超	梁文彬	梁　浩
彭学群	彭乾冰	董雪林	蒋文军	蒋自平	韩玉昌
韩　冬	程千里	程　军	舒浩华	曾小军	谢小强
赖华强	路宝玺	褚荣林	蔡卫疆	蔡培源	蔡清才
臧庆安	潘传洪	霍　炜	魏志刚	魏治中	

全方位推动炼化设备管理再上新台阶*

——代《石油化工设备维护检修技术》序

近年来，炼化企业以推进设备完整性体系建设为主线，多措并举夯基础、强管理、促提升，体系化思维不断深化，专业化管理不断增强，一是管理机制更加完善，二是管理力度大幅增强，三是管理成效显著提升。设备运行可靠性有了大幅提升，为装置安全平稳运行、企业优化创效提供了坚强保障。

这些成绩的取得，是广大设备管理工作者多年以来孜孜不倦、辛勤工作的结果，向炼化企业设备管理战线广大干部员工，表示衷心的感谢和诚挚的敬意！

一、当前设备管理工作面临的问题和挑战

近年来，国内大批炼化产能集中投放，存量市场竞争压力空前，炼化设备管理要紧紧围绕炼化企业发展目标，找准功能定位，明确努力方向，制定有效措施，不断改进提升设备专业管理水平，为装置安稳长满优运行打牢基础，为炼化企业转型发展、高质量发展提供有力支撑。

目前来看，经过多年来的“建标、对标、追标”，设备管理已经取得巨大进步，一些企业的设备管理能力已经接近或达到世界领先水平。但也要看到，专业管理不平衡现象仍然较为突出，企业之间的装置运行状况、设备管理能力差距还比较大，对标高质量发展要求还有差距，主要体现在以下几个方面：一是设备完整性体系运行还有不足，二是岗位责任制落实还不够到位，三是专业管理仍然存在薄弱环节，四是采购质量不高、“多国牌”问题依然突出，五是设备专业人才队伍建设存在短板。

二、全方位推动炼化企业设备管理再上新台阶

中国石化党组历来重视设备管理工作，目前已专门成立设备管理领导小组，领导小组办公室设在生产经营管理部，其目的就是要统筹公司上下的设备管理专业力量，统一规划指导、协调推动设备管理工作。各有关部门、事业部要积极履行职责，勇于开拓创新，统筹抓好设备管理顶层设计、制度流程、职责体系建设，主动指导帮助基层企业解决设备管理问题，引领各方面专业工作不断进步、不断提升。各炼化企业要进一步提高站位，把设备管理作为一项基础性工作摆在更加突出位置，以思想的不断进步、理念的持续更新、技术的迭代升级推动设备管理工作持续改进提升；要进一步加大资源配备力度，该设立的机构要尽快落实到位，该配置的岗位要尽快足额配置，全方位推动设备管理工作再上新台阶、取得新提升。

一要持续推进设备完整性体系建设。设备完整性体系建设是炼化企业加强现场管理、保障安全生产的重要抓手，也是公司近年来在设备管理方面探索出的成功管理经

---

* 选自喻宝才同志在2023年中国石化集团公司炼化企业设备管理工作会议上的讲话，有删节。

验，必须长期坚持下去，在具体实践中持续深化、改进提升。要认真总结提炼企业层面好的经验做法，丰富完善到体系要素中去，引领企业运用体系思维抓好设备管理，推动设备管理更加标准化、规范化；要进一步厘清设备完整性体系与 HSE 管理体系、工艺平稳性体系等之间的关系，明确功能定位与职责分工，一体化统筹好装置运行管理，保障安全平稳生产。

二要切实加强设备全生命周期管理。坚持“管设备要管设备运行”，高度重视设备运行环境管理，密切关注工艺操作调整、参数变更、产品切换等对设备运行的影响，统筹推进工艺、设备、安全三大专业管理相融合，切实提高设备运行的可靠性、安全性、稳定性，有效延长设备的使用寿命。坚持应修必修、修必修好，深入推进检修管理中心服务模式应用，不断提升检修标准化水平。坚持用先进技术“武装”专业管理，聚焦企业设备管理难点痛点，大力推进新技术攻关与应用，要突出抓好问题整改整治。要严把物资采购关，从建设需求和管理要求角度，持续提升采购技术标准，抬高物资招标“技术门槛”，抓好“招前审”和 EPC 项目采购管理，着力解决“低价中标”“多国牌”等瓶颈问题。

三要狠抓设备维护管理与成本费用控制。装置设备运行过程中产生的物料、能耗、维护等各方面成本是炼化企业成本管控的重中之重，要把成本账目算得更细一些，不能停留在“该修的泵不修了”“该换的设备不换了”这类简单粗暴的管理方式上，要在全口径资源统筹、全链条优化运行等方面下更大功夫，寓成本管控于管理优化之中，把各方面工作做得更加细致、更加精准。要加强预防性维修，有问题早发现早处置，能“早修”的绝不拖成“大修”；要提高设备专业认知水平，从设备机理入手分析判断故障，能“小修”的绝不“过修”；要大力推进设备节能改造，有效提高设备运行水平，能投用的节能设施绝不闲置。

四要着眼长远抓好人才队伍建设。要建立完善设备专家班培训机制，不断强化专业技术培训，越是高精尖的技术工种越要保障培训力度，努力培养专业拔尖人才。要畅通设备专业人才成长通道，拓宽专业类专家选聘渠道，努力培养一支具有行业领先水平的高素质专家队伍。要严格落实设备管理岗位责任制，准确识别设备岗位职责、厘清岗位界限、明确工作标准，依据岗位说明书开展系统培训，严格落实设备人员考试、考核上岗要求，持续加强岗位责任制落实情况检查督导。要加强保运队伍管理，在人员能力素质、业务水平等方面树立硬标准，推动保运团队融入区域团队，通过 KPI 引领的设备保运模式，大力开展双向考核，充分调动保运人员积极性，不断提升保运工作质量。要高度重视培育电仪技术人员，不能过度依赖其他企业的技术队伍。

抓好设备管理是企业安稳运行、经营创效的关键所在、根基所在，希望设备管理战线的广大干部员工以高度的责任感使命感，全力以赴抓好设备管理，确保装置安稳长满优运行，为炼化业务高质量发展、迈向世界一流支撑托底，为集团公司建设世界一流能源化工公司作出积极贡献！

编者的话

（2025 版）

《石油化工设备维护检修技术》2025 版又和读者见面了。本书由 2004 年开始，每年一版，2025 版是本书出版发行以来的第二十一版。

《石油化工设备维护检修技术》由中国化工学会石化设备检维修专业委员会组织编写，由中国石油化工集团有限公司、中国石油天然气集团有限公司、中国海洋石油集团有限公司、中国中化集团有限公司和国家能源投资集团有限责任公司有关领导及其所属石油化工企业设备管理部门有关同志组成编委会，全国石化企业和相关科研、制造、维修单位，以及有关高等院校供稿参编，由中国石化出版社编辑出版发行。

本书宗旨为不断加强石油化工企业设备管理，提高设备维护检修水平和设备的可靠度，以确保炼油化工装置安全、稳定、长周期运行，为企业获得最大的经济效益，向石油化工企业技术人员提供一个设备技术交流的平台，因此，出版发行二十多年来，一直受到石油化工设备管理、维护检修人员以及广大读者的热烈欢迎和关心热爱。

每年年初本书征稿通知发出后，广大石油化工设备管理、维护检修人员以及为石化企业服务的有关科研、制造、维修单位积极撰写论文为本书投稿。来稿多为作者多年来亲身经历实践积累起来的宝贵经验总结，既有一定的理论水平，又密切结合石化企业的实际，内容丰富具体，具有很好的可操作性和推广性。

为了结合本书的出版发行，使读者能面对面地交流经验，由 2010 年开始，中国石化出版社每年召开一届“石油化工设备维护检修技术交流会”，至今已召开 15 届。会上交流了设备维护检修技术的具体经验和新技术，对参会人员帮助很大。在此基础上，成立了中国化工学会石化设备检维修专业委员会，围绕石化设备检维修管理，突出技术交流，为全国石化、煤化工行业相互学习、技术培训等提供了一个良好的平台。

本书 2025 版仍以“检维修技术”“腐蚀与防护”等栏目稿件最多，这也是当前石化企业装置长周期运行大家关心的重点。本书收到稿件较多，但由于篇幅有限，部分来稿未能编入，希望作者谅解。本书每年年初征稿，当年 9 月底截稿，欢迎读者踊跃投稿，E-mail：gongzm@ sinopec. com。

编者受石化设备检维修专业委员会及编委会的委托，尽力完成交付的任务，但由于水平有限，书中难免有不当之处，敬请读者给予指正。

目　录

一、设备管理

二、状态监测与故障诊断

三、检维修技术

四、腐蚀与防护

五、机泵设备

六、润滑与密封

七、节能与环保

八、新设备、新技术应用

九、仪表、自控设备

十、电气设备

检修管理良好实践在炼油厂装置停工大检修中的成功应用

李久志

（中海油惠州石化有限公司设备管理中心，广东惠州　516086）

摘　要　炼油厂装置停工大检修是一项庞大的系统工程，主要有以下特点：检修项目多、检修时间紧、技术要求精、安全风险高、管理难度大。本文通过梳理大检修准备阶段及实施过程中的良好管理经验，总结形成大检修管理良好实践，建立完善的大检修管理体系，提高精细化检修管理水平，推行理顺大检修管理思路，旨在为新的炼油厂及新提升的炼油厂设备管理工程师提供借鉴。

关键词　大检修；准备工作；实施过程；精细化；信息化

1　前言

炼油装置停工大检修是指炼油厂各装置运行一个周期后全部停车对各种设备和设施进行全面检查、维护和修复的重要“体检”。炼油装置中的设备通常在恶劣的环境下运行，在一个周期运行过程中受腐蚀、磨损、疲劳和老化等因素的影响，导致设备故障增多和性能下降，装置异常停车次数增多，影响公司整体经济效益，故定期组织对炼油厂设备大检修对于保障生产安全平稳、提升生产效率及推动企业转型升级等具有很强的必要性。同时定期大检修可及时发现和暴露设备的潜在问题并进行修复，降低事故发生的风险，改善设备的性能，降低成本、提高效率、减少故障，提升设备设施本质安全及可靠性。特别是对于炼油能力达千万吨级的炼油厂，一次大检修涉及二三十套生产装置，几万个检修项目，十几万个检修工序，同时伴随着几十项技改技措项目，如何在规定时间内全面、绿色、优质、高效地完成所有大检修任务，实现安全零事故、设备零返修、装置零泄漏、一次开车成功的目标，对于组织者来说是一项严峻的考验。

2　总体部署，精心策划谋大修

（1）提前筹划，精密部署，建立上下联动、执行有力的检修组织体系。公司成立大检修领导小组+检修指挥部+6 个工作组(检修管理组、生产管理组、HSE 管理组、物资供应组、后勤保障组、宣传报道组)+检修分指挥部(每个大检修运行部或车间为一个检修分指挥部)+10 个专业管理小组(安全阀校验管理小组、吊装管理小组、阀门检修管理小组、腐蚀调查管理小组、临时用电管理小组、信息管理小组、特种设备检验管理小组、压力表及温度计管理小组、隐蔽项目鉴定管理小组及质量管理小组)，横向强化分指挥部和专业小组的管理，纵向落实工作组的职责，实现了专业与区块、管理与技术之间相互渗透、有效沟通(见图 1)。形成了公司级、中心级、运行部级的三级管理架构，统一管理、明确职责，形成了既统一又相互协调、横向纵向结合的全面管理模式。实现大修管理由阶段性管理向常态化管理、分段管理向全程统筹的转变。

（2）精准把控检修深度。通过大检修与改善性检修、技术改造、安全环保隐患治理、定期检验相结合，遵循“应修必修、修必修好、修必节约、能修不换”原则，结合历年装置停工大检修工作经验，编制各专业大检修原则，明确各专业检修范围和深度，通过充分讨论定稿发布，为各检修分指挥部编制大检修计划提供有力依据。各检修分指挥部结合大检修原则、影响装置长周期安全平稳运行问题、LDAR 检测、RBI 评估、SIL 评估、设备存在的风险、设备及零部件寿命、更新改造计划、技改技措项目计划等编制各装置大检修计划，经工艺、安全、

作者简介：李久志（1989—），男，辽宁朝阳人，2012 年毕业于辽宁石油化工大学油气储运工程专业，设备工程师，现从事炼油化工设备管理工作。

设备等专业对检修计划进行全面细致审查，不断滚动完善检修计划，确保不过修、不失修。大检修单个项目计划包含服务名称、单元、专业、项目编号、项目名称、检修工序、设备信息、检修物料、脚手架、吊车、清洗、防腐保温、施工及物料预算等要素，经过审批、发布的大检修计划可作为检修工程结算的前提条件。

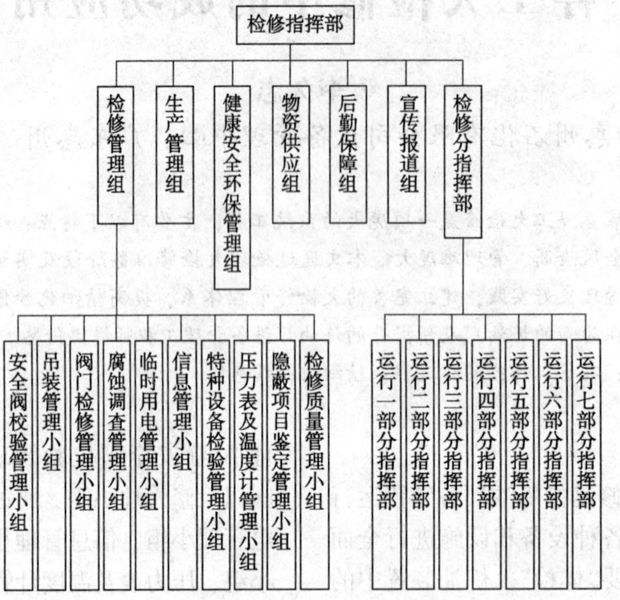

图1 检修组织体系

（3）科学制定检修方案。检修指挥部各专业组提前编制大检修方案模板，确定编制内容，统一格式，检修承包商与检修分指挥部总结历次停工检修施工方案的安全性、可操作性，结合装置大检修计划及现场技术交底，检修承包商编制大检修实施方案。大检修方案可分为通用方案和专项方案，按照设备型号、专业类别及检修种类，以运行部单元为基准可编制一个设备大检修通用方案。针对大型设备吊装、无氧作业、临时用电、防止硫化亚铁自燃、大型设备检修等编制一个专项方案。按方案级别经检修分指挥部和检修指挥部相关人员审阅审核，必要时可寻求炼油系统内设备检修专家进行集中审查，保证各施工方案切实可行。检修前需要完成所有检修方案现场技术及安全交底、培训，确保所有参检人员熟练作业施工方案，确保检修质量和安全。

（4）分级管理大检修项目。结合历次大检修经验及检修周期，与生产对接确定各检修分指挥部的关键路径及重点项目数量，明确检修工序、作业内容、工作量、计划工期、检修统筹及负责人，每日分指挥部例会上项目负责人汇报关键路径及重点项目工序节点是否按时完成，如未按节点完成相关项目需及时调整和优化，增加人力、机具等赶工措施以保证关键路径及重点项目按时按点完成。

（5）兵马未动，粮草先行。检修材料对于检修的重要性不言而喻，要求各分指挥部根据发布的检修计划及采办周期及时提报材料设备需求工单，特别是长周期采办物资要提前6个月到1年时间进行采办并跟踪长周期物资采购情况，普通物资需要提前6个月进行提报需求计划采办，物资供应采购组开通绿色通道见单就采，分指挥部按照仓储要求提前编制大检修物资需求列表，仓储通过ERP系统导出提报的所有物资清单，通过与入库物资对比得出物资到货率、未到货物资等，到货物资按时完成出库，及时运送至检修现场，分类存储，建立台账，按项目领用发放管理。要求分指挥部定期组织对料会，查缺补漏、逐项落实检修物资到货情况，检修前每周召开例会汇报检修物资缺口，由采办人员协调确定到货时间，到货后及时领出。

（6）选择优秀可靠的检修承包商。大检修

承包商分主体检修承包商和专业检修承包商，主体检修承包商招标宜采取邀请招标确定，因专业能力及特点不同，严禁安装队伍承包商参与大修工作。为减少施工界面，便于工作协调，脚手架、吊车、板车、容器清扫、焊缝打磨等全部纳入主体检修合同。通过设定参与大型炼化企业大检修业绩、资质等限制条件组织开展检修承包商合同招标采办，明确检修人员资格、数量等要求。法律法规明令禁止分包的、合同约定禁止分包的，承包商不得分包和变相分包、转包。

(7) 编制大检修管理手册。大检修管理手册是一份重要的文件，用于指导和规范炼油装置停工大检修的全过程管理。其主要内容包括：检修目的、目标及总原则；各专业检修原则和主要工程量；关键路径及重点项目；主要检修单位及工作安排；检修工机具安排；检修组织机构；检修安全、质量、进度、费用四大控制措施；检修签证及结算程序管理；沟通信息管理；大修脚手架搭设管理；惠州石化检修现场标识方案；装置(单元)整体工艺处置交检修前验收标准；装置开停工期间设备保护要求等。

(8) 施工机具全面受控。为夯实检修作业安全基础，保证大检修顺利完成，检修前明确工机具检查种类，制定工机具检查标准，工机具管理小组组织对承包商检修工机具进行全面检查，检查合格的工机具贴合格标签，不合格的工机具列明清单并限期维修，限定整改期限内检查仍不合格的工机具清理出厂或直接破坏销毁，例如破损的吊带。

(9) 提前预制，未雨绸缪。为了给检修赢得更多宝贵时间，要求各检修分指挥部土建项目提前4个月开工，检修前100%完工(生产影响的除外)；脚手架在检修前2个月开始搭设，具备条件的在检修前必须完成；按网络计划加大预制深度，提前梳理各分指挥部管线焊接可预制工作量，检修前1个月每日统计当日预制量，由检修工作组跟踪，在检修准备周例会上通报预制情况，要求检修前预制完成可预制量的80%以上。

3　真抓实干，安全受控保质量

(1) 党建与大检修深度融合。全面贯彻落实新时代党的建设总要求，积极践行上级党委工作部署，坚持稳中求进的工作总基调，以党的政治建设为统领，以推动高质量检修为主题，切实推动党的建设与公司安全生产经营、改革发展深度融合。组织“党员示范岗”“党员责任区”“党员先锋队”“先进党小组流动红旗”“党建共建”等活动，党员带头攻坚克难，发挥党员先锋模范带头作用，推动党建与大检修融合落到实处、融到深处，确保大检修高质量完成。

(2) 强化大检修承包商管理。检修前组织安全管理人员赴各主检修承包商驻地开展厂级、车间级安全教育培训，采用电脑上机考试，增加实物培训室培训，确保培训效果。检修前完成承包商人员资质复验、入场培训、施工动员、技术交底等，验收确认承包商施工工机具数量、质量是否满足项目施工需要。严格执行承包商安全管理包保责任制，所有施工方案及外委合同明确安全交底责任人，并组织签订大检修承包商管理及方案责任清单。开拓创新勇于摸索，聘请第三方安全监督服务单位，施行第三方安全监督服务，以更高的目标和标准开展装置大检修安全管理工作。将检修现场划分为若干安全管理单元，检修承包商项目经理担任网格负责人(一级)，安全经理、专职安全员担任网格长(二级)，班组安全员担任网格员(三级)，建立检修现场承包商三级网格安全管理体系，全面落实检修安全管理责任，确保安全管控无死角、无真空地带。强化检修作业人员行为安全管控，对违章违纪行为进行曝光，实行现场开具“违章处罚单”“违章叫停单”的模式，让安全管控立即生效。坚持“一家人、一条心”的理念，将承包商纳入公司管理，开展大检修劳动竞赛活动，正向激励，每周评选主检修单位先进个人，对主检修单位进行评分排名，在大检修结束后评选优胜单位。凝聚全员检修战斗力，充分调动广大检修单位员工投身大检修的积极性、主动性和创造性，营造“比、学、赶、帮、超”的良好氛围。

(3) 实施大检修网格化管理。为确保检修现场安全、进度、质量受控，以现场有限的资源发挥最大的效能为目的，消除管控盲区，首次提出大检修现场安全、进度、质量网格化管理。一是将按照各检修分指挥部进行划分片区，设备中心领导、专业组组长、首席工程师任分指挥部片区区长，每个分指挥部片区配备动静电仪各一名设备中心专业工程师，由片区区长管理，主要协调各分指挥部、各专业遇到的相关检修问题，重点关注关键路径和重点项目的安全、进度和质量。二是将各检修分指挥部按照单元装置进行划分片区，运行部领导、工程师任装置片区区长，每个片区配备运行部班组成员，归属片区长管理，每个片区再按照检修项目类别进行划分并匹配相应的运行部班组及检修单位成员，负责对现场施工安全、质量、进度进行检查管控，对发现的问题及时整改，对存在问题的检修单位进行考核罚款。

(4) 信息化助力大检修。基于公司工业互联网平台，开发大检修管理系统，充分利用信息化技术实现大检修实施全过程管理(见图2)。检修前施工单位严格按照《石油化工设备维护检修规程》《公司各专业设备维护检修规程》、制造厂商提供的维护修理资料、所涉及的规范和标准、编写的检修方案、工作量、人力等编制《检修日工作清单》和《检修质量控制清单》，导入大检修管理系统，形成日工作清单和对应的质量控制清单，质量控制清单中质量控制点分承包商级、运行部级及专业组级三级管控设置。通过5G手持终端对每个项目进行开工确认、过程记录、质量检查、完工验收，电脑端统计项目开工率、完工率、质量确认率及合格率，对进度滞后的分指挥部进行提醒督促及协调赶工措施，对检修项目质量合格率低的分指挥部检修承包商进行约谈。通过大检修管理系统对检修质量、进度进行实时无死角管控，从而达到设备零返修、装置零泄漏、开车一次成功的目标。

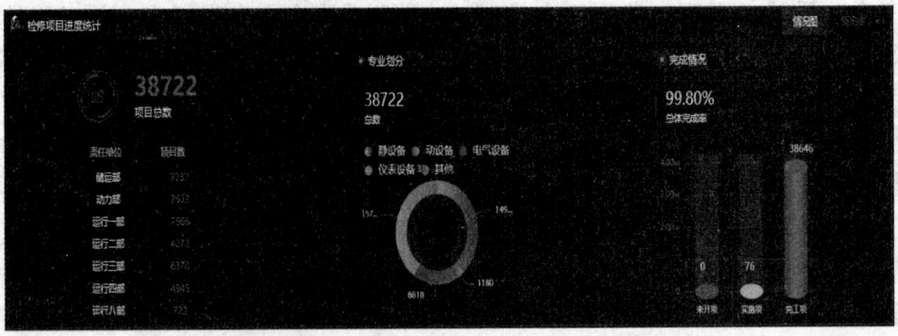

图2 大检修管理系统驾驶舱展示图

(5) 集中检查杜绝违章作业。大检修工作管理界面复杂，施工难度大，检修任务重、时间紧，各检修单位管理水平参差不齐，人员技能水平高低不一，安全意识薄弱，违章作业问题频发，施工人员复杂且管理难度大，以“抓实抓细抓到位”杜绝违章为发力点，多措并举筑牢安全防线。一是每周二早晨召开检修单位违章问题对接会，各主检修单位领导和安全管理人员参加，明确安全管理原则：守住不发生事故红线，杜绝严重违章，严控一般违章作业；将安全着装不合格、高空作业不系挂安全带或低挂高用、不设置安全绳等严重违章设为红线，一经发现立即取消进厂资格、通报、考核，责任班组及相关责任人停工半天，组织培训教育；对于一般违章，第一次警告、考核、通报，如连续发现两次，则责任班组及相关责任人立即停工1小时，培训教育，培训时必须联系业主参加。二是安排临时用电、检修质量、脚手架搭设、吊车管理小组每日检查，对于违章问题进行通报考核。

(6) 清单化管理促检修落地见效。检修准备工作清单化，明确准备工作内容、责任范围、工作要求，定期汇报完成情况，及时预警，提醒负责人及时完成相关准备工作。检修项目清单化，明确检修内容、检修标准、量化指标及检修周期等信息，操作性和指导性强，项目开工、完工及时消项。设备检修清单化，安全阀、闸阀、调节阀、压力表、流量计、温度计、液位计及外送检修设备列明清单，落实责任人，提前编制拆卸回装统筹计划，按时间既定顺序进行拆卸和外运维修，落实并协调维修人员、工机具、备件等资源，维修时派专人跟踪维修进度及质量，有问题及时汇报协调解决。

(7) 集中实施同步技改项目。检修期间每日召开例会，组织与协调设计，施工进度推进，质量、安全情况通报，现场标准化施工及整改情况通报；引进“第三方质量管理单位”对技改项目进行规范、体系强化管理；采办部门、费控部门、设计单位现场办公，靠前服务，及时协调解决设计、采办、费控问题；定期发布设计、设备材料采办、施工进度跟踪表，对滞后项目发出预警，及时采取赶工、纠偏等措施。

(8) 设备强检、防腐排查，检修中彻查隐患。严把进度，科学组织开展特检工作，提前签订检验合同并提前 1 年组织编制检验方案，容器逐台编制方案，管道按照腐蚀回路编制方案，充分对接、修订、审核检验方案，避免方案变更，提高检验效率；提前明确检验的优先顺序并做好宣贯，对检修进度影响大且易于发现问题的设备、管道优先进行检验；要求强检单位每天反馈发现的缺陷问题及结果通知单，保证缺陷问题及时开展修复，检验合格的设备及时回装；对于突出、难处理、风险高的设备检验问题，通过组织召开专题讨论会，确定应对和处理措施，在预定时间内完成缺陷处理。科学分析、深度开展腐蚀调查工作，根据日常监测数据，采用量化指标的方式开展大检修腐蚀调查工作；通过提前签订合同，筛选专业队伍，应用脉冲涡流、管道镜、X 荧光光谱仪等新技术、新装备开展设备腐蚀调查工作；组织各相关方从腐蚀机理角度科学分析腐蚀原因、研究腐蚀调查结果，组织重大缺陷修复方案讨论，确定缺陷处理时限，一次完成消缺。

(9) 强化检修现场标准化施工。按照公司设备检维修管理细则中现场标准化管理要求，检修单位要做到“整理、整顿、清扫、清洁、素养、安全”管理，实现现场“三线三无三不乱、三平三直”，即：工具摆放一条线，零件摆放一条线(见图 3，图 4)，材料摆放一条线；现场无污迹、无积水、无积灰；胶管线缆不乱拉，设备材料不乱放，废料杂物不乱扔；施工电源线、电焊线、气管按平面平行、直角、横平竖直要求布置，原则上沿边或架空布置。现场属地化管理，谁施工，谁落实现场标准化管理。检修指挥部定期组织对各分指挥部现场看板、定置摆放、设备保护、环境卫生等方面进行检查。本次大检修实现设备检修现场搭设围挡硬隔离，无关人员禁止入场，确保检修安全；检修工机具、材料在橡胶垫上规整分类，一字摆开，提高检修作业效率；调节阀、安全阀、换热器筒体、压力表、流量计等打开的法兰口用塑料薄膜扎好，防止进入杂物，同时保护好法兰面不受损；检修分指挥部的检修计划、组织机构、施工统筹等按照标注要求制作展板上墙一目了然，及时消项，根据检修情况及时调整协调赶工措施；为防止污染，拉运换热器管束的板车必须配备彩条布防止污水洒落地面；每日作业前必须进行班前喊话，安全提醒；临时电缆使用绝缘塑料支架架起，脱离地面，防止电缆泡水漏电；实行检修物资、材料、设备配件等现场挂牌标识管理，要求检修单位对换热器管束、压力表、安全阀、阀门等挂双标识牌，将设备位号和检修信息提前标注，一目了然，杜绝出现安装错误及无法追溯等问题。

图 3　零件摆放一条线

图 4　工具摆放一条线

(10) 严控大检修费用。严格审核大检修计划及检修清单，合理控制检修范围和深度，杜绝锦上添花项目。费控部门成员入驻检修现场，做好计划与现场检修实际情况对比，按照现场实际工作量及时组织签证，按照检修定额审核、结算。特别是大检修用吊车、脚手架以及无氧作业等当日完工即办理签证，时效性强，避免后续推诿扯皮。大力开展阀门修复，完好的旧螺栓浸油保养利旧，拆除的保温铝皮统一存放再利用，对现场拆除的管件、阀门、旧管束等调剂使用，降低检修成本。通过科学评估，深入调研，大力推进设备及备件国产化，可有效节省备件成本及维修费。

4 结语

炼油装置停工大检修准备与实施工作远不止这些，只是这些良好实践在装置停工大检修工作中经过多次深入实践并取得了良好效果，除此之外，还需全体参检人员统一思想认识，团结协作，克服困难，各司其职，高标准、严要求逐项落实检修指挥部分配的大检修任务，才能高质量、圆满地完成大检修工作，进而实现安全零事故、设备零返修、装置零泄漏、开车一次成功的目标。同时，也希望这些经过验证的成功经验能为新建设的炼油厂及新提升的设备管理工程师提供宝贵的大检修借鉴，共同推动炼油化工行业的安全、高效发展。

构建新型设备管理体系，创建一流炼化企业

周建明　魏汉金

（中国石油四川石化有限责任公司，四川成都　611900）

摘　要　为创建世界一流炼化企业，进一步增强企业的先进性与科学性，依托设备管理一体化平台和以计划营销为基础的供应管理一体化平台，将科学信息技术与设备管理方法相融合，建立设备管理工作预警系统，实现设备资源优化和整合。通过构建动设备管理、静设备管理、电气管理、仪表管理、水质管理、检修管理和承包商管理、物资管理等方面工作，通过设备状态和数据的实时化，为设备的各阶段提供数据支撑，达到设备安全平稳运行的目标，实现设备全生命周期管理。

关键词　智能设备管理；长周期；全生命周期

1　现代化设备基础管理模式的背景

四川石化公司自2012年建成投运以来，各项业务发展迅速，但是自2019年底新冠疫情暴发以来，设备管理感受到了前所未有的压力。因此，设备管理需要进行创新，需要找出适合企业可持续发展的管理模式。

在认真学习借鉴同类企业设备管理经验的基础上，结合设备管理实际，运用现代化管理方法和手段，建立集人、物、环、管于一体的设备一体化管理模式，强调最大限度地发挥和利用人的主观能动性，使设备管理居于同类企业领先地位，实现人的价值发挥最大化，实现企业利润最大化，促进企业走上集约发展的良性轨道。

2　构建新型智能设备管理体系的思路

2.1　制度设计，建立具有长期效果的管理体系

（1）修订了《设备管理制度》《检修管理规定》《维护保养管理规定》《巡检管理规定》《承包商管理实施办法》《电气管理规定》《仪表及自动控制系统管理规定》等制度，保障了设备规范化、标准化管理。

（2）对原绩效考核办法进行修订和完善，针对性地细化考核指标和奖励指标，并设立了单项奖，对表现突出的个人和单位进行奖励，提高员工的工作积极性和主动性。

2.2　突破瓶颈，建立具有整体提升的思路引导

（1）巡检网格化，缺陷动态清零。很多事故都是有先期征兆和细微变化的，比如异常声音、振动异常、参数异常等，这些现象也是最容易被发现的。所以，网格化巡检和缺陷动态清零是非常重要的。

（2）维护台历化，做好日常保养。为保证设备具有良好安全平稳可靠状态、预防故障，日常保养是重要手段。同时，能够免去解体检修的烦恼，能够节省维修费用。维护保养应形成台历化，应进行台历化实施。

（3）队伍专业化，克服人员流失。建立良好的绩效激励机制，把整体目标转化为个人目标，使员工明白工作就是为了自己，使员工明白高水平才能有高收入。

2.3　吸收创新，建立突破技术瓶颈的良好氛围

设备管理水平的高低能够从企业效益中反映出来。因此，调动设备管理、操作和维修人员的积极性和主动性，促使全员积极主动探索，采用先进设备技术和先进管理方法以求获得最大的效益。

3　实现新型智能设备管理的具体做法

设备管理工作包括源头立项设计、采购安装、验收使用、维修维护、更新改造和报废的全生命周期的不同阶段。在全生命周期管理过程中，任何一个阶段出现管理失控，设备问题就会频繁出现，就会影响安全平稳可靠生产，就会影响产品产量和质量，最终影响企业的经济效益。由此，我们应构建设备管理体系，实施全员、全过程、全方位、全天候的设备管理。

结合科学技术软件，建立以设备管理为基

础的设备管理一体化平台和以计划营销为基础的供应管理一体化平台。

将科学信息技术与设备管理方法相融合，达到设备资源的优化和整合。以一体化平台建立设备工作预警系统，涵盖动设备管理、静设备管理、电气管理、仪表管理、水质管理、检修管理、承包商管理和物资管理等方面工作和各部门、各系统为门户的访问情况及访问组成的统计报告，建立以设备量化考核和 HSE 量化考核为核心的激励机制，形成以巡检为基础的缺陷动态清零管理模式和以台历为基础的预防检查维护管理模式，实现设备状态和设备数据实时化，实现定期工作和定期动作具体化，保证过程管理受控，达到设备安全平稳长周期运行的目标。

通过全生命周期设备管理，保证安全平稳可靠高效生产，保证企业效益，实现企业目标。

设备基础数据管理主要做法如下：通过管理系统和设备数据无缝对接，实现数据信息共享、数据实时更新、数据统计分析，提高了规范化和精确化管理水平，为设备管理提供了数据依据。

设备数据管理依据专业分工和实际需求，主要配置以下七个方面管理模块。

3.1 动设备管理

(1) 运行报警提醒：润滑油品分析报警、运行状态监控、开停机切换记录管理。

(2) 检修提醒：润滑、轴承、机封、小修、大修、切换等提醒，以及开停机切换记录管理。

(3) 基础管理：振动数据录入、超期未检、风险评价、机泵基础信息、基础配置、文档管理。

(4) 状态监测系统：在线监测、离线检测、油液检测、分级策略、分级诊断、历史查询管理。

3.2 静设备管理

(1) 特种设备管理：压力容器、压力管道、起重机械、电梯、厂内机动车管理。

(2) 腐蚀管理：腐蚀监测浏览、设备腐蚀监测平台、工艺腐蚀监测平台、腐蚀报警、腐蚀月报和离线测厚管理。

(3) 加热炉管理：加热炉统计、加热炉台账和加热炉报警管理。

(4) 常压储罐管理：常压储罐台账、月、季和年度检查管理。

(5) 小接管管理：小接管台账和小接管检查管理。

(6) 易泄漏法兰管理：易泄漏法兰台账、记录、月报及分级管理。

(7) 静密封管理：密封点维护、统计、泄漏率和泄漏清单管理。

(8) 空冷器管理：空冷器管理和检查。

3.3 电气管理

(1) 电气报警：电机状态报警、电气运行报警、报警确认和电流报警管理。

(2) 电气运行：运行日志和工作票管理。

(3) 继电保护模块：继电保护定值和继电保护投退管理。

(4) 安全管理：安全用具台账、安全用具测试计划、事故事件台账和报告管理

3.4 仪表管理

(1) 自控报警：信息统计、报警确认、数据导入管理。

(2) FGDS/CCTV 管理。

(3) 重点监控：仪表五率(自控率、联锁投用率、泄漏率、使用率和完好率)、电磁阀电流监测和阀门监控管理。

3.5 水质管理

水质报警、水质实时监测、药剂实时监测、换热器台账、流速管理及水质监测报告。

3.6 检修管理

检修计划、工单、结算、大检修及车辆管理。

3.7 承包商管理

工单、巡检、检修管理及嘉奖与考核、承包商评价管理。

数据管理平台是设备管理控制和信息共享的平台，实现了重要问题及时掌握、问题处理及时跟踪、关键指标易于统计，提高了工作效率，降低了管理风险。数据平台实现了数据全过程跟踪，推动了设备管理的科学性；利用颜色对问题自动进行跟踪，直至问题解决，对设备管理人员起到了极大的督促作用，提高了设备管理水平，达到了细致科学管理的目标。

4 创新现代化设备基础管理的实施效果

(1) 向设备管理要效益一直是公司创新发展的主题。近年来，公司在现代化设备管理方面，持续推行基础管理、目标管理和数据管理，强化巡回检查、状态监测、分类管理、技改更新等有效的管理方法，在工作实践中逐渐形成了具有企业特色的设备基础管理模式，使设备技术水平和装备水平都有了很大的提高。

(2) 平台数据指导设备管理工作。充分利用管理一体化平台，按照数据提醒，做好润滑、切换、小修、大修等提醒工作，使设备数据化、台历化、规范化，建立健全了持续发展的方法，使设备全过程处于管控状态。

(3) 现场安全化日监督和设备标准化周检查工作保证了设备基础管理工作的提升。现场安全化和设备标准化管理，使设备的使用维修、技改更新直至报废等各个过程良性循环的发展得到了完善，现代化设备基础管理工作进入了更加科学规范、紧张有序的发展局面。

(4) 瓶颈问题的治理工作进一步夯实了设备基础管理。巡检网格化、缺陷动态清零的管理模式，提高了设备管理和维修水平；两治理一监控的管理模式，提高了设备完好率，降低了设备故障率；数据指导台历化的管理模式，实现了管理系统化、数据化和设备标准化、规范化；异常报警的管理，为操作人员排除了不利因素的干扰，提供了良好的桌面巡检环境。

(5) 绩效考核激励机制增强了员工的主动性和凝聚力。绩效考核激励机制将目标逐条逐项分解，提高了员工全过程、全方位管好、用好、修好、护好设备的积极性，使设备处于最佳技术状态，满足了企业长周期高效生产运行的需要。

(6) 资源节约管理工作创造了良好的经济效益。热水利用新增外管网每年节能可实现5616万元收益；雨水回用项目每年可节约$251\times10^4m^3$新鲜水；污水深度处理项目每年可节约$529\times10^4m^3$新鲜水等。资源节约管理工作为建设节约型和友好型企业打下了坚实的基础。

5 结语

在前期设备管理的基础上，充分应用先进的科学技术，培养和树立精细化的理念和思维，提高设备管理过程的专业化，通过积极探索，创新管理，逐步引入智能管理的理念，构建新型设备管理体系，逐步实现设备管理标准化，创建世界一流企业。

基于数理统计的TPE生产线机组设备检修周期预测方法

徐 军 伍建华 余庭辉 张 旭 朱立辉
（中石化湖南石油化工有限公司，湖南岳阳 414014）

摘 要 借助热塑性弹性体(TPE)生产线机组设备近5年的检修记录数据，形成设备检修数据库，基于统计学数据分析相关理论，结合大数据算法，搭建预测性数学统计模型，对TPE生产线机组设备检修周期进行分析计算，从而科学地确定机组设备的检修周期，合理安排设备检修计划，降低维修成本，实现预防性维修目标。

关键词 数据库；数理统计；检修周期；预防性维修

TPE生产线停工检修涉及众多的高危物料处理，机组设备检修有着其特殊性，与其他常规设备相比，检修费用相对较高，因此合理安排检修频次尤为重要。设备检修方式大致分为两大类，一类是事前检修，一类是事后检修。事前检修即计划性、预防性维修，这样既能合理安排物料处理计划和人力物力的配置计划，又能降低维修成本，因此设备预防性维修的准确性、计划的合理性、确定设备检修周期是其中的关键数据。本文以中石化湖南石化TPE生产线机组设备近5年的检修记录和机组设备运行数据作为研究数据库，对这些数据进行统计分析，得出机组设备检修间隔时间基本服从统计学高斯分布规律，通过这些规律，搭建大数据分析算法，依靠参数模型，建立机组设备健康运行周期预测数据，从而确定机组设备检修周期，制定相应的维修策略。这样既能合理安排生产计划，保证TPE生产效益，又能节省设备检修费用，从而达到事半功倍的效果。

1 TPE生产线机组设备检修周期预测

1.1 样本数据确定

（1）机组设备检修数据库的建立。根据TPE生产线机组设备的出厂原始资料以及检修记录，建立机组设备数据库。数据库包含装置名称、生产线名称、设备名称、检修开始时间和结束时间、检修内容、检修方式等。要求所有录入数据真实准确，以实际检修记录为基础，对数据库不断累积。对每一台机组设备建立单独的数据追踪库，相关数据例如检修频次(按照同一种检修方式进行累积，不同的检修方式认定为不同的检修内容)、检修间隔时间、机组正常运行累积时间等根据数据库不断的积累自动进行更新。

（2）样本数据统计。从设备检修数据库中提取近5年的设备检修记录，共计5283条，根据设备名称进行第一次分类，再根据检修方式进行第二次分类。对统计出的数据按照不同设备的不同检修方式进行分类，将同一台机组设备的检修频次及检修间隔时间作为第一个样本数据，在此样本数据的基础上，筛选出不同的检修方式，统计检修频次及间隔时间作为第二个样本子样，并对第二个样本子样数据作为样本数据进行统计分析。本文选取最具代表性的1#~4#机组的空压单元与联轴器检修数据为例进行研究，统计结果如表1所示。

表1 机组设备检修样本数据库

机组编号	空压单元		联轴器	
	间隔时间/天	检修频次	间隔时间/天	检修频次
1#	24，29，42，43，44，47，49，58，66，70，70，71，72，74，84，89，90，104，105，115，116，160，170	23	200，312，279，457，714	5

续表

机组编号	空压单元		联轴器	
	间隔时间/天	检修频次	间隔时间/天	检修频次
2#	56, 57, 66, 74, 75, 81, 82, 95, 96, 100, 104, 106, 127, 144, 147, 173	16	109, 341, 537	3
3#	25, 37, 63, 68, 69, 75, 83, 86, 87, 91, 95, 98, 99, 100, 106, 136, 167, 180	18	239, 270, 437, 538, 617	5
4#	59, 68, 82, 83, 88, 89, 102, 110, 118, 127, 160	11	125, 594, 989	3
合计	—	68	—	16

1.2　样本数据分析与处理

根据表1的样本数据，利用统计学数据分析理论对其进行处理。根据统计学规定，当样本数据量$N \geqslant 30$时为大样本，表中空压单元的检修频次为68属于大样本数据；当样本数据量$N<30$时为小样本，表中联轴器部分的检修频次为16属于小样本数据。因此将表1的数据进行分类处理及分析。针对大样本数据即空压单元检修频次数据进行数据拟合，拟合结果如图1所示，可以看出数据分布近似高斯分布。

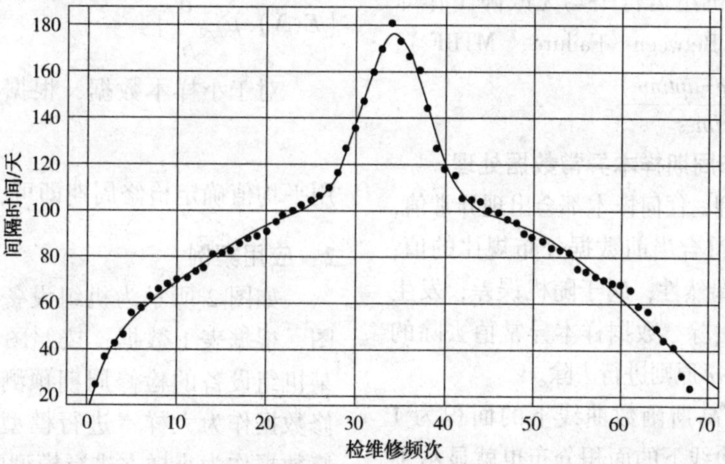

图1　空压单元数据拟合图

根据高斯分布的原理，得到其拟合公式：

$$f(x)=\sum_{n=1}^{4}a_n \times e^{-\frac{(x-b_n)^2}{c_n^2}} \qquad (1)$$

式中：a、b与c均为常数，n为整数，$a=\frac{1}{\sqrt{2\pi\sigma}}$，$b=E(X)=\mu$，$c=\sqrt{2}\sigma$。其中$E(X)$为数学期望，$\mu$为均值，$\sigma$为标准差。

对于小样本数据，由于数据量不足，采用平均值作为数据处理方式。

1.3　统计分析模型建立

对近5年的TPE生产线机组设备所有种类检修频次统计数据进行分析，大多数种类的检修频次均为大样本数据即$N \geqslant 30$，例如空压单元、切刀单元等，而且只有联轴器单元的检修频次属于小样本数据即$N<30$。因此根据前文分析可知，大样本数据近似高斯分布。假设任意一个机组设备的历史检修数据经统计频次$N \geqslant 30$，符合统计学大样本数据类，那么下一次该机组设备这种方式的检修周期、时间间隔X服从高斯分布规律，且为随机发生事件(该设备下一次发生故障)且概率未知，那么相应的该事件发生的数学期望$E(X)=\mu$和方差$D(X)=\sigma^2$也都是未知的。对历史检修数据提取到的样本数据(X_1，X_2，X_3，…，X_n)均为已知数据，通过样本数据可计算出历史检修平均时间间隔μ，从而可以得到该设备下一次发生故障的概率置信区间，通过区间估计得出科学的预防性维修周期。

根据统计学的大数定理和中心极限定理可知，当样本数据量趋向于无限大时，下一次样本事件的产生概率对整个数据样本区间影响的概率微乎其微，可忽略不计。因此，可近似地认为下一次机组设备故障检修时间间隔产生的数学期望和方差不变，即样本数据μ和σ不变，且近似服从标准高斯分布函数$X\sim N(\mu,\ \sigma^2)$，即仍符合式(1)。假设下一次该机组设备发生同种类型故障的概率在某个时间为P_r，则根据统计学数据分析知其满足式(2)：

$$P_r=\frac{E(X)-\mu}{\sigma/\sqrt{n}} \tag{2}$$

式中：$E(X)$为样本数据的平均值；μ为机组平均检维修间隔时间；σ为样本数据的标准差；n为机组检维修在一定时间内的频次。

对于TPE生产线机组设备而言，平均检修间隔时间，也就是机组运行平均无故障工作时间（Mean Time Between Failure，MTBF），$MTBF=\frac{\sum(downtime-uptime)}{failuretimes}$。

1.4 机组设备检修周期样本异常数据处理

根据统计学原理，任何样本都会出现异常值，所谓异常值就是不符合当前数据分布规律的值，这样的值产生存在偶然性，属于随机误差，发生的概率极低，应当去除。数据样本异常值去除的方法按照高斯函数3σ原则进行去除。

如图1所示，高斯函数曲线下的面积为1即概率为100%，曲线下的面积分布也就显示了机组故障率的分布，而任意一个横坐标轴区间的面积计算，就是高斯函数在这个区间进行不定积分计算，而标准高斯函数的不定积分计算符合式(3)：

$$errf(x)=\frac{2}{\sqrt{\pi}}\int_0^x e^{-t^2}\mathrm{d}t \tag{3}$$

当$x=\frac{3}{\sqrt{2}}$时，即在3σ的置信区间内，高斯曲线下的面积为99.730020%，可见机组故障在某一个时间发生的概率落在3σ置信区间即X在$[\mu-3\sigma^2,\ \mu+3\sigma^2]$以外的概率小于3‰，被认为几乎不存在，因此样本数据以3σ原则进行去除。

1.5 机组设备检修周期确定

根据前文的介绍，同一台机组设备发生同种类型故障的大样本数据概率满足高斯分布规律，因此只需要找到其置信区间下限值即可确定检修周期，也就是发生该故障的高概率数值无限接近于100%的区间。根据统计学原理可知，假设当前周期内该机组设备故障的概率用$1-\alpha$，$(0<\alpha<1)$表示，$1-\alpha$的取值一般为68%、95%、99%，其对应的置信区间分别为$[\mu-\sigma^2,\ \mu-\sigma^2]$、$[\mu-2\sigma^2,\ \mu+2\sigma^2]$、$[\mu-3\sigma^2,\ \mu+3\sigma^2]$，经查标准高斯分布曲线面积分布表得出$\mu_{\alpha/2}$的值，从而确定置信区间为：

$$\left[E(X)-\mu_{\alpha/2}\frac{\sigma}{\sqrt{n}},\ E(X)+\mu_{\alpha/2}\frac{\sigma}{\sqrt{n}}\right] \tag{4}$$

式中：$\sigma=\sqrt{\frac{\sum_{i=1}^{n}X_i^2-E^2(X)}{n}}$，$E(X)=\frac{\sum_{i=1}^{n}X_i}{n}$，由前文知，确定检修周期为置信区间下限，即$f\left[E(X)-\mu_{\alpha/2}\frac{\sigma}{\sqrt{n}}\right]$。

对于小样本数据，根据数据统计方法，采用平均值确定检修周期即可，即$E(X)=\frac{\sum_{i=1}^{n}X_i}{n}$。

2 应用案例

如图2所示为机组设备检修周期确认流程图，根据表1数据，按照图2所示的流程进行某机组设备的检修周期预测，以空压单元的检修数据作为大样本进行模型验证，以联轴器检修数据作为小样本进行模型验证。

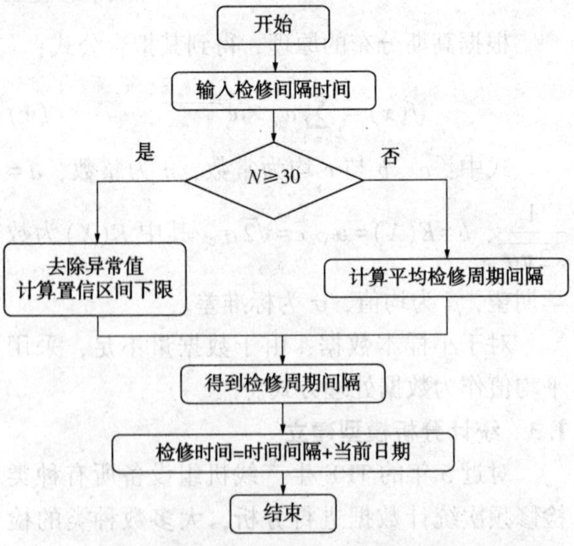

图2 机组设备检修周期确认流程图

利用3σ法则，根据式(3)进行异常数据去除，经计算，有21个样本数据（24，25，29，37，42，43，106，106，110，115，116，118，127，136，144，147，160，167，170，173，180）落在$[\mu-3\sigma^2, \mu+3\sigma^2]$区间以外，属于异常样本数据，应去除，将剩余的45个样本数据进行数据处理。根据TPE生产线机组设备的实际情况，$1-\alpha$的取值为95%，既可以有一定的风险控制区间，又能尽可能地接近100%的概率值，即$\alpha=0.05$，经查表得到$\mu_{\alpha/2}=1.96$，样本的平均值为79.2，样本标准差为15.74802，代入式(4)得到置信区间为[74.5987，83.8013]，为保险起见，取置信区间的下限值作为检修周期即74天，经实际数据验证其误差为5.1%。

将联轴器检维修周期频次数据作为小样本数据进行预测，其平均检修周期为422天，经实际数据验证其误差为10.3%。

3　结论与展望

通过TPE生产线机组设备实际数据验证，利用数据统计分析方法建立的TPE机组设备检修周期预测模型应用可靠，大样本数据取其置信区间下限值作为检修周期，小样本数据取平均检修时间间隔为检修周期。

基于数理统计分析方法建立的预测模型，既为TPE生产线机组设备检修周期预测提供了一种新的方法，也为设备预防性维修提供了决策依据，节省了设备维修成本，提高了生产线的稳定。在未来，将针对小样本数据进行重新测算，提高预测周期的准确度，进一步提升机组设备的预防性维修水平。

参　考　文　献

1　张烁楠．化工设备故障分析及预防维修措施[J]．化工设计通讯，2021(10)：47.

2　茆诗松，王静龙，濮晓龙．高等数理统计[M]．北京：高等教育出版社，2006.

3　仃仃，许成，逄潇．基于图的高斯分布的性质研究[J]．青岛大学学报(自然科学版)，2018，31(1)：10-14.

石油企业的消防设备检修常见问题及对策

何云峰

（中国石化西北油田分公司油田治安消防中心，新疆巴音郭楞 841600）

摘 要 在油气开采和储运过程中，由于其易燃易爆的特性，存在的火灾和爆炸隐患对油田设施的安全构成了严重威胁。因此，及时检修石油企业消防设备，全面提升安全保障能力显得尤为重要。确保石油企业消防设备的可靠性对于消防隐患的预防至关重要。本文从石油企业常见的消防器材设备设施入手，结合消防设备检修常见问题，提出了针对性的策略，希望对相关工作有所帮助。

关键词 石油企业；消防设备；检修

随着近年来油田产能建设的快速发展，油田在国民经济中的作用日益凸显。这不仅标志着能源生产领域的重大进步，也对确保国家能源安全提出了更高要求。特别是在油田设施管理和消防安全方面，保障油田消防设施的安全运行成为确保油田持续稳定发展的关键因素。面对油气开采和储运过程中的火灾爆炸风险，做好对消防设备的检修工作，提高其安全保障能力，是石油企业安全生产过程中的重要环节，更是维护社会稳定和经济发展的必要前提。

1 石油企业消防器材设备设施

1.1 灭火器

灭火器是一种简单易操作的消防器材，在火灾发生初期起到了重要的作用，尤其是对于石油企业而言，干粉灭火器由于其高效的灭火能力，成为油库等易燃易爆场所消防器材配置的重中之重。这种灭火器能够为单兵操作提供快速、有效的初期火灾扑救手段，是保障这些场所安全的基础设施之一。

1.2 固定及半固定灭火系统

油田的固定及半固定灭火系统是油田安全防护的重要组成部分，主要由供水冷却系统和泡沫灭火系统构成。这两种系统在油田火灾防控中发挥着至关重要的作用。供水冷却系统主要是通过高压供水的方式建立消防供水，确保消火栓、油罐喷淋系统及泡沫系统管网有充足的消防用水。在水压不足的情况下，会启用备用消防泵组进行补压，以满足灭火和冷却的需要。根据特定场所的需求，还可以配备固定式干粉灭火系统，进一步加强油田的火灾防控能力。

1.3 移动灭火系统

油田的移动式灭火系统是对固定灭火设施的重要补充，提供了灵活多变的灭火能力，以迅速应对火灾事故。该系统主要由泡沫消防车、水罐消防车以及移动式消防拖车组成。泡沫消防车携带泡沫液和水，适用于扑灭多种类型的火灾，特别是油品火灾。水罐消防车则提供大量灭火用水，支持现场的灭火需求。移动式消防拖车装载各类消防装备和工具，如消防水枪和泡沫枪，可针对不同火情进行有效应对。

2 石油企业的消防设备检修常见问题分析

2.1 油田消防管理存在的问题

石油企业虽配置有专职消防监督人员和义务消防队员，但缺乏配套的油田消防检修机构，人员编制不足，且消防专业知识不足，无法承担消防装备器材的检定检修工作，影响消防设施的正常运行，增加了安全风险。加之石油企业工作性质的差异，有的区域没有配备专门的消防器材检修设备，检修工作只能委托给油田专业维修部门，但由于资源和技术限制，检修质量无法得到保证，大型消防设备长期未经检修，或检修质量差，导致设备在紧急情况下无

作者简介：何云峰（1996—），男，助理工程师，现从事应急装备管理工作。

法正常使用，增加了安全隐患。大型消防装备器材送检至检测中心需要较长时间，少则一周，多则半月，在此期间，油田消防器材配备出现“真空”状态，这种“真空”状态为油田安全工作埋下隐患，一旦发生火灾等紧急情况，可能因缺乏必要的消防设备而无法及时应对。

2.2　油库消防设备、设施存在的问题

固定及半固定灭火系统在长期使用过程中，可能会出现消防管网局部锈蚀、裂纹，管路积垢或堵塞，消火栓出口压力低，泡沫比例混合器管路堵塞，喷淋喷嘴堵塞，泡沫灭火剂失效等多种问题，这些问题会严重影响灭火系统的有效性，增加火灾时的安全风险。泡沫液的性能好坏直接关系到泡沫灭火装置的灭火能力，由于缺乏专门的泡沫液检测设备和消防知识，基层要害单位只能依赖厂家提供的质量报告，存在使用质量不合格或过期泡沫液的风险，使用不合格或过期的泡沫液，可能导致灭火效果大打折扣，增加火灾事故的严重性。

3　石油企业的消防设备检修对策

3.1　优化油田消防管理工作

3.1.1　加强消防技术力量

加大消防专业知识和技能的培训力度是基础。通过定期组织消防培训课程，邀请消防专业人员进行讲解和操作演练，确保每位消防监督人员和义务消防队员都能熟练掌握消防安全知识和装备操作技能，从而在紧急情况下能够迅速有效地采取应对措施。与专业消防检修机构建立合作关系，委托专业机构负责消防装备器材的检定和检修，是解决人员和技术限制的有效途径。这种合作不仅可以保证消防设备的正常运行和有效性，也有助于提升油田消防安全管理的专业水平。加强消防安全意识的宣传和教育对于营造安全的工作环境至关重要。通过多种渠道和形式进行消防安全宣教，如举办消防安全知识讲座、发布消防安全提示、开展消防演习等，提高全体员工的消防安全意识，确保每位员工都能在火灾等紧急情况下采取正确的自救和互救措施。建立健全的消防安全管理体系，明确消防安全责任制，定期进行消防安全检查，及时发现并消除安全隐患，是确保油田消防安全的长效机制。通过这些综合措施的实施，能够有效提升油田消防安全管理水平，保障油田安全生产和员工生命财产安全。

3.1.2　保证检定检修质量

加强与专业维修部门的合作，建立更为严格的质量控制标准，确保所有委托的检修工作都能达到统一的高质量要求。其次，考虑到专业维修资源的有限性，可以探索建立跨单位的共享机制，通过资源整合，提升消防设备检修的整体效率和质量。此外，加大对消防安全管理和设备维护的投资，逐步提升各要害单位自身的检修能力，是根本解决长期安全隐患的有效路径。同时，定期对消防设备进行风险评估和安全检查，确保及时发现并解决潜在的安全问题，保障单位人员和财产的安全。

3.1.3　缩短检定检修时间

石油企业在送检大型消防设备期间，从其他不影响安全的区域或通过租赁等方式临时调配替代设备，以保持消防装备的连续可用性。可以与检测中心协商优化检修流程，争取缩短检修时间，同时保证检修质量。加强消防安全管理和应急响应训练，提升全体员工在缺少部分消防设备情况下的应对能力，也是减轻检修期间安全隐患的有效措施。通过这些措施的实施，可以在确保消防装备检修质量的同时，最大限度地降低检修带来的安全风险。

3.2　油库消防设备设施存在的问题

3.2.1　固定及半固定灭火系统

确保固定及半固定灭火系统的有效性对于油田安全至关重要，尤其是在满足 GB 50074《石油库站设计规范》中消防部分的要求方面。配备快速标准测试水枪和超声波流量测试仪，不仅提升了对消防系统的检测能力，还大大增强了应对紧急情况的准备。快速标准测试水枪能够对地面罐组周围的消火栓工作压力进行快速且准确的测试。这一点对于确保在火灾发生时消防供水系统能够提供足够的水压和水量至关重要。它使得评估工作更加迅速和精准，从而确保了消防系统的响应能力能够满足紧急需求。超声波流量测试仪的引入为泡沫灭火系统的管路检测提供了便利。这种设备可以在不拆卸管路的情况下进行检测，有效地评估消防管线的流量和状态是否符合设计规范。这不仅减

少了检测工作对日常操作的干扰，还提高了检测工作的效率和准确性。这些先进设备的应用还有助于及时识别消防系统中的潜在问题，如管网堵塞、泄漏或其他影响系统性能的因素。通过及时地检测和维护，可以有效避免这些问题演变成更大的安全隐患，从而提高油田消防安全管理的整体效能。为了进一步提升消防系统的可靠性，还需要加强使用这些测试设备的操作人员的培训。确保他们具备相关的专业知识和操作技能，能够正确使用这些设备进行检测和评估，是确保检测结果准确性的关键。加强设施的日常自检和定期专业检修机制，确保所有消防设施都能定期接受严格的检查和必要的维护。通过建立一个详细的检修日程表和维护记录，可以确保每项设施都不会错过检修时间，同时也便于追踪设备的历史维护记录。对于检修过程中发现的问题，比如消防管网的锈蚀、裂纹或管路的堵塞等，应立即采取有效措施进行修复。这可能需要引入专业的维修团队进行精密的检测和维修，确保所有问题都能得到及时且有效的解决。加强消防系统使用和维护人员的培训工作也极为重要。通过定期的培训和演习，不仅能提升人员对消防设施故障的识别和处理能力，还能增强其应对突发火灾事件的紧急反应能力。培训内容应包括最新的消防技术知识、设备操作规程以及应急处置流程等。随着消防技术的不断进步和安全需求的变化，对消防设施进行及时的更新换代也显得尤为重要。

3.2.2 干粉灭火器的检定检修

在油田安全管理体系中，干粉灭火器扮演着不可或缺的角色，它的正确维护和检修直接关系到油田紧急情况下的安全响应能力。因此，依据国家或行业标准，比如 GB 4351《手提式灭火器通用技术条件》和 GA 95《灭火器的维修与报废》，进行严格的维修工艺是保障干粉灭火器效能的基础。进行定期的功能检查和性能测试是确保干粉灭火器可靠性的首要步骤。这包括对灭火器的启动机制、喷射力度、干粉的流动性等进行全面测试，确保在需要时，每台灭火器都能立即投入使用，并发挥最大效能。对干粉灭火器的外观、压力和干粉质量等关键参数进行细致的检验，对于发现的任何异常情况，都应立即进行处理。比如，检查灭火器外壳是否有损坏或锈蚀，压力指标是否符合规范要求，以及干粉是否受潮或结块，这些都是保证灭火器正常工作的重要因素。建立和完善灭火器的维护和检修记录也非常重要。通过记录每次检修的日期、检修内容以及检修后的测试结果，可以帮助管理人员掌握灭火器的使用状态和维修历史，对于提高灭火器管理的效率和质量具有重要作用。加强对维修人员的培训，确保他们掌握最新的维修技术和标准，是提高维修质量的关键。定期参加专业培训，不仅能够提升技术人员的专业技能，还能帮助他们了解行业最新的发展趋势和技术更新，从而更好地完成维修任务。

3.2.3 泡沫灭火性能评估

引进或共享专业的泡沫液检测设备，对新购买的泡沫液进行独立性能测试，进一步确保泡沫液的性能能够满足实际灭火需求。独立检测可以作为对供应商质量保证的一个重要补充，确保每批泡沫液的性能都能达到预期标准。根据 GB 15308《泡沫灭火剂通用技术条件》等相关标准，定期进行性能评估和检测，是保障泡沫灭火剂能够在需要时发挥最大效能的基础。这一过程包括了对泡沫灭火剂多方面性能的综合评估，如其稳定性、黏度、扩散能力及对不同类型油品的覆盖和灭火效果。性能评估和检测不仅限于泡沫灭火剂的实验室测试，还应包括其在模拟或实际灭火场景中的应用测试。这能够更全面地反映泡沫灭火剂的实际效能，确保其能够在各种火灾情况下提供有效的灭火作用。此外，对泡沫灭火剂的容器和储存条件也应进行定期检查，防止因存储不当导致的泡沫灭火剂性能降低或失效。确保泡沫灭火装置的灭火能力至关重要，特别是在油田这样的高风险环境中。针对油田基层要害单位在泡沫液检测设备和消防知识方面存在的不足，采取一系列有效措施对提升泡沫液质量监管和使用效果至关重要。建立与信誉良好的泡沫液供应商的长期合作关系是基础。通过严格的供应商评估和产品质量审查机制，企业可以确保所购买的泡沫液完全符合国家和行业的严格标准。这一步骤确保了泡沫液的基本质量和安全性，为灭火效果提供了第一道保障。加强消防安全培训，提升员工对泡沫灭火系统的认识和正确使用方法至关重要。通过定期的培训和演练，员工不仅能够了解泡沫液的储存和更换周期，还能够掌握泡沫灭火装置的正确操作方法，从而在实际火灾发生时能够迅速有效地采取措施，避免使用过期或性能不达标的泡沫液。定期进行泡沫灭火系统的演习和测试，不仅可以检验泡沫液的灭火效果，还能提高员工在紧急情况下操作设备的熟练度。同时，建立泡沫液性能和使用记录，对泡沫液的更换周期和使用效果进行跟踪，有助于及时发现问题并采取相应措施。

4　结语

综上所述，油田消防工作的深入开展，体现了对油田火灾预防和应对能力的重视，是确保油田安全生产和员工生命安全的关键措施。通过系统地普及消防知识，提高企业人员的消防意识，促进石油企业安全管理体系的完善和正规化建设。这一操作不仅在社会安全领域产生了积极影响，还为油田经济的稳定增长提供了坚实保障。继续推进消防安全工作，加强消防人员培训和设备更新，将进一步提升油田的安全管理水平，为油田的持续健康发展奠定坚实基础。

参 考 文 献

1　高庆超．石油化工企业消防安全及灭火救援准备工作探讨[J]．化纤与纺织技术，2023，52(11)：87-89.

2　孙俊杰．如何做好建筑消防设备设施的安全监督检查[J]．中国住宅设施，2023(9)：97-99.

3　吉宏彬．高层综合楼消防设备施工及施工工地监督检查研究[J]．中国设备工程，2023(13)：223-225.

4　刘创新．易燃易爆化学危险品场所消防监督管理探析[J]．当代化工研究，2023(12)：191-193.

5　丁京．浅谈石油化工企业消防设备设施管理常见误区及解决措施[J]．中国设备工程，2023(11)：74-76.

6　杨洋．化工企业消防隐患及防火策略[J]．化工管理，2023(15)：98-100.

催化裂化备用主风机组盘车异常振动的原因分析及处理

周 旭 符 辉 冯 龙

（中国石油宁夏石化分公司，宁夏银川 750026）

摘 要 基于SG8000机组在线监测诊断系统，针对宁夏石化催化装置备用主风机组启动前盘车出现异常情况进行分析，结合振动趋势、幅值、时频信号分析，得出是由盘车器内部传动部件啮合异常造成的。及时发现潜在隐患，关注盘车器内部啮合情况及时处理并在后续盘车过程中杜绝了此类问题的发生，为日后类似情况的发生提供有价值的参考。

关键词 机组盘车；振动；啮合频率；盘车器

主风机组作为炼油催化裂化装置的核心设备，是直接关系到整个炼油装置经济指标的大型关键机组，其运行状态直接影响到催化裂化乃至整个炼油装置的加工负荷和长周期平稳运行，而机组盘车设施是确保大型机组转子安全、减小上下汽缸温差及冲转力矩的重要设施，其运行正常与否直接影响机组的安全运行。

近年来，随着石油化工行业装备制造水平工艺的提升以及状态监测诊断水平的提高，大型机组的故障诊断愈发成熟，现场人员基本能准确判断故障并采取有效措施，避免了机组损坏、装置停车等次生重大事故的发生，同时状态监测诊断及预测性维护对机组长周期运行也具有实际指导意义。

1 概述

宁夏石化公司260万吨/年重油催化装置主风机组一开一备，主风机组为典型三机组布置，主要由烟气轮机、轴流式风机、齿轮箱以及异步电动/发电机组成。备用主风机由异步电动机组、齿轮箱、轴流式风机组成。备用主风机型号为AV71-12，齿轮箱型号为GD-63，异步电机型号为YCH1000-4。

备用主风机K-102如图1所示，压缩机由陕鼓动力股份有限公司制造，机型为AV71-12，形式为水平剖分式轴流式压缩机，共12级叶片，出、入口工作压力分别为0.37MPa和大气压；机组额定转速为4690r/min，轴功率为12795kW。两侧为椭圆瓦轴承，使用沈鼓测控在线监测系统。

2024年7月宁夏石化公司炼油装置停工检修，8月底检修收尾阶段，备用主风机交出计划启机引主风，催化装置启备机前盘车，盘车过程中发现备用主风机压缩机四通道振动偏高，查看历史盘车趋势记录，四通道振动幅值位于12～18μm区间，本次备用主风机启机前盘车，压缩机四通道均出现明显上涨（见图2），其中压缩机排气侧轴排1214X上涨至18.91μm，轴排1214Y上涨至21.52μm，进气侧1213X上涨至50.72μm，进气侧1213Y上涨至79.18μm（见图3）。盘车转速为30r/min。盘车器为齿轮及蜗轮蜗杆传动结构。

2 振动信号分析

备用主风机组搭载了沈鼓测控SG8000状态监测系统，该系统可采集机组开机、停机、运行等不同状态下的参数，并转换成相应的趋势、相位、频谱等图谱进行监测。

查看该四通道长期间隙电压趋势（见图4），间隙电压启停过程存在大幅波动，启停间隙电压趋势波动不具备参考意义，且四通道同时信号异常的可能性较低。

以压缩机进气口通道轴进1213Y通道为例，查看以往盘车时频信号（见图5），可见频域以工频及谐频信号为主，整体幅值及通频值偏低。而本次异常状态下（见图6），时域密集，呈现不对称特征，凸显高频大。频域出现明显噪带，且能量以5.89Hz（11.78×）及两侧噪带和模糊调制信号为主，压缩机其余各通道信号出现类似同样情况。

作者简介：周旭（1991—），男，2014年毕业于天津大学过程装备与控制工程专业，现从事动设备管理、转动设备状态监测管理、精益化大检修管理工作。

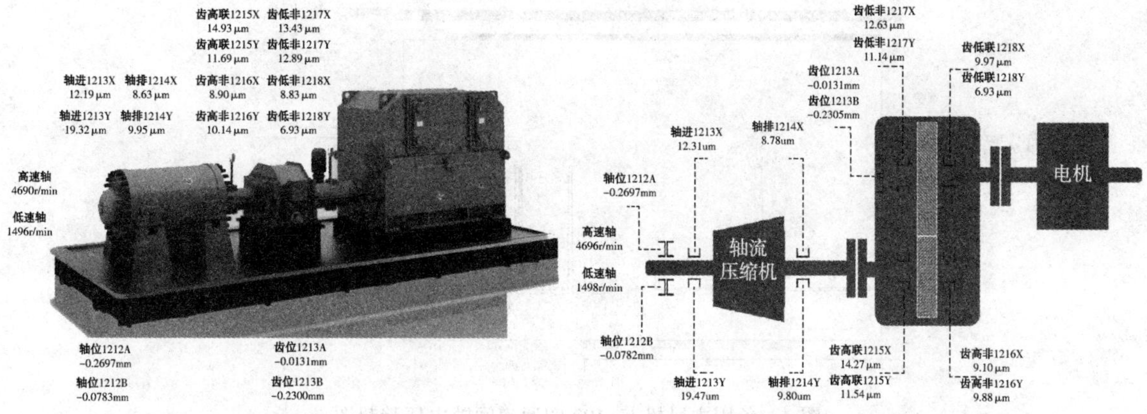

(a)机组概貌　　(b)测点布置图

图 1　备用主风机组概貌及测点布置图

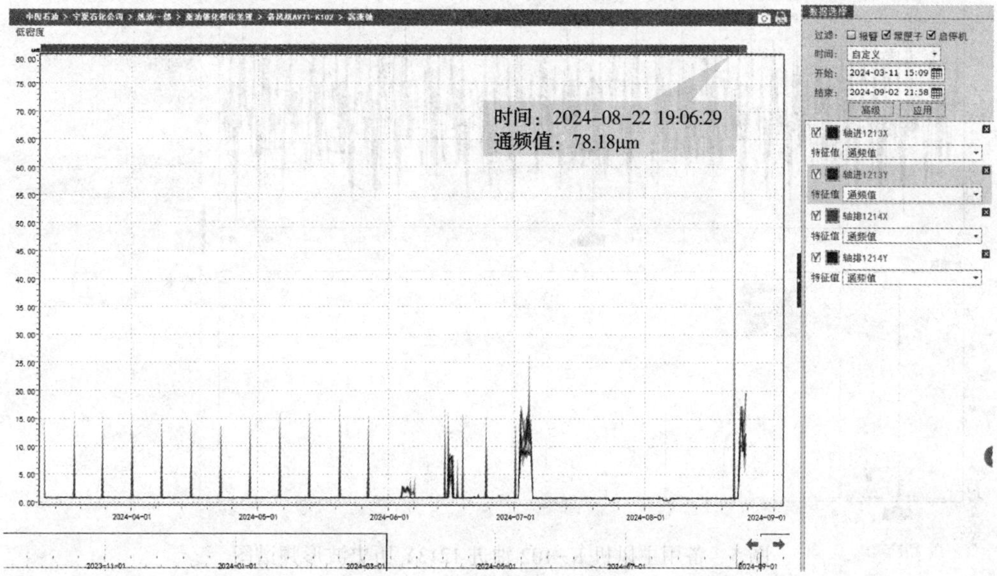

图 2　备用主风机 K-102 历史盘车及运行振动趋势图

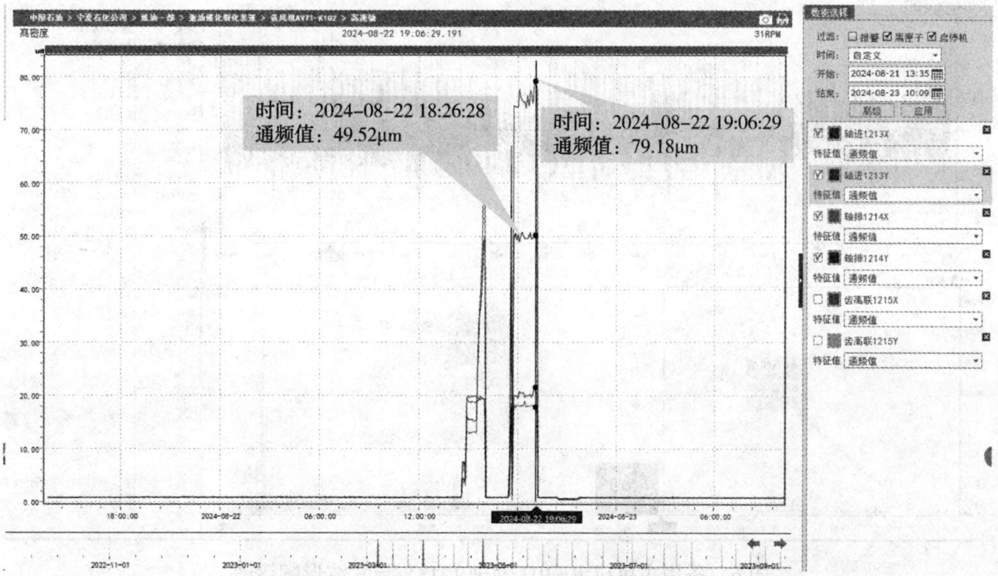

图 3　备用主风机 K-102 盘车期间异常趋势图

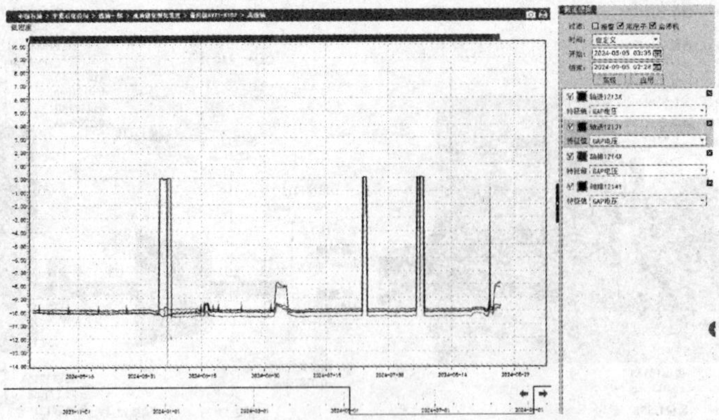

图4 备用主风机 K-102 四通道间隙电压趋势图

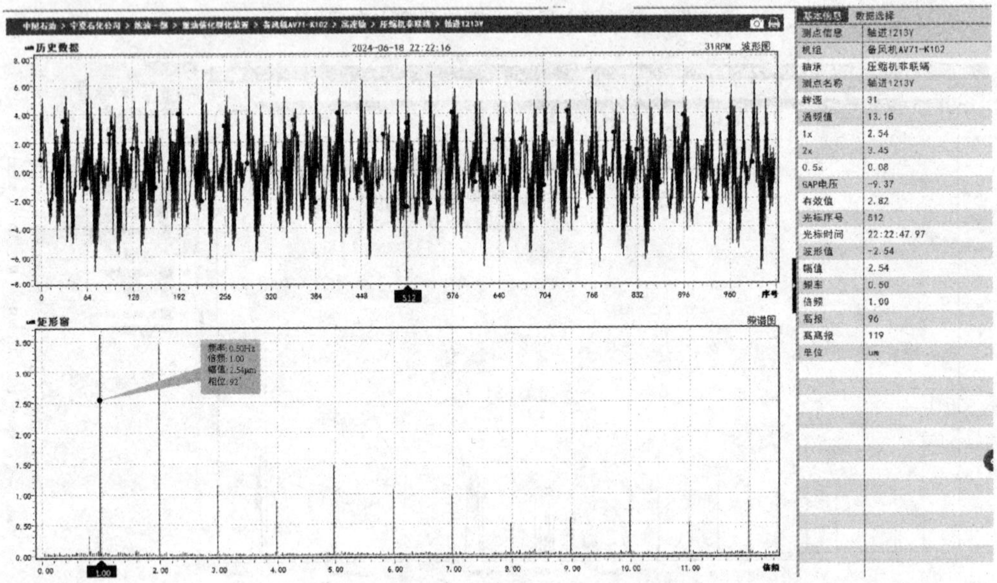

图5 备用主风机 K-102 轴进 1213Y 历史波形频谱图

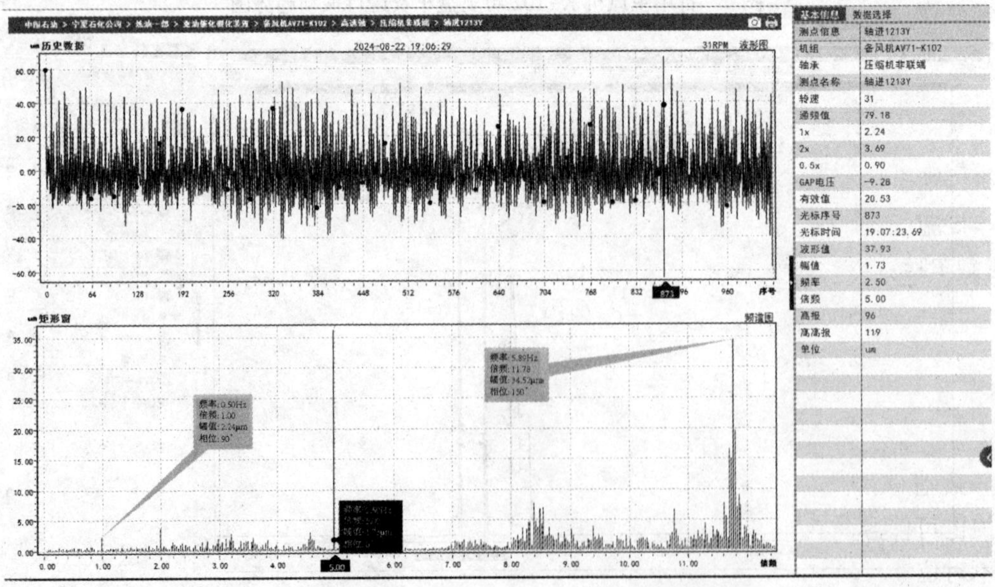

图6 备用主风机 K-102 轴进 1213Y 异常波形频谱图

现场观察机组结构，机组盘车期间，盘车器运行，结合频谱及听诊情况初步怀疑故障激振源为盘车器内部传动信号(见图7)。顶升油泵启动后，转子被油膜托起，机组采集瓦振，距离盘车器远端的轴进1213XY两通道振动通频值均明显大于近端轴排1214XY，若振动激振源为盘车器，转子远端因油膜托起，可视为自由端，会存在激励受迫放大作用。

图7　备用主风机K-102现场概貌图

查看盘车器图纸，无内部装配图，仅知为齿轮及蜗轮蜗杆传动结构，蜗轮输出转速与盘车转速一致，若盘车器异常，则5.89Hz(11.78×)应为内部齿轮及蜗轮蜗杆啮合相关特征频率。若知道相关参数，可通过传动计算验证内部传动部件啮合频率。

综上分析认为：其原因大概率为盘车器齿轮或蜗轮蜗杆啮合不良，现场评判后建议针对盘车电机主轴沿旋转方向要提前旋紧，保证啮合良好后再启动盘车，防止未旋紧状态下启动盘车电机因啮合错位甚至蜗轮与蜗杆碰撞损坏导致盘车设施失效。

3　常见盘车啮合不到位的原因

1）齿轮啮合错位

齿轮的精度与稳定性对系统的工作效率和性能影响很大。齿轮的齿形、齿距、压力角等误差，以及齿轮之间的安装位置或间隙不正确，都可能导致啮合错位。此外，齿轮运转时的载荷和磨损也可能导致齿形和尺寸改变，进而造成啮合不对位。

2）轴错位

轴错位可能是由制造公差和轴-轴承系统变形引起的载荷导致的。这种变形可能来自周围零件的外部载荷，也可能是齿轮啮合力产生的内部载荷。随着齿轮箱向更高功率密度发展，内部载荷增加，而结构变得更轻，导致周围结构的刚度变小，从而出现更大的轴错位。

3）制造公差和轴-轴承系统变形

这些因素可能导致齿轮箱的轴错位，进而影响盘车的啮合。制造公差和装配过程中的误差，以及轴和轴承系统的变形，都可能造成盘车过程中啮合不到位。

4）内部载荷增加和周围结构刚度变小

随着齿轮箱向更高功率密度发展，内部载荷增加，而同时结构变得更轻，导致周围结构的刚度变小，这可能会加剧轴错位，从而影响盘车的正常啮合。

4　采取的措施及效果

结合机组实际运行监测情况和以往盘车历史记录，确认本次机组盘车异常是由盘车器啮合不良导致的。盘车停机后盘车电机主轴沿旋转方向提前旋紧，保证啮合良好后再启动盘车，轴系振动恢复原有盘车振动范围(见图8)，以此验证高振值确为盘车器啮合问题造成的。

5　总结

备用主风机组启机前盘车运行过程中，四通道出现异常高振值，通过时频信号、现场听诊及机组结构分析，猜测为盘车器内部传动部件啮合不良，通过现场操作，验证了这一猜想，有效解决了盘车过程中的隐患。本次也从振动监测信号采集分析的角度，为大型机组启动盘车过程中的异常振动提供了一定的参考。但遗憾的是无盘车器内部具体结构参数，否则可以通过计算得出传动部件特征频率，精确验证异常原因。

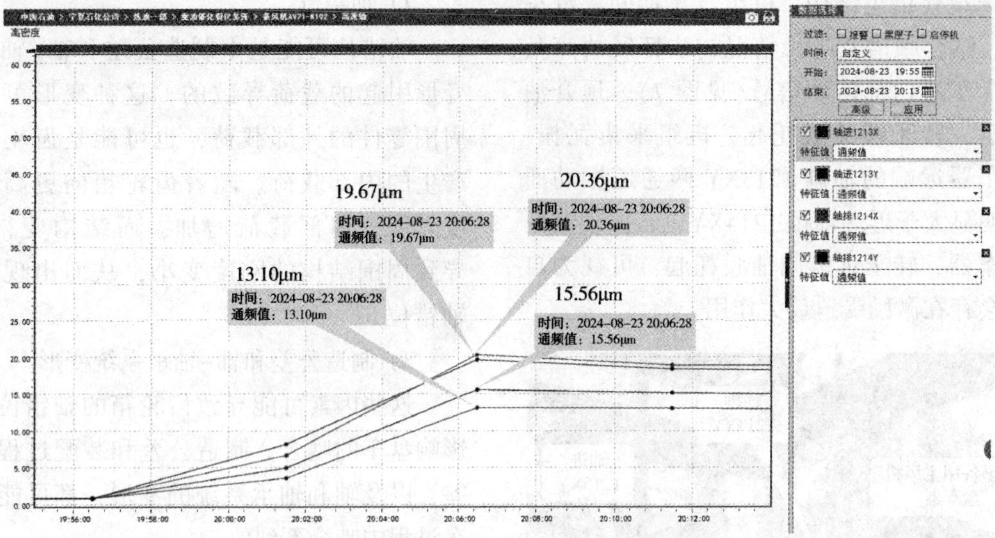

图 8　调整后启动盘车后机组四通道振动图

参　考　文　献

1　侯思远，郑辉，王东旭．MN80/120 凝汽式汽轮机盘车啮合故障分析及处理[J]．广州化工，2021，49(1)：92-93.

2　何伟纪．空压机组透平盘车器工作异常的分析处理[J]．石油化工设计，2012，29(4)：27-29+6.

催化裂化装置主风机电机振动异常分析与处理

沈国峰[1]　朱思勉[1]　刘泽攀[1]　王少敏[2]

（1. 中国石化上海石油化工股份有限公司设备动力部，上海　200540；
2. 上海海岱科化工科技有限公司，上海　200540）

摘　要　在大型机组运行过程中，动静碰磨是常见的故障之一，如果处理不及时，极有可能造成严重后果。本文对催化主风机电机在开车后出现的振动波动现象进行了分析，介绍了机组概况和主要参数，通过振动机理研究和振动特征分析，判断出动静碰磨故障，并提出了合理的应对措施，确保了装置的稳定运行。

关键词　振动；动静碰磨；旋转性不平衡；频谱分析

1　设备概况

上海石化 2#重油催化裂化装置 2012 年投产，主要原料为经过渣油加氢处理后的重油，设计规模为 350 万吨/年，装置主要产品是汽油组分、液化气、柴油组分，同时副产干气、油浆组分及焦炭。装置主风机组是 FCCU 三机组方案，由烟气轮机、主风机、增速箱、电动/发电机组成，回收能量的烟机与主风机同轴运行，主风机为轴流风机，机组工艺流程如图 1 所示。主风机和电动/发电机参数如表 1 所示。

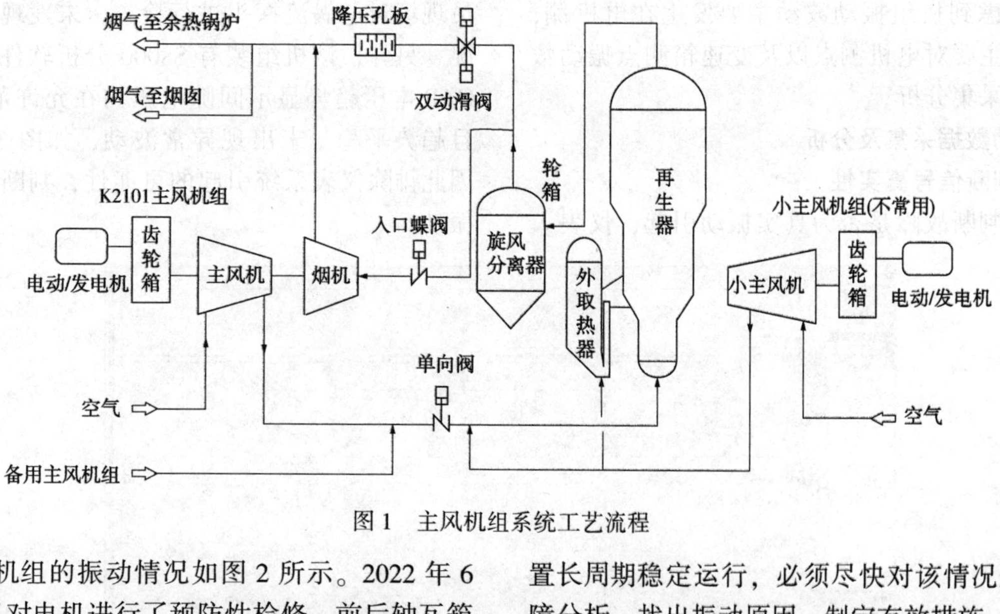

图 1　主风机组系统工艺流程

该机组的振动情况如图 2 所示。2022 年 6 月 24 日对电机进行了预防性检修，前后轴瓦箱打开检查，清洗油箱，测量轴瓦间隙。2022 年 8 月 13 日主风机开机运行，于 8 月 14 日发现电机驱动侧及非驱动侧轴振幅值出现较大波动。最大波动测点为电机驱动侧测点 VT11518，振动幅值在 15.3~40.2μm 之间波动。为了确保装置长周期稳定运行，必须尽快对该情况进行故障分析，找出振动原因，制定有效措施。

作者简介：沈国峰，男，上海人，1992 年毕业于上海石化工业学校石油化工机械装备专业，高级工程师，长期从事炼化企业转动设备管理工作。

表 1 机组详细参数

主风机参数		电动/发电机参数	
流量/(m^3/min)	5936	型号	YCH1120-4
入口压力/MPa(A)	0.1	额定电压/V	10000
入口温度/℃	16.2	额定频率/Hz	50
出口压力/MPa(A)	0.45	轴瓦润滑形式	强制润滑
出口温度/℃	198	厂家	上海电气
转速/(r/min)	3720	转速/(r/min)	1488
级数	13	极数	4
轴功率/kW	23894	功率/kW	20000

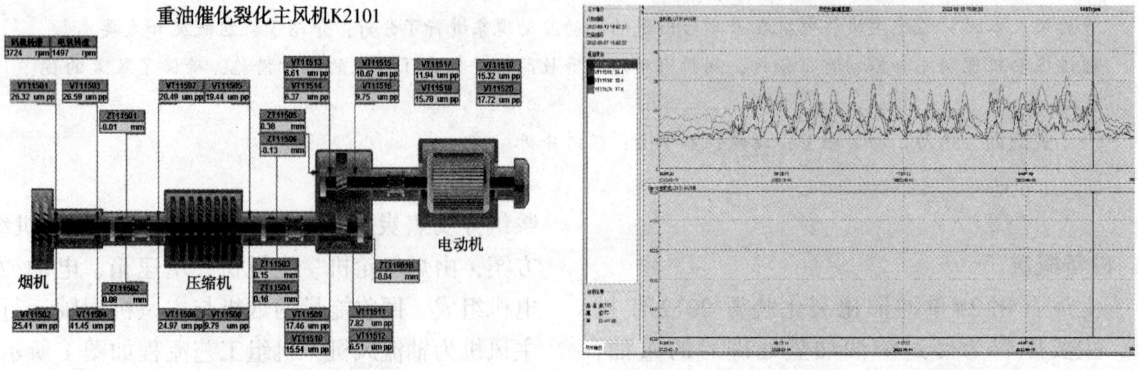

(a)振动测点布置 (b)驱动侧及非驱动侧振动出现波动

图 2 电机振动情况

考虑到机组振动波动主要发生在电机侧，本文将主要对电机测点以及变速箱测点振动数据进行采集分析。

2 振动数据采集及分析

2.1 判断信号真实性

为判断故障是否为真实振动引起，仪表人员现场对电涡流探头进行检查，未发现异常情况。另外，该机组装有 S8000 分析软件，测点 GAP 电压趋势显示间隙电压均在允许范围内，且趋势平稳，未出现异常波动，如图 3 所示，因此排除仪表系统引起的可能性，判断为真实振动。

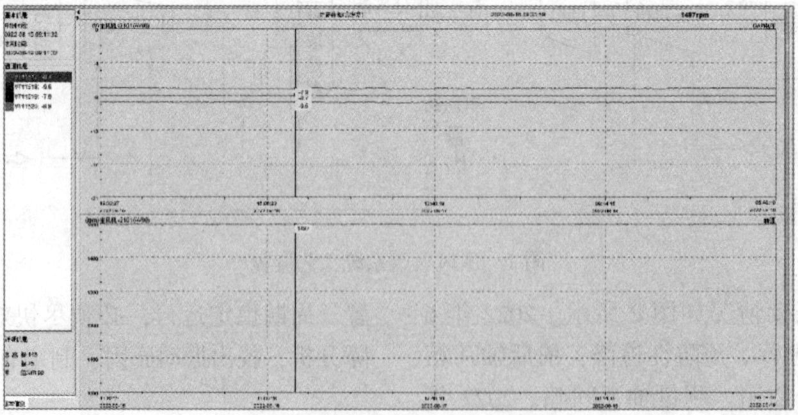

图 3 电机测点 GAP 电压趋势

2.2 电机振动情况

对 8 月 15 日~8 月 19 日的电机测点进行分析，从图 4(a)电机测点振动趋势图中可以看出，振动幅值变化较为规律，振动幅值缓慢上升，到达顶峰后缓慢降低，每个周期持续时间为 1.5~2.5h。振动测点的主导频率为电机 1 倍转频，见图 4(b)，占比超 88%(22.9/26.2)，即电机测点振动幅值变化以电机 1 倍频变化为主。

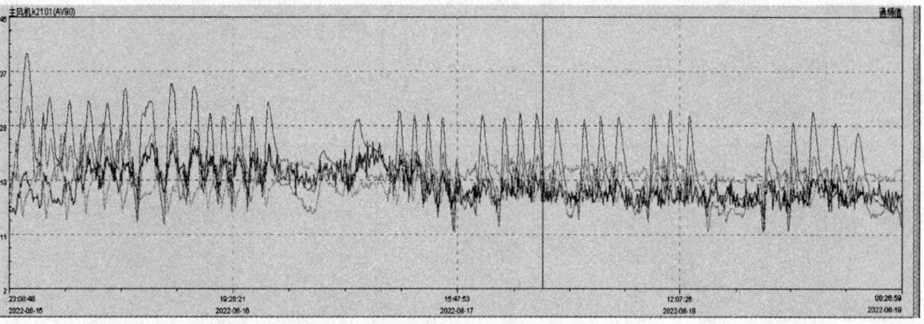

(a)电机测点振动通频值趋势

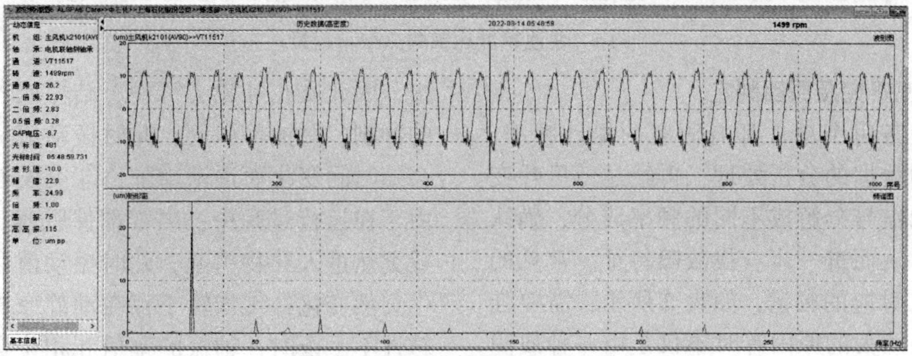

(b)VT11517测点振动频谱分析

图 4　电机振动数据采集和分析

2.3　电机测点相位

对 8 月 15 日~8 月 19 日的电机测点相位进行分析，4 个测点的相位均有变化，其中电机非驱动端测点 VT11518 及电机驱动端测点 VT11517 相位在 0°~360°范围内大幅变化，波动周期与振动幅值波动周期相同，约为 1.5~2.5h，如图 5 所示。

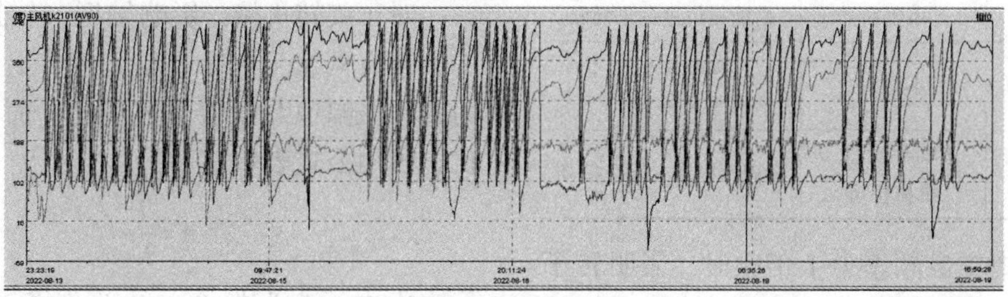

图 5　电机测点相位变化趋势

2.4　变速箱测点振动情况

观察 8 月 15~19 日的变速箱低速轴测点的振动趋势(见图 6)，测点 VT11513/VT11514 为靠近主风机联轴器测点，振动值为 6μm 左右，振动较小且趋势比较稳定；测点 VT11515/VT11516 为靠近电机联轴器测点，振动值在 8~12μm 之间波动。通过 4 个测点的振动幅值波动情况可以看出，靠近电机联轴器测点较为明显，但是总体振动幅值较小，因此可以排除齿轮箱对电机的影响。

通过上述对振动数据的采集及分析可以看出，本次电机振动异常是真实的，振动波动幅度较大，波动周期为 1.5~2.5h，相位也同步发生了大幅度变化，振动的主要频率为 1 倍频主导，且排除了齿轮箱对电机振动的影响。

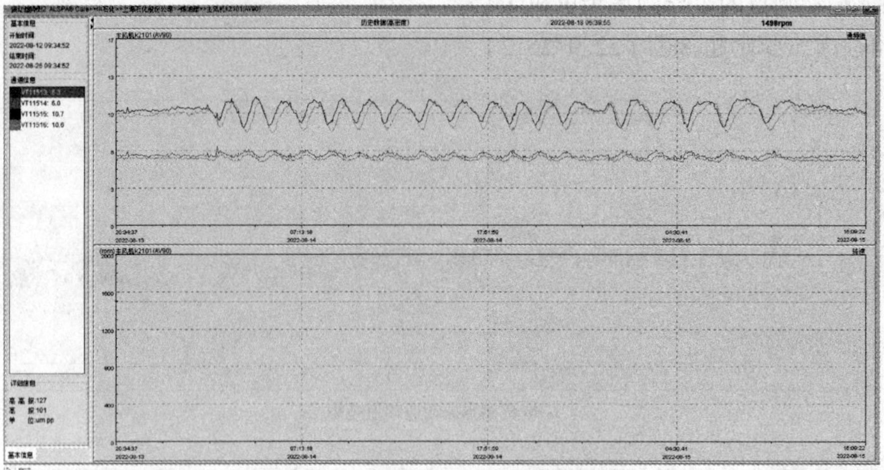

图 6　变速箱低速轴测点振动趋势

3　振动机理研究及原因判定

转动设备每个部件都有固有的振动频率，通过对振动数据的分析处理，再经过傅里叶变换，将振动信号分解成不同的频率成分，确认主导频率，从而进一步查找故障特征。常见的故障特征及对应的频谱，如表 2 所示，需要强调的是，振动大的原因有时不仅是由一种故障引起，有可能是由多种故障共同导致的，必须结合实际运行状况判断。

表 2　常见的频谱特征及故障类型

频谱主导频率	故障类型及原因	备　注
0.5×	油膜涡动、旋转失速	
1×	不平衡	借助相位进一步判断
2×	不对中	轴心轨迹为香蕉形或外“8”字形
3×、4×、5×…，n×以上	基础刚度差、机械松动	紧固件松动、配合松动

当频谱中主导频率为 1 倍频时，表明转子部件出现了不平衡问题，是最常见的一种情况。按照不平衡发生的过程来分，通常分为原始性不平衡、渐变性不平衡、突发性不平衡、动静摩擦引起的旋转性不平衡四种情况：①原始性不平衡一般是由加工制造误差引起或者转子发生了弯曲，这种情况发生时，振动的幅值和相位都会相对稳定，轴心轨迹为椭圆形状，该情况只能通过动平衡、弯曲转子校直等方式进行恢复；②渐变性不平衡是由于转子在运行过程中，因介质在叶轮上沉积、结垢或者颗粒介质的冲刷、腐蚀等引起，此时振动值和振动相位会随时间变化而逐渐增加；③突发性不平衡是由于在运行过程中，因零部件脱落、叶片断裂或突然进入异物引起，此时振动值和相位会发生突然变化；④当转子存在动静摩擦引起的旋转性不平衡时，轴振的幅值和相位会发生周期性波动，其中相位的变化取决于旋转性不平衡量的占比大小，当旋转性不平衡振动大于转子原始不平衡振动时，相位将变化 360°，如果旋转性不平衡振动小于转子原始不平衡振动，则振动相位只在一定范围内变化。

3.1　振动机理研究

对于旋转机械，影响轴振（转轴相对振动）的因素有两个，一个是动刚度，另一个是激振力；轴振幅值与激振力成正比，而与刚度成反比，可用公式表示。

$$A=\frac{P}{K_d}$$

式中：A 为振幅；P 为激振力；K_d 为动刚度。

3.1.1　动刚度 K_d 影响

动刚度通常指轴瓦支撑刚度和油膜刚度，本次检修未对轴承座、轴瓦进行调整，且电机在上个运行周期中，振动趋势稳定，因此可以认为轴瓦支撑刚度未发生变化，此时仅需要考虑油膜刚度对振动幅值的影响。

轴颈与轴瓦之间油膜刚度随着油膜厚度增

大而显著降低，而轴瓦油膜厚度与轴瓦形式、转子转速、轴瓦间隙、刮瓦工艺、运行工况、油温等因素有关。电机(固定转速)运行后，轴瓦形式、转子转速、轴瓦间隙、刮瓦工艺是确定不变的，故需要重点考虑油温和油压引起轴振波动的可能。

8月15日~8月19日，现场对润滑油油压进行了调整，从0.32MPa调整到0.3MPa，跟踪发现轴振动波动情况，未发生明显变化，机组的振动波动与润滑油的油压油温、电机电流无明显对应关系。因此，排除机组振动波动由轴瓦支撑刚度、轴颈与轴瓦之间油膜刚度引起的可能性。

3.1.2　激振力因素

结合机组振动以电机1倍转频(25Hz)为主的振动特征，可以排除电气异常故障。分析引起该振动的激振力有两种，一是转子不平衡力，二是联轴器对中不良，而联轴器对中不良引起的振动是稳定的，不会发生波动，因此引起电机振动波动的激振力为转子不平衡力。该机组振动波动发生在运行中，且振幅由大到小，再逐渐增大，呈周期性变化，相位在一个周期内变化360°，属典型的旋转不平衡特征。

旋转性不平衡产生的机理：当转子与某些静止部件发生摩擦时，由于传热的时滞效应，转轴上温度高点滞后于位移高点，又因机械滞后角的存在，转轴位移高点又滞后于不平衡力的方向。转子在旋转过程中，转轴与某些静止部件摩擦引起热弯曲，从理论上分析，弯曲高点连续不断后退，便产生了旋转性不平衡。

产生这种振动现象说明转子上存在一个随时间变化而缓慢旋转的不平衡量，当旋转性不平衡与转子原始不平衡在同一方向时，呈现的振动为最大；相反，当旋转性不平衡与转子原始不平衡方向相反时，呈现的振动为最小。相位的变化取决于旋转性不平衡产生的振动幅值，当旋转性不平衡振动大于转子原始不平衡振动时，相位将变化360°；如果旋转性不平衡振动小于转子原始不平衡振动，则振动相位只在一定范围内变化。

3.2　振动原因判定

综合上述分析可知，电机振动频谱为1倍频占主导地位，振动幅值和相位一直在周期性波动，所以振动特征属于旋转性不平衡，激振力与动静部件摩擦有关。结合电机结构，分析故障原因如下：

(1) 轴颈与轴瓦乌金摩擦。轴颈与轴瓦乌金摩擦，轴颈产生较大不均匀受热的原因有两个，一是轴瓦间隙偏小，该情况存在时，易造成乌金挤压，进而导致轴瓦温度波动，观察振动与轴瓦温度趋势，未见两者有明显对应关系；另一个是轴颈与乌金接触角过大和刮瓦不当，该情况存在时，刮瓦工艺改善前振动波动将长期存在。实践中轴颈与轴瓦乌金摩擦，引起旋转性不平衡的情况很少发生。

(2) 转轴与密封部位摩擦。转轴与密封材料(聚氟乙烯、浮动和接触式油挡、接触式汽封、毛毡)、滑环与碳刷、整流子与碳刷、轴颈与轴瓦、发电机密封瓦与转轴之间的摩擦，都将使转子产生一定量热弯曲，其弯曲方向将周期性变化，从而发生旋转性摩擦。由于电机两侧安装有浮动式油封和接触式密封，此部位存在摩擦的可能性最大。

4　应对措施及效果

4.1　应对措施

出现摩擦故障后，采取的主要方法有以下两种：

(1) 采用摩擦的方法扩大动静间隙。该方法需要在机组振动波动稳定、不发散的情况下执行，执行过程中需要对机组进行特护，如果振动出现大幅度波动或者上升速度过快，需要立即进行降速，在低转速稳定运行一段时间后再升速。一段时间后，动静间隙磨大了，摩擦引起的振动就消失了。

(2) 停机检查。重新调整动静部位的配合间隙。

4.2　处理效果

因生产需要，机组不能立即停机，且机组电机振动幅值还未达到高报(振动最大测点幅值为40.2μm，电机测点高报为75μm)，另外考虑到实践中轴颈与轴瓦乌金摩擦引起旋转性不平衡的概率很低，故决定采用摩擦的方法扩大动静间隙。8月21日，电机振动波动放缓，振动幅值变小(振动最大测点幅值为23.5μm)，如图7所示。由于电机轴振波动仅持续约一周时间，更加确定可以排除轴颈与轴瓦乌金摩擦引起旋转性不平衡的可能。同时，也表明电机转轴的碰磨已基本消除，机组可以继续运行，装置无需停车，总体风险可控。

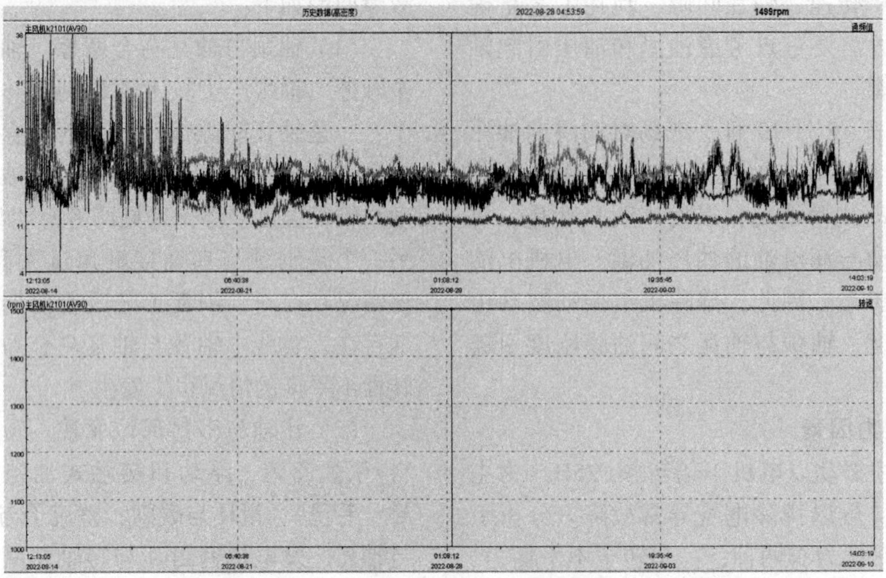

图7　2022年8月14日~9月10日电机测点振动趋势图

5　现场解体验证

按照预防性检修策略要求，2024年5月对主风机电机轴瓦进行了解体检查，发现电机两侧轴瓦巴氏合金均未出现挤压状况，而电机两侧填料密封和轴颈存在摩擦，电机两侧浮动油封位置与转轴也均存在摩擦痕迹。该情况与之前的理论分析结果完全相符，证明了整个推断过程的准确性、科学性。

6　结语

摩擦故障不仅在机组运行过程中会发生，在空负荷和带负荷的启停过程中也会发生，如果处理不及时，极有可能发生重大事故；处理不正确，也会造成不必要的停机，影响装置开车计划及公司经济效益。本次主风机电机碰磨故障，通过应用S8000故障诊断软件、PHD工艺参数实时数据分析，以及对旋转不平衡机理的正确理解与判断，在确保安全运行的前提下避免了非必要的停机，在不停机的情况下故障得以改善直至消除，为大型机组动静碰磨故障提供了判断方法和处理手段。

参 考 文 献

1　周伟权．催化裂化设备衬里损坏原因分析及改进措施[J]．石油化工技术与经济，2012，28(2)：43-46.
2　申大勇．催化主风机齿轮箱异常振动分析及故障诊断[J]．石油化工设备，2010，39(S1)：80-82.
3　娄锡彬．轴流式压缩机转子叶片断裂分析[J]．河北化工，2008(11)：61-63.
4　董飚，陈建荣，徐磊．催化裂化装置烟气轮机故障过程分析[J]．石油化工设备技术，2017，38(1)：49-51+55+7.
5　方立定，易拥军．催化裂化主风机-烟机能量回收机组工况分析[J]．石化技术，2011，18(1)：31-36.
6　李忠博．催化主风机防喘振误动作原因分析与解决方案[J]．炼油与化工，2020，31(3)：36-38.
7　古通生．催化主风机故障分析与处理[J]．通用机械，2002(Z1)：38-39+42.
8　赵岩．离心式压缩机常见故障分析及诊断方法[J]．石油化工设备技术，2012，33(2)：46-50.
9　杨建刚．旋转机械振动分析与工程应用[M]．北京：中国电力出版社，2007.

催化裂化主风机振动波动原因分析及治理

廖慕中
（岳阳长岭设备研究所有限公司，湖南岳阳 414012）

摘　要　针对催化裂化主风机组轴振动的异常波动问题，从频谱特征出发，对机组二倍频波动、双椭圆轴心轨迹等特征进行分析诊断，得出了风机异常波动是由热态下轴系对中不良而引起的结论，且对轴系对中情况变化原因进行了分析，并制定了相应的解决措施。

关键词　主风机组；二倍频；不对中；管道应力

1 概述

催化主风机机组是炼厂重油催化裂化装置的关键设备，准确诊断出机组运行过程中存在的故障隐患，提出合理的处理措施，对确保装置长周期安全运行，提高装置经济效益有着重大的意义。

某石化催化裂化主风机组是由烟机+主风机+增速箱+电动机/发电机组成，烟机与风机采用齿式联轴器连接。烟气轮机型号为TP12-90，主风机功率为8412kW，风机进口压力为0.0885MPa，出口压力为0.36MPa，工作转速为5785r/min，刚性转子。采用在线监测系统对机组进行状态监测和故障诊断。

2 故障现象

该机组某次检修后开机，风机高压侧轴振动出现波动现象，初始时波动频次和幅度没有明显的规律性，轴振动长期稳定在50μm左右，偶尔出现几次大幅波动，然后振动缓慢下降，趋于波动前的水平，风机其他测点振动波动幅度较小。从8月份开始，风机轴振动开始出现规律性波动，每天振动随时间变化呈周期性小幅波动，波动幅度为12μm左右，总体是在下午3~5点振动达到最高值（能达到71μm），在凌晨1~3点，振动最低（57μm）。其中风机测点高压 X 表现最为明显，振动趋势如图1所示。

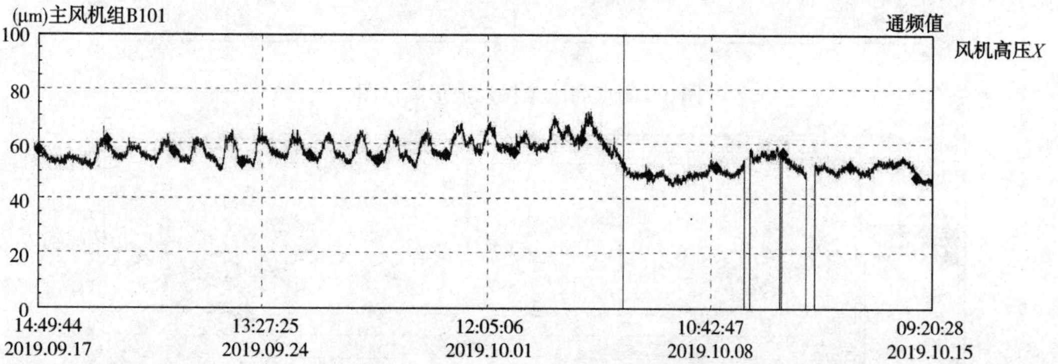

图1　测点高压 X 振动变化趋势图

在风机振动波动时，对相关工艺参数与振动进行相关性分析，发现风机振动与风机出入口温度波动趋势具有较强相关性（见图2），而出入口温度与环境气温变化有关。其他的参数，如烟机负荷、风机流量、压力、油温、油压等参数在稳定运行时变化不大，与振动波动无明显相关性。

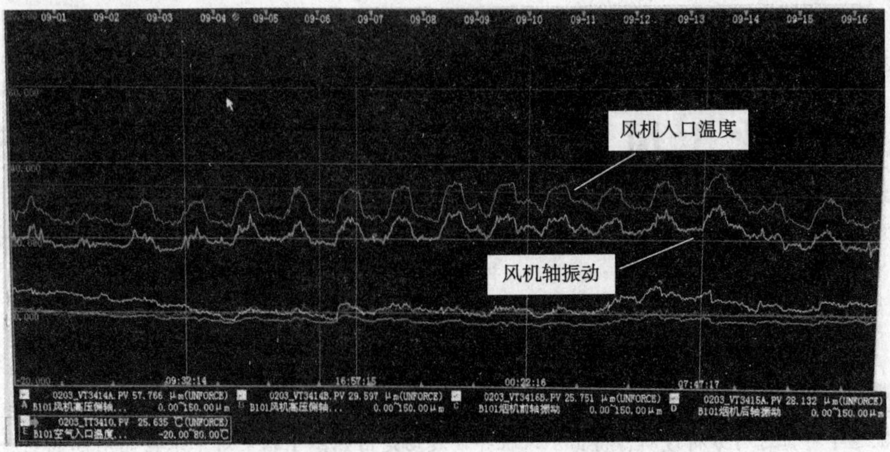

图 2　测点高压 *X* 振动与风机入口温度变化趋势图

3　振动特点分析

利用在线监测系统记录的振动信号，对风机轴振动进行时域、频谱及轴心轨迹分析。以测点高压 *X* 为例，可以看出振动具有如下特征：

（1）频谱特征：振动波形比较稳定、光滑、重复性好，在基频正弦波上存在二倍频次峰；风机高压 *X* 轴振动和壳体振动频率成分均以工频及其二倍频为主，且二倍频的幅值超过工频幅值，风机轴振动通频值的波动主要是由二倍频的变化引起的，如图 3 和图 4 所示。

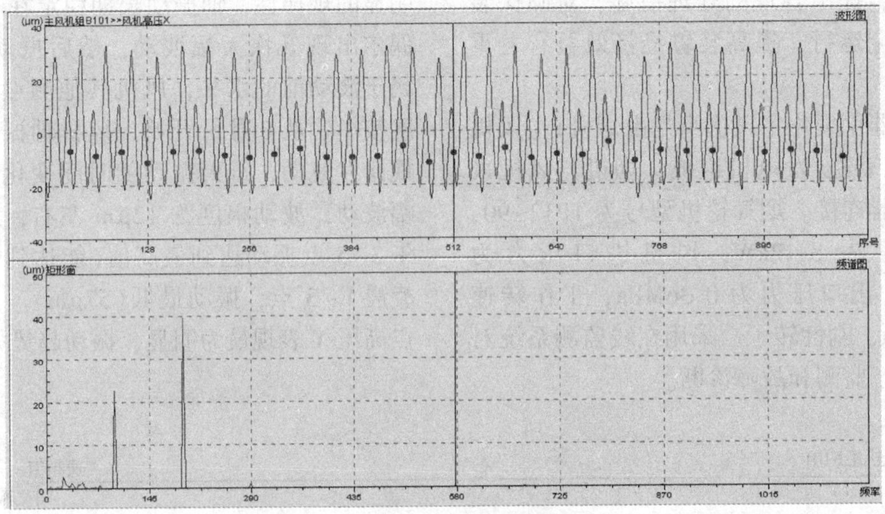

图 3　测点高压 *X* 振动波形频谱图

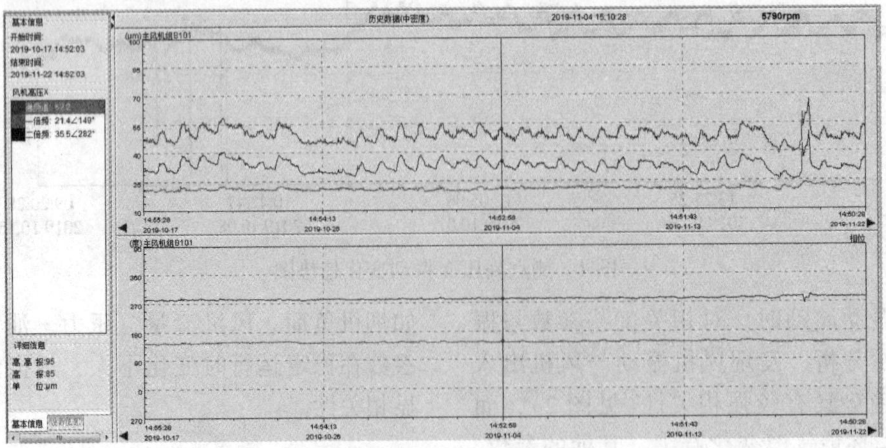

图 4　测点高压 *X* 振动二倍频幅值变化趋势图

（2）轴心轨迹：风机高压侧轴心轨迹形状呈双椭圆形；烟机后轴轴心轨迹近似内 8 字形，重复性尚可，如图 5 所示。

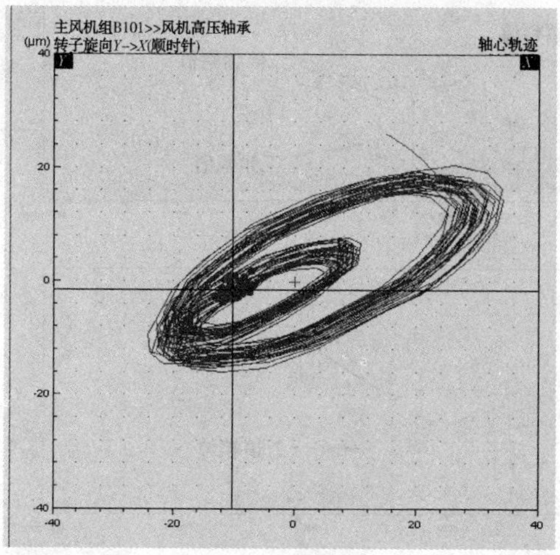

(a)风机高压轴承

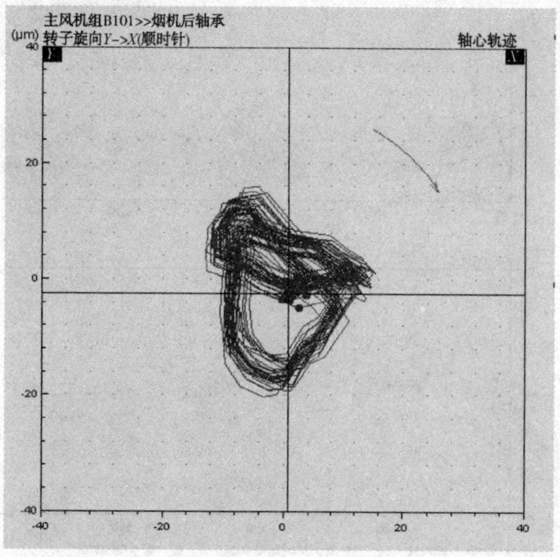

(b)烟机后轴承

图 5　风机高压与烟机后轴承轴心轨迹图

（3）全息谱图：风机高压侧二倍频椭圆较扁，该风机转子受到方向力的作用，且椭圆长轴与 X 轴夹角较小，如图 6 所示。

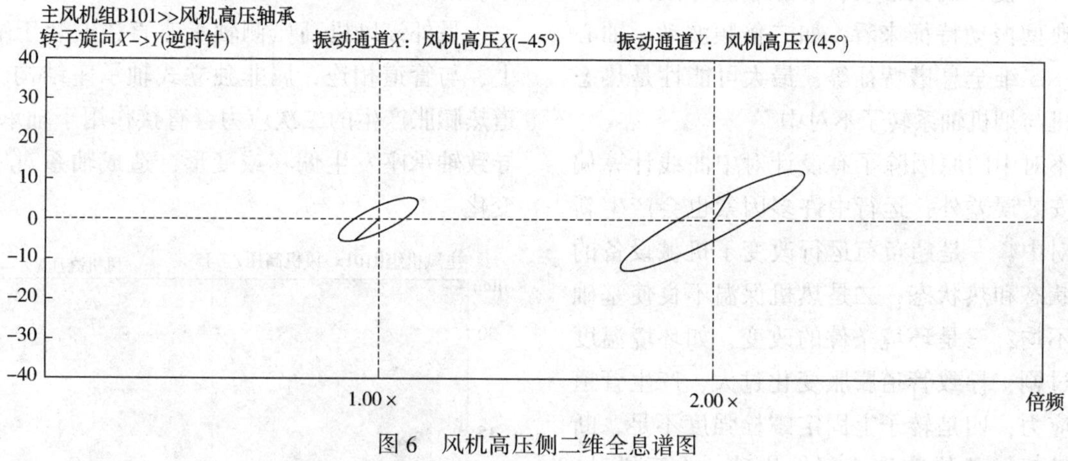

图 6　风机高压侧二维全息谱图

（4）轴承箱壳体振动，联轴器两侧轴承座壳体振动存在小幅波动，见表 1。

表 1　风机高压侧与烟机后轴承座壳体振值

时　间	风机高压/(mm/s)			烟机后/(mm/s)		
	水平	垂直	轴向	水平	垂直	轴向
6 月 19 日	1.0	1.5	1.7	0.8	0.7	0.8
7 月 19 日	1.3	2.0	1.4	0.6	0.8	1.0
9 月 4 日	0.9	1.5	1.4	0.8	0.8	1.4
9 月 16 日	0.6	1.5	1.2	1.1	0.7	1.3
10 月 8 日	0.7	0.8	1.1	1.4	0.8	1.6
12 月 20 日	0.6	0.4	0.8	0.6	0.6	1.2

（5）bode 图：在开机过程中，二倍频的幅值变化较大，如图 7 所示。

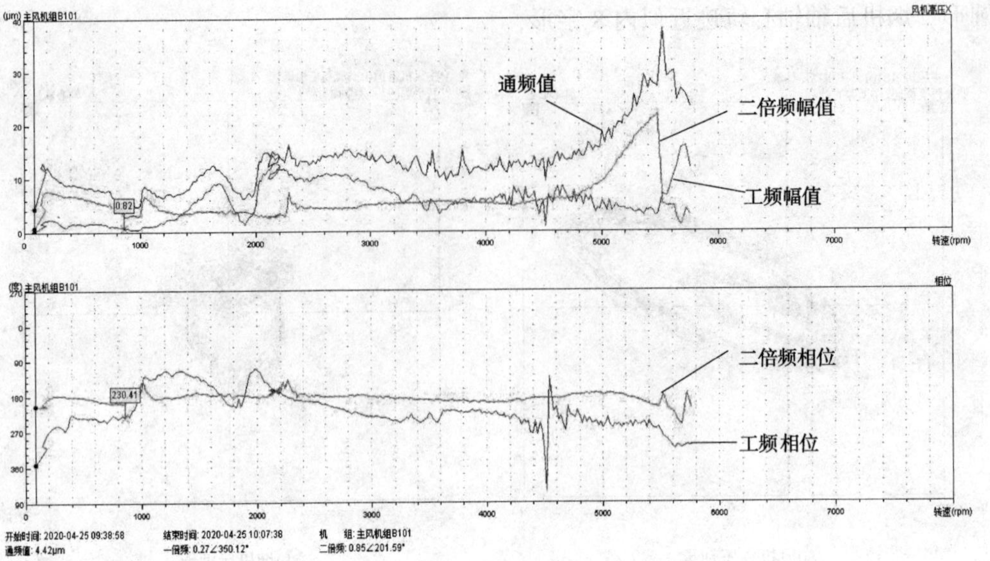

图 7　风机开机过程 bode 图

4　原因分析

根据上述振动故障特征，基本上排除风机转子不平衡、机械松动、动静摩擦等故障。从一些典型振动特征来看，如二倍频波动、轴心轨迹、二维全息谱特征等，最大可能性是热态下风机与烟机轴系转子不对中。

不对中的原因除了有设计对中曲线计算偏差、安装误差外，运行中许多因素也会产生新的不对中：一是超负荷运行改变了机械设备的受力状态和热状态；二是热机保温不良使基础变形不均；三是环境条件的改变，如环境温度变化过剧，导致管道膨胀变化过大，产生管道二次应力；四是转子上固定螺栓强度不足、断裂或缺乏防松措施造成部件松动，由于松动，极小的不平衡或者不对中都会导致支承系统很大的振动。

从前面的故障现象中可知，风机振动波动与环境温度有关，且相关性较强。一般来说，环境温度变化主要是影响管道的膨胀量变化，从而产生管道二次应力。选取 4 月 1 日一次大幅波动来看，当振动上升时，风机高压侧轴心位置存在较大变化，轴心逐渐往下移动(见图 8)，而烟机后轴心位置移动幅度较小；同时现场监测轴承座位移发现，风机高压侧轴承座往上移动 0.23mm，水平移动 0.31mm，风机低压侧轴承座往下移动 0.46mm，水平移动(往另一侧)0.2mm。可以看出热态下风机与烟机轴同心度发生一定的偏移变化，且垂直偏移量比水平大些。

另外该风机高压侧轴承座直接安装于缸体上，与管道相连，属非独立式轴承座结构，管道热膨胀产生的二次应力会直接作用于轴承座，导致轴承座发生偏移或变形，造成轴系对中的变化。

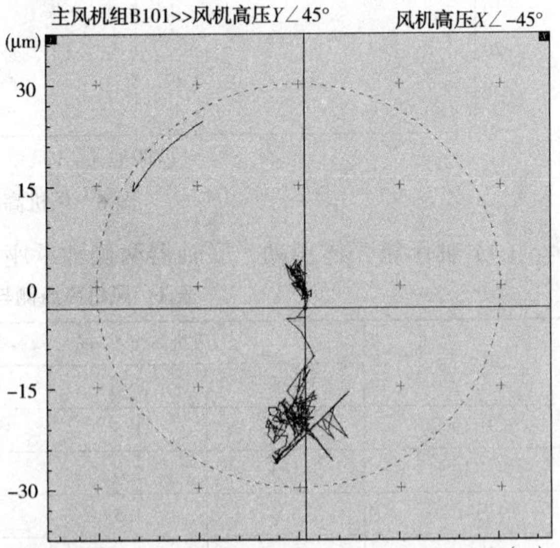

图 8　振动波动较大时风机高压侧轴心位置图

5　检修情况及处理措施

机组在多次临时停机检查中，发现风机与烟机轴同心度均存在一定的偏移，轴系对中不良，检查轴瓦、联轴器均未发现异常。为防止风机轴振动波动幅度过大，超过报警值，故需采取一些必要措施控制振动波动幅度，主要是减弱管道应力对风机轴承座产生的形变及位移：①在风机出口管道上设置限位器，通过限位器对出口管道施加反向力，尽量避免轴承座受应力影响而产生形变及位移；②增设膨胀节，可适当地在管道上增加膨胀节，改善管系的柔性，能有效减少管道因应力集中而对轴承座产生的推力。最后在机组大检修期间，重新计算和调整机组轴系对中曲线，合理调整冷态下风机及烟机间的相对位置，检修后开机，主风机轴振动最大为30μm左右，运行正常。

参 考 文 献

1　陈大禧，朱铁光．大型回转机械诊断现场应用技术[M]．北京：机械工业出版社．2002.
2　何莉．催化裂化装置烟机振动原因分析及处理措施[M]//本书编委会．石油化工设备维护检修技术(2007版)．北京：中国石化出版社，2007.

合成尿素装置合成气机组汽轮机振动上涨案例分析

王 帅 王 慧

（沈阳鼓风机集团测控技术有限公司，辽宁沈阳 110869）

摘 要 针对某合成装置合成气压缩机运行中存在振动异常的实际情况，利用大型旋转机械远程监测技术，从产生异常的故障机理分析入手，诊断出转子轴电流是引起振动异常的主导因素，认为轴瓦腐蚀、瓦间隙超标是造成振动不稳定上涨的诱因；并得出机组发生轴电流腐蚀故障时，多轴系振动波形呈现为畸变形态、轴心位置下沉、仪表GAP电压绝对值增大，且频谱分布底脚噪声抬高为振动高形式。在为用户避免非计划停机检修保障生产、快速定位问题方面给出指导性建议。

关键词 在线监测；故障诊断与状态评估；轴电流；大型旋转机械

1 引言

现如今，国内工业进入高速发展期，石油化工、煤化工等领域正在高速发展。大型旋转机械如汽轮机、离心式压缩机等在工业领域的发展正在以倍数增长，随之而来的机组各类机械故障相继频繁出现，关键离心压缩设备的长期稳定运行一直是用户生产过程中迫切关注的事情。而传统的事后维修、计划性维修已无法满足需求，带有监测系统的指导性预知维修已是现阶段工业设备健康发展的新需求。

新形势下，各化工企业设备管理不断引进数字化技术，运用远程监测技术，实时地对机组状态进行监测与健康评估，及早发现设备运行异常，有针对性地进行检修以及在线消除机组异常已是新的发展趋势。随着远程诊断技术在工业发展中的不断运用，大型旋转机械设备故障类型及数据得到不断积累，相信智能化诊断也会逐步登上历史的舞台。

2 远程监测系统故障诊断运用

2.1 背景介绍

某化工厂应数字化管理需求，于2018年全厂尿素、合成、甲醇装置7台套机组均随机组配备了大型旋转机械远程监测系统，历史机组运行数据在分析、排除机组异常过程中起到了至关重要的作用。

2024年1月合成气压缩机组汽轮机振动上涨至报警门限且压缩机也存在振动偶发波动情况，现场计划8月对机组进行检修，现阶段不具备停机条件。

合成气机组作为合成尿素装置的重要设备，一旦机组由于振动故障非计划停机，会对尿素生产造成严重影响和巨大经济损失。远程监测中心监测到机组振动异常时，会第一时间调取异常图谱进行数据分析，该机组由凝汽式汽轮机驱动高压缸、低压缸为工艺气体加压，汽轮机振动高报门限为75μm，联锁门限为120μm，额定转速为10300r/min。机组各测点分布情况如图1所示。

图1 合成气压缩机轴承振动测点图

作者简介：王帅，男，工程师，现任沈鼓测控技术公司诊断服务工程师，主要从事大型旋转机械设备故障诊断研究工作。

2.2　机组运行状态描述及分析

机组汽轮机 2023 年运行各部振动数据由于轴系平衡原因，汽轮机联端两振动测点幅值相对较高，但趋势相对较为稳定，压缩机高压缸也无异常振动波动(见图 2)。自 2024 年 1 月 25 日之后，汽轮机联端两振动通道 XE502&XE503 幅值由 65μm 左右上涨至 73μm 左右，非联端两振动通道 XE500&XE501 幅值由 30μm 左右下降至 25μm 左右，汽轮机振动高点接近报警门限，且 2 月 8 日停启机后有继续上涨趋势，压缩机高压缸也出现偶发振动波动情况(见图 3)。鉴于机组汽轮机振动已触发报警且有继续上涨趋势，为保障机组稳定运行，需要对故障原因进行分析，并给出合理化建议。

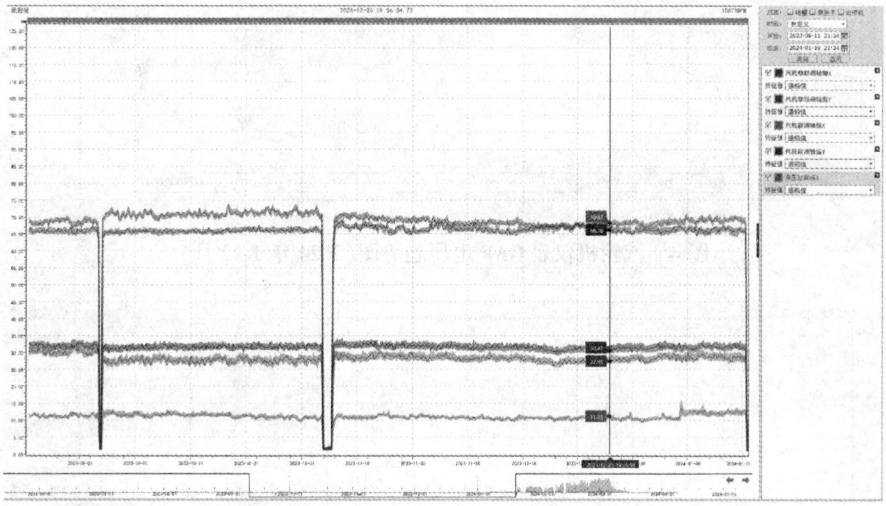

图 2　合成气机组汽轮机历史运行振动趋势图

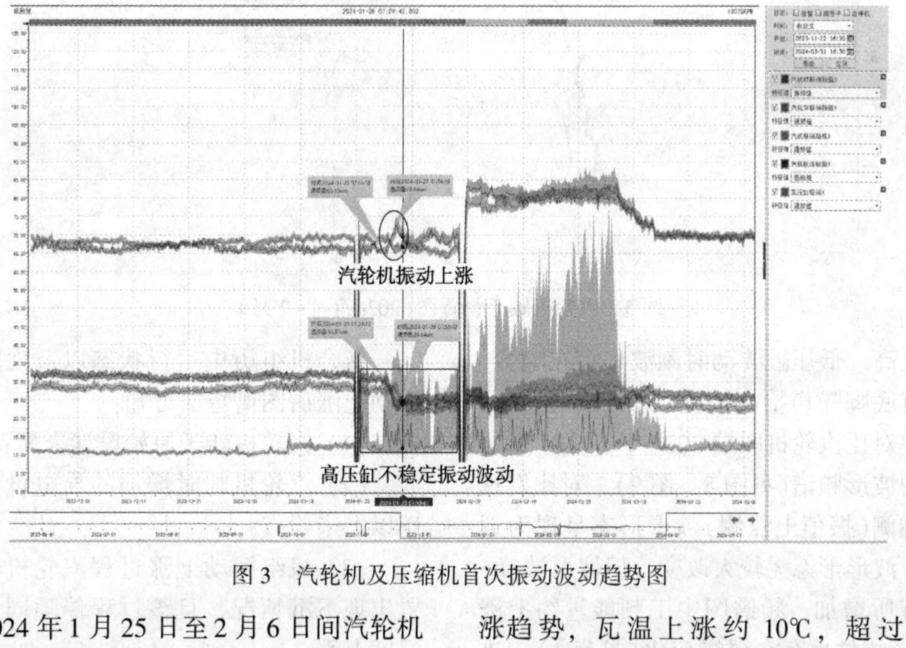

图 3　汽轮机及压缩机首次振动波动趋势图

调取 2024 年 1 月 25 日至 2 月 6 日间汽轮机仪表 GAP 电压趋势，发现仪表电压绝对值变化量高达 1.5V，汽轮机振动上涨侧(联端)支撑轴承瓦温随着仪表 GAP 电压变化过程也有稳步上涨趋势，瓦温上涨约 10℃，超过报警门限(105℃)，转子轴心位置也有下沉迹象，如图 4 和图 5 所示。

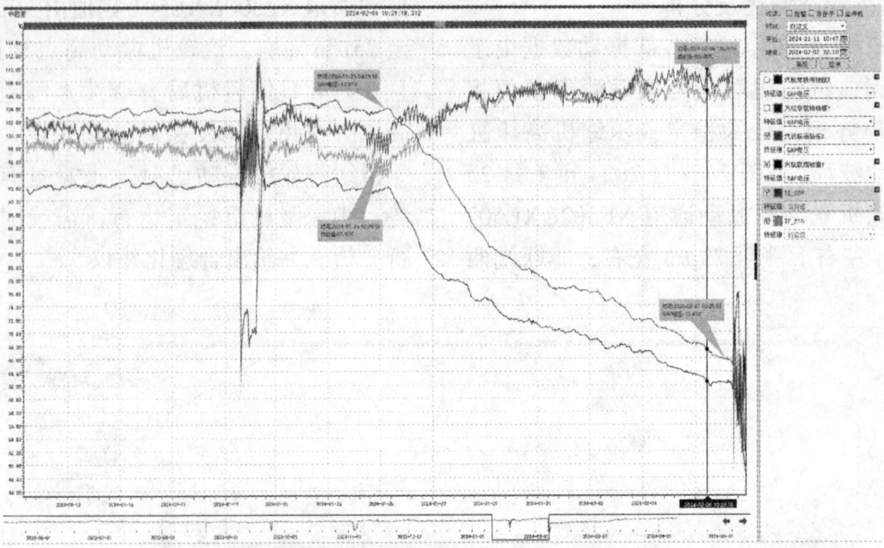

图 4　汽轮机仪表 GAP 电压趋势图(2024 年 1~2 月)

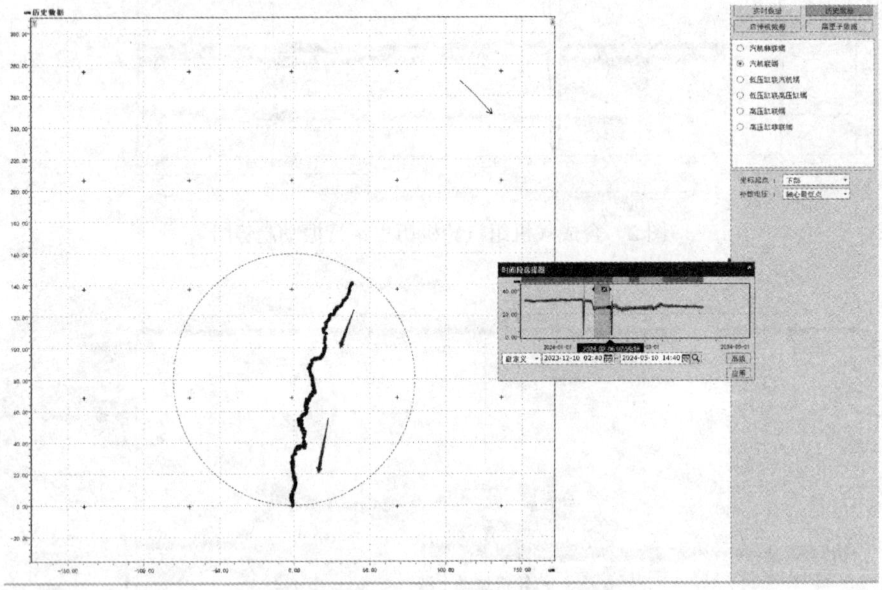

图 5　汽轮机轴心位置图(2024 年 1~2 月)

压缩机高、低压缸波动时刻波形存在畸变，频率分布有底脚噪声抬高情况(见图 6、图 7)，随后调取并对比汽轮机联端 2024 年 1 月与 2024 年 2 月间的波形频谱(见图 8、图 9)，对比发现汽轮机联端侧(振值上涨侧)波形形态呈现为近正弦波形，波形形态无较大改变，但波形波峰-波谷幅值有所增加，频谱图中工频能量约上涨 15μm，工频相位也存在缓慢变化(见表 1)，进而造成汽轮机联端振动通频报警。

经与现场相关设备负责人沟通了解到该套机组随机组未配备碳刷等导电设备，后曾加装过临时导电设备，至今运行已有 2 年时间未曾检查。

结合机组历史运行状态以及现阶段汽轮机振动上涨后图谱特征可知：

(1) 汽轮机转子原始设计未配备导电设备；

(2) 汽轮机临时增加的导电设备已运行两年以上未检查；

(3) 机组振动上涨过程汽轮机转子轴心位置出现下沉情况，且该过程伴随同侧支撑轴瓦温度上涨；

(4) 汽轮机振动上涨过程伴随压缩机高、低压缸振动出现不稳定波动跳变；

(5) 汽轮机振动再次上涨过程主要体现为工频振动幅值增长且工频相位同步发生改变。

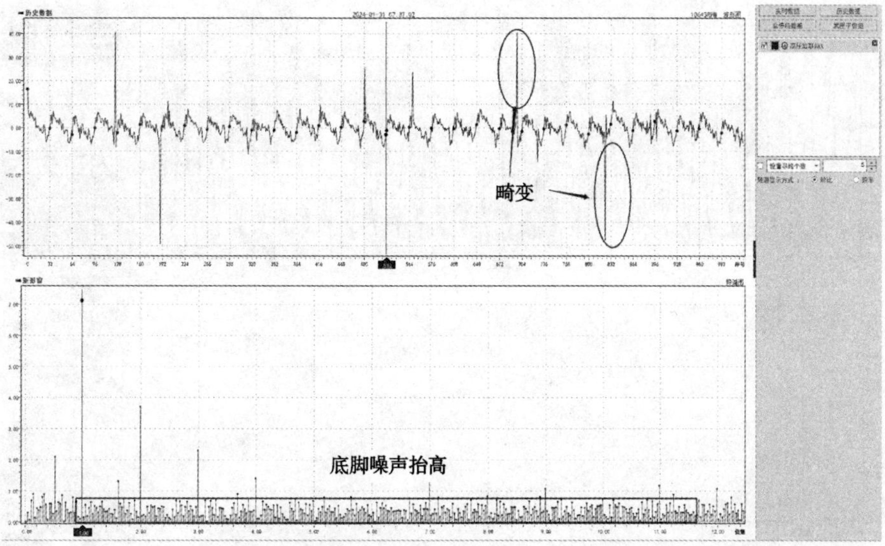

图 6　高压缸振动异常波动时刻波形频谱图

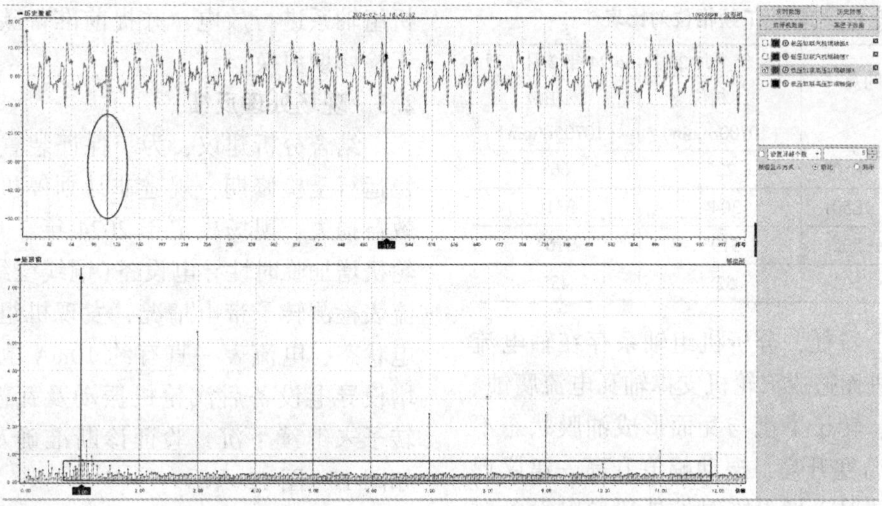

图 7　低压缸振动异常波动时刻波形频谱图

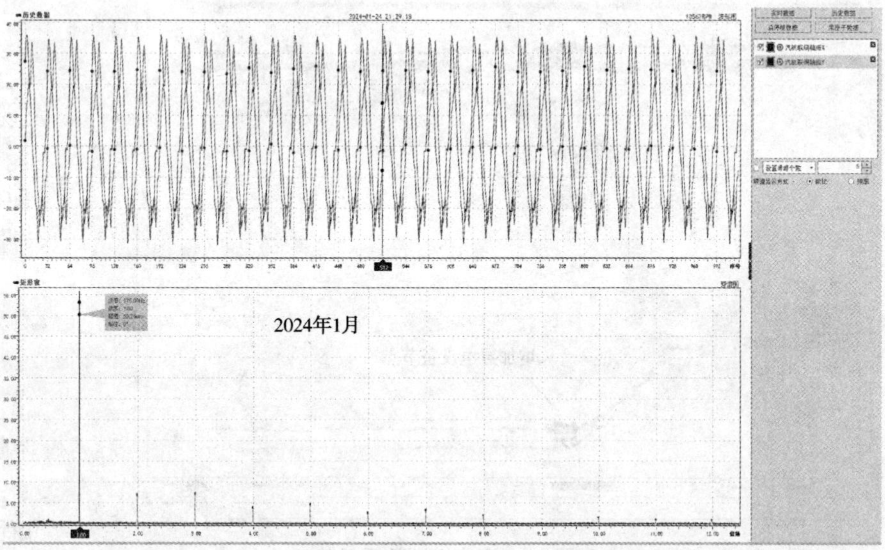

图 8　汽轮机联端波形频谱图(2024 年 1 月)

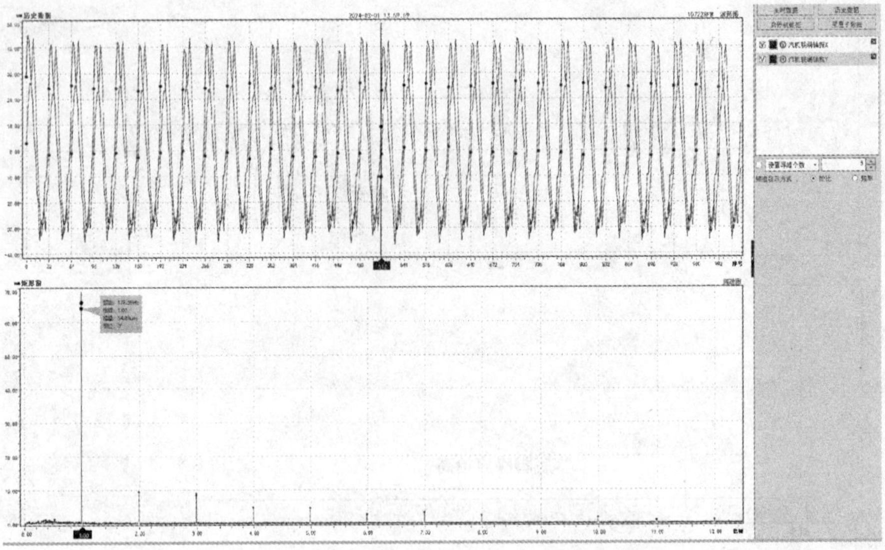

图 9 汽轮机联端波形频谱图(2024 年 2 月)

表 1 汽轮机工频相位对比表

时间点 / 振动通道	2024 年 1 月 25 日 1×相位 (10700r/min)	2024 年 2 月 7 日 1×相位 (10705r/min)
汽轮机非联端 XE500	22°	66°
汽轮机非联端 XE501	304°	331°
汽轮机联端 XE502	319°	316°
汽轮机联端 XE503	52°	45°

综合以上特征，分析机组轴系存在轴电流放电情况，进而造成汽轮机支撑轴瓦电流腐蚀、瓦间隙增大、转子下沉与瓦面形成油膜状态不佳导致轴瓦温度升高，振动幅值升高，建议现场在不停机情况下增设临时性外置导电设备对机组轴系进行放电，并提前准备碳刷等备件用于检修期更换。

2.3 现场处理反馈

结合分析建议，为了保证装置核心设备平稳运行至检修期，规避非计划停机造成的经济效益损失，现场决定于 2024 年 3 月 13 日对汽轮机增加临时性导电设备(铜线绕组)并加装电流表检测转子带电情况，发现机组轴系处于带电状态，电流表一直有约 10mA 电流通过，且增设导电设备后汽轮机振动及瓦温趋于稳定，转子未继续下沉，验证诊断准确及建议合理，如图 10~图 12 所示。

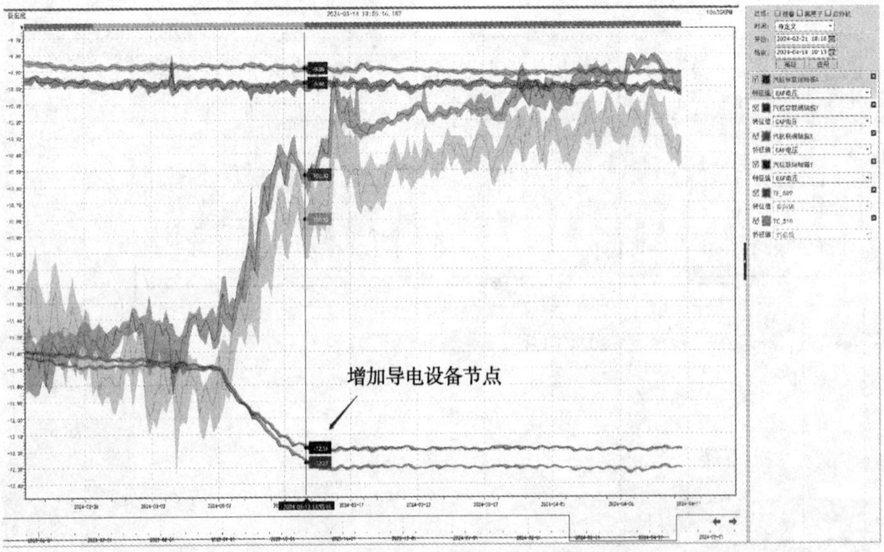

图 10 汽轮机调整后趋势

图 11　汽轮机现场电流表指数

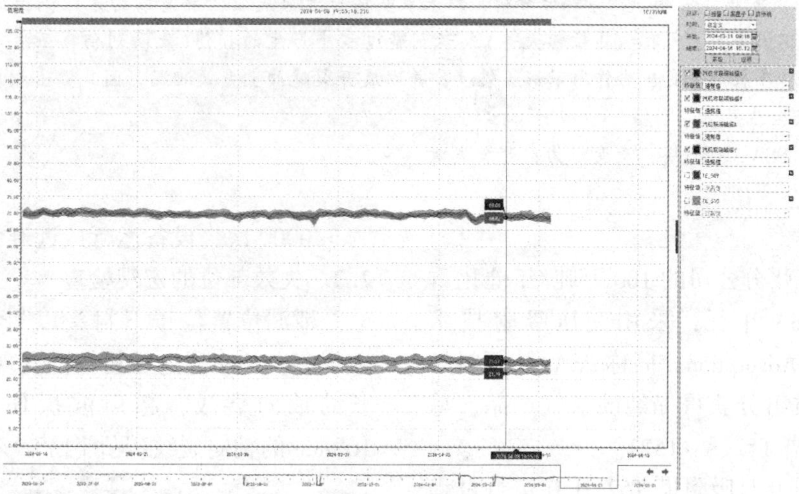

图 12　处理后汽轮机振动趋势图

3　结束语

一般来说，轴电流的成因主要分为三类：其一为电机类转子，由于磁力线分布不对称效应以及转轴的磁化效应，如果电机转子存在不平衡电流绕组使得转轴磁化，建立磁场，旋转磁场切割导体，会在零件间感应出电动势，聚集到一定程度后会形成可以击穿油膜的电流，长此以往会导致轴承、浮环密封等间隙较小、负荷交变位置产生轴电流腐蚀；其二为大型蒸汽透平驱动设备，如果蒸汽品质不佳，不饱和蒸汽析出微小液滴，在高温、高压、高流速环境下发生湿蒸汽粒子间碰撞带电，聚集到一定程度后可击穿油膜造成轴瓦瓦面出现细小凹坑（腐蚀轴瓦），该类型轴电流多出现于凝汽式汽轮机，由于末几级的湿蒸汽粒子含量很高，水蒸气颗粒对转子叶片的碰撞和摩擦将使转子产生静电效应而带电，而相比之下背压式透平中则较少发生；其三为润滑油引起的轴系带电情况，由于润滑油通过过滤器时，滤网通路很小（微米级），油分子与滤网的碰撞和摩擦将生产带电润滑油分子，并随着润滑油分子在轴颈表面产生轴电位，升高到一定值后也可在油膜电阻较低处击穿油膜而产生电火花放电现象。

此次尿素合成装置合成气机组汽轮机轴电流腐蚀问题的快速定位，避免了非计划停机对生产造成的影响，保证了装置的稳定生产，使企业的效益达到了最大化。

大型旋转机械远程监测系统已在石油、化工、电力、冶金等行业得到大量应用，为企业实现“安、稳、长、满、优”的可靠运行提供保障和技术手段。实施应用大型旋转机械远程在线监测系统，可有效帮助企业提升设备管理水平，提高经济效益。

参　考　文　献

1　Donald E. Bently, Charles T. Hatch. 旋转机械诊断技术[M]. 姚红良，译. 北京：机械工业出版社，2014.

2　杨国安. 旋转机械故障诊断实用技术[M]. 北京：中国石化出版社，2012.

PSA 吸附塔 T521H 器壁裂纹失效分析

李 翔
(中国石化广州分公司炼油二部，广东广州 510725)

摘 要 催化重整装置中的PSA单元吸附塔在长期交变应力作用下出现开裂导致泄漏失效，通过外观检查、超声波测厚、金相分析等综合分析，结果表明塔壁开裂失效主要是因为未检测出的筒体母材钢板内部缺陷(钢板夹渣、气孔、晶粒粗大等)或者制造过程中产生的损伤(表面划伤、压痕、临时附件焊疤、电弧擦伤)在长期交变应力作用下形成裂纹，并发展开裂延伸至失效泄漏，因此提出相应措施来确保疲劳容器的安全生产。

关键词 PSA；吸附塔；交变应力；开裂失效

1 概述

中国石化广州分公司的100万吨/年催化重整联合装置PSA单元，采用变压吸附技术(Pressure Swing Adsorption，简称PSA)从原料气中分离除去杂质组分获得提纯的氢气产品，总共有10个吸附塔T521A~T521。

2021年5月9日吸附塔T521H在运行过程中出现塔壁失效泄漏氢气，泄漏量较大，并未发生爆炸，工艺立即切出该塔进行处理，在一定程度上对经济、生产及安全环保造成了严重影响。

2 吸附塔 T521H 塔壁开裂失效分析

2.1 吸附塔 T521H 运行工况

吸附塔T521H的工艺参数及设备参数见表1。

表1 PSA吸附塔T521H工艺参数及设备参数

名称	操作参数	名称	参数
工艺介质	原料气(含 H_2、CH_4 等)	材质	16MnR
温度/℃	40	直径/mm	ϕ2400×24×11420
压力/MPa	0~2.7	原始壁厚/mm	24

PSA单元开工至今总共运行了4480天，每支吸附塔每小时循环充泄压约为5.5次，年循环约为48180次，实际使用了约11.8年，累计总循环次数约为56.85万次。查吸附塔T521H原始设计寿命为15年，设计压力波动循环次数为720000次，设备运行接近寿命末期。

2.2 失效部位的宏观检查

泄漏位置位于下封头以上约1m处，周边无焊缝。初步通过磁粉探伤发现外表面为30mm长的轴向裂纹，超声波探伤发现内壁有约100mm的轴向裂纹(见图1)。

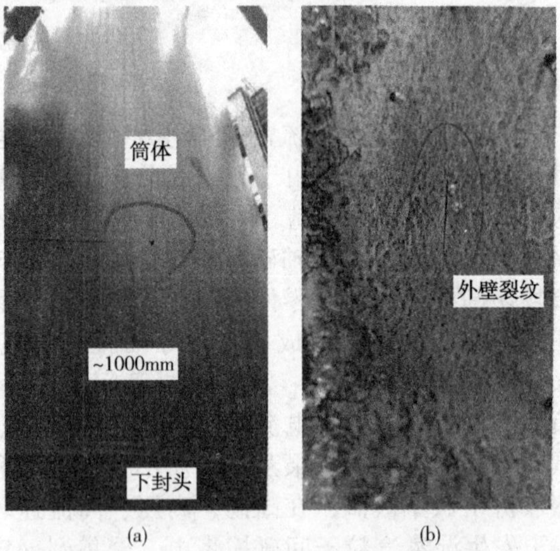

图1 吸附塔T521H泄漏失效形态

2.3 失效部位的涡流检测

对吸附塔T521H塔壁缺陷点周边区域进行涡流扫查，经检测未发现明显壁厚减薄现象，实测壁厚最大值为25.24mm，壁厚最小值为24.96mm，设计壁厚为24.00mm，如图2所示。

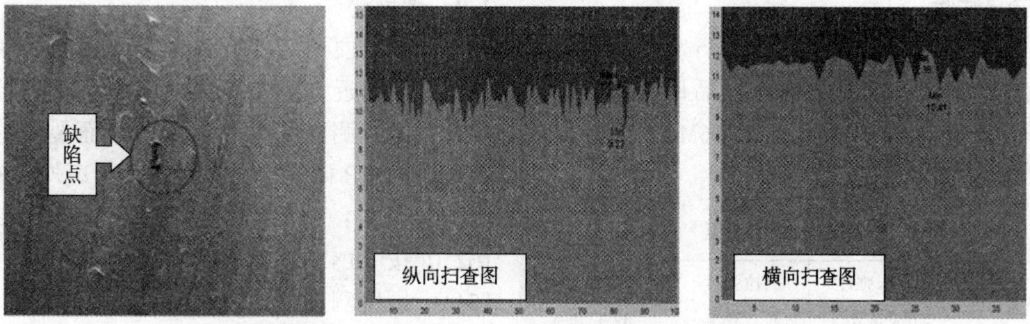

图2 吸附塔T521H罐壁缺陷点周边区域现场照片及扫查图

2.4 失效部位的宏观检查

2.4.1 宏观及MT检测

对吸附塔T521H塔壁缺陷点周边区域切出ϕ270mm圆形件作为样品进行分析，裂纹位于圆形件中心(见图3)。

(a) (b)

图3 吸附塔T521H罐壁缺陷点切除后失效部位内部外观图

对样品进行宏观观察，裂纹沿筒体轴向扩展，裂纹部位及附近未见有明显的塑性变形，表现出低应力脆断特征。分别对样品的内外壁进行MT检测，外壁裂纹长约30mm，内壁裂纹长约84mm，裂纹是由内壁起裂后向外壁扩展而成。

2.4.2 内壁裂纹检查

对内壁裂纹进行抛光及化学侵蚀后发现位于裂纹的中部有一圆斑，裂纹在斑内的长度约为8.0mm，用现场显微镜观察，圆斑内为焊缝组织。

2.5 化学成分分析

从样品上取样进行化学成分分析，分析结果见表2，化学成分均满足标准GB 6654—1996要求。

表2 样品化学成分分析结果

<table>
<tr><td rowspan="2">元素
试样编号</td><td colspan="8">分析结果(质量分数)/%</td></tr>
<tr><td rowspan="2">C</td><td rowspan="2">Si</td><td rowspan="2">Mn</td><td rowspan="2">P</td><td rowspan="2">S</td><td>Cr</td><td>Ni</td><td>Cu</td></tr>
<tr><td></td><td colspan="3">Cr+Ni+Cu</td></tr>
<tr><td rowspan="2">1#</td><td rowspan="2">0.141</td><td rowspan="2">0.313</td><td rowspan="2">1.46</td><td rowspan="2">0.015</td><td rowspan="2">0.0098</td><td>0.019</td><td>0.0036</td><td>0.031</td></tr>
<tr><td colspan="3">0.0536</td></tr>
<tr><td rowspan="2">GB 6654—1996
16MnR</td><td rowspan="2">≤0.20</td><td rowspan="2">0.20~0.55</td><td rowspan="2">1.20~1.60</td><td rowspan="2">≤0.030</td><td rowspan="2">≤0.035</td><td>≤0.30</td><td>≤0.30</td><td>≤0.30</td></tr>
<tr><td colspan="3">Cr+Ni+Cu≤0.60</td></tr>
</table>

2.6 拉伸试验

从样品上沿横面截取试样进行室温拉伸试验，试验结果(见表3)表明：样品母材的拉伸性能满足GB 6654—1996中对16MnR钢板的要求。

表3 样品拉伸试验结果

试样编号		屈服强度 $R_{t0.2}$/MPa	抗拉强度 R_m/MPa	断后伸长率 A/%
1#	1	359	538	29.0
	2	367	536	30.5
GB 6654—1996 16MnR		≥325	490-620	≥21

2.7 冲击试验

从样品上沿横面截取并加工成55mm×10mm×10mm的V形缺口标准试样进行冲击试验，试验结果(见表4)表明：母材的冲击功满足GB 6654—1996中对16MnR钢板的要求，冲击功较高，具备一定的韧性储备。

表4 样品冲击试验结果

试样编号	冲击吸收功/J				试验温度/℃
	单个值			平均值	
1	120	127	121	123	0
GB 6654—1996 16MnR	≥31				0

2.8 金相分析

分别选取裂纹的内表面试样和裂纹全厚度试样进行金相分析：内壁表面裂纹的中心部位为JX1，内壁表面裂纹下部尖端部位为JX2，裂纹下部尖端全厚度试样为JX3。

金相分析后，JX1圆斑内不仅有穿透裂纹，在圆斑内还观察到其他裂纹，裂纹呈弯曲状，有分支，以穿晶开裂为主，局部有沿晶特征。圆斑内的组织属典型的焊缝组织，有贝氏体，也有先共析铁素体+索氏体，而圆斑外组织为正常的铁素体+珠光体。

JX2上的裂纹较直，为穿晶扩展，金相组织为铁素体+珠光体。

JX3上的裂纹为穿晶扩展，裂纹深度约为15.12mm，为典型的疲劳裂纹扩展特征，裂纹附近的组织为铁素体+珠光体。

2.9 硬度测试

分别用便携式硬度计及台式硬度计对内壁表面裂纹附近和全厚度方向上的裂纹附近进行硬度测试，测试结果为：内壁表面裂纹的中部圆斑内的HB硬度为281~290，圆斑外HB硬度为149~157；截面全壁厚HV硬度为152.7~162.0(按DIN 50150换算得HB硬度为146~154)。硬度测试结果表明，圆斑内的硬度较高，斑外硬度属正常。

2.10 断口分析

2.10.1 宏观断口

将泄漏部位的裂纹打开，可见起裂部位位于圆斑内，裂纹源的长度约为8mm，正好与裂纹在斑内的长度相同，断裂面上还观察到有一半椭圆痕迹，长度约为17mm，推测裂纹在扩展至该处时停留时间较长，形成明显的休止线。裂纹扩展区较平坦，断面很细，隐约可见海滩波纹状条纹，具有疲劳断口的宏观特征。

2.10.2 扫描电镜分析断口

对断口的不同区域进行扫描电镜分析，表明起裂部位区域为8.0mm×1.15mm。在起裂部位表面还观察到有裂纹存在，起裂部位先为解理断裂形貌(深约0.2mm)，之后为沿晶形貌(深约0.2mm)，再之后可见解理并伴有焊渣等缺陷。裂纹扩展区域有明显疲劳辉纹，表现出典型的疲劳断裂微观断口特征。

2.11 疲劳寿命计算

根据断口分析情况，吸附器原始内表面缺陷尺寸深度为1.15mm，长度为8mm。根据实际运行工况，即疲劳工况内压变化范围Δp为2.55MPa，估算疲劳裂纹扩展寿命，并确认最终是否为泄漏失效。

计算得到裂纹扩展穿透壁厚的寿命为52.2万次，吸附塔T521H实际运行内压波动频率为5.5次/h，计算得到裂纹沿壁厚方向扩展寿命约为11年，与实际使用时间相近。

裂纹扩展穿透壁厚时，裂纹长度方向上的应力强度因子为46.2MPa·$m^{0.5}$。按取样实测的冲击功和屈服强度数据，计算得到材料断裂韧性为145.1MPa·$m^{0.5}$。此时长度方向上应力强度因子46.2MPa·$m^{0.5}$<145.1MPa·$m^{0.5}$(材料断裂韧性)，即裂纹不会沿长度方向失稳扩展，

表现为泄漏失效。

3　失效机理分析

3.1　主要分析结果

(1) 宏观检查，裂纹部位及附近未见有明显的塑性变形，表现出低应力脆断特征。MT 检测表明，裂纹为轴向，外壁裂纹长约 30mm，内壁裂纹长约 84mm，裂纹由内壁起裂向外壁扩展。

(2) 筒体钢板化学成分、拉伸性能均满足相关标准的要求。

(3) 对内壁裂纹部位进行抛光和侵蚀后发现，裂纹中心部位有一个直径约 8mm 的圆斑。

(4) 圆斑内的硬度较高(HB281~290)，金相组织主要为贝氏体和铁素体+索氏体；斑外的硬度正常(HB146~154)，金相组织为正常铁素体+珠光体。圆斑内存在冷裂纹。

(5) 断口具有疲劳断裂典型的宏观断口特征(海滩花样)，裂纹源正好位于内表面的圆斑内。裂纹源处观察到尺寸约为 8.0mm(长)×1.15mm(深)原始裂纹。裂纹源具有解理和沿晶混合特征(与冷裂纹断口特征相符)，断口其他区域为典型疲劳断口特征。

(6) 按约 8.0mm(长)×1.15mm(深)的轴向原始裂纹计算，当裂纹经历 52.2 万次疲劳循环后长度方向上的应力强度因子达到 46.2MPa·$m^{0.5}$，小于材料断裂韧性(145.1MPa·$m^{0.5}$)，即裂纹不会沿长度方向失稳扩展。

3.2　开裂失效泄漏原因分析

PSA 吸附塔操作属于典型疲劳工况，按 JB 4732 标准设计、制造，设计图纸中给出的寿命为 15 年，是基于材料无缺陷状态下的 *S*-*N* 曲线并取 20 倍安全系数确定的。金属结构在疲劳载荷下的寿命一般由无缺陷时疲劳裂纹萌生阶段和裂纹萌生后的疲劳扩展阶段组成，其中萌生阶段在总疲劳寿命中所占比例远大于扩展阶段。也就是一旦有原始裂纹存在，就会越过萌生阶段，直接进入疲劳扩展阶段，结构疲劳寿命将会大大缩短。

取样分析结果表明吸附塔筒体开裂裂纹断口具有疲劳断裂典型的宏观及微观断口特征。裂纹源位于筒体内表面的圆斑内，原始裂纹尺寸约为 8.0mm(长)×1.15mm(深)。根据金相组织、硬度分析结果推断圆斑是设备制造过程中因焊条电弧擦伤形成的(焊条电弧碰到母材起弧，弧柱呈喇叭状)，原始裂纹为焊条电弧擦伤导致局部脆硬引起的冷裂纹。

T521H 吸附塔开工至今，内压从 0 到 2.55MPa 进行循环，每小时经历约 5.5 次，年循环约为 48180 次，实际使用了约 11.8 年，累计总循环次数约 56.85 万次。按 8.0mm(长)×1.15mm(深)的轴向原始裂纹计算，经历 52.2 万次疲劳循环(设备运行约为 11 年)后裂纹深度方向将穿透壁厚，此时长度方向上的应力强度因子为 46.2MPa·$m^{0.5}$ < 材料断裂韧性(145.1MPa·$m^{0.5}$)，满足只漏不爆条件，与实际情况一致。

4　结论

T521H 吸附塔筒体开裂是由筒体内部母材存在焊条电弧擦伤引起的原始裂纹，设备运行过程中裂纹在变压形成的交变载荷作用下发生疲劳扩展，最终穿透筒体壁厚引起泄漏。

5　维修和防范措施

5.1　维修

对吸附塔 T521H 塔壁缺陷进行风险评估，暂时进行修复。将 T521H 泄压隔离交出，清理筒体内外表面，采用挖补方式修复裂纹缺陷。挖补应制定修复方案并按方案严格执行，过程中需注意以下几点：

(1) 风焊切割后应根据焊接工艺打磨坡口，去除火焰加工后的渗碳层，打磨完后进行消氢热处理。对坡口表面进行 100%MT，符合 NB/T 47013.4—2015 中的Ⅰ级为合格。

(2) 预制好板材后到现场组对，对于组对间隙、错边量、棱角度、椭圆度等参数应严格把控，组对时应考虑焊缝焊接时的收缩余量。

(3) 板材点焊完毕后，在筒体内部挖补位置加防变形支撑工装。

(4) 施工采用焊接分层、对称焊、退焊、减少焊接变形的顺序。

(5) 挖补部位进行焊后局部热处理，对焊缝进行 100%磁粉和超声波探伤检查，结果符合 NB/T 47013.4—2015 中的Ⅰ级和 NB/T 47013.3—2015 中的Ⅰ级为合格，硬度检查 HB≤180 为合格，并复测棱角度、椭圆度值。

5.2 防范措施

（1）对于PSA疲劳容器制造过程中的材料要严格把控，对板材要求进行100%超声波探伤，严防电弧等误伤板材。

（2）加强对疲劳容器的泄漏检查，特别是要对角焊缝、支撑板、结构突变、应力突变、温度压力交替变化的疲劳部位进行重点检查。

（3）对于疲劳容器的定期检验和全面检验，除按TSG 21《固定式压力容器安全技术监察规程》执行外，建议对所有焊缝进行表面100%的无损检测，筒体、封头等母材进行100%磁粉探伤。在定期检验时，增加母材的磁记忆检测，对于发现应力集中的部位，增加超声波探伤检测。

（4）对于运行至寿命末期的疲劳容器，应对其安全运行进行评估，进行疲劳分析、安全评估后考虑择机更新设备。

6 结语

吸附器是PSA氢提纯系统流程中的关键设备，而且是承受交变应力的疲劳容器，若发生疲劳失效会对安全生产、产品质量造成重大影响。通过分析可知，造成吸附塔T521塔壁开裂的原因主要是板材前期电弧擦伤后在长期交变应力运行下造成的疲劳失效。因此，对于类似吸附塔的疲劳容器在制造上应严格把控材料及制造的质量，在生产上要优化操作参数，定期检验上要增加额外比例如100%无损检测等对设备进行检验，确保设备的完好平稳运行，从而保证设备生产安全。

S Zorb 装置加热炉炉管结焦原因及预防措施分析

吴定兵[1] 鲁轩熠[2]
(1. 岳阳长岭设备研究所，湖南岳阳 414012；
2. 中石化湖南石油化工有限公司，湖南岳阳 414012)

摘 要 某石化厂 S Zorb 加热炉 F101 瓦斯耗量由 700Nm^3/h 降至 200Nm^3/h 以下仍无法控制出口温度升高，现场检查发现加热炉炉管泄漏，装置紧急停工。检查发现加热炉炉墙、炉管吊挂等附件无问题，燃烧器整体情况较好，炉管外表存在氧化脱皮现象，第三组出口前的第一根炉管直管段(距炉底 4.5m 处)迎火面出现裂纹，呈现高温蠕变导致开裂现象。事故反映出炉管结焦会严重影响 S Zorb 装置加热炉长周期安全运行。针对加热炉炉管结焦问题，通过分析结焦原因，提出原料控制、长周期监控运行、清焦降负荷等合理化建议。

关键词 加热炉炉管；结焦；FITS 加氢；红外热成像检测；机械清焦

催化裂化汽油吸附脱硫(S Zorb)技术是中国石化生产超低硫清洁汽油的核心技术之一，主要用于 FCC 汽油全组分脱硫，炉管内介质为高温氢气和油气，出口温度控制在 420℃左右，压力为 3MPa 左右，炉膛温度为 600℃左右。炉管泄漏部位如图 1 所示，发生炉管泄漏后，将泄漏炉管切割后发现内壁结焦，厚度约为 10mm，结焦层致密坚硬均匀，如图 2 所示。对结焦炉管垢样进行了分析，灰分含量较低(约 10%)，硫元素含量为 2%左右，主要为碳氢易燃物质。经专业分析检测得出结论为：加热炉炉管内部结焦造成炉管温度长时间过热产生蠕变，最终导致炉管破裂。

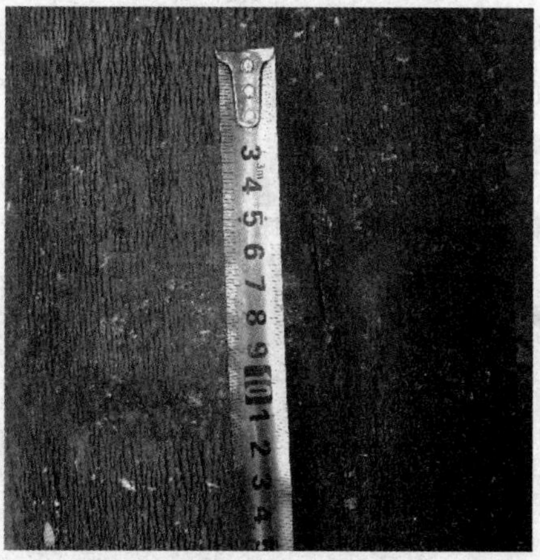

图 1 炉管泄漏部位

图 2 炉管结焦情况

1 原因分析

调查研究发现 S Zorb 装置加热炉进料换热器结垢和炉管出现结焦是普遍现象。S Zorb 装置加热炉介质为混氢汽油，混氢后如达不到紊流状态，则容易在原料换热器和加热炉炉管中出现层流，从而导致进料换热器结垢使其换热性能下降，同时在炉管结焦导致传热效率下降的双重因素作用下，使得加热炉热负荷进一步提升，炉管表面热强度大幅升高。高温不仅会

作者简介：吴定兵，毕业于邵阳学院能源与动力工程专业，主要从事加热炉节能监测工作。

加剧炉管结焦，炉管表面长时间超温会严重影响加热炉的安全运行。针对此加热炉炉管结焦问题，主要从原料性质和设备运行环境两方面进行了分析。

1.1 原料组分易导致加热炉炉管结焦

（1）原料汽油中串入催化柴油　在装置开工阶段，原料汽油中可能串入柴油使得原料组分变重，导致原料在炉管中易结焦。研究认为一般当柴油量大于10%时，汽化率快速下降，结焦明显；当柴油量小于10%时，在加热炉中仍可完全汽化，不存在增加加热炉结焦的风险。因此有柴油混入原料的可能性，但并不是导致加热炉结焦的主要因素。然而开工期间因柴油混入导致的少量结焦有可能成为后期大负荷运行中原料生焦的骨架，从而促进结焦。

（2）原料汽油中二烯烃在高温下易结焦　S Zorb装置加工的催化裂化汽油具有烯烃高的特点，并且含有少量的二烯烃组分。原料分析烯烃含量范围为12.8%~23.4%，胶质<1mg/100mL，二烯烃含量为0.268%~0.332%。研究表明二烯烃本身化学性质不稳定，如系统中存在氧气，则在升温时极易发生聚合，而且进料换热器、炉管的结构及温度等条件恰恰适合二烯烃发生聚合生焦反应。可见，原料汽油中二烯烃结焦是炉管大面积结焦的主要因素。

1.2 加热炉管理不够精细

（1）加热炉炉管表面热辐射强度过大　S Zorb装置加热炉F101采用6台1.93MW圆形低NO_x燃烧器，根据燃烧器厂家测算的燃烧器火焰辐射温度最高区域位于燃烧器上方3.5~4.5m（从燃烧器上表面起算），结合日常炉管红外热成像检测结果，炉管表面温度最高部位距炉底表面4~6m，验证了现场炉管破裂处（距炉底高度为4.5m）位于炉膛辐射强度最大区域。同时炉管外壁温度日常运行在470~600℃之间，已高于轻质油460℃左右结焦的“临界温度”，所以炉管表面热强度过大是炉管结焦的主要因素之一。

（2）加热炉炉管检测不全面　传统的贴壁热电偶在线监测和手持式红外点温枪测试存在局限性，不能有效地对炉管表面温度进行全面监测，特别是无法及时发现高温部位，存在管理盲区。对于介质有较大结焦倾向的加热炉，应使用专业加热炉炉管检测仪器定期进行炉管表面红外热成像检测，才能全面有效地掌握加热炉炉管表面温度的真实分布情况，防止加热表面热强度过大和炉管结焦超温。

（3）加热炉控制不精细　S Zorb装置加热炉会掺烧少量稳定塔顶气，该股气H_2含量为32.5%~59%，混氢后燃料密度减小，单位体积燃料燃烧需氧量变少，火焰传播速度增快。需要提高炉膛负压防止回火，炉膛负压长期控制在-147.3~-79.3Pa之间，高负压导致燃烧器进风量增大，过剩空气系数增加。但是炉膛负压过高会影响低氮燃烧器的烟气卷煺回流，导致燃料气燃烧不完全，并在炉膛顶部发生二次燃烧，使局部炉管表面热强度增大，不仅增加了结焦风险，同时炉管长期暴露在高温有氧条件下会加剧表面氧化爆皮导致传热性能下降。

2 应对措施

针对S Zorb装置原料汽油烯烃含量高，在进料换热器和炉管中易结垢、结焦等特性，主要从改善原料性质、降低加热炉负荷、加热炉平稳运行等方面提出应对措施。

2.1 原料预处理

FITS加氢工艺集成微孔分散技术和管式固定床液相加氢技术，使氢、油高效混合，提高氢气利用率和气液传质效率，使炉管中的介质反应效率提高，避免汽油混氢后出现层流，减缓炉管内表面生焦。同时对原料汽油进行选择性加氢脱除部分烯烃，如图3所示，FITS加氢工艺投用后汽油中烯烃含量明显呈下降趋势，其中二烯烃含量由0.3%左右下降至0.07%左右，脱除率达75%以上，有效从源头避免了二烯烃在进料换热器和炉管中发生聚合结垢生焦。

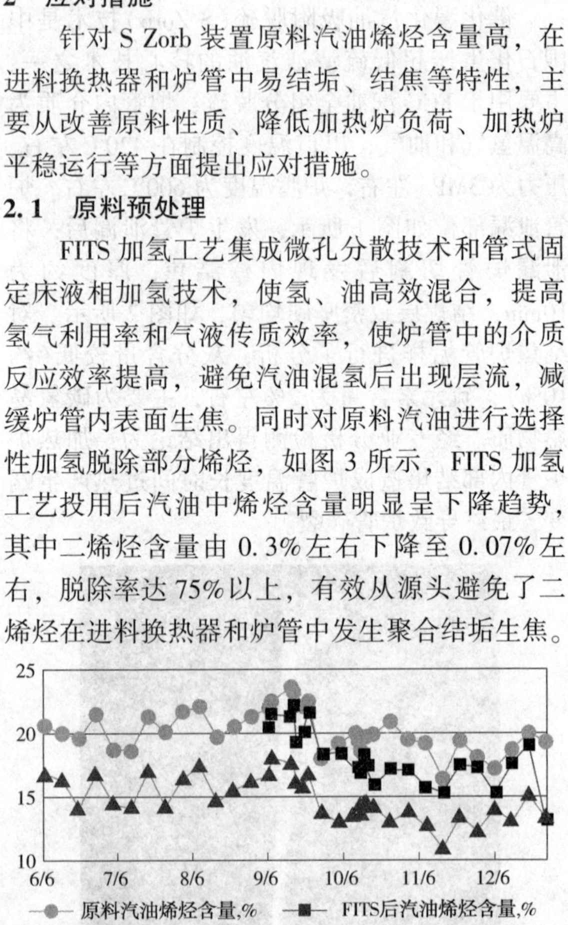

图3　S Zorb装置FITS加氢投用前后汽油中烯烃含量变化趋势

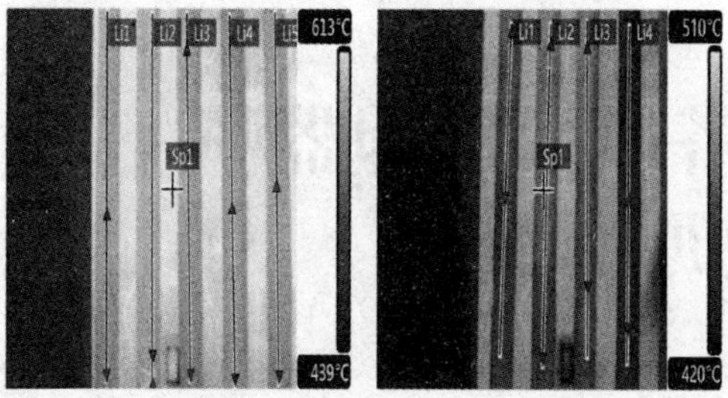

图 4　2022 年加热炉清焦前后炉管红外检测对比图

2.2　加强设备管理

（1）在停工检修和原料换热器管程压差上涨、管程终换温度下降时，可以考虑进行高压清洗来提高换热器终换温度。2022 年装置进行了原料换热器管束清洗，清洗后管程终换温度由 355℃提升至 380℃，炉膛温度由 600℃下降至 520℃。加热炉瓦斯耗量下降了 300～350Nm³/h，降低加热炉热负荷的同时大幅降低了炉管表面热强度，减少了结焦风险。

（2）在停工检修和炉管结焦严重时对加热炉炉管进行机械清焦和表面清垢工作，提高炉管的传热效率，消除炉管超温风险。如图 4 所示，红外热成像检测显示辐射室炉管清焦后的表面温度由清焦前的 581.0～590.8℃降为 442.6～473.5℃，降幅超过 100℃，消除了炉管超温风险，保证了设备的本质安全。

（3）加强炉管表面温度监测工作，全面掌握加热炉炉管表面温度真实分布情况。①定期对炉管表面进行红外热成像检测，及时发现和处理炉管局部结焦和炉管局部超温现象；②在加热炉炉膛辐射强度最大的区域炉管上增设炉管贴壁热电偶实时监测炉管温度。

（4）对加热炉各项运行能效指标进行评价分析，保持加热炉运行状态优良。①合理控制炉膛负压；②当燃料气组分发生变化时，应使燃烧器的燃料气压力和热风压力均衡合理，保证燃料气燃烧充分，防止炉膛内的 CO 发生二次燃烧。

3　结论

S Zorb 装置原料在高温炉管中聚合结焦是一个无法避免和不可逆的过程。通过 FITS 加氢原料预处理技术将二烯烃含量由 0.3%左右下降至 0.07%左右，有效避免了二烯烃聚合生焦导致原料换热器结垢和炉管结焦，结合加热炉炉管红外热成像监测和加热炉的精细控制可以有效延缓结焦。延长生焦期是加热炉长周期稳定运行的必要条件。在结焦后期通过炉管机械清焦和换热器高压清洗等技术及时处理结焦，中断炉管结焦发展进程，将其控制在新的结焦初期，消除炉管超温风险，保证设备的本质安全。

参 考 文 献

1　李鹏，孙同根．催化汽油吸附脱硫（S Zorb）装置案例集及孙同根操作法[M]．北京：中国石化出版社，2024：37.

2　杜佳楠．催化裂化汽油烯烃含量对 S Zorb 装置长周期运行影响分析[J]．炼油技术与工程，2023，53（3）：39.

3　章许云．管式加热炉炉管结焦分析[J]．石油与化工设备，2010，13（5）：52.

4　魏文明．气体碳氢燃料掺氢预混火焰传播速度及碳烟颗粒生成研究[D]．湖北：华中科技大学，2016：55.

柴油加氢装置汽提塔顶后冷却器内紧固螺栓断裂原因分析

王天廷
(深圳格鲁森科技有限公司沈阳分公司，辽宁沈阳 110180)

摘 要 采用宏观形貌观察、化学成分分析、金相组织观察、扫描电镜分析及硬度检验等方法，对某石化公司柴油加氢装置汽提塔顶后冷器内多根断裂的紧固螺栓进行失效分析，探究螺栓断裂的原因。结果表明，螺栓的断裂是由几方面因素综合作用的结果：一是发生断裂的螺栓的晶粒粗大，且硬度较高；二是紧固螺栓在使用过程中存在应力，长期作用形成裂纹源；三是紧固螺栓长期处在含有 H_2S 介质中，引起应力腐蚀开裂。在以上几方面因素的综合作用下，最终导致螺栓发生断裂。

关键词 加氢装置；紧固螺栓；断裂失效；应力腐蚀

某石化公司柴油加氢装置汽提塔顶后冷器在检修过程中，发现多根内紧固螺栓出现断裂现象。该冷却器管程介质为循环水，温度为30/40℃，操作压力为0.4MPa；壳程介质为塔顶油气、硫化氢，温度为55/40℃，操作压力为0.77MPa。内紧固螺栓规格为M20×180mm；螺栓材质为35CrMoA钢。

1 检测分析

1.1 螺栓的宏观及低倍观察

送检的螺栓共有3根，其中2根是断裂的，分别编号为1#、2#，另外1根是完好的，编为3#，如图1所示。

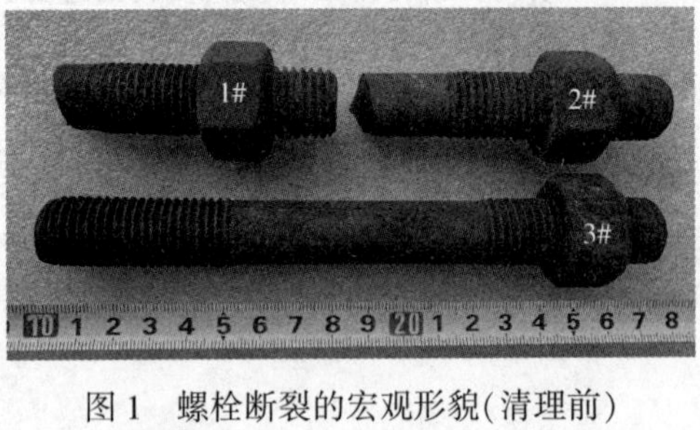

图1 螺栓断裂的宏观形貌(清理前)

1#、2#螺栓断裂位置在其中间区域的光杆部位，断裂后的螺栓长短不一；螺栓断口处没有明显的塑性变形，为脆性断裂；螺栓表面和断口上布满了锈蚀产物；当人接近螺栓时，可闻到的臭味，断口锈蚀严重。清理后，可见1#螺栓裂纹源在其外表面处，断口参差不齐；裂纹由螺栓的边缘向其内部扩展，断口呈河流状(放射状条纹)，具有应力腐蚀断裂的特征，如图2所示。

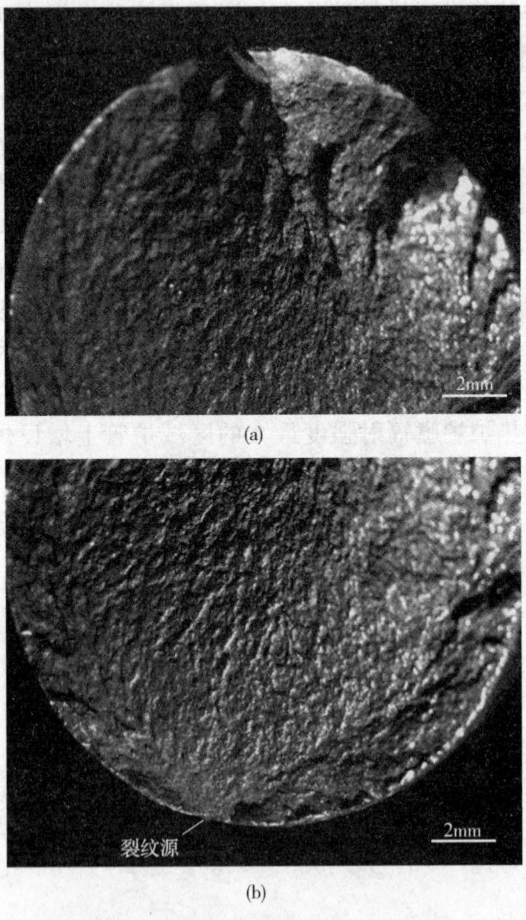

图2 1#螺栓断口的低倍形貌(清理后)

(a)　　(b)

图 3　2#螺栓断口的低倍形貌

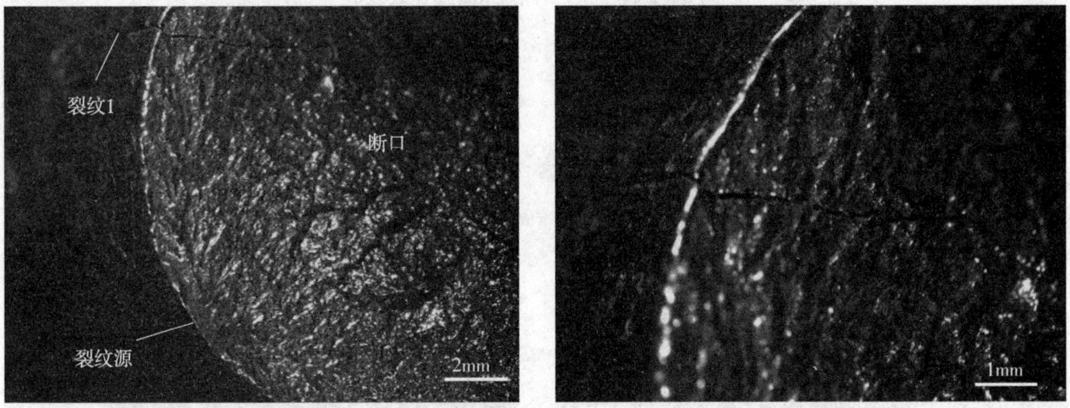

(a)　　(b)

图 4　2#螺栓表面及断口的低倍形貌

2#螺栓的断口形态与 1#螺栓的大体相同，而且在 2#螺栓断口上还有两条二次裂纹存在；二次裂纹基本是沿着螺栓轴向扩展的，见图 1-3 和图 1-4。

由宏观及低倍观察的结果初步判断，螺栓的断裂失效性质为湿硫化氢应力腐蚀开裂。

1.2　螺栓的材质分析

分别从三根螺栓上切取块状样品，用 600#、800#、1000#、1500#砂纸逐级打磨，使用牛津公司生产的全谱火花直读光谱仪对螺栓材质进行化学分析。结果表明，三根螺栓的材质成分均符合 35CrMoA 钢的标准要求，见表 1。

表 1　螺栓材质的化学成分(质量分数)　　%

项　目	C	Si	Mn	P	S	Cr	Mo
1#	0.351	0.242	0.582	0.0122	0.0066	0.952	0.190
2#	0.343	0.245	0.584	0.0116	0.0054	0.944	0.196
3#	0.359	0.246	0.569	0.0118	0.0054	0.945	0.178
35CrMoA	0.32~0.40	0.17~0.37	0.40~0.70	≤0.035	≤0.035	0.80~1.10	0.15~0.25

1.3　螺栓的金相分析

根据 GB/T 13298—2015《金属显微组织检验方法》、GB/T 4340.1—2009《金属材料　维氏硬度试验　第 1 部分：试验方法》，从 2#、3#螺栓上切取金相样品，样品经预磨、抛光、腐刻后，在显微镜下观察分析，并使用显微硬度计对螺栓的硬度进行检测。

2#螺栓的横向截面上有裂纹存在；裂纹是由螺栓的表面向其芯部扩展的，具有应力腐蚀裂纹的特征，螺栓金相组织为较粗大的回火索氏体+少量铁素体，如图 5 所示。

3#螺栓的横向截面上没有裂纹存在，螺栓

金相组织为均匀的回火索氏体，是正常的调质组织，如图6所示。

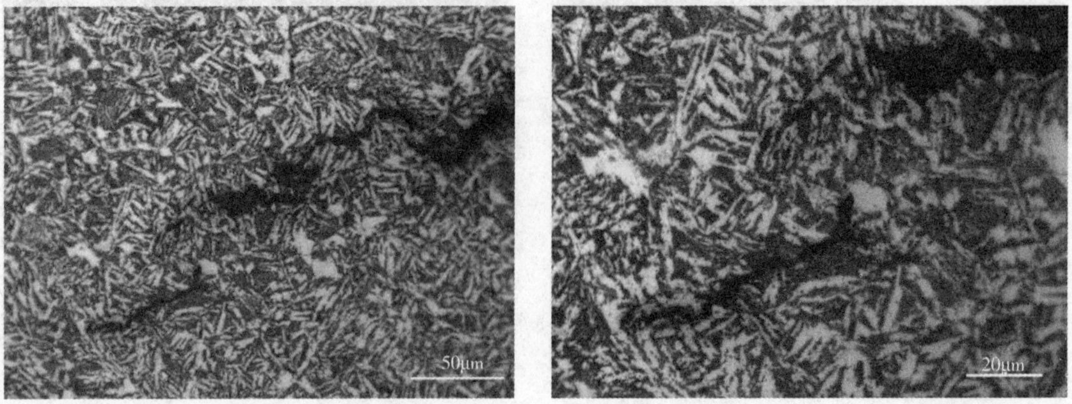

(a) (b)

图5 2#螺栓的横向金相组织(裂纹)

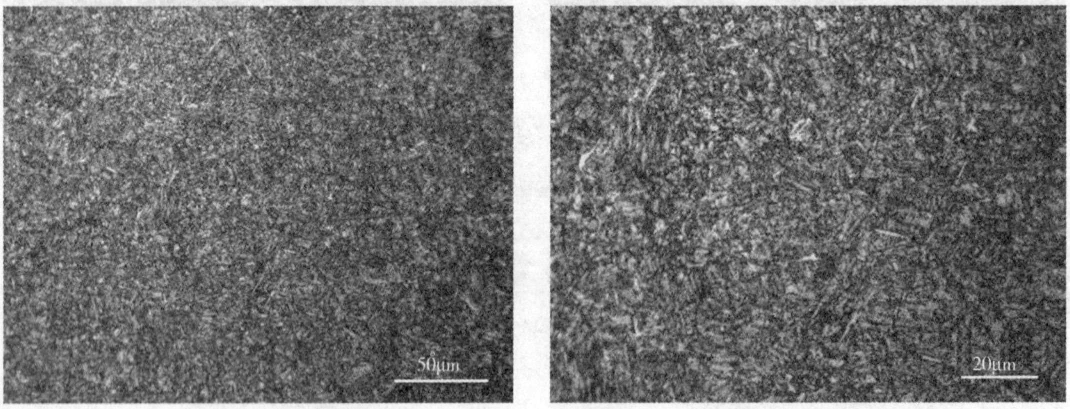

(a) (b)

图6 3#螺栓的横向金相组织

比较可见，2#和3#螺栓的金相组织存在一定的差异。2#螺栓的晶粒组织较为粗大，故脆性有所增加；3#螺栓的晶粒组织均匀细小，强韧性好。

硬度检测表明，2#、3#螺栓的硬度是相同的，但2#螺栓组织的硬度存在一定的不均匀性，硬度值有一定的变化，而3#螺栓硬度值是基本一致的，见表2。

表2 螺栓的硬度测试($HV_{1.0/15s}$)

项目	测试值			平均值	HRC(换算值)
2#螺栓	302.9	283.1	313.6	297.5	31.0~31.5
	283.1	301.0	291.4		
	306.5	305.3	290.9		
3#螺栓	296.0	296.9	297.2	296.7	31.0~31.5

1.4 螺栓断口的电镜分析

使用扫描电镜，对2#螺栓断口进行形貌观察和元素成分能谱分析，其结果如图7和图8所示。

2#螺栓断口的裂纹源在其表面处，裂纹由外向内扩展，在螺栓断口上可见河流状的条纹花样；因断口上覆盖着大量的腐蚀产物，使得断口的精细形貌已难以看清；能谱分析表明，断口上主要有C、O、Si、S、Fe等元素，其中S含量相当高。

电镜分析确认，螺栓的断裂与环境介质有关，主要是受到了环境中的硫化氢介质的腐蚀。

2 分析与讨论

综合以上对断裂的冷却器内的紧固螺栓的多项理化检验分析结果，可以认为螺栓断裂失效的主要原因为硫化物应力腐蚀开裂。

螺栓服役于酸性气(H_2S)的环境中，干燥的酸性气(H_2S)不会腐蚀螺栓金属材料，但如果酸性气中含有一定量的水时(即使是少量的凝结水)，就形成了一个H_2S+H_2O的湿硫化氢环境。当浮头螺栓处在潮湿的硫化氢环境中，螺栓受到一定的拉应力，螺栓硬度较高，且有适宜的温度时，就使得螺栓对于湿硫化氢应力腐蚀开裂比较敏感。

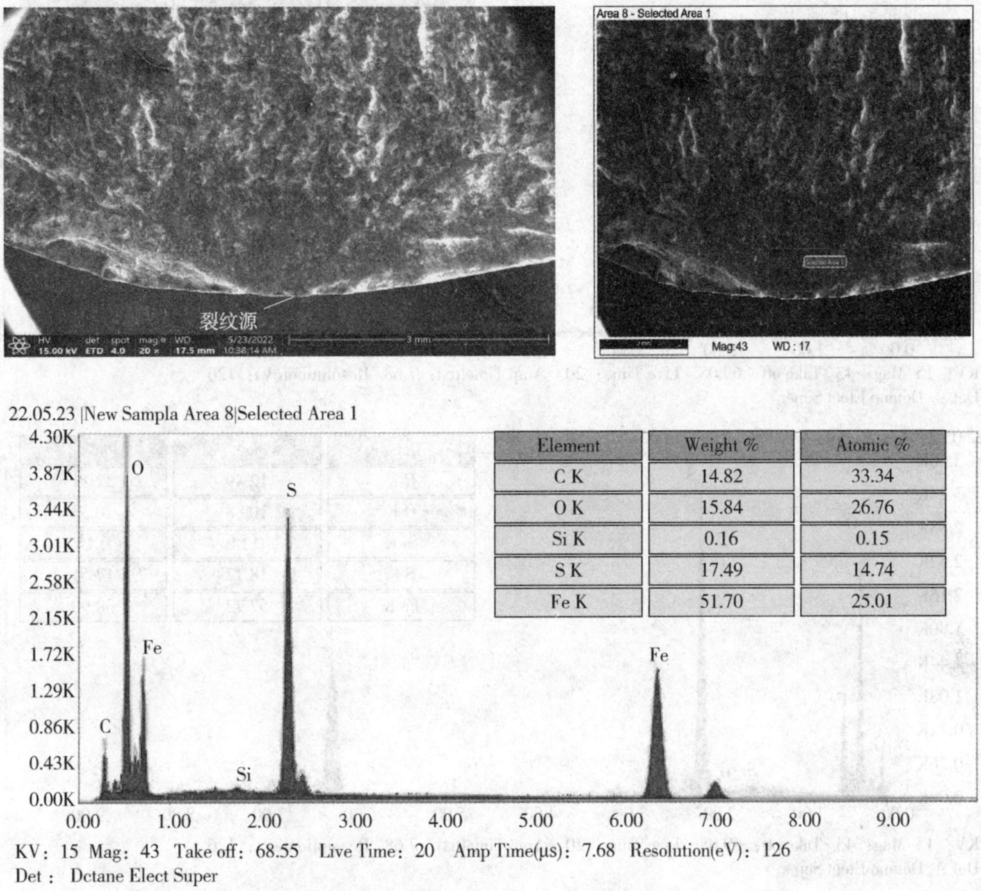

图 7　2#螺栓断口的 SEM+EDS(裂纹源区)

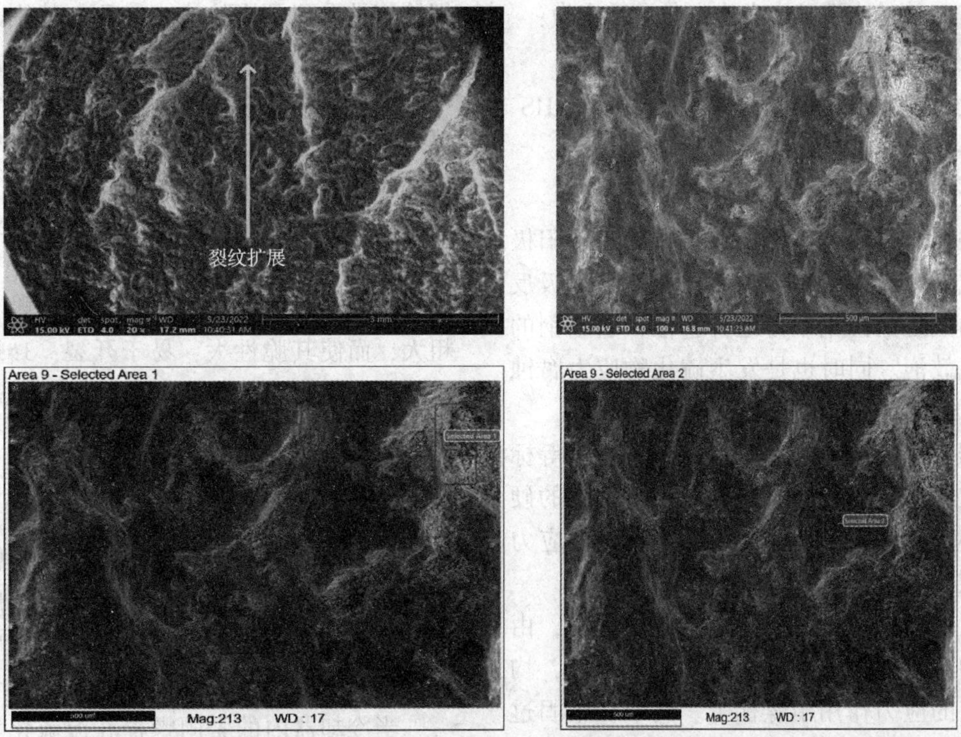

图 8　2#螺栓断口的 SEM+EDS(裂纹扩展区)

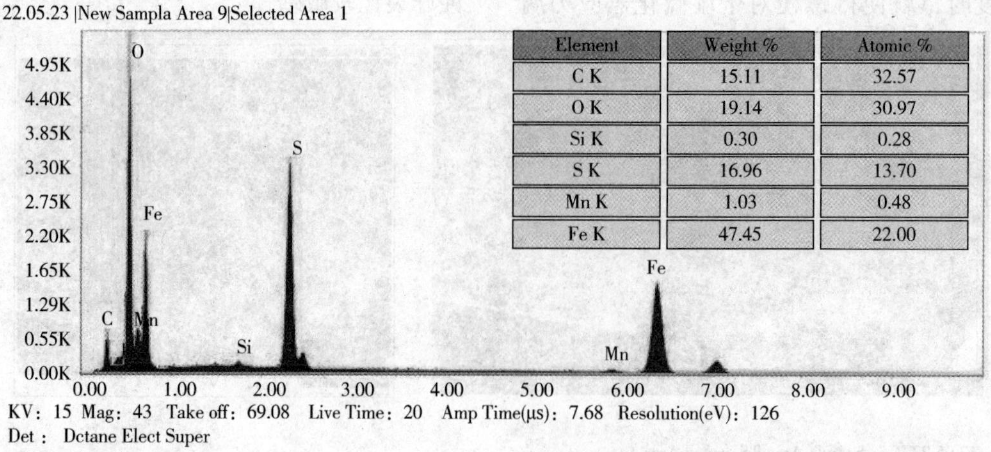

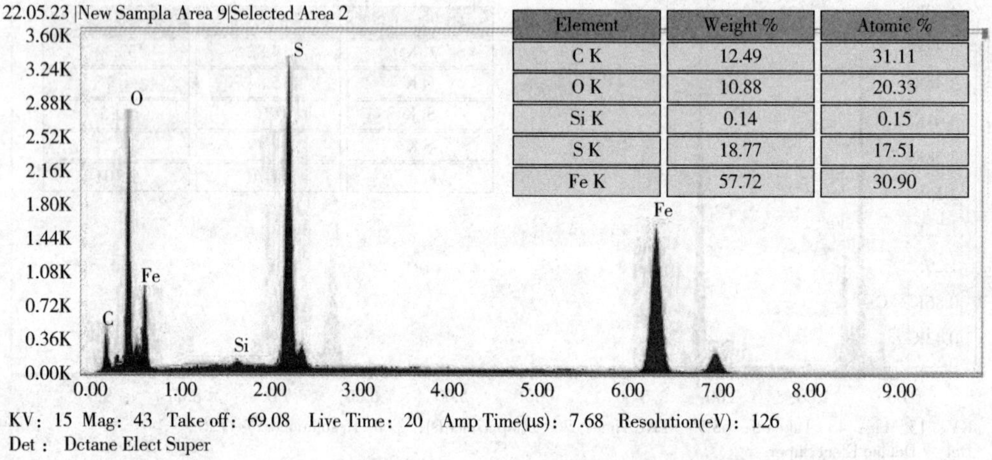

图 8 2#螺栓断口的 SEM+EDS(裂纹扩展区)(续图)

钢在 H_2S 的水溶液中发生电化学反应为：

阳极反应：$Fe \longrightarrow Fe^{2+} + 2e$

二次过程：$Fe^{2+} + S^{2-} \longrightarrow FeS$ 或 $Fe^{2+} + HS^{-} \longrightarrow FeS + H^{+}$

阴极反应：$2H^{+} + 2e \longrightarrow H_2\uparrow$

钢铁在 H_2S 的水溶液中，不只是由于阳极反应生成 FeS 而引起一般的腐蚀，而且阴极反应生成的氢还能向钢中渗透并扩散，引起钢的氢脆、氢鼓泡。同时也是发生硫化物应力腐蚀的主要原因。

根据 NACE RP-04-72 和 API RP-492 等标准的规定，在硫化氢介质中承受载荷钢件的硬度必须小于 HRC 22 才能有效抵抗硫化氢应力腐蚀开裂。

内紧固螺栓在设备安装及紧固过程中，由于使用的工具操作及不同力矩作用等原因，均会有一定的应力作用于螺栓上。其中在紧固过程中，螺栓容易产生扭曲应力；在使用过程中，螺栓容易受到预紧拉应力作用。特别是在长期使用过程中，螺栓累积的应力难以释放，遇到环境中存在容易诱发应力腐蚀开裂的介质，如氯离子、氢原子、硫化氢分子等，造成应力腐蚀开裂的概率会大大增加。

对于送检的 3 根螺栓中断裂的 2#螺栓和未断的 3#螺栓而言，虽然两者的硬度相同，金相组织也都是回火索氏体，但由于 2#螺栓的组织粗大，而使其脆性大，易于开裂；3#螺栓的组织细小均匀，故脆性小，而不容易开裂。因此，细小均匀的回火索氏体是抗硫化物应力腐蚀开裂的理想组织。

2#螺栓组织粗大的原因推测应该是在进行热处理时，加热温度较高而发生过热造成的；而螺栓的硬度偏高，则是螺栓回火温度较低造成的。不同的回火温度下，螺栓的硬度也是不同的，回火温度高则硬度就低。

当冷却器内的紧固螺栓在湿硫化氢环境下

服役，螺栓本身的硬度较高且又组织粗大，同时螺栓又承受很大预紧拉应力的作用时，螺栓发生应力腐蚀断裂是很容易的。而且，当一组螺栓中个别螺栓断裂后，会造成其临近的其他螺栓所承受的载荷增加，这些螺栓均会相续地出现断裂。

3　结论与建议

冷却器内紧固螺栓的断裂失效性质为硫化物应力腐蚀开裂。螺栓服役环境中存在 H_2S-H_2O 介质，螺栓本身的高硬度(>HRC 22)和粗大的脆性组织，适宜的温度及螺栓服役时的预紧拉应力是造成其发生应力，腐蚀断裂的主要因素。

为避免紧固螺栓发生硫化物应力腐蚀开裂，提出建议如下：

(1) 在湿硫化氢存在的环境下，最好选用硬度小于 HRC 22、组织细小且均匀、塑性高的螺栓，来提高其抵抗硫化物应力腐蚀开裂及脆性断裂的能力。

(2) 由于螺栓材料的屈服强度和抗拉强度比值(屈强比)很高，在对螺栓进行紧固时，要严格地控制螺栓预紧力的大小。

(3) 通过改变环境介质的条件，即控制硫化氢介质中的水含量，来抑制螺栓硫化氢应力腐蚀开裂的发生。

参考文献

1　GB/T 3077—1999　合金结构钢[S].

2　李炯辉，等．金属材料金相图谱[M]．北京：机械工业出版社，2006.

3　张亚明，等．冷却器内浮头螺栓断裂原因分析[J]．腐蚀科学与防护技术，2010，22(3)：251.

4　赵军．湿硫化氢环境下小浮头螺栓失效原因分析[J]．石油化工技术与经济，2021，37(3)：54.

5　邹英杰，等．酸性水气提装置换热器小浮头螺栓断裂事故的分析[J]．腐蚀与防护，2003，24(9)：406.

6　丁明生，等．塔顶冷却器小浮头螺栓断裂失效分析[J]．石油化工腐蚀与防护，2006，23(6)：44.

7　熊生勇，等．浮头式换热器内浮头螺栓在湿 H_2S 环境下的材质选用探讨[J]．石油与天然气化工，2010，39(增刊)：50.

催化烟气脱硫系统主要设备问题及解决方案

刘小锋
（中国石化镇海炼化分公司炼油四部，浙江宁波 315200）

摘 要 中国石化镇海炼化分公司180万吨/年催化裂化装置配套烟气脱硫系统2012年建成投产，在运行及检修过程中发现激冷塔、综合塔器壁积垢严重，开工后垢物掉落堵塞过滤器及文氏格栅喷嘴，管式除尘器冲洗水母管出现断裂，真空带式脱水机经常出现滤布跑偏。针对这些问题，分析故障现象及内在原因并提出针对性的解决方案，保障装置长周期运行。

关键词 催化；烟气脱硫；脱水机；综合塔；管式除尘器；文氏格栅

1 装置概述

镇海炼化分公司180万吨/年催化裂化装置配套烟气脱硫系统2012年建成投产，主要采用的是中石化宁波技术研究院与抚顺石油化工研究院合作开发的湍冲型筛网文丘里洗涤技术，是由湍冲洗涤工艺技术（中石化宁波技术研究院）和格栅式文氏组件洗涤技术（抚顺石油化工研究院）组合而成。该系统具有同一塔内采用两级双循环除尘和脱硫工艺，保证了除尘和脱硫效果；效率高，不但脱硫的效率极高，单级的湍冲处理脱硫效果可达95%以上，而且除尘效率亦极高；能同时进行除尘和脱硫，投资、吸收剂适应性宽的特点。

催化烟气进锅炉换热后，175℃左右的烟气从尾部烟道底部排出经脱硫烟道系统进入激冷塔和综合塔除尘脱硫之后，合格的烟气经综合塔烟囱排大气；综合塔底的浆液经浆液循环泵部分返塔作吸收剂，部分去浆液缓冲池，池中浆液通过泵送至胀鼓式过滤器，过滤后的上清液经过氧化罐处理后达到废水外排指标后去排液池外排；过滤后的沉渣去真空带式脱水机进一步脱水，脱下的水回浆液池，废渣车运出装置。

2 主要设备问题及解决措施

2.1 激冷塔与综合塔结垢

装置每次停工检修时都会发现激冷塔与综合塔内有一层白色的垢（见图1），通常情况下，这些垢物在湿润环境下会不断累积，不会成块脱落，但是停工之后塔内部变得干燥，部分垢物脱落，开工水循环后会加速脱落。

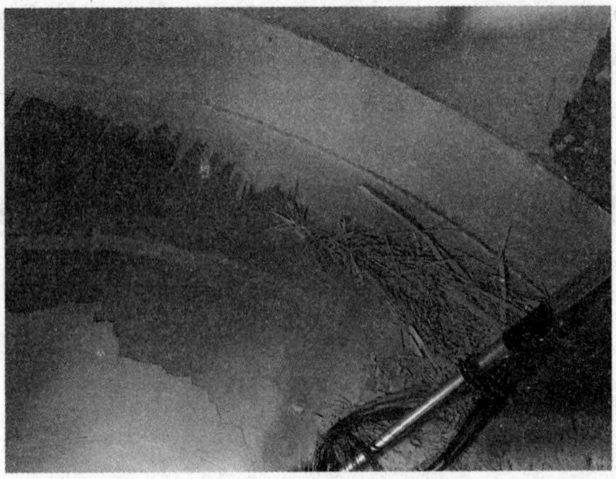

图1 激冷塔内部积垢情况

因此，停工时对塔内的积垢都用人工+高压水枪的方式清理干净，但是开工时依然有大量细小垢块堵塞浆液循环泵入口过滤器，导致文氏格栅泵及逆喷泵不断来回切换，一天需要切换十多次，每次均要拆装入口过滤器，工作强度较大。开工水循环时发现文氏格栅喷头大量堵塞，拆下喷头后发现喷头内全是杂物碎屑（见图2），彻底堵住。判断浆液循环泵出口管路内存在大量垢物，拆除文氏格栅入口阀门后发现管路内部垃圾很多，且内壁上积了一层厚厚的黄白色的垢。于是采用高压水枪冲洗，希望将垃圾及积垢冲洗干净。

作者简介：刘小锋，男，2015年毕业于东北石油大学过程装备与控制工程专业，工程师，现从事设备技术管理工作。

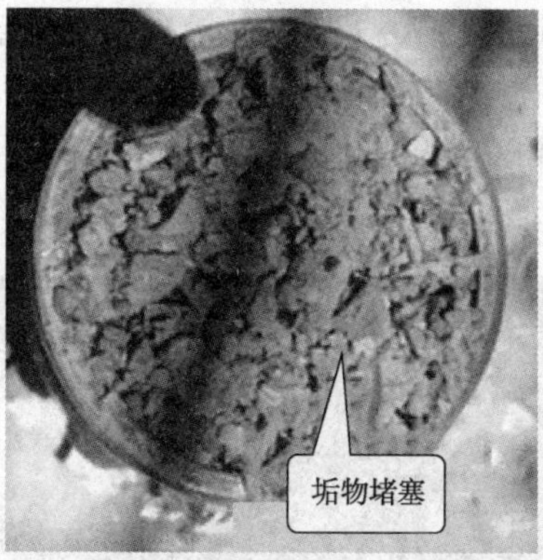

(a)

(b)

图 2　文氏格栅喷头堵塞情况

冲洗完成后，在不装喷头的情况下运行，希望将垃圾冲洗干净，但依然有大量出水口堵死，于是拆除整个冲洗水母管，取出冲洗管后发现每根管内有 10 多块手掌大小的黑色垢块，严重堵塞了出水通道，分析原因为浆液循环泵出口管路内部长期没有清理，内部有大量陈年积垢，加之用高压水枪对管路内部冲击，多年以来的积垢被振裂为块状，大块积垢堵在文氏格栅喷管内，导致喷嘴被堵塞。

催化烟气脱硫系统物料为催化一再及二再出口烟气，烟气中的颗粒物遇到水后迅速冷却变为混合浆液，混合浆液一部分外甩，另一部分塔内循环，通过注入 NaOH 来脱硫并调节 pH 值。

从物料情况及现场积垢情况可知，该处积垢为催化剂粉尘及脱硫后的产物。这些产物与催化剂粉尘混合起来会不断在塔壁及管壁上积累，由于塔内流体流动并不均匀，垢层有些地方松散，有些地方致密。

针对催化烟气脱硫系统激冷塔与综合塔积垢情况，从工艺上难以避免，只能从设备上采取措施来尽量减少垢物对开工及生产过程的影响。目前采取了以下措施：

(1) 手工清垢，时间长效果差，每次检修均需采用高压水枪冲洗塔壁及主要接管，尽量在检修过程中将垢物去除，排出塔外。

(2) 更改浆液循环泵入口过滤器形式，原设计采用管道过滤器，外接膨胀节，这种过滤器过滤面积小，堵塞次数多，且每次清理过滤器均需拆装两道法兰，工作强度大，将其改为 T 形过滤器可有效解决过滤器频繁堵塞的问题。

(3) 更改文氏格栅喷嘴形式，由图 2 可知，原设计的文氏格栅喷嘴内部有三根固定筋，用于固定底部花洒，但是该结构会影响喷嘴内部流道，致使垢物无法顺利排出，最终积累在内部，导致喷嘴堵塞。因此，需要将固定筋移至喷头外部，使得细小垢块能顺利排出，防止累积堵塞喷头。

2.2　管式除尘器冲洗水母管断裂

为解决烟气排空粉尘含量偏高的问题，本装置在 2018 年投用了管式除尘器，该除尘器分为 4 个区域共计 92 根管束，为保证分离效果，依据表面更新理论，每根管束底部都设置有冲洗水接头，顶部设置有雾化冲洗水喷头，由四根冲洗水母管引出冲洗水，通过软管连接到冲洗水接头，为保证水质防止结垢，冲洗水采用除盐水。现阶段每隔 90min 冲洗一次，每次冲洗 2min，四组冲洗水按顺序开启，每组间隔 999s

装置停工检修时，开人孔检查管式除尘器冲洗水效果时发现没有水喷出，重复多次依然无效，更换另一组喷头后也未发现有水喷出。最初怀疑喷水母管堵塞，检查综合塔液位，发现塔底液位上升趋势明显，说明管路通畅，但是冲洗水未经过管式除尘器直接流到塔内。进入塔内检查时发现 4 根冲洗水母管全部断裂且断裂位置齐平，表现为焊缝处开裂，冲洗水从断裂位置流出，同时冲洗水母管塑料 U 形卡扣大多变形，多根出现断裂，如图 3 所示。

管式除尘器冲洗水母管材质为 PP 材质，其余部分为改性高分子材料。查阅相关资料得知，聚丙烯材质 155℃时出现软化现象，165℃时开始熔化，使用温度范围为-30~140℃。在 80℃以下能耐酸、碱、盐液及多种有机溶剂的腐蚀，能在高温和氧化作用下分解。而烟气经过激冷塔及消泡器后温度降至60℃，烟气中主要腐蚀性成分为硫化物、氮氧化物及酸性成分。经过脱硫脱硝，硫化物基本被中和，在线监测无法监测到数值；经过综合塔底注入氢氧化钠，排烟pH为中性；尾气中氮氧化物还有约70×10^{-6}，而聚丙烯材质能耐受氮氧化物的腐蚀在当前的温度及物料环境下，聚丙烯能完全耐受烟气的腐蚀。因此，材质选择错误可以排除。

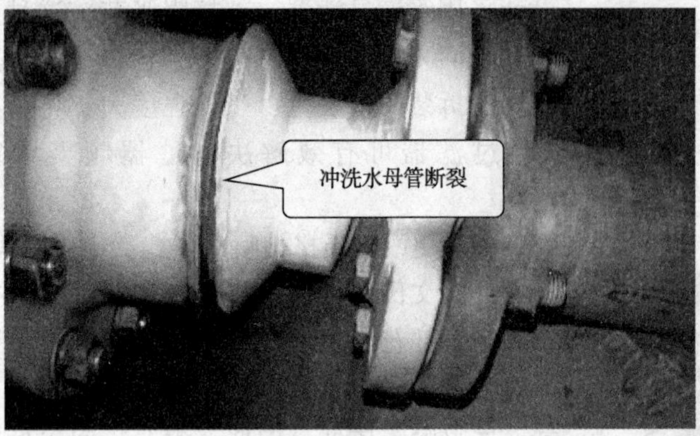

(a)

(b)

图3　管式除尘器冲洗水管断裂图

管式除尘器安装时严格按照图纸的要求安装，技术员全程把关，每一个扣件都要求完全紧固并验收合格。在设备投用前，技术员与施工单位一起进入塔内仔细检查，冲洗水母管与塔壁短节间的螺栓全部拧紧，冲洗水母管尾部可在U形扣件范围内自由摆动，筒体U形固定卡扣检查无异常，冲洗水接头全部拧紧，因此，整个管式除尘器属于无应力安装，无强行组队的现象。进塔检查时发现除了冲洗水母管断裂及U形卡扣变形断裂以外，各处接头均无松动变形，管束也没有变形及其他缺陷。因此，安装不规范可以排除。

管式除尘器正常运行时基本不需要维护，唯一可操作的参数是定期反冲洗水压力和时间。反冲洗组件是保证管式除尘器正常工作的重要部件，冲洗水压力及冲洗时间是其中的重要参数，冲洗时间是按照厂家推荐的时间来设定的。因此，冲洗水压力就显得极为重要，水压太低会导致喷头雾化效果差，管束堵塞器堵塞，无法达到反冲洗的效果；水压太高会导致水管承受较大的应力，尤其是开启瞬间管内压差过大而出现振动(塔内为常压)，长期使用就会使冲洗管承受过大的疲劳应力，在焊缝等薄弱点出现应力集中导致断裂，其他兄弟单位的管式除尘器冲洗水压力过大时也出现过同样的问题。该管式除尘器推荐冲洗水压力为0.2~0.4MPa，在这个压力区间既能保证反冲洗效果，又不会出现大的应力。本装置使用的冲洗水为除盐水，压力高达1.2MPa，大大超过设计压力。因此，冲洗水母管断裂的主要原因为冲洗水压力过大。

针对管式除尘器冲洗水母管断裂及U形卡扣断裂的现象，采取了以下措施来解决：

(1) 维修冲洗水母管。针对断裂的冲洗水母管，可采取整体更换与局部维修两种处理方法，其中整体更换工作量大且不经济，采取局部维修的方法可以有效解决断裂问题。对现场断裂情况进行分析，断裂部位主要有两个：接管短节中间焊缝和冲洗水母管法兰与主管连接焊缝，这些焊缝均为塑料接口熔融焊。因两处断裂情况不同，因此对两处断裂部位采用不同的处理方法，除此之外冲洗水母管U形卡扣全部更换。

接管短节中间焊缝位置狭小，加固困难但是拆装方便，因此将其更换为316L不锈钢短节，强度刚度均得到大幅增加，在现有的工艺操作参数下不会再次断裂。冲洗水母管法兰与主管连接焊缝处采用“包盒子”的方法局部加固。具体操作方法为在断裂部位用两片中空的半圆柱聚丙烯片夹住，通过熔融焊的方法将两个加固片与母管焊接连在一起。因断裂处强度较低，有轻微下沉的情况，为加强“盒子”与本体之间的连接，在两者中间打若干个孔，孔中放入加强销并将其熔融后加固，使得两者坚固地连接在一起。冲洗水母管尾部封头处通过熔融焊的方式连接在一起，为预防这个部位失效，同样采用“包盒子”的方法加固，因该处未断裂，故不用加强销。维修情况如图4所示。

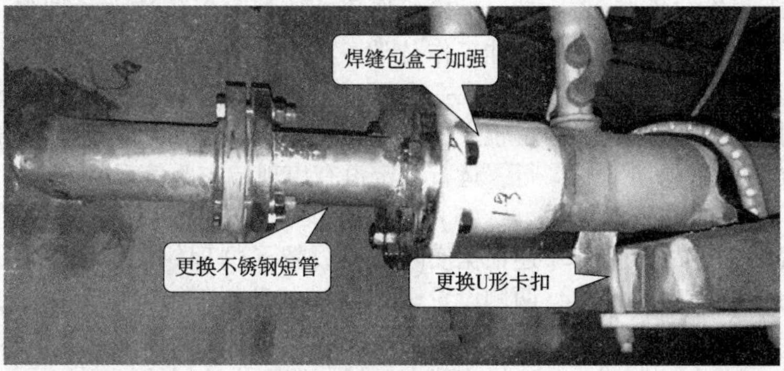

(a)

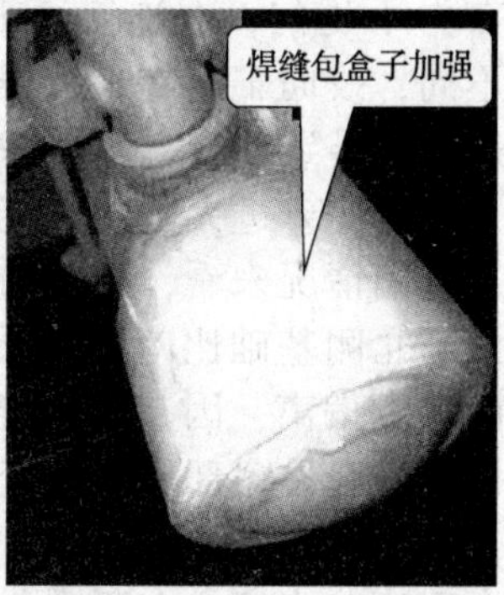

(b)

图4　管式除尘器冲洗水管断裂维修图

(2) 工艺操作优化。通过降低冲洗水压力的方法来调整工艺操作参数。目前可以采用两种方法进行优化，一是改变冲洗水来源，使用低压冲洗水是最好的解决方法，但是受限于装置现场实际情况，无法更换冲洗水来源。因此只得采用第二种方法，即在原有的管线上加孔板，可以有效降低管路压力，孔板大小对降压的大小影响很大，通过理论计算加不断实践调整孔板大小，最终冲洗水压力降到0.4MPa以下。

(3) 设备改型。针对管线振动导致冲洗水母管断裂的情况，在冲洗水总管上安装膨胀节可有效降低冲洗时管线振动，兄弟单位使用过的反映效果很好，因检修时间紧及管线位置狭小，故未加膨胀节，下次检修若情况未好转则可以尝试增加膨胀节。

2.3　真空带式脱水机滤布跑偏

真空带式脱水机是烟气脱硫系统中废水处理单元的重要设备，是以环形橡胶带作为传动机构的一种脱水机。该设备由机架、真空箱、驱动辊、压布辊、纠偏辊、展布辊、料浆分布器、滤布纠偏装置、滤布再生装置和传动装置、滤布等部件组成，是充分利用物料重力和真空吸力实现固液分离的高效分离设备。料浆由分布器均布在滤布上，当真空室接通真空系统时形成母液抽滤区、滤饼洗涤区和滤饼抽干区，滤液穿过滤布进入真空室，固体颗粒截留在滤布上形成滤饼。进入真空室的滤液经自动排液罐排出，固体滤饼由刮刀卸除。卸除滤饼的滤布经清洗后获得再生并重新进入过滤区。

使用过程中，真空带式脱水机经常出现跑偏现象(见图5)，经常是纠偏后第二天就又跑偏了，影响设备的正常运行，尤其是对滤布使用寿命有严重的影响，滤布出现大量褶皱甚至导致滤布出现破损，不得不更换，原采用圆筒限位的方法效果不佳。

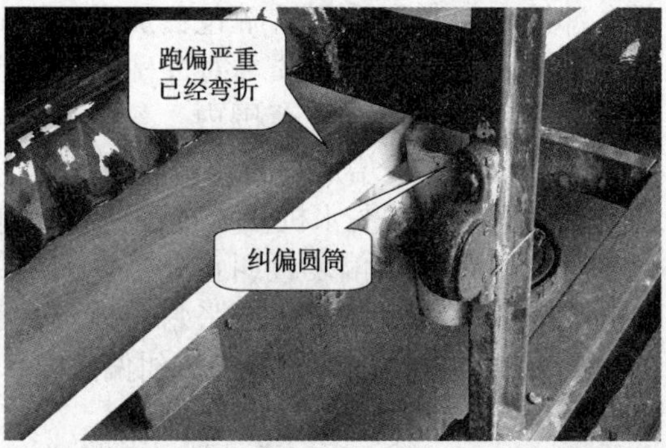

(a)

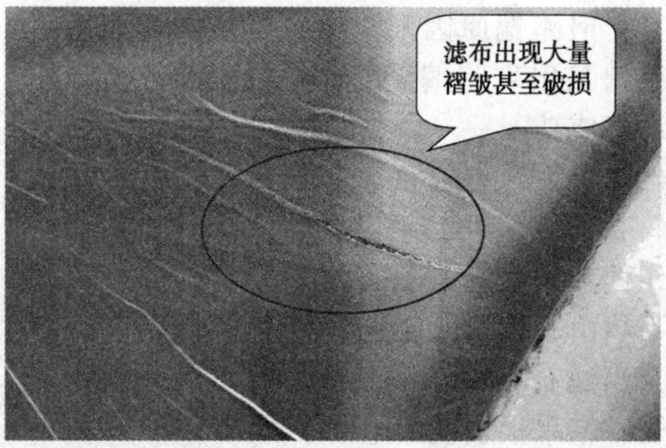

(b)

图5　真空带式脱水机跑偏图

分析原因发现设备安装存在一定的误差，并不会完全水平，随着使用时间的不断延长，基础也会有一定的变化，加上浆液进料时有一定的布料不均匀，在连接滤带时难免有松紧、长短不同，改向辊存在平行误差。这些原因综合起来就会导致运行过程中滤布不会稳定在一个地方，当偏离过大不能回复时就出现跑偏现象。从跑偏情况来看，跑偏的方向总是朝向北侧，说明北侧基础比南侧稍低，运行时间一长就会向北侧偏离，因基础不能轻易动，故只能调节设备的有关零部件来改变滤布的受力情况以平衡不平衡的偏移力。

由于滤布跑偏是在所难免的，因此通常情况下真空带式脱水机都有自动纠偏装置，它由纠偏辊、纠偏气囊、纠偏滑阀和感应开关等组成。它的作用就是纠正滤布跑偏，其原理是通过改变纠偏辊的角度来达到纠正滤布跑偏。

实际使用中因为纠偏装置中拨杆安装及其他问题导致纠偏时经常延迟纠偏或者纠偏过度，经常需要调节纠偏拨杆，因此后来去掉了纠偏装置的气源，并在厂家指导下调好了滤布，利用在滤布两侧加圆筒的方式来辅助纠偏。经过半年的运行没有出现大的跑偏现象。最近，再次出现跑偏现象之后，因为不能调节自动纠偏装置，只能摸索其他的调节方式。采取的措施如下：

（1）通过调节滤布张紧的顶丝来调节跑偏，这样可以改变滤布的松紧，使其受力情况发生小幅变化，这样调节有一定的效果，但是效果极为有限，在有纠偏气囊纠偏的情况下作为辅助调节手段其效果可以，但纠偏气囊不工作后作为主要纠偏方式的话其效果就大打折扣了，经过实践，这样纠偏没有成功。

（2）通过手动挤压纠偏气囊，原理和自动纠偏一样，效果比较好，能很快使滤布回到中间位置，但跑偏原因未消除，一旦松开纠偏气囊后很快又出现跑偏现象，经过实践，这样纠偏也没有成功。

（3）通过在滤布下放一根斜着的钢管来纠偏，斜着的钢管可以看作增加了一根纠偏辊，这样纠偏效果也比较好，但是钢管不能一直放着，不然由于钢管表面与滤布直接接触会磨坏滤布，当滤布在中间平稳运行一段时间后，去掉钢管，结果很快就又跑偏了。

（4）脱水机还有一根手动纠偏辊(见图6)，在自动纠偏辊不能使用的情况下，可以调节手动纠偏辊来纠偏，通过使手动纠偏辊在脱水机基座上移动而使其发生一定的偏转来纠偏，其原理与自动纠偏相同，只要基础不发生大的变动，准确找到移动值就可以使滤布长期保持在最佳工作位置，同时，在两旁设置纠偏圆筒，可以在一定程度上辅助纠偏。通过调节手动纠偏辊，滤布跑偏现象得到消除，经过一周的运行，运行稳定没有出现滤布跑偏现象。

（5）脱水机除了有机身自动纠偏装置外，还根据实际情况设置了物理纠偏装置，在机身两侧设置了圆筒来辅助纠偏，但圆筒较小，使用时不是特别灵敏，后来在圆筒上安装了木板，这样离滤布更近，能更快地纠偏。

图6 手动纠偏棍位置图

3 结论

（1）由于物料性质及工艺特点，激冷塔及综合塔内部积垢无法避免，每次停工检修均需要高压水枪清洗，且需要对浆液循环泵及文氏格栅喷头结构型式进行优化，避免开工过程过滤器及喷头频繁堵塞。

（2）每次停工时检查管式除尘器自冲洗效果，冲洗水管断裂采用熔融包覆加强的方式修复，对中间接管更换材质。对冲洗水压力要严格控制在0.2~0.4MPa范围内，若条件允许可在塔外冲洗水管处增加膨胀节。

（3）真空带式脱水机使用过程中经常跑偏，通常可通过自动纠偏装置纠正，当自动纠偏装置失效时，可通过调节滤布张紧的顶丝及手动纠偏辊同时辅助增加纠偏圆筒来纠偏。

参考文献

1 王艳秋，王义，王金鑫．带式浓缩脱水机的常见问题及解决措施[J]．中国给水排水，2005(5)：95–97.

催化轴流式主风机 K-101 开机故障原因分析及措施

符 辉 龚 文 刘增庆 丁宏超 曾 超
（中国石油宁夏石化分公司，宁夏银川 750026）

摘 要 宁夏石化公司在2024年装置停工大检修时，对催化装置轴流主风机转子及动叶片等部件进行了节能改造和新制。主风机组投入运行后，从出口放空阀全开到出口放空阀全关、主风并入系统期间，排气侧轴瓦振动持续上涨，停机后发现转子排气侧平衡鼓密封齿与平衡盘套发生蹭磨。针对以上问题，提出通过打磨将平衡鼓密封齿间隙调整到标准上限值以及对排气管线增加限位支撑的方案，成功解决了主风机在带负荷下振值较高的问题。

关键词 轴流式主风机；放空开度；防喘振曲线

宁夏石化公司催化装置烟机的主风机组 K-101 由轴流式压缩机、烟气轮机、电机和变速齿轮箱组成。轴流压缩机型号为 AV80-14，为反再系统流化及烧焦提供动力和氧气，原设计工作风量为 4780Nm^3/min，出口压力为 0.48MPa(绝压)。2020 年，主风机故障后造成转子两侧轴颈磨损、气封齿损坏以及静叶承缸整体变形，以上隐患影响了催化主风机的安全稳定运行。结合 2024 年大检修 MIP 改造项目中主风机出口压力和出口风量变化的需求，对 AV80-14 主风机组主要改造内容为：利旧风机原机壳、备用新转子主轴及动叶，对新转子第 1、2 级动叶改造更新 N8 叶型；第 0~14 级静叶、叶片承缸体、调节缸、进口圈、扩压器、进排气封套全部改造新制(见图 1)。本次改造的目标是提升 AV80 主风机效率 1%~3%，使主风机效能达到 90%左右。

(a)

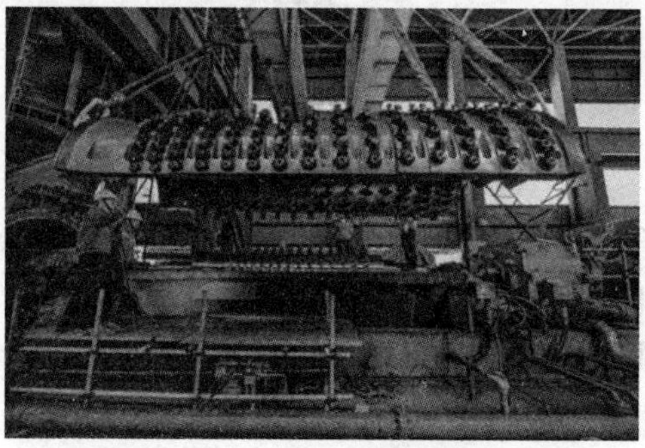
(b)

图 1 AV80-14 现场改造图

1 主风组第一次开机

1.1 主风组第一次运行情况

主风组第一次开机后，电机工频合闸，按转速 4216r/min 运行，压缩机轴瓦振动、温度参数正常；烟机入口切断阀开度为 100%，调节蝶阀开度为 16.9%；主风机静叶角度为 42.8°，工作点在安全区，防喘振阀全开运行，主风机组运行 4h 后并入系统。在此期间排气侧轴瓦振动数值 VT1114X/Y 逐渐发生变化(见图 2)，其中 VT1114Y 从 7.18μm 持续上涨，最高值达到 107.9μm；VT1114X 从 8.15μm 上涨，最高值

作者简介：符辉(1975—)，男，毕业于抚顺石油学院化工与机械专业毕业，机械高级工程师。

达到69.13μm。由于振动较大，主风机切出系统，停机检查。

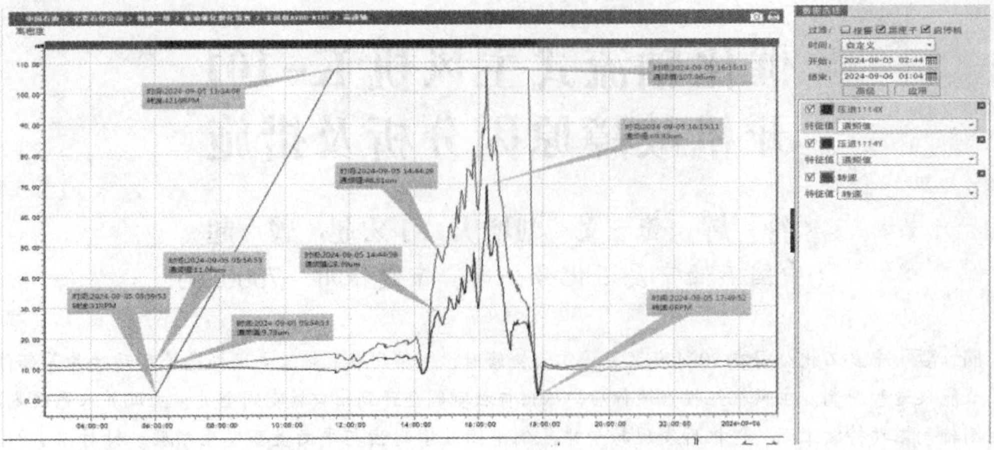

图2 AV80-14并入系统后振值增大

1.2 主风组运行异常原因分析

查看主风机启动后双通道时频信号，可见时域为正弦波，频域突出工频信号，并有少量2倍频分量，前后趋势也以工频变化为主(见图3)。现场机组振动信号均以1×变化为主，通常判定为机组转子不平衡，但机组启机升速过程中，机组振动并未发生明显改变。在主风并入系统过程中，负荷调整机组振动发生大幅变化，同步相位趋势出现波动。采集现场壳振长波形，可见频域摩擦噪带明显，高通包络可见转频谐频，确认为碰磨特征，转子部件存在刮蹭碰磨。

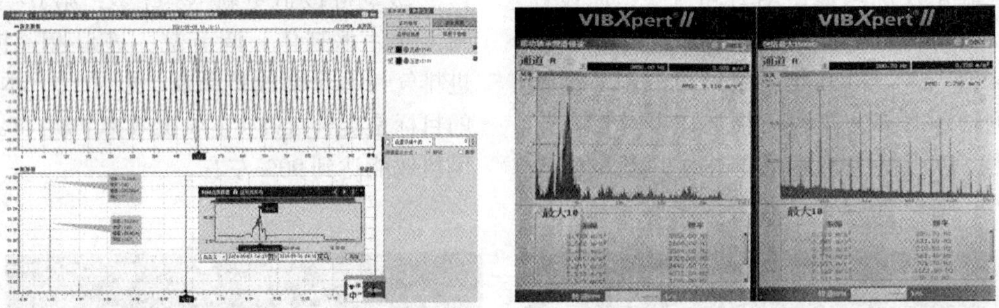

(a) (b)

图3 AV80-14频谱分析图

结合以上分析及现场机组运行情况判断：主风机组并气均压、温度升高过程中，机壳及排汽管组产生热应力影响，造成转子胀阻，气封动静间隙最小部位出现磨蹭，转子轴颈局部温升，出现热弯曲造成不平衡。主风机缸体检修拆解，发现引起振动的原因为主风机转子排气侧平衡鼓密封齿与平衡盘套发生蹭磨(见图4)。内部动、静叶检查正常，两端轴瓦检查正常。

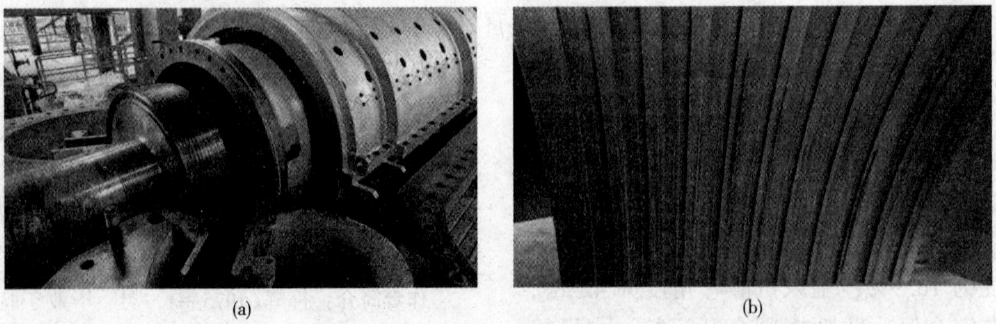

(a) (b)

图4 AV80-14排气侧平衡鼓密封齿与平衡盘套蹭磨

造成主风机第一次运行振值大的原因有以下几点：

（1）此次改造未考虑机壳及排气管线产生的热应力影响，主风机组并气过程中，随着出口压力、温度升高，缸体和转子整体热膨胀增大和偏移，平衡鼓处（安装间隙为 0.36～0.40mm）最小动静间隙部位出现磨蹭。

（2）主风机改造项目主要是对内部通流部件重新设计更新，壳体及外部管线部分利旧没有改动。主风机停机后改造施工，壳体内部各动静间隙均进行了调整，壳体外部管线及管线膨胀节停机后状态没有调整。现场主风机排气管线原始施工，限位设置为管道向主风机侧处于自由状态，管道热胀情况下会向主风机壳体方向运动，经管线膨胀节吸收减少对壳体影响。当前主风机出口膨胀节已使用 10 多年，功能效果变弱，主风机开机过程推动机壳沿管道热胀方向产生偏移。

（3）本次改造施工未考虑到管线热膨胀影响，对平衡鼓与平衡套间隙调整取标准下限。主风机开工过程中壳体、管线热膨胀导致密封套与转子密封片相对位置发生变化，平衡鼓密封套气封间隙变化，转子平衡鼓密封片与密封套发生蹭磨。

1.3　解决方案

（1）将平衡鼓密封齿间隙调整到标准上限值（设计数据为 0.36～0.48mm），现场手工打磨调整间隙在 0.50～0.60mm 之间；

（2）根据排气管线现场情况，在排气竖管部位增加支撑与现有管线限位一起作用，管线膨胀时由中间管道补偿器吸收，减少对缸体的影响（见图 5）。

(a)

(b)

(c)

图 5　AV80-14 排气管线增加支撑

2　主风组第二次开机

主风机第二次合闸开机后，随着主风机出口放空关小，出口压力和温度逐渐增加，壳体排气侧膨胀测量表值不断变大（两边打表差值最大时为 1.2mm），同时主风机排气侧轴瓦振值 VT1114Y 上涨，最大振动值达到 54μm（分析密封齿手工打磨调整不均匀，高点发生磨蹭）。运行2. 5h后，主风机排气侧壳体膨胀两侧表值趋于稳定（壳体膨胀数值左侧为2. 1mm、右侧为2. 3mm），两侧表值涨差20μm，主风机排气侧轴瓦振值VT1114Y数值呈下降趋势。继续运行2. 5h后，将主风机并入系统，各项指标正常。主风机排气侧轴瓦振值VT1114Y下降至40μm以下（见图6）。

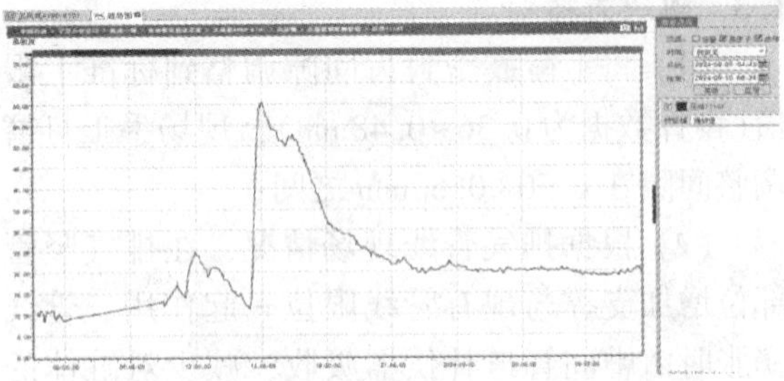

图6 AV80-14第二次开机后排气侧轴瓦振值下降

随着催化装置负荷逐渐增加至97. 07%，主风机组各项运行指标正常，各轴瓦振动值在20μm左右，出口放空阀全关（见图7）。

3 结论

利用2024年大检修催化装置主风机系统隐患治理项目，对轴流式主风机AV80-14进行了在用承缸组件隐患治理及能效升级改造。本次检修出现的问题也为同类主风机改造和检维修提供了经验：

（1）通过对比管道开机前后冷热态打表变化量，其中主风机排气下方竖管打表仍存在相应的位移量，说明机组在冷热态情况下对管道热应力有较大影响。在下一次机组检修时，需考虑对排气管线热胀参数进行核算，对膨胀节进行更新。

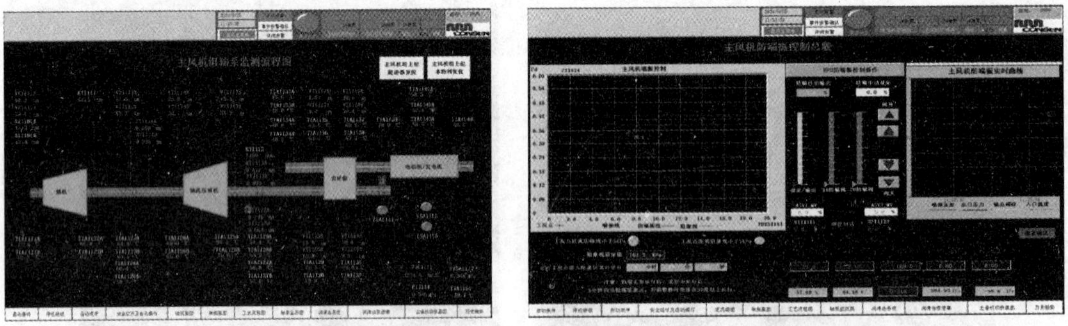

(a) (b)

图7 AV80-14排气管线增加支撑后运行指标

（2）核算压缩机排气侧管道死点载荷，根据管道布置对压缩机正下方管道死点进一步固定。

（3）因主风机转子排气侧平衡鼓密封齿与平衡盘套发生蹭磨，增大了平衡鼓密封齿间隙，在后续运行中需密切关注轴端及平衡管泄漏情况，避免影响主风机运行。

参 考 文 献

1 李文建，李艳松，齐浩，等．催化裂化装置主风机组的节能增效优化与改造[J]. 四川化工，2020(6)：35-38.

2 张卫红．催化裂化装置节能优化改造[J]. 石化技术，2020 (11)：203-204.

3 谢超，王文刚．催化裂化装置主风机的应用设计分析[J]. 石油和化工设备．2020(23)：27-29.

4 黄钟岳，王晓放．透平式压缩机[M]. 北京：化学工业出版社，2004.

催化装置双动滑阀故障分析

时丕斌　张　涛
（中国石油辽河石化分公司机动工程部，辽宁盘锦　124022）

摘　要　本文简要介绍了催化裂化装置双动滑阀工作原理，针对一再双动滑阀座圈螺栓断裂故障，从螺栓宏观形貌分析、化学成分分析及硬度检测、微观组织分析、扫描电镜和能谱分析、定力矩实施等方面进行深入原因分析，提出改进措施，对双动滑阀螺栓选用优化、检修管理有一定指导作用。

关键词　催化；双动滑阀；座圈；高合螺栓；断裂

1　前言

中国石油辽河石化分公司重油催化裂化装置由洛阳石化工程公司设计，设计加工能力为80万吨/年，双动滑阀安装在再生器烟气管道上，与烟机入口蝶阀分程控制再生器压力。当再生器压力高于给定值时，通过先开大烟机入口蝶阀开度，再打开双动滑阀来控制；反之，先关小双动滑阀，继而调节烟机入口蝶阀开度。双动滑阀出现故障时会影响烟机做功，再生器压力无法稳定控制，反再系统压差无法维持，从而导致催化装置被迫停工，双动滑阀对装置长周期生产平稳运行至关重要。

2　双动滑阀结构及参数

一再双动滑阀结构如图1所示，属电液冷壁双动滑阀，规格型号为DYLS1200，设计最大操作压力为0.4MPa，最高操作温度为700℃，设计最大操作压差为0.03MPa，调节行程为300mm，生产日期为1991年2月，制造厂家为兰州炼化工总厂机械厂。

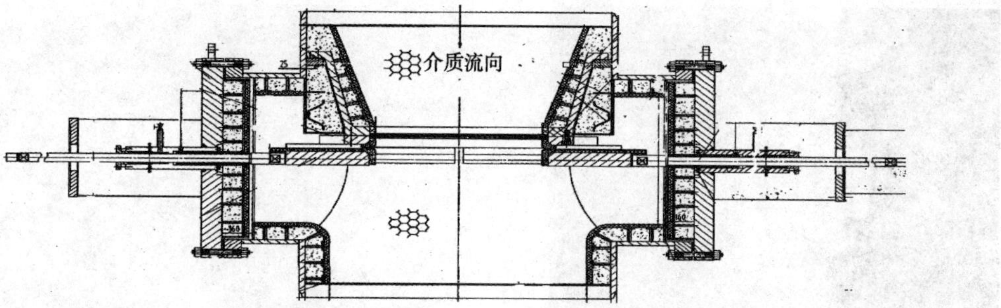

图1　催化裂化装置一再双动滑阀结构示意图

双动滑阀座圈及导轨材质为304，座圈螺栓规格为M20×50mm，导轨螺栓规格为M20×115mm，材质均为GH33。

3　故障现象

2024年8月4日1：50分，催化装置一再压力发生下降现象，通过关小烟机入口蝶阀，可以控制一再压力；2：58分，装置技术人员现场听到一再双阀处发出闷响，随即一再压力迅速下降无法控制，判断一再双阀发生故障，反再投用主风自保，装置切断进料停工检修。经检查，一再滑阀座圈脱落，阀杆弯曲变形；座圈共有18条螺栓，其中15根螺栓从根部断裂，3根从前端断裂，导致座圈脱落；螺栓断口处无缩径，阀板有局部损伤，阀体内部衬里无较大脱落、磨损等，两侧填料均完好。

4　故障原因分析

4.1　螺栓宏观形貌分析

螺栓整体表面覆盖有较明显的氧化层，断裂于螺纹区，无明显宏观变形，用毛刷清理螺栓断面，断口呈现出较平齐表面，表面粗糙呈颗粒状，为脆性断裂特征，如图2所示。

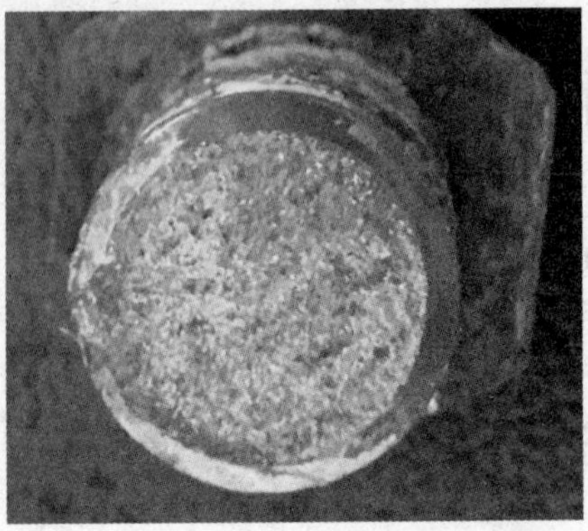

图2　经毛刷清理后的螺栓断口形貌

4.2　化学成分分析及硬度检测

对断裂螺杆进行化学成分分析，并对螺杆的硬度进行检测，结果如表1、表2所示。化学成分分析结果表明，合金成分符合GB/T 14994—2008《高温合金冷拉棒材》要求。硬度值检测结果表明，该断裂螺栓硬度值低于标准要求。

4.3　微观组织分析

将螺栓沿横向和轴向剖开进行金相检验，经磨光、抛光后用王水进行腐蚀，观察其金相组织，如图3～图7所示。

表1　送检螺栓化学成分分析结果(质量分数)　　%

元素	C	Si	Mn	P	S	Cr	Fe	Ti	Al	Ni
螺栓	0.053	0.62	0.10	0.005	0.005	20.29	1.16	2.54	0.79	余量
标准	0.03～0.08	≤0.65	≤0.35	≤0.015	≤0.007	19.00～22.00	≤4.00	2.40～2.80	0.60～1.00	余量

表2　送检螺栓硬度值检测结果　　HB

检测点	1	2	3	4	5	平均值
螺杆	112	122	129	131	120	122.8
螺帽	131	136	126	119	120	126.4
标准要求	≥200					

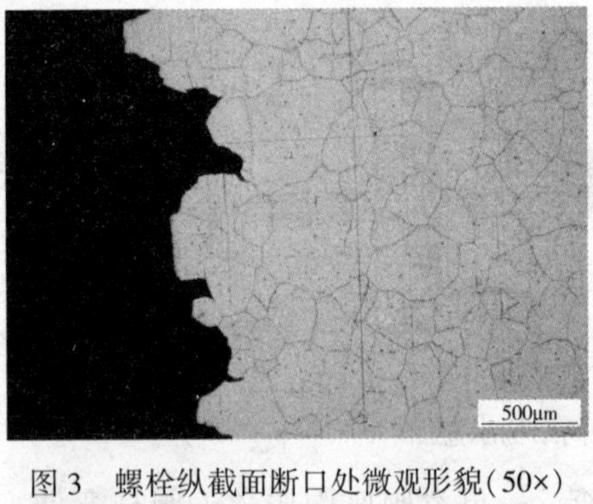

图3　螺栓纵截面断口处微观形貌(50×)

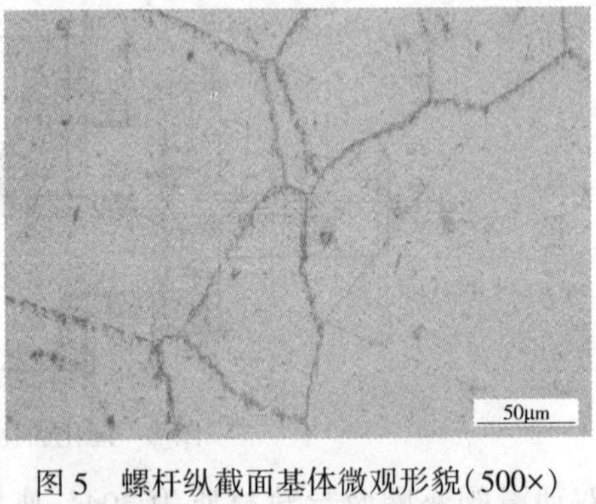

图5　螺杆纵截面基体微观形貌(500×)

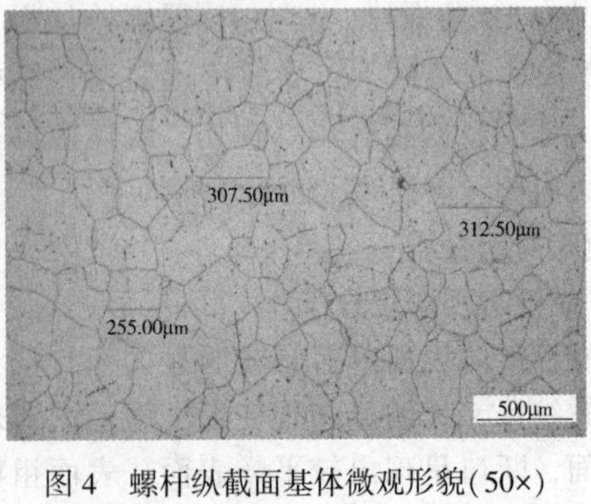

图4　螺杆纵截面基体微观形貌(50×)

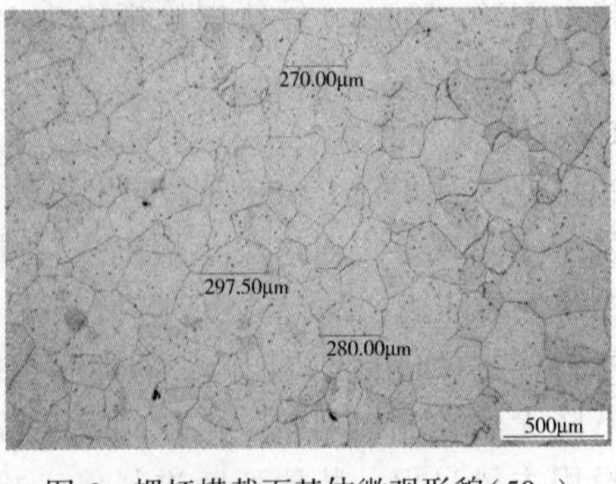

图6　螺杆横截面基体微观形貌(50×)

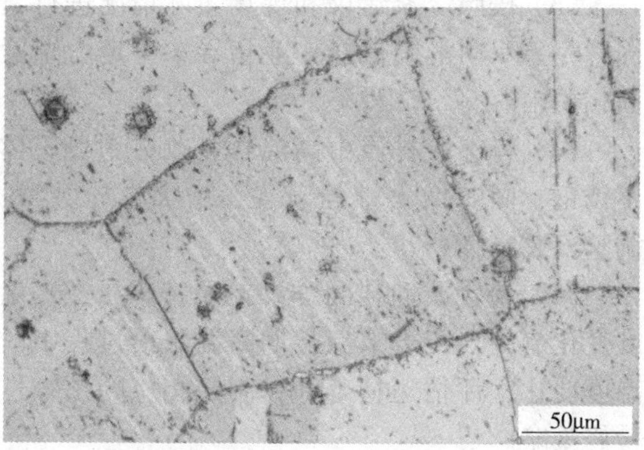

图 7　螺杆横截面基体微观形貌(500×)

(1) 从断口处纵截面金相可以看出，断裂是沿晶走向的，为沿晶断裂。断口边缘晶界未见明显的沿晶腐蚀特征和蠕变孔洞，可排除沿晶腐蚀断裂和蠕变断裂。

(2) 从螺杆横、纵截面基体微观形貌可以看出，基体组织由奥氏体+沿晶连续析出的相(碳化物或金属间化合物)+晶内少量析出相组成。晶界析出相呈网链状遍布晶界，这会导致晶界变脆。

(3)螺杆横、纵向均为等轴晶粒，没有明显的各向异性，但晶粒粗大，根据 GBT 6394—2002《金属平均晶粒度测定法》，螺杆晶粒的平均尺寸为 291. 7μm，晶粒度为 1 级，不符合 GH4033 高温合金标准中高温条件下服役晶粒度 3~4 级的要求。

4. 4　扫描电镜和能谱分析

为观察和确定螺栓的断口形貌、微观组织及断口上的腐蚀物，对样品进行了扫描电镜及能谱分析，如图 8~图 11 所示。

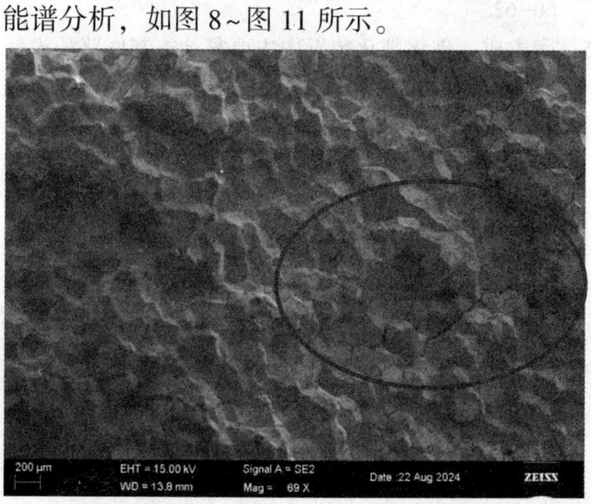

图 8　断口扫描电镜形貌(69×)

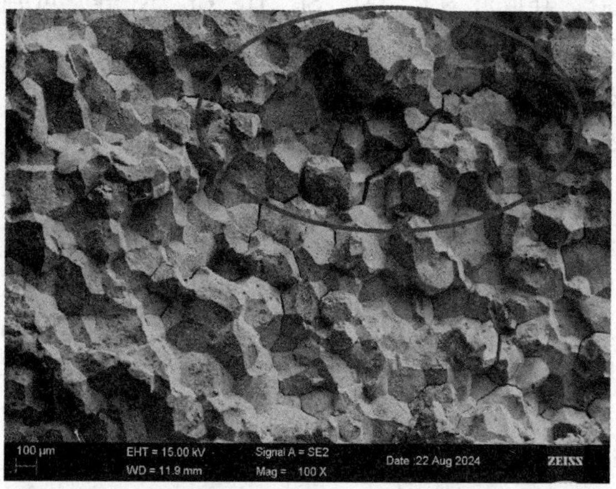

图 9　断口扫描电镜形貌(100×)

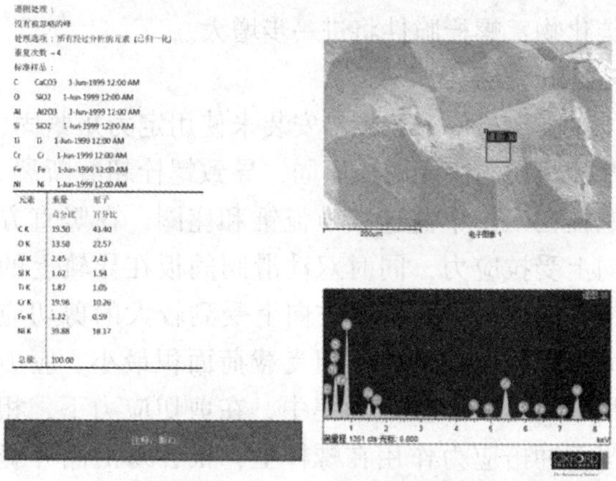

图 10　断口能谱分析结果

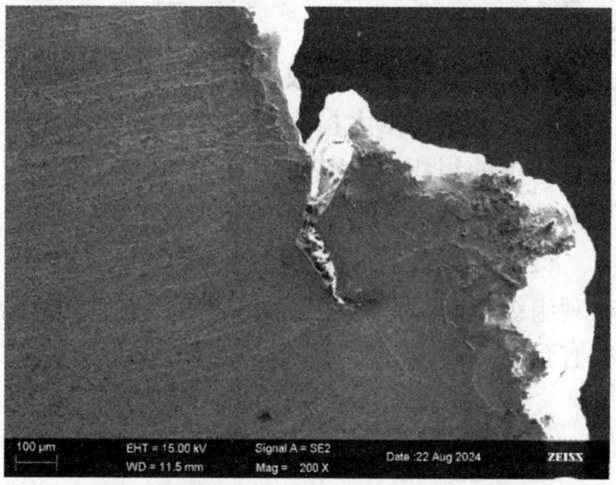

图 11　断口纵截面扫描电镜形貌(200×)

从断口扫描电镜形貌上可以看出断面上晶粒形状清晰，呈典型沿晶断裂冰糖状花样特征，结合断口的宏观特征和金相分析结果，确定该螺栓为沿晶脆性断裂。

由断口纵截面扫描形貌可以看出断口裂纹沿晶界扩展，晶界被沿晶析出的脆性化合物覆盖，其成分为C、Al、Si、Ti、Cr、Ni等，可判断主要为碳化物。

5 故障原因结论及整改措施

5.1 直接原因

螺栓微观组织、断口形貌及能谱分析结果均表明螺杆微观组织中由于高温服役产生了沿晶析出的大量连续碳化物，导致晶界弱化，造成螺栓严重的脆化，并在应力作用下产生沿晶断裂。

另外，螺栓横、纵截面晶粒粗大，晶粒度均为1级，不符合GH4033高温合金标准中高温条件下服役晶粒度3~4级的要求，晶粒粗会造成脆性增大，如果在晶界上再连续析出脆性碳化物，螺栓脆性将进一步增大。

5.2 间接原因

上次检修时，螺栓安装未使用定力矩紧固，螺栓材质与座圈材质不同，导致螺栓超载断裂。螺栓在工作中需连接节流锥和座圈，在竖直方向上受拉应力，同时双动滑阀阀板在导轨上的滑动使得螺栓在水平方向上受到较大的剪切应力。螺纹齿根部位不但受载荷面积最小、应力最大而且易产生应力集中，在剪切应力下，相当于冲击应力作用在螺杆上，很容易沿晶界脆性碳化物处开裂，本次发生断裂的螺栓大部分在螺杆齿根部位断裂，正是这一原因。

5.3 整改措施

(1) 高温合金长期服役组织损伤和脆化是正常现象，在每个大检修周期检测该螺栓在服役过程中的组织变化情况，适时更换，以免发生突然断裂。

(2) 加强新制螺栓入厂检测，如化学成分、微观组织(包括晶粒度)、力学性能等，确保螺栓有预期寿命。

(3) 按照厂家建议和现场实际情况进行紧固，完善双动滑阀检修作业指导书中定力矩紧固相关内容。

(4) 将螺栓材质由高温合金改造为奥氏体不锈钢，同时增大螺栓直径，增加螺栓数量，调整安装精度。

(5) 装置波动期间详细记录特阀压差、温度变化趋势，便于掌握长期高温服役过程中的温度变化，评估运行寿命，制定相应的预知性检修策略。

6 结语

滑阀作为催化裂化反再系统的关键设备，其运行情况直接影响到装置能否长周期安全平稳运行，定期进行滑阀的日常检查与维护至关重要。加强特阀检修管理，杜绝经验主义，检修期间对更换的高温螺栓要安排检验抽查，抽查比例不低于10%，且每批次均要抽检，根据情况可进行无损探伤、硬度检测和光谱检测，关键螺栓应该增加材质光谱微量元素全面分析和力学性能实验抽检，严控螺栓质量。

参 考 文 献

1 刘孟德．催化裂化装置滑阀故障分析[J]．石油化工设备，2010，39(4)：95-99.

2 梁忠林．催化裂化装置滑阀故障研究[J]．设备管理与维修，2018(22)：93-95.

3 高岩．李林．螺栓断裂失效原因分析[J]．金属热处理，1998(2)：34-35.

4 高燕清，王天全，郑忠强．催化装置双动滑阀检修及操作注意事项[J]．设备管理与维修，2020(1)：60-62.

5 陶志成．催化裂化装置中主要复杂控制回路的设计与实现[J]．仪器仪表与分析监测，2019(1)：32-36.

加氢裂化循环氢螺旋锁紧环换热器泄漏机理分析及现场返修方案

沙诣程
（中国石油抚顺石化分公司石油一厂，辽宁抚顺 113004）

摘 要 某炼化企业加氢裂化装置循环氢与热高分气换热器筒体在开工期间出现了开裂泄漏现象。类似案例在国内其他炼化企业多次发生，开裂部位大体区域呈相同或径向对称现象。因此，如何从装备全生命周期管理即设备先期设计、制造、检验检测、安装施工、运行管理和维护检修现场等方面规避此类风险，且如何在失效现象出现后进行高效、优质和可靠的返修处理，是炼化企业日常生产活动中亟待解决的问题。本文旨在通过对失效机理进行校核和分析，给出风险削减模式，并提出整套的返修方案及后评价，切实保障该型装备及其所在装置长、满、安、稳运行。

关键词 螺旋锁紧环换热器；失效机理；返修方案

自2006年以来，全国各家炼化企业陆续兴建柴油加氢裂化装置并投入运行，该类装置制造难度高、工艺条件苛刻的关键换热设备——螺旋锁紧环换热器曾多次发生外漏事件。

但无论是从设备先期设计、制造、检验检测、安装施工、运行管理和维护检修现场，还是在失效现象出现后进行高效、优质和可靠的返修处理等方面，笔者尚未检索到具有参考意义的、针对性较强的文献或著作。鉴于此种情况，笔者依托于本次换热器失效事件，通过对失效机理进行分析和校核，提出整套的返修方案及后评价方案，给出切实可行的全过程风险削减方案，保障该型装备及其所在装置长、满、安、稳运行。

1 损伤设备概况

1.1 设备基本信息

损伤换热设备为某炼化企业200万吨/年柴油加氢裂化装置循环氢与热高分气换热器2203-E-108，其投用于2012年8月1日，规格型号为DIU1000-15.6/17.35-252-4.5/19-2 B=350，操作温度（管/壳）为220/183°C，操作压力（管/壳）为14.771/16.204MPa，设备材质（管/壳）为INCOLOY825/12Cr2Mo1R，管程、壳程介质分别为热高分气和混合氢。

装置开工期间发现容器壳体外壁和内壁开裂形貌如图1所示。从外部观察，开裂部位分布在筒体五点钟位置，为焊缝横向裂纹，贯穿整个焊缝宽度，长度为25~35mm。

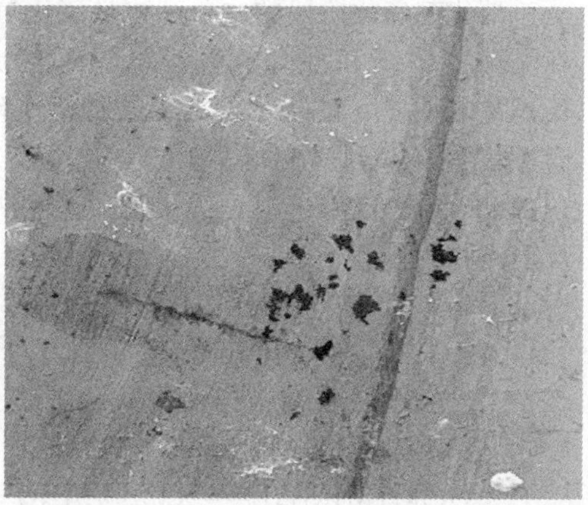
(a)

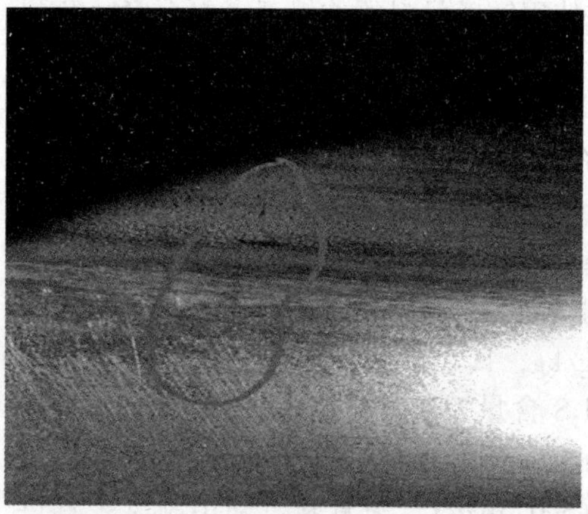
(b)

图1 开裂壳体形貌

失效现象出现后，进行了相应的现场检查和检测工作，包括材质、金相、硬度和表面目视化检查等，材质光谱结果见图2，从主要合金元素的含量判断，符合12Cr2Mo1R的材质规定。

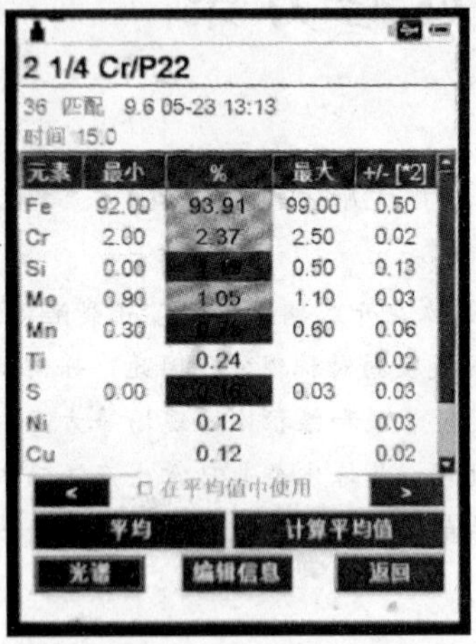

图2 光谱分析结果

裂纹扩展在焊缝中，没有进入筒体母材，且裂纹平直，两端没有塑性变形，为脆性开裂，组织结构呈贝氏体组织形貌，是Cr-Mo钢正火-回火组织，正火冷却速度较快，裂纹细长曲折，具有应力腐蚀特征，裂纹尖端有细小裂纹生成。焊缝中存在点状夹杂物的形貌，可说明焊缝金属不够纯净，并可以看到裂纹通过夹杂物并连接夹杂物进行扩展，如图3所示。

对筒体裂纹及其附近部位的硬度进行了现场检测，结果显示，其硬度范围为HB 207~333，其开裂部位的硬度在HB 300以上，硬度明显高于其他部位。目视化检查发现管束表面管束外表面光亮，管口焊缝饱满，腐蚀轻微；壳体内壁轻微污垢，局部点蚀深度≤0.5mm。

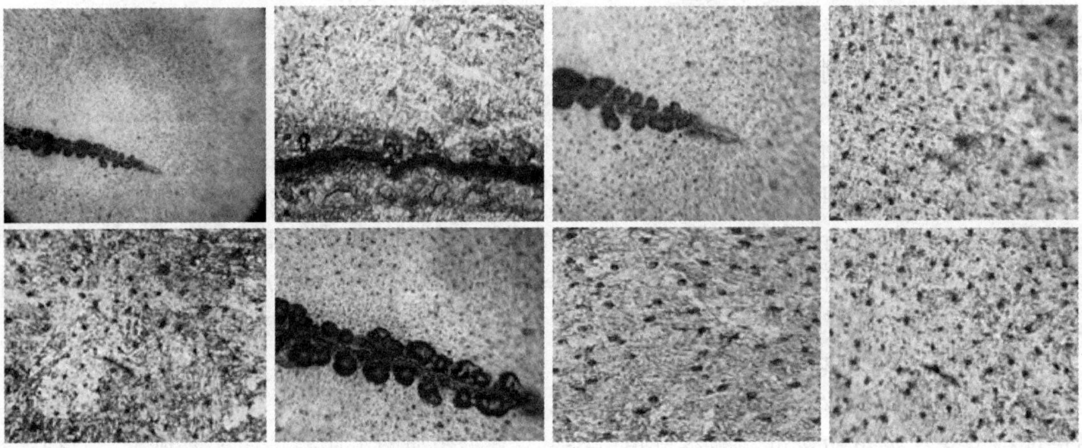

图3 筒体母材形貌

2 失效机理分析

在使用敏感材料的前提下，应力腐蚀开裂有2个必要条件，一是高浓度的湿硫化氢环境，二是存在拉应力，详见下述。

2.1 介质环境的影响

2.1.1 工艺防腐分析数据

装置原料硫含量设防值为2800mg/kg，日常控制为700~1100mg/kg；氮含量设防值为2000mg/kg，日常控制为650~850mg/kg；循环氢中H_2S含量控制指标为≤1385mg/m^3，日常控制为50~500mg/m^3；循环氢中HCl含量控制指标为≤0.5μL/L，装置新氢采用制氢装置供氢，日常HCl分析均未检出。

2.1.2 介质条件分析

催化剂硫化阶段的主要产物是硫化氢和水，在循环氢系统和混合氢系统低温部位形成湿H_2S腐蚀环境。在硫化阶段，循环氢中硫化氢含量最高达到10672×10^{-6}，控制指标为$(10000\sim20000)\times10^{-6}$。催化剂硫化过程反应及反应产物为：

$$CS_2+4H_2 = 2H_2S+CH_4$$
$$(CH_3)_2S_2+3H_2 = 2H_2S+2CH_4$$
$$MoO_3+2H_2S+H_2 = MoS_2+3H_2O$$
$$3NiO+2H_2S+H_2 = Ni_3S_2+3H_2O$$
$$9CoO+8H_2S+H_2 = Co_9S_8+9H_2O$$
$$WO_3+2H_2S+H_2 = WS_2+3H_2O$$

综上所述，装置硫化过程该台换热器的壳程即循环氢侧是一个高浓度湿硫化氢的环境，满足应力腐蚀开裂环境条件一。

2.2 应力集中的影响

2.2.1 容器鞍座设计

根据 NB/T 47042—2014 所述卧式容器在设计时共需校核 9 个应力，分别为 $\sigma_1 \sim \sigma_9$，其物理意义分别为：

σ_1 与 σ_2——圆筒中间处横截面内最高、最低点处的轴向应力；

σ_3 与 σ_4——支座处圆筒横截面内最高、最低点处的轴向应力；

σ_5——支座处圆筒横截面最低点的周向应力；

σ_6——无加强圈时鞍座边缘处的圆筒周向应力；

σ'_6——无加强圈时鞍座垫板边缘处的圆筒周向应力；

σ_7——加强圈与圆筒组合截面上的圆筒表面的最大周向应力；

σ_8——加强圈与圆筒组合截面上的加强圈边缘处的最大周向应力；

σ_9——鞍座腹板水平方向上的平均拉应力。

通过受力分析可知，内压容器在充压的工作状态下，开裂部位受 σ_6 和 σ_9 影响，通过定义可知该力为拉应力，鞍座包角 θ_1 约等于 57°，腹板 θ_2 约等于 120°，开裂位置在水平方向上的投影重合在包角 θ_1 与 θ_2 之内。

2.2.2 管箱、筒体厚度差异和开口接管补强

管箱为一体锻件，临近焊道部位厚度 δ_n = 215mm，连接的筒体为钢板卷制，厚度 δ_{nt} = 66mm，两者厚度差异巨大，焊缝部位天然存在应力集中，且开裂部位附近存在 4# 开口，焊接 1# ~ 12# 接管。

经相关计算，需要补强的截面积 = 1.0991×10^4mm^2，而需要补强的面积 A_4 = -8.9223×10^4mm^2。A_4 值为负值，且其绝对值大于 3 倍的开孔投影面积数值，大于 8 倍需要补强截面积 A 的数值，故管箱受接管额外应力大幅加强，进一步加剧应力集中，接管在水平方向上的投影与开裂位置水平方向上的投影重合，检测最高硬度为 HB 333，印证了上述结论。

2.2.3 条件判定

综上所述，可知外部环境满足发生湿硫化氢应力腐蚀开裂理论的必要条件。

2.3 结构及材料的因素

铬钼合金钢具有强度高、淬硬倾向大的特点，本次开裂的环焊缝 B3 是筒体最后一道合拢焊缝，焊缝两侧的结构不一致，且 12Cr2Mo1R 是硫化物应力腐蚀开裂的敏感材料，所以焊后热处理就成为改善焊缝组织、韧性的最重要手段。且由金相结果可见，焊缝部位含有较多的金属夹杂物，夹杂物的存在容易进一步造成造成局部应力集中。

2.4 损伤机理结论

铬钼钢具有强度高、淬硬倾向大的特点，所以焊后热处理就成为改善焊缝组织、韧性的最重要手段。本次开裂的环焊缝 B3 是筒体最后一道合拢焊缝，焊缝两侧的结构不一致，厚度相差悬殊为 149mm，且焊后热处理工艺控制不合理，极易造成 B3 焊缝硬度超标。E-108 壳体开裂部位周边硬度最高达 HB 333，超出设计 ≤HB 220 的要求，说明该设备焊缝焊后热处理不到位，焊缝区存在高硬度贝氏体组织，焊接残余应力未能充分释放，为应力腐蚀开裂埋下了隐患。

依据 GB/T 26610.4—2014，在高 H_2S 环境、材料硬度>HB 237 的条件下，发生开裂的敏感性为高度或中度。

装置冷混合氢中存在 H_2S、NH_3、H_2O 等杂质，且 E-108 壳程进口温度为 75℃，具备 NH_4HS 结盐条件。微量铵盐随装置运行不断累积，吸收循环氢中微量水发生潮解，形成垢下腐蚀环境。

经过现场检查、理化分析数据和对操作工艺条件的确认，最终判定 E-108 壳体开裂的原因为：焊缝焊后热处理不到位导致硬度超标，在 NH_4HS 垢下腐蚀作用下发生湿 H_2S 应力腐蚀开裂和应力导向氢致开裂。

3 返修方案

3.1 返修前准备

(1) 将管箱内各零部件及管束全部拆除。

(2) 对壳体与管箱环缝(焊缝号 B3)整圈进

行 RT、UT(双向双侧)、MT 检测，对存在缺陷的具体位置做好标记。

(3) 将壳体与管箱环缝及周边≥200mm 范围内整圈的油污及杂物清理干净，完成返修前准备工作。

3.2 返修过程

3.2.1 焊前脱氢

从壳体内侧采用履带式加热器对壳体与管箱环缝及周边≥200mm 范围内整圈表面进行脱氢处理 350℃×24h，同时壳体内外采用耐火石棉毡保温，焊缝缺陷处至少布置 1 支热电偶，脱氢工艺曲线如图 4 所示。

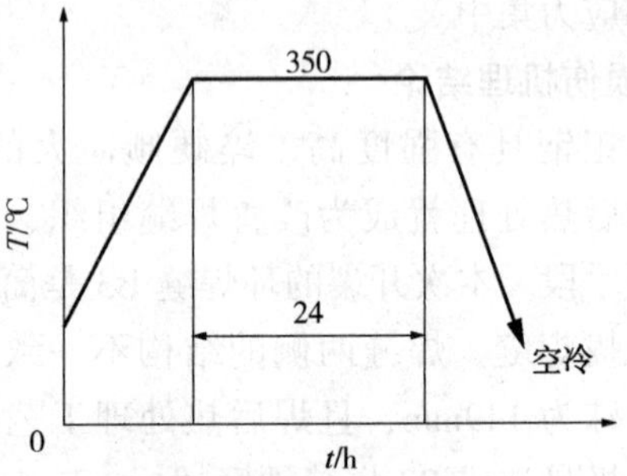

图 4 脱氢工艺曲线

3.2.2 止裂孔加工

在裂纹两端打 $\phi10$ 的止裂孔，止裂孔贯穿筒体壁厚。预热 100～150℃，在筒体内侧采用碳弧气刨从缺陷两侧向中间彻底去除缺陷，并将缺陷清除处修磨至与周边金属平缓过渡，满足焊接条件，进行 MT(无法进行 MT 检测的部位可用 PT 检测代替)。测量并记录缺陷清除处的具体位置、面积大小及深度。

3.2.3 焊前预热及施焊标准

预热 160～250℃，采用焊条电弧焊补焊，焊材及规范如下：

(1) 焊条：CMA-106N/$\phi4$。

规范参数：$I=150\sim170$A，$U=22\sim24$V，$v=180\sim200$mm/根。

(2) 焊条：CMA-106N/$\phi5$。

规范参数：$I=180\sim210$A，$U=22\sim24$V，$v=200\sim220$mm/根。

(3) 焊评：C627。

(4) 焊考：SMAW-FeⅡ-6G(K)-12/60-Fef3J。

3.2.4 焊接次序

补焊时对局部不规则坡口处采用 $\phi4$ 焊条修复规则。为减缓焊接残余应力，焊道布置、焊接次序按如下要求执行：先焊坡口两侧，后焊中间区域，且使每次补焊 C 区焊道在 A 区、B 区焊道的一半。A 区、B 区、C 区焊道搭接处平缓过渡。

3.2.5 焊接要求

A、B、C 区采用 $\phi4$ 焊条按工艺规范要求焊接，焊接时焊条不摆动或轻微摆动，焊至距坡口上表面 20mm、坡口宽度约 20mm 时，采用 $\phi5$ 焊条按工艺规范要求焊接。

焊至与内表面金属平齐，外侧采用碳弧气刨清根并打磨至露出金属光泽，进行 MT 检验。外侧采用 $\phi4$ 焊条按工艺规范要求焊接面层。焊接时严格控制层间温度为 160～300°C，缺陷清除及焊接时，对周边金属做好防护。

3.3 焊后热处理及无损检测

3.3.1 焊后消氢

焊后立即消氢 350℃×2h(整圈)，从壳体内侧采用履带式加热器对壳体与管箱环缝及周边≥200mm 范围内整圈进行加热，同时壳体内外采用耐火石棉毡保温，焊缝补焊处布置 1 支热电偶，消氢工艺曲线如图 5 所示。

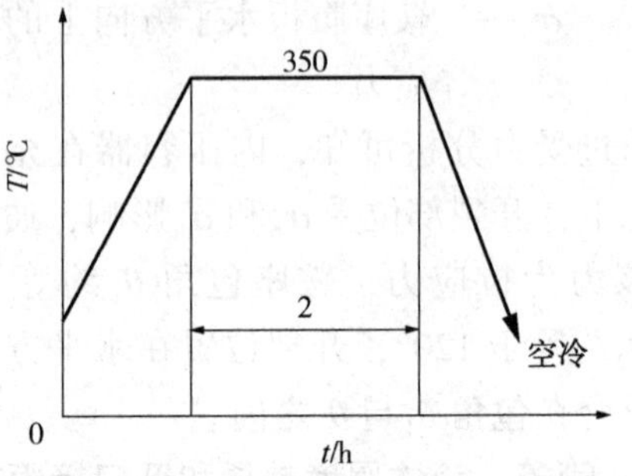

图 5 消氢工艺曲线

3.3.2 延迟裂纹检测及最终热处理

静置 24h 后，对补焊处同时进行 RT、UT(双向双侧)、MT，局部采用 PWHT，采用中频感应加热器对壳体与管箱环缝整圈进行局部最终热处理，用耐火石棉毡内外保温，需保证均温带最小宽度为焊缝及其两侧各≥200mm 范围。热处理工艺曲线如图 6 所示。

热处理时，壳体与管箱环缝应布置 2 对热电偶，内外各 1 对，互为 90°，每对中的 2 只热电偶互为 180°，且其中 1 只热电偶需布置在缺陷补焊处。

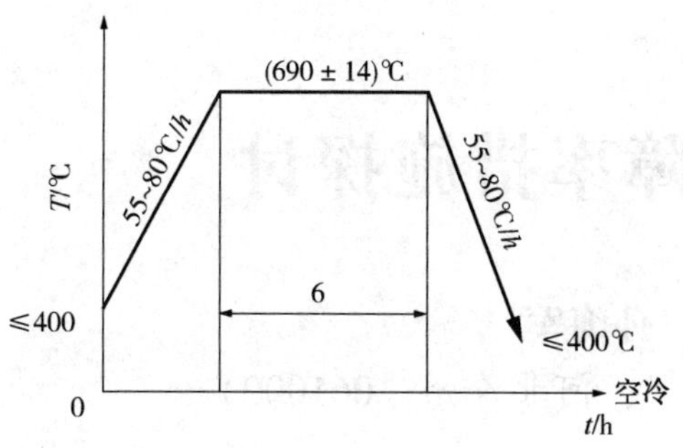

图 6　热处理工艺曲线

3.4　最终无损检测

补焊处采用 UT、MT，无不合格缺陷后，测硬度，确保满足设计文件要求。

4　结论

4.1　经验教训

对于该套装置各层级管理人员没有对湿硫化氢应力腐蚀给予足够重视。在设备检修时，没有进行全面检测，没有检测出硬度超标点，反映出对检验方案审核的失控。

4.2　应对措施

根据目前的生产工艺，针对腐蚀开裂的原因，应做好以下工艺生产条件管控：

(1) 对上游原料进行控制，在满足公司整体物料平衡条件下，尽量降低原料中硫、氮含量，减少反应产物中 H_2S 和 NH_3 的生成。

(2) 提高装置反应流出系统注水洗涤效果，尽量降低循环氢中 H_2S 和 NH_3 含量，减少 NH_4HS 生成量。同时建议循环氢中 HCl 含量分析采用进口检测管，提高检测精度。

(3) 加强循环氢分液罐脱水操作，尽可能降低系统中微量水的存在。

(4) 加强设备运行周期检测管理，对湿 H_2S 和临氢腐蚀环境下的所有设备、管线均进行 100%的射线、着色或磁粉、硬度的全覆盖检测。

(5) 完善设计过程中对设备询购文件的技术评估，确保设备选型正确和选材正确。

(6) 加强对设备制造过程的监造管理。对该类设备的采购进行全过程监造，将焊缝的无损探伤、硬度检验、着色或磁粉检验、热处理过程的监督作为监造的停止点控制。同时，对设备制造过程实施中间验收，确保设备的制造质量。

4.3　结语

2006~2011 年全国各炼化企业建成的各类高压、超高压加氢装置，陆续服役超过 3 个检修周期，此类高压换热器的损伤接连发生、缺陷逐步暴露。本文首次给出了从损伤机理分析、结构缺陷研判和工艺防腐条件确认，到现场返修抢修方案，直至检验检测和损伤预防的全过程的解决方案，可为在临近检修窗口或在检修窗口之内的炼化企业，提供做到损伤的早期发现、损伤的准确诊断、损伤的彻底处理和损伤的有效预防理论和实践支撑；可为在检修窗口之外的炼化企业，敲响提早准备的警钟，完成对检维修技术力量、检验检测力量和应急响应力量的储备工作。

降低高频开关阀故障率措施探讨

梅昌利[1] 郭义昌[2] 孙海军[3]
（中国石化沧州炼化公司设备工程部，河北沧州 061000）

摘 要 本文针对高频开关阀的维护问题进行了研究。通过对现状情况的介绍和故障分析，发现阀门故障率高、维修成本高、对装置生产和环保指标产生影响。因此，降低高频阀门故障率对于提高装置连续生产时间、平稳性和环保效益具有重要意义。本论文以DMAIC方法为基础，通过设立目标、确定项目团队、分析现状、改进措施和控制计划等步骤，提出了一系列的改进措施。通过这些措施的实施，可以降低阀门故障率，减少维修和更新成本，提高装置的连续生产时间和平稳性，降低环保排放指标，从而带来直接的生产效益和环境保护效益。本文的研究结果对于高频开关阀的维护管理具有一定的参考价值。

关键词 高频；开关阀；维护；措施

近年来，随着多种炼油化工生产装置采用高频开关阀作为程控手段，阀门的平稳运行在装置的正常运行中扮演着至关重要的角色。然而，由于长时间运行和高频率的操作，这些阀门容易出现故障，给装置的连续生产和环保指标带来不利影响。因此，对S Zorb装置、制氢PSA高频开关阀的维护、维修管理进行深入研究和改进是非常必要的。同时，举一反三，将此研究成果应用到相似阀门维护中，降低故障率。

1 问题描述

S Zorb装置及制氢装置程控阀的动作指令由控制系统的程序发出，按步序进行，动作频繁、动作时间要求高，即要求阀门的到位时间短，由此造成这部分的阀门故障率高，维修及更新成本高。公司S Zorb装置自开工以来，阀门故障率一直很高。与同类型装置比较来看，2017年沧州炼化公司阀门故障次数为38次，××炼化为5次，××石化为3次，沧州炼化公司故障率严重超出其他同类型装置（见图1）。为什么同类型装置、同品牌阀门在不同公司的故障率会差距如此之大？

2 原因分析

为了确定公司S Zorb装置高频阀门故障率高的原因，从工艺条件、设备管理情况等方面分析判断原因。

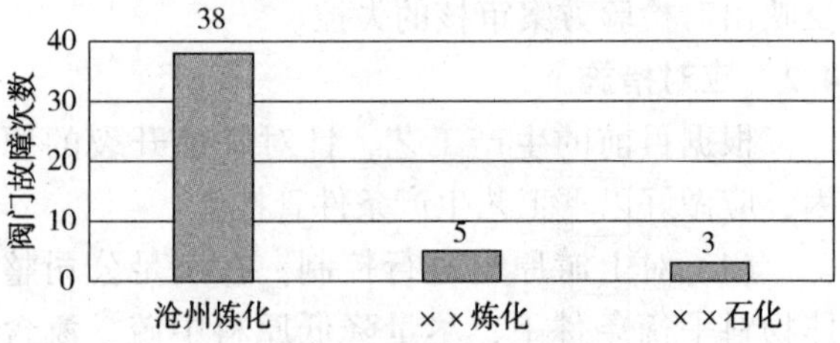

图1 S Zorb阀门故障情况统计

2.1 工艺条件比较

通过图2可知，沧州炼化公司的原料硫含量超过1000×10^{-6}，处于同类公司最高水平，对装置的脱硫负荷要求最高。

通过图3可知，沧州炼化公司的脱硫负荷最高，催化剂硅酸锌含量为其他装置的2.5~4倍，对装置设备磨损严重。

同时因沧州炼化公司S Zorb装置的脱硫负荷高，造成料斗循环次数较多，更加重了阀门的开关频率。开关阀动作频率为同类装置的1.44倍，减短了阀门的使用寿命。

其他两家公司虽然加工量比沧州炼化公司高，但脱硫负荷远低于沧州炼化公司。沧州炼化公司脱硫负荷高，吸附剂循环速率高，吸附

作者简介：梅昌利（1984—），男，四川眉山人，2005年毕业于中国石油大学（北京）自动化专业，高级工程师，现从事仪控设备管理工作。

剂对设备磨损大。同时硅酸锌含量越大，在吸附剂流化过程中越容易生成细粉，增加程控阀磨损。细粉生成量多，更易进入阀体与阀座之间，磨损密封面，出现阀门内漏、卡涩、开关时间延长等故障。

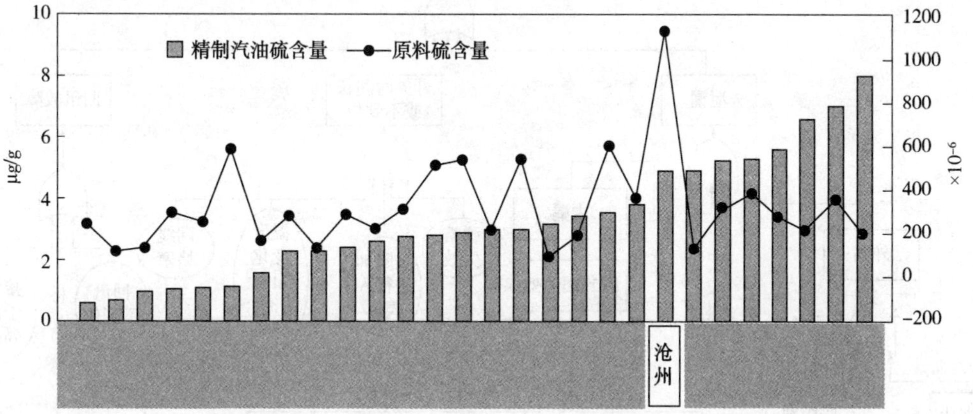

图2　S Zorb 装置原料、产品硫含量统计

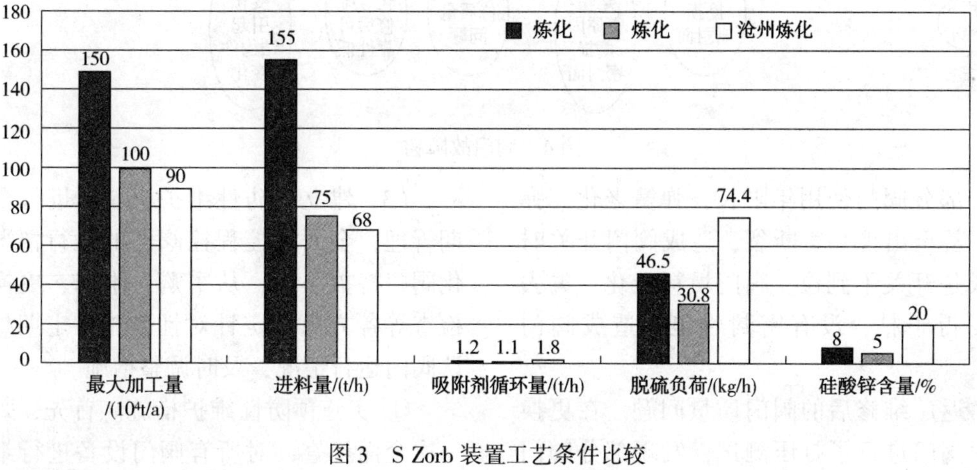

图3　S Zorb 装置工艺条件比较

2.2　设备管理情况

通过充分调研，在阀门管理措施方面，沧州炼化公司与其他公司基本一致，都成立了程控阀特护小组，专门负责阀门长周期运行攻关；建立程控阀全生命周期管理，全面掌控程控阀运行情况；每月排查分析卡涩、泄漏情况，及时制定预防性措施；对阀门进行分级管理，关键部位阀门储备足够备件；重点关注程控阀组装、安装、维修情况，全流程管控。

其中××炼化公司在 2012~2014 年期间，由于装置加工负荷维持 119t/h 的满负荷，原料硫含量维持 600×10^{-6} 高位，脱硫负荷为 71kg/h，程控阀故障频次也急剧升高，平均 2~3 个月被迫至少更换一台次，验证了工艺条件对程控阀故障影响较大。

由此可知，阀门长周期运行的主要影响因素为工艺运行条件差异，其次设备运行环境及管理差异。

通过对 2017~2019 年所有故障情况统计分析来看，主要故障现象有阀门内漏、开关时间长、开关不到位、阀门外漏，分别占比为 38%、33%、19%、10%。以故障树模式进行分析，如图 4 所示。

故障主要原因如下：

(1) 部分阀门在实际运行中介质含有少量的吸附剂，由于原设计条件中无吸附剂，阀球及阀座硬度不够，容易发生磨损。工艺松动点管线多处堵塞，催化剂进入阀门密封面，引起密封面磨损，造成阀门开关时间延长或是开关不到位。

(2) 吸附剂细小颗粒容易聚集黏结在球阀表面，阀门开关时，细小的吸附剂颗粒进入阀体内部，会导致阀门开关卡涩、填料密封失效等问题。

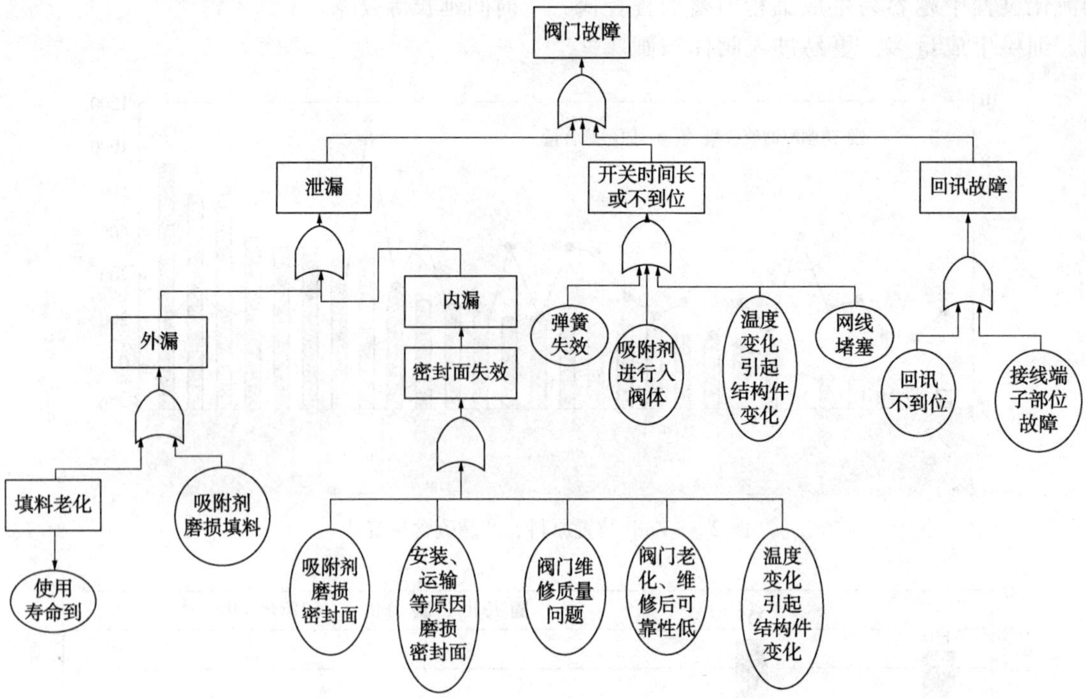

图4 阀门故障树

(3) 部分阀门使用年限长，弹簧老化，弹性减弱，甚至出现弹簧断裂，造成阀门开关时间延长或是开关不到位。阀门填料老化，失去柔性，变得干枯，没有密封性能，造成阀门外漏。

(4) 返厂维修后的阀门质量问题。在更换阀门前对阀门进行了打压测试，发现部分阀门存在内漏情况，说明阀门检修质量不高，或是阀门已经没有了再检修再利旧的价值，给后续的运行埋下了隐患。

(5) 部分阀门更换位置苛刻，无法进行在线整体更换，在安装过程中存在损伤密封面的可能性，造成阀门的内漏。

3 改进措施

(1) 通过与同类型装置比较、分析，重点对工艺运行条件进行修正。首先减少S Zorb装置的运行周期，减少同周期时间的阀门开关次数；其次减少每一次料斗的加工量，避免催化剂因料斗过满而溢出，影响阀门运行的情况。

(2) 闭锁料斗过滤器滤芯底部增加格板固定，定期更换。减少或避免过滤器泄漏催化剂，极大地减少了催化剂对阀门的磨损，延长了阀门寿命。

(3) 建立预防性维护机制，进行全生命周期管理，全面掌控程控阀门的运行情况。如强化阀门特护小组，从采购、维修、更换、日常检查等各方面制定针对性措施，定期检查、确认阀门运行情况，及时调整措施。

① 实施预防性维护措施。首先，每月进行一次全面排查，对所有阀门设备进行细致的检查和评估，包括检查阀门的外观状况、紧固件的松动情况、电缆的连接状态等。通过定期的排查，可以及时发现并解决潜在的问题，确保阀门设备的正常运行。

其次，每周进行阀门开关时间的统计，并分析阀门卡涩情况。通过统计阀门的开关次数和时间，可以了解阀门的使用频率和工作状态。如果发现阀门开关卡涩的情况，及时采取措施进行维修和保养，以确保阀门的灵活性和可靠性。

此外，每天各专业将进行特护巡检。不同专业的维护人员将轮流进行巡检，检查阀门的各项指标和参数是否正常。他们将仔细观察阀门的运行情况，检查阀门的开关动作是否正常、回讯是否到位等。

② 增加阀门分级管理。对于关键位置的阀

门，如与容器相连的第一道程控阀，一旦发生故障，直接进行更换，以确保设备的正常运行和生产的连续性。而对于非关键位置的阀门，采取返修的方式进行维修和更换，以降低维护成本和减少停机时间。为了保证备件的充足和及时更换，随时统计备用情况，并确保每种阀门和配件都有备用。这样，当阀门发生故障时，可以立即进行更换，减少停机时间和生产损失。

同时建立备件库存管理系统，定期进行备件的检查和更新，以确保备件的质量和可靠性。此外，加强对维修人员的培训和技术支持，提高其维修和更换阀门的能力。

③ 提高程控阀组装、安装质量。首先，对于全部阀门的整体组装和安装，严格按照操作规程进行操作，确保每个步骤的准确性和规范性。对阀门的各个部件进行仔细检查，确保其质量和完整性。

其次，对于垂直管道或斜向安装的阀门，确保其有足够的支撑或吊钩。这样可以保证阀门的稳定性和安全性，避免因重力或其他因素导致阀门的偏移或摇晃。同时，对支撑或吊钩进行定期检查和维护，确保其可靠性和稳定性。

另外，特别关注执行机构推杆与阀门轴套的对中情况。通过精确的调整和安装，可以减少阀门动作时的摩擦力，提高阀门的灵活性和响应速度。同时使用专业的工具和仪器进行测量和调整，确保推杆与轴套的对中度达到最佳状态。

④ 加强程控阀保温伴热管理。首先，对阀体和气缸进行电伴热，以确保其能够在恒定的温度下工作。安装电伴热设备，并通过恒温控制系统将温度设定为60℃，以确保阀体和气缸的保温效果。

这项措施的实施是基于管道介质的非连续性以及全年气温的较大温差(-20~40℃)。在介质存在时，阀门可能会受到高温的影响，温度可能达到约300℃；而在无介质情况下，温度可能会降至小于100℃。为了避免阀门受热不均匀和温度变化过大，决定增加电伴热设备并进行保温措施。

通过增加电伴热设备和保温措施，可以有效减少温差，降低阀门的故障率。保温措施可以防止热量的散失，确保阀体和气缸能够保持恒定的温度。电伴热设备可以提供恒定的加热功率，确保阀体和气缸的温度均匀分布，避免因温度差异引起的热应力和热膨胀问题。

为了确保保温效果的严密性，对保温材料进行了选择和安装。选择高质量的保温材料，并确保其与阀体和气缸的接触紧密，以防止热量的泄漏和水的渗入。同时，定期检查和维护保温材料，确保其完整性和有效性。

⑤ 优化阀门结构。首先，将程控阀的气缸单作用改为双作用。这样可以实现阀门的双向控制，提高阀门的灵活性和响应速度。双作用气缸可以在进气和排气两个方向上施加力，使阀门的开关更加迅速和准确。

其次，将阀门的门密封填料改为耐高温性强的材料。这样可以确保阀门在高温环境下的密封性能和耐久性。耐高温材料可以承受高温介质的侵蚀和热膨胀，减少泄漏的风险，提高阀门的可靠性和安全性。

另外，还增大了程控阀执行机构的气动管理流通面积。通过增大流通面积，可以增加阀门进气速度，提高气动力的传递效率。这样可以补偿弹簧的疲劳，减少开关时间，提高阀门的开关速度和响应性。

此外，还采用软连接的气动管路。软连接可以减少管路的刚性连接，降低阀门在开关过程中的振动和噪声。软连接还可以提高阀门的灵活性和可调性，使其更加适应不同工况和操作需求。

通过工艺与设备共同配合，近几年高频阀门故障率逐步降低，从 2017 年 38 次降低到 2020 年 5 次(见图 5)，且基本能提前发现，并制定了预防性措施，对生产运行未造成大的影响。

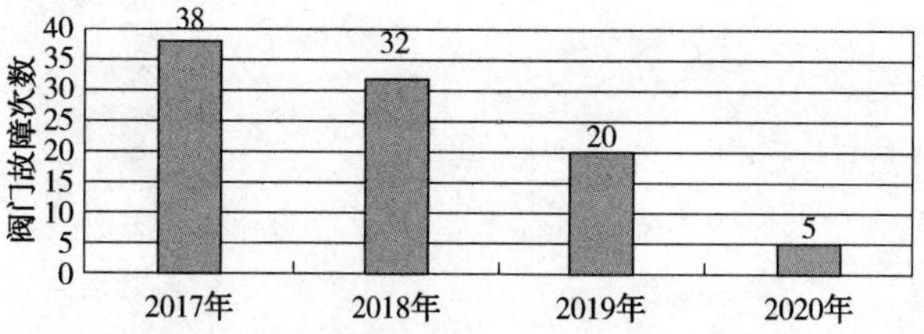

图 5　近年来 S Zorb 阀门故障情况统计

4 结语

通过对高频开关阀故障率降低的措施进行探讨和研究，可以得出结论：采取合适的预防措施和维护管理策略，可以有效降低高频开关阀的故障率，提高其可靠性和稳定性。在实际应用中，应该注重阀门的选型和设计，合理安装和调试，定期维护和检修，以及加强操作人员的培训和管理。只有综合考虑各个方面的因素，才能最大限度地降低高频开关阀的故障率，确保工业生产的正常运行。

参 考 文 献

1 王秀凡，张友超，李永强. S Zorb 装置程控阀故障分析与技术改造[J]. 炼油技术与工程，2022，52(12)：37-40.
2 王海岗. PSA 装置程控阀故障原因分析及解决对策[J]. 广东化工，2019，46(14)：163-164.

聚丙烯装置造粒机组运行问题分析

刘霄汉　王昌飙
（中国石油华北石化分公司炼油四部，河北任丘　062550）

摘　要　我公司10万吨/年聚丙烯装置造粒机组采用ZSK177型挤压混炼造粒机组。该机组于2000年建成，2001年6月投用，设计生产能力为6万吨/年。2005年聚丙烯装置改造升级为10万吨/年，挤压混炼造粒机组同步进行了扩能改造，改造后生产能力达到10万吨/年。本文从生产实际出发，对造粒机组出现的运行问题和优化措施进行阐释。

关键词　挤压造粒机组；运行问题；优化措施

1　装置概况

我公司6万吨/年聚丙烯装置采用Basell公司的Spheripol专利技术，可生产均聚物，用于注塑、BOPP膜和纤维等制品，产品性能优异。2005年随着市场规模扩大，装置进行了聚丙烯改扩建工程，将聚丙烯的生产能力扩大到10万吨/年。

2　设备基本情况

聚丙烯装置造粒机组于2000年建成，挤压机型号为ZSK－177，切粒机型号为UG400，2001年6月投用。设计造粒能力为6万吨/年。随聚丙烯装置改造升级为10万吨/年，造粒机组一起改造升级，更换模板等设备，改造后造粒能力达到10万吨/年。

挤压造粒机组主要由以下几部分组成：

（1）粉料进料输送单元：主要处理流程为成品聚烯烃粉料经过输送风机送至粉料料仓，经过短暂停留后进入机组称重给料单元。

（2）下料称重给料单元：进入下料称重单元的粉料经过螺旋输送给料器进入下料秤进行称重，并与各类改性剂在混合料斗中完成混合配比，经由螺旋输送给料器输送至挤压处理单元料斗，在整个进料过程中，由于粉料下行，上升气流需从尾气系统排出整个处理单元。

（3）驱动单元：负责为整个挤压单元提供驱动动力。

（4）主减速机单元：负责对驱动动力进行调速，为机组挤压段提供合适的输出扭矩。

（5）挤压捏合单元：是挤压造粒机组的核心处理单元，主要由螺杆对进入挤压段（筒体）的粉料进行熔融、剪切、捏合、混炼等步骤，将熔融状态的聚烯烃物料输送至水下切粒单元，筒体配套有电加热系统及冷却水系统对整个挤压过程的温度进行调节。

（6）水下切粒单元：是挤压造粒机组成品颗粒处理单元，主要通过高速旋转的金属切刀对进入切粒单元的熔融态聚烯烃物料进行水下切割，完成树脂造粒过程。

（7）切粒辅助系统单元：由切粒电机及联轴器、进刀辅助系统等组成，为水下切粒提供动力。

（8）热处理单元：主要由导热油系统组成，当树脂在挤压段完成挤压过程后，完成后续整形、切粒过程中的温度调控，从而达到最佳切粒效果。

（9）水处理及成品颗粒输送单元：经过循环冷却后的除盐水，将完成水下切粒后的成品树脂输送至干燥器、筛分器，最终由输送风机输送至成品颗粒料仓进入成品颗粒料仓储存。

3　故障与分析

3.1　造粒机组频繁垫刀

某次检修开车后，出现了多次切粒机垫刀现象。生产情况（模板、切刀、刀盘型号、型号

作者简介：刘霄汉（1995—），助理工程师，现从事聚烯烃装置设备管理工作。

参数）见表1。

表1 生产时的基本信息

生产牌号		HB28F MFR：2.4~3.6g/10min
模板	国内某厂 642×90/854ϕ2.6	642×90/854ϕ2.6 1Cr13 模板+碳化钨造粒带
切刀	国内某厂 JF-QLD-1101	123×25×12，材质：3Cr13 金属刀体+陶瓷刀刃
刀盘	原厂 50992-1364	304 刀盘+橡胶轴套

停车经过如下：因切粒水流量低，造粒机联锁停机，离模后发现刀盘中部垫刀（见图1），粘黏料充满切粒室，刀盘导流孔堵塞。

图1 造粒机组垫刀图示

对造粒机组进行检修，主装置包粉料维持生产，分析为切粒小车和模板的找正不达标，重新进行调整，再次检修后，开车后连续发现大块料，连续运行时间不足15天。

通过对之前造粒机组的运行总结，造粒机组垫刀应主要存在以下问题：①模板变形或模板面磨损严重；②切粒机振动、切刀磨损严重；③切刀轴联轴器磨损或故障；④开车时模板未清理干净；⑤进刀压力波动、过高或过低；⑥水刀料"三同时"设置不匹配；⑦模板温度过高、颗粒冷却水温度过高；⑧检修或备件质量引起的找正对中不到位（切刀平面度≤0.02mm，切刀轴向跳动≤0.02mm，切刀轴对中度≤0.03mm，切刀轴与水室垂直度≤0.03mm，刀盘平面度≤0.01mm，模板平面度≤0.01mm）。

对以上问题逐一进行排查验证后，发现问题如下：

（1）切粒机刀轴与切粒室密封面垂直度不佳，偏差0.07mm，经过调整后垂直度为0.03mm。调整方法为在切粒室背后的紧固螺栓处加入0.02~0.05mm的调整垫片（铜皮），每次加入后重新进行垂直度检查，直至合格为止。

（2）切粒室与模板的高度和水平位置存在偏差，切粒室锁柱与模板锁孔上沿碰触挤压，调整水平位置使切粒室与模板位置对正。检查方法为在锁柱头部涂上油漆，进行合模操作，发现南侧上部的锁柱上部油漆被刮掉。调整方法为纵向调整切粒室下部弹簧支架高度，横向调整切粒小车南部的调整螺栓，将小车向南侧调整0.2mm。检测方法：①切粒室锁柱与锁孔不再有剐蹭；②切粒室与模板间隙使用塞尺检查，四个方向间隙一致。

（3）切粒机运转，水室上水后，模板与刀轴对正失效。通过观察切粒机运转后切粒水流过瞬间的切粒室动态，判断在上一次的蒸汽带水缠刀事件中，拆切粒水管线出口金属软管后，未在切粒室闭合状态下进行恢复连接，存在未消除应力，切粒机运转后，受切粒水重力、软管承压后产生的应力影响，切粒室的对中找正被破坏。调整方法为停车时拆除切粒水管线出口金属软管，操作切粒小车进行合模，切粒室锁紧后，回装出口金属软管，正常开车运行。

通过以上多种改进措施，造粒机组运行正常，切粒均匀，未出现产出大块料和垫刀停车的现象。

4 结语

挤压造粒机组是聚烯烃装置的重要设备，随着中低端聚烯产品的市场饱和，生产高端聚烯烃产品成为各家企业的共同努力方向，多变的物料性质和频繁的牌号转产无疑对造粒机组的运行提出了更高的要求。通过不断总结吸收造粒机组的运行、检修问题，增强技术储备，做到出现问题判断准、解决问题动作快，以适应当下的生产节奏，提高经济效益。

参考文献

1 党利强．物料特性变化对挤压机运行的影响及切粒因素分析［J］．化工设计通讯，2017，43（12）：83-84.

冷凝式燃气蒸汽锅炉严重结垢原因分析及解决措施

卢 浩 金 涛 陈 安 杨 攀
（岳阳长岭设备研究所有限公司，湖南岳阳 414000）

摘 要 本文介绍了冷凝式燃气蒸汽锅炉严重结垢的原因和结垢以后的解决措施。通过化学清洗能够清除严重结垢产物。

关键词 冷凝式燃气蒸汽锅炉；结垢；化学清洗

1 冷凝式燃气蒸汽锅炉概况

某石化公司冷凝式燃气锅炉为 WNSL10-1.25-YQ(L)型锅炉，为卧式内燃室两回程冷凝式蒸汽锅炉，锅炉产气量为 10t/h，采用锅炉本体、节能器和冷凝器一体化结构组装，如图 1所示。冷凝装置采用波纹板肋片管结垢，管内走烟气，锅筒内为水汽混合，水在锅筒内吸收热量后汽化成水蒸气。锅炉额定蒸汽出口温度为 184℃，额定蒸汽压力为 1.0MPa，锅炉给水为软化水。锅炉检验过程中发现，锅筒内肋片管表面结垢严重，结垢厚度达到 5mm 以上，同时打开底部手孔检查，发现锅炉底部存在大量泥垢，必须对锅炉结垢原因进行深入分析，同时采取措施清除锅炉结垢产物。

图 1 冷凝式燃气蒸汽锅炉

2 结垢原因分析

检验人员在对该锅炉进行检查的过程中，打开锅筒顶部人孔发现锅炉肋片管表面存在 5mm 以上的灰白色水垢，表面水垢覆盖基本达到 100%，同时打开底部手孔，发现底部有大量白色泥渣，泥渣中存在片状白色水垢，为肋片管表面水垢脱落物。同时通过操作班组了解到，日常停炉冲洗过程中，底部排污管线能够冲洗出大量杂质，排污管线还经常出现堵塞的情况。

2.1 水样及垢样分析

通过对该燃气锅炉中的给水进行化验，得出的结果如下：锅炉给水的碱度为 4.78mmol/L，硬度为 8.852mmol/L，其浊度为 7.5FTU，pH 值为 7.41，与相应的《工业锅炉水质》中所制定的相关标准进行对比，最终可以得出锅炉给水的浊度以及 pH 值等都处于正常范围内，然而锅炉给水的硬度却超出了标准值。采集垢样进行半定量分析，以确定垢样中的物质组成。垢样从锅炉汽包的顶部肋片管表面位置进行采集，采集的垢样呈灰白色固体，半定量分析结果如表 1 所示。

表 1 垢样主要成分分析表

采样位置：肋片管表面		垢样类型：水垢		取样时间：2024 年 7 月	
CaO	62.54%	MgO	18.249%	SiO_2	14.672%
Fe_2O_3	3.234%	SO_3	0.468%	SrO	0.21%
P_2O_5	0.205%	Al_2O_3	0.19%	Na_2O	0.116%

通过半定量分析结果可以看出，此垢样为混合水垢，以碳酸盐水垢为主，同时含有一定量的硅酸盐水垢和部分锈蚀物。

2.2 水垢形成原因分析

锅炉给水为软化水，软化水是原水经过离子交换器处理以后得到的，再注入锅炉锅筒中。检验人员从离子交换器中取出树脂进行观察分析，发现树脂呈现出棕色，在正常情况下，树脂的颜色应当呈现无色透明状，树脂呈现出棕色的现象表明该树脂已经重度污染。这主要是因为：该锅炉所用的水为江水，江水中含有一定量的二价铁离子，当江水作为原水时，离子交换器不能对里面的二价铁离子进行有效去除，从而导致二价铁离子对树脂产生了严重污染。当受到重度污染时，树脂对 Ca^{2+}、Mg^{2+} 的交换能力就被极大地降低了。因此，即使对原水进行了处理，原水中的硬度还是较高。

当硬度较高的水进入锅炉以后，在加热过程中，锅水里的钙、镁盐类受热分解，使溶于水的物质转变成固相晶粒，并附着在受热面上结成水垢。同时锅内给水会不断蒸发、浓缩，水中溶解盐的浓度不断增大，当达到过饱和时，在蒸发面上析出晶核，或以原有的水垢颗粒为结晶核心，形成水垢。

在运行过程中，此锅炉的排污相对较差，仅有锅炉底部两个 *DN*50 排污口，从而导致锅水的流动性不足，当受热面上黏附了浓度相对较高的泥渣之后就会形成水垢。通过车间实际了解，此锅炉在运行过程中，极少满负荷运行，长时间处于间歇运行的状态，每次在停炉降温过程中，都会使锅水中溶解的盐分析出在锅炉肋片管表面，也导致锅炉出现严重结垢。

根据上述可以得出，导致锅炉出现严重结水垢的原因主要有两点：①原水硬度相对较高；②锅炉负荷相对较低，排污相对较差，锅炉流动性不好。

3 解决措施

3.1 加强对原水处理

在该锅炉中，主要是将该锅炉中原水所含有的二价铁离子进行去除。一般来说，可以通过采用曝气除铁法对二价铁离子进行去除。曝气之后，对水进行过滤处理，就能够达到将水中含有的大量的铁物质以及悬浮物进行去除。

3.2 降低进水硬度

根据对锅炉给水的化验结果可以得出，锅炉给水的硬度相对较高，如果直接采用离子交换的方法对其进行处理，就必须要提高对树脂再生的频率。这在一定程度上使整个工作过程的经济性受到了一定的影响，通过采用提前加药将锅炉中原水的硬度进行降低控制的方式，能够更好地达到降低原水硬度的效果。

3.3 加强锅炉冲洗排污

在锅炉每次运行完成停炉过程中，做好锅炉冲洗排污工作。不再沿用之前的锅炉完全降温后，将锅筒内水一次全部排空的方式。锅炉停炉时，蒸汽泄压后，采用加入软化水进行置换的方式进行排污，降低炉水中的盐含量，从而防止降温引起的盐析出在肋片管表面而结垢。同时通过水置换冲洗的方式，能够提高锅炉的流动性，起到一定的防止锅筒底部泥垢沉积的情况。

4 化学清洗除垢

锅炉出现结垢严重的情况时，应采取积极的措施进行除垢处理。根据《火力发电厂化学清洗导致》，当锅炉受热面结垢超过 1mm 或锅炉结垢垢量超过 600g/m^{2}时，需要对锅炉进行化学清洗。

4.1 清洗流程

采用循环清洗方式，遵循尽可能增大清洗过程中流动性的原则，同时保证整个锅炉系统能够全部充满清洗剂。清洗进口为底部两个排污口和锅炉给水线。顶部三个出口为两个安全阀位置及放气口。具体清洗流程如图 2 所示，整个清洗流程采用“三进三出”，冲洗过程为上进下出，保证尽可能将锅炉内的泥渣冲洗干净；清洗过程则为下进上出，在保证最大流动性的情况下，还能使整个锅炉系统充满，不留死角。

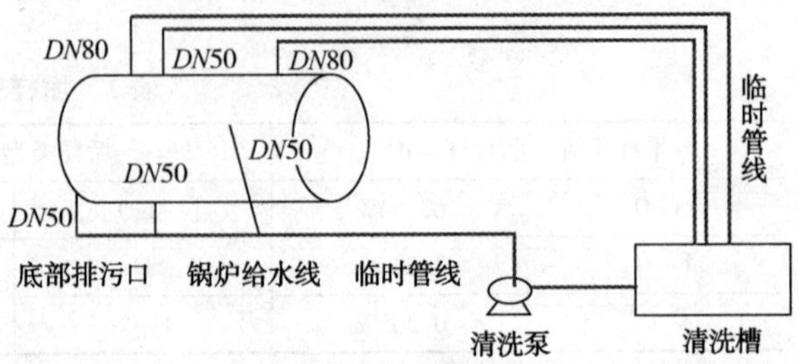

图 2　锅炉清洗流程图

4.2　清洗工艺

通过对锅炉垢样的分析，锅炉内水垢主要为碳酸盐水垢，及部分硅酸盐水垢。因为硅酸盐水垢的存在，只进行酸洗是无法将水垢清洗干净的，还需要增加碱煮的步骤。将硅酸盐水垢进行转型，转型以后才能将水垢清洗干净。设计清洗工艺主要包含水冲洗、碱煮、酸洗、漂洗、钝化等过程，如表2所示。

表2　化学清洗工艺

工　序	介　质	控制标准
系统水冲洗	软化水	出水澄清无杂质
碱煮	碱液 助剂	碱浓度值不发生明显变化
酸洗	无机酸 缓蚀剂	酸度不发生明显变化，换热管表面无垢层及腐蚀产物
漂洗	漂洗剂 调节 pH 值	铁离子浓度控制在 200×10^{-6} 以下
钝化	钝化剂 调节 pH 值	总铁趋于稳定，表面无二次锈，形成钝化膜完整

4.3　清洗过程控制

清洗过程中需要对清洗液进行采样分析，通过采样分析结果来判断清洗的终点。清洗各阶段分析监测项目与控制标准如表3所示。

表3　清洗各阶段分析监测项目与控制标准

阶段项目	测试内容	取样间隔	控制标准
水冲洗	pH 值	30min	终点：出水澄清(目测)，pH 值为 6~9
碱煮	碱度	60min	终点：碱浓度基本无变化
酸洗	Ca^{2+}	60min	Ca^{2+} 基本稳定
	腐蚀率	60min	终点：腐蚀率<0.5g/(m^2·h)
漂洗	总铁	30min	总铁<200mg/L
	pH 值	30min	3~4
钝化	总铁	60min	总铁趋于稳定
	pH 值	30min	9~10

清洗过程通过采样分析清洗液中的分析数据变化情况来判断清洗终点。清洗过程分析数据如表4所示，从表中数据可以看到，碱煮过程主剂浓度不断降低，碱浓度相应趋势变化相同，后基本维持平稳不再发生明显变化，清洗23h后达到碱煮终点。酸洗过程中，酸浓度不断降低，清洗液中的钙离子浓度不断升高，酸洗至清洗液中的钙离子浓度基本不发生明显时变化时达到清洗终点。漂洗过程控制 pH 值达4.0左右漂洗2h后进入钝化，钝化过程监测总铁离子变化情况，钝化4h完成。

表4　清洗过程分析记录表

清洗过程	时　间	主剂浓度/%	碱浓度/(mmol/L)
碱煮	9月10日19：00	9.5	6842.5
	20：00	9.3	6531.3
	22：00	9.0	5629.8
	24：00	8.6	5104.1
	9月11日1：00	8.3	4820.7
	3：00	8.2	4653.2

续表

清洗过程	时 间	主剂浓度/%	碱浓度/(mmol/L)
	5：00	8.1	4582.1
	7：00	8.1	4579.4
	8：00	8.1	4578.3
酸洗	时间	主剂浓度/%	钙离子浓度/(mg/L)
	9月11日13：00	5.1	432
	14：00	5.0	903
	15：00	4.8	1128
	16：00	4.5	1564
	17：00	4.3	1678
	18：00	4.3	1743
	19：00	4.3	1781
	20：00	4.3	1788
漂洗	9月12日9：00	pH值	总铁浓度/(mg/L)
	10：00	4.0	124.3
	11：00	4.0	157.8
钝化	9月12日13：00	pH值	总铁浓度/(mg/L)
	14：00	9.5	184.2
	15：00	9.5	196.3
	16：00	9.5	198.3
	17：00	9.5	203.5

4.4 清洗效果

通过化学清洗后，检查锅炉清洗情况，清洗后的金属表面清洁，基本无残留硬垢，表面无过洗、无二次锈、无点蚀现象，表面形成的钝化膜完整，清洗除垢率通过清洗前后对比，肋片管表面水垢覆盖100%清洗至表面基本无残留硬垢，判定清洗除垢率大于95%，达到优良标准。通过清洗过程中腐蚀挂片称重计算得到清洗过程的腐蚀速率和腐蚀总量，腐蚀速率为2.2083g/m^2·h，腐蚀总量为18.5982g/m^2。清洗前后锅炉换热管表面对比如图3和图4所示。

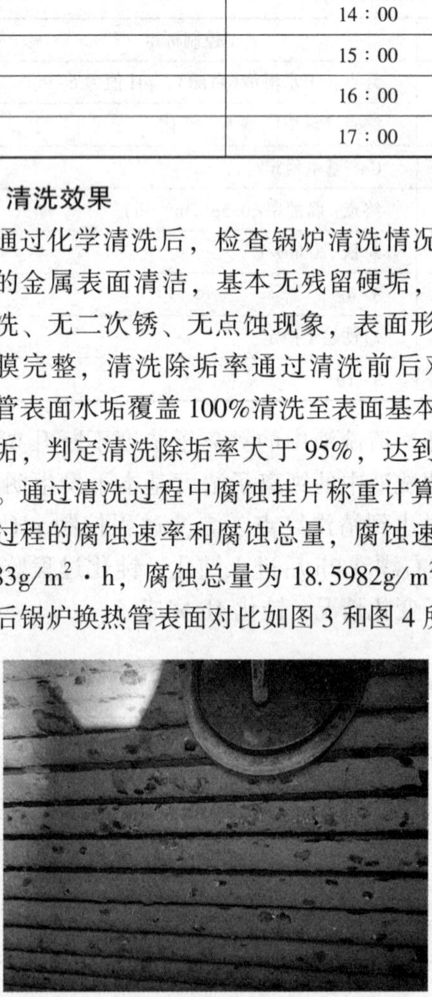

图3 锅炉清洗前

图4 锅炉清洗后

5 结论

（1）引起锅炉严重结垢的主要原因是：原水硬度相对较高，锅炉负荷较低，排污较差，锅炉流动性不好。

（2）通过改进原水处理方式，加药降低锅炉进水的硬度，加强锅炉冲洗排污能力可以有效降低锅炉严重结垢的情况。

（3）通过化学清洗的方式，能够有效清洗除水垢，使锅炉恢复正常生产。

参 考 文 献

1 张全根，陈洁，杨振乾，等．C1 机组锅炉的化学清洗[J]洗净技术，2023(6)：47-49.
2 袁新民，匡国强，陈邵艺．超临界机组炉前系统和锅炉本体的串联清洗[J]．湖南电力，2009，29(4)：40-42.
3 徐宝才，韩富，周雅文．工业清洗剂配方与工艺[M]．北京：化学工业出版社，2008.

螺纹锁紧环高压换热器的应用浅析

张鹏飞　张　涛　赵鹏飞　张　亮　张允伟
（中国石油辽河石化分公司，辽宁盘锦　124010）

摘　要　换热器是石油化工生产中广泛使用的一种通用设备，它不仅可以为生产过程提供必要的工艺条件，以满足工艺流程的需要，同时还可以回收大量热量，减少能源消耗，降低生产成本。螺纹锁紧环高压换热器具有结构紧凑、泄漏点少、密封可靠、节省材料、可以在线修理等优势。通过螺纹锁紧环高压换热器的密封介绍，使大家更直观地了解螺纹锁紧环高压换热器的结构特点和密封效果。

关键词　换热器；螺纹锁紧环；结构

1　前言

在石油化工生产装置中约有40%左右的设备属于换热设备，换热设备是所有工艺流程中不可或缺的重要设备，所以在石油化工企业中具有很高的地位，它对降低能耗、降低生产成本起到了重要的作用。但是，随着装置的大型化、节能减排的严苛要求和工艺设计条件的越加苛刻，生产技术的发展和工艺流程越来越复杂化，传统意义上普通的法兰连接的换热器已无法满足高温、高压、高硫化氢介质环境的生产需要，在这种条件下具有密封效果好、结构紧凑、解决泄漏问题简单的螺纹锁紧环换热器就应运而生。

螺纹锁紧环式换热器的密封结构最早是由美国Chevron公司和日本千代田公司共同开发研究成功的。通过近十几年的设备技术国产化，我国很多的石油化工炼厂都使用了这种换热器。其特殊之处还在于管箱部分，基本原理是管程内压引起的轴向力通过管箱压盖和螺纹锁紧环而由管箱本体承受，管箱通过螺纹锁紧环上的外圈压紧螺栓来压紧外密封垫圈从而实现密封，对于操作条件苛刻、介质成分复杂的工况来说，选用螺纹锁紧环换热器是合适的。

2　换热器结构介绍

本文介绍的螺纹锁紧环高压换热器为某石化公司高压加氢装置的U形管双管程、双壳程高高型式的螺纹锁紧环高压换热器。设备内表面堆焊两层，与筒体母材相接触的堆焊层为过渡层，材质为E309L，表层堆焊层为过渡层，材质为E316L。管程壳体材料选用12Cr2Mo1锻+堆焊（E309L+E316L），壳程壳体材料选用12Cr2Mo1R板+堆焊（E309L+E316L），E309L+E316L总厚度为6.5mm，其中E316L的最小有效厚度为3mm；管板材料为S31603锻件；换热管材料为S31603。

2.1　换热器的设计操作条件

换热器的设计参数见表1。

表1　换热器设计参数

设计条件	壳　程	管　程
工作压力/MPa	20.2	19.1
工作温度（进/出）/℃	192.5/382.4	423/260
操作介质	混氢油原料（摩尔分数）：硫化氢含量0.33%，氢气含量80.59%，氨含量0.32%，水含量0.06%	反应产物（摩尔分数）：硫化氢含量0.04%，氢气含量86.6%，水含量0.05%。酸值为4.10mgKOH/g
设计压力/MPa	21.2	20.6
设计温度/℃	425	450
焊接接头系数	1.0	1.0
腐蚀裕量/mm	0	0
管板设计压差/MPa	4.0	

作者简介：张鹏飞，男，2006年毕业于辽宁石油化工大学工程装备与控制工程专业，高级工程师，现从事设备管理工作。

续表

设计条件	壳　程	管　程
外形尺寸/mm	1370×9554	
换热面积/m^2	389×2	
全容积/m^3	5.7×2	
折流板间距/mm	600	
换热管规格/mm	ϕ19×2×7000	
换热管根数	451U×2	

2.2　设备结构

本文以单管程、单壳程螺纹锁紧环换热器结构为例，如图1所示。

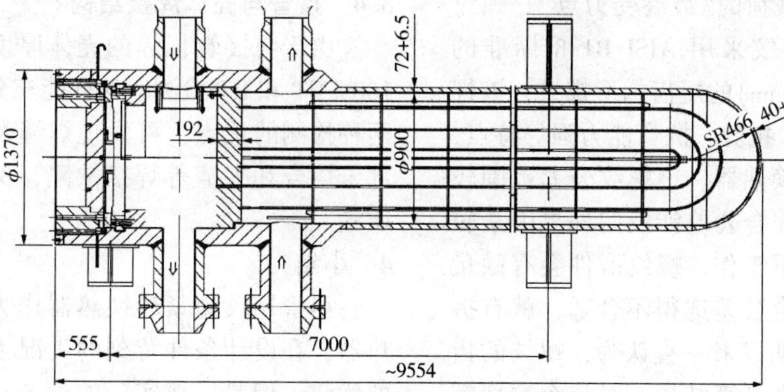

图1　螺纹锁紧环换热器结构示意图

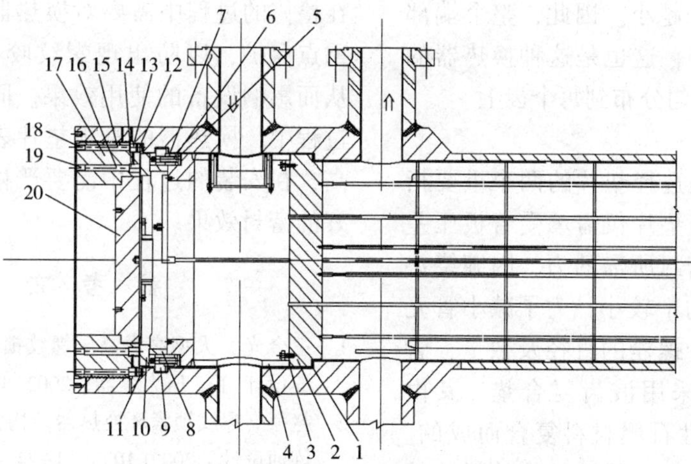

图2　螺纹锁紧环换热器密封结构图

1—管板垫片；2—管板；3—分程箱(内套筒)垫片；4—分程箱(内套筒)；5—内部顶压螺栓环垫；6—内部顶压螺栓；7—承压环(定位环)；8—套筒；9—分合环；10—压环；11—外密封垫片；12—密封盘；13—外圈压环；14—内圈压环；15—外圈顶销(外压杆)；16—内圈顶销(内压杆)；17—螺纹锁紧环；18—外圈压紧螺栓；19—内圈压紧螺栓；20—管箱压盖

2.3　换热器密封结构介绍

本文以单管程、单壳程换热器密封结构进行说明，如图2所示。

从图2中可以看出，管箱上管程密封垫片的压紧力通过下列零件的传递来实现：螺纹锁紧环17上的外圈压紧螺栓18→外圈顶销15→外圈压环13→密封盘12→外密封垫片11。外密封垫片11传给外圈压紧螺栓的反力最终作用在螺纹锁紧环17和管箱大螺纹上，由此可知，外圈压紧螺栓18只承担压紧外密封垫片11一种功能，因此，螺栓的直径可以很小，而且在带压的条件下，随时可以给外压紧螺栓施力，排除外泄漏。

管程与壳程之间管板垫片的压紧力传递途径是：分合环9上的内部顶压螺栓6→内部顶压螺栓环垫5→分程箱4→分程箱垫片3→管板2→管板垫片1。设备运行过程中若发现管程与壳程有串漏时，可通过拧紧螺纹锁紧环17上的内圈压紧螺栓19，推动内圈顶销16→内圈压环14→密封盘12→压环10→套筒8，从而将管板垫片1压紧。同样，管板垫片的反力最终传给螺纹锁紧环17和管箱大螺纹，内压紧螺栓也只承担压紧内密封垫片的一个功能，因此螺栓的直径较小。

由上可知螺纹锁紧环换热器的最大的优点是维护简捷、灵活，可以在带压情况下排除泄漏，减少装置不必要停车，实现了密封力与内压力由不同的零部件来承担。

3 换热器优化选择

3.1 大螺纹

换热器所有的力由螺纹锁紧环和管箱壳体端部的梯形螺纹来承担，螺纹设计是螺纹锁紧环换热器的关键之处，螺纹承受管程和壳程的综合载荷，是这些载荷的“最终受力点”。螺纹锁紧环换热器的螺纹采用AISI B1.8标准的(15/16)in(23.8125mm)的短齿梯形螺纹，该螺纹具有啮合高度大、抗剪、抗弯能力强等特点，适用于螺纹锁紧环换热器。该螺纹公差范围较宽，因内、外螺纹配合公差涉及的外界因素较多，螺纹又在高温下工作，螺纹锻件会有微量变形，如果螺纹配合公差选得不合适，就有拆卸困难的可能。长期以来一直认为，螺纹的齿数越多越好，而根据计算结果，对整个端部螺纹来说，承压最大的是靠近管箱内部的少数齿，其他的齿承受的力越来越小。因此，整个端部螺纹每个齿受力不一样，这也是这种换热器的不足之处，即力不能均匀分布到每个齿上。

3.2 垫片的选择

压缩性和回弹性是选择垫片的两个重要指标。管板垫片和分程箱垫片仅需承受管板压差产生的力及垫片本身密封所需的力，因缠绕垫的垫片系数 m 及比压力 y 较小，为了减小管壳程之间的密封力，减少螺栓的直径及数量，管板垫片和内套筒垫片采用波齿复合垫，其由S31603金属骨架与柔性石墨材料复合而成的。金属骨架的上下表面由相互错开的特殊形状的同心圆沟槽形成波齿，金属骨架的上下表面复合一层柔性膨胀石墨，构成整体复合垫片。外密封垫片选用S31603波齿复合垫，这样既保证了垫片的强度，又能满足密封要求。

3.3 分合环设计

分合环是本台换热器的优化设计，解决了壳程压力与管程压力不相等时力的均衡传递问题，缓解了螺纹承压环(定位环)的受力状况。在管箱内壁设计沟槽，分合环安放在槽内，为了实现力的传递，分合环上设置内部顶压螺栓；由于装配需要，本换热器分合环设计成6块，这样虽给制造带来了麻烦，但增加了操作的可靠性，均衡了上分合环的受力。

3.4 接管与壳体焊接结构

由于与接管相焊的壳体厚度很大，并且要100%UT和RT检测，这样能充分发挥UT与RT两种检测的优点，可发现焊缝及热影响区的根部未熔合和夹渣等焊接缺陷，保证焊接接头的质量。

4 小结

尽管螺纹锁紧环换热器作为一种特殊的换热器，在设计条件苛刻的工况下具有高效节能的优势，但是，在实际的生产过程中，该换热器的检修需要采用专用的检修工具进行拆装，在检修的过程中需要对换热器的螺栓螺纹进行重点保护，以防出现螺纹咬死、拉伤等现象，从而影响设备的使用效果。同时在加工制造的过程中，换热器的管板垫片表面粗糙度要求较高，在安装的过程中需要严格对中方可达到最好的密封效果。

参考文献

1 王金光．大型高温高压螺纹锁紧环式双壳程换热器的设计[J]．压力容器，2002(4)：8-10.

2 赵萍．螺纹锁紧环换热器结构特点及首例分析[J]．炼油设计，2002(10)：21-24.

凝聚釜搅拌轴断裂原因分析及对策

李 斌

(中石化湖南石油化工有限公司，湖南岳阳 414012)

摘 要 主要针对凝聚釜搅拌系统中的关键部件——搅拌轴在运行过程中发生断裂的原因进行详细的分析。分析搅拌轴的断裂主要是由超负荷、焊缝缺陷而产生疲劳破坏所致。针对这一原因，采取了优化生产工艺、搅拌轴加工工艺等措施，以提高搅拌轴的运转时间和寿命。

关键词 搅拌轴；断裂；疲劳

湖南石化公司橡胶部SIS装置投产于2012年，现有5条生产线，凝聚装置采用三釜凝聚工艺。利用釜内的两层带刀搅拌将喷入凝聚釜内的胶液在凝聚过程中分散开，并将内部溶剂进行分离，产出含溶剂量不大于胶量3%的胶粒水。凝聚首釜颗粒水通过首釜颗粒水泵输送至凝聚中釜，凝聚中釜颗粒水通过中釜颗粒水泵输送至凝聚末釜，经搅拌器混合后，由颗粒泵输送至后处理装置，完成凝聚装置工作。

1 凝聚首釜搅拌参数

凝聚釜搅拌系统工艺参数：凝聚釜总体尺寸容积为40m^3，搅拌釜直径为3200mm，搅拌直径为1564mm，桨叶有2层，两层的间距为1000mm，搅拌轴径为135mm，电机功率为75kW，搅拌转速为168r/min，釜内轴长5604.5mm。本搅拌于2012年9月投用，已使用运行11年。断裂轴如图1所示。

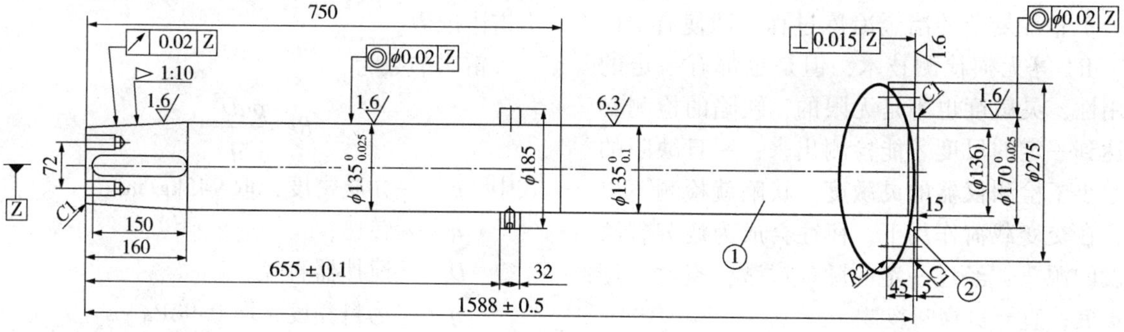

图1 断裂轴零件示意图

2 轴断裂原因分析

凝聚首釜在正常运行过程中，搅拌轴上轴法兰处断裂，断裂位置如图2所示。通过分析，搅拌轴断裂原因主要有：

(1) 设计问题，轴的设计强度不够；

(2) 材质问题，制造材料中存在毛重元素超标，或热处理不够等；

(3) 使用过程中疲劳断裂或存在交变载荷造成轴断裂。

2.1 宏观分析

搅拌轴断裂处为上轴法兰联轴器轴颈位置，轴材质为304不锈钢，端口位置较为平直，无金属光泽，无明显塑性变形迹象，端口表面与轴基线垂直，呈现脆性断裂的特征。轴断裂瞬间断裂区较小，说明材料有一定的韧性。初步判断是疲劳造成的脆性断裂。

2.2 搅拌轴强度校核

搅拌轴强度校核公式为：

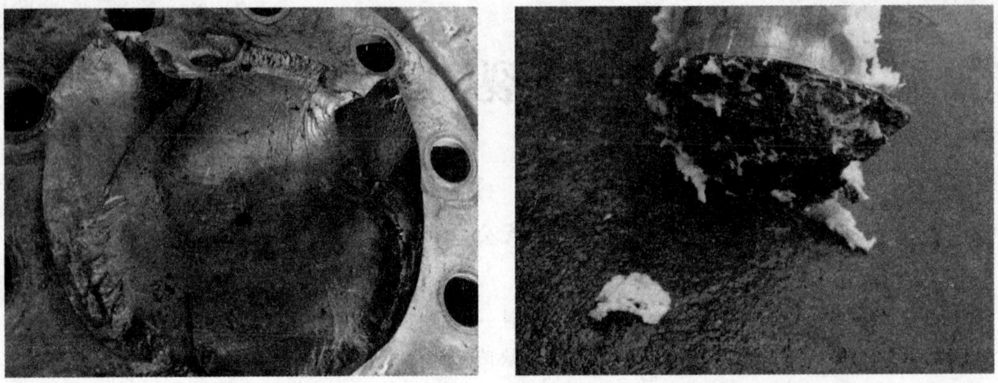

(a) (b)

图 2 轴断裂现场图

$$\tau_{max}=\frac{9551\times P/n}{\pi d^3/16}$$

式中 P——电机功率；

n——转速；

d——轴径。

经计算得 τ_{max} 为 42.39MPa，而 304 不锈钢的许用应力为 137.9MPa，因此轴强度没有问题。

但是搅拌轴采用焊接结构(见图 3)，虽然按照分析计算结果都是通过的，显示强度没有问题，但是由于采用的是焊接结构，焊接过程是一个非常复杂的冶金冶炼过程，即使有 PT、UT、RT 等无损检测技术，但是也都有一定的适用性，灵敏度也不是无限的，缺陷的检测必须达到一定的尺度才能检测出来，一旦缺陷的尺寸小于检测仪器的灵敏度，缺陷就检测不出来，在交变载荷作用下，往往会成为疲劳裂纹萌发的源头，经过一定的脉动次数，裂纹会逐渐扩展，直至贯穿断裂。

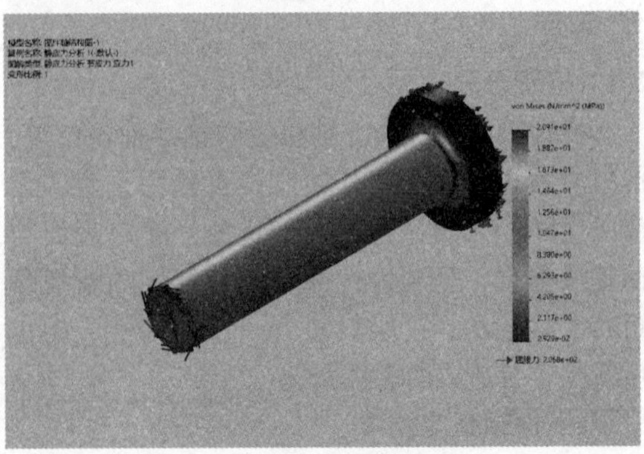

图 3 搅拌轴结构图

2.3 搅拌实际功率核算

多层搅拌功率计算公式为：

$$P=k\cdot\rho\cdot n^2D^5$$

式中 k——搅拌功率数；

ρ——介质密度，取 945kg/m³；

n——搅拌转速；

D——搅拌器直径。

搅拌转速、搅拌器直径及介质密度均是已知的，计算搅拌功率的关键是求出搅拌功率数 k，搅拌功率数 k 与雷诺准数有关，因此要计算出雷诺准数。

雷诺准数为：

$$Re=\frac{\rho nD^2}{\eta}$$

式中 ρ——介质密度，取 945kg/m³；

n——转速；

D——搅拌器直径；

η——物料黏度，取 0.98Pa·s。

计算得雷诺准数为 6604。根据相关表可查到，k 取 0.8。因此，可算得搅拌功率 P=55.47kW。

由此，可验证搅拌功率选型正确。且按照功率核算，搅拌电流应该在 98A 左右。

2.4 搅拌断轴前后实际电流的趋势核算功率

在搅拌轴检修前，搅拌电流平均值为 54A 左右，按照比例，实际电流为 108A，实际输出功率为 60kW 左右，符合运行要求，如图 4 所示。

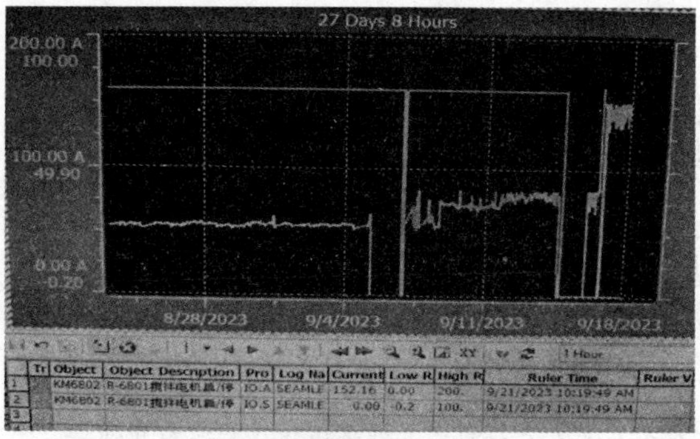

图 4　运行数据曲线图

检修期间，由于核对液位，在开车后到断轴前一段时间，电流平均值为 80A 左右，按照比例，实际电流为 160A，实际输出功率为 89.5kW 左右，已超出负载。

由此，可判断在检修后开车阶段，搅拌处于一个超负荷运行阶段，且电流波动较大，搅拌所受的交变载荷较大，搅拌轴受交变应力作用，加剧了疲劳损伤。

3　结论

凝聚首釜是 SIS 产品生产过程中的关键设备，操作工况苛刻，转速高、功率大，疲劳载荷非常苛刻，为了适应这种苛刻的工况，建议采用整体锻件结构，没有任何焊接工序，也就不存在焊接缺陷，并且高应力区远离了联轴器的过渡区域，可以从根本上避免由于焊接结构带来的疲劳断裂。

因此，经过分析得出：

(1) 从搅拌轴参数来看，按照设计计算，轴的强度、功率均符合实际要求，但是由于原搅拌轴与法兰采用的是焊接结构，焊缝易疲劳。

(2) 从实际运行参数来看，在检修前，搅拌运行电流符合设计要求，液位设置合理，能满足工艺要求。

(3) 检修后，搅拌釜液位失真，搅拌电流持续在高位运行，搅拌所受的交变载荷增大，轴所受交变应力增加，加剧了搅拌的疲劳损伤，在运行一段时间后出现轴的脆性断裂，这是出现断轴的根本原因。

4　预防措施

通过搅拌轴的失效原因分析，对搅拌轴应该采取以下相应措施：

(1) 搅拌轴应采用整体锻件结构，消除焊缝疲劳影响。

(2) 操作过程中应严格控制工艺条件，避免搅拌轴发生过大载荷波动。

(3) 定期对搅拌轴内外壁进行无损检测，检查搅拌器的腐蚀情况，有无松脱、变形和裂纹等缺陷，以便及时发现缺陷并消除。

(4) 根据预防性检修策略，制定搅拌器定期维护计划，及时检查固定螺栓是否松动，从而防止搅拌器摆动量增大，引起反应釜剧烈震动。

(5) 确保桨叶的固定和搅拌轴保持垂直，其垂直度的偏差应保持在 0.4%以内。

为避免在将来的设计中搅拌轴发生断裂损坏的问题，一是需要考虑设计过程中的严谨性，在设计允许的情况下合理选择较大的安全系数；二是提前对搅拌轴是否会有疲劳断裂的风险进行预判，通过更换不同的加工工艺来改善材料的疲劳性能，再加上对实际操作过程中情况的分析与试验，进行经验技术积累，从而尽最大可能避免此类非正常情况下的搅拌轴断裂风险。

石油化工专用道岔的故障原因分析及对策

赵银龙

(中国石化洛阳分公司装运部，河南洛阳 471012)

摘 要 铁路运输是石油化工企业一种重要的运输方式，道岔是石油化工铁路运输生产过程中重要的铁路线路操纵设备，其具有使运输机车车辆从一条线路转换到另一条线路，或者在平面上越过另一条线路的作用。转辙机是道岔的驱动单元，根据道岔中转辙机的运行机械原理和电路连接方式，通过原因分析和制定、实施对策，解决了道岔无表示的故障，并且给出了检修维修的指导建议，为保障道岔长期平稳运行，降低其故障概率和检修成本提供参考。

关键词 道岔；转辙机；原理；无表示；措施

1 设备简介

安装在铁路线路上的道岔装置，是能够起到使机车或者车辆在平面上转换线路或者越过某条线路的作用。某石化厂的铁路运输线路分布在厂外的工业站、厂内的装卸站和化纤作业区域，铁路线路共安装了97个道岔，包括15组双动道岔，67个单动道岔。每个道岔均采用一台ZD60型电动转辙机进行驱动，为道岔转换提供机械动力和机械锁闭作用。其中双动道岔起到连接两个平行的轨道线路的作用，单动道岔起到将两条线路汇合成一条轨道线路的作用。

道岔的结构部件主要包括转辙机、基本轨、岔尖、表示杆、动作杆、连接杆(包括动作杆连接杆和表示杆连接杆)、电缆盒(见图1)，这些机械部件在室内计算机联锁系统的电路控制下来完成道岔转换运行。道岔转换的动作过程如下：室内信号楼发出操纵道岔动作信号至计算机联锁系统→计算机联锁系统接通道岔的动作电路→通电后的室外转辙机开始转动并解锁道岔→固定在基本轨上的转辙机带动动作杆并使其推动岔尖移动直至基本轨的另一侧→岔尖带动表示杆移动切断原表示电路并接通新表示电路→新表示电路接通后转辙机停止动作同时道岔完成转换并锁闭。

ZD6型电动转辙机机是一种机-电一体化设备，其在电路的控制下使机械结构完成旋转和平移的动作，同时机械结构在运转时会切换转辙机的动作电路和表示电路。如图2所示，转

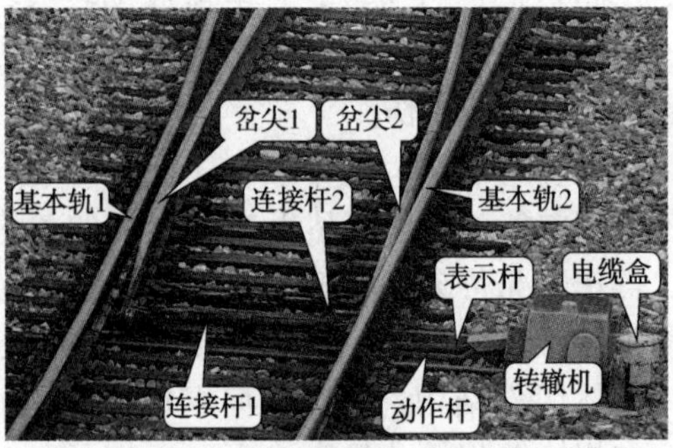

图1 道岔的组成结构

辙机的动作过程如下：接通转辙机的动作电路，电动机旋转并且通过啮合齿轮带动减速器旋转，减速器的扭矩经过摩擦连接器和主轴传输至锁闭齿轮，锁闭齿轮带动齿条块水平移动，固定在齿条块上的动作杆也开始水平移动，进而带动转辙机外部的道岔结构转换。

转辙机在机械转换过程中，电路也随之发生转换，转辙机的电路转换过程如下：转动的主轴带动速动抓2跳动，连接速动抓的动接点块2移动并卡入静接点片2的右侧接点排，同时切断原表示电路，转辙机转动到位后，速动抓1迅速跳动带动动接点块1卡入静接点片1右侧接点排，同时切断动作电路并接通新的表示电路，电动机停止转动。

作者简介：赵银龙，2022年毕业于中国民用航空飞行学院交通运输工程专业，硕士学位，现在洛阳石化装运部运输区域工作。

图2　ZD6 型电动转辙机内部结构

道岔及其转辙机能够通过机械-电路防护机构触发道岔保护功能。当道岔的岔尖出现卡阻转换不动时，例如岔尖卡因为夹石子或者异物卡住导致正在动作的岔尖不能密贴于基本轨时，转辙机中的摩擦连接器会出现空转，此时锁闭齿轮不转动，电动机空转，进而防止电动机因长时间卡滞而烧坏，同时室内控显机发出“道岔挤岔”报警。当道岔岔尖被外力强制脱离与基本轨的密贴状态时，例如机车车轮卡在密贴状态的岔尖与基本轨中间移动时，齿条块上的挤切销会变形凸起或者断裂后凸起，挤切销断裂后动作杆与齿条块脱离连接，保护转辙机内部的齿条块及连接部件，凸起的挤切销顶开移位接触器的保险开关，触发移位接触器自动切断表示电路，室内控显机发出“道岔无表示”报警。

道岔出现无表示的报警时，室内信号员就会失去对该道岔状态的监控，会导致钢轨被压断，甚至脱轨事件的发生，这对于机车在该道岔上的运行存在很大的安全隐患；同时计算机联锁系统对于含有该道岔的进路排布也会受限，大大降低铁路线路的利用率而影响机车作业效率。因此需要快速准确地处理无表示报警，保障运输安全和运输效率。

2　设备运行情况

13#/15#道岔属于双动道岔，其中 15#道岔为Ⅰ动，13#道岔为Ⅱ动(见图 3)。在道岔转换过程中，15#道岔先完成转换动作并锁闭后，13#道岔开始解锁转换，13#完成转换动作后，双动道岔接通新的表示电路和动作电路，并完成 13#/15#双动道岔位置转换。在图 3 中，自动开闭器的动接点均接通到右侧的静接点位置，X1 接通 X3 表明道岔定位接通表示电路，X2 接通 X4 表明道岔反位接通动作电路，此时道岔为定位状态，并且可以向道岔反位转换。

2023 年 5 月 27 日，在工业站作业区域的西作业区域，铁路线路与世纪大道交叉位置进行涵洞施工建设，对图 4 中的 13#/15#、17#/19#两组双动道岔进行了临时拆除。2023 年 11 月 12 日，涵洞的主体结构建设完成，开始复原涵洞正上方的 13#/15#、17#/19#两组双动道岔(见图 4)。在复原安装道岔完成后，进行测试发现，13#/15#双动道岔出现了定位无表示的故障，即室内操纵 13#/15#道岔从反位转换至定位时，站场的道岔转换为定位后，室内出现“定位无表示”的报警。户外道岔动作状态显示，13#/15#双动道岔从定位转换至反位时，道岔正常动作且反位表示正常，但是从反位转换至定位出现道岔不动作现象。

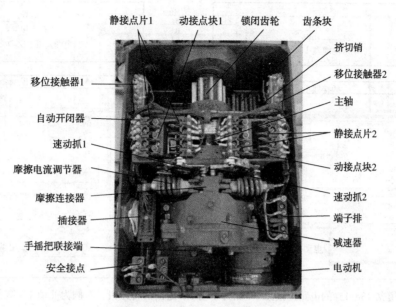

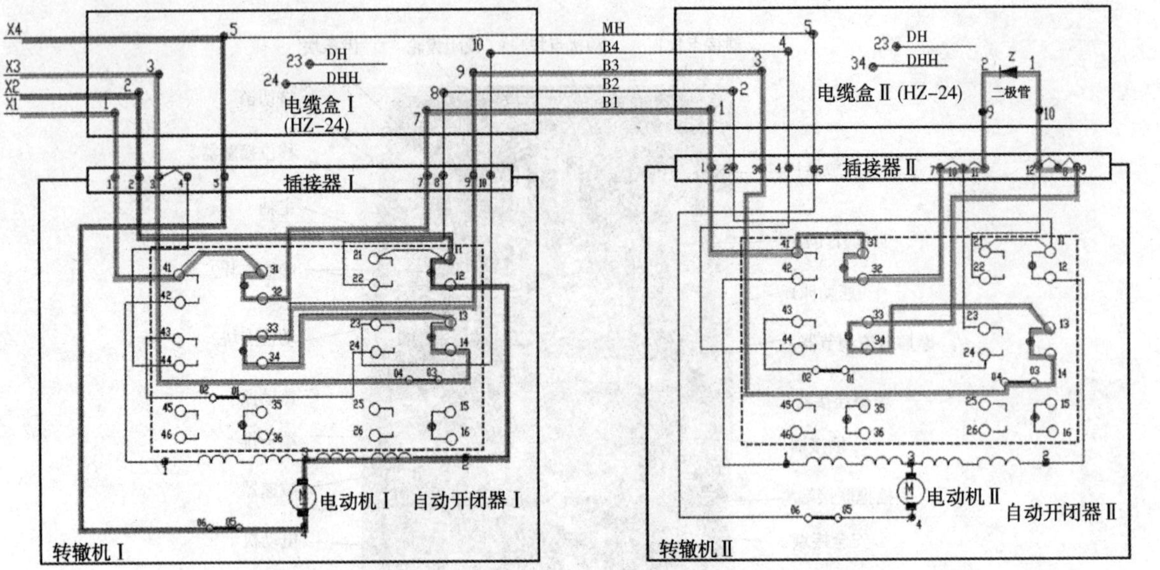

图 3 双动道岔 13#/15#的电路连接图(左侧为Ⅰ动 15#道岔的转辙机，右侧为Ⅱ动 13#道岔的转辙机。X1 为道岔定位，X2 为道岔反位，X3 为表示电路，X4 为动作电路)

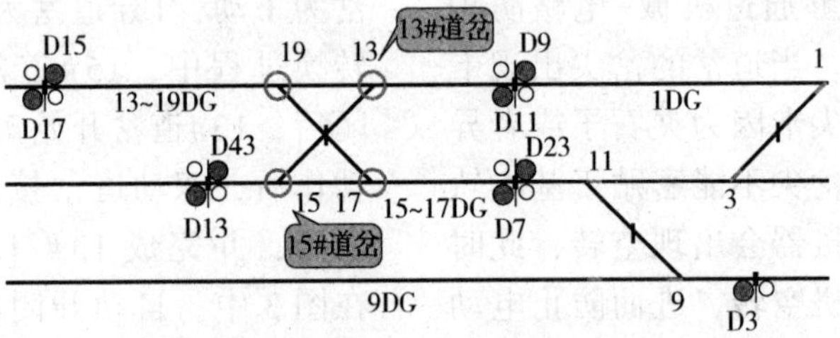

图 4 13#/15#、17#/19#两组双动道岔的铁路线路位置图

3 原因分析

3.1 室内原因分析

道岔的室内故障主要是分线盘上的端子连接位置出现锈蚀或者松动，进而导致室内和室外之间的电流电压传输出现短路或者断路的异常现象。经过检查并测试室内分线盘上 13#/15#双动道岔的四个接线端子(X1、X2、X3、X4 在室内的接线端子)，接触良好，无短路、短路现象，因此排除室内故障。但是在 13#/15#道岔从反位转换至定位并出现无表示报警状态下，测量 X1、X3 在分线盘上的接线端子的电压，结果显示存在电压差，表明 X1 至 X3 的连接线路出现断路现象。

3.2 室外原因分析

3.2.1 电缆原因分析

道岔通过转辙机提供动力进行转换，转辙机通过四根电缆芯线(X1、X2、X3、X4)接通至室内分线盘上端子进行电力供应和信号传输。电缆发生断路或者短路现象时，均会导致道岔无表示故障。

测试 X1、X2、X3、X4 四根道岔控制线从室内至室外转辙机之间的电缆芯线，结果显示，四根电缆芯线的对地绝缘电阻以及芯线之间的绝缘电阻均正常，表明无接地和绝缘皮破损现象。测试得出四根电缆芯线之间的电流和电压值，其均与室内分线盘上的端子排上的电流和电压值相同，表明四根电缆芯线内部无断路现象。因此排除电缆芯线故障。

3.2.2 道岔原因分析

道岔的组成结构之间出现卡阻时会导致道岔无表示现象，常见的故障原因如下：当基本轨与岔尖之间出现道砟、金属片或者其他异物时，会导致道岔岔尖不密贴，进而导致室内显示道岔无表示故障；当转辙机与基本轨连接处的固定螺栓出现松动，导致两者出现相对移动，进而导致道岔转换不到位和出现无表示故障。如图 1 所示，检查 13#和 15#两组道岔各自的组成部件和连接部件，结果显示部件连接可靠，尖轨与基本轨之间无异物导致的卡阻现象发生。因此道岔结构无故障。

3.2.3 转辙机原因分析

转辙机是道岔的机械动力来源，是一种较为复杂的机-电一体化设备，即电路控制和机械作用相互控制的设备。转辙机上能够导致道岔无表示的故障原因较多，主要包括：接线端子断路和二极管失效切断表示电路、表示杆"卡缺口"导致自动开闭器不能闭合接通表示电路、挤切销变形突起使移位接触器启动断表示动作、移位接触器失效。

1）机械结构原因分析

检查转辙机内部结构的完整性，结果显示，转辙机内部电子元器件接点连接紧固无松动，移位接触器的动接点块能够正常插入静接点片中，并且表示杆在转辙机内部的"缺口"大小符合标准。因此排除电路接点接触不良和表示杆卡缺口的故障可能性。

2）电路连接原因分析

根据图3中的电路进行电路测试，测试13#/15#转辙机的定位线路X1与表示线路X3之间的线路接通情况。根据电压差原理查找出定位表示连接线路上的断路点，即当某一接点断路时，该接点两端的接点会产生电压差。

如图3中X1与X3接线路径所示，测试电缆盒Ⅰ的3接点与1接点之间的电压，结果显示有电压，表明这两节点之间存在断路现象；继续测量电缆盒Ⅰ的3接点分别与自动开闭器Ⅰ的接点(41接点、31接点、32接点)、插接器Ⅰ的7接点、电缆盒Ⅰ的7接点之间的电压，结果显示均有电压，表明电缆盒Ⅰ的3接点与7接点之间存在断路。

测试电缆盒Ⅰ的3接点分别与电缆盒Ⅱ的1接点、自动开闭器Ⅱ的接点(41接点、31接点、32接点)、插接器Ⅱ的接点(7接点、10接点、11接点)、电缆盒Ⅱ的9接点之间的电压，结果显示均存在电压，表明电缆盒Ⅰ的3接点与电缆盒Ⅱ的9接点之间存在断路。

测试电缆盒Ⅰ的3接点分别与电缆盒Ⅱ的接点(2接点、1接点、10接点)、插接器Ⅱ接点(12接点、8接点、9接点)、自动开闭器Ⅱ的接点(33接点、34接点、13接点、14接点)之间的电压，结果显示均有电压显示，表明电缆盒Ⅰ的3接点与转辙机Ⅱ的14接点之间存在断路。

测试电缆盒Ⅰ的3接点分别与转辙机Ⅱ的03接点和04接点、插接器Ⅱ的3接点、电缆盒Ⅱ的3接点、电缆盒Ⅰ的9接点之间的电压，结果显示均有电压值，表明电缆盒Ⅰ的3接点与电缆盒Ⅰ的9接点之间有断路。

测试电缆盒Ⅰ的3接点分别与插接器Ⅰ的9接点、自动开闭器Ⅰ的接点(33接点、34接点、13接点、14接点)、转辙机Ⅰ的03接点之间的电压，结果显示均有电压值，表明电缆盒Ⅰ的3接点与转辙机Ⅰ的03接点之间有断路。

测试电缆盒Ⅰ的3接点分别与转辙机Ⅰ的04接点、插接器Ⅰ的3接点之间的电压，结果显示无电压值，这表明电缆盒Ⅰ的3接点与插接器Ⅰ的3接点之间无断路，又因为电缆盒Ⅰ的3接点与转辙机Ⅰ的03接点之间有断路现象，所以推断出断路位置为转辙机Ⅰ的03接点和04接点之间，即15#道岔定位的自动开闭器位置出现了断路故障。

为了判定15#道岔定位的移位接触器是否出现了断路故障，利用电缆芯线直接接通移位接触器两端的03端子和04端子，室内显示13#/15#道岔的定位恢复正常表示，因此故障的直接原因确定为15#道岔定位的移位接触器发生断路。

通过更换新的移位接触器，然后对13#/15#道岔进行扳动测试，室内仍然出现了定位无表示的报警，并且拆除后的旧的移位接触器经过实验测试，结果显示其功能正常，因此推测移位接触器并非故障点，只是其被触发了断路保护功能。移位接触器的断路保护功能主要由动作杆与齿条块连接位置的挤切销进行触发，对拆除的挤切销进行检查发现，已经发生了严重的变形(见图5)，因此，此次故障的根本原因是挤切销发生变形，进而触发了移位接触器的断路保护功能，切断了定位表示电路，导致室内出现道岔无表示报警。并且可能是转辙机在拆除、存放、安装过程中，动作杆因受到外部非正常的外部施压作用，产生与齿条块的相对位移，进而导致挤切销发生疲劳变形。

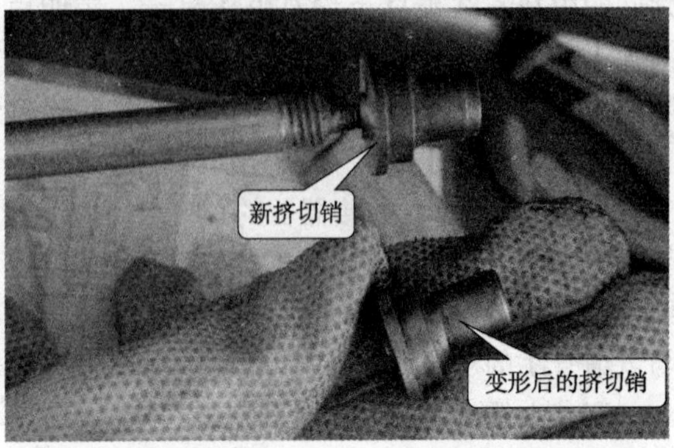

图5 新挤切销与变形挤切销对比

4 应对措施及建议

4.1 应对措施

找到故障原因后，对15#道岔定位位置的挤切销进行换新(见图5)，同时也对反位位置的挤切销进行了换新，并进行扳动道岔测试，测试结果显示13#/15#道岔的表示功能恢复正常。为了巩固措施，防止类似故障的发生，对铁路站场上的其他道岔都进行了转辙机接切削的检查，并对异常和超期服役的挤切销进行了更换，排除了挤切销导致的道岔无表示隐患，降低了道岔的故障率。

4.2 运行建议

4.2.1 设备管理

① 使用质量较好的挤切销，禁止使用过的旧挤切销重复使用，提高设备的稳定性；②定期更换转辙机挤切削，防止其超期服役导致容易疲劳变形，在拆除、存放、安装转辙机的过程中，要及时对其挤切销进行检查和换新；③加强转辙机的防尘防雨处理，定期更换转辙机密封橡胶条和防雨罩。

4.2.2 检查维护

① 定期检查道岔、转辙机各个部件连接情况和功能完好情况，及时排除故障隐患；②加强道岔设备调试和保养，防止出现道岔受压过大导致的挤切销变形问题；③加强技能培训，提高维修人员的应急处置能力和故障处理能力。

5 结论

本文根据道岔动作原理和转辙机电路连接原理，通过机械设备检查和电子电气设备接点检查和测试的故障查找方法，找到了故障原因：挤切销发生形变，触发定位的移位接触器断路保护，切断了道岔的表示电路。通过更换15#道岔定位位置的挤切销，解决了13#/15#道岔无表示报警的问题，并且对其他道岔和转辙机都进行了专项检查和维护，避免了此类异常现象的再次发生。同时根据道岔设备设施的特点，提出了设备管理和检查维护方面的设备运行建议。

目前13#/15#道岔已经恢复正常使用，其他道岔也均排除了类似的故障隐患。为保证道岔和转辙机的长期平稳运行，在日常设备的运行和维护过程中，需要认真检查室外设备的完好情况，如果发现设备部件形变、锈蚀严重甚至断裂等情况，要及时进行影响范围评估和设备维修和更换。定期观察记录各个道岔的运行情况，发现异常报警现象及时进行排查和处理。

参 考 文 献

1 薛艳青．道岔设备故障诊断专家系统实现方法研究［D］．北京交通大学，2012.
2 钟志旺．铁路道岔健康状态评估与预测方法研究［D］．北京交通大学，2019.
3 郑辉．基于故障树的高速铁路道岔故障分析与研究［D］．中国铁道科学研究院，2018.

延迟焦化装置改放空管线泄漏原因的分析及处置措施

孟新博　张国祥

（中国石油乌鲁木齐石化分公司炼油一部，新疆乌鲁木齐　830019）

摘　要　中国石油乌鲁木齐石化公司60万吨/年延迟焦化装置改放空线弯头从2011年至2021年共计出现多次泄漏，造成装置退守，改放空线自焦炭塔6.6m平台到SR-201处，全线长175m，管线工作温度为70~350℃，一旦发生严重泄漏将直接引发火灾爆炸，导致重大安全生产事故发生。本文主要通过对历次泄漏情况进行综合分析，查找导致管线弯头开裂的问题根源，以期达到彻底消除该隐患的目的，并为同类管线的安全管理工作提供经验。

关键词　管线支撑；热疲劳；热胀冷缩；开裂；交变热应力

1　装置简介

60万吨/年延迟焦化装置2000年2月由乌鲁木齐石油化工总厂设计院负责设计，由中国石油第七建设公司负责土建、安装工程，2003年7月破土动工，2004年9月建成。设计特点是单炉两塔顶部预热形式，采用双面辐射炉、单井架除焦系统并带有吸收稳定单元。

其中60万吨/年延迟焦化装置改放空线自焦炭塔6.6m平台至后冷过滤器SR-201处，管道输送介质为改放空油气及蒸汽，管道级别为GC2，管道规格为ϕ373×9.5mm，材质为20井碳钢，管线全长175m，主线设置有7个弯头，管采用架空方式敷设，实际操作温度为70~350℃，操作压力为0.02~0.25MPa。

2　状况简述

60万吨/年延迟焦化装置焦炭塔改放空线自2011年开始频繁发生管线弯头本体开裂失效的情况，并由此多次造成了装置的被迫退守，幸而异常状况得到了及时发现和有效管控，因而未造成因油气泄漏导致的严重安全生产及环境污染事故，然而造成此问题的根源却迟迟没有找到，隐患也未彻底拔除。改放空系统管线近年来发生失效的简要情况统计如表1所示。

3　改放空系统管线的工艺流程与操作

该装置采用24h生焦周期，夜间23：00换塔生产，0：00开始老塔改放空操作，改放空期间，老塔顶部温度由350℃降至200℃改入放水池开始准备溢流。改放空分为大量给汽、小量给水、大量给水3个阶段，各阶段操作条件如下：

大量给汽：0：00~2：00执行，期间老塔压力由0.25MPa缓慢下降至0.03MPa，温度由350℃下降至300℃；

小量给水：2：00~4：00执行，焦炭塔压力控制在0.03~0.10MPa，温度由300℃下降至250℃；

大量给水：4：00开始执行：焦炭塔压力控制在0.02~0.05MPa，5：00~6：00温度由250℃下降至200℃改至放水池准备溢流，改放空操作结束，管线温度降低至70℃左右。

直至下一次改放空作业开始，管线将由70℃左右直接快速上升至350℃后，再经历如上过程循环反复。

4　泄漏原因分析

4.1　与设计数据进行比对分析

为从根本上处理改放空线频繁泄漏问题，首先必须要查找到造成其频繁泄漏问题发生的源头。于是就管线设计安装以及投用情况做了类比分析，装置2004年建成投用，在生产运行7年后直至2011年问题才开始爆发，这一点基

作者简介：孟新博(1991—)，男，2015年毕业于西安石油大学，现从事炼油化工装置生产技术管理工作。

本上说明了原始设计安装本身不存在突出性问题，如果有类似问题，那应该自装置投用后不久便会反映暴露出，而不是在运行长达7年后才开始发生。其次就管线本身选材以及压力等级设计上入手核对，该系统管线操作压力最高仅为0.25MPa，温度最高为350℃，而管线本身采用20号钢材质，其最高允许使用温度为427℃，完全满足温度需求，管线压力等级是按照1.0MPa设计的，因此管线的承压问题也是不存在的。最后只能从管线的预设流程实际勘察、装置的工艺生产特点和对故障件的理化失效分析入手进行探查。

表1 改放空系统管线失效统计

发生时间	泄漏部位	状况简述及处理措施
2011年10月	上弯头本体侧壁	更换弯头
2014年3月	下弯头本体侧壁	25日先行贴板补焊，4月30更换弯头
2016年4月	下弯头本体侧壁	先行贴板补焊，同年6月对该弯头进行更换，并将水平方向管段向南平移1m，以消除管线和立架钢梁间可能存在的干涉
2019年10月	下弯头本体侧壁	本次裂纹长度为10cm，外观无明显延展，采取对裂纹部位向下打磨填充焊接方式处理，并在填充补焊部位再次贴板
2021年3月	上弯头本体侧壁	弯头裂纹表象与此前下弯头裂纹形状基本相同，本次裂纹长度为15cm，现场亦采取对裂纹部位往下打磨填充焊接贴板处理，同年6月对缺陷弯头进行了更换

4.2 对腐蚀部位目视化检查分析

现场观察，如图1所示，该弯头外由保温层包裹，将保温拆除，厚度未见异常。在弯头侧面，肉眼可见裂纹长20cm，将弯头沿纵向剖开，内壁较光滑，未见冲刷痕迹及腐蚀形貌。将弯头开裂部位整体取下，可观察到开裂源是由点源扩展相连为线源，由内向外部扩展，无明显疲劳辉纹，断裂部位氧化颜色由内至外颜色由深至浅，裂纹环向截面可观察到内表面多处未发展裂源。

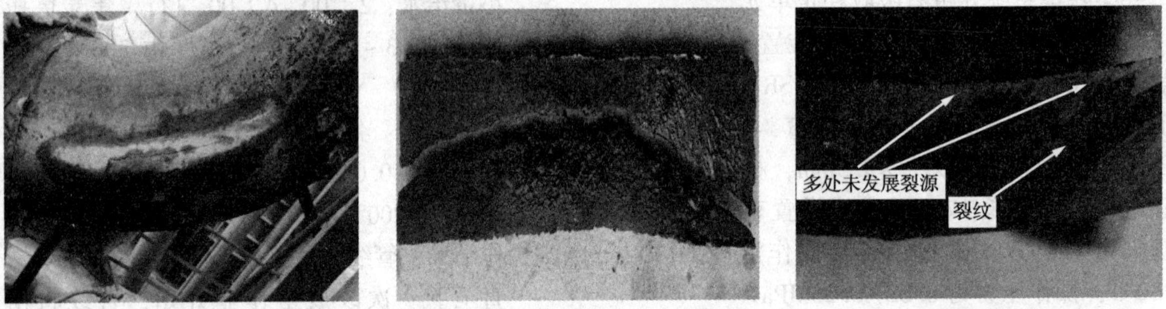

(a) (b) (c)

图1 管线开裂部位宏观形貌

4.3 对腐蚀部位管线进行金相检验分析

在切割的试件上，取纵截面做一点金相检测，其JX-20-011点的金相组织为：铁素体+珠光体，有带状组织(见图2)。同时在镶嵌试样表面进行显微硬度检测，每个部位测试3点，实测HV硬度值为137.0、125.3、148.4，取平均值136.9。对失效件进行化学组成检测分析，其中C为0.184%，S为0.296%，M为0.508%，P为0.024%，依据GB 9948—2013《石油裂化用无缝钢管》，分析所测的元素含量符合20#钢要求。

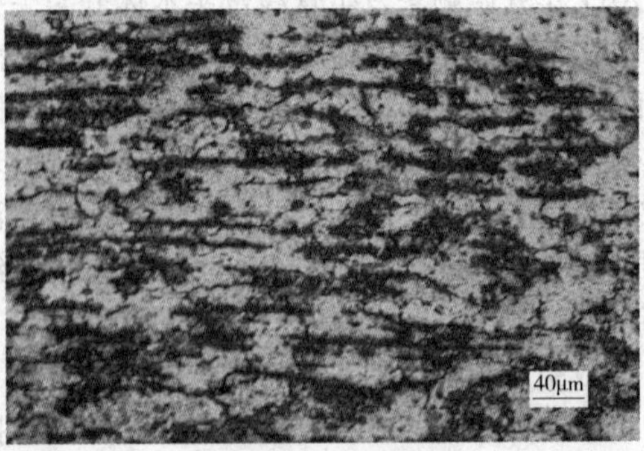

图2 金相组织(200×)

经检验，60万吨/年延迟焦化装置焦炭塔改放空线弯头的化学成分、金相组织及硬度检测无异常。开裂源由点源扩展相连为线源，整体在开裂方向上管线应力较为集中，裂纹由内向外部扩展，扩展区大，剪切唇明显，但无明显疲劳辉纹，断裂较为迅速，断裂部位氧化颜色由内至外颜色由深至浅，主要分为三个阶段，说明在起裂后仍有三个剧烈变化的周期，在管线材质强度达不到要求时，发生瞬断，最终导致泄漏。

4.4　改放空管线现场支撑出现移位对管线的影响

延迟焦化装置的工艺生产操作特点决定了每24h需要进行一次改放空操作，改放空线温度变化从最高350℃降至70℃左右，温度变化超过300℃。根据现场管线布设情况实际勘察发现，改放空线自焦炭塔至SR-201之间沿途要经过19处钢梁，每处钢梁均对应安装有一组管线支撑。支撑采用的安装形式是倒“T”形，顶部焊接在管线外壁上，底部平面与钢梁之间产生相对滑移运动，就现场管线支撑滑动情况可知沿着管线轴向方向往SR-201最大滑移距离至少为0.5m左右(见图3)，而造成这一结果的直接原因便是因为改放空时，管线温度骤然上升，管线热胀冷缩延长伸展，管线带着管托相对于钢梁向SR-201方向发生了移动，由于偏移量过大，最终造成了管托从钢梁上滑落，管托端部和钢梁顶在了一起，改放空作业后期温度逐渐降低，热量减退，管线预收缩，但由于管托和钢梁之间已经客观存在干涉顶死，因此无法自由向焦炭塔侧归位，进而造成了改放空管线弯头在如此的状况下产生了极为强大的拉应力，又因改放空操作属于循环往复操作每日一次，故此改放空管线弯头长期处于热交变循环应力作用下发生疲劳破坏中并最终诱发本体破裂失效。

热疲劳产生的关键因素有以下几点：

(1) 温度改变的幅度和频率(循环次数)。

(2) 耐破坏时间与应力幅度和循环次数密切相关并且随应力和循环的增加而减少。

(3) 开启和关闭设备会增加其对热疲劳的敏感性。对温度的变化无固定限制，但是作为实用规则，如果温度变化超过约200℉(93℃)，可怀疑出现裂纹。

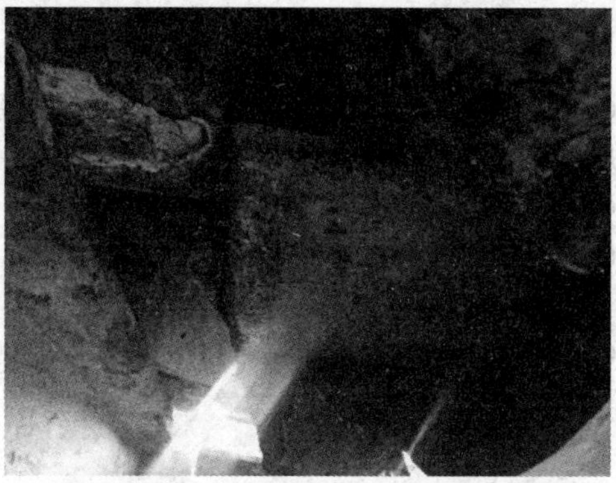

图3　现场管线支撑移位

(4) 表面温度的快速改变引起部件沿厚度方向或沿长度方向出现一个热梯度，从而导致损伤。比如：冷水加在热的加热管上(热冲击)；刚性附件和较小的温差；对不均匀膨胀无法适应。

(5) 切口(比如焊缝尖端)、尖锐的转角(如喷嘴和容器壳的重叠处)以及其他应力集中区都能成为损伤产生的地点。作为改放空管线的实际运行工艺环境恰恰符合如上所述内容。

5　采取措施及效果验证

首先解决管线自由问题，确保管线恢复自由态。将原有的已经坠落受限的管托全部提起并两侧加长，从客观上延长管托和钢梁之间的最大可滑移距离，避免再次出现因滑移量过大造成管托自钢梁上滑落卡死的情况发生。其次从工艺生产角调整改放空操作参数的控制并进行优化，延长温升温降的速度，实现缓升缓升，减少温度骤变对设备管道带来的突变影响，同时针对指定的参数在执行运转过程中就管线的位移量进行测量并保证位移量满足工业金属管道设计规范所规定的最大位移允许量。最后在完成前两项工作后，上报相应的项目对管线整体运行状况进行系统核算分析，制定专门的应对措施进行优化管线的布置。

经过本次更换弯头、调整管线支撑检修后，至今已近两年的时间改放空线再未再出现泄漏，就此从根本上解决了延迟焦化装置改放空线频繁泄漏的问题，消除了管线在运行中存在的安全隐患，同时也为今后该类管线的整体运行状况和监管提了宝贵的经验。

参 考 文 献

1 GB/T 11344 无损检测 接触式超声脉冲回波法测厚方法[S].

2 GB/T 13298 金属显微组织检验方法[S].

3 GB/T 4340.1 金属材料 维氏硬度试验 第1部分：试验方法[S].

4 GB/T 20123 钢铁 总碳硫含量的测定 高频感应炉燃烧后红外吸收法[S].

5 JB/T 12962.2 能量色散X射线荧光光谱仪 第2部分：元素分析仪[S].

6 API RP 571 影响炼油工业固定设备的损伤机理[S].

7 GB 50316 工业金属管道设计规范[S].

8 SH 3501 石油化工有毒、可燃介质钢制管道工程施工及验收规范[S].

延迟焦化装置焦炭塔上进料管线焊缝开裂原因及措施

寇荣魁　赵昊宇
（中国石化青岛石油化工有限责任公司，山东青岛　266043）

摘　要　青岛石化延迟焦化装置焦炭塔运行15年后发现塔顶上进料线安全阀支线三通焊缝处开裂，分析其原因：①安全阀出口管线的弹簧支吊架失效，导致管线向下沉，焦炭塔升温后导致焦炭塔向上伸缩约30cm，两种力致使管线发生交变应力，导致焊缝发生裂纹；②焦炭塔的操作是循环往复的，构成了疲劳载荷，与介质中的H_2S和HCl对焊缝造成的腐蚀共同作用下产生应力开裂。针对产生的原因，采取了在焊缝裂纹上添加补强钢板和对其余焊缝焊接筋板，筋板沿焊缝均匀分布，焊接后进行热处理，为焦化装置的长周期运行奠定了基础。

关键词　延迟焦化；焦炭塔；腐蚀

中国石化青岛石油化工有限责任公司2009年建成投产160万吨/年延迟焦化装置，运行、产品质量和工艺指标均达到设计要求。

该装置主要以减压渣油为原料，原料经加热炉加热到495～500℃后进入焦炭塔进行深度裂化和缩合反应，生产出干气、液化气、汽油、柴油、蜡油和石油焦。该装置采用一炉两塔工艺，设置A、B共2座焦炭塔，一塔进料生焦，一塔除焦吹扫，2座塔交替使用。生焦工作温度从20℃至475℃左右，且受到蒸汽降压及冷焦水急冷除焦，各过程均受到循环应力的作用，工况较恶劣，易出现设备事故。

上进料管线起始于四通阀上进料处，止于焦炭塔顶，普遍应用于装置开停工期间，为开停工闭路循环降温流程的关键。2024年3月20日，焦炭塔B上进料线安全阀支线三通焊缝处开裂，装置被迫调整加工量，更改生焦周期。本文分析了上进料管线焊缝产生裂纹的原因，并提出了相应改进措施。

1　焦炭塔结构及主要技术参数

公司共有2台焦炭塔（T101A/B），焦炭塔于2009年3月投用。2024年3月20日，焦炭塔B上进料线安全阀支线三通（*DN*350mm×250mm×8.5mm）左右两侧焊缝处开裂，裂纹长度分别为10mm和8.8mm，如图1所示。上进料管线起始于四通阀上进料处，止于焦炭塔顶，普遍应用于装置开停工期间。上进料线主要技术参数见表1。

(a)裂纹11cm　　(a)裂纹8cm

图1　安全阀支线三通焊缝裂纹

表1　上进料线主要技术参数

部位	材质	介质	设计压力/MPa	设计温度/℃	操作压力/MPa	操作温度/℃
上进料主线	1Cr5Mo	油气	0.68	355	0.5	350
安全阀支线	1Cr5Mo	油气	0.35	505	0.17	460

作者简介：寇荣魁（1996—），硕士学历，2022年毕业于北京石油化工学院机械工程学院化学工程专业，主要从事石油炼制工作。

2 原因分析

2.1 直接原因

焦炭塔上进料管线安全阀出口管线的弹簧支吊架失效，导致管线位置下沉，如图2所示。

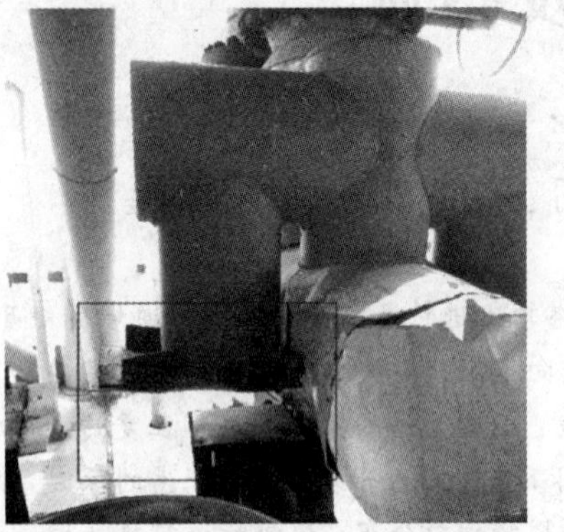

图2 安全阀弹簧支承失效

焦炭塔的工艺特点是循环往复式操作，且操作温度高，最高可达到505℃。操作温度变化频繁且复杂，每一个操作周期都要由常温变化到最高操作温度。该塔发生泄漏时处于切塔后工序，焦炭塔单向为纵向温差引起的热应力，即压应力，导致焦炭塔向上伸缩约30cm，两种力致使管线发生交变应力，导致焊缝发生裂纹，如图3所示。

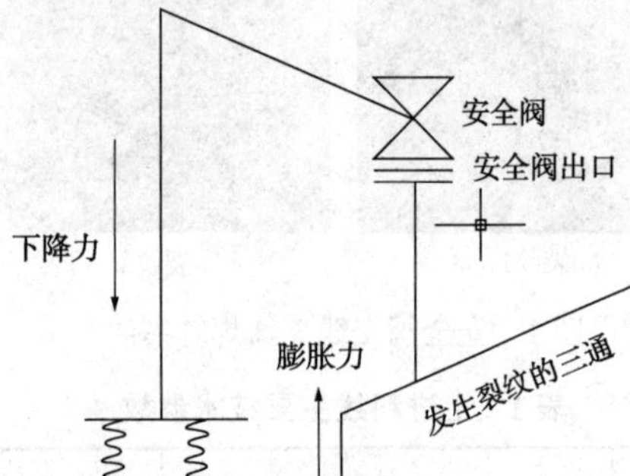

图3 安全阀支线受力分析图

2.2 间接原因

上进料管线焊缝处产生裂纹的间接原因是：由于结构原因、腐蚀因素以及制造中可能存在的缺陷等因素导致产生微观裂纹，随循环次数增加而不断扩展最终形成宏观裂纹。

2.2.1 结构因素

焦炭塔结构如图4所示，塔顶上进料管线安全阀支线三通处是几何不连续区域，在此区域由于应力集中而使应力水平偏高，在循环应力作用下焊缝产生微裂纹并不断扩展，最终形成宏观开裂。

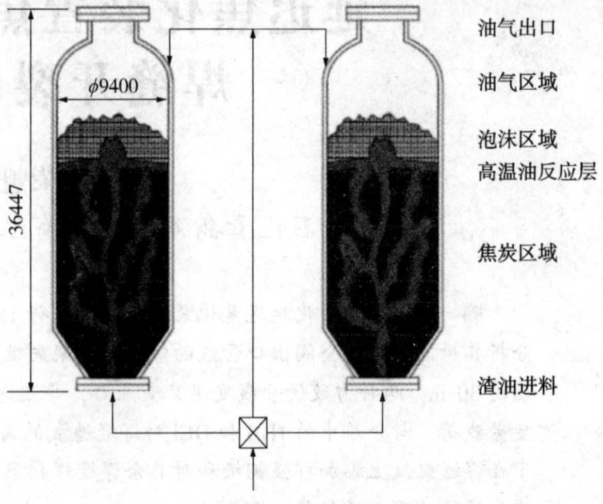

图4 焦炭塔结构示意图

2.2.2 腐蚀因素

上进料线位于焦炭塔上部，靠近泡沫段和气相段，焦炭塔塔顶油气出口管线处介质流动较快，当气相流动到上进料管线中，因管线外焊接件处保温效果不好，传热较快，且受到介质的波动冲刷和介质中的H_2S和HCl腐蚀影响，在应力因素作用下产生硫化物应力腐蚀开裂（SSC）。

2.2.3 应力开裂

两塔切换的模式下焦炭塔顶温度最高到485℃，最低急冷到30~50℃，每个运行周期为36h。受到生焦周期影响，生焦周期越短，变温速度越快，频繁且快速的冷热交替引起的低频热疲劳、急冷作用下产生的循环应力应变导致焊缝开裂。

1）应力集中

由于安全阀支线三通处结构不连续，其形状复杂，应力场的影响参数多。通过分析可知，三通处应变的基本特征为：最大应变发生在三通两侧与上进料主线焊接接口处；峰值应变较高、应变梯度较大以及应变值衰减较快。

2）热应力

焦炭塔的工作温度不断变化，焦炭塔塔体和上进料管线的热胀冷缩不一致（塔体滞后），管线热变形受到塔顶筒体的限制，不能自由膨胀和收缩，在热应力作用下，管线在蠕变-疲劳的相互作用下促进裂纹扩展。

3 处理措施

3.1 工艺调整

发现漏点时泄漏塔处于生焦工序，为达到安全处理漏点的条件，通过加快备用塔冷焦速度以达到对泄漏塔进行切换的目的。焦炭塔中油气温度降低，焦炭塔压力降低，通过调整工艺参数(见表2)，降低介质、压力及温度等因素对裂纹扩展的促进作用。

表2　处理裂纹泄漏工艺调整措施

措　施	具 体 方 法	目　的
调整加热炉炉出口温度	加热炉出口温度从495℃降至490℃	抑制焦化反应程度，避免产生更多油气从裂纹处泄漏
调整处理量	装置处理量从85t/h降至60t/h	限制焦化反应产生的油气量
调整生焦周期	加快生焦周期	加快除焦进程，除焦后将泄漏塔整体温度下降
调整系统压力	降低系统压力，降至0.065MPa	抑制焦化反应程度，避免产生更多油气促进裂纹扩展
调整焦炭塔工艺	备用塔除焦试压合格并加快预热。泄漏塔给水期间降低给水量，延长给水时间推迟溢流	为焊缝裂纹修复做准备工作

3.2 止裂孔

在工艺调整的基础上，通过在焊缝裂纹处捆扎处理，封堵油气向空气中流散。如图5所示，通过在焊缝圆周上打止裂孔，抑制焊缝上裂纹的扩展。止裂孔结合胶皮夹具在第一时间保证了现场安全。

图5　焊缝裂纹打止裂孔

3.3 无损检测、超声检测

通过无损检测、超声检测举一反三检查两塔其他安全阀支线三通左右两侧焊缝是否存在开裂现象。

图6　无损检测

3.4 打磨修补

将安全阀支线进口法兰断开加盲板隔离，使用磨光机对焊口裂纹区域20mm内进行打磨，直至打磨至裂纹肉眼无法看见。打磨完成后对打磨部位进行渗透检测，对出现裂纹的位置继续进行打磨，直至裂纹全部被打磨掉，对焊口进行超声检测，检查焊口其他部位是否存在缺陷。

3.5 贴板焊接

焊缝打磨光滑后，在焊缝裂纹处均匀涂抹金属修补剂，使得焊缝待修复处平整。

待金属修补剂凝固后，将贴板安装固定，焊口进行焊前预热2处，预热使用电加热片进行预热，预热温度为200℃。预热完成后进行焊接(见图7)，焊材选用见表3。焊接完成后对焊接处进行渗透和超声检测。焊接完成后对焊口进行热处理，2处需5h。

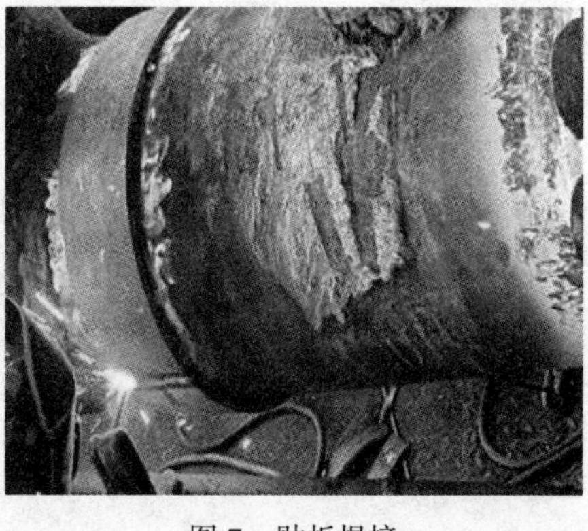

图7　贴板焊接

表3 焊接选用

母材	焊材	焊条烘烤温度	烘烤时间
1Cr5Mo	A302	350℃	1h

3.6 预防措施

为预防焦炭塔顶其余焊缝出现开裂泄漏，每个焊缝焊接6个150mm×50mm的1Cr5Mo不锈钢筋板，筋板延焊缝均匀分布，如图8所示。

图8 焊接加筋板

3.7 焊后热处理

由于上进料管线材质特殊需求，焊接后需对焊口进行热处理，热处理温度为720℃，升温时间为2h，保温时间为0.5h，在降温阶段2h降温至300℃，300℃以后保温缓冲。

4 结论

(1) 焦炭塔顶管线弹簧支吊架失效，影响管线平衡，在交变应力作用下，焊缝应力集中处产生裂纹。在生产过程中，应加强对管线弹簧支吊架的检查。

(2) 焦炭塔循环往复性的操作引起的温度变化频繁且复杂，构成的疲劳载荷促进焊缝裂纹扩展。在生产过程中，必须按规定的冷焦时间逐步降低塔壁温度，控制单位骤冷因数在0.5~0.8之间。

(3) 焦炭塔的保温结构缺失会造成管线热损失增大，管线在大温度梯度下会产生蠕变、开裂等现象。在生产过程中，应完善保温结构，避免或减缓变形程度。

参 考 文 献

1 曲擎坤．粉焦对延迟焦化装置长周期运行影响分析[J]．石油化工技术与经济，2023，39(4)：26-30.

2 董雪林．焦炭塔顶颈部筒体减薄及油气出口接管焊缝开裂原因分析[J]．石油化工设备技术，2006，(3)：9-11+1.

3 李洪涛．焦炭塔顶开工线腐蚀分析[J]．全面腐蚀控制，2013，27(6)：51-54.

4 徐晓东，孙亮，陈照和，等．基于Abaqus的焦炭塔裙座柔性槽疲劳分析[J]．压力容器，2022，39(3)：48-54.

5 黄磊，张巨伟，屈晓雪．对焦炭塔塔鼓变形失效的机理分析[J]．当代化工，2012，41(9)：967-969.

乙烯装置裂解炉文丘里引压管失效分析

邬宏伟
（中国石化镇海炼化分公司，浙江宁波 210094）

摘 要 某炼化乙烯装置在运行过程中多台裂解炉文丘里引压管出现裂纹泄漏情况。本文以运行工况、裂纹形貌为切入点，分析得出裂解炉文丘里引压管在长期运行过程中存在材质敏化和蠕变情况，从而给出相应的提升措施，为后续提升乙烯装置裂解炉文丘里引压管管理提供一定的参考和借鉴。

关键词 裂解炉；文丘里引压管；敏化；氢脆；温差应力

1 概述

乙烯是石油化工产业的核心，当今世界90%以上的乙烯是通过管式炉烃类热裂解方式生产的，乙烯裂解炉更是乙烯装置的核心设备。某石化公司拥有两套年产120万吨乙烯的生产装置，其中1#乙烯装置拥有12台乙烯裂解炉，根据裂解原料的不同可分为气体炉、轻油炉和重油炉，炉型结构总体相近。原料（如乙烷、丙烷石脑油等）在炉管内经对流段预热后进辐射室被裂解为乙烯。进辐射室前的炉管上设有文丘里管，用于监测该组炉管运行过程中原料是否存在堵塞、结焦等情况。1#乙烯装置裂解炉自2010年投用以来运行总体平稳，文丘里管线也未出现过明显异常。

2 文丘里引压管失效经过

某日1#乙烯装置BA-102裂解炉第六组第十根炉管（BA-102裂解炉共有六大组炉管，每一大组设有2根文丘里管）上的文丘里负压端引出线阀前弯头附近发现有介质泄漏，但因泄漏介质为无色气体，且缺陷形貌不明显，无法有效判断确切泄漏位置，遂决定停炉更换整根文丘里管线。但在此根引压管割除过程中水平段出现断裂，观察裂纹断口并非新生裂纹，形成已有一段时间，如图1所示。保险起见，决定对BA-102裂解炉其余十一处文丘里引压管进行检查更换，并排查其余十一台裂解炉是否存在相同问题。排查过程中又相继发现BA-106裂解炉、BA-112裂解炉文丘里管线存在类似问题。管线信息见表1。在文丘里引压管泄漏前，裂解炉运行总体平稳，未出现超温、超压运行工况。

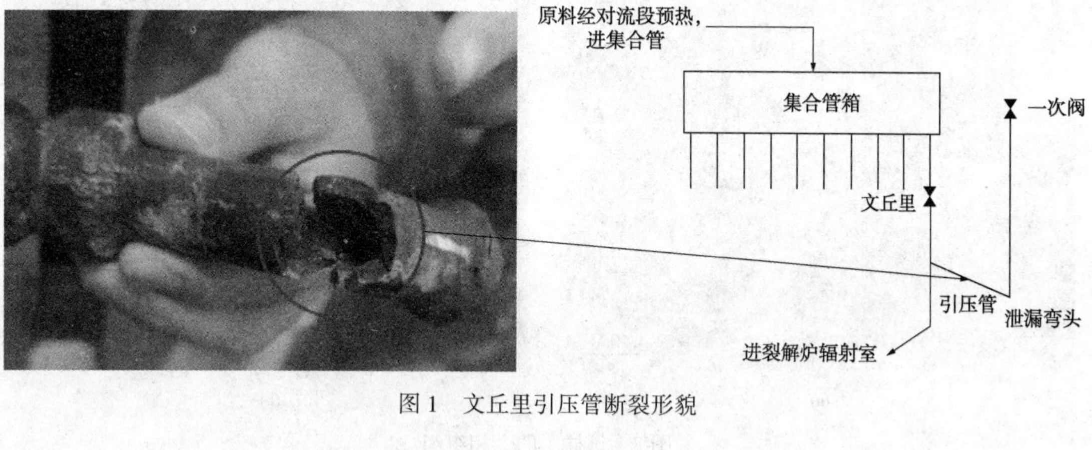

图1 文丘里引压管断裂形貌

表1 文丘里引压管基本信息表

管线名称	温度/℃	介质	材质	直径/mm	壁厚/mm
文丘里引压管	600	石脑油、液化气	347H	*DN*15	3.73

3 文丘里引压管失效原因分析

对更换下的管子进行形貌观察，发现靠近炉管和集合管箱侧的管线呈现出受高温影响而变黑的情况，猜测文丘里管线存在温度分界情况，如图2所示。通过对现场运行管线进行测温验证了此种猜测。分析此种现象产生的原因是文丘里管线内介质在流动过程中存在快速降温过程，而靠近集合管箱处的管线，受高温辐射，管线又处于高温工况。为分析管线失效原因，对多根文丘里引压管进行成分、金相、裂纹断口电镜扫描等检测。

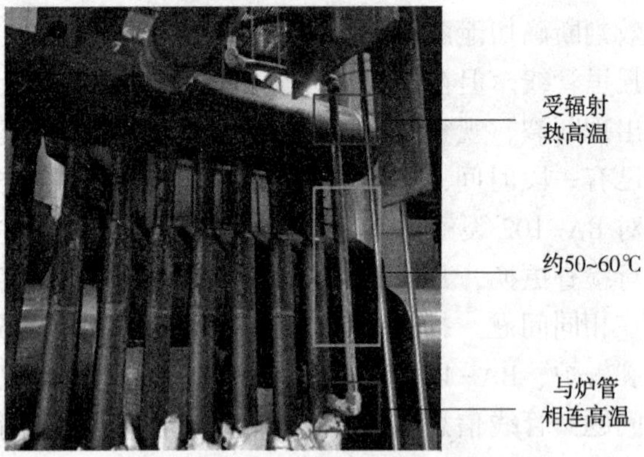

图2 文丘里引压管温度分界情况

3.1 金相分析结果

选取了5个试样进行径向截面金相观察，其中试样1和3截取至无泄漏引压管，试样2、4截取至泄漏引压管。试样1运行过程中管线温度为40~50℃，试样2、3、4、运行过程中管线温度为500~600℃。试样经粗磨、细磨、抛光后，使用10%草酸点击后观察其金相组织。

其中试样1的金相组织为奥氏体(含孪晶)+少量弥散分布碳化物+少量氮化物，内外壁组织无异常，如图3所示。

试样2与试样3的金相组织为奥氏体+少量颗粒状碳化物+少量氮化物，晶粒大小不均，晶界有碳化物析出，内外壁晶界腐蚀严重，如图4所示。

试样4的金相组织为奥氏体(含孪晶)+少量碳化物，晶界有碳化物析出，内外壁晶粒剥落，发现多处沿晶裂纹，裂纹旁也有晶粒剥落现象，部分裂纹贯穿管壁，但并无二次裂纹情况，如图5所示。

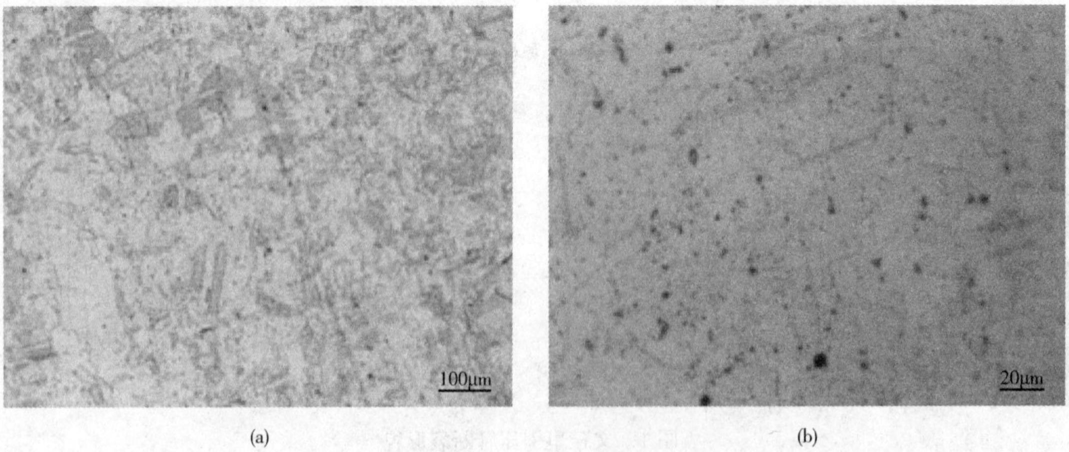

(a) (b)

图3 试样1的金相组织

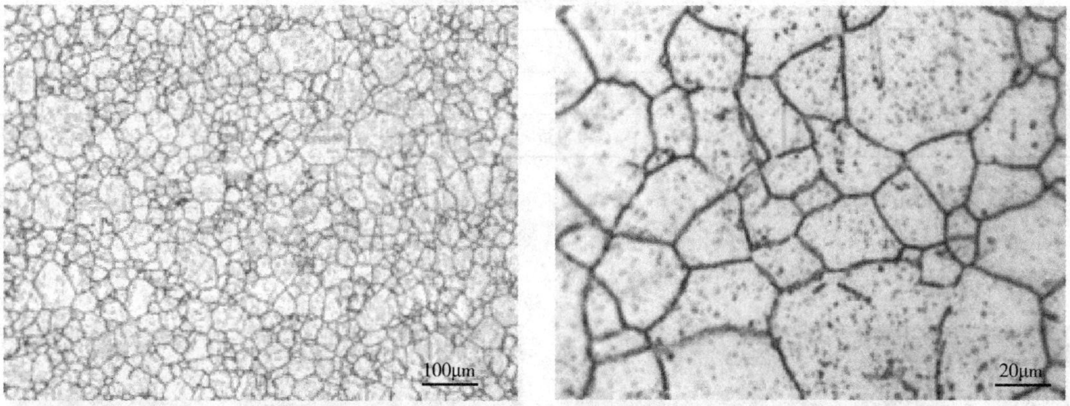

(a) (b)

图 4 试样 3 的金相组织

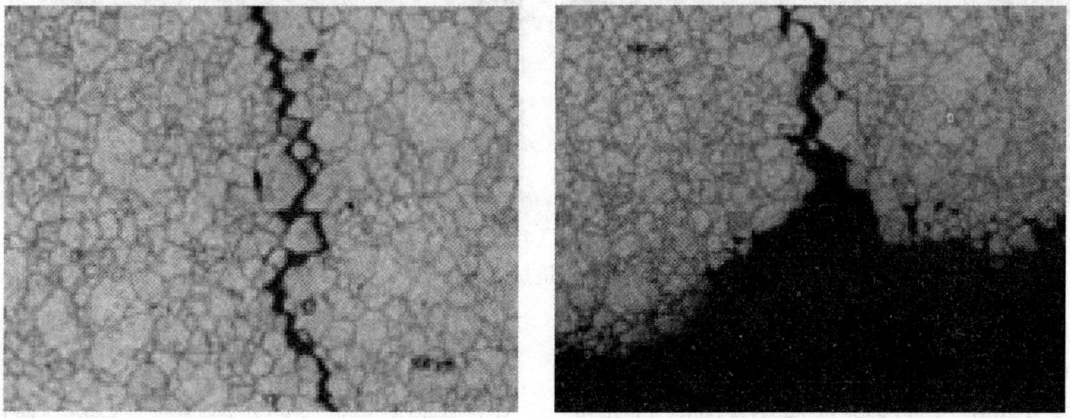

(a) (b)

图 5 试样 4 的金相组织

3.2 裂纹位置和形貌分析

鉴于多台裂解炉文丘里管出现裂纹泄漏情况，怀疑其他未泄漏管线也已存在裂纹。另选取 4 根文丘里管沿轴向剖分进行金相观察，发现多处沿晶裂纹，个别裂纹贯穿管壁，主要集中于文丘里管线水平段以及第一个弯头处。裂纹长度及距主管侧位置见表 2 和表 3。从管线裂纹分布看，主要集中于文丘里管线高温部位，且裂纹位置在截面上内部、中部、外部均有产生，说明并未有明显的裂纹方向产生趋势。同时，多根引压管均出现同类问题，表明引压管的失效并非是特例，必然存在的相同的失效原因。

表 2 纵截面 1 裂纹分布情况

纵截面 1	距主管道侧长度/mm	20.38	24.76	27.84	30.66
	裂纹长度/μm	1096	1137	3784	贯穿管壁

表 3 纵截面 2 裂纹分布情况

纵截面 2	距主管道侧长度/mm	21.53	25.83	27.00	28.28	31.60	32.00
	裂纹长度/μm	1110	1002	2117	714	805	4141

3.3 管线化学成分全定量分析

对管线材质进行全定量分析，元素含量如表 4 所示。

表4 元素分析结果 %

元素	C	Si	Mn	P	S	Cr	Ni	Nb
含量	0.062	0.37	1.15	0.023	≤0.005	18.70	11.28	0.72
标准	≤0.1	≤1.0	≤2.0	≤0.035	≤0.03	17.0-20.0	9.0-13.0	0.496-1.5

3.4 裂纹微观断口分析

对BA-102裂解炉文丘里管线断口进行能谱和电镜扫描检查，发现裂纹断口表面除常规元素外，还含有硫元素，且裂纹断口呈冰糖状，属于沿晶脆性断裂，如图6所示。

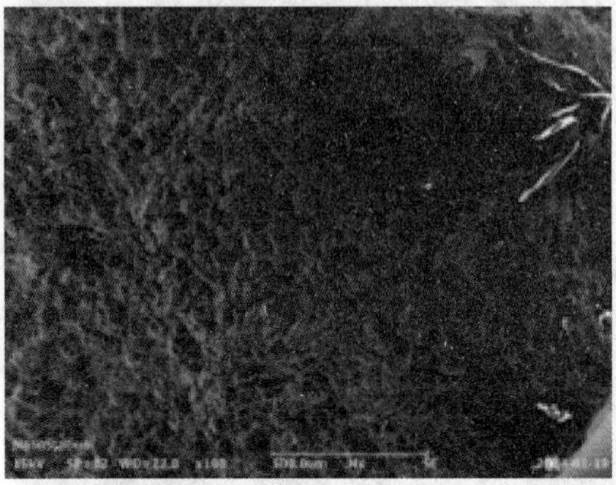

(a)

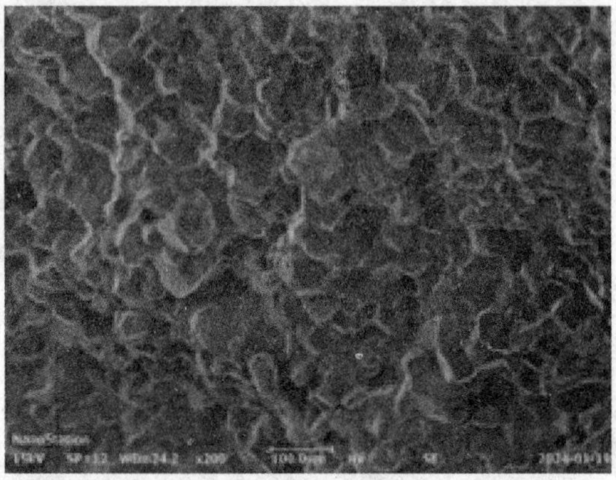

(b)

图6 电镜扫描形貌

3.5 检测结果分析

(1) 材质选型错误：从材质全定量分析来看，文丘里引压管线确为347H材质，因此可以排除材质选用错误的可能。

(2) 高温硫腐蚀：从EDS分析来看，裂纹断口内含有硫元素。当铁基温度超过260℃时易发生高温硫化物腐蚀，且随着温度升高，腐蚀速率加快。高温硫腐蚀的损伤形态通常表现为均匀腐蚀，同时生成硫化亚铁锈皮。但从管线剖分结果来看，管线内部并不存在均匀腐蚀现象，且347H材质具有优异的抗硫化物腐蚀能力，因此基本可以排除硫化物腐蚀可能。

(3) 材质敏化：从管线高温处的晶相结果分析，存在明显的碳化物析出和晶间腐蚀情况，严重者存在晶粒脱落的情况，且从损伤形态而言，敏化时不会发生塑性变形，一般会出现狭窄腐蚀沟或裂纹，裂纹位置也并不呈现明显趋势，即可能出现在任意位置，符合当前文丘里管引压管的损伤形态。同时，文丘里引压管运行温度约为600℃，处于300系列不锈钢的敏化温度区间(425~815℃)。因此表明引压管存在材质敏化情况。

(4) 氢脆：文丘里管线运行过程中温度较高，存在渗氢情况。而裂解炉在停炉过程中，存在从高温到低温的降温过程，若降温速度过快，可能出现未充分解氢的情况。因此，在检测过程中，对引压管高温部位和常温部位进行了磁性检测，发现在高温部位的引压管存在一定的弱磁性，说明该部位的奥氏体有部分转变为了马氏体，证明了此过程存在氢脆现象。

(5) 蠕变：电镜扫描发现裂纹断口呈冰糖状，且引压管运行温度也在蠕变温度阈值(540℃)以上，因此判断管线还存在一定的蠕变。

从上述检测结果综合分析，判断引压管在长期运行过程中出现了材质敏化和蠕变情况，同时管线因存在温差应力和氢脆，最终共同导致了文丘里引压管出现裂纹失效。

4 提升措施及建议

为保证文丘里引压管可靠运行，降低运行过程中的失效风险，可以从以下几方面进行提升：

(1) 对剩余9台裂解炉文丘里引压管在烧焦期间进行预包、停炉窗口期间进行管线更换，同时控制停炉期间管线的降温速度；

(2) 延长完善文丘里引压管保温，将第二个弯头与集合管隔开，降低温度梯度，以减少管线温差应力影响；

(3) 文丘里引压管列入寿命管理，与裂解炉炉管一起更换；

(4) 日常运行期间加强异味排查，对可疑部位利用 LDAR 进行检测，及时发现问题及时解决。

参 考 文 献

1 王钦明 . CBL 型裂解炉急冷锅炉入口锥体的腐蚀与防护措施[J]. 石油化工腐蚀与防护，2021，38(5)：3.

2 张宏飞，张小建，段永锋 . 炼化设备腐蚀控制技术及应用实践[J]. 设备管理与维修，2022(5)：5.

3 GB/T 30579—2022 承压设备损伤模式识别[S].

渣油加氢装置加热炉炉管弯曲变形原因分析及对策

邵昌睿
（中石化湖南石油化工有限公司炼油二部，湖南岳阳　414000）

摘　要　某170万吨/年渣油加氢装置于2011年8月投用，自2021年4月大检修，运行约20个月后，其原料加热炉F-101炉管出现不同程度弯曲变形，对装置安全生产影响较大。本文围绕弯曲变形现象展开分析，得出炉内管线与定位管(含管托)之间的相互作用力以及外部管系对炉管受热膨胀具有约束作用等原因，导致了炉管弯曲变形；提出了减轻炉管弯曲变形方案并实行，目前弯曲变形情况得到有效好转。

关键词　渣油加氢；炉管；受热膨胀；弯曲变形；受力分析

某170万吨/年渣油加氢装置以常底重油、减压渣油、直馏重蜡油、焦化蜡油等混合油为原料，经催化加氢反应，脱除硫、氮、金属等杂质，降低残炭含量，为重油催化裂化等装置提供原料，同时生产部分柴油，并副产少量石脑油和干气。其操作弹性为60%~110%，年开工时数为8000h。

1　基本概况

反应进料加热炉F-101炉型为单排双面辐射卧管立式炉(双辐射室)，介质分两管程从辐射顶室进入各自辐射室，从辐射室底出加热炉。加热炉设计负荷为19.83MW，设计流量≤249t/h，设计出入口温度为353~390℃，炉管材质为TP347H，规格为ϕ219.1×23mm×22000mm。

2　存在问题

运行中发现炉膛下部水平炉管向上“拱起”，停工冷态检查发现导向管向远离出入口侧弯曲，如图1和图2所示。

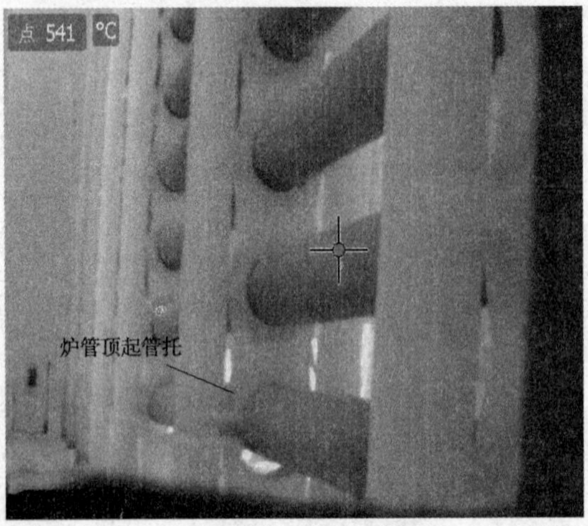

图1　炉管弯曲情况红外拍摄图

图2　加热炉辐射Ⅰ室定位管塑性变形实景图

3　弯曲变形原因分析

(1)根据设计，导向管顶部悬吊、底部自由(见图3)，炉管及管托所受重力基本由立柱承担，导向管膨胀在垂直方向有充足膨胀空间。取炉膛温度为500℃，根据公式$\Delta L=\alpha \cdot L \cdot \Delta t$(材质ZG40Cr25Ni35Nb，热膨胀系数$\alpha=17.5\times10^{-6}$/℃，导向管长$L=7702$mm)，求得$\Delta L=64.68$mm，小于下方套筒长度100mm，在正常自由膨胀范围内，导向管不会因垂直方向膨胀受限而弯曲。

(2)根据设计，炉管U形端为自由端(基本为对称分布)，可在炉内自由水平膨胀。但结合红外检测结果分析可知，热态下炉管受热对流、热辐射及内部介质影响，炉管上下表面温度分布不均(上冷下热)，炉膛内上部管线温度也低于下部管线，且入炉检查可见炉管与管托间有明显划痕，导向管向远离出入口侧弯曲，炉管在炉内水平膨胀受限。

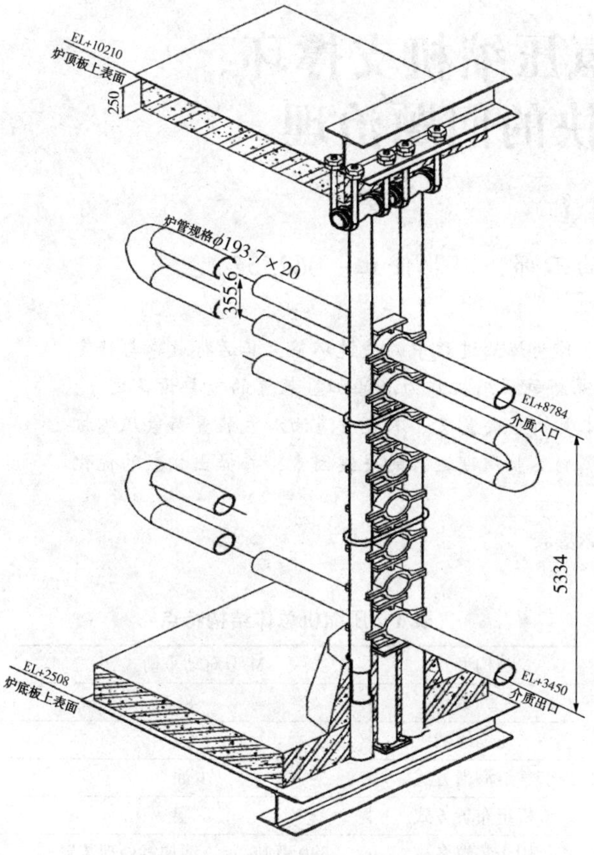

图3　炉管及导向管布置图

（3）炉管受热膨胀后受静摩擦力、内外管系阻力等作用力影响，能向两端延展，但实际伸长值小于理论值；当温度升高、持续膨胀后，受内外管系阻力持续增大，无法再伸长，则发生失稳。经检查，受外部管系影响（特别是烧焦线），如图4所示，炉管向外膨胀受限时，将发生弯曲变形。

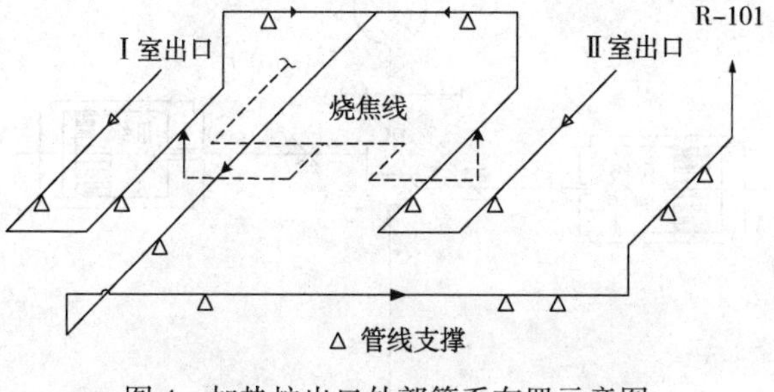

图4　加热炉出口外部管系布置示意图

4　处理措施及结果

因停工检修时间有限，未能对炉内管托、卡件进行优化，仅割断烧焦线解除向炉外膨胀的限制，并更换变形较明显的Ⅰ室导向管。

根据公式 $\Delta L=\alpha\cdot L\cdot\Delta t$［热膨胀系数 $\alpha=18.6\times10^{-6}$/℃，单程管线总长（含出口）$L=24000$mm］对比热态下位移量。停工前，测量Ⅰ室、Ⅱ室出口法兰平均向外位移约85mm。开工后，炉管平均温度约较停工前降低70℃，且出口法兰向外平均位移约70mm，结合温度差，理论上可再向外位移31mm，大于停工前位移量85mm，热膨胀受限问题已得到有效解决，且炉管未发生“上拱”。

5　结论

（1）造成炉管弯曲变形的原因主要是炉管受热膨胀被约束及炉管上下壁温差所致。

（2）采取更换定位管、割断烧焦线、调整燃烧状况等消缺措施，已基本消除炉管弯曲变形。

（3）下次停工检修期间，计划将管托更换为滑轮支撑，减少摩擦阻力与垂直方向的压力；更换、校直剩余定位管，并考虑进一步减小外部管系支撑处的摩擦力。

参考文献

1　张将军．焦化炉炉管弯曲变形有限元分析［J］．化工设备与管道，2015，52(5)：36-39.

2　武文斌，苗海滨，胡乙川，等．制氢转化炉炉管弯曲变形分析及对策［J］．石油化工设备，2010，39(1)：39-41.

3　叶童城，张玮，南广利，等．Cr9Mo炉管高温服役后性能测试及弯曲原因分析［J］．热加工工艺，2011，40(6)：19-21.

渣油加氢装置新氢压缩机支撑环、活塞环磨损过快的问题治理

孙 昊
（中国石油华北石化分公司炼油三部，河北任丘 062552）

摘 要 随着石油工业的不断发展，渣油加氢技术作为炼油过程中的关键环节，其运行效率与稳定性直接影响到整个炼化生产的经济效益。渣油加氢装置新氢压缩机作为渣油加氢装置的重要设备之一，其长周期运行对于提高装置的运行效率、降低生产成本具有重要意义。本文对渣油加氢装置新氢压缩机的支撑环、活塞环磨损过快问题进行深入分析，探讨影响其长周期运行的关键因素，并提出相应的优化措施，进行相应改造，实现了机组长周期运行。

关键词 渣油加氢；新氢压缩机；支撑环；活塞环磨损

渣油加氢装置是炼油过程中的重要环节，其主要作用是通过加氢反应将渣油中的重质组分转化为轻质油品，提高油品的品质和价值。新氢压缩机作为渣油加氢装置的核心设备，其主要功能是为装置提供稳定、可靠的新氢供应，以保证加氢反应的顺利进行。往复式新氢压缩机 K102A/B/C 是华北石化 340 万吨/年渣油加氢处理装置中的关键设备。从氢气管网来的氢气经新氢机升压后补充到反应系统中，维持系统压力。然而，在实际运行过程中，新氢压缩机往往受到多种因素的影响，导致其支撑环、活塞环使用周期缩短，进而影响整个装置的运行效率。因此，研究支撑环、活塞环磨损过快问题对于渣油加氢装置新氢压缩机的长周期运行具有重要意义。本文在对新氢机的故障原因进行分析的基础上，进行一些有效的改进和防范措施，实践效果非常明显。

1 机组简介

4M150-57/21.18-221.99 型新氢压缩机，是为 340 万吨/年渣油加氢处理装置设计制造的，亦适用使用相同介质并符合其压力和气量下的其他装置。渣油压缩机共有三台，两开一备，其中备机可以供渣油两系列分别使用。

压缩机总体结构特点、性能参数及主要技术指标和主要参数见表 1、表 2；压缩机布置如图 1 所示。

表 1 压缩机总体结构特点

结构型式	M 型对动平衡式
列数	4
压缩级数	4
气缸润滑方式	少油
机组布置方式	二层
用于装置名称	340 万吨/年渣油加氢处理装置

表 2 压缩机性能参数及主要技术指标

级数	各级吸气压力/MPa(G)	各级排气压力/MPa(G)	各级吸气温度/℃	各级排气温度/℃	各级安全阀开启压力/MPa(G)
Ⅰ级	2.118	4.035	40	105	4.44
Ⅱ级	4	8.12	40	113	8.93
Ⅲ级	8.12	14.49	40	99	15.94
Ⅳ级	14.49	22.2	40	83	24.42

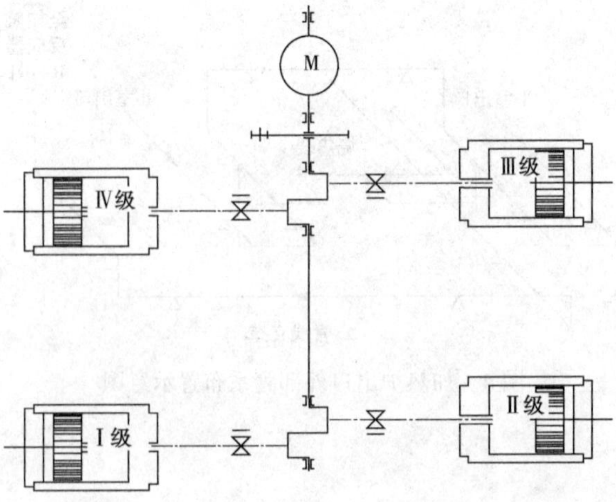

图 1 压缩机布置简图

2　问题事件

2023年2月7日，渣油加氢0217-K102B二级活塞杆沉降波动异常，从335μm快速波动至-50μm左右，其他各级参数正常，拆检发现二级活塞间隙为1.5mm，未见异常磨损。该机2022年7月更换二级气缸缸套后，累计运行时间为4000h。

2023年3月8日，发现渣油加氢0217-K102B二级活塞杆沉降长周期的运行趋势由395μm缓慢下降至41μm。拆检渣油K102B二、三级气缸缸塞间隙，二级缸塞下部间隙为1.5mm，三级缸塞下部间隙为1.35mm，二、三级气缸表面均无异常磨损现象，活塞杆跳动值为0.03mm，回装备用。

2023年7月4日，渣油加氢K102B二级活塞杆沉降值下降，波动异常，最低降至-443μm左右，其他各级参数正常。7月6日拆检发现二级活塞体底部与气缸接触，气缸底部镜像表面存在拉伤痕迹，活塞环、支撑环磨损严重；其余三级缸均无异常磨损现象。

2023年8月22日，渣油加氢K102B二级活塞杆沉降值下降，波动异常，自200μm最低降至-200μm左右，其他各级参数正常。8月23日拆检发现二级活塞体底部与气缸间隙为1.03mm；拆检三级缸无异常磨损现象。

针对以往事件中存在的活塞杆沉降超标、支撑环、活塞环磨损过快、气缸内部存在油泥等问题进行分析探讨。

3　影响渣油新氢压缩机活塞杆的关键因素

3.1　润滑系统因素

气缸缺油，轻则“拉毛”严重时导致“烧缸”。新氢机在应用过程中，通过计算各级支承负荷均大于API标准中针对无油润滑运行，非金属支承环的支承负荷不应超过0.035N/mm的标准，故K102新氢压缩机组注油系统主要采用单点柱塞机械式高压注油器，对气缸、填料部位进行强制润滑，注油器采用进口产品，电机国产。对所有12处注油点管线、单向阀方向、注油器运行状态等进行了检查，均正常，各级气缸注油器注油量均在20滴左右，二级气缸注油量相对偏少，注油量的不足是造成活塞环支撑环磨损的因素之一。

3.2　工艺系统因素

在以往的机组拆检过程中，入口分液罐及管线中存在铁锈等颗粒物粉末，在气缸内和气阀上也发现过油泥。气缸内油泥的存在会加剧活塞环、支撑环的磨损老化，影响新氢机长周期运行。曾分别取过新氢机二级气缸内的粉末和一级入口分液罐内的粉末进行化验分析，分析结果见表3。

表3　粉末分析结果

物质	气缸内粉末	分液罐内粉末
铁	871mg/kg	39.6mg/kg
铝	2850mg/kg	307mg/kg
钠	358mg/kg	557mg/kg
钒	0	463mg/kg
钙	0	278mg/kg
铜	0	77mg/kg

根据分析结果，磨损物中含有铁锈以外的杂质，不排除有脱氯剂、吸附剂等杂质。初步分析，存在以下几种情况：①受大检修期间设备打开影响，设备及管线中铁锈等杂物随工艺介质进入气缸，造成活塞环及支撑环磨损；②装置建成投用后，氢气管网有铁锈等残留物，在工艺波动及装置开停工过程中，受气流扰动影响进入装置；③3#重整脱氯剂或3#PSA、制氢装置吸附剂破损并进入管网。

3.3　仪表系统因素

如果用于监测活塞杆位置的仪表存在测量误差，可能会给出错误的活塞杆位置信号，从而导致错误的判断，即活塞杆出现沉降。或者仪表本身可能存在故障，如传感器损坏、线路接触不良等，这些故障可能导致仪表无法正确读取或传输活塞杆位置信息，从而引发沉降的误判。

3.4　操作管理和维护水平

操作人员的技能水平、操作规范以及设备维护管理制度的完善程度等都会对新氢压缩机的运行周期产生影响。不当的操作和维护方式可能会导致设备故障频发，缩短运行周期。因此，加强操作人员的培训和管理，提高设备维护水平是实现新氢压缩机长周期运行的重要保障。

4 改进措施

4.1 优化改造

重新调整新氢压缩机的注油量，由 15 滴/min 调整至 30 滴/min。

针对 K102A 二级气缸注油量偏少的现象，在 2023 年换机检修期间，与沈鼓协商在二级气缸新增一处注油点(见图 2)，解决了二级气缸注油偏少的问题。

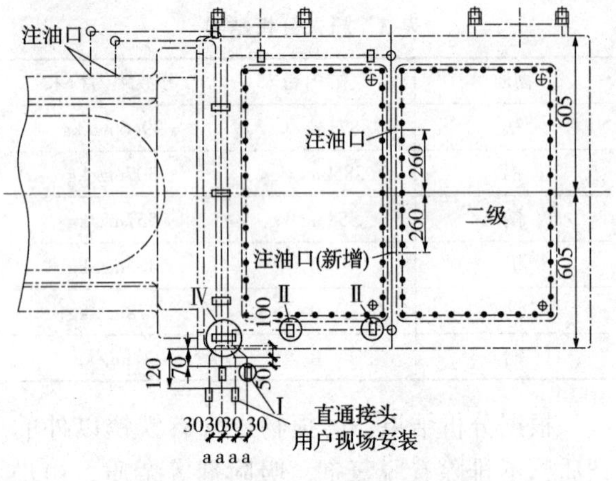

图 2 新增注油口改造图

针对磨损磨损次数较多的二级缸套，用粗糙度检测仪测量缸套 $Ra = 1.121 \sim 1.431\mu m$(标准值为 $0.2 \sim 0.6\mu m$)，缸套的粗糙度超标，故对二级缸的支撑环材质升级为 HY101，活塞环材质升级为 PEEK，以应对因缸套粗糙造成磨损过快的问题。

4.2 减少氢气中杂质含量

压缩机入口管系及设备因装置检修而打开的，对管道采取爆破吹扫等清理措施后备用；压缩机长期停用的，投用前对压缩机入口管系及设备进行拆检并采取爆破吹扫等清理措施，更换压缩机入口分液罐的破沫网，去除系统内部的锈渣等杂质。

加强气源检测，关注氢气管网波动后对压缩机活塞杆沉降值的影响，加强 PSA 吸附塔压差监控，定期更换重整脱氯剂，避免氢气中携带粉尘等。

将级间分液罐脱液工作列入每周日常工作，避免带液对机组运行的影响。

4.3 加强新氢压缩机的日常管理

加强活塞杆沉降监测，组织成立“状态监测小组”，充分发挥“状态监测小组”的作用，要求小组成员对在线监测的设备运行参数每周进行一次全面检查，对各类波动问题及时汇总分析处理，发现异常及时判断分析，尽早检查维修，避免造成气缸镜面磨损。结合近几次检修情况，对新更换活塞环的设备，以启机时活塞杆沉降值 $-400\mu m$ 作为停机拆检的报警值，避免缸套磨损的恶性损伤。

设备使用说明书要求累计运行 4000～5000h 后中修，对易损件进行检查更换。结合以往设备运行情况以及同类设备调研情况，当设备累计运行达到 8000h 后组织中修，检查活塞环及支撑环等易损件，对磨损量超过初始缸塞间隙 40%的进行更换，减少机组切换频次及异常磨损造成的影响。

加强操作人员的培训，提高他们的技能水平，让他们能够更好地操作和维护新氢压缩机。建立完善的操作管理制度，规范操作流程，避免因操作不当导致的设备故障。

5 结语

新氢压缩机支撑环、活塞环磨损过快的问题治理对于提高渣油加氢装置的整体效率和降低生产成本具有重要意义。通过加强设备维护管理、优化工艺参数、引入先进技术以及实施技术改进等措施，可以有效延长新氢压缩机的运行周期，提高设备的稳定性和可靠性。未来，随着技术的不断进步和创新，相信新氢压缩机的长周期运行技术将得到进一步完善和提升。

参 考 文 献

1 李智. 大口径工业管道爆破吹扫技术[J]. 石油化工建设，2004，26(2)：45-46.

2 盛强. 往复活塞式空压机气缸磨损的原因分析[J]. 中国设备工程，2005(3)：49.

制氢装置转化炉猪尾管泄漏原因及机理分析

刘忠连　张旭亮
（中海石油宁波大榭石化有限公司，浙江宁波　315812）

摘　要　某制氢装置转化炉多根猪尾管的下焊缝及附近部位发生泄漏，采用材质分析、金相显微组织分析、电镜及能谱分析、渗透检验以及力学性能测试等方法对猪尾管开裂原因进行分析。结果表明，猪尾管开裂类型为晶间型应力腐蚀开裂，其主要原因为连多硫酸应力腐蚀开裂，且氯离子对开裂起到了促进作用。

关键词　转化炉；晶间开裂；微观组织；失效分析

1　前言

某石化公司制氢装置在对一转化炉气密性检查时，发现多根猪尾管的下焊缝及附近部位发生泄漏。该转化炉设备共有264根猪尾管，经过现场工作人员排查，共发现158根发生泄漏，其中有个别炉管存在猪尾管下部非焊缝裂纹，其余均为猪尾管下部焊缝处泄漏。选取两根断裂管分别编号为1#和2#，其中1#管裂纹发生在焊缝附近、2#管裂纹发生在距离焊缝3cm处，两根断裂管裂纹宏观形貌如图1所示。

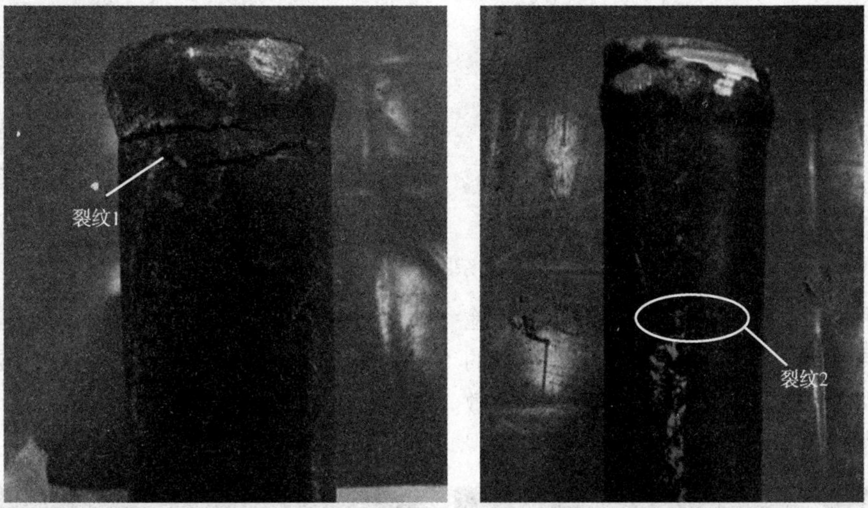

(a)1#管　(b)2#管

图1　裂纹外壁宏观形貌

该转化炉正常运行时介质温度为580℃，介质压力为3.8MPa，接触介质及主要成分为脱硫原料气（包含甲烷、乙烷、C_3组分等）；停运时管内通氮气，温度为常温，压力为0.1～0.3MPa。转化炉外部包有保温材料，存在直接与高盐分空气接触的环境。

2　检验分析

2.1　化学成分分析

依据GB/T 11170—2016对两根失效猪尾管进行化学成分分析，检测结果如表1所示，两根钢管的化学成分含量均符合ASTM A312/A312M—2024中TP347H的要求。

作者简介：刘忠连（1982—），黑龙江齐齐哈尔人，2005年毕业于大庆石油学院机械设计制造及其自动化专业，高级工程师，现主要从事炼油化工设备腐蚀防控管理与研究工作。

2.2 金相组织分析

对1#管和2#管依据GB/T 10561—2024《钢中非金属夹杂物含量的测定 标准评级图显微检验法》中的A法进行非金属夹杂物评定，结果如图2所示。两根猪尾管的非金属夹杂物级别均为A0、B0、C0、D0、Ds0，可见氮化铌夹杂物。依据GB/T 6394—2017《金属平均晶粒度测定方法》进行晶粒度级别评定，晶粒度级别为6级。

表1 材质化学分析(质量分数) %

元素	C	Mn	P	S	Si	C	Ni	Nb
1#管	0.06	1.49	0.023	0.001	0.30	8.01	10.77	0.48
2#管	0.05	1.45	0.026	0.001	0.39	7.58	9.72	0.47
要求值	0.04~0.10	≤2.00	≤0.045	0.030	≤1.00	17.00~19.00	9.00~13.00	①

①铌含量不应低于8倍碳含量且不高于1.00%。

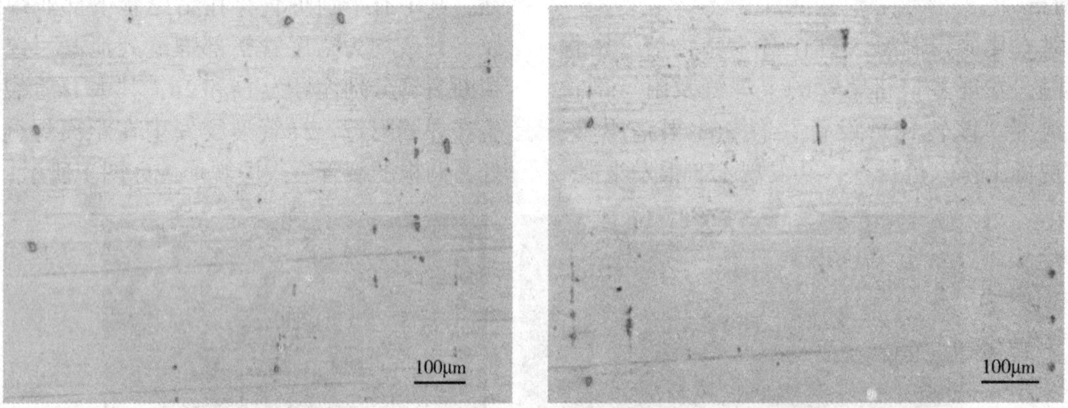

(a)1#管 (b)2#管

图2 非金属夹杂物100×显微组织照片

对1#管和2#管的裂纹截面取样进行金相检验，检测结果如图3、图4所示，两根猪尾管的显微组织均为奥氏体，材料存在一定程度的敏化，裂纹均为沿晶扩展开裂，管内外壁均发现有裂纹存在，具有典型的晶间型应力腐蚀开裂特征，内壁可见一层灰黑色氧化层，未见其他异常组织。

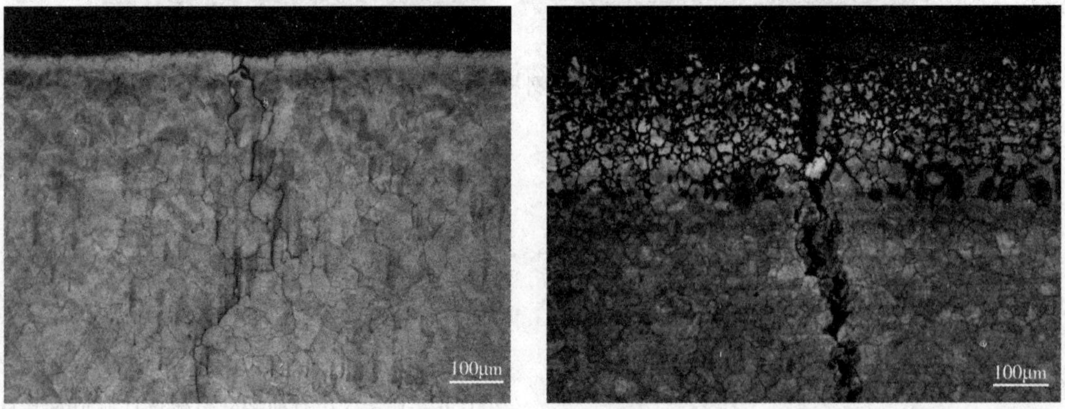

(a)外壁 (b)内壁

图3 1#管金相组织照片

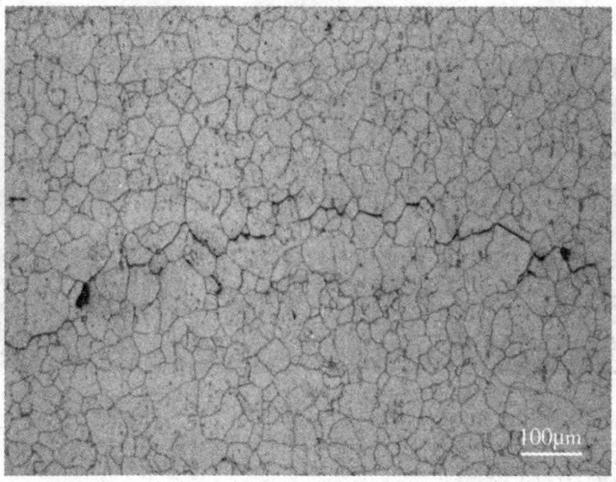

(a)外壁

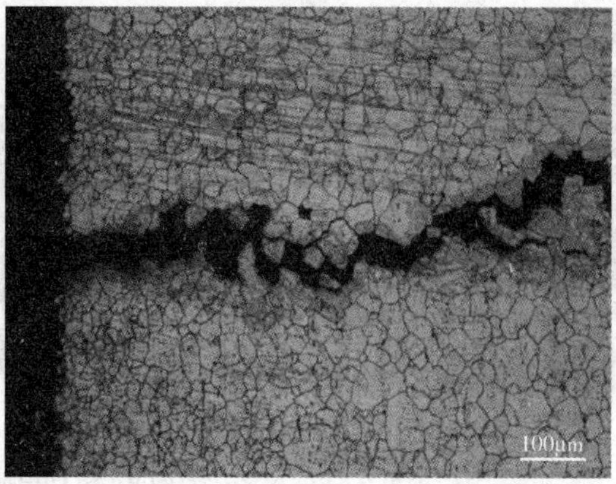

(b)内壁

图 4　2#管金相组织照片

2.3　微观断口分析

将断口清洗后使用扫描电镜观察，1#管及2#管的断口微观形貌如图 5 所示。断口表面均覆盖有腐蚀产物，为沿晶脆断断口，呈冰糖状，断口上均可观察到晶粒脱落及二次裂纹。

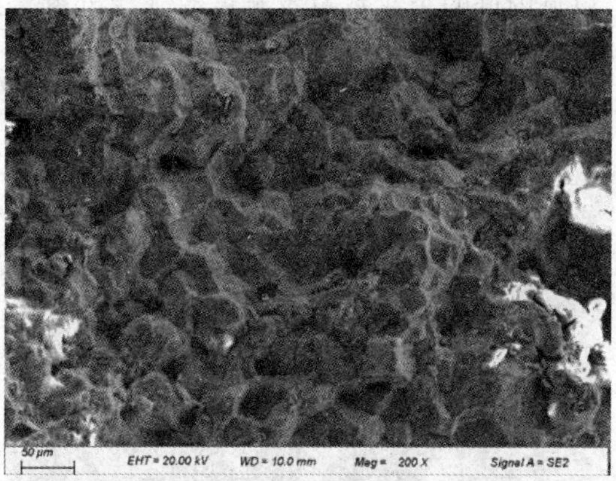

(a)1#管

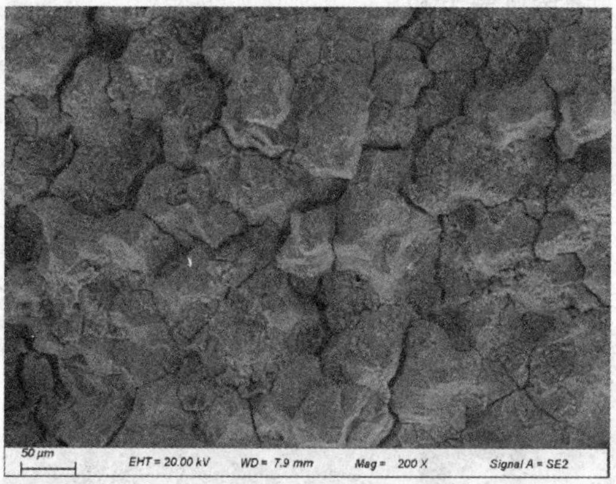

(b)2#管

图 5　断口形貌

依据 GB/T 17359—2012 对断口腐蚀产物及裂纹截面进行能谱分析，1#管、2#管能谱分析位置如图 6 所示，分析结果见表 2。断口上的物质主要为 Fe 和 Cr 的氧化物，且两根猪尾管断口上均检测出 S、Cl 等腐蚀性元素，存在腐蚀环境。

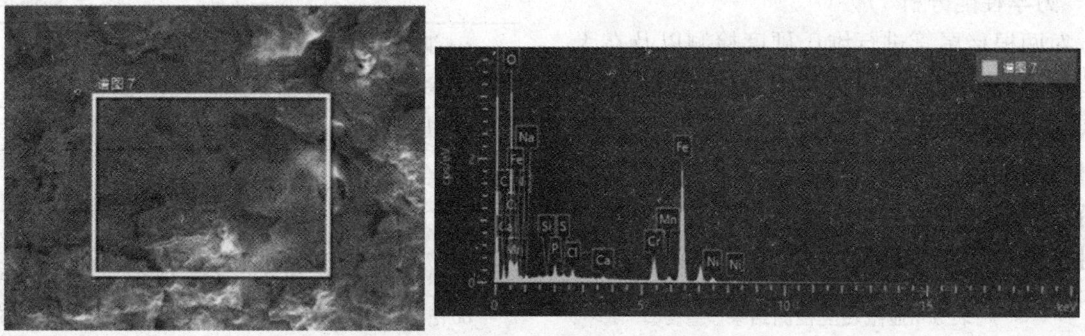

(a)1#管

图 6　断口扫描能谱图片

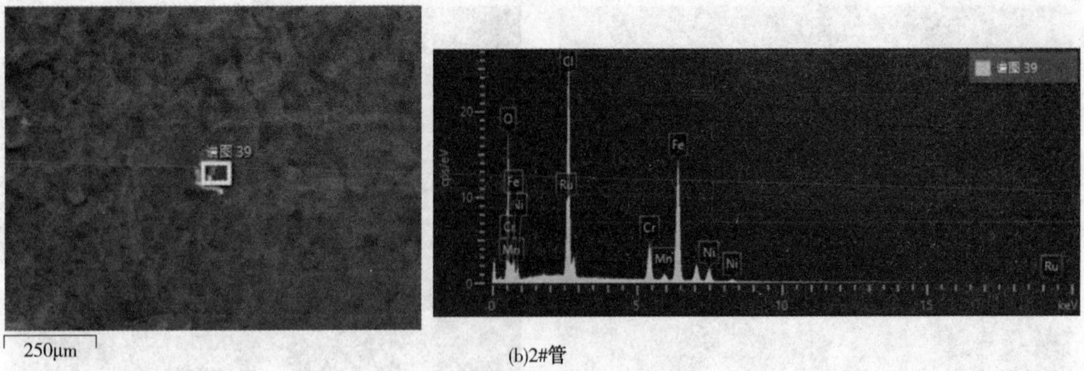

(b)2#管

图 6 断口扫描能谱图片(续图)

表 2 材质化学分析(质量分数) %

元素	C	O	Na	Si	P	S	Cl	Ca	Cr	Mn	Fe	Ni
1#		35. 37	0. 97	0. 21	23. 1	0. 28	0. 80	0. 28	5. 13	0. 41	42. 94	2. 25
2#		26. 57	—	—	19	0. 20	18. 92	—	7. 50	0. 51	38. 26	6. 24

2.4 渗透试验分析

将对半切割后的 1#管及 2#管试样进行渗透检测试验，观察内外壁裂纹情况，如图 7 所示，可见内壁的裂纹数量及宽度要大于外壁，推断裂纹是从内壁开始的。

(a)外壁 (b)内壁

图 7 内外壁渗透检测结果

2.5 力学性能分析

对两根猪尾管进行维氏硬度检测以及在无缺陷部位取拉伸试样进行室温拉伸试验，测得两根猪尾管的硬度值(HV10)如表 3 所示，拉伸测试结果如表 4 所示。结果表明，两根管裂纹附近区域的硬度值要稍高于母材；两根管的力学性能均满足相关要求。

表 3 显微硬度检测结果

测试部位	硬度值(HV10)		
1#管裂纹附近	162	161	159
1#管母材	154	153	156

续表

测试部位	硬度值(HV10)		
2#管裂纹附近	161	166	163
2#管母材	157	157	157

表 4 拉伸测试检测结果

样品编号	$R_{p0.2}$/MPa	R_m/MPa	A/%
416 管	289	598	47. 5
605 管	281	622	55. 5
标准值	≥205	515	≥35

3 分析与讨论

两根猪尾管的化学成分、力学性能均符合

要求，但母材存在一定程度的敏化，管壁无明显变形或减薄，开裂部位位于焊缝边缘及母材应力集中部位，裂纹内部充满腐蚀产物，裂纹为沿晶开裂，有分叉。从以上分析结果推断，这两根猪尾管均发生了晶间型应力腐蚀开裂，主要有氯离子应力腐蚀开裂和连多硫酸应力腐蚀开裂两种。氯离子晶间型应力腐蚀开裂在材料存在较严重的晶间敏化时也会发生。

断口表面和裂纹缝隙的腐蚀产物能谱分析显示，存在一定量的 O、Cl 和 S 元素，其中 O 和 S 元素是连多硫酸应力腐蚀开裂的腐蚀产物的主要组成元素，断口处检测到 Cl 元素表明介质环境中有氯离子存在。考虑到腐蚀开裂发生在停工期间，温度低于 50℃，同时有的裂纹距离焊缝比较远，开裂处焊接残余应力比较低，母材、热影响区部位硬度也比较低，表明焊接接头残余应力也比较低，氯离子应力腐蚀所需要的温度比较高，应力门槛值也比较高，连多硫酸应力腐蚀开裂所需要的应力门槛值比较低，在猪尾管内介质分析数据中，也存在一段时间硫化氢气体含量升高的情况，因此推测发生了连多硫酸应力腐蚀。且从断口氧化程度和渗透结果分析，裂纹大多起源于内壁，并贯穿整个壁厚。另一方面，由于外表面外侧保温棉无法有效覆盖并隔绝海洋盐雾大气，存在直接与高盐分空气接触的环境，氯离子在猪尾管焊接处外表面凝聚浓缩，在裂纹贯穿壁厚后渗入到管内，使得该部位具有了连多硫酸+氯离子的应力腐蚀开裂环境，加剧了裂纹的扩展。

综合金相、断口和腐蚀产物开裂分析结果，判断猪尾管的开裂主导机理应为连多硫酸应力腐蚀开裂，氯离子对开裂起到了促进作用。

4　结论与建议

4.1　结论

该制氢猪尾管发生泄漏失效的原因为晶间型应力腐蚀开裂：TP347H 为应力腐蚀敏感性材料，由于存在连多硫酸和氯离子的应力腐蚀开裂条件，在猪尾管应力集中部位形成腐蚀裂纹，进而发生泄漏失效。

4.2　建议

（1）为预防波纹管膨胀节内壁点蚀的发生，需要严格控制环境介质对汽轮机油的侵入及污染；及时更换老化的汽轮机油；可以考虑升级材质，提高抗点蚀性能。

（2）在波纹管膨胀节制造加工过程中，要严格控制焊接线能量的输入，防止焊缝及热影响区产生高硬度的马氏体组织；如果已产生了高硬度的马氏体组织，应该采取相应的热处理来予以消除。焊接时要清除现场的污物、油迹等，并保证焊材和环境干燥，以减少氢在焊缝及热影响区中的溶解。

（3）外部环境保护：加强开停工期间的操作管理，控制升温升压速率，使管道受热均匀，避免产生冷凝液。

（4）环境介质：严格控制管内外介质的 S、Cl 含量，避免腐蚀性介质在管内外壁凝结。

（5）保温防护：改善保温形式，有效隔绝空气接触，同时减小猪尾管的温度差，从而降低内应力。

（6）选用低碳、稳定性奥氏体不锈钢。碳含量低可以有效防止晶间碳化铬析出，有效降低晶间贫铬区的形成，在一定程度上可防止应力腐蚀裂纹。

参 考 文 献

1　GB/T 11170—2016　不锈钢多元素含量的测定火花放电原子发射光谱法(常规法).

2　GB/T 10561—2023　钢中非金属夹杂物含量的测定标准评级图显微检验法[S].

3　GB/T 6394—2017　金属平均晶粒度测定方法[S].

4　GB/T 17359—2012　微束分析能谱法定量分析[S].

5　康欢举 . 316LN 奥氏体不锈钢焊接接头应力腐蚀开裂研究[D]. 上海交通大学，2012.

6　周勇，申鹏，杨志春 . 304 奥氏体不锈钢管开裂原因的分析[J]. 钢铁研究，2016，44(5)：25-27.

7　卓旻，冯道臣，郑文健 . 奥氏体不锈钢外表面氯离子应力腐蚀开裂与防治[J]. 化工设备与管道，2021，58(2)：19-23.

8　胡佳 . 炼化装置奥氏体不锈钢连多硫酸应力腐蚀开裂分析[J]. 石油化工设备技术，2023，44(3)：45-49+6.

9　潘贤魁 . 制氢转化炉上尾管开裂原因分析[J]. 石化技术，2021，28(10)：29-30.

10　郭建东，刘清峰，吕勇华 . 海洋石油压力容器保温层下腐蚀检测及预防[J]. 中国石油和化工标准与质量，2020，40(13)：58-59.

11　郭金彪 . 新建沿海炼厂保温层下腐蚀防护体系设计浅述[J]. 材料保护，2020，53(10)：103-106+137.

粒料风送系统静电除尘设施长周期运行瓶颈及对策

胡志强

（中国石化镇海炼化分公司合成材料部，浙江宁波 315207）

摘　要　某公司聚乙烯装置包装系统为提升产品质量，采用静电除尘设施除去产品中的粉尘。由于生产需要，造成各仓下方的静电除尘设施的控制下料挡板经常开关，动作频率高。加之下料挡板为单点支撑，执行开关动作时在单端承受较大的粒料压载荷下大开度行进易造成一系列问题，导致无法精确控制下料速度，设备可靠性差。在现有设施基础上，对下料挡板进行了结构改进，利用有限空间改单支撑为双支撑，并进一步优化下料程序，保证了静电除尘长周期运行，现场应用效果良好。

关键词　静电除尘；下料挡板；结构优化；下料程序

1 引言

某公司聚乙烯装置包装系统使用的静电除尘设施，主要用来处理从包装料仓到包装线聚乙烯粒料中含有的细粉，整个静电除尘系统的外形如图1所示。由于工艺需要，该装置包装

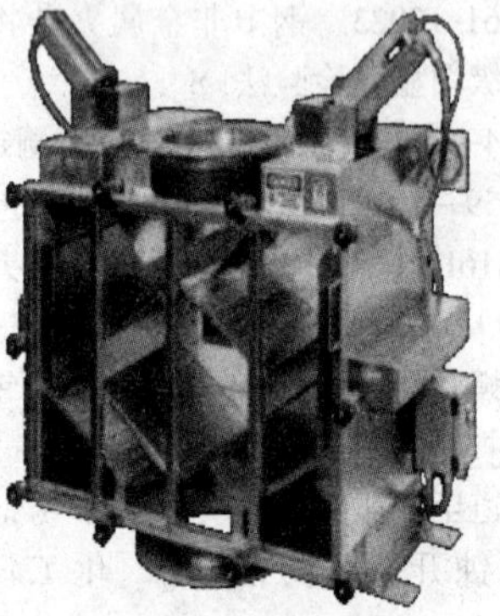

图1　静电除尘系统

系统的9个仓4条包装线根据不同牌号需要经常切换，造成各仓下方的静电除尘设施的控制下料挡板经常开关，动作频率高。原设计的静电除尘设备下料挡板是单点支撑，执行开关动作时在单端承受较大的粒料压载荷下大开度行进易造成支撑部位轴承座跑偏移位、螺纹连接挡板翻转、连接杆螺纹部位松动、驱动气缸偏载拉缸等一系列问题。通过合理的结构设计，可有效提升长周期运行情况下静电除尘设施的可靠性与精确性。因此，本文在现有设施基础上，利用有限空间改单支撑为双支撑，进一步优化下料程序尽量降低挡板行进幅度和频次以确保静电除尘设施更好地长周期运行。

2 静电除尘设施结构及运行问题分析

如图2(a)所示，带内置定位器和编码器的执行器件1(双向气缸)按照工艺指令和已设定的行程幅度带动执行器连杆件2往复运动，件3是执行器连杆件2的支撑轴承座，在其支撑下通过枢轴件6连接带动活动式入口挡板件5沿着固定入口导流板件4支撑执行开关动作。当活动式入口挡板件5在上止点位置时，静电除尘设施处于放料位置，如图2(b)所示，料从上部管口A处流入，从静电除尘设施核心部件流化板两侧C流出至下部管口B，物料在经过流化板表面时，在静电除尘设施前侧送风机吹动的风力作用下充分流化，将其含有的细粉分离出，经背侧由抽风机携带至收集系统处理。当图2(a)中的活动式入口挡板件5在下止点位置时，静电除尘处于关闭不下料状态。其最终的目的就是保证在聚乙烯粒料送至包装前再进行一次彻底的脱粉，确保产品质量。

几套静电除尘设施自投用以后，因为结构上的不合理及运行时间的不断增长，暴露出越来越多的问题，故障维修率越来越高。主要故

作者简介：胡志强，男，工程师，现从事装置设备运行及技术难题攻关工作。

障有以下几点：①连接活动挡板的连接杆两端的螺纹部位易松动，松动后挡板发生偏转，无法实现关闭状态时物料密封，产生漏料现象。严重时漏料大量窜入细粉通道造成管路堵塞，而且这种现象越来越严重；②单点支撑式结构致使连杆的支撑轴承座易跑位，且在偏载力作用下连杆与四氟轴套间经常出现异常磨损，维修更换频率较高；③执行器双向气缸部件易发生因过大偏载力造成的活塞环偏磨和拉缸，导致气缸损坏故障率高；④执行器气缸支撑座变形较快，气缸两侧的支撑铜套磨损失效过快；⑤连杆与上部活塞杆及下方活动挡板间螺纹部位松动过大，还会造成活动挡板执行关闭动作时撞击流化板，致使流化板变形断裂失效。综合分析上述问题，主要原因在于单点支撑形成的偏载力影响。消除了偏载力问题，上述问题即迎刃而解。

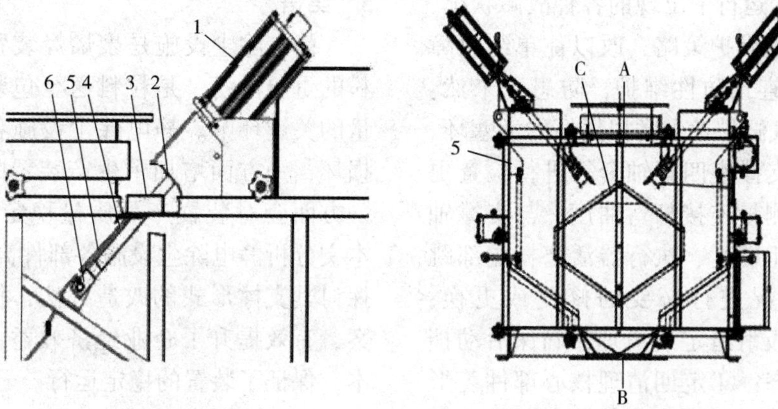

(a)静电除尘工作示意图　(b)静电除尘系统结构图

图 2　静电除尘设施工作原理及结构图

1—带内置定位器和编码器的执行器；2—执行器杆；3—杆轴承座；4—固定入口导流板支承；5—活动式入口导流板；6—枢轴连接

静电除尘上方粒料罐满仓可储料 400000kg，在挡板处于关闭状态时，承受这一重量的受力沿罐底部斜面至固定和活动挡板位置单元面积受力呈线性增加状态。在活动挡板位置单元面积受力基本上是最大的。经相关受力分析和计算可得该力约为 137.12kg。这个力量通过直径 24mm 的连接杆下端点，通过与单点支撑间 300mm 跨距最终将 403.13N・m 的偏载力矩作用在轴套轴承上。一则会造成连接杆件甚至活塞杆头部的挠性弯曲，随运行时间增长连接杆和活塞杆头部发生塑形变形，弯曲失效；二则导致连接杆与其支撑座轴套、执行器气缸活塞与缸壁因始终处于偏磨状态，所以损坏频率高。

3　静电除尘设施支撑改型方案及措施

结合对静电除尘设施故障原因的分析，深入研究其具体结构，决定从改单点支撑为双点支撑方式。改造的重点是在固定挡板与活动挡板接触配合的两侧加焊筋板，筋板内装沉头自锁螺纹螺钉螺母紧固的耐磨聚酰酯薄板。

精准测量校核相关尺寸，将原来的活动挡板两侧适当长度位置线切割削边，彻底实现活动挡板在执行开关动作时翻转自由度受限，将活动挡板执行开关动作时原来仅靠四氟轴套轴承座单点支撑受力改为双点支撑方式，如图 3 所示。

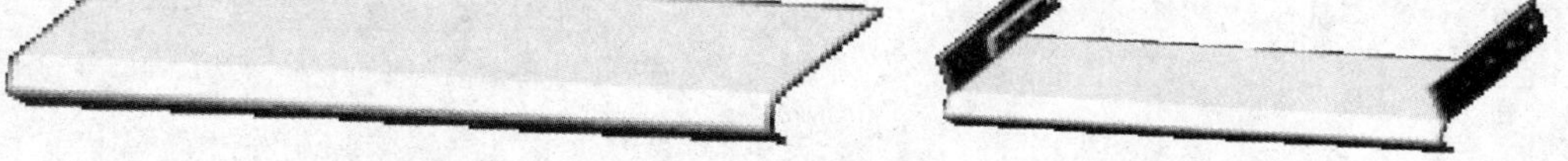

(a)改造前　(b)改造后

图 3　改造前后固定挡板结构对比图

根据改造前单点支撑轴承套配合间隙，适当控制导向板与活动挡板间滑道宽度值；同时在现有空间尺寸的基础上尽量保证导向板的长度。改造后粒料作用在活动挡板的力主要由新增的导向板承担，减轻了原连接杆支撑轴套的负载。而且改造后活动挡板执行开关时因自由度大幅受限，各部位螺纹连接基本不会再发生松动，活动挡板也基本不会再发生翻转，杜绝了核心部件流化板被撞击损坏的故障状况。

鉴于静电除尘运行中出现的各种故障状况，决定执行如下检修维护策略，改以往单纯故障性检修为定期检查预防性维护，防患于未然：①定期对执行器气缸易发生磨损损坏的活塞环、外部支撑铜环、支撑座四氟轴套等进行检查更换；②定期拆检测量连接杆弯曲度、与支撑轴套配合部位表面粗糙度、执行器活塞杆端部跳动值，视检查情况进行必要的修复或更换；③活动挡板导向板滑道定期清理，确保活动挡板的良好运行状态；④定期清理核心部件菱形流化板吹孔积料。

4 静电除尘下料程序优化提升方案

目前装置使用的静电除尘设施使用模式是在执行送料开关时，活动挡板是全开全闭状态。当接受工艺指令需要某一静电除尘设施顶部储料仓送料时，系统风线管路引风机和抽风机会根据粒料牌号的不同选定不同的风力大小，投用后根据除尘效果进行适当调整。活动挡板间歇开关，适配后系统包装的需求。这种全开全关的模式不但会影响除尘效果，而且容易加快静电除尘设施各部件的损坏速度。考虑这一因素，对其PLC程序进行升级，优化为活动挡板开启度根据需求包装下料量调节。这种优化提升从设备运行角度上讲，在满足工艺需求的前提下做到了较小幅度的开关，提高了设施使用稳定性，降低了各部件的冲击载荷，延长了设施的使用寿命。

5 结语

静电除尘设施是聚烯烃装置分离粒料中细粉的重要设备，是粒料送至包装前确保产品质量的关键环节。静电除尘设施各部件高频率的损坏，一方面增加了生产装置的检修费用，另一方面会对装置产品质量稳定造成不利影响。本文分析静电除尘设施各部件高频损坏的原因，探讨其支撑形式的改造办法，优化提升下料方案，有效提升了企业经济效益，降低了运行成本，保证了装置的稳定运行。

参 考 文 献

1 于正洋，钟斌，张传伟，等 . 304 不锈钢棒料连续旋弯低应力精密下料断裂预测［J］. 机械工程学报，2024，60(1)：190-197.

2 苑得印，赵国相 . 圆锥形固体粉料料斗下料不畅问题解决探析［J］. 石油化工设备，2024，53(2)：81-85.

PCM 法在埋地管线防腐检测中的应用

文建强
（中国石化扬子石化分公司水厂，江苏南京 210048）

摘 要 本文采用多频管中电流法(PCM 法)，对扬子石化水厂所有循环水埋地管线、部分外管埋地管线腐蚀状况进行了检测，同时还应用 PCM 法与超声波相结合，对地下管线泄漏点进行准确定位。结果表明，PCM 地管防腐检测具有非开挖、高效、定位准确等特点，可广泛应用于碳钢埋地管线防腐检测。结合超声波，还可准确发现地下管线漏点位置。

关键词 埋地管线；防腐层；破损；PCM 法；测腐；测漏

1 埋地管线现状

扬子石化水厂共十五套循环水系统，担负向全公司各装置提供循环冷却水的任务。现循环水系统已连续运行了 30 多年。近年来多次发生循环水穿地管线、地下管线腐蚀泄漏情况，影响了装置的稳定运行。埋地管线防腐检查一直是管理中的难点。故水厂组织对所有循环水埋地管线进行腐蚀状况检测，以便发现问题并及时处理，确保生产装置能稳定运行。循环水管线总计约 9km，管径为 *DN*700～*DN*2000，埋深为 0.6～3.5m，均为碳钢材质。原埋地管线都采用两布三油进行防腐。供水外管工业水管线总计约 78km，面临同样的使用年限长、埋地管线腐蚀状况不明等问题，因此也对外管埋地管线进行了检测。

2 埋地管线腐蚀检测原理

防腐层是埋地管线外部保护层，是保护管道不受外力破坏、防止管道腐蚀、延长管道寿命的第一道防线。防腐层是埋地管线最基础也是最重要的防护措施。从电化学的角度来看，外防腐层通过增大电流回路中的电阻，减少腐蚀电流，进而实现了保护管道的作用。但是防腐层为外部防护措施，在运行使用中难免受到外力破坏、材料自然老化等影响，导致防腐层的防护能力下降甚至出现分离，失去对管道的防护。失去保护层后管道腐蚀速度将大幅加快，因此需要定期对管道防腐层进行检查。根据检测结果，运用专业软件计算出防腐层的绝缘电阻值 R_g，评测其防护情况，有针对性制定相关维修计划和维修措施。

腐蚀检测采用多频管中电流法(PCM 法)。检测原理如下：用发射机向管道发射一特定频率的激励信号，激励信号自发射点向管道两侧传输，管中电流信号强度将随着管道距离的增加而衰减，用接收机在管道上方按照一定间隔检测管中信号的强度。对于同一管道，电流衰减率越小，证明管道越完好。

在进行多频管中电流法(PCM 法)对防腐质量检测的同时，采用相配套的交流电位梯度法(ACVG 法)，对防腐的破损点进行检测与定位。拟 5m 测量一点。对管道施加一个交流电信号，电流流过破损点周围的土壤时，在土壤电阻上产生的电压降在破损点周围形成一个电压梯度分布，利用测量地面上与管道防腐破损点对应的电压梯度分布，就可以判断破损点的位置。对检测出的防腐破损点，按照其防腐层破损点(dB 值)的大小进行分类。dB 值越大，防腐层破损越严重。

3 运用 PCM 法对埋地管线防腐层进行检测

3.1 检测实施前准备

在实施检查前，收集管线相关基础资料。

作者简介：文建强，1996 年毕业于抚顺石油学院化工设备与机械专业，高级工程师，现在扬子石化水厂从事设备管理工作。

(1) 管道原始资料：每条管道的长度、管径壁厚、管道材质、管道运行压力、输送介质、管道运行温度、投产时间、设计年限、焊缝类型、维检修记录等。

(2) 管道防腐层资料：每条管道防腐层类型、防腐层原始厚度、管道补口形式、防腐层大修记录等。

3.2 信号接入点的选择

一是要尽量选择管道分布简单、防腐状况较好的位置，如阴极保护的检测桩上、阴保站内的保护电流输入点、阀门等位置。二是有多个接入点可供选择时，应选择管道分布简单、防护层状况较好的位置；三是被测管线上有绝缘法兰时，接入点选在法兰的前端。

3.3 检测间距的选择

若管线第一次使用 PCM 检测防腐层，为能准确地检测和反映管线防腐层概况，对防腐层较好的管线，检测间距可选择 50m 以上；对于较差的管线，检测间距应在 30m 以下；对已有破损的管段进行加密检测时，间距应小于 10m。

3.4 运用 PCM 法对防腐层进行检测

将 PCM 发射器接通电源，之后再把 PCM 发射器与绝缘头做好连接，并将测试桩接线柱和白色线连接在一起，铜芯绝缘软线与绿色的地线连接在一起(见图 1)。打开电源前，对线的连接情况进行检查，将给定的电流强度保持固定不变，检查发射机的运行状态是否正常。正常后再将 A 字架和 PCM 接收器连接在一起，再确定电池工作情况，确保正常运行。应用系统对于管道防腐层已经出现的破损点，通过接收器中的信号强弱进行检测。具体原理是，由于倒灌防腐存在弱导电性，当防腐层完好无损时，其电流信号呈现弱衰减规律。管道防腐层越好，其绝缘性能越好，检测出的电流衰减速度就越慢；反之管道防腐层被损坏后，其绝缘性能会下降，电流衰减速度就会加快；而出现破损点后，测试系统会在破损点位置反转，检测中没有出现反转就可以基本证实没有防腐层破损现象。

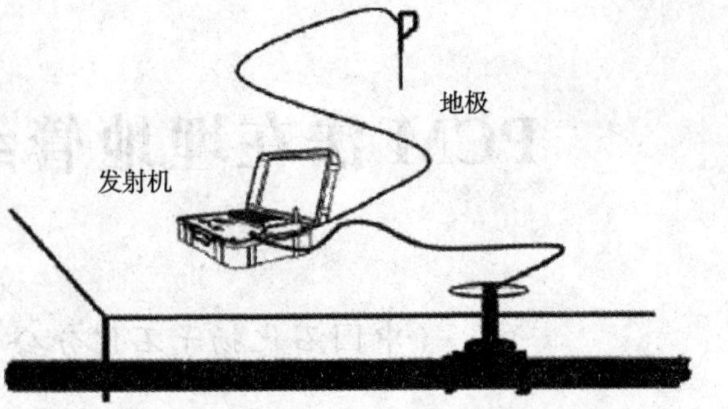

图 1 PCM 检测操作方法示意图

3.5 处理结果分析

通过采用 PCM 配套的计算软件对处理结果进行系统全面的分析研究，并根据电流在管道传播过程中的衰减变化情况，计算出所对应的防腐绝缘电阻值(即 R_g 值)。对管道防腐层的整体情况进行准确的判定，进而为后续维修工作提供科学合理的指导。

本次采用英国雷迪 PCM+埋地管线防腐检测系统，应用 PCM 接收机和发射机，对管道防腐绝缘性能进行检测。采用峰值法或零值法对管道进行精确定位，精确测绘管中电流，数据采集间距为 20m。

4 腐蚀状况评级

依据《埋地钢制管道腐蚀防护工程检验》(GB/T 19285—2014)标准，按照外防腐层破损点大小(dB 值)进行分级评价。防腐破损点分为四类：一类，严重破损(立即开挖，即 dB≥60)；二类，中度破损(计划维修，即 45≤dB<60)；三类，轻微破损(监控，即 30≤dB<45)；四类，良好(dB<30)。

5 各埋地管线防腐检测结果

运用 PCM 法对所有循环水埋地管线及部分外管埋地管线进行检测，并根据检测结果重新绘制地管图，并在图上标明管线防腐情况及防腐破损点，如图 2 和图 3 所示。

5.1 循环埋地管线腐蚀检测情况

此次共检测循环水管线 8968m，质量为一级防腐 8822m，二级防腐 138m，三级防腐 6m，四级防腐 2m。检测出防腐破损点 16 处(二类破损点 4 处，三类破损点 12 处)。具体检测情况见表 1。

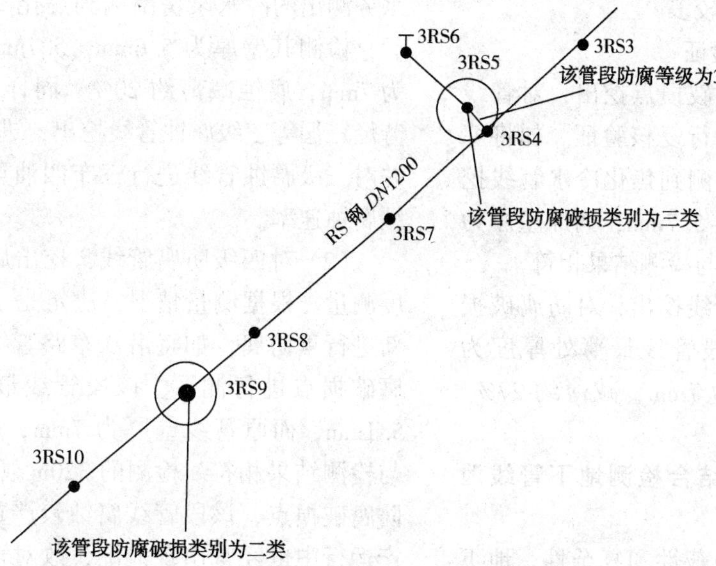

图 2　各循环埋地管线测腐图

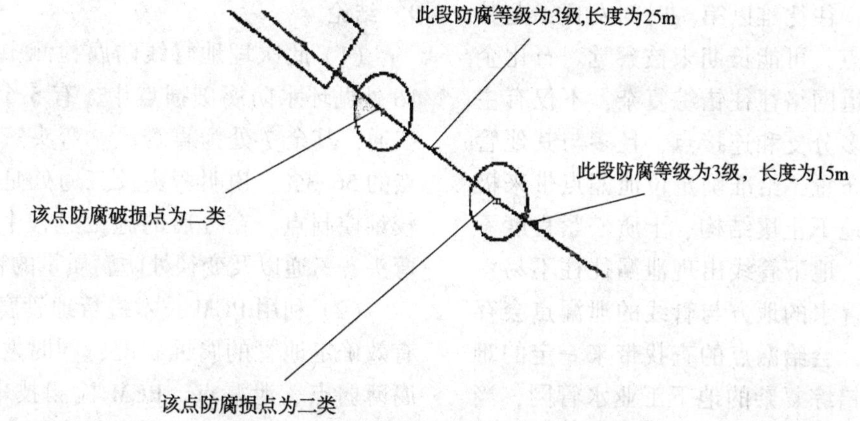

图 3　供水外管埋地管线测腐图

表 1　各循环埋地管线检测情况统计表

装　置	测量循环水管长度/m	管线防腐等级				防腐破损类别			
		Ⅰ级/m	Ⅱ级/m	Ⅲ级/m	Ⅳ级/m	Ⅰ类/个	Ⅱ类/个	Ⅲ类/个	Ⅳ类/个
各循环水装置	8968	8822	138	6	2	0	4	12	0

根据检测结果，循环水埋地管线总体情况较好，一级防腐管线达 98.4%，局部存在防腐层轻微破损。

5.2　供水工业水外管沿江东路管线腐蚀检测情况

工业水外管沿江东路工业水埋地管线共检测 320m，质量为二级防腐 280m，三级防腐 40m。检出防腐破损点 18 个，二类点(计划维修类)2 个，埋深 0.7m、管径 *DN*300、特征点是直线点；三类点(监控类)16 个。具体检测情况见表 2。

表 2　沿江东路工业水管线检测情况统计表

名称	长度/m	Ⅰ级/m	Ⅱ级/m	Ⅲ级/m	Ⅳ级/m	Ⅰ类/个	Ⅱ类/个	Ⅲ类/个	Ⅳ类/个
沿江东路	320	0	280	40	0	0	2	16	0

根据检测结果，沿江东路工业水管线总体腐蚀较严重，无一级防腐管线，三级防腐管线

达12.5%，防腐层破损点较多。

6 对防腐检测情况进行验证

将检测出的管线防腐破损点挖出，对管线进行测厚，对检测情况进行复核验证。如将炼油水务测出的冷水泵房南侧到焦化冷水管线挖出后，检测其壁厚为5.6~5.7mm，而原壁厚为7mm，腐蚀减薄约20%，与检测结果相符。

将沿江东路工业水管线挖出，对防腐破损点进行测厚。经检测该段管线最薄处厚度为5.1mm，而原管线壁厚为7mm，减薄约27%，与检测结果相符。

7 PCM法与超声波相结合检测地下管线泄漏点

地下管道泄漏具有隐蔽性和复杂性。地下管道深埋于地下，无法直接观察其运行状态，一旦发生泄漏，往往难以第一时间发现，尤其是非明显渗漏点，可能长期未被察觉。石化企业地下供水管道网络往往错综复杂，不仅有主管道，还有众多分支和连接点，且多与其他管线并行或交叉布置，给准确定位泄漏点带来极大困难。由于地下土壤结构、土质松紧程度不同等多种因素，地下管线出现泄漏往往不易察觉，并且出现冒水的地方与管线的泄漏点会存在一定的距离，会给漏点的查找带来一定的难度。尤其是在错综复杂的地下工业水管网，当地面上出现漏点时，在地上泄漏点处开挖经常出现找不到管线漏点的情况，如在水厂供水车间工业水外管乙烯路储运厂三站门前地下管线泄漏，此前在出现渗水处多次开挖，均未能找到漏点。此次运用PCM法结合超声波进行检测，在渗水处西侧10m、25m处，准确定位找到了2处漏点。

在水厂供水车间工业水外管乙烯大道大件路附近地下管线泄漏，因该处管线错综复杂，有多个阀门井，且管线埋地较深(约6~7m)，无法判断为哪根管线泄漏。通过运用PCM法结合超声波进行检测，准确找到了泄漏点位置(在距离阀门井壁1m位置，在管线侧下方有1个漏点)。

8 改进措施

(1) 一级、二级腐蚀管线无需处理。对三级腐蚀管线，挖出后进行重新防腐。如将炼油水务测出的冷水泵房南侧到焦化冷水管线挖出后，检测其壁厚为5.6mm、5.7mm，而原壁厚为7mm，腐蚀减薄约20%。同样将烯烃六循、芳烃三循等三级腐蚀管线挖出，进行测厚复测，并对三级腐蚀管线进行三布四油重新防腐，减缓腐蚀速率。

(2) 对四级防腐管线，挖出后进行管壁厚度测量。根据测量情况，决定是予以更换或重新进行重防腐。如将沿江东路管线挖出，对防腐破损点进行测厚，该段管线最薄处厚度为5.1mm，而原管线壁厚为7mm，减薄约27%，与检测结果相符。检测的320m管线中有18个防腐破损点，该段管线腐蚀较严重，在日常生产运行中也经常出现泄漏，故对该段管线进行整体更换。

9 结论

(1) 此次埋地管线防腐检测中，在发现的16处循环水防腐破损点中，有5个弯头，4个三通，其余7处为直管段。弯头三通处占破损点的56.3%，说明弯头及三通处是管线防腐中较难控制点。在今后的施工过程中，要做好对弯头、三通以及变径处防腐质量的管控。

(2) 利用PCM技术进行地管腐蚀检测，可有效确定地管的腐蚀状况，同时发现地管的防腐薄弱点、泄漏点。PCM检测技术无需开挖，能够在不破坏地表和管道结构的前提下，对埋地管道进行防腐层状况的检测，这不仅节省了开挖成本，还减少了施工对环境的影响和管道的二次损伤风险，适用于大规模管道网络的定期检测。

(3) PCM结合超声波技术，对地管泄漏检测定位比较准确，可准确发现地下管线漏点位置。

(4) PCM技术主要适用于金属管道，且对防腐层的导电性有一定要求。对于非金属管道或特定类型的防腐层(如某些绝缘性能极好的涂层)，PCM可能无法有效检测。

综上所述，PCM地管防腐检测以其非开挖、高效、定位准确等优点，在地下管道防腐检测中展现出了强大的应用潜力。该技术可以准确地探测出地下管道的埋深及走向，对防腐层的破损程度进行有效的评估。可以帮助企业全面了解管道使用情况，有效延长管道使用寿命。在实际应用中，也可结合其他技术手段进行综合评估，以确保检测结果的准确性和可靠性。

参　考　文　献

1　张俊泰，刘红晓，易楠．埋地管道防腐层破损点检测技术综合应用研究[J]．管道技术与设备，2012(1)：30-31.
2　常礼明，胡光兴，张宗前．PCM 技术在油气管道防腐层检测中的应用[J]. 2017(21)：46-47.
3　邬可胜．浅谈给排水管道防腐施工新技术研究应用分析[J]．全面腐蚀控制，2016(9)：87-89.
4　郭勇，邢辉斌．埋地管道外防腐层 PCM 检测技术[J]．石油和化工设备，2011(7)：63-64.

PO/SM 装置甲基苯甲醇脱水反应单元腐蚀问题探讨

陈　雷　姜家林　吕华强　缑成亮
（中化泉州石化有限公司，福建泉州　362103）

摘　要　通过对甲基苯甲醇脱水反应单元腐蚀情况和腐蚀介质进行分析，确定该单元的腐蚀分布和腐蚀程度，基本探明了腐蚀原因和腐蚀机理。针对脱水反应单元关键腐蚀部位，从工艺调整和设备选材两方面给出防腐应对策略，控制该单元的腐蚀速度，旨在为国内同类装置甲基苯甲醇脱水反应单元的腐蚀控制提供借鉴。

关键词　苯乙烯；对甲苯磺酸；腐蚀机理；腐蚀控制

某石化 20/45 万吨/年 PO/SM 装置采用乙苯共氧化技术，于 2021 年 4 月开车投运，运行过程中发现甲基苯甲醇脱水反应单元的管线、塔、换热器等均存在不同程度腐蚀，设备运行周期大大缩短，严重影响整个装置的平稳运行，大大降低了装置经济效益。

目前关于该工艺的 PO/SM 装置的腐蚀研究较少，更缺乏系统性的腐蚀防控方案研究。本文通过选取装置腐蚀最为严重的甲基苯甲醇脱水反应单元进行研究，按照设备选材绘制单元流程图，分析腐蚀物质对甲苯磺酸，探究腐蚀机理，并提出防腐策略，从而保障装置长周期运行。

1　甲基苯甲醇脱水反应单元简介

甲基苯甲醇脱水反应单元主要分为反应和洗涤两部分：

（1）反应器 R-1610 中的 MBA（甲基苯甲醇）在催化剂 PTSA（对甲苯磺酸）的作用下发生脱水反应生成 SM（苯乙烯）。反应器里的主要反应是 MBA 脱水反应：

$$\text{MBA} \longrightarrow \text{SM} + H_2O$$

（2）反应器的气相进入脱水气相洗涤塔 C-1620，塔顶气相由较轻的反应产物苯乙烯和水组成，液相为反应器产生的重质物和部分没有转化的 MBA 冷凝液，在重力下流回至反应器。R-1610 反应器中反应生成的重质产物，经泵 P-1612 A/B 一部分送至燃料油系统，另一部分再循环至 R-1610 反应器使反应器混合充分和传热。

2　腐蚀概况

2021 年 4 月 PO/SM 装置甲基苯甲醇脱水单元开车投运，7 月首次发现重油系统 P-1612A/B 泵的出口管线出现泄漏，随后在管线焊缝处陆续发现泄漏，同年 12 月 PTSA 注入口喷头发生泄漏。2022 年 5 月洗涤塔出口的 E1621A/B 板式换热器发生泄漏，检修时发现洗涤塔 C-1620 的塔盘腐蚀严重。

从腐蚀发生的程度来看，脱水单元腐蚀较重的部位主要位于 C-1620 上部（包括塔内壁，塔盘、出口斜管等内构件）、P-1612 出口管线、E-1621A/B 介质气入口侧和 PTSA 注入喷头部位。

2.1　C-1620 气相洗涤塔

该塔塔径为 5100mm，共计 8 层塔盘：1～3 层为圆环折流塔盘，4～8 层为浮阀塔盘，塔和塔盘材质均为 SS2205。2022 年 5 月检修时发现塔内部塔盘腐蚀情况严重，塔盘发生减薄、部分已经消失，浮阀大部分脱落。塔盘支撑梁已经腐蚀，塔壁存在局部的坑点腐蚀的情况（见图 1）。

2.2　板换 E-1621A/B 气相介质入口侧

该换热器是宽流道板式换热器，介质侧流道间距为 15mm，共计 101 个通道；循环水侧有通道 99 个，换热板片厚度为 1.5mm，材质为 SS31803。2022 年 5 月发现换热器泄漏，换热器气相介质入口的板片被腐蚀减薄、破损（见

图2)。气相介质出口端未发现明显腐蚀情况，表面完好。

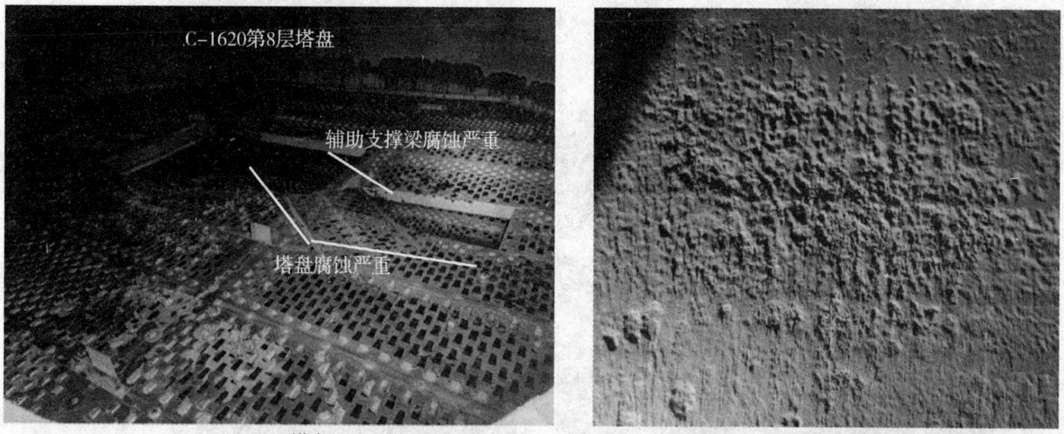

(a)塔盘　　(b)塔壁

图1　C-1620塔盘和塔壁腐蚀情况

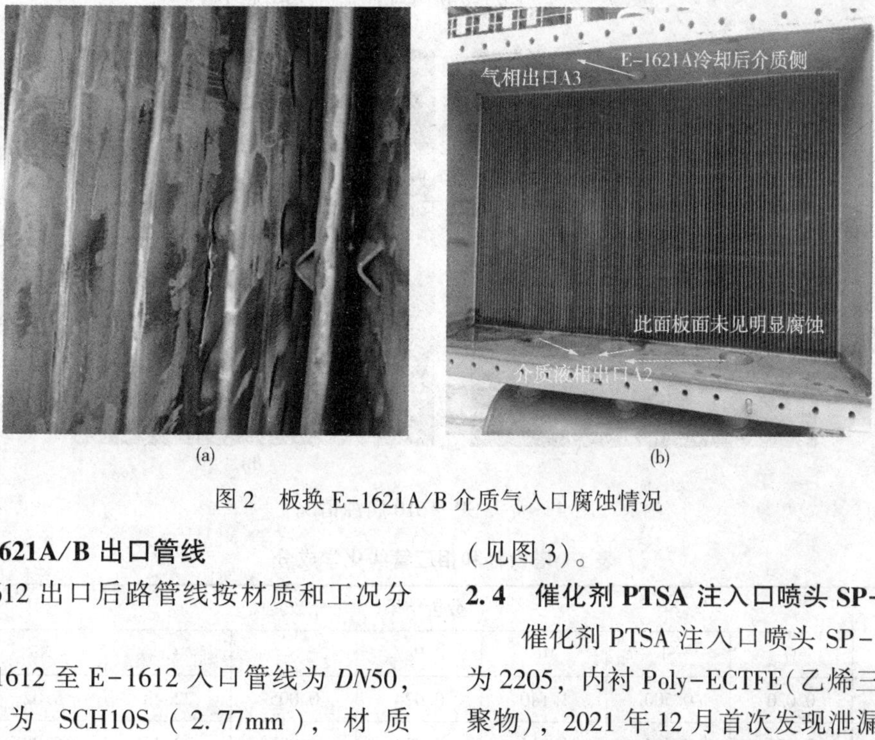

(a)　　(b)

图2　板换E-1621A/B介质气入口腐蚀情况

2.3　泵P-1621A/B出口管线

泵P-1612出口后路管线按材质和工况分为三类：

(1) P-1612至E-1612入口管线为*DN*50，壁厚等级为SCH10S(2.77mm)，材质为SS22205。

(2) E1612出口至16单元界区管线为*DN*50，壁厚等级为SCH10S(2.77mm)，材质为SS316L。

(3) 16单元界区至燃料油储罐管线为*DN*80，壁厚等级为SCH10S(3.05mm)，材质为SS304。

2021年7月发现P-1612A/B出口管线存在泄漏问题，通过测厚发现管线存在均匀减薄，壁厚最大减薄1.2mm，焊缝处最先出现泄漏(见图3)。

2.4　催化剂PTSA注入口喷头SP-1610

催化剂PTSA注入口喷头SP-1610的材质为2205，内衬Poly-ECTFE(乙烯三氟氯乙烯共聚物)，2021年12月首次发现泄漏后，检修发现内衬涂层已经剥离，内部腐蚀穿孔(见图4)。

3　腐蚀机理研究

3.1　材料化学成分分析

根据GB/T 11170—2008《不锈钢　多元素含量的测定　火花放电原子发射光谱法(常规法)》，使用德国SPECTROMAXx型固定式直读光谱仪分析塔内件和相应管线化学成分。分析结果如表1所示，材料成分满足GB/T 24511—2017中对S22053的组分要求。

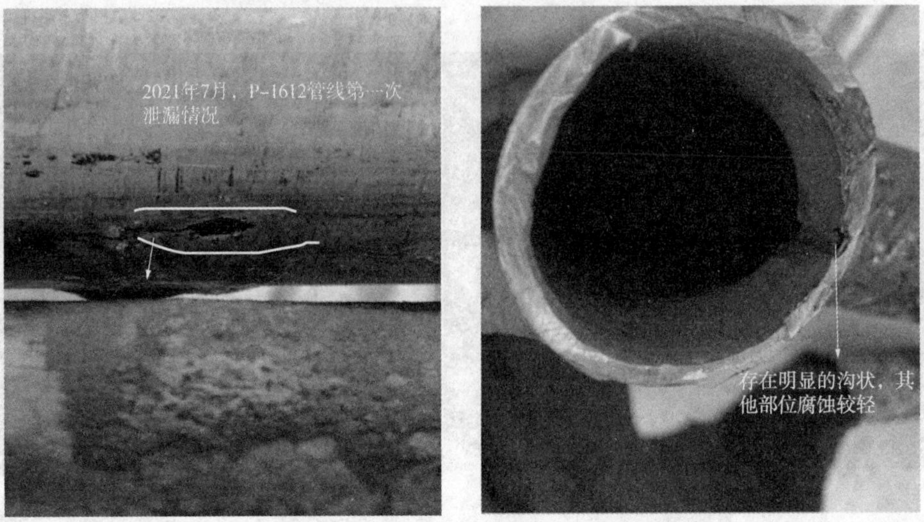

(a) (b)

图3 泵 P-1621A/B 出口管线腐蚀情况

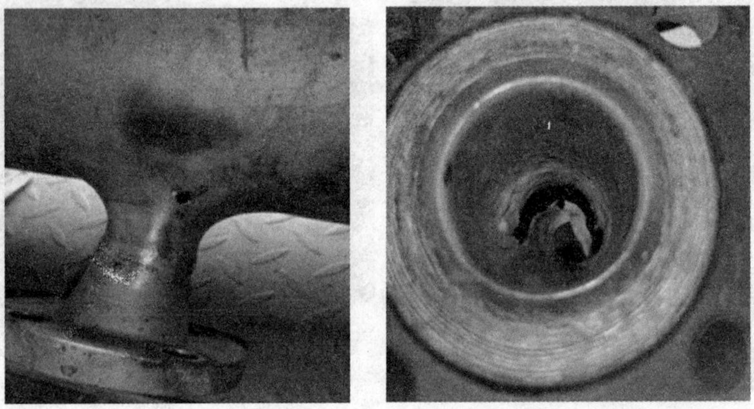

(a) (b)

图4 喷头 SP-1610 腐蚀情况

表1 塔内件和相应管线化学成分

试样编号	分析结果(质量分数)/%							
	C	Si	Mn	P	S	Cr	Ni	Mo
塔内件 1	0.020	0.500	1.140	0.024	0.005	22.48	5.02	2.93
塔内件 2	0.022	0.504	1.115	0.024	0.005	22.43	5.08	2.98
管件 1	0.019	0.457	1.173	0.022	0.004	22.41	5.47	3.18
管件 2	0.021	0.458	1.170	0.021	0.004	22.26	5.51	3.24
GB/T 24511—2017	≤0.03	≤1.00	≤2.00	≤0.03	≤0.015	22.0~23.0	4.50~6.50	3.00~3.50

3.2 金相分析

根据 GB/T 13298—2015《金相显微组织检验方法》，使用德国蔡司研究级正立方万能材料显微镜 AXIO Imager. A2m 进行材料显微组织分析，分析结果如图 5 所示。结果表明，组织为铁素体+奥氏体，未见异常，也未见穿晶或者沿晶开裂特征。

3.3 微观形貌及微区成分分析

使用扫描电子显微镜进行试样微观组织形貌分析，并选取不同位置进行表面腐蚀能谱分析(见图6)。结果显示，塔内件腐蚀产物主要为硫氧化物，腐蚀产物形态以团絮状为主，同时存在有一定量规则立方体长条状形态的腐蚀产物，宏观腐蚀形貌呈现的纹理有方向性纹理性槽状。管件腐蚀产物也主要为硫氧化物，腐蚀产物主要以松散的团絮状为主，腐蚀穿孔附近基材呈长条状堆叠，宏观腐蚀形貌以沟槽形式呈现。

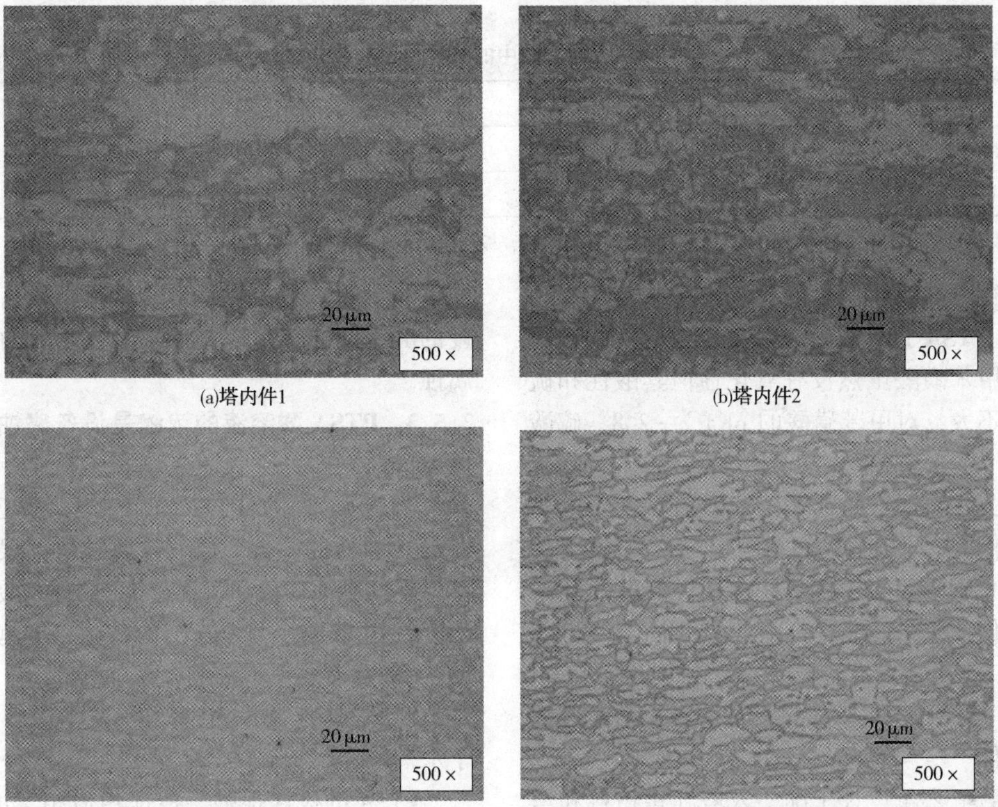

(a)塔内件1　(b)塔内件2

(c)管件1　(d)管件2

图5　塔内件及管线金相形貌

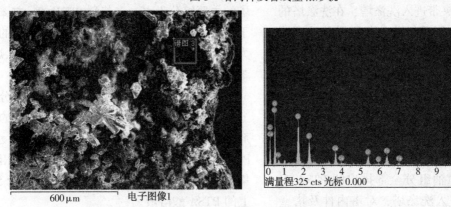

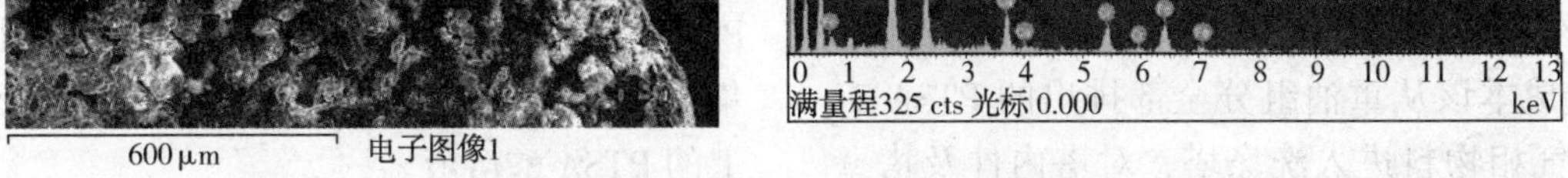

元素	质量分数	原子分数
C	33.37	46.21
O	41.09	42.71
Si	6.81	4.03
S	4.53	2.35
Ca	3.26	1.35
Cr	4.23	1.35
Fe	6.70	2.00
总量	100.00	100.00

图6　表面腐蚀产物能谱分析结果

3.4 介质中酸类分析

通过对洗涤塔C-1620的回流进行采样，经测定密度为0.9968g/mL，整体呈现酸性，但酸种类比较复杂，可能存在硫酸、对甲苯磺酸、苯甲酸、盐酸、甲酸、乙酸、丙酸等。采用离子色谱测试了C-1620回流水样中的硫酸根、氯离子、甲酸根、乙酸根等离子的含量。采用液质联用技术测试对甲苯磺酸和苯甲酸的含量，综合分析得出了C-1620回流中的酸种类和含量分布如表2所示。

表2 C-1620回流中的酸种类和含量分布

名 称	PTSA	硫酸	盐酸(Cl^-)	苯甲酸	甲酸	乙酸	丙酸
含量/10^{-6}	1726	7.38	0.12	—	171.47	238.9	18.48
酸度系数(pKa)	-2.8	-3.0	-8.0	4.2	3.75	4.74	4.88

注：之所以考虑Cl^-，是因为板式换热器E1621A/B泄漏后，板换的循环冷却水曾进入了回流冷凝水。

3.5 腐蚀形成原因

3.5.1 PTSA是造成设备腐蚀的主要腐蚀介质

对甲苯磺酸虽然没有氧化性但其酸性和硫酸相差不大，对甲苯磺酸的pKa为-2.8，硫酸的pKa为-3.0。根据瑞典山特维克SANDVIK公司的公开数据，如果以SS2205在硫酸中的腐蚀数据作类比，其腐蚀性相当于至少5%以上的硫酸。介质中只有PTSA具有这样的酸性和绝对量，使SS2205的腐蚀率达到1mm/a以上，因此PTSA是造成设备腐蚀的主要腐蚀介质。

3.5.2 运行工况的偏离是形成PTSA酸溶液的必要条件

按照工艺包设计工况，入塔气相物料和塔釜液中的PTSA含量均为0，即使有少量的PTSA被气相物料夹带进入洗涤塔，在洗涤塔的分离作用下，也会跟重组分一起随塔釜液回流至反应器，最后随重油组分全部排出。同时，回流冷凝水从第8层塔板流至第4层塔板时，应该被全部汽化后从塔顶排出，在这种情况下，重油组分中的含水量也应极少。

但从化验分析看，气相冷凝水中检出1726×10^{-6}的PTSA、重油组分含水量超过设计值40倍。造成本该从重油组分全部排出的PTSA有3/4随气相物料进入洗涤塔，对塔内件及塔壁造成严重腐蚀，塔盘的部分浮阀被腐蚀脱落后，该区域由浮阀塔盘变成了筛板塔盘，可能会使工况进一步恶化。

对甲苯磺酸原本在重油中的电离作用很弱，因此产生的H^+浓度很低。但是由于重油中的水分存在，将极大地促进对甲苯磺酸的电离作用，导致H^+浓度极速增大。重油组分含水量超标，使重油中的PTSA进入水相后形成了高温高浓度的PTSA酸溶液，从而导致了泵后的管线的腐蚀。

3.5.3 PTSA酸溶液的浓缩是设备腐蚀加快的原因

浓度很低的PTSA酸溶液，不至于对SS2205材质的设备形成严重腐蚀，但根据目前已发生的腐蚀现象和腐蚀速率，PTSA酸溶液的浓度相当于至少5%以上的硫酸，也就是说，PTSA酸溶液发生了浓缩。

1）与其他物料组分相比，PTSA更易溶于水

PTSA的极性很强，根据相似相容的原则，它可溶于水、醇和其他极性溶剂，而进入洗涤塔的主要组分为水、二苄醚PESH60、二苯基二丁烯D.P、苯乙酮、MBA，其极性大小的顺序为水>MBA>苯乙酮>二苄醚PESH60>苯乙烯>二苯基二丁烯D.P。

因此，PTSA更易溶于水，当PTSA分散在上述组分的混合物中时，水就是PTSA的萃取剂，绝大部分的PTSA都会进入游离水相，PTSA会持续从气相物料中进入游离水相并富集，形成PTSA酸溶液，逐渐浓缩为至少5%以上的PTSA酸溶液。

2）塔顶冷凝水的循环回流使PTSA酸溶液进一步浓缩

从塔顶排出的气相组分中所夹带的PTSA等酸性物质，经冷凝后进入油水分离罐，一部分含有这些酸性物质的冷凝水相作为回流液返回洗涤塔，经过这样持续的回流循环，之前被汽化的回流液带走的PTSA等酸性物质又被回

流液带回来一部分，在浮阀塔盘上的水相液层中不断累积和浓缩，从而形成高浓度的 PTSA 酸溶液。

4　腐蚀控制措施

4.1　工艺方面

据工艺商信息，该工艺包工厂的本装置没有发生这样的腐蚀情况，国内同类装置检修虽然发现腐蚀，但腐蚀程度较轻。因此工艺操作方面根据专利商和同类装置平稳运行下的运行参数，2022 年 11 月后逐步调整，降低反应温度、反应压力，提高塔顶温度，降低洗涤塔回流，控制 PTSA 注入量(见表 3)。

表 3　反应器和塔参数调整

操作参数	2021 年 12 月前	2022 年 6 月前	2022 年 12 月前	2023 年
R-1610 反应压力/kPa	30	26	28	24
R-1610 反应温度/℃	205	185	175	169.5
R-1610 反应进料/(t/h)	75	80	55	54.5
D-1610 液位/%	50	45	50-70	57
C-1620 塔顶压力/kPa	24	21	22	20
C-1620 塔釜压力/kPa	30	27	28	22.3
C-1620 塔顶与 R-1610 压差/kPa	4	7	2	4.3
C-1620 塔顶气相温度/℃	88	92	105	106
C-1620 塔 4 层塔盘温度/℃	125	115	150	156-162
C-1620 塔回流/(t/h)	8.5	10	2.0-5.0	3.15

4.2　设备方面

(1) 2022 年 11 月对重油管线原材质(316L)进行了更换，通过每月定期测厚发现管线均匀减薄，至 2023 年 10 月管线焊缝处出现多处泄漏，管线整体减薄速率虽已放缓，但防腐效果仍不理想。

装置建设初期，由于重油自身黏度较大，在工艺商建议下 P-1612A/B 机封冲洗型式更改为 PLAN32，冲洗液为 MBA，因此冲洗液中的 MBA 进入泵体后继续反应，生成苯乙烯和水，导致管线腐蚀加剧。2023 年 12 月对重油管线进行技改，材质升级为 S32750，壁厚变为 SCH40S，并停用 PLAN32 冲洗型式。

(2) ECTFE 全称为乙烯-三氟氯乙烯共聚物，具有优良的耐腐蚀性能，到目前为止，没有一种溶剂能在 120℃ 以下侵蚀 ECTFE，或引起裂缝。然而 ECTFE 在温度升高时，在应力作用下会出现破裂，催化剂注入口介质温度可以达到 150 多度，ECTFE 材质就无法满足该工况使用要求，此为造成 SP-1610 损坏的主要原因。为从根本上解决问题，将材质升级为哈氏合金 C276，内衬 PFA/PTFE。

(4) C-1620 塔盘由浮阀更换为固阀，塔盘厚度增加到 5mm，并在塔盘顶部设计分配管。

(2) E-1621A/B 板式换热器的材质由 SS2205 升级为 SS2507，壁厚增加到 3mm，并对塔顶气相管线增加保温。

通过采取以上措施，自 2022 年 11 月到 2023 年 12 月装置进行检修，塔回流中铁离子含量降低至 0.3mg/L 以下。拆检发现 C-1620 塔腐蚀得到控制，塔盘未进一步腐蚀，塔内 SS304 和 SS316L 挂片也仅出现麻点。E-1621A/B 板式换热器无腐蚀现象，板片金属光泽较好。SP-1610 喷头未再发生泄漏，整个单元腐蚀得到良好控制。

5　结论

本文针对 PO/SM 装置中甲基苯甲醇脱水反应单元，开展了腐蚀流程分析，明确了腐蚀介质和腐蚀机理，并提出具体的腐蚀控制策略，为同类装置防腐蚀控制提供了借鉴和思路。主要结论如下：

(1) PO/SM 装置中甲基苯甲醇脱水反应单

元的腐蚀主要由 PTSA 导致。PTSA 作为一种强酸，当工艺操作条件偏离时，在水的作用下不断浓缩，从而加剧设备腐蚀。

(2) 脱水反应单元的主要腐蚀部位为 C-1620、P-1612 出口管线、E-1621A/B 介质气入口侧和 PTSA 注入喷头部位，建议设计部位设备选材不低于 SS2205 材质。从工艺角度而言，主要控制指标包括反应温度、反应压力、塔顶温度、塔顶回流和铁离子含量等。

(3) 运行期间以保生产为主，还存在未尽事宜，后续将针对 PO/SM 装置进行腐蚀机理的系统性研究，建立腐蚀回路，形成 PO/SM 装置的选材、工艺防腐、腐蚀监测等成套腐蚀解决方案。

芳烃装置碱应力腐蚀开裂分析及预防措施

王炎强
（中国石化镇海炼化分公司，浙江宁波 315200）

摘 要 针对某公司芳烃抽提装置水汽提系统焊缝及热影响区频繁发生泄漏，从工艺介质特性、设备制造工艺、施工工艺等因素出发，通过宏观检查、工艺参数分析、材料理化试验、金相分析等方法，得出水系统腐蚀泄漏主要处于焊缝热影响区，主要原因为当前工艺条件下引起的碱应力腐蚀开裂，并针对此类问题提出了应对措施。

关键词 芳烃抽提；水汽提塔；碱应力开裂；热影响区；热处理

某石化企业芳烃抽提装置近几年水汽提塔系统频繁出现腐蚀泄漏，主要发生在汽提塔釜液再沸器壳体环焊缝部位、水汽提塔T字焊缝部位、釜液管线管道支撑部位和承插焊管件部位、汽提气管线弯头等部位。对水汽提塔系统多次发生腐蚀泄漏进行原因分析以及寻找相应的解决方法，对于后续芳烃抽提装置的长周期稳定运行及选型设计具有指导意义。

1 设备运行概况

芳烃抽提装置水系统循环主要由抽余油水洗塔(T-102)、水汽提塔(T-105)、水汽提塔再沸器(E-107)、水汽提塔釜泵(P-110)及相应管道组成。水汽提塔再沸器(E-107)为釜式换热器，主要利用回收塔底贫溶剂作为热源对来自抽余油水洗塔(T-102)和汽提塔顶回流罐(V-102)的水进行汽提，水汽提塔顶含少量烃的蒸汽送至汽提塔冷凝器，塔底出来的含有溶剂的水送至回收塔底，塔釜蒸汽作为溶剂再生塔溶剂再生的汽提蒸汽。

水汽提塔和水汽提塔再沸器通过法兰连接形成一台联合设备，其设计压力为0.38MPa，设计温度为140℃，筒体材质为16MnR，制造壁厚为10mm，设计腐蚀余量为3mm。装置生产运行过程中日常操作压力为0.07MPa，再沸器壳体操作温度为115℃，釜式换热器液位为40%~60%。

2014年至今，水汽提系统设备和管道泄漏已达12处，其中设备3处，管道9次，2016年至2017年期间泄漏次数明显增加，2018年对易泄漏部位进行管道及水汽提塔再沸器E-107更新，2022年水汽提塔T-105又发生与水汽提塔再沸器E-107同现象泄漏。

2 泄漏部位材质和性能分析

由于上述泄漏部位处于同一个系统，现象类似，本文选取水汽提塔泄漏为例进行研究分析。水汽提塔2022年5月首次发生泄漏，其泄漏部位为塔底筒体环焊缝与降液板焊接交叉位置附近(见图1，检修时已验证)。拆除保温层后泄漏现象为含环丁砜水渗漏，渗漏周边表面局部坑蚀较为严重，坑蚀深度为2~3mm(见图2)。

泄漏部位的表面坑蚀原因相对比较明确，通过以前此系统的泄漏情况比较判断：塔体先泄漏后导致设备表面发生次生腐蚀，而非外部腐蚀引起穿孔导致泄漏。由于泄漏介质中含有的环丁砜渗漏后在容器表面于空气环境中高温受热降解，生成酸性介质，并在保温棉内无法及时排走，在局部空间积聚，较快形成酸性腐蚀导致外表面的局部坑蚀。

2.1 泄漏部位裂纹情况

2022年水汽提塔泄漏后，采取临时堵漏措施监控运行，2023年大修时对水汽提塔进行了整体更新，对旧塔泄漏部位割板检查，泄漏点对应位置内壁为塔盘降液板与筒体连接部位附近，经初步打磨出现一条较为明显裂纹，筒体已全部穿透，介质泄漏至外部。降液板母材打磨后也发现较多小裂纹，全部打磨至筒体母材，也同样出现较多细小裂纹，整体降液板与筒体连接焊缝及热影响区均出现了不同程度的开裂，因还没完全穿透，这些部位未发现泄漏(见图3)。

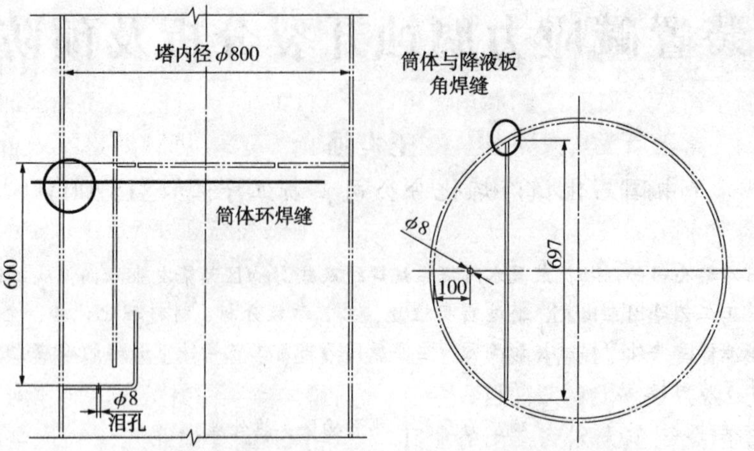

图1 水汽提塔泄漏位置示意图(筒体环焊缝与降液板焊缝交接处)

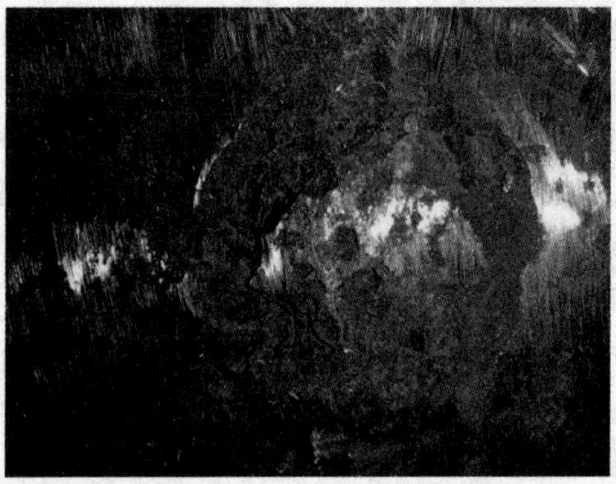

图2 水汽提塔泄漏部位外表面腐蚀现象

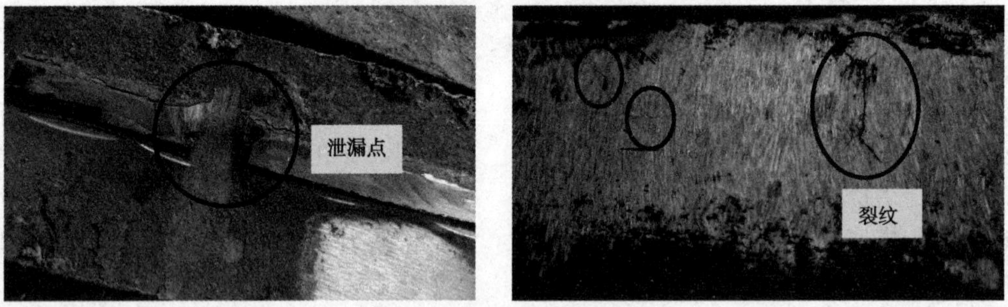

图3 水汽提塔内表面裂纹

2.2 化学成分分析

采用光谱仪对水汽提塔缺陷钢板上切取的块状样品(材质为16MnR)进行化学成分分析，结果见表1。由表1数据可知，该设备材质的化学成分基本上符合GB 6654—1996《压力容器用钢板》要求，说明设备在使用过程中，材料的化学成分没有发生明显的劣变情况。

2.3 硬度分析

对试样1按GB/T 4340.1—2024《金属材料 维氏硬度试验 第1部分：试验方法》进行硬度检测，测试出焊缝与热影响区的母材部位的硬度均在HV170左右，碳钢母材硬度一般在HV120左右，说明焊缝及热影响区部位存在较大的应力(见表2)。

表 1　水汽提塔泄漏部位化学成分分析结果　%

化学成分	C	Si	Mn	P	S
试样实测值	0.073	0.27	1.44	0.031	0.020
GB 6654—1996 标准值	≤0.20	0.20~0.55	1.20~1.60	≤0.03	≤0.02

表 2　泄漏部位硬度分析

试样位置	硬度(HV10)			示意图
焊缝	171	173	173	
母材	169	170	169	

2.4　金相分析

通过宏观观察，内壁未发现明显腐蚀和减薄，但发现多处裂纹，裂纹源不完整，裂纹两侧组织正常，裂纹由内壁向外壁扩展，方向垂直于焊接应力的方向(见图 4)。

从泄漏部位钢板分别切取焊缝、母材处小块试样，经 4%硝酸酒精电解侵蚀后，观察其金相组织及腐蚀形貌。

母材金相组织为铁素体+珠光体，晶粒细小，呈带状分布(见图 5)。

焊缝金相组织为铁素体+珠光体+少量贝氏体，其中部分先共析铁素体呈针状，形成魏氏组织(见图 6)。

取试样 2 裂纹处进行金相分析，由裂纹部位的金相组织照片可以看到，裂纹源不完整，裂纹周边晶粒无明显形变，长宽不成比例，多数起源于内侧焊缝或热影响区处向外壁沿晶开裂，末端呈现树根状延展，符合应力腐蚀形貌(见图 7)。

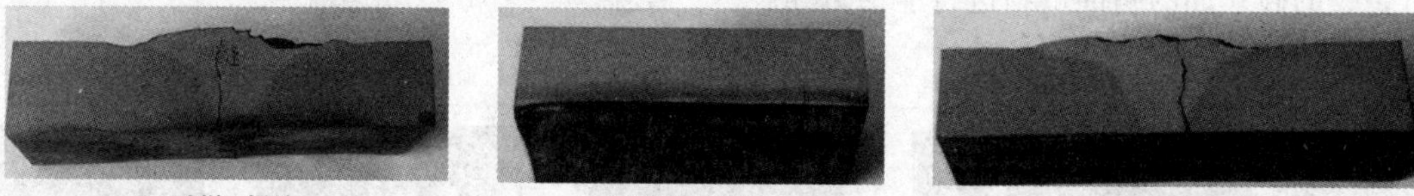

(a)试样1(焊缝)　(b)试样2 (母材)　(c)试样3(焊缝)

图 4　泄漏部位宏观检查裂纹情况

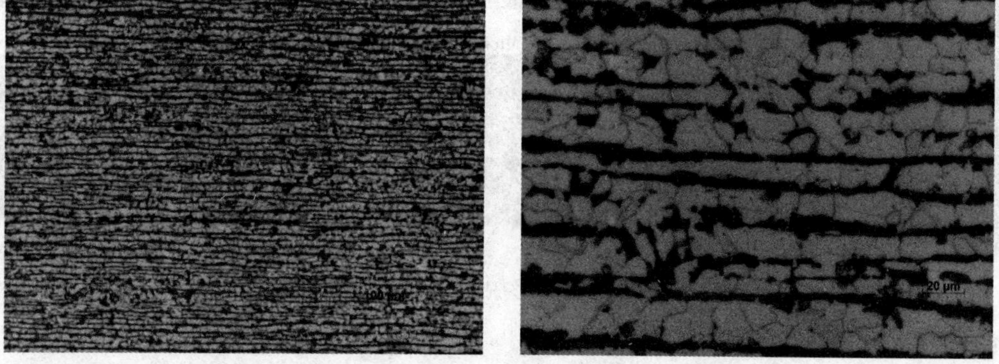

(a)放大倍数：100×　(b)放大倍数：500×

图 5　母材金相组织

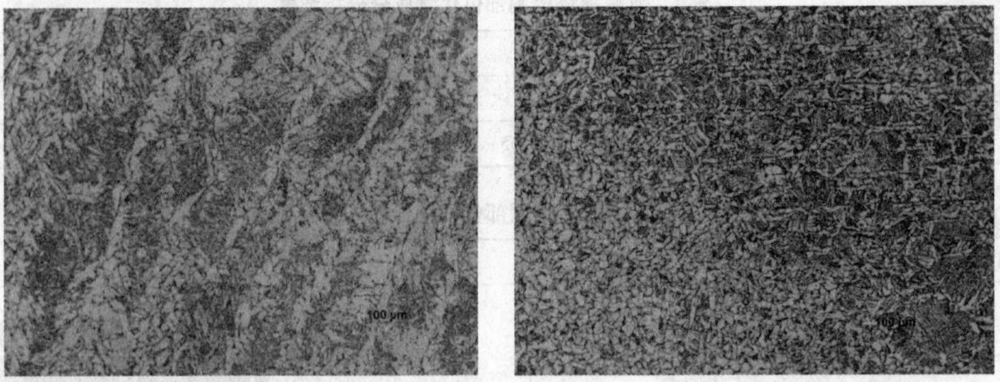

(a)放大倍数：100× (b)放大倍数：200×

图6 焊缝金相组织

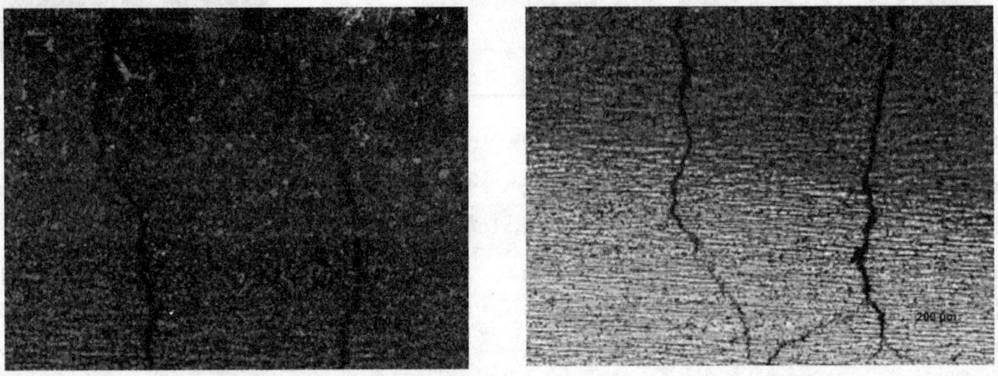

(a) (b)

图7 试样2热影响区裂纹(50×)

试样3在液氮冷却的环境中打断，对其断口进行电镜、能谱分析，形貌为准解理断口形貌；对裂纹的破裂面的腐蚀产物进行能谱分析，结果显示，裂纹处除了基体元素分布之外，发现一定量的氧、硫元素(见图8)。

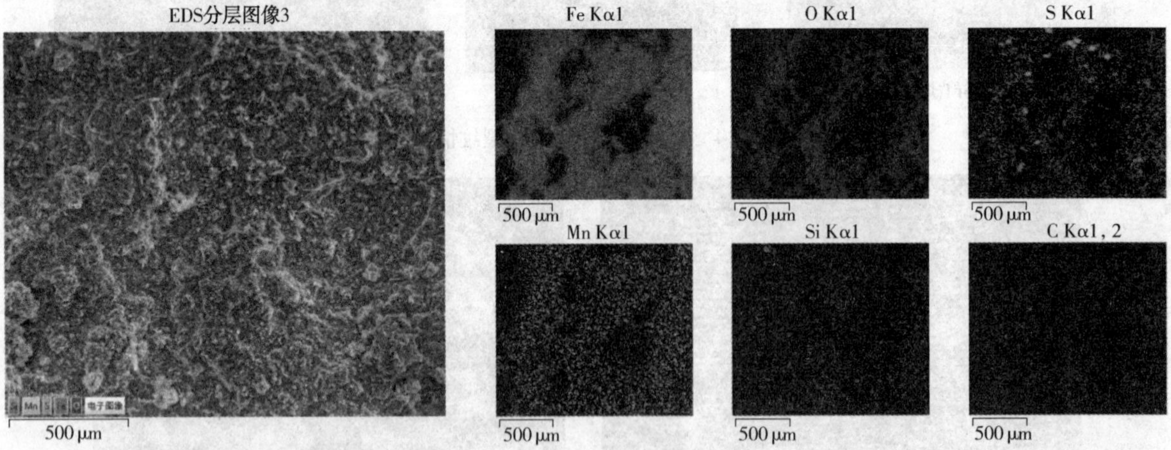

图8 试样3裂纹断口形貌电镜、能谱扫描(500×)

综合上述分析结果，可以确定裂纹源于内侧焊缝或热影响区向外壁沿晶开裂，符合应力腐蚀开裂特征。

3 产生裂纹的原因分析

通过对水汽提塔发生裂纹部位的材质、性能、裂纹形貌及腐蚀产物等进行全面分析和工艺条件的识别，可知焊缝及热影响区产生的裂纹为在拉应力和碱环境条件下引起的碱应力腐蚀开裂。

3.1　碱应力腐蚀开裂的条件

碱应力腐蚀开裂一般需同时具备三个条件，即高的温度、高的碱浓度和拉伸应力。

容器用碳钢主体材质一般为16MnR，力学性能、可焊性良好，通常情况下不易产生裂纹，但因容器内部介质为汽相或碱液，在温度较高等一定的环境条件下，易形成碱应力腐蚀开裂。

高温碱环境下，金属在拉伸应力和腐蚀共同作用下的开裂，裂纹在本质上主要是晶间裂纹，铁素体具有开裂敏感性，增加碱浓度或温度可增加开裂速度。

关于碱液浓度，《钢制化工容器材料选用规范》(HG/T 20581)等相关标准已说明，NaOH溶液温度超过46℃到沸点时，碳素钢及低合金钢焊制化工容器易发生碱应力腐蚀开裂。

碳素钢及低合金钢焊制化工容器，在温度和NaOH溶液浓度位于A区时，容器焊后或冷加工后不需要消除应力热处理；温度和NaOH溶液浓度位于B区时，碳素钢及低合金钢焊接接头及弯管应进行消除应力热处理。当NaOH溶液浓度≤5%时(D区)，理论上在任何条件下不会发生碱应力腐蚀开裂[1]。

碱应力腐蚀的过程中，腐蚀对裂纹的最终形成也起了重要作用。由于材料表面的缺陷如机械撞击、焊接造成的飞溅物和微小裂纹，加上腐蚀介质的作用，在物体表面形成点蚀，在点蚀形成应力集中，应力集中随点蚀的扩大而上升，超过一定限度时，使金属发生塑性变形，表面保护膜局部破坏，产生微小裂纹并逐渐扩展，裂纹附近金属组织发生变化，产生伴错等晶格缺陷，再加上腐蚀产物起的楔入作用，造成晶间破裂，提供了扩大裂纹的通道，此后裂纹进一步扩展，直到裂纹增大导致金属破裂。碱应力腐蚀裂纹一般起源于焊接热影响区的粗晶区部位，沿晶界走向，属于典型的沿晶开裂。

碳素钢和低合金钢容器经常发生的碱应力腐蚀开裂，其形貌特征均为沿晶开裂。主要是在其晶界处富集一些低熔点共晶物质(如硫、磷、碳)，在碱液中这些物质成为腐蚀电池的阳极，而晶粒由于钝化而成为腐蚀电池的阴极。碳素钢和低合金钢在碱溶液中的应力腐蚀开裂多数是由阳极溶解引起的，在拉应力集中部位阳极溶解加速，使得表面形成四氧化三铁的保护膜，此膜受拉应力作用而被破坏，继而再钝化使膜修复，当这两方面处于平衡时发生阳极溶解型的应力腐蚀破裂。因此，在碱液介质和拉应力的共同作用下，裂纹不断沿晶界扩展而形成裂纹。

3.2　裂纹产生原因

查找原始设计资料，设计图纸中只要求对水汽提塔再沸器E-107的管箱进行焊后热处理，再沸器壳体及水汽提塔T-105不需要焊后热处理，通过对试样焊缝及热影响区的维氏硬度检测，焊缝与母材部位的硬度均在HV170左右，而碳钢母材硬度一般在HV120左右，说明焊后未做消除应力热处理，焊缝及热影响区部位存在较大的应力，满足了发生碱应力腐蚀开裂的因素之一。

芳烃抽提装置设计采用以环丁砜作为萃取溶剂的抽提工艺技术，环丁砜溶剂在高温环境下容易劣化分解生成酸性物质，主要是磺酸、硫酸等，使系统的pH值下降。为防止环丁砜降解后系统呈酸性，工艺在抽提系统中使用单乙醇胺添加剂，目的在于中和环丁砜降解酸化物，保持溶剂系统的pH值。

从水循环系统的水化验分析结果来看，系统中pH值基本在7~10之间，碱浓度远未达到5%，不会产生碱应力腐蚀开裂。但在水汽提塔中操作温度为115℃，在焊缝对接偏差、焊接缺陷等气相空间部位介质往往会被浓缩而提高碱液浓度至5%以上，这就形成了碱应力腐蚀开裂的碱环境条件。这种现象可能是碱环境产生的其中一个因素。

芳烃抽提装置在2012年技措新增了离子交换树脂再生技术，采用离子交换树脂脱除酸性物质和环丁砜溶剂中累积的氯离子。树脂在使用前需用3%左右的稀NaOH溶液进行活化，或在使用一段时间后失去活性，树脂同样需用稀NaOH溶液再生，激活后用脱盐水进行洗涤至中性。树脂系统投用，部分环丁砜溶剂净化后进入溶剂系统循环。由于树脂系统投用前因树脂具有大孔复杂结构可能会出现洗涤不彻底，当溶剂进入树脂系统后，带出残留在树脂中的 NaOH 溶剂，可能使整个抽提系统的 pH 值大于 5%，经水系统循环进入水汽提塔中，在 115℃ 的操作温度下进而浓缩提高浓度，进入了碱应力腐蚀开裂的敏感区间。这是碱液环境产生的第二个因素。

综合上述具备了碱应力腐蚀开裂的三个必要条件(碱环境、高温、拉应力)，加上对腐蚀部位的金相组织分析，可以判定水汽提塔筒体泄漏的原因为碱应力腐蚀开裂。

4 防止碱应力腐蚀开裂的措施

4.1 设计优化

(1) 装置初始工艺设计或投产后的技措改造设计中，充分考虑工艺系统生产过程中是否存在或带入碱环境的可能性，尤其是工艺添加剂带来的影响。

(2) 设计设备制造时考虑设备加工方法，通过采用各种强韧化处理新工艺，改变材料合金相的相组成、相形态及分布，消除杂质元素的偏析，细化晶粒，提高成分和组织的均匀性，提高材料韧性，进而改善金属的抗应力腐蚀性能。

(3) 设计中尽可能避免死区，防止碱液滞留、水分蒸发造成碱液浓缩，形成碱环境条件。

4.2 制造质量控制

(1) 设备制造组对过程中控制对接部位错边量、接管伸出长度、椭圆度等，降低组装引起的装配应力。

(2) 减小制造过程中的焊接残余应力：①采用较小的焊接线能量，降低受热塑性变形的能力；②安排合理的焊接顺序可以使焊缝自由收缩，从而达到降低焊接应力的目的；③焊接后用圆锤锤击焊缝及其热影响区域，使金属晶粒之间的应力得到释放，从而减小焊接应力；④设备整体热处理，整体热处理受热均匀，设备整体温差小，消除残余应力效果较单独焊缝热处理好。焊后消除残余应力处理可实现晶体构造的改变，并消除晶体缺陷，有效减小金属强度，提高韧性。

4.3 工艺控制

(1) 严格控制工艺操作，优化系统氧含量、温度的控制，尽可能减少环丁砜降解，稳定溶剂系统中的 pH 值，从而减少添加剂单乙醇胺的添加频率，控制碱环境产生的来源。

(2) 树脂再生系统投用时，交换树脂必须清洗彻底，分析洗涤后的脱盐水的 pH 值，必要时树脂在水洗后并入溶剂系统前用溶剂置换树脂中可能还残留的 NaOH 溶液，避免未清洗净的 NaOH 溶液带入系统，短时间增加系统碱的来源。

(3) 定期对水汽提系统重点部位(如水汽提塔、水汽提塔再沸器)做无损检测，监控设备运行工况。

(4) 生产过程中水汽提系统缺陷处理涉及焊接作业时，执行好焊后消除应力热处理，消除焊接残余应力。

5 结语

通过对芳烃抽提装置水汽提塔泄漏的全方位分析，说明在系统中碱浓度较低的条件下，只要存在拉应力、高温度，在某些特定部位碱液浓缩，也会满足碱应力腐蚀开裂的三个必要因素，最终发生碱应力腐蚀开裂。

腐蚀问题是石油化工企业普遍存在的问题，针对不同类型的腐蚀，需要根据其腐蚀原理从设计、制造、使用等多方面研究分析，共同制定预防性措施，这样才能保证设备安全、环保、平稳地长周期运行。

参 考 文 献

1 HG/T 20581—2020 钢制化工容器材料选用规范[S].

2 肖晖．碱液应力腐蚀裂纹成因及处理[J]．中国特种设备安全，2010，27(2)：44-47.

3 斐加梅．焊接应力与焊接变形及其控制方式[J]．中国新通信，2015，17(23)：147.

煤焦制氢装置角阀闪蒸系统腐蚀分析

丁 尖
（中国石化镇海炼化分公司，浙江宁波 315200）

摘 要 本文探讨了煤焦制氢装置渣水处理单元角阀闪蒸工段存在的腐蚀现象和腐蚀机理，并结合工段环境及机理提出改进措施，由此改进同类工段损伤情况，提高设备使用的可靠性。

关键词 煤焦制氢装置；损伤机理

1 引言

某公司煤焦制氢装置自2019年开工以来，闪蒸工段多次发生管线腐蚀、泄漏情况，严重影响装置平稳生产运行，对生产安全造成严重威胁。针对闪蒸工段发生的腐蚀、泄漏问题，团队做了大量的工作，结合装置运行现状，进行多方面的改进，有效解决了腐蚀情况，装置长周期运行有了明显改善。

2 工艺流程介绍

煤焦制氢装置分为气化单元与净化单元。气化单元包括煤浆制备系统、气化及初步净化系统、渣水处理系统等主要工艺单元。角阀闪蒸工段位于渣水处理系统，气化炉、旋风分离器和洗涤塔的高压黑水，经过高压闪蒸角阀后，由于其阀后压力突然降低，各组分在气相中的分压迅速降低，在一定温度下，黑水大量汽化，溶解在水中的酸性气体逸出水面，经过分离器，将易挥发组分在气相富集，难挥发组分在液相增浓。三股黑水闪蒸、汇合，再通过多级闪蒸，将黑水浓缩，便于后系统进行固液分离。

装置共有三个系列，正常运行状态下两开一备，渣水处理单元共有24个闪蒸角阀缓冲筒，每个系列8个，以气化Ⅱ系列为例，气化炉、旋风分离器、水洗塔的黑水去蒸发热水塔各两个闪蒸缓冲筒，对应的设备位号为12LV201A/B、12FV234A/B、12FV239A/B。蒸发热水塔黑水去低压闪蒸罐有一个缓冲筒13LV201，低压闪蒸罐黑水去真空闪蒸器有一个缓冲筒13LV204，其中气化炉去蒸发热水塔的黑水分两股分别进入，而旋风分离器和水洗塔的黑水是两路黑水汇合后再进入蒸发热水塔。

3 腐蚀现象

3.1 泄漏检测情况

2020年5月14日，装置Ⅱ系列低压闪蒸罐至真空闪蒸器角阀13LV204闪蒸筒筒体三通处发生泄漏，泄漏位于渣水处理单元，泄漏点在闪蒸筒三通出口段，位于三通侧下方。

针对泄漏情况，对此处漏点进行包盒子处理，并对同工况的Ⅰ系列、Ⅲ系列进行检测，运用定点测厚检测闪蒸筒壁减薄情况，以及脉冲涡流检测分析减薄区域。根据测厚及脉冲涡流检测结果可以看出，角阀大部分区域未发生减薄，减薄主要发生在三通侧下方两侧约3cm^{2}的区域，呈中心向外扩散减薄趋势。后续对此区域进行了包盒子、更换三通处理。

3.2 内部检查情况

2022年5月，装置Ⅱ系列气化停工检修，针对渣水处理单元角阀闪蒸筒进行检查分析（见表1）。

角阀闪蒸筒运行工况如下：截至2022年6月，装置检修系列气化运行累计17800h，因角阀运行有5%的最低开关限位，且双阀设置的闪蒸筒切换运行时长大致接近，暂定所有角阀运行时间相同。

作者简介：丁尖（1995—），男，2019年毕业于中国石油大学（北京），硕士学位，现从事煤焦制氢装置设备技术工作。

表 1 角阀闪蒸缓冲筒尺寸及工况

尺寸/mm \ 角阀位号	12LV201A/B	12FV234A/B	12FV239A/B	13LV201	13LV204
Ⅰ段长度	800	900	1020	420	420
Ⅱ段尺寸	600×500	600×350	600×350	600×400	600×600
出口长度	675	231	231	700	934
Ⅲ段长度	2100	2100	2100	2550	2550
内衬管伸出长度	125	120	115	60	60

角阀结构如图 1 所示，介质从角阀侧向进口进入，在角阀流道内转向 90°向下，经过阀芯节流、降压排至闪蒸缓冲筒，角阀出口配有一根文丘里内衬延伸管。根据伯努利方程，经过角阀的黑水压力大幅下降，压力能转化为动能，同时压力下降，黑水解析出大量闪蒸气，气、液及夹带的固体颗粒高速喷出，首先经过Ⅰ段气相空间进行缓冲，大部分气体沿水平方向流向容器，气相空间的缓冲能力不足以将减压后的介质能量完全吸收，液体、固体及部分气体仍向下喷射，经过缓冲筒内液相介质的缓冲后，黑水液体、固体在缓冲筒中存积，然后溢流至容器中，若液相中的能量没有完全被吸收，剩余的能量将作用到缓冲筒底部法兰盖上。

图 1 角阀结构及角阀缓冲筒分段情况

根据现场结构，将角阀闪蒸缓冲筒分为四段检查分析(见图 1)：

Ⅰ：上段，从角阀至三通上焊缝以上；Ⅱ：中段，是三通上下焊缝之间至出口法兰；Ⅲ：下段，是三通下焊缝至闪蒸筒底部；Ⅳ：第四段，是闪蒸筒出口法兰至塔或容器。

对角阀闪蒸缓冲筒各段检查，检查结果如下：

第一段各设备没有发生减薄的情况；真空闪蒸器角阀 13LV204 闪蒸缓冲筒第二段磨损泄漏；气化炉至蒸发热水塔的角阀 12LV201A/B、蒸发热水塔至低压闪蒸罐的角阀 13LV201 闪蒸缓冲筒第三段的底部法兰盖、配对的法兰中段磨损严重；各缓冲筒第四段都没有减薄。此外，检查各角阀文丘里内衬延伸管段，气化炉黑水闪蒸角阀 12LV201A/B 延伸段内衬管磨损变形，内圈由圆形磨损成不规则形状。

4 机理分析

各角阀管线运行工况如表 2 所示。

可以看出，气化炉至蒸发热水塔黑水质量流量最大，根据能量守恒定律及伯努利方程，黑水能量与质量流量呈正相关关系，经初步计算，气化炉黑水单位时间的动能约为旋风分离器黑水的 6 倍，是水洗塔黑水的 90 倍，远远大于其他两者。根据缓冲筒缓冲原理，气化炉黑水能量难以完全被缓冲筒内部介质吸收，部分能量作用到底部法兰盖上，造成底部法兰盖产生凹坑。此外，根据各角阀缓冲筒尺寸可以看出，气化炉角阀延伸段最长，对气化炉黑水径向运行的约束距离最长，但此股黑水能量最大，黑水与延伸管直接接触、冲刷，造成延伸管磨损、变形。

对蒸发热水塔至低压闪蒸罐黑水和低压闪蒸罐至真空闪蒸器黑水角阀闪蒸缓冲筒进行分析，这两股黑水流量相当，管径相等，黑水的初始能量相当，但产生磨损的部位、现象不同，对此逐一进行分析。

低闪角阀前后压差约为 0.43MPa，真闪角阀前后压差约为 0.31MPa，根据伯努利方程，低闪角阀后流体流速更快，携带的能量更大，造成的现象与气化炉黑水效果类似，底部法兰盖中间被直接冲击产生凹坑，但因为压降较气化炉黑水更低，且内衬管延伸段长度更短，只有气化炉角阀的一半，这么短距离不足以在径向造成严重磨损，所以低闪角阀内衬管未发生变形。

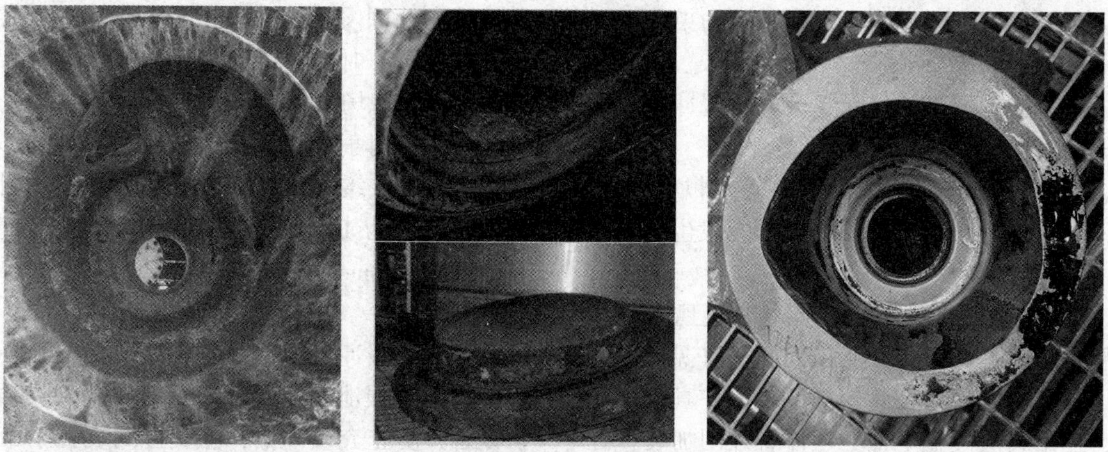

(a)真空闪蒸器角阀筒第二段　(b)气化炉底部法兰及法兰盖　(c)气化炉角阀延伸段内衬管

图 2　角阀内部磨损情况

表 2　角阀闪蒸缓冲筒尺寸及工况

角阀位号	12LV201A/B	12FV234A/B	12FV239A/B	13LV201	13LV204
压力/MPa	6.0→0.75	6.0→0.75	6.0→0.75	0.75→0.23	0.23→-0.07
流量/(t/h)	140	40	11	131	131
管径/mm	200	150	100	200	200
流速/(m/s)	12.4	6.3	3.9	11.5	11.5

真闪黑水能量比低闪低，但是却对三通部位造成磨损，在投用运行约 7300h 时就被磨穿、泄漏，分析产生此磨损的原因如下：

(1) 根据闪蒸原理，真闪闪蒸气量最大，黑水出角阀后，闪蒸出的大量闪蒸气破坏了黑水直喷结构，造成喷射流体径向偏移，能量直接作用到三通处筒壁上，从外观上也能看出，三通部位有一圈没有结垢的地方，应为长期受到黑水流体直喷所产生。

(2) 真闪角阀延伸管长度只有气化炉角阀长度的一半，对黑水流体喷射约束效果更差，介质更容易发生偏流。

(3) 真闪角阀闪蒸缓冲筒Ⅰ段长度只有气化炉角阀的一半，缓冲能力较差，介质到三通部位能量没有得到足够缓冲，作用在筒壁上的能量仍然很大，对筒壁磨损严重。

(4) 因闪蒸系统每一级都将上一级黑水进行浓缩，所以真闪这一级浓缩后的黑水固含量最高，对闪蒸筒管壁磨损最大。

总结上述设备磨损现象，真闪角阀运行 7300h 时就发生了磨损泄漏，而气化炉黑水角阀和低闪角阀虽然有减薄现象，但运行 17800h 后仍未发生泄漏，结合现场检查讨论分析，有如下因素导致磨损泄漏差异：

(1) 磨损部位原始厚度不同，真闪磨损部位原始厚度为 14mm，而闪蒸筒底部法兰盖经过加厚，厚度接近 100mm，底部法兰颈部磨损部位厚度也有 20mm，所以更不容易磨穿泄漏。

(2) 真闪黑水射流发生偏流，到达直接冲刷部位的距离短，筒内介质吸收的能量少，直接作用在本体上的能量大；低闪、气化炉黑水射流直达底部，经过了Ⅰ、Ⅱ、Ⅲ三段介质的缓冲，作用在设备本体的能量更小，更不容易穿透。

(3) 气化炉角阀延伸段更长，对射流约束作用大，没有产生偏流导致设备侧壁受到磨损，但由于黑水能量大，与角阀延伸管相互作用更多，最终导致延伸管磨损变形。

根据角阀闪蒸缓冲筒磨损情况分析总结如下：

（1）角阀阀座延伸管对流体喷射进行导流，约束闪蒸流体沿中心线向下流动，约束段越长越不易发生偏流。

（2）流体携带的能量越大，对缓冲筒本体造成的损坏程度越深。

（3）射流偏流会因缓冲距离短、冲刷角度原因，造成设备使用寿命偏短，更容易发生泄漏。

5 改进措施

根据上述总结的角阀闪蒸缓冲筒磨损分析结果，给出了几种针对性的改进措施（见图3）：

（1）对内衬延伸管较短的低闪、真闪角阀筒，在角阀法兰盖下部，延伸管外圈加装直径300mm的导流筒，增强导流性能，防止射流产生偏流直冲缓冲筒本体。

（2）根据现场实际条件，将低闪、真闪角阀缓冲筒下段加长1300mm，增加缓冲筒的缓冲能力，减弱射流直冲能量，减少对缓冲筒底部法兰盖的冲刷。此外，加装后缓冲筒离地面更近，方便检修时的拆装清理作业。高闪的6个缓冲筒由于现场没有空间，暂无法实施。

（3）针对射流能量较大的气化炉、低闪、真闪黑水，在缓冲筒底部法兰盖上加装一圈保护板，高度为100mm，加强圈紧贴缓冲筒壁，直径约为580mm，作用是保护底部法兰颈部，防止磨损。

（4）在缓冲筒中部设置夹套及检漏孔，若筒体三通磨损泄漏，能第一时间发现，同时保护设备，防止介质外漏，能支撑到装置平稳停车检修。

(a)角阀缓冲桶增加检漏点

(b)原缓冲筒内加装导流筒

(c)底部法兰盖增加扰流、缓冲板

图3 角阀闪蒸缓冲筒改进结构

6 结论

煤焦制氢装置渣水处理单元角阀闪蒸缓冲筒介质流速大，介质为固液气多相流体，易产生冲刷、磨损，是装置运行的薄弱环节，根据设备冲蚀现象，对冲蚀影响因素进行分析、确认，采取针对性改进措施，确实做到防患于未然。本文从现场实际出发，深度剖析了闪蒸角阀系统缓冲筒冲蚀、磨损的原因和影响因素，并提出了可行的解决方案，为日后同类型系统的优化提升提供借鉴。

参考文献

1 臧庆安. 煤气化装置损伤机理分析及腐蚀情况调查[J]. 化学工程与装备，2012(9)：72-74.

2 于健. 煤化工制气管道和设备腐蚀机理及预防[J]. 化工管理，2015(27)：123.

3 毕研超，郑军，王金辉，等. 煤制气装置腐蚀案例剖析[J]. 大氮肥，2014，37(1)：8-12.

4 张金华. 变换冷凝液汽提系统腐蚀原因探讨[J]. 小氮肥，2014，42(8)：13-15.

污水汽提装置氨精制塔筒体失效原因分析

吴建新 刘 滔 冯 焱
（岳阳长岭设备研究所有限公司，湖南岳阳 414012）

摘 要 本文阐述了酸性气汽提装置氨精制塔液相区域筒体鼓包问题，通过工艺环境及理化检验分析，得出在低温湿硫化腐蚀环境中，碳钢容易发生氢鼓泡（HB），从而引发壁板氢致开裂（HIC）的产生。

关键词 鼓包；湿硫化氢腐蚀；氢鼓泡；氢致开裂

随着原油加工深度的提高，特别是高硫原油加工比例的上升，炼油装置产生的污水量以及污水中的污染物含量不断增加，而国家环保要求和污染物排放标准的日趋严格，使炼油厂含硫含油污水处理面临着严峻的形势和挑战[1]。

某炼厂120吨/时污水汽提装置原料中氨氮含量较高，采用单塔加压汽提侧线抽氨及氨精制工艺技术路线，回收液氨，减少废气排放。由汽提塔侧线抽出的侧线气经三级分凝后的富氨气进入氨精制塔，氨精制塔温度由液氨罐自压来的液氨进行蒸发降温，维持-20~0℃的操作温度，以脱除氨气中的硫化氢，含硫氨水间断排入原料水缓冲罐，塔顶氨气经分液后进入脱硫吸附器进一步精脱硫。

1 腐蚀现状

检修期间，氨精制塔宏观检查发现上、下塔两段塔体下封头往上约2400mm范围的筒体内壁有大面积鼓包，鼓包直径大小为ϕ10~30mm，部分鼓包已经爆裂形成内表面裂纹，对塔壁鼓包区域进行打磨，部分裂纹呈纵向延伸，部分裂纹深度达6.0~7.0mm，如图1~图4所示。

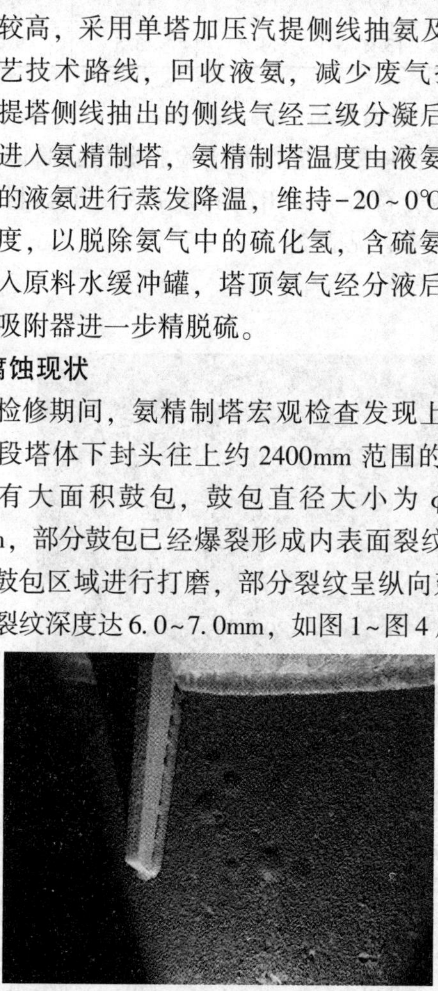

图1 塔壁鼓包、开裂形貌

图2 下段塔塔壁鼓包、开裂形貌1

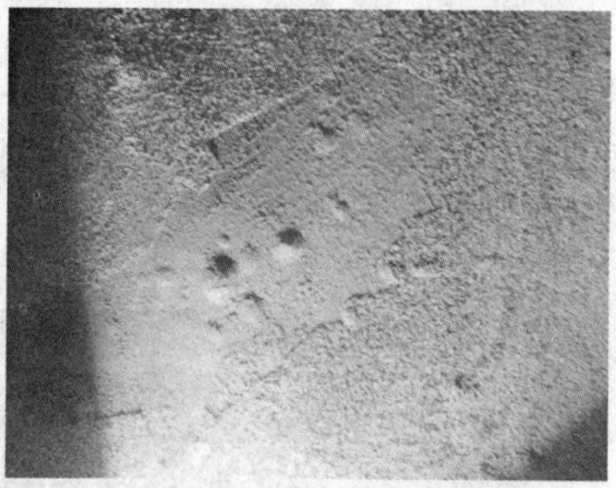

图3 下段塔塔壁鼓包、开裂形貌2

图4 塔壁鼓包处打磨完测厚情况

作者简介：吴建新（1986—），男，工程师，现主要从事腐蚀与防护专业方向的研究工作。

2 运行工况分析

氨精制塔发生鼓包开裂部位主要在底部液相区域，氨精制塔操作温度为-10~0℃，操作压力为0.24MPa，筒体材质为Q245R(正火)，操作介质为NH_3、H_2S、H_2O，其中NH_3、H_2S的分子比为20：1，H_2S含量至少达3%。当NH_3和H_2S同时存在水中时，容易发生电化学反应生成硫氢化铵，NH_4HS是弱酸弱碱盐，遇水时又重新生成游离的NH_3和H_2S，形成典型的H_2S+H_2O腐蚀环境。

3 理化检验分析

3.1 超声检测

对氨精制塔上、下两段塔体下封头往上约2400mm范围的筒体进行超声波测厚，采用随机测厚方式。从测厚数据分析，塔壁局部有分层现象，见表1。

表1 筒体壁板测厚检测结果 mm

高度部位	1	2	3	4	5	6	7	8
100mm	11.1	8.0	7.6	8.7	10.2	8.3	12.0	13.0
300mm	13.3	10.2	6.0	7.2	7.3	12.4	6.3	6.5
600mm	5.2	3.1	13.2	7.0	10.7	6.5	11.0	13.0
900mm	13.0	6.7	13.0	8.8	13.4	13.5	14.0	8.5
1100mm	13.4	12.5	13.2	13.3	13.2	11.3	11.5	9.6
1300mm	12.9	13.1	14.1	12.0	14.0	8.6	9.5	10.2
1700mm	12.7	13.4	8.4	13.1	13.1	11.4	11.6	9.5
2000mm	8.8	12.7	12.0	7.3	13.2	14.0	13.5	9.0

3.2 材料分析

3.2.1 宏观检查

将筒体鼓包处进行截面剖开，筒体除可见鼓包外，筒体壁板内部有分层现象，分层裂纹呈阶梯不规则形态，见图5。

3.2.2 光谱分析

对筒体壁板进行光谱检验分析，筒体壁板化学成分符合Q245R(GB/T 713—2014)材料的标准要求，见表2。

(a)

(b)

图5 筒体截面形貌

表2 筒体光谱检验分析结果比对(质量分数) %

分类	C	Si	Mn	P	S	Cr	Ni	Cu
筒体检测值	0.16	0.16	0.58	0.019	0.009	0.03	0.006	0.04
标准值	0.2	0.55	0.50~1.10	0.025	0.01	0.3	0.3	0.3

3.2.3　力学性能分析

将筒体壁板取样进行室温拉伸实验测试，测试结果表明，筒体壁板抗拉强度、屈服强度、断后延伸率、硬度等各项指标基本符合 NB/T 47008—2017 中对 Q245R 材料的要求，见表 3。

表 3　筒体力学性能测试结果对比

测试样本	屈服强度/MPa	抗拉强度/MPa	延伸率/%	硬度(HB)
筒体	311	430	33	112~120
Q245R 标准值	245	400~520	25	156

3.2.4　金相分析

对筒体内表面平整区域进行金相观察，母材金相组织为条带状铁素体+珠光体组织，属于 Q245R 热轧态钢板组织，不符合设计正火板组织要求，如图 6 和图 7 所示。

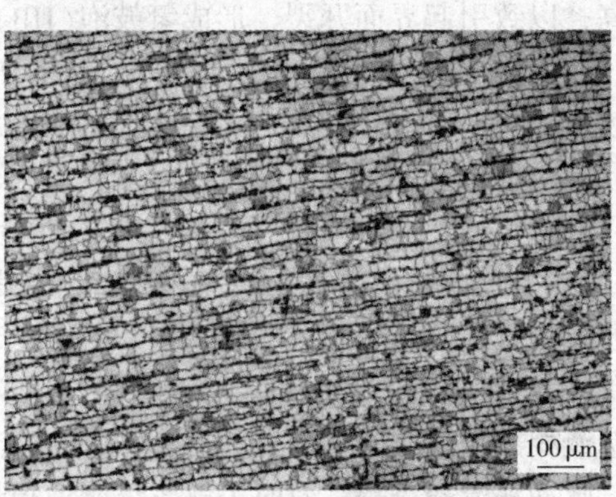

图 6　筒体内表面(100×)

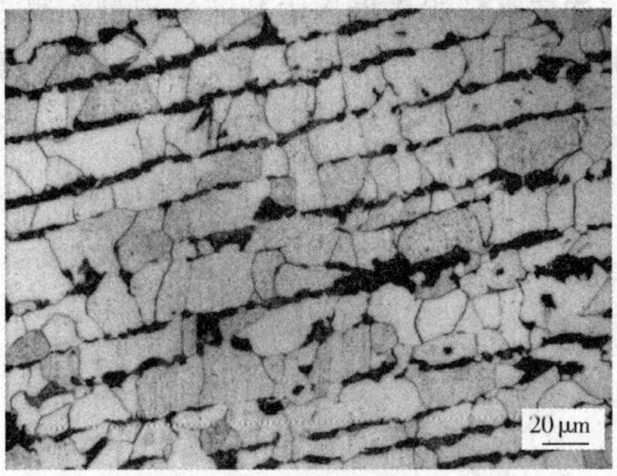

图 7　筒体内表面(500×)

对筒体壁板鼓包分层部位进行金相观察，壁板鼓包开裂是沿着条带状铁素体、珠光体组织的晶界开裂的，分层裂纹呈阶梯状，为典型氢致裂纹特征，如图 8、图 9 所示。

3.3　腐蚀产物分析

对筒体内表面腐蚀产物进行扫描电镜及能谱表明，检测结果分析，腐蚀产物元素含量主要有 C、O、Fe 和 S 等，其中 C 含量达 12.13%，O 含量达 21.33%，Fe 含量达 58.81%，Fe 含量达 5.24%，说明腐蚀产物主要以铁的硫化物和氧化物为主，如图 10 和表 4 所示。

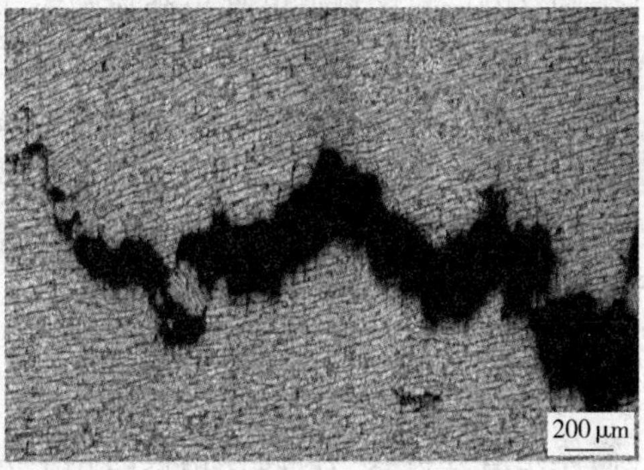

图 8　裂纹部位全貌(50×)

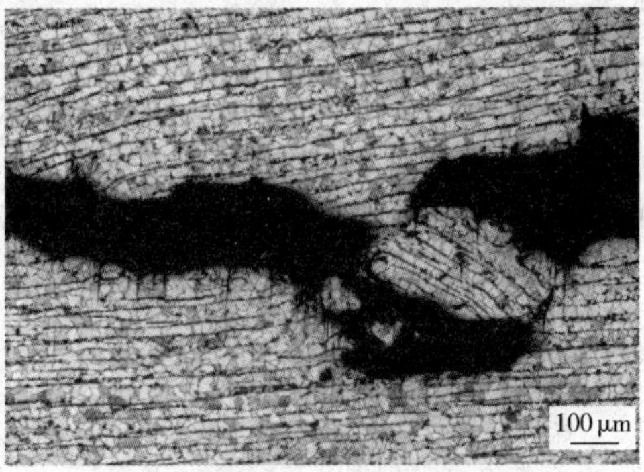

图 9　裂纹中间部位(100×)

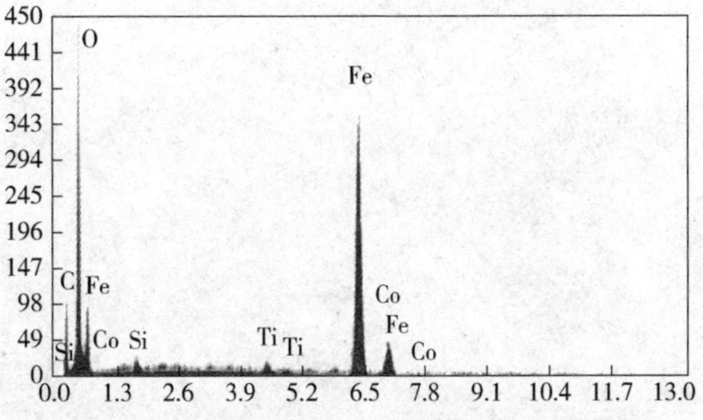

图 10　筒体腐蚀产物 XRD 分析结果

表 4 筒体腐蚀产物元素分析结果
（EDX 电子能谱分析法）

序号	元素	质量分数/%	原子分数/%
1	碳 C	12.13	24.32
2	氧 O	21.33	32.77
3	铝 Al	1.14	1.09
4	硅 Si	1.35	0.76
5	铁 Fe	58.81	28.23
6	硫 S	5.24	12.83

4 分析与讨论

4.1 环境因素

氨精制塔发生鼓包、开裂部位主要在下封头往上约 2400mm 区域，该部位介质形态为液相，操作介质为 NH_3、H_2S、H_2O。

当 NH_3 和 H_2S 同时存在水中时，容易发生电化学反应生成硫氢化铵，NH_4HS 是弱酸弱碱盐，遇到大量水时重新水解生成游离的 NH_3 和 H_2S，形成了典型的 H_2S+H_2O 腐蚀环境。

4.2 材料因素

4.2.1 化学成分分析

筒体光谱分析表明，筒体钢板的化学成分符合 Q245R（GB/T 713—2014）材料的标准要求。

4.2.2 组织结构分析

筒体壁板鼓包部位剖面宏观检查，壁板内有分层现象，分层裂纹呈阶梯不规则形态；金相组织观察，鼓包开裂是沿着条带状铁素体、珠光体组织的晶界开裂的，分层裂纹呈阶梯状，为典型氢致裂纹特征。

4.3 腐蚀机理

湿硫化氢腐蚀电化学腐蚀过程为：

阳极：$Fe-2e \rightarrow Fe^{2+}$

阴极：$2H^{+}+2e \rightarrow H_{ad}+H_{ad} \rightarrow 2H \rightarrow H_2 \uparrow$

$\downarrow$

$[H] \rightarrow$钢中扩散

其中：H_{ad}为钢表面吸附的氢原子，[H]为钢中的扩散氢。

阳极反应产物：$Fe^{2+}+S^{2-} \rightarrow FeS \downarrow$

硫化氢腐蚀过程中，析出的氢原子向筒体壁板内渗透，在壁板某些部位形成氢分子富集，随着氢分子数量的不断增加，形成的压力不断升高，以致引起界面开裂，形成氢鼓泡(HB)。

在筒体壁板发生氢鼓泡区域，当氢的压力继续增高时，小的鼓泡裂纹趋向于相互连接，形成有阶梯特征的氢致开裂(HIC)。

5 结语

（1）在湿硫化氢腐蚀环境中，碳钢易发生氢鼓泡、氢致开裂等腐蚀形态。

（2）针对氨精制塔筒体鼓包问题，建议在塔壁液相部位增设腐蚀监控措施，例如定点测厚、脉冲涡流扫查等，及时了解系统腐蚀趋势。

（3）建议优化操作运行，合理控制温度指标，调节氨精制塔操作中补液氨用量，调节氨水循环量的控制，从而提高液氨质量，减缓湿硫化氢腐蚀发生。

原油罐阴极保护系统故障分析与处理

王 靖 秦 浩 朱连峰 宋 哲
（中国石油华北石化分公司机电仪运维中心，河北任丘 062552）

摘 要 阴极保护是一种控制金属电化学腐蚀的保护方法。石油化工企业储罐防腐蚀大范围应用阴极保护技术。由于罐区周边环境比较宽阔，腐蚀介质多样，而且罐底防渗处理与阴极保护系统各类导体产生诸多不利影响，使得储罐阴极保护的维护保养难度加大，特别是投用时间较长的储罐阴极保护系统有效是困扰着石化企业防腐蚀管理的一项难题。本文介绍了某石化公司原油罐区G117、G118罐失效的阴极保护系统参数检测和修复的过程。

关键词 阴极保护；电化学腐蚀；恒电位仪；保护电位

1 阴极保护系统工作原理

阴极保护技术是电化学保护技术的一种，其原理是向被腐蚀金属结构物表面施加一个外加电流，被保护结构物成为阴极，从而使得金属腐蚀发生的电子迁移得到抑制，避免或减弱腐蚀的发生。根据提供阴极电流的方式不同，阴极保护分为牺牲阳极法和外加电流法两种。外加电流法阴极保护系统如图1所示。

2 原油罐阴极保护系统介绍

原油罐区G117、G118储罐的罐容均为$5\times10^4m^3$，直径为60m。每具储罐配备1套阴极保护系统。

2.1 储罐内壁阴保设施

原油储罐底板内表面采用铝合金牺牲阳极保护，铝合金阳极直接焊接于罐底板上，其工作寿命按照10年考虑，清罐维护同时可以进行铝合金阳极的更换。

2.2 储罐底板外壁阴保设施

罐底外壁阴极保护系统由恒电位仪、网状金属氧化物阳极、长效参比电极及供电系统等组成，结构如图2所示。通过在罐底外加电流，在罐底板形成一层保护性钝化膜，让罐底板处于钝性状态，防止罐底板腐蚀损坏。油罐底板外壁阴极保护系统配套恒电位仪位于原油罐区阴极保护间。

2.3 G117、G118罐恒电位仪简介及应用

G117、G118罐恒电位仪共3台，两用一备，设备由国内厂家2012年6月生产。运行模式有恒电位、整流器(手动)两种，具有过流保护、抗交流干扰等功能。

2.3.1 恒电位运行模式

在“测量选择”开关的“控制”“保护”两个挡位之间切换，“电位测量”数显表显示的电位值保持一致，表明该路恒电位运行状态正常。可将控制电位调到欲控值。

2.3.2 整流器(手动)运行模式

该模式类似“恒电流模式”。但原油罐使用的2012年产品不具有恒电流模式。根据现场实际需要，调节面板上的“输出调节”电位器，使输出电流达到欲控值。由于受工况条件的影响，输出电流有小幅度变化。

3 两具原油罐阴极保护系统故障及检测分析

3.1 故障历史介绍

两具原油罐建成投用至今，恒电位仪分别采用过恒电位、手动模式运行，有时输出电流电压波动较大，无法稳定工作，达不到保护电位。因此两具罐均长期采用恒电流模式运行，但仍然存在有时输出电压较高的问题。

无论恒电位模式还是手动模式，当输出电压、电流波动时，为了使保护电位维持正常范围，调节过程中，恒电位仪有时会过载，并发出报警。此时不得不将保护电位降低至-450~

作者简介：王靖(1974—)，男，河北晋州人，1996年毕业于河北理工大学工业自动化专业，高级工程师，现负责华北石化公司电气技术管理工作。

-600mV，报警才得以消除。而该数值范围只是储罐与土壤接触的自然电位。在通电的情况下，埋地钢铁结构保护电位为-0.85~-1.2V。

专业的检测机构曾现场对G117、G118罐的阴极保护系统做了专业性检测。检测过程中，两台恒电位仪在恒电流模式下运行参数正常，而切换至恒电位模式后，恒电位仪均出现了报警。

通过对阳极地床对地电阻、参比电极校准等阴保系统效果检测，最终建议G117、G118罐恒电位仪均使用手动模式运行，将恒电位仪的控制参比电缆改接至检测效果较好的参比电极C0。按照检测报告的建议进行调整后，恒电位仪仍无法实现平稳运行，输出电压、输出电流仍不定期波动。

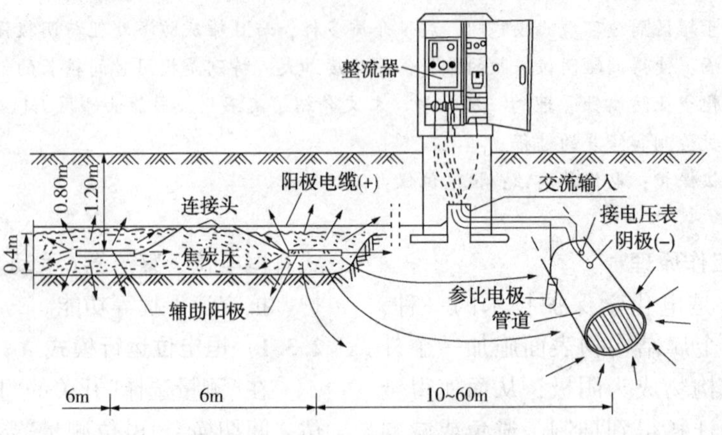

图1 外加电流法阴极保护系统

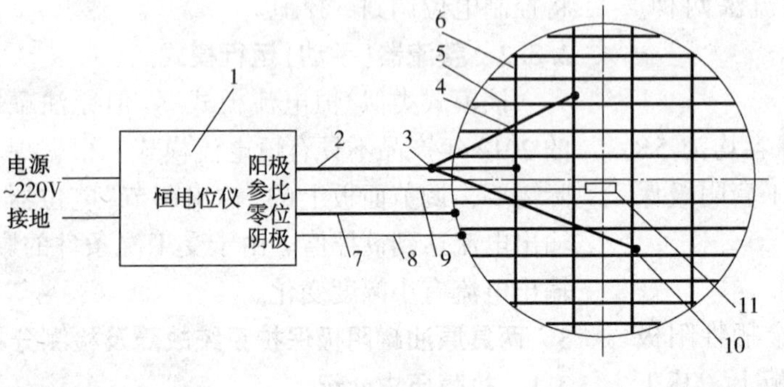

编号	名称型号及规格
1	恒电位仪15A/30V
2	阳极汇流电缆VV$_{22}$-1kV/1×25
3	阳极电缆汇流点
4	阳极电缆YJV$_{22}$-1kV/1×10
5	带状金属氧化物阳极
6	钛金属连接片
7	零位接阴电缆W$_{22}$-1kV/1×16
8	阴极电缆 VV$_{22}$-1kV/1×16
9	参比电缆VV$_{22}$-1kV/1×10
10	阳极电缆头
11	长效参比电极$Cu/CuSO_4$

图2 原油罐底板外壁阴极保护系统

3.2 阴极保护系统专业检测及分析

对G117、G118罐的检测报告数据进行分析，发现报告中阳极地床的接地电阻值分别为5.6Ω、7.7Ω。虽然《钢质石油储罐防腐蚀工程技术规范》中未明确要求储罐阴极保护系统阳极地床接地电阻值，但是根据对储罐、长输管道的运维经验，阳极地床接地电阻在1Ω以下为最佳数值，当超过3Ω时恒电位仪输出会明显增大或发出报警。G117、G118罐恒电位仪额定电压为30V，额定电流为15A。

3.2.1 罐外底板自腐蚀及埋设参比电极的校准

G117、G118罐基础各埋设参比电极4套，自罐中心到边缘呈直线等距离布置，自中心到边缘编号均为C0、C1、C2、C3。检测报告中，根据防爆接线箱内参比电极校准结果和储罐外底板自腐蚀电位检测结果得出结论，两具储罐存在共性问题。以G117罐为例，防爆接线箱内参比电极校准结果见表1，储罐外底板自腐蚀电位检测结果见表2。

采用埋设的参比电极C2、C3与地表近参比法检测结果分别相差283mV和249mV，电位差较大，两个参比电极可能存在问题或埋设位置有问题；采用埋设的参比电极C0与地表近参比法检测电位差为84mV，结果更相近，参比电极C0为正常。需要注意的是，当C0作为控制参比电极时，将恒电位仪保护电位调整到-934mV时，实际保护电位才能达到-850mV。如果采用C3作为控制参比电极，将恒电位仪保护电位调整到-1150mV时，实际保护电位才能达到-850mV。参比电极校准电位的偏差，直接影响着恒电位仪对罐底板实际的保护电位准确性。

根据表2数据，罐底板自腐蚀电位在正常范围内。罐基础内参比电极C2、C3与地表近参比法检测罐底板自腐蚀电位结果电位差较大；采用罐基础内的参比电极C0与地表近参比法检测电位差约为85mV，结果与参比电极校准结果基本一样，参比电极C0为正常。

表1 G117罐参比电极校准结果

测试位置	电位差/mV(CES)
C2 VS C0	-197
C3 VS C0	-164
C3 VS C2	+34
C0 VS 近参比	-84
C2 VS 近参比	-283
C3 VS 近参比	-294

表2 G117罐外底板自然腐蚀电位检测结果

测试位置	自然腐蚀电位/mV(CSE)				
	参比电极C0	参比电极C1	参比电极C2	参比电极C3	地表近参比法
阴极接线点	-603	—	-404	-438	-688
零位接线点	-603	—	-404	-438	-688
测试电缆引出点	-603	—	-404	-439	-687
接地1	—	—	—	—	-650
接地2	—	—	—	—	-648
接地3	—	—	—	—	-639
接地4	—	—	—	—	-642

3.2.2 储罐外底板通、断电电位检测

参比电极C0分别对阳极、阴极、测试电缆引出点进行通电电位测量，电位为-1058～-1142mV，而断电电位均为-630mV，未达到标准要求(负于-850mV)。参比电极C2、C3测试的储罐通电电位为-8～-10V，其断电电位也达到了-1526～-1614mV，电位明显偏负。参比电极C2、C3可能处在罐底板网状阳极叠加电场中，因此受到严重干扰，使得参比反馈信号不真实。综上，G117罐参比电极C2、C3铺设的位置不合理，无法使恒电位仪稳定工作。

采用同样方法检测G118罐，根据检测数据，初步判断G118罐参比电极C0正常；参比电极C2可能处于正常状态，但位置处于阳极电场叠加处；由于参比电极C1断电电位与储罐底板自然电位相近约为-400mV，判断C1为罐底板外埋设的参比电极可能性最大。

3.3 故障处理经过

分析原油罐阴极保护系统无法正常工作的原因，不仅是参比电极埋设位置不当，工作受干扰，而且罐基础内水分不足，导致了参比电极过于干燥，以及阳极地床与大地接触电阻增高。为了形成稳定的恒定电位，需要加大输送功率，有时恒电位仪会过负荷。综上所述，建议对G117、G118罐注水，减少参比电极、阳极地床与大地的接触电阻，还有助于降低恒电位仪输出功率。

关闭两台恒电位仪，对两具罐基础周围注水管依次注水。各罐注水7t后，阳极地床接地电阻分别将至1.8Ω、2.3Ω。次日对恒电位仪开机，G118罐恒电位仪在恒电位运行方式下将保护电位调至1000mV，输出电压、输出电流分别为2.0V、0.15A，运行参数正常。检测其通、断电电位，其中3个参比电极基本达到了标准。经过数日浸泡及水的作用力，阳极地床接地电

阻降低，而参比电极接地电阻降低的同时，很有可能位置发生了改变，电位不再受阳极地床干扰。阴极保护巡检至今，恒电位仪参数稳定，未见异常。

而G117罐依旧无法正常运行，对调G117、G118罐两台恒电位仪的接线发现，G117罐的恒电位仪可以带G118罐阴极保护系统运行，G118罐恒电位仪无法带G117罐阴极保护系统正常运行。由此判断，G117罐的恒电位仪是完好的。

检测G117罐现场接线箱至恒电位仪输出阳极、输出阴极、参比电缆和零位接阴绝缘电阻，阻值均为0。此前，阴极保护维保单位在日常巡检中，电缆绝缘电阻检测均正常。

2022年仪电运行部在多方调研了解的基础上，借助本市一家企业的电缆探测仪器，初步确定G117罐电缆故障点位于G118罐东南方向的混凝土地坪下，距G117罐防爆接线箱约60m处。分别对阳极地床引至接线箱3个测量端检测其接地电阻，阻值为2.5~2.7Ω，处于正常范围内偏高等级。

后来，铺设临时电缆将来自118罐恒电位仪的阳极、阴极、参比、零位接阴电缆接入G117罐现场接线箱。开机运行，发现此时G117罐阴极保护系统运行参数正常，经过多次启停恒电位仪，运行参数无明显波动。将G117罐阴极保护系统电缆自电缆桥架进入埋地位置处截断，利旧桥架铺设的部分，对地埋路径的电缆重新铺设，并按施工规范制作接头。9月，更换电缆施工完成，对恒电位仪开机试运，采用恒电位模式，工作正常。随后将参比电缆分别连接4个参比电极做对比测试，当连接C2参比电极时，将保护电位从0缓慢增加至700mV过程中，恒电位仪持续发出过负荷报警，经反复调节，报警仍无法消除。C2参比电极与阴极之间通、断电电位均未负于-400mV，由此得出结论，目前该参比电极失效或在罐基础内断线。其他参比电极依次连接参比电缆，恒电位仪运行参数基本一致，可以正常工作，在测试桩检测的数据与恒电位仪保护电位相差无几。恒电位仪连续数月未发生任何报警。

根据G117、G118罐参比电极的校准结果的偏差数值，采用C0作为控制参比电极，将保护电位调整到-1000mV左右，罐底板的实际保护电位可以达到负于-850mV。

参 考 文 献

1 吴荫顺，曹备．阴极保护和阳极保护——原理、技术及工程应用[M]．北京：中国石化出版社，2019.

蒸汽喷射器保温层下腐蚀预防对策

周文斌
(中国石化上海高桥石油化工有限公司化工部，上海 200129)

摘　要　国内某石化公司苯酚丙酮装置发现蒸汽喷射器系统上多处裂纹和泄漏，对其原因进行分析。结果表明：保温层下雨水中的氯盐对不锈钢产生应力腐蚀，导致出现应力开裂。随后针对防范措施提出了建议。

关键词　蒸汽喷射器；保温层下腐蚀；应力腐蚀

1　蒸汽喷射器简介

蒸汽喷射器是利用气体流动时的静压能与动能相互转换的气体动力学来形成真空，具有一定压力的蒸汽通过拉瓦尔喷嘴达到声速，到喷嘴的扩散部时，静压能全部转化为动能，同时在喷嘴出口形成真空，被抽气体在压差作用下，被抽入吸入室与超声速的蒸汽混合进入文丘里管，在扩散管混合气体速度逐渐降低，压力逐渐升高后经出口排出。

蒸汽喷射器抽气量大、工作范围宽、没有运动部件，是一种用途广泛维护简单的真空设备，主要用于除气、干燥、蒸馏、制冷等方面。国内某石化公司苯酚丙酮装置在精馏、氧化单元应用蒸汽喷射器，由喷射器产生真空同时由排放尾气的回流量来调节控制塔釜真空度。

2　故障喷射器工况简介

国内某石化公司苯酚丙酮装置在苯酚精馏单元 T-2380 的真空系统上配置了设备位号为 J-2390 的蒸汽喷射器(见表 1)，用来提高苯酚精馏塔的真空度。J-2390 整个蒸汽喷射系统由 2 路并联的泵头及 1 个冷凝器组成，辅以蒸汽除湿系统。2024 年 4 月，精馏氧化系统开车过程中，发现泵头、冷凝器本体及其管路系统出现多处裂纹，蒸汽出现外漏。

表 1　喷射器工况

设备位号	工作介质	压力	温度	制造单位	制造日期
J-2390	蒸汽	1.8MPa	207℃	GRAHAM	2004

3　故障原因分析

3.1　设备宏观情况

通过表面渗透探伤，裂纹主要出现在喷射器扩散管、出口管道及换热器壳体母材上(见图 1)，同时相应位置的金属壁厚均匀且并未发生明显变化。从裂纹的形貌与发生部位判断，符合奥氏体不锈钢的应力腐蚀开裂(以下简称 SCC)的故障特征。

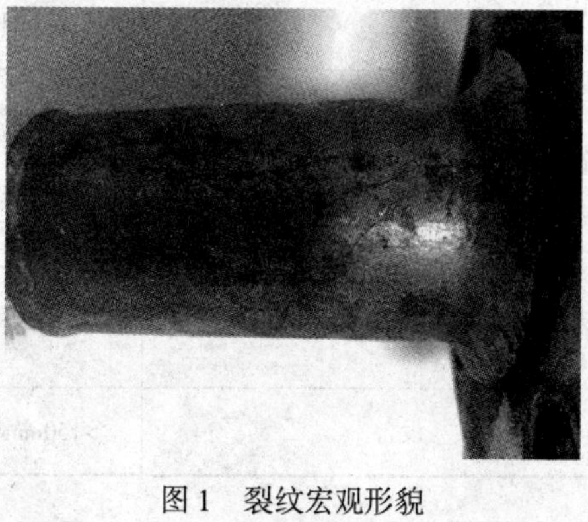

图 1　裂纹宏观形貌

3.2　腐蚀机理

保温层下腐蚀(以下简称 CUI)是由水、污染物及温度的共同作用产生的。保温层下的水主要来源于雨水的渗透，由于外保护层的设计缺陷、施工不当、机械损伤等原因都会使雨水进入保温层。雨水及保温层中的无机盐等杂质能增加水的电导率及腐蚀性，金属盐的水解会引起阳极区的 pH 值降低而导致局部腐蚀，金属表面和保温材料间形成的薄层电解质溶液为电化学腐蚀创造了必要条件。CUI 中最常见的金属盐是氯化钠，当浓度足够高时，会引起奥氏体不锈钢的应力腐蚀开裂。氯离子会破坏不锈钢表面的钝化膜，钝化膜的主要组成元素 Cr、Fe、Ni 在膜中分别以 Cr_2O_3、FeO、NiO 存在，氯离子破坏钝化膜的氧化物结构，进而渗透进材料内部特别是金属表面缺陷、夹杂处，在有残余拉应力的地方则会出现 SCC。

此外温度也会对 CUI 下的 SCC 有巨大影响。在高温条件下水分与灼热的不锈钢表面接触而蒸发，氯化物盐类随着水的蒸发而浓缩并在金属表面沉积。随着温度的升高，腐蚀反应速率增加，SCC 的诱发和扩展时间缩短。大多数 SCC 失效发生在温度处于“热水”范围内[50~150℃(120~300℉)]的金属上。当金属表面温度不在此范围内时，则很少发生 SCC 失效。如果设备启停频繁并在露点温度循环则更易发生 ESCC：低温时存在的水，在高温时蒸发，每次温度循环，水中溶解的氯化物盐类都会在表面浓缩。

3.3 原因分析

J-2390 蒸汽喷射器其扩散管及出口管道有蒸汽伴热，正常运行时的温度为 60~140℃，整个喷射器系统均有绝热层为硅酸铝棉的保温。在 2005 年安装启用后，已正常运行近 20 年，但整个系统上的保温有多处变形破损，部分部位的硅酸铝棉毯板结缩塌，经引用 NACE RP 0198《保温层和防火材料下的腐蚀控制》中的影响因素，并进行赋分后(满分 35)，J-2390 系统参照综合评分后为 23~29，有较高预期发生 CUI。

表 2 不锈钢、双相钢发生保温层下腐蚀的评估表

赋分值	0	1	3	5
操作温度	长期>175℃或<-4℃	-4~38℃或 132~175℃	38~77℃或 110~132℃	77~110℃或周期性地从>175℃到<110℃
防腐涂层	设备、管线建成 15 年以内，或 TSA(热喷涂铝)15 年以内	一般防腐涂层 8 年以内，或设备、管线建成 30 年以内或 TSA(热喷涂铝)15~20 年	一般防腐涂层 8 到 15 年，或 TSA(热喷涂铝)20 年以上	防腐涂层 15 年以上，或没有防腐涂层，或设备、管线建成 30 年以上，或对设备、管线防腐涂层及使用情况不了解
绝热条件	设备、管道建成 5 年以内，无运行缺陷	整体维护情况较好	运行中有一些一般的缺陷	运行中有多处明显损坏的缺陷
伴热	无	伴热蒸汽未发生过漏点，或电伴热	伴热蒸汽漏点不多，且及时处理好	伴热蒸汽经常发生漏点，或处理经常不及时
外部环境	室内或无淋雨风险	干旱或内陆地区(低润湿率)	其他地区(中润湿率)	沿海地区，冷却塔周边区域，或一直暴露在潮湿的环境中(高润湿率)
绝热类型	骨架式无接触防烫结构	憎水性保温材料	玻璃纤维、珍珠岩等含氯 $<10^{-5}$	硅酸钙等含氯 $>10^{-5}$，或未知材质
设备/管道尺寸	设备	>150mm	50~150mm	≤50mm

J-2390 蒸汽喷射器系统整体材质为 SS30408，属于普通 18-8 不锈钢，抗应力腐蚀能力差。对于氯离子浓度-温度对 304 不锈钢是否有影响没有明确定论，一般以 100℃ 的温度下氯离子浓度 25×10^{-6} 为临界限值。同时根据 API RP 581 给出的氯离子应力腐蚀开裂可能性

描述，在50℃以上，在pH值6以下的环境里，只要氯离子浓度>10^{-5}，300系不锈钢就存在应力腐蚀开裂失效风险，且随温度上升腐蚀趋势变大。

J-2390本体材质抗应力腐蚀能力差，在较高预期发生CUI的工作环境下，由于缺少必要的检查维护，雨水进入保温后氯离子浓缩致应力开裂是本次故障的主要原因。

4　预防应对措施

4.1　优化保温布置

蒸汽喷射器的原理是把高压蒸汽的势能通过喷嘴形成高速动能，将低压流体引射入吸入室，并在混合室形成混合流体，到扩散器后动能再转化为势能。喷射器本质为不消耗机械能而是工作介质的压力。根据能量守恒定律，去除喷射器本身的保温后，设备绝热变差，出现工作蒸汽与外界热交换，同工况下工作蒸汽消耗量将变大，设备能效降低。但喷射器出口管道与冷凝器则相反，去除保温对冷凝器的冷凝效果及减少冷却水用量有着积极的作用。

从CUI的原理可知，设备保温层是极其重要的影响因素。在不降低设备效率的前提下，去除蒸汽喷射器出口管道及换热器上的保温，执行更简单的防烫是最有效的防范措施之一。

4.2　更换绝热层材料

蒸汽喷射器原保温使用的绝热层材料为硅酸铝棉，属于纤维类，耐水性差，它们吸水后不但降低了保温效果，同时会保持住水分并在高温下形成盐类物质浓缩从而加速保温层下腐蚀进程。宜更换成气凝胶等耐水性好的材料，气凝胶绝热毯由无机材料组成，可溶性氯离子析出极小，对设备和管道腐蚀性小。

4.3　增加保护性防腐层

完善保温金属保护层试图完全阻止外部水进入保温系统十分困难，特别是蒸汽喷射器整个系统小结管多，结构不规整。而采用缓蚀剂和阴极保护等技术则不如施加保护性防腐层更加经济和高效，防腐层能有效隔断水分向金属表面扩散，从根本上降低腐蚀速度。

热喷铝涂层：热喷铝技术是将涂层材料加热至融化状态，再用气流、雾化喷射到工件表面形成涂层的表面处理技术。热喷铝形成涂层过程中，基体材料基本不受限制，操作也比较灵活方便。

有机涂层防腐：参见表3。

表3　NACE RP0198列出的用于奥氏体不锈钢设备的保护性防腐层系统

基　体	温度范围(A)	表面预处理	表面锚纹(B)	底漆(C)	面漆(C)
奥氏体不锈钢系统1	-45~60℃ (-50~140℉)	NACE NO. 3/ SSPC-SP 6	25~50μm (1~2mil)	130μm(5mil) 高固体分环氧	N/A
奥氏体不锈钢系统2	-45~150℃ (-50~300℉)	NACE NO. 3/ SSPC-SP 6	25~50μm (1~2mil)	150μm(6mil)环氧酚醛或 高温胺固化煤焦油环氧	150μm(6mil)环氧酚醛或 高温胺固化煤焦油环氧
奥氏体不锈钢系统3	-45~370℃ (-50~700℉)	NACE NO. 3/ SSPC-SP 6	25~50μm (1~2mil)	50μm(2mil)风干 改性聚硅氧烷	50μm(2mil)风干 改性聚硅氧烷
奥氏体不锈钢系统4	-45~760℃ (-50~1400℉)	NACE NO. 3/ SSPC-SP 6	40~65μm (1.5~2.5mil)	100μm(4mil)硅氧烷	100μm(4mil)硅氧烷

在选择防腐层系统时，宜考虑最高操作运行温度和环境。根据NACE RP 0198综合考虑环氧酚醛涂料适用于苯酚丙酮装置的蒸汽喷射器系统。

4.4　预防性检查和检测

保温层下腐蚀和应力腐蚀一般产生的周期较长，定期检查保温保护层的完整性与密封性是重要的预防手段，完善的金属保护层能有效阻止外部水分及腐蚀介质进入保温系统。对于水及水汽易进入的部位应用密封胶等辅助密封。除常规目视检查外，还可采用红外热成像、导波检测等。同时，在每个大修周期，应挑选易产生CUI的保温部位打开检查；对于未进行金属表面防腐或防腐层损坏的区域，应在每个大修周期对应力较大区域进行渗透探伤法(PT)检查。

5 结论

对于蒸汽喷射器整个系统，工作温度属于保温层下腐蚀和应力腐蚀敏感性温度范围。在露天环境下，当保温保护层安装维护不到位，雨水流入绝热层后，易在其中反复蒸发并浓缩，形成局部氯离子浓度高，最终因应力腐蚀开裂造成设备损坏。苯酚装置采取的方法是：①保留喷射器本体保温，去除出口管道及换热器保温，仅采取防烫措施；②增加环氧酚醛涂料的防腐层；③制定定期的保温热成像检查和渗透探伤检测措施。采取措施后CUI评估为9~17，为中低概率，能有效防止同样故障再次发生。

参考文献

1 汪轩义，吴荫顺，张琳，等.316L不锈钢钝化膜在Cl^-介质中的耐蚀机制[J]. 腐蚀科学与防护技术，2000(6)：311-314.

催化装置汽轮机转速波动原因分析及对策

李云鹏
(中国石化镇海炼化分公司炼油四部，浙江宁波 315207)

摘　要　镇海炼化1#催化装置富气压缩机在2021年11月发现转速出现波动的情况，检查发现，气压机错油门滑阀转动卡涩导致油动机调节滞后进而导致转速大幅波动。本文从汽轮机调速系统结构、错油门和二次油压工作原理等方面分析，判断原因为滑阀卡涩。提出类似转速波动现象可以从错油门和油动机方面进行原因排查，结合装置实际，最终顺利排除了故障，保障了装置安全稳定运行。

关键词　汽轮机；错油门；转速波动；油压

1　概述

背压式汽轮机(以下简称“汽轮机”)是炼厂回收催化装置余热产生的高温高压蒸汽能量的重要节能装置，也是装置的心脏，其运行工况直接关系到装置的安全平稳运行。汽轮机是将蒸汽热能转化为机械功的外燃回转式机械。来自系统的蒸汽进入汽轮机后，依次经过一系列环形配置的喷嘴和动叶，将蒸汽的热能转化为汽轮机转子旋转的机械能。而汽轮机调速系统就像汽轮机的大脑，是其中最关键的模块。

汽轮机调速系统中的错油门与油动机是调节汽阀的执行机构，通过错油门将由电液转换器输入的二次油信号转换为油动机油缸活塞的上下压差来控制调节汽阀的开度，从而控制汽轮机进汽。

某催化装置有两台汽轮机，一台为主风机附机，另一台为压缩机附机。该汽轮机每2年进行一次检修，主要内容为拆除对轮罩，检查联轴器及对中找正，检查径向轴承、止推轴承和推力盘，拆除汽轮机上盖，检查各级气封，测量气封间隙，吊出转子，清洗叶轮等组件，转子存在冲刷或者平衡块脱落等情况时进行高速动平衡校验，检查转子全跳动、轴颈圆度和圆柱度及调速系统检查等。

2　汽轮机转速故障分析

该汽轮机安装于1988年，使用装置自产3.5MPa蒸汽作为动力，做功后产出1.0MPa蒸汽，主要为主风机提供动力。汽轮机型号为NK32/25/0，详细参数如表1所示。

表1　汽轮机参数

设备名称	背压式汽轮机	设备位号	CT501/3
型号	NK32/25/0	进汽压力	3.5~3.7MPa
进汽温度	425℃	排汽压力	1.0MPa
额定功率	4400kW	额定转速	6540r/min
调速范围	4421~6867kW	最高转速	7000r/min
制造单位	杭州汽轮机厂		

汽轮机一旦速度波动，可能导致机组转速波动，主风量波动，从而影响反再催化剂的流化情况，最终导致产品质量波动，波动过大时还可能导致主风量过小联锁停机，最终造成装置非计划紧急停工。

2.1　事件经过分析

2021年6月20日15时55分，内操报告3#主风机转速异常下降，2min内从正常6270转陡掉至6100转，内操立即手动提转速干预(干预的是设定值非实际转速)，转速平稳约10min后再次陡降至6100转，内操立即再次提高转速并汇报技术员(见图1)。

3#主风机转速呈发散状大幅波动，观察蒸汽压力可以排除系统3.5MPa蒸汽波动影响。汽轮机转速保持相对平稳，但二次油压上下波动，气压机有转速失控的风险，推断汽轮机调速系统出现问题。现场观察发现了标尺保持在

作者简介：李云鹏(1997—)，男，辽宁绥中人，2019年毕业于青岛科技大学过程装备与控制工程专业，现从事催化设备技术工作。

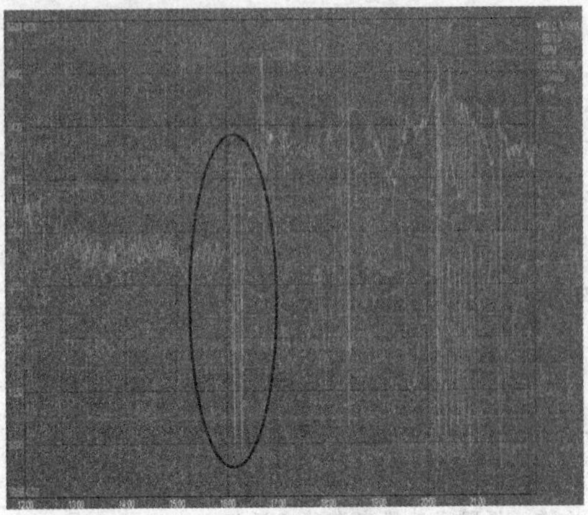

图1 转速和二次油压波动图

29~30 的刻度值(静态调试数据见表2)，与二次油压 0.35MPa 对应相差不大，排除零位飘移情况。

现场发现油动机弹簧有摩擦痕迹，弹簧与一侧弹簧盒有摩擦，怀疑是否弹簧卡涩导致油动机调节不灵敏。随即敲击弹簧盒试图使弹簧盒与弹簧脱开，结果导致二次油压波动，并与转速波动能对应上，但仍处于大幅波动情况，经过 30min 左右后发现恢复了原样，随即给弹簧摩擦处添加防卡剂和黄油，有一定效果，后决定将套筒割除来判断是否为摩擦导致波动。

进行弹簧套筒切割作业，讨论施工方案，并明确风险。切割前需要对主汽门做好限位防止主汽门波动导致进气量过小触发主风联锁停机，最终选定在主汽门的 3 个拉杆上制作限位块(见图2)，切割时发现弹簧力较小，可轻易晃动，且套筒内测并无明显磨损痕迹，因为油压力较大所以弹簧卡涩并不是主要原因。

表2 静态调试记录表

调速阀开度/%	油动机标尺(量程 40)	二次油压/MPa
0	0	0.15
25	8.5	0.211
50	15	0.281
75	27	0.366
100	42	0.454
75	27.5	0.367
50	15	0.283
25	8.5	0.211
0	0	0.151

(a) (b)

图2 限位块安装情况

2.2 调速反馈机械结构分析

排查完蒸汽压力和温度波动以及二次油压波动的影响后，只剩下调速机构的机械故障原因了，因此从现场的机械调速机构开始进行故障排查。

汽轮机的调速机构主要由错油门、油缸及

主汽门、反馈机构三大部分组成。

油动机错油门是汽轮机的机械执行部分，它把中控室输入的电信号通过电液转换器转换为二次油压信号，从而调节汽轮机主汽门的开度。油缸是双作用往复式的，以汽轮机油为工作介质。

油缸和主汽门经过排查后发现油压还可以控制阀门开关，所以判断油缸的活塞环并没有发生泄漏。现场检查了调速反馈结构，发现反馈板和弯角杠杆的接触点处因为经常摩擦，已经出现了个凹坑，所以怀疑是由于凹坑的存在导致反馈调节不精准导致了波动，后经过更换反馈板后观察并未解决波动的问题，所以排除掉反馈板凹坑的影响因素。在检查的过程中发现错油门内部声音与正常运行错油门的内部声音略有不同，现场检查错油门顶部排气孔后发现错油门内部转子未转动。

2.3 错油门机械结构分析

错油门与油动机是汽轮机调速系统的执行机构，通过中控室输入的电信号通过电液转换器转换为二次油压信号，从而调节汽轮机主汽门的开度，进而控制汽轮机进汽量的多少。

从图3可以看出，错油门中间的P口是动力油进油孔，靠外端的T口是油动机回油孔，C孔为二次油压的进油孔，主要控制滑阀的上下移动。在工作时，动力油由错油门滑阀控制，滑阀是由转动体和转动盘组成的，滑阀在错油门中同时作轴向和周向运动，在稳定工况的情况下，滑阀下端C孔进入的二次油作用在转动体的作用力与转动盘上端的弹簧力相平衡，使滑阀处于平衡位置，滑阀的凸台刚好将去油缸的进出油口挡住，使得进出油缸的油路都被切断，油缸内部活塞为平衡受力，因此油缸活塞不动作，汽阀开度不变，主汽门开度不变。如果工况变化，例如突然由于机组运行转速升高等原因出现二次油压升高情况时，滑阀的受力平衡发生改变，二次油压作用力大于弹簧力使滑阀上移。于是，在动力油通往油缸活塞上腔的通道被打开的同时，活塞下腔与回油口接通，紧接着油缸上腔进油，下腔排油，因此活塞受力下行，带动杠杆使调节汽阀开度加大，进入汽轮机的蒸汽流量增加，机组转速上升，紧接着，随着活塞的下行，通过油动机的反馈板、弯角杠杆、反馈杠杆等的相应动作，使错油门的调节螺钉压缩弹簧，当作用在滑阀上的二次油压力与弹簧力达到新的平衡时，滑阀又恢复到中间位置，相应汽阀开度在新的位置停止不动，机组也就在新工况下稳定运行。如出现二次油压降低的情况，则各环节动作与上述过程相反。为提高油动机动作的灵敏度，在油动机中采用了特殊结构的错油门，其主要特征是：在工作时错油门滑阀转动、颤振。在构成滑阀的滑阀体和转动盘中加工有油腔和通油孔，在转动盘上端紧配有推力球轴承。

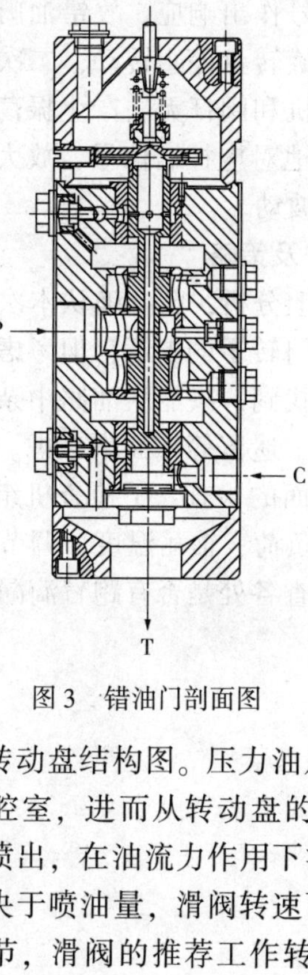

图3 错油门剖面图

图4是转动盘结构图。压力油从进油孔进入滑阀中心腔室，进而从转动盘的3个径向、切向喷油孔喷出，在油流力作用下滑阀连续旋转，转矩取决于喷油量，滑阀转速可借助调节阀来加以调节，滑阀的推荐工作转速为300~800r/min(小尺寸滑阀用高转速)，转速可在套筒处测量，不过通常靠经验判断，也可从错油门壳体上盖的冒汽管口观察滑阀的转动情况。

伴随着转动滑阀还产生颤振，这是因为滑阀每转动一转，滑阀下部径向的一只放油孔便与泄油孔沟通一次，在它们相通的瞬时，由于部分二次油泄放，二次油压略有下降，致使滑阀下移，而随着滑阀的旋转，放油孔被封住时滑阀又上移，只要滑阀转动，上述动作就一直重复，二次油压有规律地脉动使滑阀产生颤振，

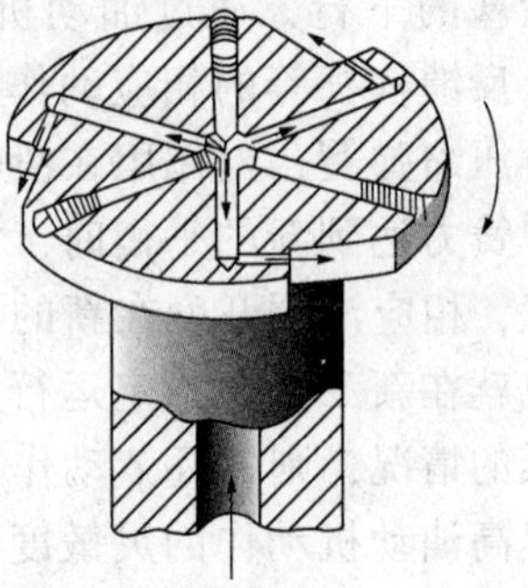

图 4 转动盘结构图

而滑阀的颤振引起油动机活塞和调节汽阀阀杆产生微幅振荡，这样油动机就能灵敏地对调节系统控制信号作出响应。故错油门内部转子卡涩后会导致旋转盘停止转动，二次油压的脉动消失，油动机和阀杆无法产生振荡，导致油动机不能灵敏地对应控制信号，放大了偏差，导致转速出现波动。

3 日常维护及策略

根据以上分析，已经确认本次转速波动的原因是错油门转子的卡涩，但考虑到本次卡涩的原因还未找到，只能从油路中杂质和上次检修过程中施工遗留等方面来考虑。因此要做好以下几个方面的检查：①检查机组振动、轴位移、转速、负荷、轴瓦温度、调节汽门开度等参数；②检查各处是否有跑冒滴漏，异常振动与声响；③保证机组各处整洁卫生；④停机状态按规定做好盘车工作；⑤检查油泵出口、高压油、低压油、速关油、二次油等各处压力；⑥检查油箱液位，每班做好油箱脱水，脱水时人员不能离开；⑦检查润滑油油质、冷却器与过滤器工作状况、油温情况、回油情况、润滑油压差是否正常以及高位油箱是否正常，各油视镜要干净并能看见回油。

4 结论

经过以上分析，某催化装置富气压缩机发现转速出现波动的情况主要是由于油动机的错油门转子卡涩导致的调节失调，进而使得转速大幅波动。今后检查还是要重点检查错油门内部的工作状态并且做好机组润滑油三级过滤的工作，防止有杂质进入油路系统导致卡涩，同时做好检修后错油门内部的洁净度检查工作。

参 考 文 献

1 尹小尧．汽轮机 DEH 控制系统的设计与应用[D]．东北大学学位论文，2012.

2 谢相久．25MW 汽轮发电机调速系统存在问题和改造[J]．电子制作，2014(21)：30-31.

3 魏希超，侯丽娜，张梅．控制油系统对汽轮机转速的影响及处理[J]．设备管理与维修，2019(2)：186-187.

芳烃装置卧螺离心机轴承超温原因分析及处理

胡大月　张旭亮　江嘉勇
（中海石油宁波大榭石化有限公司，浙江宁波　315812）

摘　要　阐述了由博鲁班特厂家生产的TB1140-PX筛网沉降式卧螺离心机在芳烃装置开工期间，由于卧螺离心机轴承座间隙、轴承选型、润滑油注入量和润滑油冷却能力等设计不合理，造成了卧螺离心机在低温介质试车过程中出现轴承温度超温损坏，从而造成装置不能顺利开工。经过与设备专家、博鲁班特厂家多次讨论、分析，最终找到了问题的原因并进行了相应的整改，整改完成后，卧螺离心机进行再次试车，轴承温度正常，基本达到了卧螺离心机设计的预期工况。

关键词　卧螺离心机；轴承座；热膨胀；冷收缩

1　概述

某石化公司新建一套160万吨/年芳烃装置，结晶单元回收段核心设备卧螺离心机共有8台，设备位号分别为0269-Y501A、B、C、D、E、F、G、H，型号为TB1140-PX，工艺介质为对二甲苯，正常温度为-65.9℃，总进料量为201744kg/h（设计负荷为110%），为气密型筛网过滤沉降式离心机，由英国博鲁班特公司制造。该型号设备在国内为首台。

卧螺离心机由一个半圆形的壳体组成，壳体内有转鼓和螺旋送料器，螺旋送料器在转鼓内，转鼓和变速箱相连接。其主要构成部件为：主电机、液力耦合器、主轴、传动轮、传动皮带和防护罩、转鼓、螺旋输送器、齿轮箱（差速器）和防护罩、底座、机壳、润滑油系统、密封系统等。其中驱动端和非驱动端各由一套双列调心滚子轴承作为主轴承，型号为23952CC/W33 C3（厂家为SKF），联锁温度为95℃，轴承使用寿命大于25000h，轴承为强制润滑，进油量范围为1～3.5L/min，润滑油牌号为美孚DTE-25液压油。驱动端轴承被轴向固定，非驱动端轴承可以轴向左右滑动，左右可滑动距离各为10mm，以补偿冷收缩、热膨胀差。

2　工作原理简述

通过一个叫作沉降的过程，可以把浆液分解成组成它的固体和液体成分。在沉降过程中，较重的固体颗粒从密度较小的液体中沉淀下去，沉淀的速度取决于固体和液体之间的密度差、液体的黏度、固体颗粒的大小及重力加速度的大小。螺旋输送沉降离心机就是利用了离心沉降原理来连续不断且快速高效地分离浆液，将浆液送入一个高速旋转的封闭转鼓内部。离心力造成固体颗粒朝外并朝着转鼓的内表面沉积，而较轻的母液则悬浮在这个固体滤饼的内部。在一个行星齿轮变速箱的作用下，该输送装置以稍低于转鼓的速度旋转，并将沉淀的固体推向转鼓的一端，而液体可以自由地流向另一端。

根据厂家提供的操作手册，机组开机后先进行预热，氮气条件下空负荷运行30min，此时非驱动端轴承向右热膨胀，待轴承温度稳定后打开进料阀开始进料，-65.9℃的低温结晶浆料介质经进料管连续输入离心机，此时非驱动端轴承向左收缩，经螺旋输送器的内筒出料口进入转鼓，在离心力的作用下，结晶浆料在转鼓内形成环形液流，固体粒子在离心力的作用下沉降到转鼓内壁，由于齿轮箱的差动作用，使螺旋输送器与转鼓之间形成相对转速差，螺旋输送器以比转鼓慢45r/min的速度转动。把沉渣滤饼推送到转鼓小端的筛管区，进一步脱液，然后经滤饼出口排出。液相形成一个内环，环形液层深度由转鼓大端的溢流挡板进行调节。分离后的液体经溢流孔排出，沉渣滤饼和分离

作者简介：胡大月（1987—），男，山东临清人，2013年毕业于中国石油大学（华东）过程装备与控制工程，工程师，从事化工设备管理工作。

液分别被收集在机壳内的滤饼及分离液隔仓内，最后由重力卸出机外。

3 轴承超温经过

3.1 第一次试机

2023 年 3 月 9~11 日，芳烃运行部分别对 0269-Y501A-H 共 8 台卧螺离心机进行常温介质试机，运行时间为 4h，离心机主轴承温度是由一个插入到轴承座油腔温度套管内的 RTD 监测的，每台离心机有两个仪表，每个主轴承有一个，轴承温度等各项数据基本正常，其中内操 DCS 显示轴承最高温度为 69.4℃，温度正常。

3.1 第二次试机

2023 年 3 月 19 日，再次对 0269-Y501A、B、C、D 共 4 台卧螺离心机进行低温(-36℃)介质试机，以 0269-Y501D 为例，19：28 启机，启机时驱动端轴承温度为 21.9℃，非驱动端轴承温度为 21.5℃。半小时后，开始以 60t/h 进料，驱动端轴承温度升至 42.7℃，非驱动端轴承温度升至 44.24℃；20：19 提量至 120t/h，其中轴承温度较为稳定，驱动端轴承温度为 47.2℃，非驱动端轴承温度为 49.85℃；继续提量至 200t/h，20：25 因现场轴承座出现冒白烟现象，对其进行紧急停车，此时驱动端轴承温度为 91.4℃，非驱动端轴承温度为 94℃。停机后温度继续上涨，驱动端轴承温度最高涨至 107.9℃，非驱动端轴承温度最高涨至 102.6℃，超过联锁温度(95℃)，后温度慢慢回落，表明轴承温度为实际数值。从轴承温度上涨趋势可以看出，当 120t/h 提量至 200t/h 时，轴承温度在 6min 内急速上升，直至超温，0269-Y501A、B、C 三台机组试机同样出现轴承温度高现象。

4 离心机拆检情况

由检修单位对 0269-Y501A、B、C、D 共 4 台卧螺离心机轴承座进行拆检，发现 0269-Y501B 机非驱动端轴承损坏，0269-Y501D 机驱动端轴承损坏，0269-Y501A、C 两台机组轴承外观正常。从 0269-Y501B、D 轴承损坏情况来看，都是内侧滚珠超温或保持架损坏。

继续对其他几台轴承座通过压铅丝法测量轴承紧力间隙，结果如表 1 所示。

表 1 轴承预紧间隙

位 号	驱动端轴承紧力间隙/mm	非驱动端轴承紧力间隙/mm
0269-Y501A	-0.01~-0.015	-0.02~-0.03
0269-Y501B	-0.02~-0.04	-0.02~-0.03
0269-Y501D	-0.015~-0.03	-0.02~-0.03
0269-Y501E	-0.04~-0.06	-0.08~-0.10
0269-Y501F	-0.03~-0.05	-0.04~0.05
0269-Y501G	-0.03~-0.05	-0.01~-0.03
0269-Y501H	-0.02~-0.03	-0.01~-0.04

5 轴承超温原因分析

5.1 轴承座间隙不合适，导致轴承滑动受阻，造成轴承超温

物体由于温度改变而有胀缩、冷缩的现象。其变化能力以等压(p 一定)下，单位温度变化所导致的长度量值的变化，即热膨胀系数表示。各物体的热膨胀系数不同，一般金属的热膨胀系数单位为 1/℃。轴承钢热膨胀系数 $\alpha=12.5\times10^{-6}$/℃，铸铁的热膨胀系数 $\alpha=(9.2\sim11.8)\times10^{-6}$1/℃，316L 的热膨胀系数 $\alpha=17.3\times10^{-6}$/℃，轴承外圈直径 $L=360$mm，环境温度 $T_1=20$℃，轴承温度 $T_2=70$℃。那么膨胀量 ΔL 为：

$$\Delta L=L_0\times\alpha\times\Delta T$$

式中 L_0——原始长度，mm；

α——钢材的线性膨胀系数，1/℃；

ΔT——温度变化量，℃。

轴承轴向移动量：

转鼓热膨胀量 ΔL_1 为：$\Delta L_1=4750\text{mm}\times17.3\times10^{-6}/℃\times(50℃-20℃)\approx2.47\text{mm}$

转鼓冷缩量 ΔL_2 为：$\Delta L_2=4750\text{mm}\times17.3\times$

10^{-6}/℃×[50℃-(-65)℃]≈9.45mm

轴承自由滑动量为：$\Delta L_1+\Delta L_2=2.47+9.45=11.92$mm，非驱动端左右可滑动距离为20mm，可以满足轴承自由滑动量。从以上计算可看出，要保证转鼓能膨胀、收缩自如，必须保证非驱动端轴承能在轴承座内自由滑动，且不能存在跑外圈现象，所以轴承在轴向方向可以在轴承座内自由滑动。

轴承径向膨胀量：

轴承膨胀量 ΔL_3 为：ΔL_3 = 360mm×12.5×10^{-6}/℃×(70℃-20℃)≈0.225mm

轴承座的膨胀量 ΔL_4 为：ΔL_4 = 360mm×(9.2-11.8)×10^{-6}/℃×(63℃-20℃)≈0.1424~0.1826mm

轴承与轴承座需要的间隙：$\Delta L_3-\Delta L_4$ = 0.225-(0.1424~0.1826)=0.0424~0.0826mm

从以上计算可看出，以0269-Y501B为例，非驱动端轴承紧力间隙实际范围为0.02~0.03mm，轴承与轴承座需要间隙范围为0.04~0.08mm，可见厂家原加工的尺寸小于轴承与轴承座所需要的间隙，不能保证轴承在轴承座径向自由滑动，所以致使机组在进料过程中出现轴承超温损坏现象。

5.2　油冷器选型不合适，换热面积不够，冷却效果不佳

原油冷却器型号为EC140-1425-4，换热功率为17kW。现场实测油箱温度为58℃，经油冷器冷却后温度为49℃，温差仅仅只有9℃，正常润滑油冷后温度在40℃，现场必须接循环水对油箱进行强制冷却才能勉强保证出油温度。

5.3　轴承选型不合适，工况偏窄

转鼓转速为1780r/min，TB1140-PX转子很长(主轴承之间为4.8m)，重型(约10t)，需要在宽温度范围内工作(在-66℃正常运行，在70℃热冲洗)，这对选择主轴承带来了挑战。由于尺寸限制，滚珠轴承和圆柱滚子轴承可以适应速度，但承载能力不足。只有一个特定的球形滚子轴承，可以处理负载和速度，通过SKF官网查询23952CC/W33 C3(SFK)轴承参数得知，轴承参考转速为1700r/min，极限转速为1900r/min，轴承选用转速超过参考转速，余量不足，可能导致轴承温度偏高。

5.4　油泵电机选型小，油量达不到要求，轴承润滑冷却不佳

原电机转速为940r/min，功率为0.75kW。按厂家设计要求油泵一开一备，但开机过程中因轴承温度上升，回油温度上升，油箱整体温度上升，油黏度降低，流量及压力均会相应地降低。目前轴承两端润滑油进油量分别为2.2L/min、2.4L/min，进油量范围为1~3.5L/min，开一台油泵时多次出现因流量低而造成设备联锁停机(流量联锁值≤0.9L/min)。所以设备运行时必须开2台油泵，这样造成油泵没有备用，出现故障时，必须进行停机处理，无法保证设备连续运行。

5.5　设备操作方法不当

因采用制冷工艺提取对二甲苯为国内第二家，无工艺及设备操作方法参考。每次开机时会进行30min空试，且设备未在冷态下启机。空试后转子温度高达50~60℃，进料(温度为-65.9℃)时转子会进行急剧收缩，且收缩量达到8mm。收缩过程中非驱动端轴承外圈如出现卡涩，轴承将会产生大量热量，从而造成轴承超温。

6　整改措施

6.1　减少轴承座预紧力

当扭矩拧紧到M24的标准时，产生的夹紧力将抑制轴承40~150kN的摩擦力。轴承所能承受的最大推力为58kN。通过在螺栓下安装圆盘蝶形弹簧，降低拧紧力矩(紧固力矩按80N·m进行紧固，说明书中紧固力矩为850N·m)，大大降低了保持力，确保最大摩擦力小于30kN，即小于轴承的轴向能力。

6.2　改造轴承座尺寸

将轴承座尺寸扩大，确保轴承温度升高后，非驱动端轴承还能自由滑动。改动后，非驱动端轴承座尺寸内径扩大至360.07~360.13mm，以0269-Y501B为例，非驱动端轴承间隙需要0.03~0.07mm，改造后的轴承间隙为0.07~0.13mm，可以满足轴承在径向方向膨胀、滑动。在基座结合面上增加O形环槽，添加到轴承座上以减少夹紧力的蝶形弹簧垫圈在轴承因受热膨胀时造成的轴承座两半之间的间隙，以

防油从此间隙中泄漏。

6.3 对轴承座孔和轴承盖孔进行修正

为确保轴承外圈与轴承座孔或开式轴承座及轴承盖的各半圆孔间无卡住现象，需对轴承座孔和轴承盖孔进行修整，其修整尺寸宜符合表2的规定。

表2 轴承座孔和轴承盖孔的修整尺寸 mm

轴承外径	b	h	简图
≤120	≤0.10	≤10	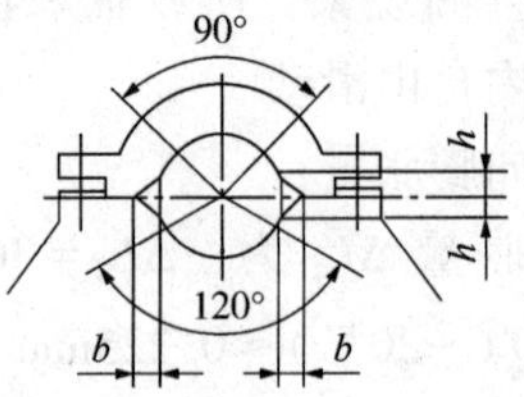
>120~260	≤0.15	≤15	
>260~400	≤0.20	≤20	
>400	≤0.25	≤30	

6.4 改用能承受更大载荷的轴承

对轴承座进行改造，因设备结构紧凑，不具备改造条件，所以该措施不适合。

6.5 增大油冷器冷却面积

增大油冷器冷却面积可提高冷却效果，保证轴承进油温度，保证轴承润滑良好，确保轴承温度稳定。更改后油冷器型号为FC160-1426-5，换热功率为45kW，现场实测油箱温度为54.5℃，经油冷器冷却后温度为29.6℃。

6.6 将每台设备单独供油改为集中油站供油

按照要求采购2套集中油站，其中0269-Y501A、B、C、D四台机组使用一套油站，0269-Y501E、F、G、H四台机组使用一套油站，每套润滑油油站油箱体积为2m³，油泵供油量为125L/min，轴承两端润滑油进油量分别由2.2L/min、2.4L/min提升至3.0~3.4L/min，润滑油供油温度由49℃降至40℃左右，符合正常机组润滑油供油温度。改为集中供油后，8台卧螺离心机轴承温度稳定，且便于控制润滑油温度，达到了预期目标。

6.7 改进工艺操作方法

启机前确保设备充分冷却，轴承非驱动端轴承冷缩到位后启机。启机后，空试时间由30min降到5min，减少了转子的热胀量。待轴承温度稳定后，按操作方法进行进料。

7 改造效果

按以上措施改进后，0269-Y501A机组一次开机成功，在最大进料量108t/h时，驱动端温度为52℃，非驱动端温度为62℃，且轴承温度趋势较为平稳，机组运行稳定，运行参数基本达到使用要求，确保了生产装置平稳运行。之后对其他几台机组进行了轴承座改造，改造后轴承温度也满足要求，在运行6台机组时，达到了装置进料负荷量，为该工艺条件下卧螺离心机整改提供了参考依据，降低了卧螺离心机的故障率，为确保设备正常运行提供了借鉴。

参考文献

1 刘国利. 某火电厂动叶可调轴流式风机轴承超温原因分析及处理[J]. 机电信息，2021(25)：39-40.

2 林跃. 碎煤机轴承温度超温消除及预防措施探讨[J]. 科技与创新，2020(11)：121-122.

3 刘爱南. 汽轮机组推力轴瓦异常超温故障处理[J]. 通用机械，2018(8)：27-29.

4 张建峰. 煤矿主通风机轴承超温故障原因及处理[J]. 机械管理开发，2018(3)：172-173.

5 郑文杰，叶志强. 主通风机轴承超温故障原因及解决措施[J]. 技术与市场，2015(8)：153-154.

裂解气压缩机轴瓦温度波动原因探析及解决措施

褚井生

（福建古雷石化有限公司，福建漳州 363200）

摘 要 乙烯三机轴瓦温度波动现象在设备运行过程中时有发生，漆膜是造成轴瓦温度波动的原因之一。漆膜会增加机组轴瓦的摩擦，导致轴瓦散热不良，危及机组的安全正常运行。本文探析了机组轴瓦温度异常问题，掌握了运行的风险点，提出了具体的防范解决措施。除漆膜滤油机可以不断改善提升机组润滑油质量，延长润滑油使用周期，改善油系统的运行环境，保障大机组的长周期稳定运行。

关键词 裂解气压缩机；轴瓦温度；漆膜；除漆膜滤油机；措施

1 公司简介

福建某石化公司有100万吨/年蒸汽裂解等9套化工装置，产品有乙二醇、环氧乙烷、苯乙烯、聚丙烯、乙烯-醋酸乙烯共聚树脂、抽余C_4、热塑性弹性体、乙烯、C_5、C_9、甲苯、混合二甲苯、芳烃抽余油、丁二烯、二乙二醇、三乙二醇、丙烯、裂解萘馏分等共计18种主要产品，并且拥有5个码头泊位，年吞吐能力约为780万吨。

2 设备概述

福建某石化公司100万吨/年蒸汽裂解装置裂解气压缩机组（以下用K-201代替）由沈阳汽轮机机械有限公司（SBW）设计制造，将裂解气由0.035MPa压缩至3.8MPa。压缩机由三个缸组成，由左至右分别为中、低、高，机组型号为2MCL1204+DMCL1204+2MCL1007，通过膜盘式联轴器连接。该压缩机组由抽汽凝汽式汽轮机（K-201ST）驱动，型号为EHNK71/90，由杭州汽轮机厂设计制造，轴功率为64MW。

机组额定转速为4567r/min，最小可调转速为3954r/min。机组由五段压缩组成，一段吸入压力为0.031MPa（G），五段排出压力为3.841MPa，其中低压缸为一段，中压缸为二、三段，高压缸为四、五段。汽轮机额定转速为4567r/min，额定功率为64MW，压缩机排出压力为3.84MPa（G），排出温度为48.9℃，流量为428654kg/h。机组采用润滑油站集中供油的强制润滑方式，油品为壳牌、多宝、Turbo S4 GX46 46汽轮机油。

3 机组存在问题

2021年8月17日，蒸汽裂解装置投料试车后整个机组轴瓦温度正常，最高温度为92.4℃。自2021年10月中旬起，裂解气压缩机K-201中压缸非驱动端径向轴瓦TI22217温度开始缓慢上涨，由2021年9月的91℃升至2022年3月21日的最高值109.2℃（见图1）。

期间有两次温度跳变，其一是2022年1月28日从96.5℃跳变到98.7℃，其二是2022年2月6日从99.2℃跳变到100.2℃，乙烯装置标定温度涨上去未回到原有温度（见图2）。

非驱动端径向轴瓦TI22217温度波动幅度越来越大，从1℃增加到3℃，瓦温伴随周期性波动有继续升高趋势（见图3）。

4 轴瓦温度高原因分析

4.1 润滑油品质变化

通过检测机组运行油的指标，漆膜倾向指数为5.7。虽然MPC值不太高，但润滑油中已经有漆膜的存在。

漆膜的产生首先是油品的自然氧化。油品氧化后生成羧酸、酯、醇等氧化物，这些氧化物进一步缩聚反应生成高相对分子质量的聚合物，以溶解状态存在于油液中，当超过了润滑油的溶解度时，润滑油变饱和，过多的降解产物就会析出形成漆膜。其次，油液的“微燃烧”

作者简介：褚井生（1979—），男，工程师，2007年毕业于内蒙古工业大学过程装备与控制工程专业，现从事设备管理工作。

也会加速漆膜的形成。常态下，润滑油中会溶解一定量的空气，当超过溶解极限后，进入油液的空气以悬浮形式存在于油液中。一旦润滑油由低压区被泵入高压区，这些悬浮在油中的小气泡被急剧压缩，导致油液微区温度迅速升高，有时甚至高达 1100℃，造成油液微区绝热“微燃烧”，生成极小尺寸的不溶物。这些不溶物有极性，极不稳定，也易黏附到金属表面从而形成漆膜。此外油液中的“电火花现象”也是形成漆膜的一个重要原因，在大型机组高温、高压、高转速的环境下，当油液经过很小间隙如阀芯、精密滤芯时，分子间内摩擦产生静电，累积后突然放电，产生千度以上的微区高温，此时也易生成漆膜。一般而言，油品氧化是一个缓慢的过程，而油品绝热“微燃烧”生成漆膜的速度要快得多。

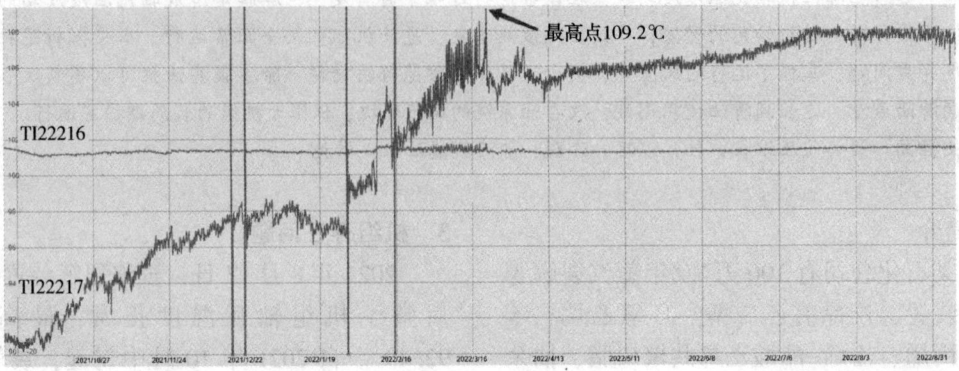

图 1 机组轴瓦温度上升趋势图

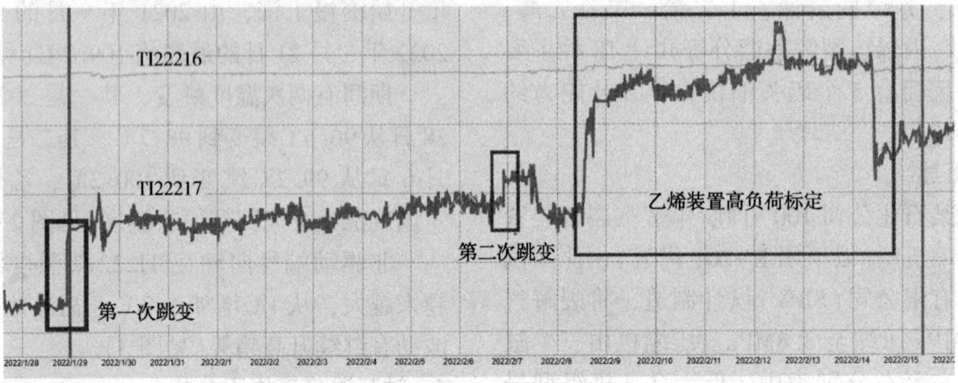

图 2 机组轴瓦温度两次跳变图

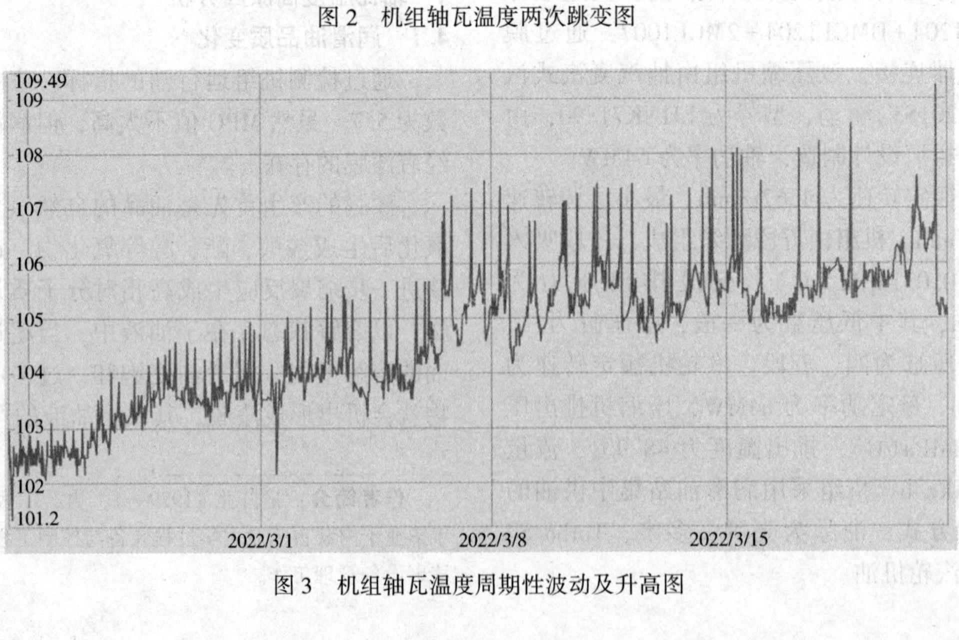

图 3 机组轴瓦温度周期性波动及升高图

4.2　机组本身存在缺欠

润滑油量不足、机组本身安装间隙过小、轴瓦载荷分配不均、轴瓦本身有问题等也会加速漆膜的产生。

当润滑油中极性氧化物浓度在特定的温度压力下达到饱和后，沉淀在金属内表面，达到某种程度后会造成轴瓦上漆膜附着堆积，从而减少油膜间隙，增加摩擦，导致轴瓦散热不良、轴温上升、油品氧化加速，影响轴瓦散热而导致轴瓦温度波动或上升。同时漆膜会黏附其他污染颗粒，形成磨砂效应加剧设备磨损。

5　解决措施与对策

5.1　运行阶段处理方案

对现场仪表显示、工艺波动、汽轮机电刷磨损、设备转速波动等方面进行排查，确认并未存在影响轴瓦温度升高的因素后，进行了以下工况调整：

(1) 调节油压：油压从 0.1MPa 调整到最高 0.22MPa。

(2) 调整油温：油温由 42℃调到 48℃，再由 48℃降到 38℃，调整过后轴瓦波动效果未有明显改善。

(3) 对机组投用顶轴油：投用顶轴油后振动值增长 1~2μm，温度瞬间下降 10℃左右，但是当关掉顶轴油后，振动和温度基本上回到投用顶轴油前的数值(见图 4)。

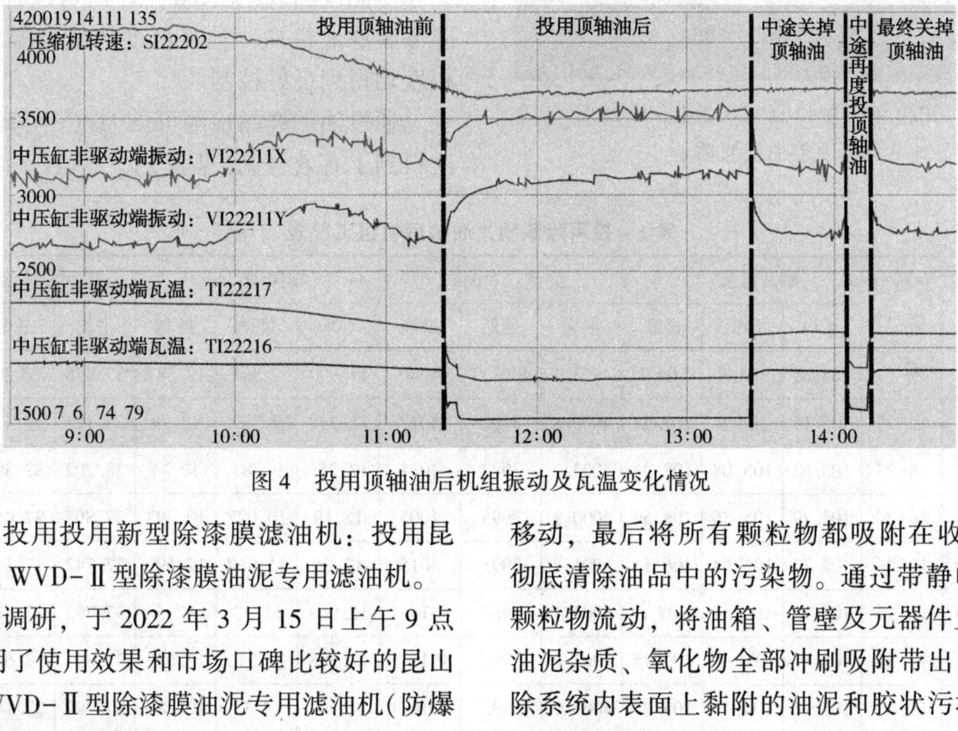

图 4　投用顶轴油后机组振动及瓦温变化情况

(4) 投用投用新型除漆膜滤油机：投用昆山威胜达 WVD-Ⅱ型除漆膜油泥专用滤油机。

通过调研，于 2022 年 3 月 15 日上午 9 点 30 分投用了使用效果和市场口碑比较好的昆山威胜达 WVD-Ⅱ型除漆膜油泥专用滤油机(防爆型)消除漆膜。在机组油箱上安装了滤油机进行旁路循环，该滤油机采用 WVD-Ⅱ型静电吸附+树脂吸附两种技术协同作用，不但能有效去除悬浮态漆膜，而且可以去除溶解态漆膜产物。其主要原理如下：

(1) 静电吸附技术工作原理——去除析出态漆膜　静电吸附是利用圆形高压静电场作用，使油中污染颗粒物分别显示正、负电性，带正、负电性颗粒物在电场力的作用下各自向负、正电极方向游动，中性颗粒被带电颗粒物流挤着移动，最后将所有颗粒物都吸附在收集器上，彻底清除油品中的污染物。通过带静电的油液颗粒物流动，将油箱、管壁及元器件上附着的油泥杂质、氧化物全部冲刷吸附带出，主动拔除系统内表面上黏附的油泥和胶状污垢，起到清洗系统的作用。

(2) 树脂吸附工作原理——去除溶解态漆膜　离子交换树脂 DICR™能够去除透平油中的可溶性污染物，确保 MPC 指标下降，因为在涡轮机运行过程中它们大部分是可溶的，只有达到饱和状态时这些产物才会形成析出，依靠静电设备无法清除这些溶解状态下的副产物。

投用前机组压缩机中压缸驱动端支撑轴承瓦温曲线波动如图 5 所示。

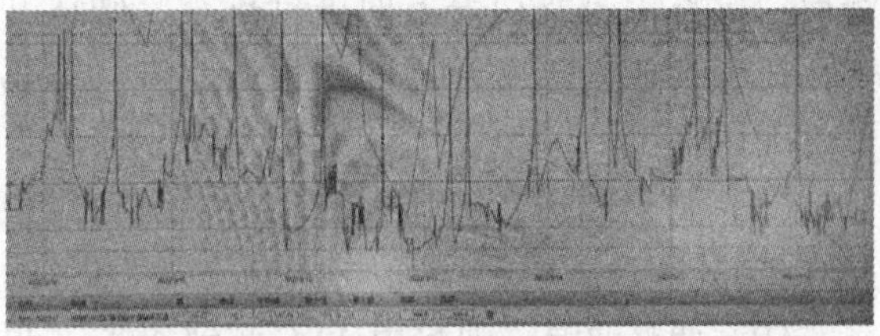

图 5 2022 年 3 月 10 日~2022 年 3 月 16 日
轴承瓦温曲线波动

投用除漆膜滤油机后一周内，压缩机中压缸驱动端支撑轴承瓦温曲线如图 6 所示。

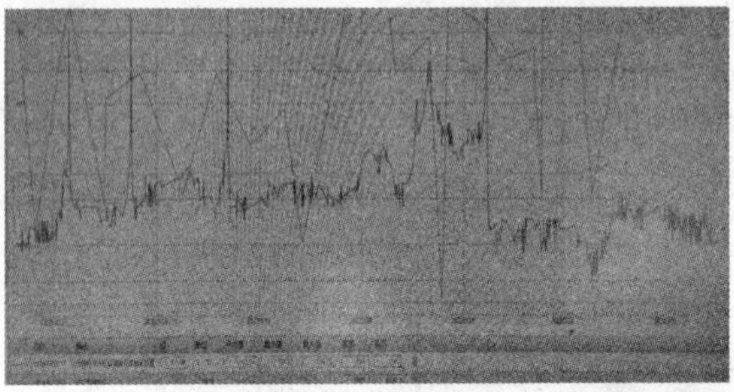

图 6 2022 年 3 月 17 日~2022 年 3 月 23 日
轴承瓦温曲线波动

投用除漆膜滤油机后半个月，压缩机中压缸驱动端支撑轴承瓦温曲线如图 7 所示。

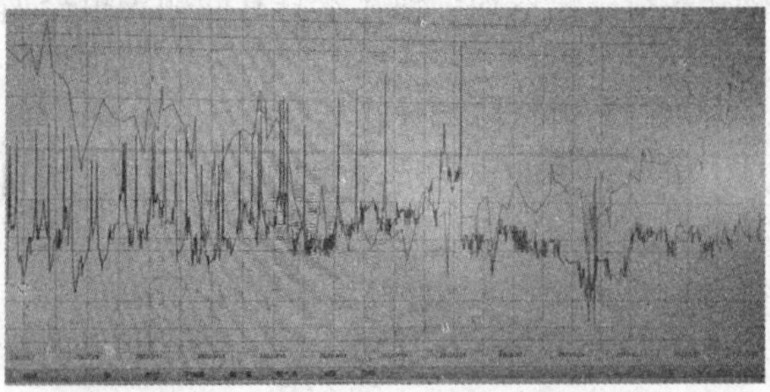

图 7 2022 年 3 月 5 日~2022 年 3 月 31 日
轴承瓦温曲线波动

投用除漆膜滤油机 15 天后，压缩机组的轴瓦温度、转速、轴振动、润滑油温度等参数情况如表 1 所示。

从温度曲线(见图 6、图 7)可以看出，应用除漆膜滤油机后，轴瓦温度的最高温度和波动幅度均得到良好控制。

通过油的样品检测可见 MPC 下降，轴瓦温度得到了有效控制(见表 3)。

表 1 投用除漆膜滤油机后机组工况表

日 期	环境温度/℃	轴瓦温度/℃			转速/(r/min)			轴振动/μm			润滑油温度/℃		
		平均	最低	最高	平均	最低	最高	平均	最低	最高	平均	最低	最高
2022-3-15	17-27	105.68	104.9	108.1	4023.1	4001.3	4040	11.979	9.883	12.547	37.975	37.21	39.011
2022-3-16	19-27	105.14	104.9	107.51	4000.8	3992	4017	12.352	9.787	12.79	38.123	37.485	39.052
2022-3-17	18-27	105.62	105.08	108.24	4003.7	3994	4011	12.255	9.787	12.74	38.702	37.393	39.835
2022-3-18	16-30	105.79	105.36	108.56	4000.2	3995	4005	12.19	10.027	12.597	37.802	37.057	38.553
2022-3-19	17-26	105.73	105.54	106.11	4001.8	3991	4015	12.26	11.967	12.597	37.742	37.118	38.126
2022-3-20	19-25	106.38	105.54	107.6	4007.1	3986	4014.1	12.063	11.53	12.5	37.792	37.424	38.309
2022-3-21	19-20	105.57	104.9	109.25	4007.8	3995	4012.5	12.288	10.513	12.693	37.891	37.637	38.37
2022-3-22	15-21	105.24	104.49	105.72	4007.7	3995	4016.1	12.44	12.11	12.887	37.792	37.149	38.248
2022-3-23	13-18	105.17	104.85	105.59	4012	4008	4019	12.557	12.257	12.887	37.511	37.057	37.882
2022-3-24	16-18	104.98	104.76	105.27	4016.5	4011	4025	12.704	12.353	13.03	37.876	37.149	38.457
2022-3-25	14-23	104.51	103.57	105.08	4007	3968	4022	13.001	12.547	13.42	38.614	37.088	39.408
2022-3-26	17-27	104.66	104.4	105.22	4014.7	4002	4022	12.897	12.547	13.227	38.354	37.424	38.919
2022-3-27	14-19	105.37	105.04	105.63	4024.1	4019	4030	12.667	12.4	12.983	37.502	37.027	17.912
2022-3-28	12-15	105.34	104.9	105.68	4023.5	4018	4028	12.727	12.4	13.127	37.772	37.057	38.889
2022-3-29	15-24	105.24	104.9	105.59	4032.6	4021.3	4043	12.78	12.45	13.177	38.373	37.057	39.255
2022-3-30	19-28	105.38	105.04	105.86	4050.5	4039	4061	12.794	12.45	13.177	38.64	37.882	39.286

表 3　机组油品除漆膜后检测

日　期	清洁度等级 GB/T 14039	≥4μm counts/mL	≥6μm counts/mL	≥14μm counts/mL	漆膜倾向指数
2022-07-25	—	—	—	—	2.2
2022-09-07	—	—	—	—	3.1
2022-12-01	19/15/8	4403	199	3	2.8
2023-02-20	16/15/13	553	273	42	2.4

5.2　停车后处理方案

2022 年 9 月 15 日停车检修进行对轴瓦的更换及改造工作时，发现轴瓦表面确实存在漆膜，且附着漆膜的轴瓦表面部位存在凹坑，凹坑深度为 0.02mm。但观察漆膜的形状，表面不规则且有多块缺失松散状，说明从 3 月使用滤油机后，对轴瓦上的漆膜确实有去除效果。

停车后进行了轴瓦的更换及改造：

(1) 将 5 块径向轴瓦沿轴旋转的进油端开 *R*3 倒角并开油楔(见图 8)。

(2) 去掉节流塞加装分布器，分布器上面有 5 个节流塞孔，节流塞直径为 3.5mm(见图 9)。

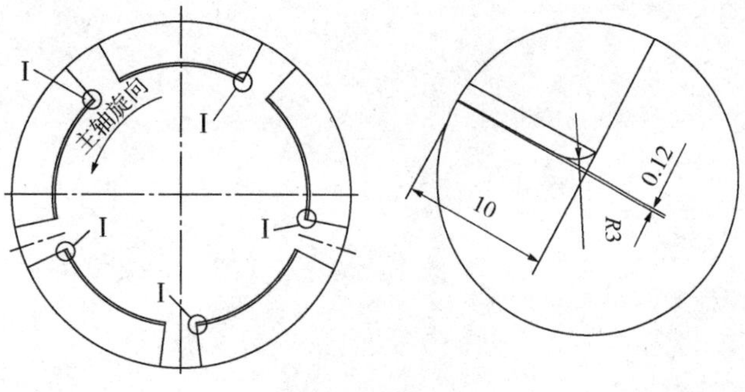

图 8　开油楔

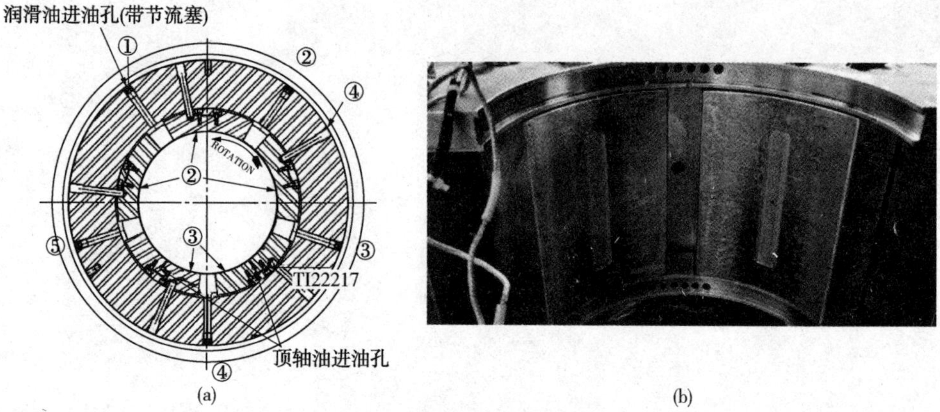

图 9　分布器上有 5 个节流塞孔

(3) 阻油环内侧环车去 2mm(见图 10)。

5.3　后续优化

润滑油监测是设备安全运行的重要保证。科学制定机组的在用油全寿命分析计划，判断设备的润滑状态，确定磨损的部位和磨损程度，可为开展预测维修提供科学依据。针对裂解压缩机出现的问题，制定了《关键机组在用润滑油全寿命分析计划》并实施，为降低不合适的更换率、实现基于状态的换油、消除故障根原因、指导设备的主动性维护提供了科学依据。

6　结论

自从 2022 年 3 月投用昆山威胜达 WVD-Ⅱ

图 10 阻油环内侧环车去 2mm

型除漆膜油泥专用滤油机后，轴瓦温度得到了有效控制，为 9 月改造轴瓦争取了时间，避免在轴瓦更换及改造之前出现停机异常。改造轴瓦后继续投用了除漆膜油泥专用滤油机，温度始终低于 90℃，机组运行正常。

7 经济效益

通过除漆膜滤油机的安装运行，避免了乙烯压缩机组停机造成的巨大损失。乙烯压缩机组如停机一次损失金额在 3000 万左右(直接+间接)；更换轴承，时间需 4~5 天，损失 1000 万。该机组共充填 314 桶油品，通过除漆膜高精过滤后油品完全达到合格指标，节约了油品更换费用 120 万元。

参考文献

1 熊瑶．低漆膜汽轮机油的研制[J]．合成润滑材料，2022，49(1)：1-4.

2 程勇．超百万等级乙烯装置汽轮机组完成安装[J]．中国设备工程，2017(6)：7.

3 王建新．润滑油漆膜形成机理及去除对策[J]．石油和化工设备，2015，18(5)：76-78.

螺杆空气压缩机常见疑难故障分析与处理

张 塞
（中国石化北京燕山分公司，北京 102500）

摘 要 螺杆空气压缩机是焦化装置碱液再生系统的关键设备，它的正常运行直接影响碱液再生系统的效果。本文介绍了螺杆空气压缩机性能特点、工作原理和工作流程等，对螺杆空气压缩机运行中常见的疑难故障进行了详细分析，并提出了具体的解决方法和策略，为装置平稳运行打下了良好基础。

关键词 螺杆空气压缩机；故障；分析；策略

1 前言

随着压缩空气系统的使用场合日益增多，小型和微型空气压缩机的用途也越来越广，小微型空气压缩机的型式和品种有很多种，有活塞式、螺杆式、涡旋式、旋摆式等。螺杆式空气压缩机主要优点是性能可靠、振动小、效率高、噪声低和操作简单等，但同时在运行中也会出现一些故障需要及时进行分析和处理。

2 螺杆空气压缩机介绍

2.1 工作原理

燕山石化炼油厂延迟焦化装置螺杆空气压缩机是一种双轴容积式回转型压缩机，其原理是凭借自身所产生的压力差，在压缩过程中不断向压缩机阴阳转子及轴承注入润滑油。其型号为SC-1.08/8.5，转速为2300r/min，排气量为1.08m^3/min，进气压力为0.1~0.2MPa，排气压力为0.85MPa。系统主要由主机、电动机、油气分离系统、电气控制系统、进气控制系统、润滑油冷却循环系统、底座减振系统等七部分组成，主机和电机的连接形式为皮带连接，主机置于机壳之内，机壳既是油箱又是油气分离器，压缩空气直接进入机壳内。螺杆空气压缩机的工作过程包括：吸气过程，封闭、输送、压缩和喷油过程，排气过程。

2.1.1 吸气过程

螺杆空气压缩机的进气口和排气口均在机壳上端，无进气和排气阀组，进气只靠进气控制器的开启与关闭调节。当主副转子的齿沟空间转至机壳进气端壁开口处时，此时空间最大，转子下方的齿沟空间与进气口的自由空气相通，在排气时齿沟内的空气被全部排出，此时齿沟处于真空状态，当转至进气口时，外界空气被吸入，并沿着轴向流入主副转子的齿沟内，当空气充满整个齿沟时，转子的进气侧端面即转离了机壳的进气口，齿沟间的空气被封闭。

2.1.2 封闭、输送、压缩和喷油

吸气结束后主副转子齿峰与机壳密封，齿沟内的空气不再外流，即封闭过程。主副转子继续转动，齿峰与齿沟吻合面逐渐向排气端移动，即输送过程。在输送过程中，吻合面与排气口间的齿沟空间逐渐减小，齿沟内的空气逐渐被压缩，压力逐渐升高，即为压缩过程。润滑油因压力差的作用被喷入压缩室内与空气混合。

2.1.3 排气过程

当转子的排气口端面与机壳排气口相通时，被压缩的气体开始排出，直至齿峰与排气沟的吻合面移至机壳的排气端面，此时主副转子的吻合面与机壳排气口之间的齿沟空间为零，即完成排气过程。此时，转子的吻合面与机壳进气口之间的齿沟长度又达到最长，开始新的压缩循环。

2.2 工艺流程

螺杆空气压缩机K2301/1，2为碱液再生系统提供一定量的氧气，通过非净化风罐D2410提供的非净化风，经过过滤器进入螺杆压缩机

作者简介：张塞，男，工程师，2016年毕业于北京化工大学化工过程机械专业，硕士学历，主要从事炼油装置设备管理和技术研究工作。

入口，空气压缩后送至缓冲罐 D2318，然后再经过后续管线送至焦化液化气脱硫醇碱液氧化塔 C2304/2，同时为控制其爆炸极限，在流控下向 C-2304/2 中通入一定量焦化脱硫瓦斯。为了使非净化风在氧化塔内均匀分布，在氧化塔底设置非净化风分配器，当碱液和非净化风向上穿过塔时，非净化风中的氧气在催化剂存在条件下与加热后的碱液接触反应。

3 螺杆空压机常见疑难故障分析及处理

3.1 常见疑难故障

螺杆空压机运行至今出现过许多问题如压缩机无法启动、压缩机不加载、压缩机超温、耗油大、噪声增高、排气量低于规定值及无冷凝液排出等。有些问题是由电气原因引起需电器人员负责检修；有些问题是由维护保养不及时引起通过电脑控制器状态参数可以查出故障原因并进行处理。螺杆空压机常见疑难故障有机组耗油大、排气温度高、不加载、噪声高、无法启动、排气量低于规定值及无冷凝液排出。

3.2 原因分析和故障处理

3.2.1 排气温度高

由于环境温度不同，排气温度也随之变化，夏季环境温度在 30℃左右时，空压机正常排气温度在 100℃以下，冬季环境温度在 0℃左右时，空压机正常排气温度在 85℃左右。造成压缩机排气温度高的原因及其处理方法如下。

1）温控阀失灵

温控阀安装在油冷却器前面，其功能是维持恒定的润滑油温度和黏度，刚开机时，润滑油温度低，此时温控阀直接将油从油细分离器经油过滤器输送到压缩中，油不经过油冷却器。随着压缩机工作时间增加，油温开始上升，当油温超过温控阀的数值(标准值为 70℃)时，控制过程就开始了，部分油经过冷却器。当油温比标准值高 15℃时，温控阀完全关闭，油全部经过冷却器，冷却后再进入空压泵主机进行润滑。

当温控阀失灵或停机一段时间后再次开启时，恒温阀内部润滑油黏稠将恒温阀黏死，润滑油大部分未经过油冷却器直接走旁路，润滑油得不到足够散热，造成机组排气温度迅速升高，用手触摸油冷进出口油管便能感知润滑油运行情况。其处理方法是打开恒温阀组件，拆除恒温阀，将恒温阀放入 80℃左右热油中，1min 后观察阀芯伸出长度，如果无变化或伸出不到位，应更换恒温阀。检查恒温阀组件内部积炭情况，用酒精清洗恒温阀及其组件，干燥后其表面应光滑，再涂一层干净润滑油后安装。温控阀体上面，“1”为螺杆压缩机油进入温控阀体内部方向，“2”为润滑油去油冷器方向，“3”为润滑油去油滤器方向。通过现场蒸汽试验，当温度在 85℃以上时，温控阀没有动作而失效。

2）油冷却器积碳

由于维护保养不及时，空压机长期高温运行使油冷却器内部积炭，润滑油散热不良，或由于润滑油脏使油过滤器堵塞，润滑油流通不畅，造成排气温度高。处理方法是拆除油冷却器，使用丙酮溶液浸泡 12h 以上，除去油冷却器内表面积炭。如果是油过滤器堵塞应及时定期更换。

3）润滑油不足

压缩机长时间运行，系统润滑油大量消耗，导致系统缺油。其处理方法是在机组正常运行情况下，查看油位计指示，如指针指向红区，说明油位偏低，应停机加油，使压缩机运行后油位处于绿区范围内。

4）其他

风扇电机故障或排气温度传感器失灵也会导致排气温度高，此时应检修风扇电机或更换温度传感器；由于维护不及时，氧化风进气滤芯堵塞，系统进气不足，造成排气温度升高，此时应清理进气滤芯。

3.2.2 不加载

螺杆空气压缩机不加载的原因有电机故障、主机故障、卸载阀组件故障等，但主要原因是卸载阀组件故障，导致系统进气不足，不能产生大量的压缩空气。

1）角座阀故障

由于角座阀座阀不动作，导致进气阀没有打开，电机无负载，运行 5min 后保护自停。其处理方法是拆检角座阀，用酒精对进气阀阀芯及阀座表面进行清洗，清洗后表面应光滑。如果检测到的排气压力值≤0.75MPa(此值可设定，最低设定值不得低于0.65MPa)，则常闭角座阀得电打开，同时常闭电磁阀失电关闭，延时3s加/卸载电磁阀得电，控制进气阀打开，系统进入重车加载运行中；当检测到的排气压力值≥0.85MPa时，加/卸载电磁阀失电，进气阀闭合，同时通过旁通管线对机头油槽压力进行泄放(此时要保证油槽的压力维持在0.4~0.5MPa之间)，延时3s常闭角座阀关闭，同时常闭电磁阀得电打开，空压泵进入空车卸载运行；在空压泵空车过程中，当空压泵连续空车5min(此值由控制系统设定)后，空压泵停机，即进入空车过久停机状态。

2）最小压力阀故障

最小压力阀是保证控制器管路和压缩机润滑的主要部件，当压缩机产生的压缩气体大于最小压力阀的设定值时，压力阀才开启供气。如果最小压力阀因故障不能关闭，产气量远小于排出气体量则不能产生控制气管路的压缩气源。其处理方法是拆除检修或更换最小压力阀。

3）其他

通电后电磁阀因故障不能启动，没有压缩气体进入，加载活塞及进气阀不能打开。其处理方法是拆除电磁阀，检查内部组件有无损坏，并对电磁阀进行通电调试，如失灵则应及时更换。

油气分离器与卸荷阀组件的控制管路上有泄漏现象，使控制气体管路气体压力下降，不能打开加载活塞及进气阀。其处理方法是对油气分离器与卸荷阀组件的控制管路进行试漏如有泄漏要进行消除。

3.2.3　耗油大

1）回油管线堵塞

由于系统积炭造成压缩机回油管路堵塞，或在维护保养时回油管插入油气分离器内部的铜管安装位置、高度发生偏移，回油不足，油气分离器油位升高，压缩空气带走润滑油增多。其处理方法是拆除油气分离器至主机之间的回油管，对回油管路及主机接头处进行清理，对插入油气分离器内部的铜管进行清理以及对安装位置、高度进行调整。

2）油细分离器故障

油细分离器是由多层细密的玻璃纤维折叠制成，压缩空气中所含雾状油经过细分离后，完全可以滤去，并将压缩空气中油颗粒的大小控制在0.1~0.3μm以下，含油量则低于1mg/m^3。油细分离器内部导流筒由于机组长时间运行造成破损，使气流直接冲击油气分离器滤芯，使滤芯分油效率下降或失效。其处理方法是拆开检查油细分离器内部导流筒，如有破损进行维修或更换，检查油细分离器滤芯，如有破损或失效进行更换。

3）其他

由于密封件密封不严、螺栓松动或机封漏油等造成润滑油泄漏到系统外，或润滑油被压缩空气带走通过自动排水器随冷凝水排出。处理方法是打开机体外保护板，检查机组内部是否有润滑油泄漏，如有泄漏，对漏点进行处理；打开手动排污阀，检查冷凝水中含油量，如果含油多，说明油气分离器滤芯失效或润滑油乳化严重，应尽快更换滤芯或专用润滑油。

4　小结

针对螺杆式空压机最常见的一些疑难故障，通过不断地摸索和经验积累，建立并逐步完善了螺杆空压机保养和策略维护：

（1）定期加油和换油，每日巡检检查螺杆压缩机油箱液位，检查油位是否在规定的范围之内，润滑油应适中，不足时应予以补充，润滑油型号为DAB150，每2000h(半年)应换一次新油。

（2）定期检查和更换皮带，检查皮带拉紧力和皮带走向，对于多条皮带，必须同时更换所有皮带，不可同组中新旧皮带混用，检查皮带轮的轮槽是否有缺损、裂纹，是否过度磨损，是否生锈，如存在这些问题则需要更换皮带轮。

（3）定期检查和更换过滤器，运转2000小时或半年后，检查各部管路，更换润滑油并清洁油垢，检视油镜并拆下清洗。运转4000小时或一年后，检查油细分离器是否堵塞或更换，检查最小压力阀，清洗冷却器，更换油滤芯，检查电气控制柜各接触器的动作是否正常。

（4）对螺杆空气压缩机定期预知维修，同时利用大检修期间返厂检查和保养。

参 考 文 献

1　姜培正．过程流体机械[M]．北京：机械工业出版社，2000.
2 L·林德．螺杆压缩机[M]．北京：机械工业出版社，1986.
3 邢子文．螺杆压缩机[M]．北京：机械工业出版社，2000.
4 瞿国华．延迟焦化工艺与工程[M]．北京：中国石化出版社，2008：247.
5 胡尧良．延迟焦化工艺进展[J]．当代石油化工，2013，11(5)：21-23.
6 林世雄．石油炼制工程[M]．北京：石油工业出版社，2000：156.
7 韩德生．螺杆空气压缩机常见疑难故障分析及处理[J]．化工机械，2009，6(36)：629-630.
8 钟凯，黄伟兵．螺杆空气压缩机运行故障分析[J]．广东化工，2008，35(6)：144-145.
9 王海霞，张富江．双螺杆式空气压缩机温高故障分析[J]．管道技术与设备，2010(4)：32-34.
10 董晓明．双螺杆式空气压缩机超温故障原因分析[J]．中国设备管理，2001(6)：33-34.
11 范德民，于天军．螺杆空气压缩机不加载故障快速诊断[J]．中国设备工程，2002(7)：37-38.
12 秦敏勇，刘晓，王志民．油气分离过滤器工作原理、制作及使用中常见问题的处理[J]．液压与气动，2011(5)：81-83.
13 杨文勇．压缩机油气二次混合故障的排除[J]．中国设备工程，2003，36(10)：41-42.
14 张志恒，张成彦，李奇，等．影响螺杆空气压缩机性能的因素分析[J]．流体机械，2002，30(8)：12-14.
15 于正烈．喷油式螺杆空气压缩机在仪表风系统中的应用[J]．压缩机技术，2002，2(172)：7-9.

富气压缩机干气密封系统故障原因分析及对策

潘亮亮
(中国石化镇海炼化分公司炼油四部，浙江宁波 315207)

摘 要 1#催化裂化装置富气压缩机干气密封因控制系统老旧，配置不完善，导致干气密封运行中多次出现主密封气流量偏高等异常情况。在调研分析的基础上，对老旧控制系统进行改造更新和升级，解决了存在的问题，收到了良好的效果。

关键词 富气压缩机；干气密封；故障；对策

1 前言

干气密封全称“干运转气体密封”，属于非接触式密封。其工作原理是在密封端面上开槽，利用流体动压效应在端面之间形成一定刚度的气膜，完全阻塞相对低压的被密封介质泄漏通道，从而实现被密封介质的零泄漏或零逸出。干气密封技术在20世纪60年代末期开始出现，英国约翰克兰公司于1978年率先将干气密封应用到海洋平台的气体输送设备上并获得成功，这是干气密封的首次工业应用。因其具有密封端面非接触式运行，密封摩擦副材料基本不受*PV*值限制，特别适合作为炼化企业大型离心压缩机的轴端密封的优点，干气密封应用迅速得到推广。20世纪90年代，干气密封开始随进口压缩机进入我国，开启了我国使用干气密封的历史，之后，我国干气密封装机量迅速增加。截至目前，干气密封在我国各炼化企业离心压缩机设备上已基本普及应用。干气密封系统包含干气密封本体及其配套运行控制系统。随着技术的进步，干气密封及其控制系统配置也愈加完善，运转可靠性也不断提高。但早期的干气密封及其控制系统受限于当时技术的限制和认知水平，存在较多的问题，对其运转可靠性和寿命存在着较大影响，需要进行改进升级。

2 设备概况

某炼化公司1#催化裂化装置于1978年11月建成投产，设计加工能力为120×10^4t/a，之后装置经过多次改造，1997年再次改造后装置处理量达到180×10^4t/a，本次改造中将装置核心设备之一的富气压缩机进行了更新。新的富气压缩机设备主要参数如表1所示。

表1 富气压缩机主要参数

项目名称	项目内容
设备名称	富气压缩机
设备型号	2MCL605-3
额定功率	3950kW
介 质	富气
进口压力	0.16MPa(A)
出口压力	1.6MPa(A)
进口温度	45℃
出口温度	120.7℃
工作转速	8380r/min
端封类型	干气密封

该富气压缩机为离心式压缩机，由沈阳鼓风机集团公司设计制造。压缩机轴端密封采用干气密封，由约翰克兰供货，包含干气密封本体及其控制系统。原干气密封型号为28AT型双端面干气密封，后更换为经过优化的型号TM02A。主密封气采用干燥氮气，动环槽型为单向对数螺旋槽。

该干气密封原供气系统配置如图1所示，包括主密封气供气流程和后置隔离气供气流程。主密封气流程为：高压氮气经减压至0.5MPa后进入氮气缓冲罐，再经过管道过滤器进行粗

作者简介：潘亮亮(1980—)，男，高级工程师，2003年毕业于四川大学过程装备与控制工程系，现在镇海炼化公司重油催化装置从事设备管理工作。

过滤，引至干气密封控制盘架，经过自力式减压阀进一步减压至 0.2MPa，再经过精度为 1μm 的过滤器进行精密过滤，经流量测量孔板后进入干气密封端面作为主密封气。后置隔离气采用仪表风，经过过滤后注入干气密封与轴承之间，防止润滑油窜入干气密封，污染密封面。

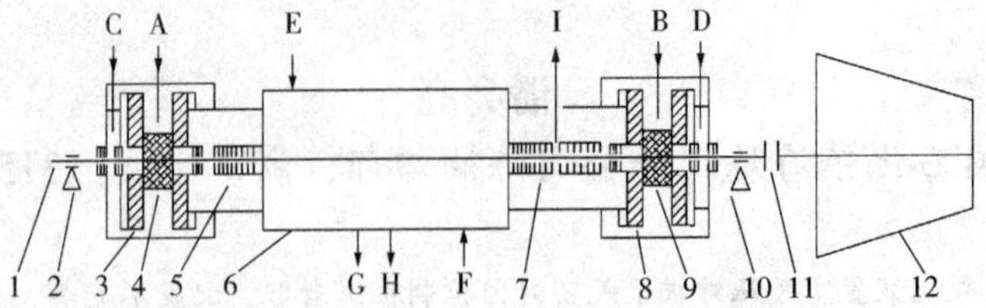

图 1 干气密封供气系统示意图

A—非驱动端主密封气注入；B—驱动端主密封气注入；C—非驱动端隔离气注入；D—驱动端隔离气注入；
E—介质气一段入口；F—介质气二段入口；G—介质气一段出口；H—介质气二段出口；I—平衡管引出；
1—压缩机转子；2，10—轴承；3，8—干气密封静环；4，9—干气密封动环；5，7—轴端梳齿密封；
6—压缩机机体；11—联轴器；12—蒸汽轮机

3 故障情况

运行期间，该富气压缩机干气密封多次出现主密封气流量随机组运行时间的增加异常上升或大幅波动的问题。以 2020 年 5 月机组检修后开机运行周期为例，开机运行后驱动端和非驱动端干气密封主密封气流量变化趋势如图 2 所示，趋势图取自 PI ProcessBook 系统。

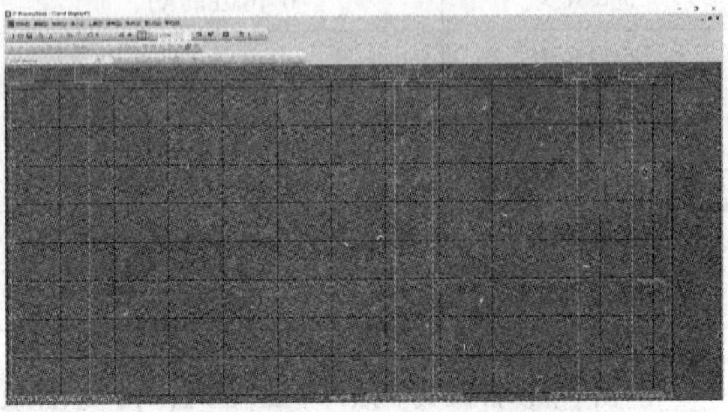

图 2 干气密封主密封气变化趋势图
(2020 年 5 月开机运行)

参看干气密封控制系统配置图(见图 1)，FI711 为非驱动端主密封气流量，FI712 为驱动端主密封气流量。由图 2 可见，开机初期驱动端与非驱动端主密封气流量均不足 0.3Nm³/h，均正常。随着运行时间的延长，FI712 流量变化不大，但 FI711 有上升趋势，到 2020 年 12 月，FI711 已超过 0.3Nm³/h，随后开始出现明显波动，且在波动中继续呈上升趋势，到 2021 年 4 月，FI711 超过 0.7Nm³/h，相较于开机初期上升超过 1 倍有余。

图 3 为 2021 年 4 月机组检修完毕开机运行后干气密封主密封气变化趋势图。2021 年 4 月 27 日开机，两端干气密封主密封气流量均不超过 0.3Nm³/h。自 5 月份开始，主密封气流量开始呈现出波动并呈上升的趋势，从 5 月 18 日开始，主密封气流量波动上升趋势剧烈，直至流量超过仪表量程(0.92Nm³/h)，此后该机组按照监护运行进行管理直至停机检修。

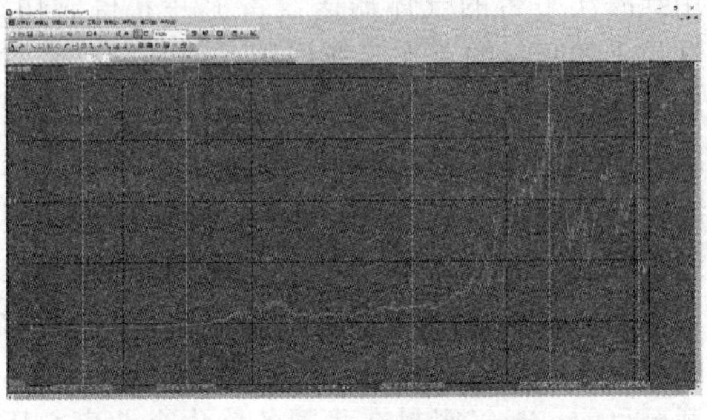

图 3 干气密封主密封气变化趋势图
(2021 年 4 月开机运行)

4 原因分析

干气密封的工作原理是，当端面外侧开设有流体动压槽(TM02A 型干气密封为对数螺旋槽)的动环旋转时，流体动压槽把上游侧的高压隔离气体泵入密封端面之间，由外径至槽径处气膜压力逐渐增加，而由槽径至内径处气膜压力逐渐下降。因端面膜压增加，所形成的开启力大于作用在密封环上的闭合力，在端面摩擦副之间形成很薄(一般 3~5μm)的一层气膜，这层气膜不但具有较大的刚度，使密封副动、静环端面处于完全分离状态，而且完全阻塞了相对低压的被密封介质泄漏通道，从而实现被密封介质的零泄漏。供应到密封端面形成气膜的气体称为主密封气，主密封气绝大部分消耗于形成端面气膜并最终汇入到被密封介质内，但在非正常状态下，有一小部分主密封气会通过干气密封压盖与机体安装面、静环与推环和弹簧座等静密封点泄漏。因此，主密封气供气流量近似等同于流过密封端面的量，该流量反映了密封端面的工作状态，其数学表达式如下：

$$S_t = \frac{\pi h^3(p_g{}^2 - p_i{}^2)}{12\mu RT\ln\left(\frac{R_g}{R_i}\right)}$$

式中　S_t——流过密封端面的主密封气质量流量，kg/s；

h——非槽区气膜厚度，m；

p_g——端面外径位置气体压力，MPa；

p_i——端面内径位置气体压力，MPa；

μ——气体动力黏度，Pa·s；

R——气体常数，8.310J/(mol·K)；

T——气体温度，K；

R_g——端面外径，m；

R_i——端面内径，m。

由上式可以看出，主密封气流量与多因素有关。但对于运行中的干气密封，除气膜厚度处于动态变化中外，其余参数均不会发生明显改变。且主密封气流量与气膜厚度的三次方成正比，即气膜厚度的微小改变，都对主密封气流量有显著影响。

非槽区气膜厚度即为密封端面间隙。干气密封端面结构如图4所示。干气密封动环刚性固定在转轴轴套上，机组运转过程中，动环不可避免地随转子产生轴向位移，静环应及时跟随动环的轴向位置变化做出相应变化，从而重新达到动态平衡。

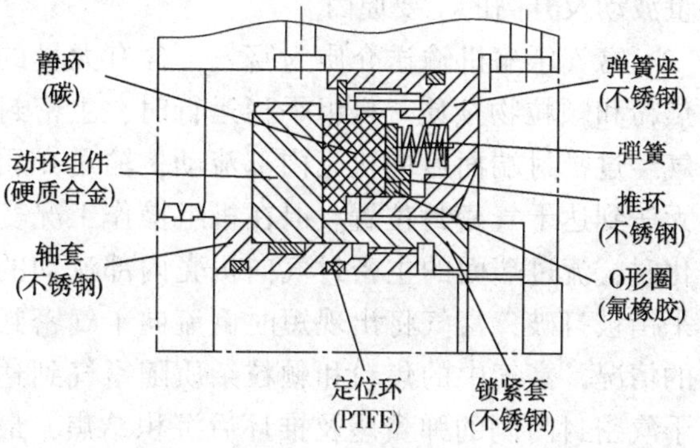

图4　双端面干气密封端面结构图

理想状态下，静环所受弹簧力、主密封气体力的合力 F_c 为端面闭合力，气膜刚度产生的力 F_o 为端面开启力，两个力最终达到动态平衡，如图5所示。但在干气密封实际运行中，静环依靠推环传递弹簧力(见图4)，而推环端部需要压紧起到静密封作用的O形圈，在推环静止或轴向移动时，O形圈与弹簧座之间必然会产生静摩擦力或动摩擦力，这部分摩擦力与推环的运动趋势或方向相反，也需要弹簧力克服。一般情况下，与O形圈配合位置的弹簧座表面加工精度高，加上氟橡胶材质的自润滑性，摩擦力较小，对密封运行影响较小。

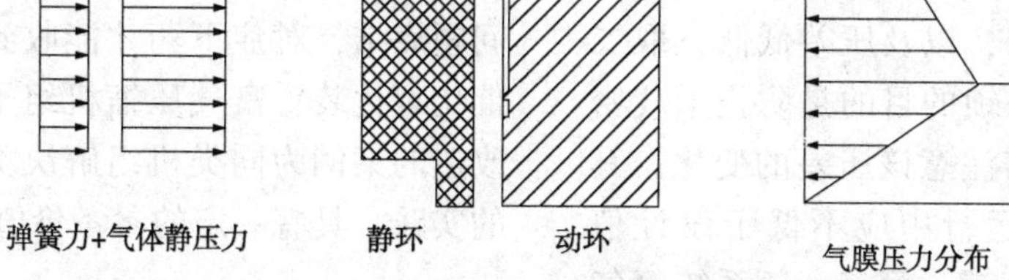

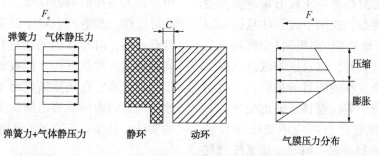

图5　密封端面(静环)受力示意图

但是，如果该O形圈位置的洁净度被破坏或杂质聚集，摩擦力就会变大，直至弹簧力无法克服，此时将造成静环对动环的追随性下降，端面间隙不稳定，并不断扩大，气膜刚度下降。表现为主密封气流量出现波动，干气密封运行可靠性降低，甚至会使气膜因刚度不足无法封住被密封介质，造成介质泄漏的事故。

针对前述富气压缩机两次干气密封主密封气流量异常问题，在机组停机检修时进行了检查，干气密封解体后发现，驱动端和非驱动端干气密封介质侧密封端面弹簧座内侧及推环上有大量焦粉集结。按压静环组件几乎纹丝不动，加大压缩力度能够感觉到明显的卡涩，其余部位及辅助密封未发现问题。因而，介质侧弹簧座机推环结焦卡涩，造成静环追随性严重下降，无法及时补偿端面间隙的变化，是主密封气流量波动及升高的主要原因。

富气压缩机输送介质为富气，含有大量的焦粉和颗粒物杂质。机组平稳运行时，主密封气经过密封端面后向机壳内部流动，输送介质无法到达干气密封位置。但在机组操作工况变化时，流过端面的主密封气向机壳内部流动的平衡被打破，富气将出现短时倒流向干气密封的情况，富气中的焦粉和颗粒杂质随富气到达干气密封内侧的弹簧座及推环后沉积结焦，最终造成干气密封运行异常。

5 改进措施及效果

根据以上干气密封运行异常原因分析，阻断富气介质到达干气密封部位即可解决问题。而在干气密封内侧与输送介质富气之间增加一路洁净气体，以一定流速向机壳内吹扫，是阻止富气达到干气干气密封的有效途径。这一吹扫气体称为前置缓冲气(见图6中J、K流程)，气源使用与主密封气相同的洁净氮气。为保证吹扫效果，前置气流速一般不低于3m/s。双端面干气密封控制系统配置主密封气流程、前置缓冲气流程、后置隔离气流程已是目前该类型干气密封的标准配置。1#催化裂化富气压缩机干气密封系统也是按照该标准配置进行了改造，重点是新增了前置缓冲气流程，并将后置隔离气也由原来的仪表风改为了洁净氮气以减少润滑油的氧化，同时新增完善了部分监控仪表及干气密封保护联锁。改造后的干气密封系统如图6所示。

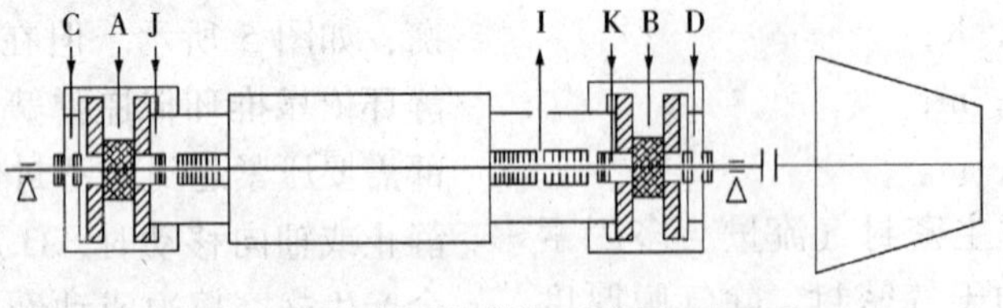

图6 干气密封系统供气示意图(改造后)

J—非驱动端前置缓冲气注入(新增)；K—驱动端前置缓冲气注入(新增)

新改造的干气密封系统从根本上解决了以往输送介质富气污染干气密封部件的问题，能够保证干气密封的长周期稳定运行。但也应该看到，新的干气密封控制系统较旧系统虽然更为完善但也更为复杂，使用中需要注意以下问题：首先，新增了驱动端(高压端)主密封气与前置缓冲气压差低报警，以及压差低低三取二停机联锁，该报警及联锁的目的是防止干气密封出现反压，运行中需注意该压差的变化；其次，前置缓冲气流量运行中应不低于设计值$5Nm^3/h$，以保证吹扫流速；第三，新系统氮气消耗量较旧系统大幅上升，供气气源应进行相应改造，以达到要求流量。

1#催化裂化富气压缩机组干气密封控制系统改造后运行正常，干气密封主密封气流量稳定，改造达到了预期目的。

6 结语

老旧干气密封控制系统完善改造是提升机组运行可靠性的有效途径，具有较高的性价比和可行性。改造前应对干气密封运行情况进行综合评估，对存在的问题进行溯源分析，找准问题症结，对症下药才能收到良好的效果。1#催化裂化装置富气压缩机组干气密封控制系统改造的案例为同类机组解决类似问题做了有益的实践，具有一定的参考价值。

参 考 文 献

1 宋鹏云. 螺旋槽干气密封端面气膜压力计算方法讨论[J]. 润滑与密封，2009，34(7)：7-9.

高压柱塞泵填料密封泄漏原因分析及改进

胡 磊

(中国石化长城能源化工(宁夏)有限公司，宁夏银川 750000)

摘 要 某公司BDO装置合成单元配备4台高压往复式柱塞泵，其作用是向加氢反应器输送53% BYD溶液，是装置的关键设备。在运行期间出现了填料密封组件磨损泄漏、柱塞偏磨及进、出口阻尼器损坏等故障。本文对密封组件、柱塞、阻尼器等故障的原因进行了分析，并进行了相关的技术改造。改造后填料的泄漏量达到容许范围内，泵的运行周期延长至6个月以上，保证了装置的安全、稳定、长周期运行。

关键词 柱塞；密封组件；线速度；脉冲阻尼器

1 前言

某公司10.4万吨/年BDO装置引进美国INVISTA炔醛法技术，合成单元BYD原料输送泵采用进口设备，由法国芬德公司制造，设备型号为TN260 MP57，泵体为卧式形式，配备4台泵，两开两备，采用变频电机，通过变频来调节流量。泵出口压力为309kgf/m^2，流量为14.2m^3/h，介质温度为50℃。在运行期间出现填料密封组件磨损、填料漏液严重、泵体振动、进/出口管线振动大、阻尼器皮囊破裂等故障。泵无法稳定、长周期运行。

2 泵结构组成

往复泵由泵主机(包括动力端和液力端)、减速器、联轴器、安全阀、压力表装置及其他附件组成。动力端由机身、曲轴、连杆、十字头等部分组成。液力端包括填料函、泵阀组、液缸体、进排液法兰等组成。柱塞采用表面硬化处理，填料采用编制聚四氟乙烯的密封盘根。进、排液阀采用组合阀，泵阀有进液阀和排液阀两部分，采用双相钢制成。

填料函组件由填料函、柱塞、密封组件组成，密封组件包括填料、支撑环、导环、水封环、弹簧等(见表1)。

表1 填料函组件的主要技术参数

名称	项目	数值
填料函	内径/mm	ϕ73+0.03
柱塞	外径/mm	ϕ57-0.09
导向环	内径/mm	ϕ57+0.06
支撑环	内径/mm	ϕ57+0.03
水封环	内径/mm	ϕ57.5

3 故障原因分析

3.1 柱塞线速度

经查阅资料，设备制造厂家法国芬德公司技术文件中泵设计为三缸泵，通过减速齿轮箱的调节，在API 674规定的允许的泵最大转速335r/min的85%即285r/min下，柱塞线速度为1.18m/s。但设计单位中国成达工程有限公司设计文件中要求柱塞线速度≤0.8m/s，实际线速度超载约47%。柱塞运行的线速度太高，柱塞、填料在单位时间内的发热增加、填料磨损急剧增大，引起填料漏料。线速度的大小直接影响泵各运动零、部件的摩擦和磨损，特别是对柱塞及其密封这一密封副的影响尤为显著。若泵的转速过高，泵阀迟滞造成的容积损失将会相对增加，而泵阀撞击更为严重，引起的噪声增大，磨损也将加剧，液流和运行部件的惯性力也将随之增加，对泵液力端产生不良的影响。

作者简介：胡磊(1984—)，男，甘肃静宁人，2006年毕业于兰州石化职业技术学院石油化工与工艺专业，工程师，现从事设备管理工作。

3.2 密封组件

填料函密封组件由1个弹簧、1个前导环、3个填料、1个分油环、2个填料、1个后导环组成。导向环起导向承压作用，分油环是将注油器输送过来的油进行分布来润滑填料。主要是通过填料函密封组件之间间隙配合、分油环前端的3个填料来实现密封作用。柱塞与支撑环间隙为0.12mm，柱塞与导向环间隙为0.15mm，柱塞与水封环间隙为0.59mm。从检修拆检时发现柱塞表面出现明显磨损痕迹，支撑环、导向环内壁也有明显的磨损。其主要原因是柱塞不对中，柱塞直接与支撑环、导向环接触后，在柱塞往复运动下，柱塞直接与支撑环、导向环摩擦，引起填料密封组件的磨损，导致填料密封失效。

填料材质为聚四氟乙烯的密封盘根，主体材质偏软，在高压环境下容易发生形变。现场采用散装填料条、人工手动裁剪，安装过程中存在填料的切口不整齐。其连接处不够贴合，导致密封不严实。高压侧的密封主要是通过填料密封组件中冲洗孔前端的3道填料实现密封作用，因填料数量较少，密封效果差。

填料密封组件是通过分油环由润滑油系统提供润滑油，对填料、柱塞产生润滑作用。但不具备冷却水冲洗装置，因为柱塞长时间的往复运动会产生大量的热能，没有冲洗水的冷却，会影响柱塞和填料的寿命。而且因输送介质中含有微量固体催化剂，易在填料密封处积累，固体催化剂没有冲洗水清洗，引起填料密封和柱塞磨损。

3.3 填料函

填料函结构总长度为270mm，内径为ϕ73mm，如图1所示。因填料函结构长度限制，使有效密封长度太短。填料函的压盖通过螺栓锁死，无法进行二次调整。一旦内部弹簧失效或填料受损，将无法通过调节填料密封组件预紧力实现泄漏控制。填料函通过填料函止口定位、通过螺栓紧固。往复泵填料函没有支撑机构，在满负荷运行情况下，泵体振动引起填料函发生松动、振动现象。

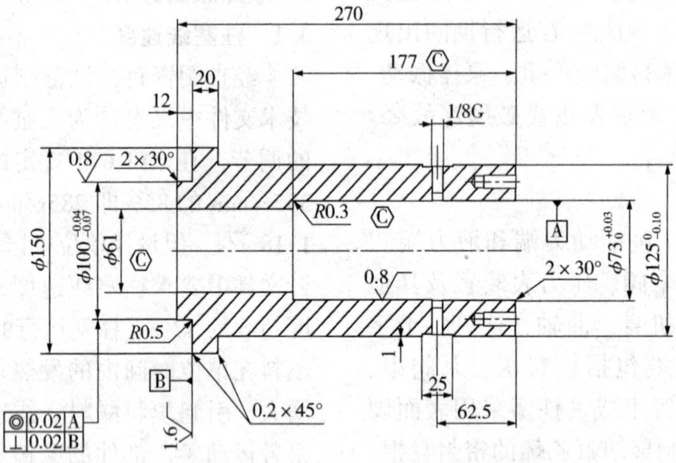

图1 填料函结构示意图

3.4 柱塞

柱塞材料为马氏体沉淀硬化铬镍铜不锈钢05Cr17Ni4Cu4Nb，柱塞表面镀铬层厚度为0.1~0.2mm。柱塞表面HRC硬度为67~70。检修时发现柱塞表面镀铬层局部磨损剥落，柱塞表面出现明显磨损痕迹。柱塞磨损后又加剧了填料磨损速率。经现场硬度检测柱塞表面的HRC硬度约为68，说明柱塞的硬度是满足设计要求的。柱塞磨损的主要原因是在满负荷运行情况下，柱塞与填料函密封组件支撑环、导向环直接接触产生摩擦，引起柱塞的镀铬层脱落。柱塞磨损后，又加剧了填料磨损，导致物料泄漏。

柱塞连接端结构设计为平面，柱塞和动力端连接是由定位环、两半环、锁帽、并帽组成。安装步骤是首先将定位环安装在连杆大头孔内，使其平面靠内，再将两半环安装在柱塞小头槽内，然后通过手动盘车使连杆内的定位环顶紧柱塞端部，拧紧锁帽、并帽，使其不能有间隙。这样的设计在安装过程、运行过程中容易出现柱塞的不对中。柱塞的连接方式采用锁紧螺栓，在往复运行过程中容易发生松动。如果柱塞中心线得不到保证，柱塞在安装后就将产生偏斜，对密封造成偏磨，影响填料使用寿命。

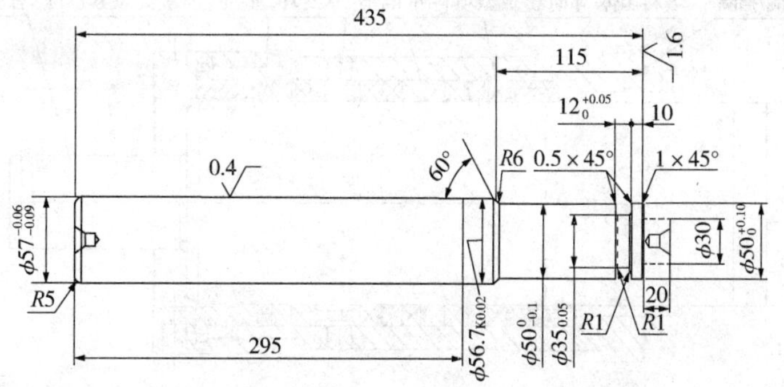

图2 柱塞平面端部结构

3.5 脉冲阻尼器

往复泵设计为三缸泵，往复泵进、出口管线设计脉冲阻尼器各一个，其容积为1.7L。在低负荷运行情况下较为平稳，泵体和出口管线振动小于2mm/s。在高负荷运行情况下，泵体和出口管线振动达到4.5mm/s。填料密封磨损速率急剧增加，引起密封泄漏。进、出口管线阻尼器容积太小，在高负荷运行情况下，泵出口流量不均匀造成排出压力的脉动，引起阻尼器皮囊破裂。当排出压力的变化频率与排出管路的自振频率相等或成整数倍时，将会引起共振现象发生。同时会使原动机的负载不均匀，引起柱塞不对中、填料磨损、泵体振动增加等异常现象。

3.6 柱塞对中

泵在解体检修时，检查确认各部件的安装尺寸。经测量发现柱塞对中偏差最大约为0.20mm，检查填料和柱塞磨损的情况，发现填料密封组件都为下部磨损，柱塞磨损部位是前端底部。往复泵设计为缸体通过中间架与动力端曲轴箱体连接，液力端与中间架为平面接触。液缸体原设计通过2根拉杆将中间架与动力端固定。通过机床检查发现液力端十字头内孔和缸体内孔对中有0.08mm的偏差。十字头内孔和缸体内孔不对中，填料函、柱塞安装检查不到位，引起运行过程因柱塞的不对中而导致填料磨损泄漏。

4 采取的改进措施

4.1 柱塞线速度

通过调节变频器的频率，降低柱塞运行线速度。在满足工艺流量的前提下，通过降低柱塞往复次数降低柱塞的线速度，将柱塞线速度控制在0.8m/s以下。通过计算需将柱塞的往复次数由原设计值283r/min降低至192r/min，也就是泵运行频率调整到原来的68%。随着泵频率降低，泵最大流量从原来的14.2m^3/h减小到9.6m^3/h。为满足生产需要，通过改变泵运行方式，由两开两备改为四开，降低柱塞线速度、减少填料磨损，延长泵运行周期。

4.2 密封组件

将密封组件改为主、副填料结构，由导向套、成型填料环、隔垫、水封环、垫环、锁紧块、锁紧螺母组成。密封组件配置冷却水冲洗系统，并且冲洗环外接冲洗水，实现有效地冷却、润滑柱塞和填料。主、副填料结构配备锁紧螺母，能够有利于现场二次锁紧填料。通过接入外冲洗水，与出口高压形成压差式组合密封，冷却填料函密封组件，并且可以冲洗介质中带来的细微催化剂颗粒。将原单一的填料函改造为主副填料函结构，实现分级压缩，保证有效密封，确保填料函密封的稳定、不易泄漏（见图3）。

将填料改用预压后成型的芳纶填料环，不仅安装更换填料方便，而且耐磨抗压性能优良，有助于更好地密封柱塞，提高柱塞和填料的使用寿命(见图4)。同时安装时填料压入填料函时必须一圈圈压入，使用专用工具进行压实，严禁多圈同时压入。在填料中间增加金属隔垫，有效防止填料变形。安装时填料切口应错开120°~180°，确保填料的安装到位，保证有效密封。

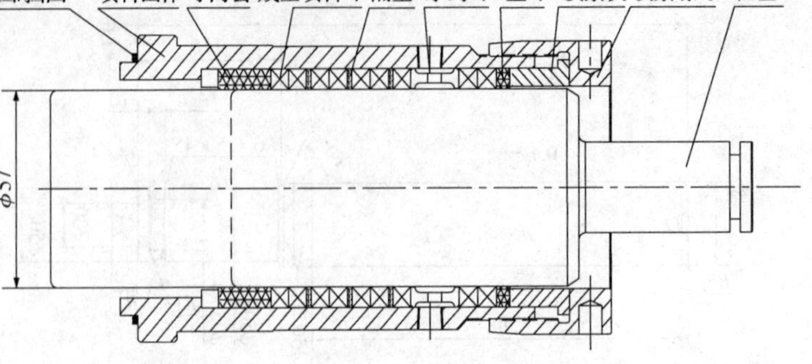

图3　改造后填料函组件结构示意图

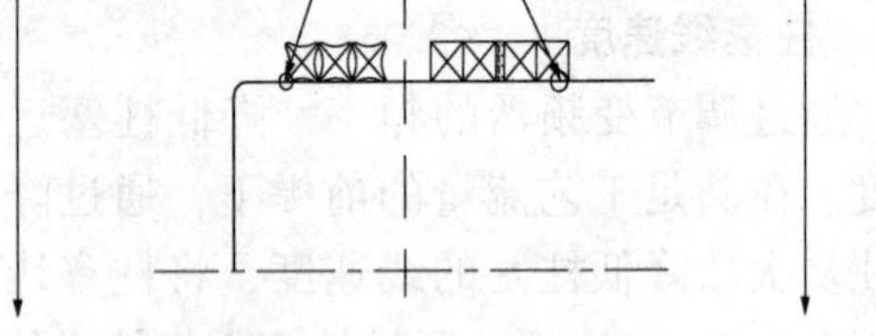

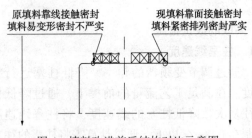

图4　填料改进前后结构对比示意图

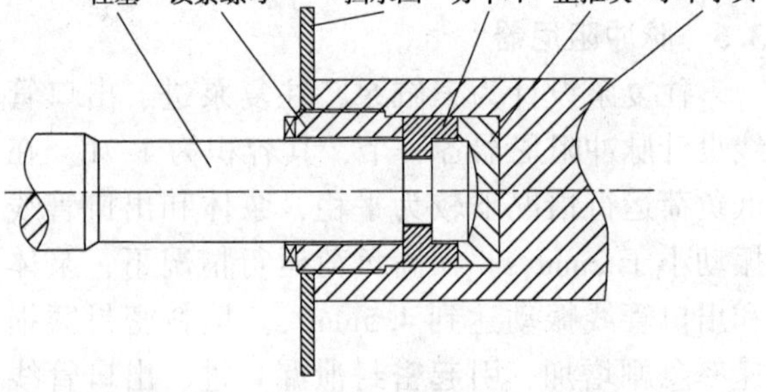

图5　改进的柱塞端部结构及连接装置

4.3　填料函

通过检查测绘原密封腔与缸体的配合面的尺寸和平面形位公差等，充分利用泵有效的空间加长填料函，将填料函结构长度改为310mm，增加填料函的有效导向长度。填料函增加支撑部件，防止填料函在运行过程中，由于高压往复压力脉动造成的下垂或振动，保证了填料函的稳定对中。

4.4　柱塞

测绘柱塞的尺寸，改进柱塞端部接触面，由原来平面结构优化成球面接触的结构形式，同时将柱塞和动力端连接装置改为由止推块、分半环、锁紧螺母、挡水圈组成(见图5)。通过止推块、分半环与柱塞端部的球面接触间隙配合，确保柱塞的对中。确保柱塞与动力端的对中，防止因柱塞不对中引起的填料组件的磨损。

4.5　脉冲阻尼器

在泵高负荷运行情况下，对进、出口脉冲阻尼器需要容积进行计算。通过计算得出进、出口阻尼器的体积应该≥8.04L。综合考虑阻尼器的标准容积规格与经济实用性，进、出口阻尼器的容积选为10L最为合适，能确保出口流量相对均匀。根据现场进出口管道布局情况，增加管线支撑，尤其是在管线弯管处进行固定，减少管道的振动，有效解决了因流量不均匀造成排出压力的脉动引起泵的共振现象。

4.6　柱塞对中

泵在组装前，检查确认各部件的安装尺寸。曲轴安装水平度公差值为0.05mm/m。曲轴中心线与缸体中心线垂直度公差值为0.15mm/m。曲轴轴向窜量为0.65mm。检查滚动轴承的滚子与滚道表面无坑痕和斑点，转动自如无杂音。轴与轴承的配合为H7/k6，轴承与轴承座的配合为JS7/h6。电机与减速机、减速机与泵的对中偏差在0.05mm以内。

现场测绘填料函支撑架的尺寸、形位公差，加工填料函支撑架。泵整体对中检查，在数字大型加工机床上，利用工装对泵液力端十字头内孔和缸体内孔进行对中，在中间架上加工可以上下左右调节的螺纹孔，便于调节。对中完成后，利用工装加紧并固定，分别在液力端、中间架、动力端与中间架之间加工定位销。检查各零件的尺寸及形位公差，各零件的配合间隙作好记录。确保柱塞对中偏差在0.05mm以内，减少因柱塞不对中引起填料磨损。

5　结语

综上所述：通过将柱塞线速度控制在0.8m/s以下，对填料密封组件、柱塞、填料函进行改造，尤其是对泵中间接杆与柱塞连接结构进行技术改造，避免了因柱塞不对中引起填料组件的磨损。将进出口阻尼器容积优化为10L，有效解决了因泵脉冲引起的共振问题，延长了填料密封组件使用寿命。采取以上措施后，满负荷运行下，泵体和管道振动值降至1.8mm/s以下，密封填料泄漏量小于5滴/min，填料密封组件检修周期延长至6个月左右，确保了泵安全、稳定、长周期运行，达到了预期改造效果。

氨冷及换冷型套管结晶机传动轴及密封填料材质改造

沙诣程

（中国石油抚顺石化分公司石油一厂，辽宁抚顺 113004）

摘　要　20世纪80年代末至90年代初，全国各炼厂陆续兴建酮苯装置并投入运行，沿袭了粗犷管理的模式，套管结晶机传动轴密封填料泄漏问题迟迟悬而未决。在安全生产和环保要求日益严格的21世纪，此种管理模式再也无法适应当今需求，故相关改造势在必行。本文旨在给出关于解决困扰套管结晶机传动轴密封泄漏的整体方案，兼顾成本、在役周期和环境安全收益。

关键词　套管结晶机；密封泄漏；解决方案

自1997年抚顺石化石油一厂新区酮苯装置开工以来，套管结晶机传动轴磨损、填料失效过快导致介质泄漏的问题，一直困扰着酮苯脱蜡装置的生产活动。在有限资料范围内，该问题同样困扰着国内外同类装置的安全平稳运行。

根据《炼油设备工程师手册》陈述，1990年至2014年期间，全国酮苯装置重大事故合计11起，其中套管结晶机重大事故3起，分别为"套管结晶器填料函漏油引起火灾""余火未熄酿成火灾""套管结晶室重大火灾"。究其原因，均是套管结晶机密封填料泄漏，直接或间接地导致事故的发生。

自套管结晶机被研发应用以来，传动轴磨损、填料失效过快导致介质泄漏的问题，一直困扰着酮苯脱蜡装置的生产活动。为彻底改变此种现状，同步节约维护费用，杜绝现场环境低标准问题的发生，避免施工过程中对物料的污染，减少岗位操作人员和维护人员工作负担，降低工作人员患呼吸道疾病的风险，经过长期的反复探索、研讨、计算、现场勘查及大样本分组对照实验，最终得到了一整套解决方案。

1　密封腔改造

由现场实际及随机资料可知，原密封腔共可容纳8道填料环，压紧量约为20%（见图1）通过日常使用经验可以得知，原密封结构根本无法满足长期运行的需要，进而对密封腔进行了对照实验，分别论证了在改变压缩量、改变密封环数量等不同条件组合对无泄漏运转时间的影响，且统一检查了不同压缩量下传动轴的磨损情况。通过各种形式的改造，最长可将无泄漏运转时间延长接近50%，但仍然不能达到长期稳定运转的需求，且同步得出，在此种密封环和传动轴配合工况下，压缩量增大5%以上是不可取方案的相关结论。由于问题没有得到根本的解决，故开展进阶论证。

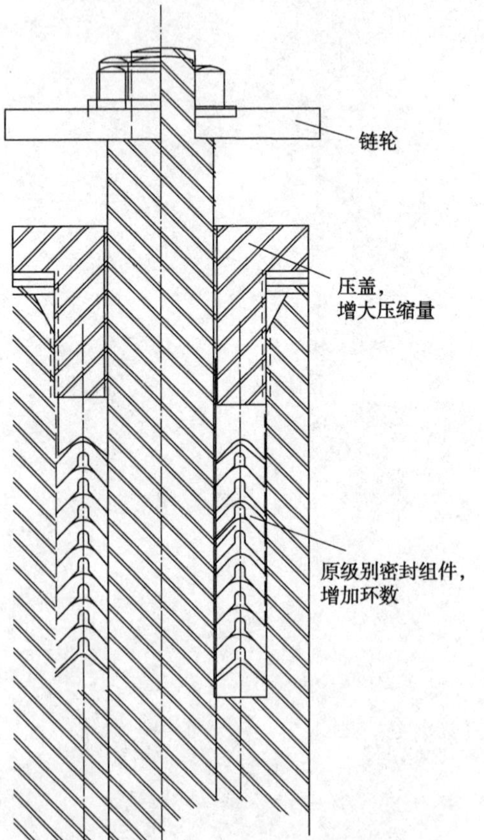

图1　填料函示意图

2　传动轴局部表面处理

从第一阶段对照实验可以得知，在现有工况下，无论怎样传动轴都会在运行2000h后开始磨损，进而导致密封失效，故针对此种情况开展传动轴材质改造或改变传动轴表面处理工艺。

自2016年3月至2017年12月，合计尝试传动轴配合原型填料方案共计5种：

方案1：原型对照组，6根；安装后连续运转近8000h，正常热化紧固等操作，约4000h开始，泄漏物肉眼可见，8000h拆解，均匀磨损2.3mm，不断紧固填料后可勉强使用；回装后运转至2017年8月彻底失效，如图2所示。

图2　方案1运转3000h

方案2：母材45#钢，调质，表面渗氮处理，HRC 62~64，500h光泽度0.8、测试摩擦系数0.78，6根；安装后连续运转近6000h，正常热化紧固等操作，约3200h开始，泄漏物肉眼可见，6000h时泄漏量过大，遂拆解检查，拆解发现轴表面存在点蚀，已不能继续使用。

方案3：母材35CrMo，调质，表面电镀硬铬处理，HRC 62~64，500h光泽度0.85、摩擦系数0.9，6根；安装后连续运转近8000h，正常热化紧固等操作，6000h开始，泄漏物肉眼可见，8000h拆解，均匀磨损2mm，局部电镀层脱落，不断紧固填料后可勉强使用；回装后运转至2017年10月，彻底失效。

方案4：母材35CrMo，调质，表面渗氮处理，HRC 64~66，500h光泽度0.8、摩擦系数0.78，6根；安装后连续运转近8000h，正常热化紧固等操作，5200h开始，泄漏物肉眼可见，8000h拆解，拆解发现轴表面存在点蚀，已不能继续使用。

方案5：母材35CrMo，调质，表面喷涂碳化钨，HRC 68~72，500h光泽度0.8、摩擦系数0.55，6根；安装后连续运转近8000h，基本正常，解体无异常，10000h后开始泄漏，后拆解发现为填料环受溶剂侵蚀而导致膨胀硬化，如图3所示。

图3　方案5运转8000h

而喷涂碳化钨方案连续运转近8000h，基本正常，解体无异常，10000h后开始泄漏，后拆解发现为填料环受溶剂侵蚀而导致膨胀硬化，综上所述，鉴于原型填料在溶剂浸泡工况下于10000h左右开始失效，故开展新型填料研发。

3　新型复合材料填料的研发

3.1　研发方向

笔者对填料材质进行了深入研究，包括但不限于以下几点：芳纶纤维和芳纶碳纤维替代材料的选择；替代材料占比的对照试验；成型工艺对赋形效果、煅烧工艺对最终性能的影响；新型复合材料与原有材料性能对比。

3.2　芳纶纤维和芳纶碳纤维替代材料的选择

通过前期理论论证，芳纶类材料的根本缺陷在于其弹性模量高、刚度大，而代用方案方向则应为相对低弹性模量的材料。通过枚举试错实验，最终发现以聚苯酯替代芳纶对材料性能有较大提升。

3.3　替代材料占比的对照试验

3.3.1　聚苯酯含量对复合材料摩擦系数的影响

从图4可以看出，加入少量聚苯酯后，复合材料的摩擦系数开始急剧下降。当m（聚苯酯）：m（其他组分）>1：100时，随着聚苯酯含量的增加，摩擦系数又呈增加趋势。

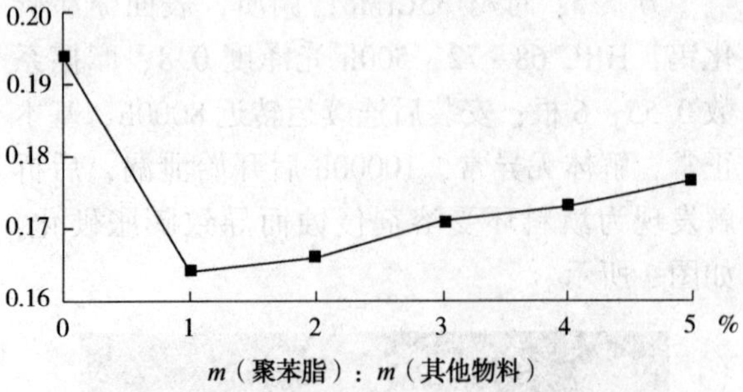

图4　聚苯脂含量与摩擦系数的关系

3.3.2　聚苯酯含量对复合材料磨损体积的影响

由图5可以看出，加入少量聚苯酯后，复合材料的磨损体积急剧减少，当 *m*（聚苯酯）：*m*（其他组分）= 1：100 时，复合材料耐磨性比纯 PTFE 提高了 4.7 倍；当 *m*（聚苯酯）：*m*（其他组分）>1：100 时，随着聚苯酯用量的增加，磨损体积继续下降，但下降速度有所趋缓。

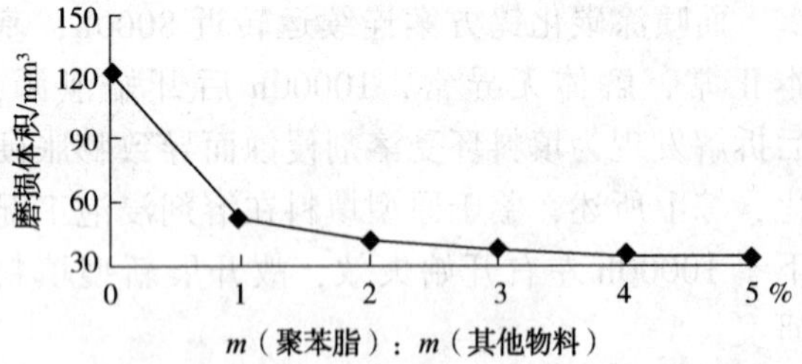

图5　聚苯脂含量与单位时间磨损体积的关系

3.3.3　聚苯酯含量对复合材料热扩散系数的影响

由图6可以看出，复合材料的热扩散系数随着聚苯酯含量的增加而增大，当 *m*(聚苯酯)：*m*（PTFE）<3：100 时，热扩散系数变化比较缓慢；当 *m*(聚苯酯)：*m*（PTFE）≥3：100 时，随聚苯酯用量的增加，复合材料热扩散系数大幅度增加。

当 *m*(聚苯酯)：*m*（PTFE）= 5：100 时，热扩散系数可以达到 2.64mm²/s，如图6所示。

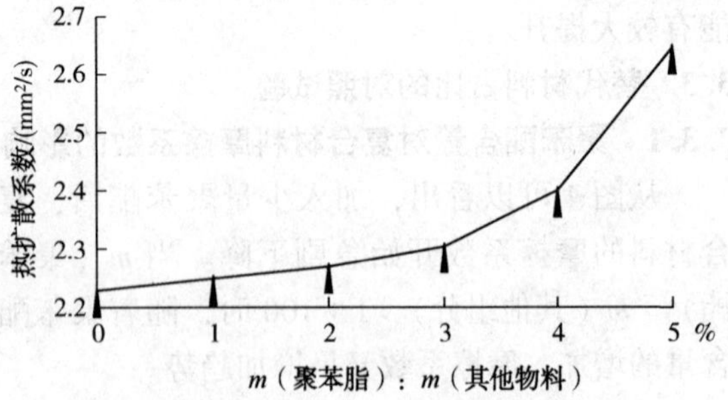

图6　聚苯脂含量与热扩散系数的关系

3.4　对成型工艺、煅烧工艺的控制指标

冷压和二次成型挤压压力是盘根类材料制造过程中的重要控制指标，影响着材料抗浸透性能，故通过多次试验，平衡工程应用造价与产品指标后，最终将冷压控制在 30MPa、二次成型挤压控制在 40MPa。

烧结温控曲线如图7所示。

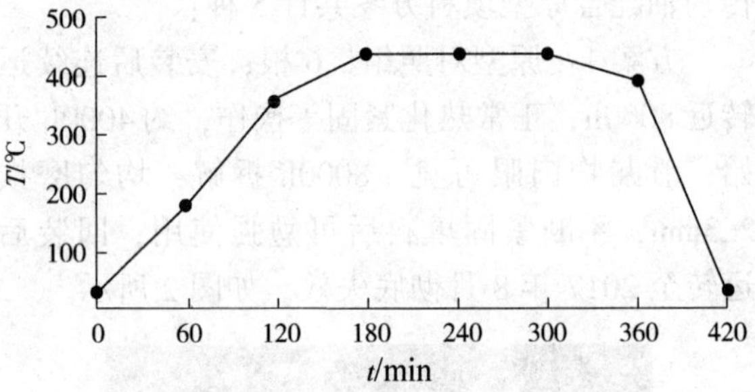

图7　烧结温控曲线

选定最佳的实验配方，对改性聚苯酯复合材料的性能进行测试，发现改性后的复合材料的摩擦系数、热变形温度等参数均优于原有材料，见表1。

表1　性能对照表

项　目	改性后的材料性能	原材料的性能
拉伸强度/MPa	10.6	9.6
扯断伸长率/%	80	36
压缩强度/MPa	38.3	36.2
摩擦系数	0.163	1.47
热变形温度/℃	297	120

4　结论

本文所述课题，自2016年6月开始大规模进行分组对照实验，截至2017年12月，实施三位一体改造方案的设备单台每根累计运行时间为14~16个月，对比同时更换普通传动轴的设备，更换局部喷涂碳化钨传动轴的设备一个热化周期接油盒内基本没有泄漏介质，改善跑冒滴漏问题效果非常明显。综上所述，该密封腔改造方案、驱动轴局部材质升级和新型复合材料填料的研发等一揽子方案，成功解决了困扰酮苯脱蜡生产装置的共性难题，且对非强酸介质类、大跨度工作温度区间的过程工业设备密封结构形式、材料选用，具有非凡的指导意义，抑或从减少不可控的风险乃至规避不可抗力方面考虑，都是石蜡生产乃至整个过程工业中完整而行之有效的优秀解决方案。

参 考 文 献

1　中国石油和石化工程研究会．炼油设备工程师手册(第二版)[M]．北京：中国石化出版社，2009.

2　中国石油化工集团公司．石油化工设备维护检修规程第一册/通用设备[M]．北京：中国石化出版社，2004.

3　哈尔滨工业大学理念力学教研室．理论力学[M]．北京：高等教育出版社，2009.

4　连赛英．机床电气控制技术[M]．北京：机械工业出版社，2007.

5　方洪渊．焊接结构学[M]．北京：机械工业出版社，2008.

聚丙烯装置排放气压缩机机械密封设计改造

朴国峰

（中国石油四川石化有限责任公司机动设备部，四川成都 611900）

摘 要 介绍了聚丙烯装置排放气压缩机机械密封的改造情况，应用新的结构设计对原密封进行改造获得成功，通过对新结构机械密封的结构原理分析研究和计算，说明新设计的丙烯装置排放气压缩机机械密封是一种非常有效的密封结构，密封性能稳定、传动可靠、寿命长，可实现丙烯装置排放气压缩机的长周期可靠运行。

关键词 机械密封；密封端面；端面比压；弹簧比压；摩擦热

中国石油四川石化有限责任公司45万吨/年聚丙烯(PP)装置是2013年建成投产的装置，该装置引进美国DOW化学公司UNIPOL聚丙烯专利技术，年设计生产能力为45万吨。装置以丙烯、乙烯等单体为原料，以氢气为产品相对分子质量调料剂，在催化剂SHAC201（或SHAC205、SHAC302）和助催剂T2、给电子体Donor作用下，控制反应压力为3.38MPa，反应温度为67℃，在硫化床反应器中进行气相聚合反应生产聚丙烯粉料。

排放气回收单元是聚丙烯(PP)装置非常重要的一个组成单元，主要作用是采用压缩冷凝法回收聚丙烯过程中排放的尾气，排放气压缩机是排放气回收单元的动力装置，排放气压缩机机械密封是防止压缩机内部介质泄漏到大气中，维持压缩机安全有效运行，为整个装置的安全运行提供保障。四川石化排放气压缩机原机械密封是压缩机制造厂布克哈德自家型号的机械密封，原密封由于现场安装困难，性能不稳定，经常发生泄漏，为装置的安全运行带来巨大隐患，大量的现场维修大大提升了企业的运营成本，降低了企业的竞争力。为解决机械密封给装置带来的安全隐患，同时降低维护成本，对原密封进行了设计改造。经过改造后的机械密封，已运行了5年左右，实现了无泄漏运行，压缩机运行平稳，并且改造后的机械密封安装方便可靠，降低了维修成本，为公司创造了可观的经济效应。

以下通过对原密封的简要介绍和改造后的排放气压缩机机械密封的结构原理、技术参数的分析研究，说明改造后的排放气压缩机机械密封是一种非常合理、安全、有效的密封形式。

1 应用工况

排放气压缩机机械密封主要运行工况参数见表1。

表1 排放气压缩机机械密封主要运行工况参数

项 目	取 值
介质	润滑油（含少量丙烯）
温度/℃	50
密封腔压力/MPa	0.6
冲洗方案	API PLAN54
轴径/mm	278
转速/(r/min)	373
压缩机制造厂	布克哈德
位号	K-5214 排放气压缩机

2 原密封情况

2.1 原密封结构

排放气压缩机原机械密封结构如图1所示。

原密封是布克哈德压缩机制造厂自制密封，为双端面背靠背多弹簧结构，非集装型式。静环安装在泵腔体上，静环辅助密封为平垫密封结构，防转结构为销传动；动环滑移辅助密封

作者简介：朴国峰(1989—)，男，黑龙江齐齐哈尔人，毕业于东北石油大学过程装备与控制工程专业，高级工程师，现从事机动设备部检维修管理工作。

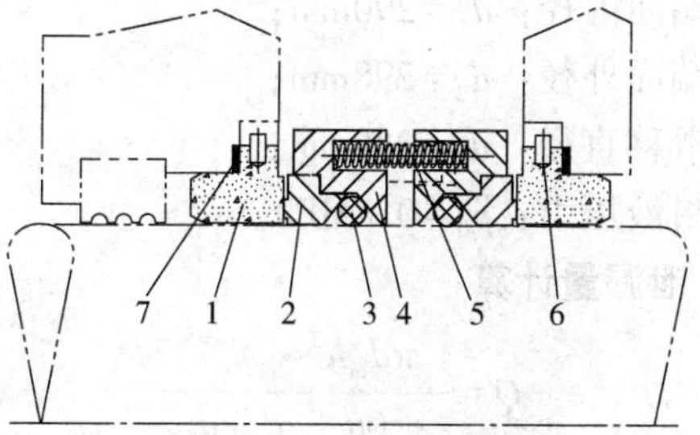

图1　排放气压缩机原机械密封结构图
1—静环；2—动环；3—O 形圈；4—动环座；
5—弹簧；6—静环防转销；7—静环密封垫

圈采用 O 形圈结构，动环的传动通过 O 形圈压缩产生的摩擦力传动。

2.2　材质

静环：镍基硬质合金；动环：ZCuSn5Pb5Zn5；O 形圈：氟橡胶；动环座：0Cr18Ni9；弹簧：0Cr18Ni9。

2.3　原密封的失效分析

由于受空间尺寸的影响，原机械密封并不是采用传统密封结构，传统的密封结构都会设计起集成和固定密封动环作用的弹簧盒结构，而原密封只是用动环座替代弹簧盒的简化结构，其缺点是由于没有弹簧盒的固定和集成作用，导致机械密封安装困难，无法准确固定动环及动环座的轴向位置，造成机械密封安装困难，安装精度低，密封性能降低或者失效。

原密封动环的传动，利用压缩滑移 O 形圈产生摩擦力实现传动，这种传动方法，受到 O 形圈压缩率、O 形圈接触表面的粗糙度、端面产生的摩擦扭矩的影响，稳定性极差，经常会发生由于扭矩传动不到位导致机械密封失效，同时也会发生 O 形圈磨损导致机械密封失效。

3　选型设计

3.1　结构设计

排放气压缩机新机械密封结构如图 2 所示。

新结构机械密封为双端面背靠背结构，多弹簧非集装式。

密封静环安装在压缩机泵体上，采用平垫密封；轴套设计两个 O 形圈槽，O 形圈安装在槽内，防止介质从轴套和轴之间的间隙泄漏；采用了传统的弹簧盒结构，弹簧盒安装在轴套上，弹簧盒设计顶丝螺纹孔安装顶丝，顶丝与轴套的顶丝孔配合安装，最终顶丝顶紧在轴上，

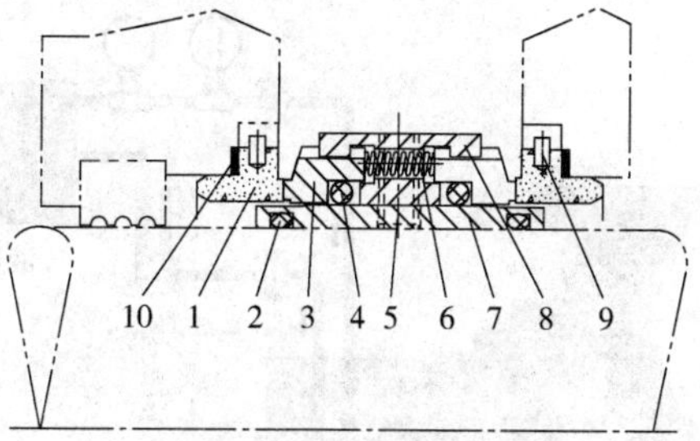

图2　排放气压缩机新机械密封结构图
1—静环；2—轴套 O 形圈；3—动环；
4—动环滑移 O 形圈；5—顶丝；6—弹簧；
7—轴套；8—弹簧盒；9—静环防转销；
10—静环密封垫

实现动环组件的轴向定位和扭矩的传递；动环安装在弹簧盒内，弹簧盒设计传动突耳，动环设计传动凹槽，突耳与凹槽配合安装，实现动环扭矩的传递；弹簧盒内设计弹簧孔，弹簧安装在弹簧孔内，弹簧两端顶在每个动环的端面上产生推压的弹簧力，实现动环的推压补偿作用。

其结构优点如下：

(1) 双端面结构：采用背靠背的双端面结构，冲洗方案为 API 54，封液的压力高于介质的压力，为两个密封端面的润滑提供良好的润滑环境，避免气体介质或颗粒工况对密封端面的不良影响。

(2) 背靠背结构：背靠背结构设计，结构紧凑，尺寸较小，可以实现不改变原压缩机结构尺寸进行密封改造；采用的是旋转型内流结构，密封受外压，密封承压性好，泄漏量容易控制。

(3) 多弹簧结构：采用多弹簧的结构，弹簧对密封端面产生的推压补偿力均匀，轴向尺寸小。

(4) 采用传统的弹簧盒结构：非常容易实现动环组件的集成和轴向定位，同时容易采用传统的传动结构；轴向定位准确，传递扭矩可靠，安装方便，避免安装误差造成的密封失效。

(5) 采用传统的传动结构：采用传统的突耳传动和顶丝传动，传动扭矩大，传动可靠。

3.2　冲洗方案的选择

排放气压缩机机械密封采用 API 54 方案，如图 3 所示。

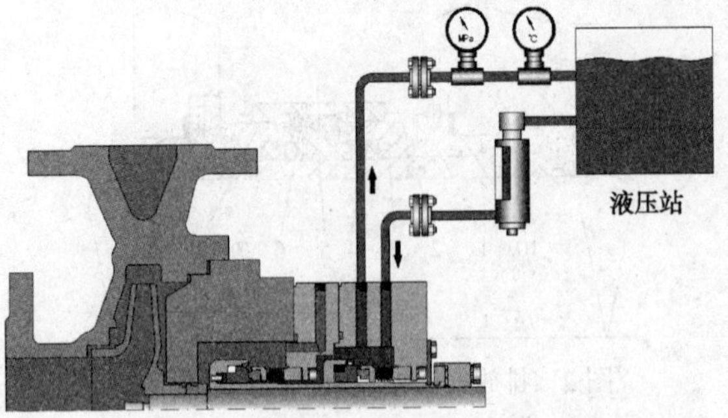

图3 API 54 冲洗方案

在冲洗方案54中，有一个加压外部隔离液系统向隔离密封腔提供清洁隔离液。隔离液的压力要保持高于密封腔的压力。冲洗方案54通常用于泵送介质容易汽化或是气体、含有颗粒的场合。排放气压缩机泵送的介质为气体而且含有聚丙烯颗粒，所以非常适合选用冲洗方案54。

3.3 密封材料的选择

静环：镍基硬质合金；动环：ZCuSn6Zn6Pb3；O形圈：氟橡胶；动环座：0Cr18Ni9；弹簧：0Cr18Ni9。

排放气压缩机泵送的介质为润滑油，含有聚丙烯颗粒，金属材料采用0Cr18Ni9即可满足腐蚀性要求；O形圈采用氟橡胶，完全适应工况要求，并且老化周期长；静环采用镍基硬质合金，动环采用ZCuSn6Zn6Pb3，动环采用铜材质，一方面可以适应颗粒工况，另一方面动环加工方便，成本低，可以降低排放气压缩机机械密封的成本。

4 参数计算

4.1 已知密封参数

动环结构尺寸如图4所示。

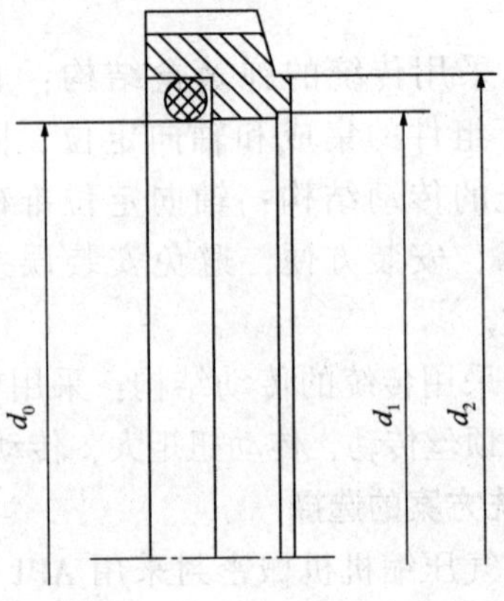

图4 动环尺寸图

端面内径：$d_1=290$mm；

端面外径：$d_2=298$mm；

滑移直径：$d_0=288$mm；

封液压力：$p_0=0.8$MPa。

4.2 泄漏量计算

$$Q=-\frac{\pi d_m h^3}{6\mu}\frac{p_0}{d_2-d_1}$$

式中 Q——泄漏量，mL/h；

d_m——密封端面平均直径，m；

h——密封端面液膜厚度，m；

ρ_0——密封端外径处压力，MPa；

d_2——动环端面外径，m；

d_1——动环端面内径，m；

μ——15#工业白油的动力黏度，Pa·s，取值2.4×10^{-2}Pa·s(50℃)。

密封端面处于接触状态，经相关计算，液膜厚度$h=1.2\times10^{-6}$ m，密封端平均直径$d_m=294$mm，则

$$Q=-\frac{3.14\times294\times10^{-3}\times1.2^3\times10^{-18}}{6\times2.4\times10^{-2}}\times\frac{0.8\times10^6}{8\times10^{-3}}$$

$$=-1.1\times10^{-9}\text{m}^3/\text{s}=-4\text{mL/h}$$

泄漏量为负值，说明泄漏量向内孔的方向泄漏，为4mL/h的泄漏量，由于机械密封的规格比较大，这个泄漏量可以满足用户的要求。

4.3 其他参数

因篇幅所限，以下参数略去计算过程，只给出计算结果：

(1) 弹簧力：$F_s=342$N；

(2) 密封端面油膜承载力：$W_f=1477.1$N；

(3) 密封端面比压：$p_c=0.69$MPa；

(4) p_cV值校核：$p_cV=3.96$MPa·m/s，小于铜对硬质合金的极限$[p_cV]=6$MPa·m/s，满足设计要求。

5 验证试验

机械密封的试验验证是非常重要的一个过程，用以验证机械密封设计是否正确合理，由于影响机械密封性能的因素非常多，为了能够简化计算分析过程实现计算分析功能，在设计计算的过程中需要作许多的假设，所以计算结果与实际运行状态还是有一定差距的，为了验证计算过程的合理性和正确性，需要做必要的试验验证。

对机械密封采用了模拟现场工况条件，包括介质、温度、压力都与现场运行的条件相同，在试验台架上完成试验验证，运行了100h，机械密封运行平稳，密封的平均泄漏量为1.6mL/h左右，小于计算值4mL/h，证明计算过程合理正确，可以向用户正式交货。

6 小结

排放气压缩机机械密封的设计，虽然进行了大量的计算和分析，并且采用了以往的设计经验，但是计算校核和实际情况还是有比较大的偏差，特别是密封液膜厚度的估算，所以在设计的过程中还需要不断通过试验验证的方法修正这些参数，为以后的验收提供更准确的理论依据。

参考文献

1 顾永泉．机械密封使用技术[M]．北京：机械工业出版社，2001.
2 陈德才，崔德容．机械密封设计制造与使用[M]．北京：机械工业出版社，1993.
3 王汉松．石油化工设计手册[M]．北京：化学工业出版社，2001.
4 王慧．泵送环及其在机械密封中的应用[J]．化工设备与管道，2009(增刊)：67-70.
5 API Std 682—2014　离心泵和转子泵用轴封系统[S].

催化烟脱装置脱硫废水深度处理研究

崔军娥　谭　红　周付建　舒焕文
（岳阳长岭设备研究所有限公司，湖南岳阳　411000）

摘　要　采用软化-超滤-反渗透组合工艺深度处理某炼厂催化装置烟气脱硫废水。重点考察该组合工艺对脱硫废水除盐的效果及工艺路线的可行性。结果表明：超滤出水浊度均低于1NTU，满足反渗透进水浊度的要求，另外，反渗透产水电导率均低于200μS/cm，平均产水率为82.25%，脱盐率在99%以上，产水水质完全优于企业生产水水质；同时，超滤膜采用3%盐酸+助剂进行化洗效果好，反渗透出水清液流量与电导率稳定，无需化洗。反渗透产生的清液作为催化烟脱装置综合塔补水的成本为3.92元/t，虽新增成本2.12元/t，但可降低胀鼓过滤器更换频次。若该优质产水取代生产水作为烟脱装置补水，每年可为企业节约120余万元，具有一定的经济效益。该中试研究为其工业化应用提供了有力的设计依据。

关键词　催化装置；脱硫废水；超滤；反渗透；清液

炼厂催化装置烟气中SO_x一般采用钠法脱硫，催化烟气脱硫装置洗涤塔排出的脱硫废水经浆液缓冲池、胀鼓式过滤器、氧化罐处理后达标外排，从胀鼓式过滤器底部排出的浓浆排到渣浆浓缩缓冲罐，再经真空带式脱水机脱水形成泥饼。洗涤塔补充水采用的是企业生产水。外排脱硫废水是一种低COD、低悬浮物、高硫酸盐、水量较大、污染程度较低的废水，具有较高的回用价值。而末端脱硫废水中的高硫酸盐是制约废水回用和全厂废水零排放的关键因素之一。

反渗透是一种成熟、经济、高效的高盐废水处理技术，脱硫废水作为一种高硫酸盐工业废水，可采用反渗透技术加以处理。为了改善反渗透系统进水水质，提高处理效率减少膜污染，需要对废水进行预处理以去除硬度、悬浮固体等污染物。化学沉淀法效率高，是常用的除硬度预处理方法。采用管式切向流超滤膜分离技术可去除废水中悬浮的固体，利用切向剪切力降低滤饼形成的概率，确保系统能够长时间稳定运行。

随着环保形势的日益严格，脱硫废水零排放逐渐成为行业共识，脱硫废水深度处理工艺研究成为备受关注的重点课题。本工作以某炼厂催化装置脱硫废水为原水，采用软化-超滤-反渗透工艺进行深度处理，实现对高盐的有效去除，提高污水的回收利用率，减少外排水比例，逐步实现某炼厂废水近零排放。

1　材料与方法

1.1　废水来源与水质情况

废水来源于某炼厂催化装置脱硫废水，是催化烟气通过碱洗后经胀鼓过滤器过滤、氧化罐氧化处理后产生的废水，水量约为20t/h。

催化烟气脱硫废水水质基本情况如表1所示，可知：脱硫废水呈碱性、COD较低、盐含量高，主要是硫酸钠盐、少量氯化钠盐和金属阳离子。

1.2　中试工艺流程

脱硫废水中试工艺流程如图1所示。氧化塔脱硫废水进入软化系统，在双碱法作用下，沉淀脱硫废水中的钙、镁离子以及其他碱性金属。经处理后的脱硫废水进入超滤系统，脱硫废水中不能透过膜表面的沉淀物被拦截在过滤膜的浓液侧，经超滤系统的浓液端排出系统。脱硫废水中透过膜表面的清液经稀硫酸调节pH值至7后进入换热器，经生产水换热后，进入膜分离系统，在膜分离系统的作用下，不能透过分离膜的盐分被浓缩在浓液侧后，进行统一排放，透过分离膜的清液排出系统。

作者简介：崔军娥（1987—），女，2015年毕业于湘潭大学，硕士学历，高级工程师，现从事炼化污水处理研究与工业应用工作。

2　结果与讨论

2.1　软化处理效果

软化系统投加氢氧化钠，去除系统中的钙硬与镁硬，结果如图2所示，可知：脱硫废水的总硬度最高为91mg/L，总碱度最低为326mg/L、最高为1444mg/L，总碱度远大于其总硬度。所以实验过程中无需投加碳酸钠去除脱硫废水中的钙硬，这是因为夏季高温，洗涤塔内脱硫废水的pH值一般控制在8~9之间，碱度较高，使钙硬和镁硬沉积。

表1　脱硫废水水质基本情况

检测项目	结　果	检测项目	结　果
pH	8.74	电导率/(μS/cm)	15700
总碱度/(mg/L)	361	SO_4^{2-}/(mg/L)	6543
COD_{Cr}/(mg/L)	19	Cl^-/(mg/L)	86.7
硝酸根(NO^{3-})/(mg/L)	N.D.(<50)	F^-/(mg/L)	N.D.(<10)
浊度	46	SS/(mg/L)	110
总硬度/(mg/L)	126		

注：总碱度、总硬度均以$CaCO_3$计。

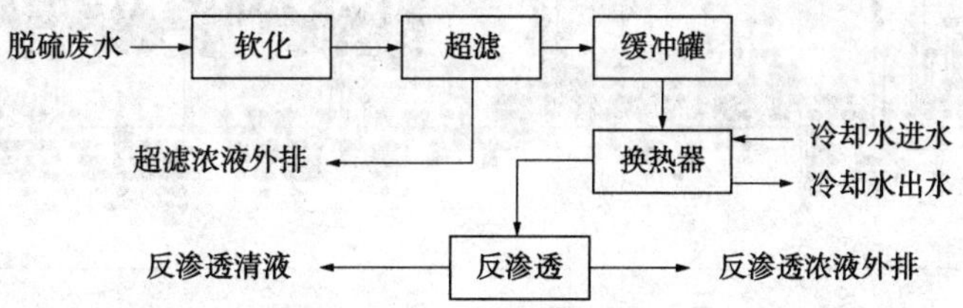

图1　脱硫废水中试工艺流程图

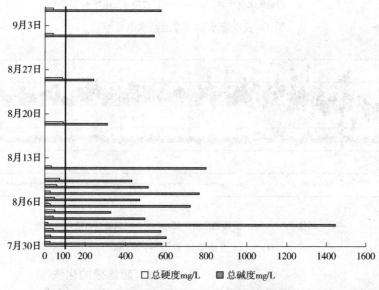

图2　脱硫废水总硬度与总碱度分析结果

2.2　超滤处理效果

超滤采用恒压错流过滤的运行方式，进水流量保持在0.3~0.5m³/h，循环压力保持在0.25MPa。对超滤产水的浊度进行监测，考察超滤产水是否符合反渗透膜进水的水质要求。超滤出水浊度如图3所示，可知：超滤膜可以有效降低脱硫废水的浊度，产水的浊度相对稳定，基本能降到1.0NTU以下，平均浊度为0.457NTU，满足反渗透系统进水浊度的要求(<1.0NTU)。

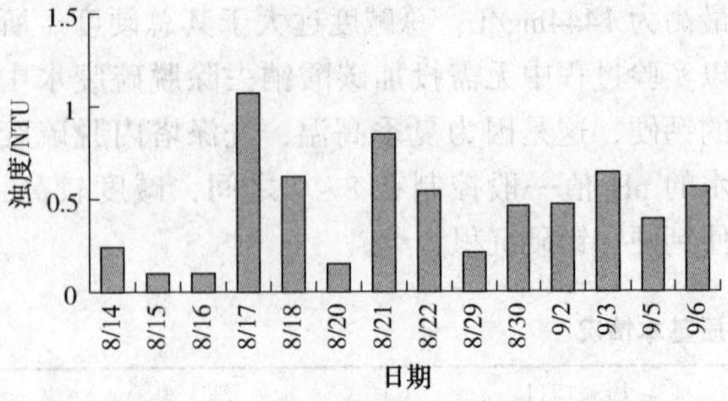

图 3 超滤清液浊度

2.3 反渗透处理效果

2.3.1 清液电导率与脱盐率

对脱硫废水和反渗透产水的电导率进行监测，监测结果如图 4 所示，可知：脱硫废水的电导率为 10000～16000μS/cm，反渗透产水电导率稳定在 40～180μS/cm 之间，均低于 200μS/cm，脱盐率保持在 98%以上，平均脱盐率为 99.27%。

2.3.2 产水率

对反渗透产水量和反渗透浓液排放量进行监测，结果如图 5 所示，可知：反渗透系统清液的产量平均值为 0.255m^3/h，浓液外排流量平均值为 0.055m^3/h，反渗透系统的产水率平均值为 82.25%。

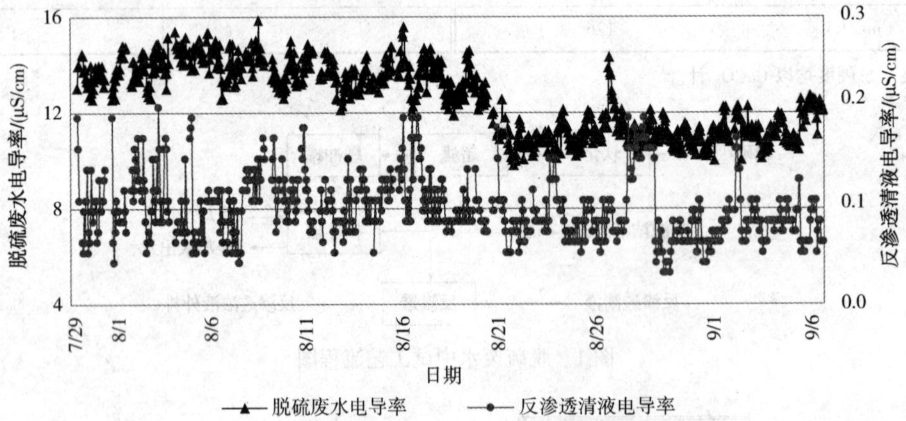

图 4 脱硫废水和反渗透产水电导率

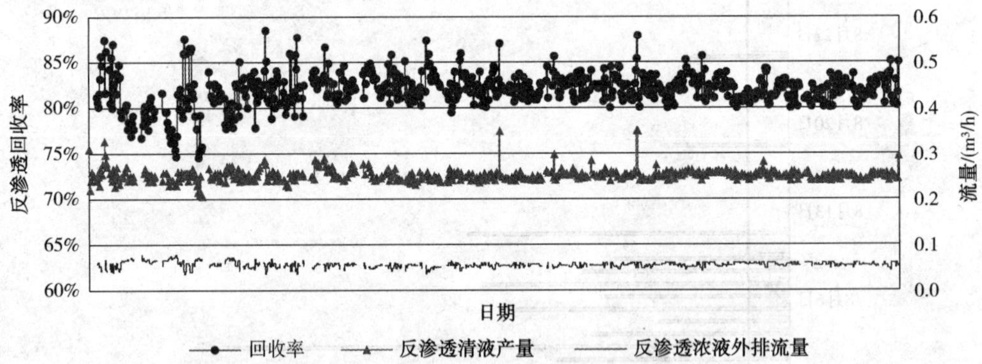

图 5 反渗透系统流量与回收率

2.4 化洗

在双膜系统运行中，尽管选择了合适的膜和适宜的操作条件，在长期运行中，膜的通量随时间增加必然下降，膜污染会不可避免地发生。因此，需要进行膜的清洗，以去除膜面或者膜孔内的污染物，从而达到恢复膜通量、延长膜寿命的目的。

2.4.1 超滤膜的化洗

超滤膜的清洗通常采用气水反冲洗和化学清洗。根据脱硫废水的水质情况，确定超滤膜的气水反冲洗周期为 30min，气水反冲洗持续时间为 60s。当超滤清液产水流量小于 0.3m^3/h 时，对超滤装置进行化洗，最终采用 3%盐酸+助剂进行了化洗，化洗后超滤清液出水流量恢复至0.4m^3/h，超滤装置的膜元件化洗再生效果好。

2.4.2 反渗透膜的化洗

中试试验运行过程中，反渗透膜清液产量与电导率比较稳定，因此在中试期间内无需对反渗透膜化洗。

2.5 系统排水水质情况

2.5.1 反渗透产水

将本试验反渗透产水水质化验结果与企业生产水进行对比，如表2所示，可知：试验装置反渗透产水的电导率、浊度、总硬度、总碱度、离子含量等指标均远优于企业生产水水质。

表2 水质对比

控制项目	生产水水质	反渗透产水
电导率/(μS/cm)	330	67.9
浊度/NTU	3	0.2
COD_{Cr}/(mg/L)	—	15.1
Cl^-/(mg/L)	14.4	7.23
总硬度/(mg/L)	290	4.12
总碱度/(mg/L)	190	19.9
SO_4^{2-}/(mg/L)	36.5	15

注：总硬度、总碱度均以$CaCO_3$计，反渗透产水各项指标为均值。

2.5.2 反渗透分离膜浓液

反渗透膜浓液基本水质情况见表3，可知：反渗透浓液总硬度和企业生产水总硬度相差较小，硫酸根离子与氯离子较高，部分浓液COD比该炼厂外排污水排放指标60mg/L稍高，这部分浓液可考虑实时监测COD，视实际情况，排含盐污水处理系统或是直接外排。

2.6 经济效益分析

换热系统运行成本主要是循环水供水，按每年运行6个月(夏季气温高)计，每吨产水需0.28元，软化-超滤-反渗透系统运行成本包括调节系统硫酸的费用、化洗盐酸的费用、阻垢剂和还原剂亚硫酸氢钠的费用、压缩空气的费用及系统运行消耗的电费，超滤-反渗透系统每吨产水需要3.70元，整个软化-超滤-反渗透工艺处理脱硫废水回用于烟脱装置综合塔成本为3.92元/t，企业生产水成本是1.8元/t，新增成本2.12元/t，每年新增费用28.3万元。

将膜分离产水代替企业生产水用作烟脱装置的补水，脱硫废水处理单元3套胀鼓过滤器滤袋更换由1年3次减少至2年1次，每年至少可减少材料费150万，大大降低了胀鼓过滤器滤袋更换的频率，延长了使用寿命。同时，降低了在新滤袋安装过程中，因安装问题出现脱硫废水悬浮物跑点的风险。反渗透产水回用后，每年可为企业节约120余万元，具有一定的经济效益。

表3 反渗透浓液基本水质情况

时间	8月11日	8月18日	8月25日	9月1日	9月5日	均值
钙离子/(mg/L)	183.95	315.23	160.56	123.56	83.81	173.42
镁离子/(mg/L)	29.41	43.79	29.98	24.60	39.11	33.38
总硬度/(mg/L)	213.36	359.02	190.54	148.16	122.92	206.80
COD/(mg/L)	68.8	58.0	36.1	47.8	48.8	51.9
硫酸根/(mg/L)	34080	34239	30568	24512	30512	30782
氯离子/(mg/L)	1844	2448	2316	2357	—	2241

注：总硬度、总碱度均以$CaCO_3$计。

3 结论

(1) 采用采用软化-超滤-反渗透组合工艺深度处理炼厂催化装置烟气脱硫废水，脱盐率在99%以上，平均产水率为82.25%，反渗透产水电导率均低于200μS/cm，且其水质优于企业生产水水质；反渗透浓液可以考虑实时监测COD值，视实际情况，排含盐污水处理系统或是直接外排。

(2) 采用采用软化-超滤-反渗透组合工艺

深度处理炼厂催化装置烟气脱硫废水，超滤膜采用气洗与3%盐酸+助剂化洗的方式，有较好的清洗效果，反渗透膜至少可以连续运行35天以上，无需化洗。

（3）软化-超滤-反渗透组合工艺处理催化装置脱硫废水产生的清液作为催化烟脱装置综合塔补水的成本为3.92元/t，虽新增成本2.12元/t，但可大幅缩短胀鼓过滤器滤袋更换频次。若该优质产水取代生产水作为烟脱装置补水，每年可为企业节约120余万元，具有一定的经济效益。

（4）通过软化-超滤-反渗透系统处理脱硫废水，再将处理后的脱硫废水回用于烟脱装置，在减少胀鼓过滤器滤袋更换频率的同时，降低了脱硫废水悬浮物跑点的风险。另外，可有效减少企业生产水的取水量与排水量，达到“节水减排”的目的，为其工业化应用提供了有力的设计依据。

参考文献

1 胡敏，HuMin. 催化裂化烟气钠法脱硫技术问题分析与对策[J]. 炼油技术与工程，2014，44(8)：6-12.

2 仝延忠. 工业园区高盐废水处理回用技术的应用研究[J]. 水处理技术，2017，43(6)：5.

3 马双忱，李洋，辜涛，等. 高盐废水回用于脱硫系统对脱硫性能影响的实验研究[J]. 动力工程学报，2022(1)：42.

4 王琪，潘巧明，阮慧敏. 反渗透技术在电子工业废水处理和回用中的应用[J]. 水处理技术，2005，31(8)：2.

5 张葆宗. 反渗透水处理应用技术[M]. 北京：中国电力出版社，2004.

6 南国英，代学民，杨国丽，等. 工业锅炉除尘脱硫废水回用技术及设备的开发[J]. 环境工程，2009(2)：3.

7 何骏鹏，曹建威，乔方伟. 燃煤电厂脱硫废水回用与零排放技术研究[J]. 建筑工程技术与设计，2017(27)：373-373.

炼厂污油净化处理研究与应用

陈 尚 谭 红 周付建

（岳阳长岭设备研究所有限公司，湖南岳阳 410002）

摘 要 炼厂污油物料性质波动大，存在难脱水、难掺炼的现象。运用“新型破乳+高效离心分离”技术对某炼厂的多批次不同性质的污油进行处理，以验证该污油净化处理工艺的可行性。结果表明：污油经处理后含水率、含固率均小于1%，送装置掺炼比例大幅提升，处理效果完全满足生产要求，且吨处理的公用能耗成本仅需3.21元。

关键词 污油；脱水；脱固；现场应用

油品储罐在储存油品特别是原油时，在长时间的存放过程中，油品中的少量机械杂质、沙粒、泥土、重金属盐类以及石蜡和沥青质等重油性组分会因密度差而自然沉降积累在油罐底部。某炼厂每年约有2万吨/年机械清罐污油，含水率为1%～80%，含固率为0.1%～20%，且部分污油乳化严重。采用加热沉降脱水，存在脱水周期长或不能脱水现象；直接掺炼处理量小，且易引起装置工艺参数波动，难以满足生产需求。储油罐由于其自身特性而形成大量污油，势必对罐内的油品质量、储罐的有效容积造成一定的影响。为了解决污油难以破乳分离的难题，通过大量的研究与试验，最终形成了“新型破乳+高效分离”的专有技术，可广泛用于不同性质污油的脱水脱固净化处理。

1 路线与原理

“新型破乳+高效分离”技术是利用新型破乳剂破坏污油中的油水共存状态后，根据污油性质，在特定参数下进行油、水、渣的分离，从而实现污油的脱水脱固净化效果。新型破乳剂作用机理：通过改变污油中固相小颗粒的性状和排列状态，破坏污油强稳定性的乳化体系，降低污油的黏度，使得油滴分子/颗粒从亲水性变为憎水性（疏水性），便于污油中水滴聚集并析出，实现污油中的油、泥、水分离。

2 现场应用试验

2.1 基本概况

该炼厂的污油性质波动大，且普遍存在含水率、含固率高现象，影响该炼厂的平稳运行。

从表1可知，该炼厂污油含水率为1%～80%，含固率为0.1%～20%，主要存储于G104清罐污油、G108电脱盐污油、G304清罐污油（固含量较高）、G307清罐污油（固含量较高）。根据现场情况制定了“新型破乳+高效分离”的污油脱水脱固净化处理工艺，并利用橇装处理设备，通过调整温度、转速、助剂等参数对3000t不同种类的污油进行脱水脱固净化处理（见图1）。

图1 污油净化处理设备及现场

2.2 应用结果及分析

2.2.1 处理前后效果

对处理污油前后进行对比，结果如图2～图6所示。

图7对比了污油净化处理前后的外观和微观形貌变化。从图7中可以看出污油净化处理后转变为均一稳定的油相。为更清晰地表明污油性质变化，通过显微镜，依次对污油净化前

作者简介：陈尚（1988—），男，工程师，2011年毕业于吉首大学应用化学专业，现从事环保技术研究及项目运行等工作。

后进行了成像分析，可明显看出油中含有大量水分，污油中形成稳定的油-固-水胶团。净化处理后的油品色泽均一，水和固得到了有效的脱除。

表1 污油样分析情况

采样点	样品表观及现场掺炼反馈情况	分析结果		
		相对密度	含水率	含固率
304#罐	表观看流动性好，油气味重，样品底部有少量水；现场掺炼反馈情况良好	0.85（摇匀）	上部：痕量 底部：18%	痕量（摇匀）
104#罐	流动性较好，底部有分层情况；现场掺炼反馈有泵抽不上量情况，工艺时有一定波动	0.855（摇匀）	上部：痕量； 摇匀：1.7% 底部：17.5%	1%（摇匀）
307#罐（机械清罐油样）	常温下黑色均匀液态糊状流体，较黏稠，纸上平铺后有少量固渣，不分层	0.887（摇匀）	15.3%（摇匀）	20%（摇匀）

(a) (b)

图2 处理前不同批次污油来料形貌

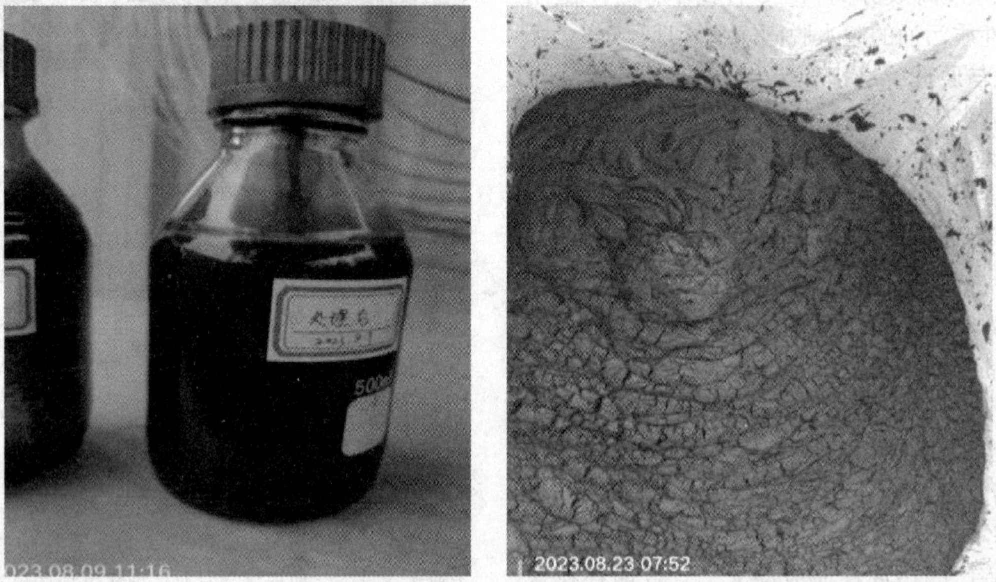

(a) (b)

图3 分离处理的净化油及干泥形貌

(a)处理前　(b)处理后

图 4　处理清罐污油前后形貌

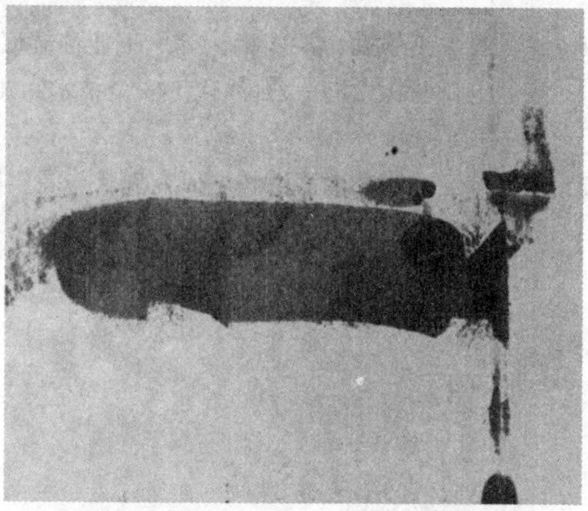

图 5　分离出的油在纸上平铺形貌

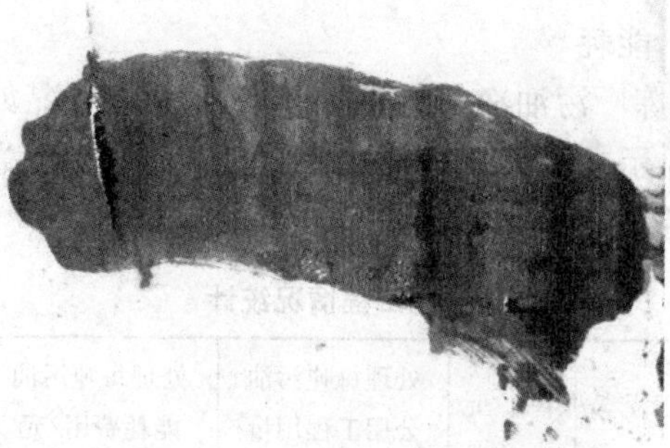

图 6　分离出的泥在纸上平铺形貌

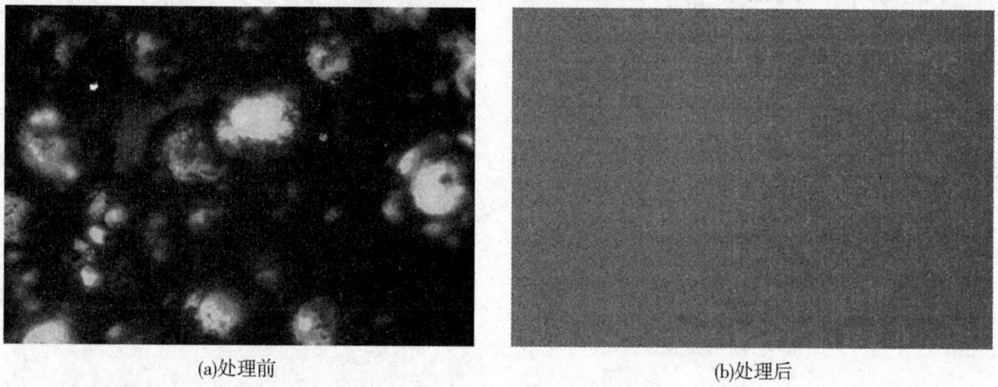

(a)处理前　(b)处理后

图 7　净化处理前后污油外观及微观形貌变化

由此可见：①对 G104、G108、G304、G307 污油进行处理，物料组分含水率、固含量波动大，净化处理后的污油含水率、含固率均小于 1%，说明污油净化处理技术对各种污油有较好的适应性；②清罐污油固含量较高，分离出的干泥含水率小于 75%，说明该技术对于去除污油中的固渣效果较好。

2.2.2　净化油掺炼效果

处理后产生的净化油进 G104 罐，再通过原油泵打入蒸馏装置进行掺炼，两段时间的掺炼后情况如下：

（1）2023 年 6 月 2 日~7 月 24 日，蒸馏一

A、B套脱前盐含量均值分别为28.97mg/L、29.16mg/L，脱后水分均值分别为0.19%、0.18%，脱后盐含量均值分别为2.91mg/L、2.89mg/L。

(2) 2023年9月2日~10月7日，蒸馏一A、B套脱前盐含量均值分别为27.13mg/L、37.65mg/L，脱后水分均值分别为0.16%、0.14%，脱后盐含量均值分别为2.86mg/L、2.92mg/L。

从上述电脱盐脱前、脱后数据可以说明污油经过净化处理后，其中的水、机械杂质等固体杂质被去除，分离出的净化油品质好，送生产装置掺炼加工不会造成生产工艺波动，对生产影响小，大大提高了掺炼速度，从而有效缓解了库存压力。

2.2.3 能耗

该炼厂污油净化处理项目公用工程情况如表3所示，处理每吨污油的能耗成本约为3.21元。

表3 公用工程情况统计

公用工程	单价/元	处理每吨污油公用工程用量	处理每吨污油能耗费用/元
新鲜水	4.76	0.1m^3	0.476
电	0.855	2.54kW·h	2.1717
低压蒸汽	273.39	0.002t	0.5468
压缩风	0.18	0.086m^3	0.0155
合计			3.21

注：单价按该炼厂收费标准。

3 结论

(1) 该炼厂G104清罐污油、G108电脱盐污油、G304清罐污油、G307清罐污油的组分差别大，含水率及含固率波动大，经污油净化处理后，均可实现污油的油、水、泥的高效分离，分离出的净化油含水率、含固率均小于1%，说明该工艺对于污油物料有较好的适应性。

(2) 累计共对3000t以上污油净化处理，净化设备运行稳定，无故障。

(3) 该污油净化处理工艺处理每吨污油的能耗成本约为3.21元，能耗低。

参考文献

1 徐如良，王乐勤，孟庆鹏，等．工业油罐底泥处理现状与试验探索[J]．石油化工安全技术，2003，19(3)：36-39.

2 周利坤．油罐底泥清洗技术研究现状与展望[J]．油气储运，2013，32(3)：229-235.

弹性波旋管换热器性能分析

辛祖强[1]　窦　超[2]　龚自辉[3]　朱家豪[4]　夏志远[1]
(1. 湖北闲庭科技有限公司，湖北洪湖　433225;
2. 中国石化金陵分公司，江苏南京　210033;
3. 中韩(武汉)石油化工有限公司，湖北武汉　430082;
4. 武汉工程大学，湖北武汉　430074)

摘　要　换热器是现代工业中的重要设备，为了提高传热性能本文提出一种新型弹性波旋管。本文通过数值模拟与实验研究弹性波旋管的传热性能，以PEC为评价指标，使用响应面法对弹性波旋管进行单目标优化。搭建实验平台，通过实验研究了不同工况下弹性波旋管、光管的传热性能。结果表明，以光管的传热系数为基准，弹性波旋管的传热效率可提升10%~30%，而单根换热管内弹性波旋管压降相较于光管基本相同，这说明弹性波旋管具有更优异的传热性能。

关键词　换热管；强化传热；数值模拟；响应面法

1　前言

换热器是一种为满足工艺条件需要及实现能量回收，提高能源利用效率而使两种不同或两种以上的流体进行热量传递的关键设备。换热管作为换热器设备中的核心元件，对换热器的传热效率、使用寿命至关重要。因此，提高换热管的传热性能，减少在某些使用环境下换热管的垢下腐蚀风险等就甚为必要。在换热器的实际应用中，光管仍是最常用的换热管，但是光管一般工况下传热效率低的弊病，使其很难满足那些需要较高传热效率的换热器的要求，同时，对某些有结垢倾向的介质，光管比较容易结垢，进而造成换热管热阻变大，影响传热，换热管出现垢下腐蚀使换热器失效或缩短换热器的使用寿命。针对光管的上述不足，湖北闲庭公司开发出了一种高效和可自清洗的换热管——弹性波旋管。为明确弹性波旋管在传热过程中的主要性能参数，对弹性波旋管的传热效率、流阻性能进行了数值模拟和试验，评估其强化传热和流阻特性。弹性波旋管的物理模型和结构如图1所示。换热管分光管部分(图1中的 L_1、L_3、L_4)和正、反波旋部分(图1中的 L_2)，两者交叉分布。波旋槽深为 H，螺距为 p。

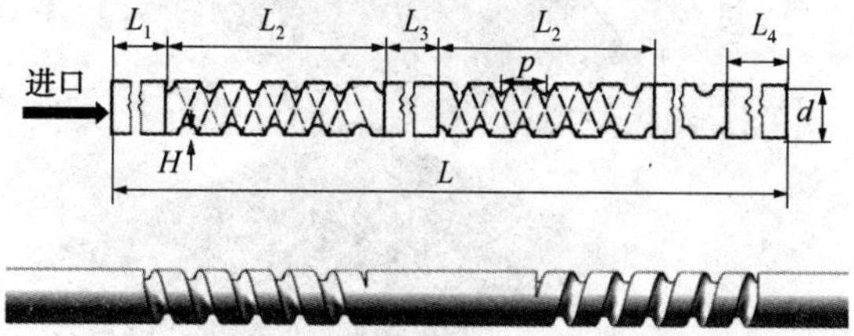

图1　弹性波旋管结构图

2　数值模拟

本文首先对换热性能和阻力性能进行综合判断，采用综合性能评价指标 $PEC=(N_u/N_{uo})/(f/f_o)$ 进行评价，同时结合响应面法获得最优结构参数。为了对弹性波旋管进行装置优化，使用响应面法对获取的数据进行处理，寻找对换热器影响最大的因素，并找到最佳结构。在试验设计法中，响应面法是最有益的方法之一。响应面法的实验设计有不同的类型，其中最重要的是Box-Behnken即本文使用的方法，在这个方法中，每个数字因子都定义了三个面(即+1，0，-1)。

项目的设计变量如表1所示，将模拟所得到的结果代入上述公式，得出PEC值，即换热器综合热性能指标。

在响应面法中通过响应面曲线图以及等高线图来研究各因素交互作用对响应值的影响。

表 1　实验设计因素及水平

水平	因素				
	A	B	C	D	E
	换热管直径/mm	螺旋段与直段比值	波高/mm	螺距/mm	进口速度/(m/s)
-1	19	1：1	3	12	0.2
0	22	2：1	3.5	14	0.35
1	25	3：1	4	16	0.5

2.1　直径与对比数的交互影响

由图 2 可知，开始时随着 L_2/L_3 的增加，*PEC* 先增大后缓慢降低。从管内流体的流动来分析，L_2/L_3 增加，螺旋管的长度 L_2 增长，液体与管壁接触面积增大，更多的流体被管壁捕捉，N_u 增大；但凹槽的存在限制了壁面处流体的流动，流体受到的阻碍增大，*f* 增大，因此产生了 *PEC* 先增加后减小的现象。

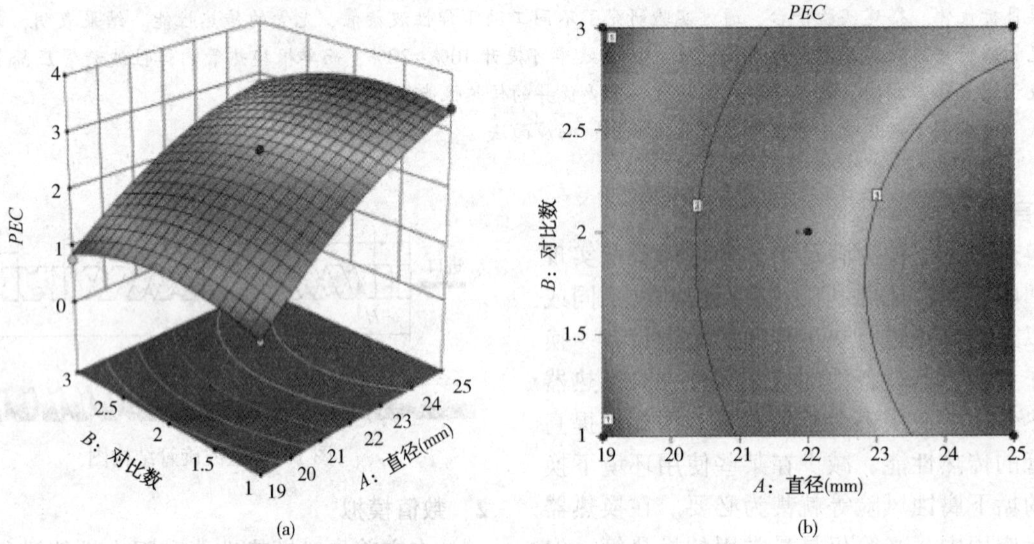

图 2　直径与对比数影响图

2.2　直径与波高的交互影响

由图 3 可知，波高增大，*PEC* 先增大后缓慢减小。螺旋管的波高增大，螺旋段流体与壁面的换热面积增加，有利于换热；同时流体的螺旋路径更复杂，增大了对壁面处流体的限制，也不利于壁面处流体的分散，流体运动中消耗的阻力会增加。

2.3　直径与螺距的交互影响

由图 4 可知，随着螺距增大，*PEC* 先增大后缓慢减小。换热管螺旋槽的螺距增大时，在螺旋长度相同的情况下会造成螺旋凹槽长度缩短，液体与管壁的接触面积减少，管的换热性能被削弱，但由于单位长度旋转角度变小，旋转路径变平缓，流体受到的壁面限制减小，*f* 会变小。在这两个原因下，换热管的综合性能会随着 *p* 的增加产生先增加后减小的现象。当流体的进口流速增大时，流体与管壁的冲撞更为剧烈，会增大流体在管壁处的扰动作用，边界层流体就不断和管壁附着接触、分离，传热不断得到强化，N_u 增加；但流体的扰动会影响流体的流动状态，使流体的流动受到阻碍，造成 *f* 的增大。

根据响应面法的分析得到弹性波旋管的最佳结构为 $d=25$mm、$u=0.4$m/s、$h=3$mm，$L_2/L_3=1$、$p=15$mm，其 *PEC* 值为 3.82。从响应面法我们可以知道在研究的参数范围内，得到各因素的影响大小为换热管直径>进口速度>波高>螺旋段与直段比值>螺距。

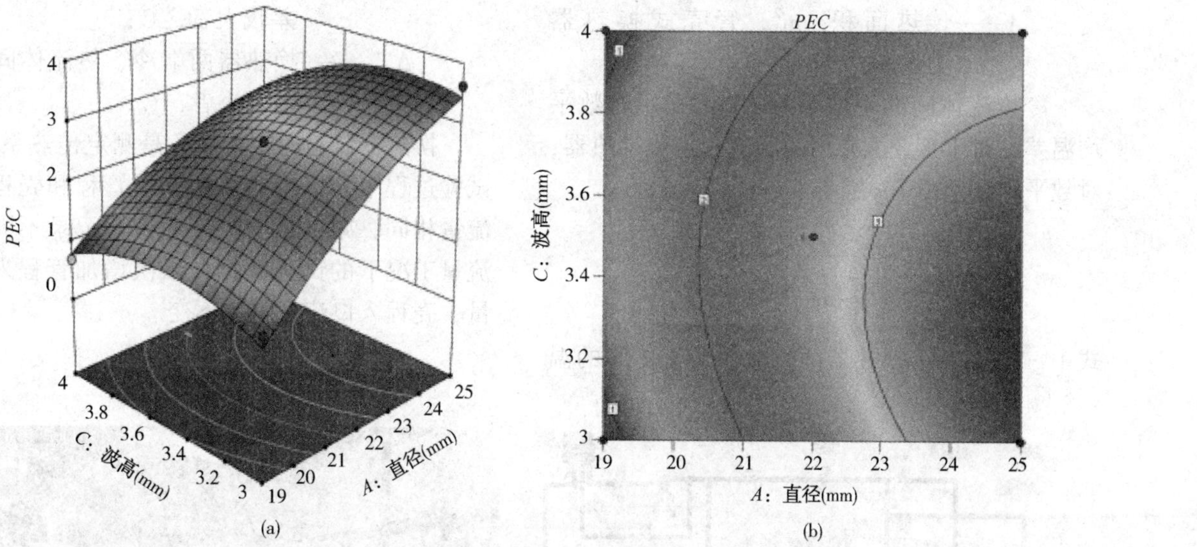

图3　直径与波高影响图

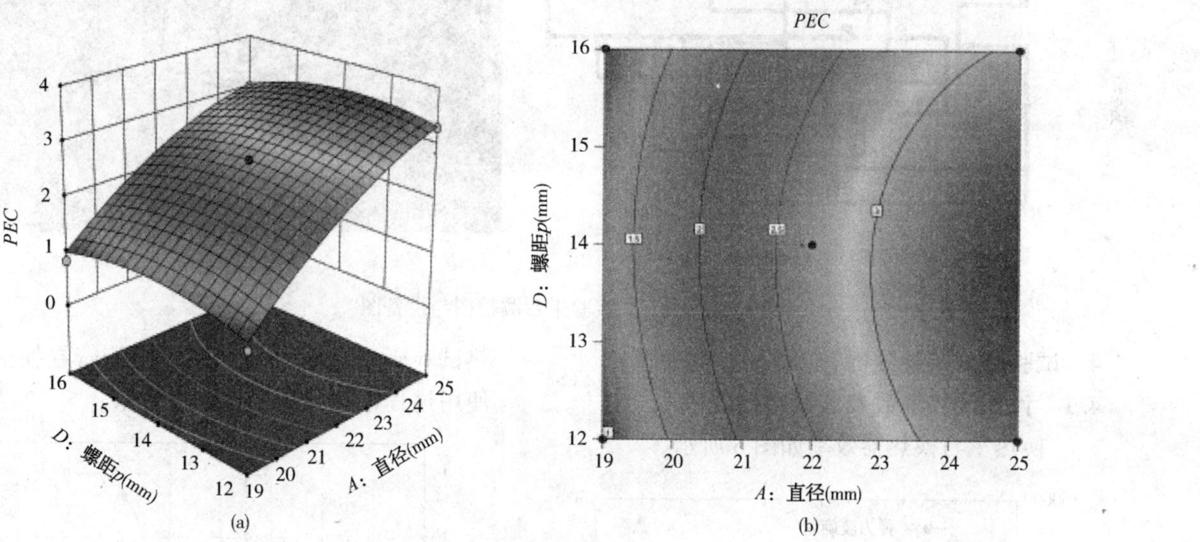

图4　直径与螺距影响图

3　实验测试

本次试验所用的均是管壳式换热器，热量通过固体壁面由热流体传递给冷流体，为分别内置光管管束、内置波旋管管束的管壳式换热器。针对上述两种换热器进行其性能的测试。换热器性能试验的内容主要为测定换热器的传热系数，对传热温差和不同工况下的传热情况及性能进行比较和分析。本文分别测量两台装有弹性波旋管和光滑圆管换热器的传热效率和流体压力损失，分析换热器压力损失和雷诺数之间的关系，得到弹性波旋管换热器的传热增强效果，如图5所示。

3.1　压降性能实验

流体流经换热器时会出现压力损失，它包括流体在流道中的损失和在进出口处的局部损失。通过测量管程流体的进口压力P_{t1}、出口压力P_{t2}，便可以得到管程流体流经换热器的总压力损失$\Delta P_t=P_{t1}-P_{t2}$；通过测量壳程流体的进口压力P_{s1}、出口压力P_{s2}，便可以得到壳程流体流经换热器的总压力损失$\Delta P_s=P_{s1}-P_{s2}$。

3.2　传热性能实验

传热过程中传递的热量正比于冷、热流体间的温差及传热面积，即

$$K=\frac{Q}{\Delta T_m \cdot A}$$

式中　K——换热器的传热系数，W/(m·℃)；

Q——冷热流体间单位时间交换的热量，W；

ΔT——冷热流体间的平均温差，℃；

A——传热面积，m^2，管壳式换热器为 $5.5m^2$。

冷热流体间的平均温差 ΔT 常采用对数平均温差。对于工业上常用的顺流和逆流换热器，对数平均温差由下式计算：

$$\Delta T_m = \frac{\Delta T_{max} - \Delta T_{min}}{\ln \dfrac{\Delta T_{max}}{\Delta T_{min}}}$$

式中 ΔT_{max}——换热器两端冷、热流体间的温差较大者，℃；

ΔT_{min}——换热器两端冷、热流体间的温差较小者，℃。

换热器试验的主要任务是测定传热系数 K。试验过程中，保持两台换热器管程和壳程入口流量相同，减少试验误差。试验记录不同入口流量工况下的试验数据，依次增加管程入口流量，壳程入口流量基本不变。

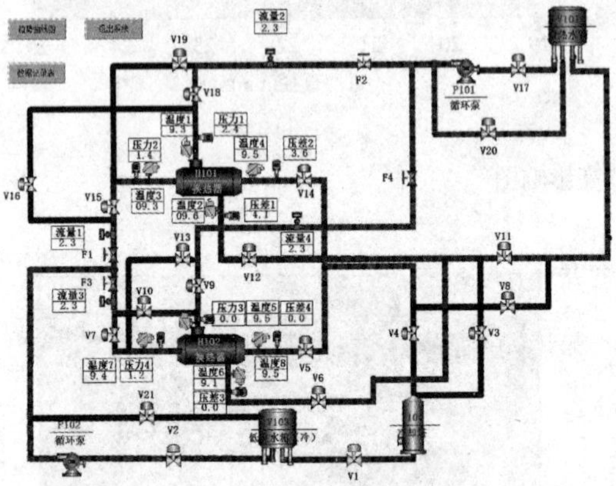

(a)测控图

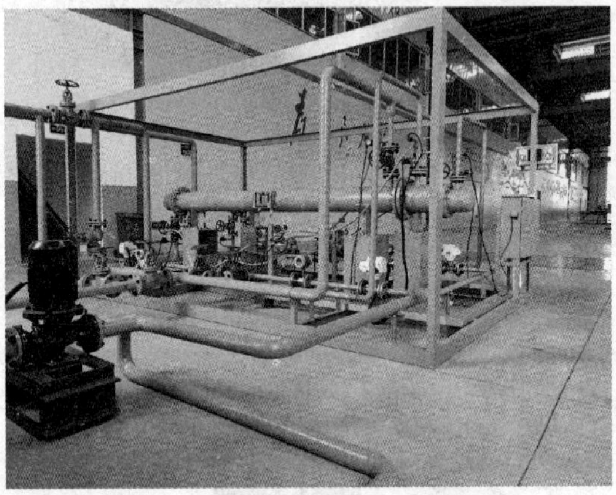

(b)设备图

图 5 实验平台测控图与设备图

4 试验测试结果分析

4.1 计算传热系数 *K* 和换热器效率

换热量与换热器效率如图 6 所示。

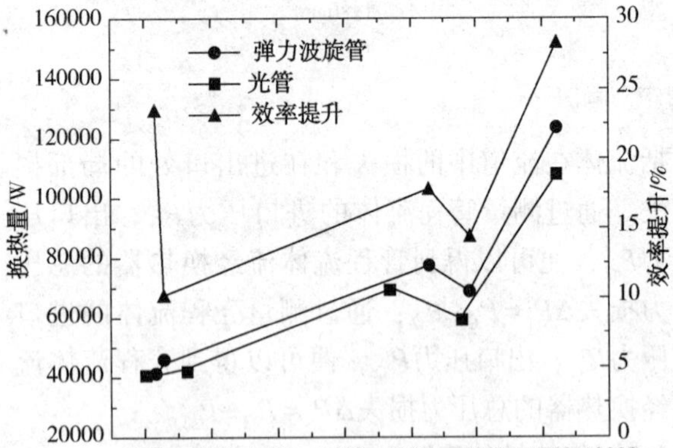

图 6 换热量与换热器效率

从传热性能方面评估，弹性波旋管换热器在小于等于 10000 的管内雷诺数下，换热器的传热效率相对于光管换热器可提升 10%～30%，如图 7 所示。

传热系数及对比如图 8 所示。观察两次传热试验所得数据可知，弹性波旋管在换热器的使用过程中起到了强化传热效果。

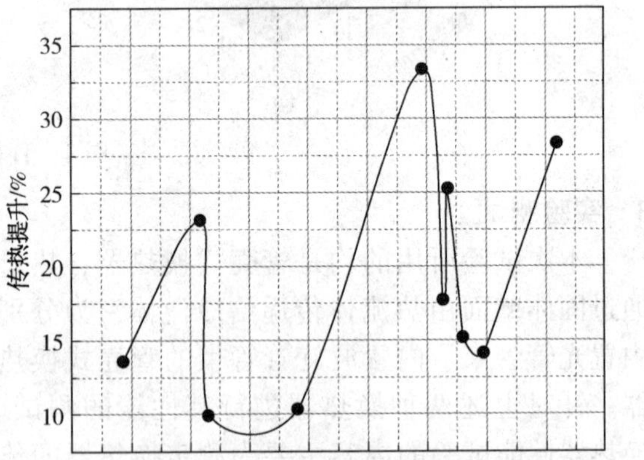

图 7 波旋管换热器传热效率提升

4.2 压降试验数据处理

根据不同流量下所得的雷诺数与管内压降数值，得到光管与波旋管换热管管内压降图，如图 9 所示。

由图 10 中可以观察到，在雷诺数小于 8000

的情况下，光管管束换热管内压降高于波旋管管束换热器压降；当雷诺数大于8000时，波旋管内压降逐渐超过光管管内压降。

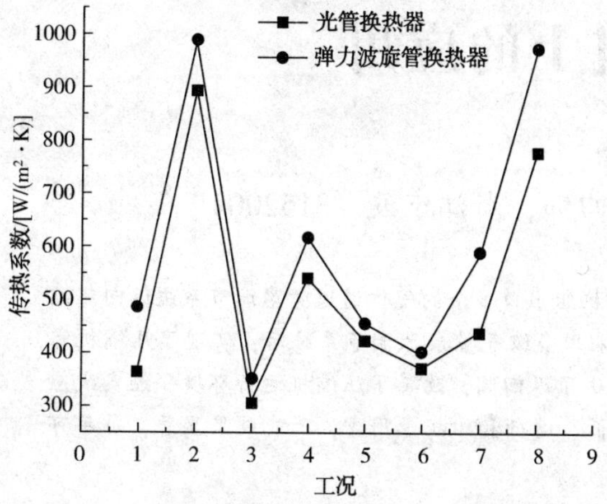

图8　波旋管换热器传热系数及对比

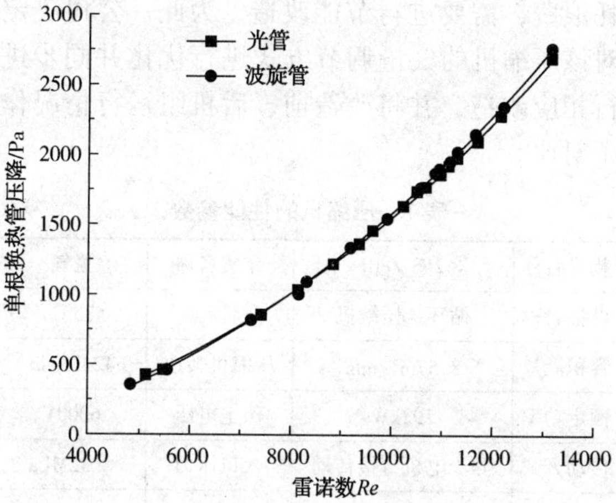

图9　单根波旋管压降

5　总结

（1）相较于光管换热器，当管程热流体入口温度相同时，波旋管换热器管程出口热流体温度较低。在雷诺数小于12000的工况下，使用波旋管管束的换热器在传热性能方面相较于使用光管管束的换热器有较大的提升，传热系数平均可以提高10%~20%。

（2）在雷诺数小于8000的情况下，光管管束换热管内压降高于波旋管管束换热器压降；当雷诺数大于8000时，波旋管内压降逐渐超过光管管内压降。光管换热器随着雷诺数的增加摩擦因子逐渐下降，其下降趋势逐渐趋于平缓。但波旋管换热器的摩擦因子变化趋势随着雷诺数的增加与光管换热器趋势相反，即雷诺数越大，摩擦因子越大，管内压降越大。

参　考　文　献

1　林纬，郭紫芯，徐建民，等．基于响应面法的新型螺旋管传热性能优化研究[J]．热能动力工程，2023，38(2)：56-63.

2　高润森．换热器内螺旋弹性管束流致振动强化传热特性研究[D]．安徽理工大学，2022.

3　Wang W，Zhang Y N，Lee K，et al. Optimal design of a double pipe heat exchanger based on the outward helically corrugated tube[J]. International Journal of Heat and Mass Transfer，2019，135：706-716.

4　罗再祥．管壳式换热器传热对比研究与数值模拟[D]．华中科技大学，2008.

多级气量余隙调节系统在 S Zorb 装置循环氢压缩机上的应用

刘小锋

（中国石化镇海炼化分公司炼油四部，浙江宁波 315200）

摘 要 某石化公司 S Zorb 装置循环氢压缩机采用机组出口多余的气体通过旁路调节系统返回压缩机入口的方式调节流量，能量浪费严重。在 K-101B 上采用多级气量余隙调节系统后，实现了压缩机容积流量在 65%~90%负荷范围内最高 16 级调节，大幅关小了返回阀，改善了压缩机运行环境。经实践应用和标定，该节能技术改造简单、操控方便、自身能耗低、运行和维护费用少，节能效果显著，每年可节电 26.9 万度。

关键词 催化汽油脱硫；S Zorb；循环氢压缩机；余隙调节

1 概述

S Zorb 装置以催化裂化装置的稳定汽油为原料，经吸附脱硫后的产品硫含量不大于 10mg/kg，可满足国Ⅴ及以上排放标准对硫含量的严格要求，装置运行操作弹性为 60%~100%。S Zorb技术基于吸附作用原理，通过吸附剂选择性地吸附含硫化合物中的硫原子而达到脱硫目的，与加氢脱硫技术相比，具有脱硫率高、辛烷值损失小、氢耗低、操作费用低的优点。因硫的吸附反应需要在一定氢分压的临氢环境下进行，因此循环氢压缩机是该装置的关键设备。

某石化公司 2#S Zorb 装置设有两台循环氢压缩机组 K-101A/B，由沈阳远大压缩机公司生产，机型为 2D10-8.57/26.188-38.05，为固定水冷对称平衡型、二列单级往复式活塞压缩机。该压缩机设计之初有一定的富裕量，当用气量小于压缩机的排气量时，便需要对压缩机进行气量调节，以使压缩机的排气量适应用气量的要求，来保持管网中的压力稳定。由于飞轮的存在，往复式压缩机无法利用变频的方式调节流量，因此正常生产时，循环氢压缩机 K-101A/B 原采用的是旁路节流调节方法，即机组出口多余的气体通过旁路调节系统返回压缩机入口，这种调节方法虽然简单可靠，但是能量浪费严重，使得压缩机做了大量无用功，影响了机组的稳定性和使用寿命，造成了极大的能耗浪费，需要进行节能改造。为此，公司决定对该压缩机的气量调节方式进行优化并同步进行相应改造，并将改造前、后机组运行情况作了对比。

表 1 压缩机的性能参数

装置名称	2#S Zorb	介质名称	氢气
设备名称	循环氢压缩机	介质温度	75℃
容积流量	8.57m^3/min	压缩机转速	424r/min
额定功率	192kW	额定电压	6000V
传动方式	异步电机直接传动	入口压力	2.32MPa
设备制造厂家	沈阳远大压缩机制造有限公司	出口压力	2.99MPa
设备型号	2D10-8.57/26.188-38.05	设备投用时间	2014 年 7 月

2 多级气量调节技术介绍

2.1 多级气量调节技术原理

图 1 是压缩机示功图，横坐标 V 为活塞运动时气缸的体积变化，纵坐标 P 为气缸内的压力变化，P_1 为压缩机进气压力，P_2 为压缩机排气压力。因气缸有余隙容积，活塞从止点位置 3 向右移动时，因余隙容积内的压力大于进气压力，进气阀无法打开，当活塞运行至位置 4

作者简介：刘小锋，男，2015 年毕业于东北石油大学过程装备与控制工程专业，现从事设备管理工作。

时，气缸容积增加至 V_4，气缸内压力由 P_2 降低至进气压力 P_1，进气阀打开吸气，活塞继续向右移动至止点位置 1，完成吸气，线段 3—4 为膨胀过程，4—1 为吸气过程。当活塞向左移动至位置 2 时，气缸内压力由 P_1 升高至排气压力 P_2，排气阀打开排气，活塞继续向左移动至止点位置 3，完成排气，线段 1—2 为压缩过程，2—3 为排气过程。线段 1—2—3—4 所围成的面积为压缩机一个往复运动所做的功。余隙增大时，气量减少，能耗降低。

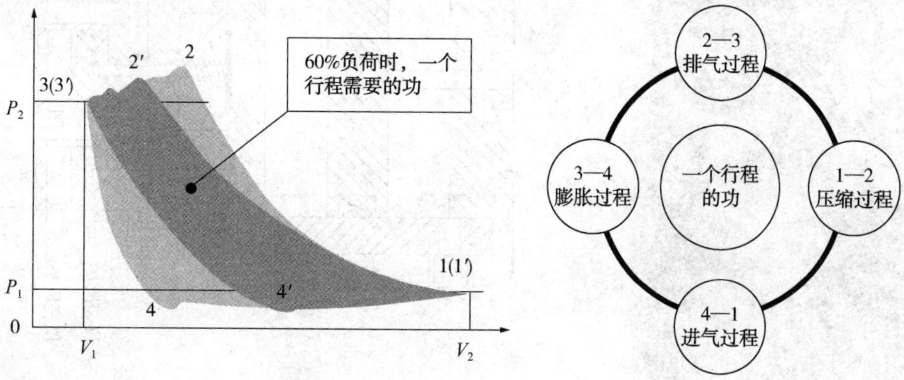

图 1　压缩机示功图

气动多级气量调节是在气缸盖侧设置多个容积不同的余隙腔和对应的多个余隙阀，通过气动控制不同余隙阀的开关组合改变气缸余隙容积从而改变气量和能耗，是固定余隙调节的扩展，节能效果显著。调节范围最高能达到 40%，满足大部分气量调节需求，一般是在 60%~100%范围内调节，调节灵敏度最高能达到 1%，使用时仅在调节气量时才开关 1 个或多个余隙阀，需要的动力风气量小，执行机构几乎静态工作，易损件少，余隙阀是弹簧常闭结构，故障状态气量保持最大状态，对生产影响小。

2.2　多级气量调节技术结构及特点

气动多级气量余隙调节系统由控制结构及执行机构两部分组成，控制结构由接线箱和气动电磁阀组成，气源为仪表风，控制信号可接至 DCS 系统或者 PLC 控制；执行机构由截止阀、余隙缸、弹簧、阀杆、气动活塞、气缸及密封圈组成(见图 2)。执行机构内设置有不同大小的若干个囊腔，打开囊腔可增加一定的余隙容积，通过不同大小的囊缸的组合可实现一定范围内余隙容积的调节，调节通过电磁阀的开关来实现，电磁阀得电打开，失电关闭(见图 3)。

该技术具有以下特点：

(1) 每个气缸设置 1 套执行机构，安装在气缸盖侧。由多个气动、蝶形弹簧复位常闭式截止阀控制不同容积余隙腔开关组成，接近静态工作，没有余隙活塞密封圈，只有阀杆密封，介质几乎无外漏(阀杆有微漏)，能最大限度延长无故障运行时间，极限故障时恢复到最大流量只需调节流量个别余隙阀开或关。

(2) 动力源为仪表风，需要改变流量才消耗动力，耗能少，采用气动通用元件，降低了维护工作量和维修成本。采用气动驱动，没有液压油站，不需要三相动力电源，能最大限度减少现场电缆和管线，最大限度减少现场油污污染。

(3) 仅更换缸盖、不更换气阀、不改变压缩机主体结构及控制系统，控制系统逻辑简单，可在已有的 DCS 上组态或在现场新增设通用 PLC 控制。

(4) 每个气缸设置 1 根多路仪表风管线和 1 根放空管线。只有当需要拆卸缸盖时才需要拆卸管线。现场管线极少且布置在执行机构下方。现场安装、维护简单快捷。

(5) 节能效果较好。由于没有多余气量反复进出进气阀，气阀阻力损失小。

(6) 执行机构相当于多个不同余隙容积传统余隙阀组合，是成熟技术，对压缩机的反向角影响较小，能有效降低机组振动。

在实际使用中该技术也有一定的局限性：

(a)控制机构

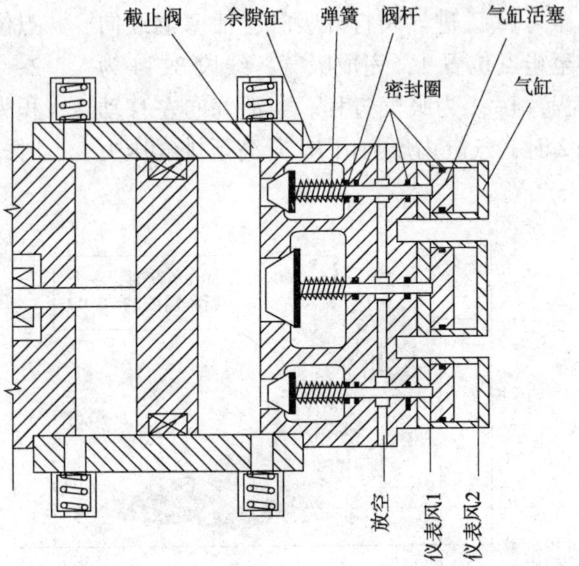

(b)执行机构

图2 多级气量调节系统控制机构及执行机构图

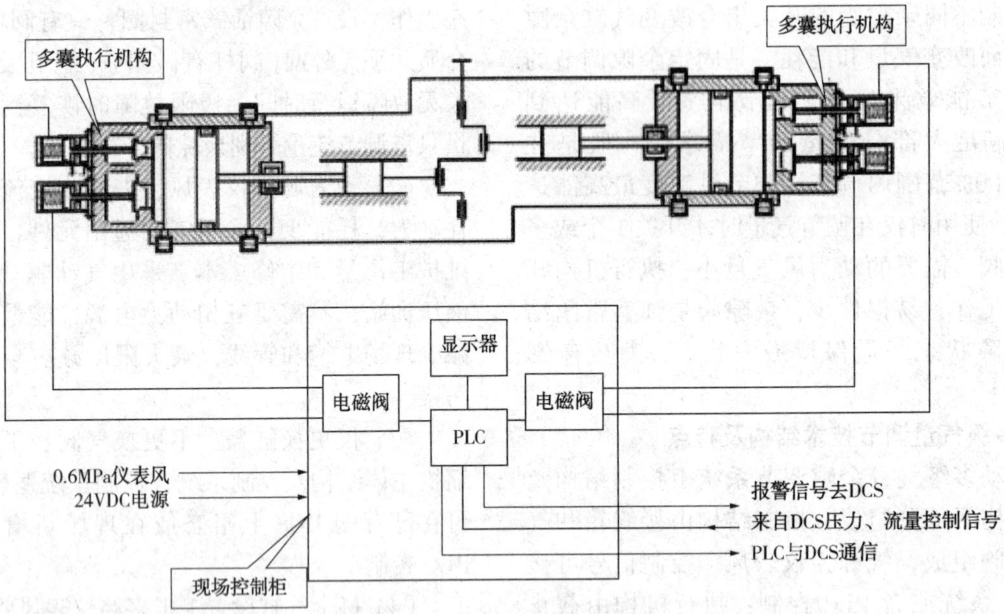

图3 多级气量调节技术原理图

（1）由于余隙容积的存在，余隙调节技术对高压比的压缩机效果好，而低压比的压缩机需要更大的余隙腔才能实现同样的调节比例，因此，受尺寸限制，调节范围较小，本装置循环氢压缩机压比只有1.29，只能做到65%～90%范围可调。

（2）使用过程中阀杆处会有少量漏气，漏气需要通过漏气回收排放至低瓦或者高点放空，因低瓦存在倒流的情况，会影响设备使用，因此优先选用高点放空。

（3）余隙调节会影响机组反向角，设计时必须要核算反向角，要求按每一级调节幅度对反向角进行校核，确保反向角大于60°

3 改造前后效果分析

经过技术调研并结合装置实际，决定对K101B进行改造，并对改造前后的运行参数进行对照分析。

投用余隙调节系统后，统计装置负荷、排气量、运行功率、出口压力、出口温度及返回阀开度等参数见表2，对比看出投用多级气量余隙调节系统后，在装置负荷不变的情况下，出口压力及出口温度基本不变，排气量由11678Nm^3/h下降至7589Nm^3/h，返回阀开度由65%下降至28%，运行功率由122kW下降至90kW。按每年运行超过8400h，每度电0.6元计算，每年可节电26.9万kW·h，节约电费16.1万元，节能效果显著。

表2 改造前后参数对比

改造前后	装置负荷/(t/h)	排气量/(Nm^3/h)	运行功率/kW	出口压力/MPa	出口温度/℃	返回阀开度/%
改造前	92	11675	122	2.99	48	65
改造后	92	7589	90	2.99	48	28

4 结论

多级气量余隙调节系统在循环氢压缩机K-101B上的改造投用，实现了压缩机负荷在65%~90%之间16档调节。在装置负荷不变的情况下，返回阀大幅关小，有效降低了机组的运行功率，节能效果非常明显，预计年节省电费16.1万元。综上所述，本次循环氢压缩机多级气量余隙调节系统改造达到了预期技术要求。

参 考 文 献

1 郁永章，姜培正，孙嗣莹．压缩机工程手册[M]．北京：中国石化出版社，2020.

阀杆防飞出结构创新改造探究

周 纬
(中国石化镇海炼化公司机械动力部，宁波镇海 315200)

摘 要 随着工业发展，阀门的安全运行至关重要。传统阀门在某些极端工况下存在飞出风险，对人员和设备安全构成严重威胁。通过对现有阀门结构进行深入分析，提出了一系列创新的防飞出结构改造方案。从材料选择、结构设计优化等多方面入手，提高阀门的稳定性和安全性。经过实验验证与实际应用案例分析，证明这些改造方案切实可行，能够有效防止阀门飞出，为工业生产中的阀门安全运行提供了可靠的技术支持和保障。

关键词 防飞出；阀门；结构改造；稳定性；安全性

1 引言

在工业生产中，阀门作为控制流体流动的关键装置，广泛应用于石油、化工、电力、水处理等众多领域。其性能的优劣及稳定可靠性直接影响着工业生产的安全运行。然而，在实际使用过程中，阀门面临着各种潜在的风险，其中阀杆飞出问题尤为突出。例如，在易燃、有毒管道以及高压管道中，一旦阀杆飞出，不仅容易将管道打穿，还会引发严重的事故，给企业带来巨大的经济损失和安全隐患。目前，虽然已有一些关于阀杆防飞出结构的研究和解决方案，但随着工业的不断发展和技术的不断进步，对阀杆防飞出结构的改造需求依然迫切，当前的研究仍有进一步拓展的空间。

通过对现有阀杆防飞出结构的分析和改进，提高阀门的安全性与可靠性。本文结合实际案例和先进的技术手段，对阀杆防飞出结构进行深入研究，以解决当前阀门在使用过程中面临的阀杆飞出问题。通过优化阀杆防飞出结构，期望能够降低工业生产中的安全风险，提高生产效率，为企业的可持续发展提供有力保障，同时为阀门行业的技术创新和发展提供有益的参考和借鉴。

2 阀杆防飞出结构的理论基础

2.1 相关标准与规范

2.1.1 标准具体内容

GB/T 12237—2021《石油、石化及相关工业用的钢制球阀》中5.7条款规定，球阀的结构应保证当设计成在任何使用或更换填料时，或当阀杆失效时，在阀体内(填料函以内压力区域)的阀杆在介质压力作用下，不会因内部压力而被排出或脱出。GB/T 12232—2005《通用阀门法兰连接铁制闸阀》中4.6.2条款规定：阀杆与闸板的连接应保证操作时闸板不会脱落。GB/T 12234—2019《石油、天然气工业用螺柱连接阀盖的钢制闸阀》中4.10.7条款规定：阀杆螺母的设计应保证闸阀在开启状态下将手轮拆卸后，阀杆与闸板仍保持原有位置，即闸板和阀杆不会落下。这些标准条款明确了阀杆防飞出结构的具体要求，为阀门的设计、制造和使用提供了规范依据。

2.1.2 标准的重要性及应用挑战

符合标准对保障工业安全和产品质量具有重要意义。首先，符合标准可以确保阀门在各种工况下都能稳定运行，减少因阀门故障引发的安全事故。其次，合规的阀门产品可以提高企业的生产效率，降低维护成本。最后，合规的阀门产品还可以提高企业的市场竞争力，为企业的可持续发展奠定基础。但在实际应用中，标准也面临一些问题与挑战。一方面，标准的更新速度可能跟不上工业技术的发展，导致一些新型阀门结构在标准中缺乏明确的规范。例如，随着新材料的不断涌现，对于阀杆材料的选择和防飞出结构的设计可能需要更加具体的指导。另一方面，标准的执行力度也存在差异。一些企业可能由于对标准的理解不到位或者为了降低成本，未能严格按照标准进行阀门的生产和安装，从而增加了阀杆飞出的风险。

2.2　力学原理与风险因素

2.2.1　压力作用分析

在阀门工作中，介质压力是导致阀杆飞出的重要因素之一。当阀门内部的介质压力超过一定值时，会对阀杆产生轴向推力。如果阀杆的固定结构不足以承受这种推力，就有可能导致阀杆飞出。例如，在供热球阀中，供热管道一般的压力在 10kgf 左右，当两个螺丝松动了或者是断裂了以后，供热管道里边的压力就会通过供热阀传递到阀杆上，这样阀杆受力就会飞出去。此外，介质压力的波动也会对阀杆产生冲击，长期作用下可能会使阀杆的固定结构逐渐松动，增加飞出的风险。

2.2.2　结构缺陷风险

阀门结构缺陷也是引发阀杆飞出的潜在风险因素。例如，阀杆套底孔加工失误可能导致阀杆轴头与阀杆套底孔不是面接触，在机组运行中，阀杆套底孔和阀杆轴头由于线接触受力而产生变形进而产生间隙，阀门关闭时弹簧巨大的冲击力直接作用在连接螺纹和销钉上，造成连接螺纹和销子的损坏，增加阀杆飞出的风险。另外，连接螺纹配合间隙过大也会使内外螺纹接触面积过小，螺纹受力时极易损坏，从而导致阀杆脱落飞出。此外，如日本 SMC 比例阀结构缺陷造成泄漏增大，其套筒阀结构复杂，存在零件多、可靠性差、备件难、维护难、切断效果不理想等问题，也可能间接影响阀杆的稳定性，增加飞出风险。

3　现有阀杆防飞出结构分析

3.1　常见结构类型

3.1.1　凸肩结构特点

阀杆下端的凸肩结构具有一定的优势。首先，其结构相对简单，制造工艺较为成熟。凸肩与阀体的凹槽相配合，可以在一定程度上防止阀杆在正常工作状态下脱出阀体，满足了 GB/T 12237—2021 中 5.7 条款的规定要求。然而，凸肩结构也存在不足之处，一旦阀杆发生破坏，尤其是凸肩部分受损，就无法同时满足标准中的要求，即阀杆在破坏断裂处应在球阀的压力区域外且在介质压力作用下不会飞出。在实际应用中，凸肩结构可能会因为长期受到介质压力的冲击、腐蚀等因素而逐渐失效，增加了阀杆飞出的风险。

3.1.2　分体式防飞结构优势

分体式防飞结构具有显著的创新之处。以某公司的防止球阀阀杆飞出的复合结构为例，该结构采用分体式的填料压套和填料压板组成防飞结构。填料压套和填料压板相互配合，套设在阀杆外部，管道上开设用于安装填料压套的第一凹槽，填料压板下端开设与填料压套相配合的第二凹槽。此外，第一凹槽内还安装有填料，填料设置在填料压套底部，填料压板内部还安装有对开环，对开环套设在阀杆外部，填料材质为橡胶。这种分体式结构配合阀杆下端的凸肩设计，形成了复合的防飞出结构，既满足了标准的要求，同时也提高了防飞出的可靠性。一方面，分体式结构可以更好地适应不同的工作条件和介质压力，通过多个部件的协同作用，有效地分散了阀杆所受到的压力，降低了阀杆飞出的可能性。另一方面，这种结构便于安装和维护，当某个部件出现问题时，可以单独进行更换，而不需要整体更换阀门，降低了维护成本。

3.2　技术难点与挑战

3.2.1　密封问题

在现有结构中，密封问题是一个重要的技术难点。例如，O 形圈作为常用的密封件，容易出现被吹出的情况。O 形圈沟槽尺寸超差，会使 O 形圈安装后压缩变形量不足而影响其密封能力。一般动密封过盈量控制在 10%～15%，压缩比控制在 70%左右，静密封过盈量控制在 15%～25%，压缩比控制在 80%左右；另一方面，沟槽深度不够则会造成 O 形圈受外力较大时脱槽而出。此外，O 形圈的公称尺寸与实际安装尺寸相差太多，使得 O 形圈在拉伸后截面尺寸缩小的状况下工作，造成压缩量不足而产生泄漏。设计时安装 O 形圈的进口导向处必须倒圆角光滑过渡，否则 O 形圈易划伤也会造成泄漏。径向密封尽量避免选择 180°分模面的 O 形圈，否则可能会使分模面处于密封带上而造成泄漏。选择 O 形圈时一定要考虑与介质的相溶性，以免 O 形圈材质被工作介质浸蚀造成密封失效。沟槽和密封面的粗糙度也会影响O形圈的密封效果。

3.2.2 结构复杂性

复杂的结构可能会增加阀门启闭扭矩，影响操作便利性。例如，一些分体式防飞结构在设计上相对复杂，由于加了止推垫片及对开圆环等部件，会在一定程度上加大阀门的启闭扭矩。这不仅增加了操作的难度，还可能影响阀门的使用寿命。同时，复杂的结构也可能增加维护成本和难度。在实际应用中，需要对这些结构进行优化，以提高阀门的操作便利性和可靠性。

4 阀杆防飞出结构改造的创新设计

4.1 设计理念与原则

阀门作为工业生产中的关键设备，其安全性至关重要。在进行阀杆防飞出结构改造的创新设计时，应秉持先进的设计理念和严格的设计原则。

4.1.1 安全性优先原则

安全性是阀门设计的核心要素。在新的防飞出结构设计中，应始终将确保阀门安全运行作为首要目标。这意味着在设计过程中，应充分考虑各种可能的工况和潜在风险，确保阀杆在任何情况下都不会飞出。例如，在设计结构时，增加多重防护措施，确保即使在极端情况下，如介质压力突然增大、阀门遭受外部冲击等，阀杆也能被牢牢固定在阀门内部。同时，对设计进行严格的力学分析和模拟测试，确保防飞出结构能够承受预期的最大压力和冲击力。

4.1.2 经济有效性考量

在追求安全性的同时，也应充分考虑设计的成本效益和实用性。经济有效性不仅体现在设计和制造阶段的成本控制，还包括在阀门的整个生命周期中的维护成本和性能表现。因此应致力于寻找一种平衡，既能够提供可靠的防飞出功能，又不会过度增加生产成本。例如，在材料选择上，综合考虑材料的性能和价格，选择性价比高的材料。同时，在结构设计上，尽量采用简洁、高效的设计方案，减少不必要的复杂结构，降低制造和安装成本。

4.2 具体方案设计

4.2.1 结构优化设计

为了进一步提高阀门的防飞出性能，对阀门的结构进行了优化设计。首先，在阀杆的固定结构上，增加了额外的锁定装置，如采用高强度的卡簧或锁扣，与阀杆下端的凸肩结构相互配合，形成双重锁定，大大提高了阀杆的稳定性。其次，对分体式防飞结构进行了进一步改进。在填料压套和填料压板的连接部位，增加了密封垫片，提高了密封性能，防止介质泄漏。同时，优化了对开环的设计，使其与阀杆的配合更加紧密，进一步增强了防飞出的效果。此外，还对阀门的整体结构进行了调整，优化了流道设计，减少了介质对阀杆的冲击，降低了阀杆飞出的风险。

4.2.2 材料选择策略

合适的材料选择对于阀杆防飞出结构至关重要。在材料选择上，遵循以下策略：首先，选择具有高强度和良好韧性的材料，如优质合金钢或不锈钢，以确保阀杆和防飞出结构能够承受较大的压力和冲击力。其次，考虑材料的耐腐蚀性能，特别是在一些腐蚀性介质环境中，选择耐腐蚀的材料可以延长阀门的使用寿命，提高其可靠性。例如，对于一些化工行业的应用，可以选择具有良好耐腐蚀性能的特种不锈钢。此外，还应关注材料的加工性能和成本。选择易于加工的材料可以降低制造难度和成本，同时确保材料的性能能够满足设计要求。例如，一些高强度铝合金材料在满足强度要求的同时，具有良好的加工性能和较低的成本，可以作为一种备选材料。

4.2.3 一种蝶阀阀杆防飞出结构

如图1所示，为蝶阀阀杆防飞出结构设计，包括阀体5、碟板6、上阀杆1，碟板6设于阀体5内，能够相对于阀体5转动，实现阀门的开启和关闭。上阀杆1穿过阀体5的一侧，上阀杆1位于阀体5内的第一端通过销轴7沿着上阀杆1的横向方向与碟板6连接。上阀杆1远离碟板6的一侧与阀体5之间设有填料4，填料4的外侧设有填料压套3，填料压套3的外侧设有填料压板2。在对阀门进行检修或更换填料4时，需要将填料压套3、填料压板2拆下，从而减少了对上阀杆1的约束。上阀杆1的横向即为上阀杆1的径向方向，上阀杆1的长度方向即为上阀杆1的轴向方向。销轴7为圆锥销，其数量为2个，沿着上阀杆1的长度方向分布。销轴7使上阀杆1与碟板6连接，实现了扭矩传递。上阀杆1的第一端沿着长度方向为台阶状，即沿着长度方向的最外侧一段的直径小于其他部分的直径，以细段和粗段进行区分。碟板6的内侧与上阀杆1的细段相对应的位置设有凸起，凸起的内径略大于细段的直径，并且小于粗段的直径，使凸起的一个侧面与粗段的端部能够贴合。上阀杆1的第一端的端部连接有限位板8，限位板8的截面大于细段的截面，使限位板8与碟板6的凸起的另一个侧面相贴合，从而使得上阀杆1的粗段和限位板8从凸起的两侧夹住凸起，这样就实现了上阀杆1与碟板6的连接，防止上阀杆1在检修时从阀体5飞出。

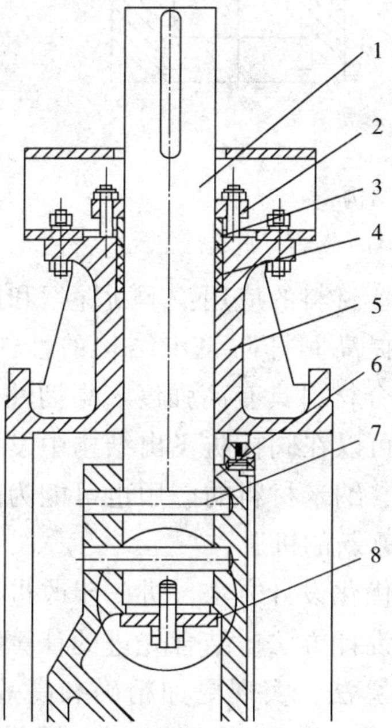

图1　蝶阀阀杆防飞出结构

1—上阀杆；2—填料压板；3—填料压套；4—填料；5—阀体；6—碟板；7—销轴；8—限位板

4.2.4　一种防止球阀阀杆飞出的复合结构

如图2所示的防止球阀阀杆飞出的复合结构，包括安装在管道1内的球阀2，球阀2上安装有阀杆3，阀杆3下端设有凸肩，即现有的阀门结构；阀杆3外部安装有分体式防飞结构，通过采用分体式的防飞结构，配合阀杆3下端的凸肩设计，形成了复合的防飞出结构，既满足了标准的要求，同时也提高了防飞出的可靠性。分体式防飞结构包括相互配合的套设在阀杆3外部的填料压套4和填料压板5，管道1上开设有用于安装填料压套4的第一凹槽，填料压板5下端开设有与填料压套4相配合的第二凹槽，第一凹槽用于安装限制填料压套4，通过第二凹槽与填料压套4上端相配合将填料压板5安装在填料压套4上端，同时在填料压板5内部还安装有对开环6，对开环6套设在阀杆3外部，即在阀杆3设计成小于阀杆3直径的轴肩结构来实现防飞出功能。

在上述改造的基础上进一步进行优化，现有的球阀阀杆如图3所示，使用整体型式的填料压盖，一旦阀杆发生破坏，尤其是凸肩破坏后就无法满足使用需求，本实用新型通过采用如图2所示分体式的填料压套4和填料压板5组成防飞结构，配合阀杆3下端的凸肩设计，形成了复合的防飞出结构，既满足了标准的要求，同时也提高了防飞出的可靠性，避免使用现有的整体型式的填料压盖。

5　结论与展望

5.1　研究结论总结

本文针对阀杆防飞出结构进行了深入探讨与创新设计。创新阀杆防飞出结构具有以下显著设计特点：

（1）材料创新：采用高强度、耐腐蚀、耐高温的新型材料，如采用新型合金材料制作阀杆提高强度与耐腐蚀性，选用具有更好弹性和密封性能的高分子材料如聚四氟乙烯作为填料，甚至考虑使用纳米材料提高部件表面硬度和耐磨性。据相关研究，新型材料可使阀门部件性能和可靠性提高显著。

（2）结构优化：对阀杆和填料结构进行优化。阀杆采用更合理形状设计，增加直径、改变截面形状并设置更多凸肩或卡槽，增强与阀体配合紧密性。填料采用新型结构如梯形、波形填料，增加接触面积提高密封效果，同时添加增强材料提高强度和耐磨性。

（3）多种创新设计方案：针对不同类型阀门有不同创新设计。小口径球阀采用内部止口防飞出套设计，结构简单且更具安全性；调节阀采用多种结构设计，如设置内嵌直板和可调节斜拉杆带动限位封板运动，防止阀杆飞出，同时一些调节阀还设有阀杆防飞结构和防静电弹簧，提高安全性和可靠性。

在应用效果方面：

(1) 实际应用广泛：在燃气球阀和美标法兰球阀等不同类型阀门中得到广泛应用，具有良好适应性和实用性。

(2) 性能优势显著：与传统结构相比，在安全性方面大大降低了阀杆飞出风险；可靠性更加稳定，在复杂工作环境下能长期保持良好密封性能和防飞出效果；可维护性出色，结构设计合理便于检修和更换部件，降低维护成本和时间。

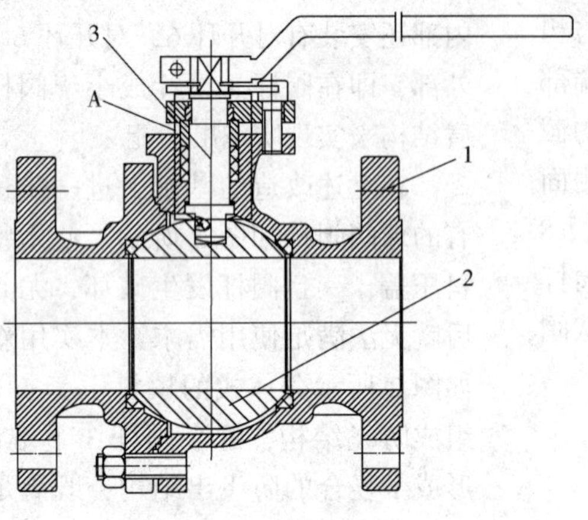

(a)

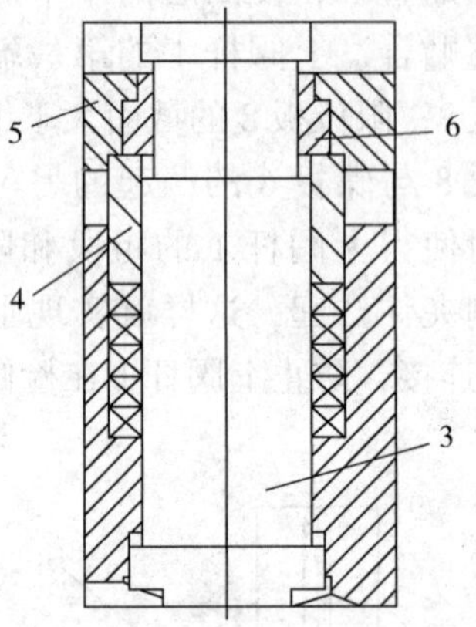

(b)

图 2 防止球阀阀杆飞出的复合结构

1—管道；2—球阀；3—阀杆；4—填料压套；5—填料压板；6—对开环

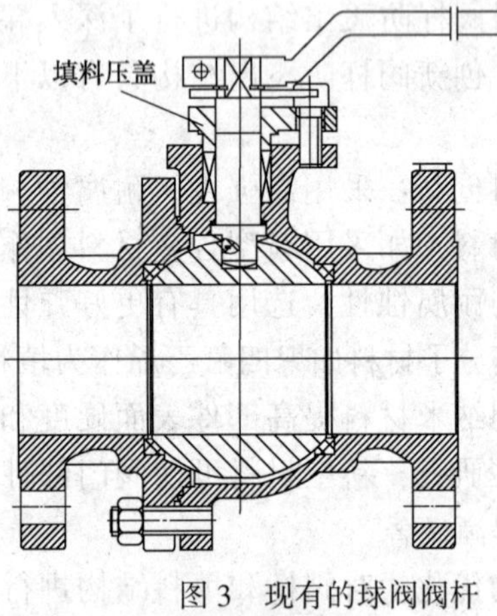

图 3 现有的球阀阀杆

5.2 未来研究方向展望

未来在阀杆防飞出结构领域的研究重点和发展方向可以从以下几个方面展开：

(1) 智能化监测与预警：随着科技的不断进步，开发智能化的阀门监测系统，实时监测阀杆的状态和受力情况。当出现异常情况时，能够及时发出预警信号，以便采取相应的措施，防止阀杆飞出。例如，可以采用传感器技术，监测阀杆的位移、压力和温度等参数，通过数据分析和算法判断阀杆是否存在飞出的风险。

(2) 新材料的应用：不断探索和应用新型材料，以提高阀杆防飞出结构的性能。例如，高性能复合材料具有高强度、高韧性、耐腐蚀等优点，可以在阀杆防飞出结构中发挥重要作用。此外，纳米材料的应用也可能为阀门的性能提升带来新的机遇。

(3) 优化设计方法：进一步改进阀杆防飞出结构的设计方法，结合先进的计算机模拟技术和优化算法，实现更加精确和高效的设计。通过对不同结构和材料的组合进行模拟分析，找到最优的设计方案，提高阀门的防飞出性能和整体性能。

(4) 标准化与规范化：加强阀杆防飞出结构的标准化和规范化工作，制定更加完善的标准和规范，为阀门的设计、制造、安装和维护提供明确的指导。同时，加强标准的执行力度，确保阀门行业的健康发展。

(5) 跨学科合作：阀杆防飞出结构的研究涉及材料科学、力学、机械工程、自动化等多个学科领域。未来可以加强跨学科合作，整合各学科的优势资源，共同攻克阀杆防飞出结构领域的难题，推动行业的技术进步。

综上所述，阀杆防飞出结构的研究具有重要的现实意义和广阔的发展前景。通过不断的创新和努力，相信在未来能够开发出更加安全、可靠的阀门产品，为工业生产的安全运行提供有力保障。

参考文献

1 GB/T 12237—2021　石油、石化及相关工业用的钢制球阀[S].

2 GB/T 12232—2005　通用阀门 法兰连接铁制闸阀[S].

3 GB/T 12234—2019　石油、天然气工业用螺柱连接阀盖的钢制闸阀[S].

4 上海华通阀门有限公司．一种防止球阀阀杆飞出的复合结构：209959921U[P]. 2020.

5 浙江中控流体技术有限公司．一种蝶阀阀杆防飞出结构：218718884U[P]. 2022.

6 胡剑，张宝．国产600MW汽轮机调节汽门阀杆脱落原因分析[J]. 浙江电力，2009，28(3)：45-47.

7 张聪超，张振炎．阀门密封中O形圈防吹出结构设计[J]. 液压气动与密封，2018，38(1)：51-52.

红外热成像技术在监测加热炉炉管中的应用及故障诊断

陈 鹏
（岳阳长岭设备研究所有限公司，湖南岳阳 414012）

摘 要 本文通过案例介绍红外热成像技术对加热炉辐射室炉管热故障的监测和诊断，并对石化企业炼油装置加热炉辐射室高温炉管热故障类型及原因进行了归纳和整理。

关键词 管式加热炉；炉管热故障；红外诊断

1 前言

加热炉运行过程中，辐射室炉管经常会发生因氧化、结焦、过热、蠕变、减薄等失效热故障而导致炉管破裂的极致故障，对加热炉长周期安全运行威胁极大。近年来，石化企业的S Zorb炉、二甲苯塔重沸炉、渣油加氢炉、重整四合一炉相继发生了辐射室炉管爆管事故（见图1、图2），必须引起足够的重视。

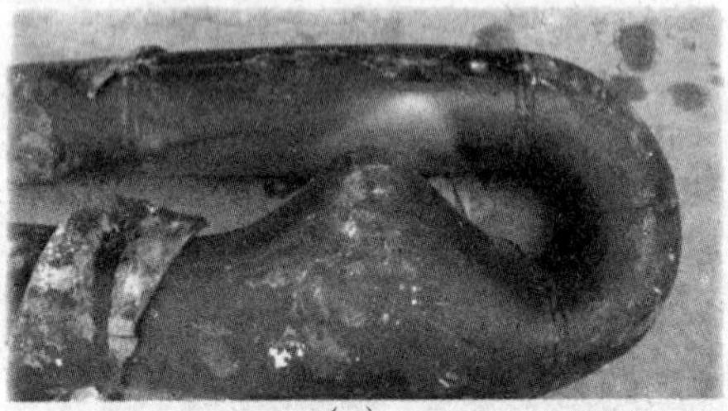

(a)

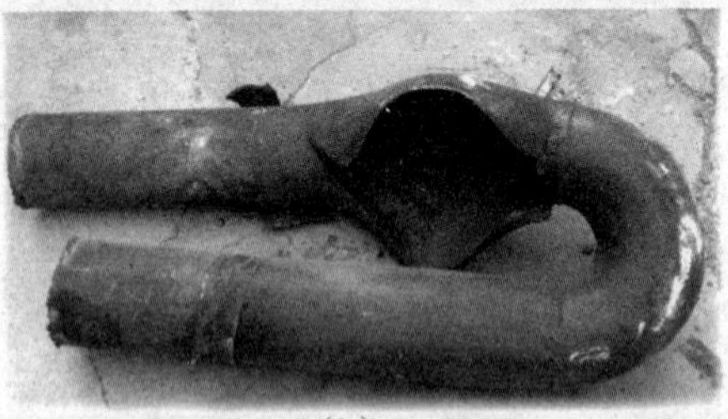

(b)

图1 炉管局部超温导致的局部塑性破坏

为此，加强对加热炉辐射室炉管热故障的监测与诊断，以避免事故的发生，就显得十分必要了。

2 红外热成像炉管测试方法及炉管故障类型

2.1 红外热成像炉管测试方法简介

2.1.1 适用于加热炉高温炉管监测诊断的设备

红外热成像技术能够不接触并即时获取目标的动态二维温度图像，非常适用于高温炉管运行温度的检测，通过专业理论分析可以诊断出加热炉炉管存在的热故障。

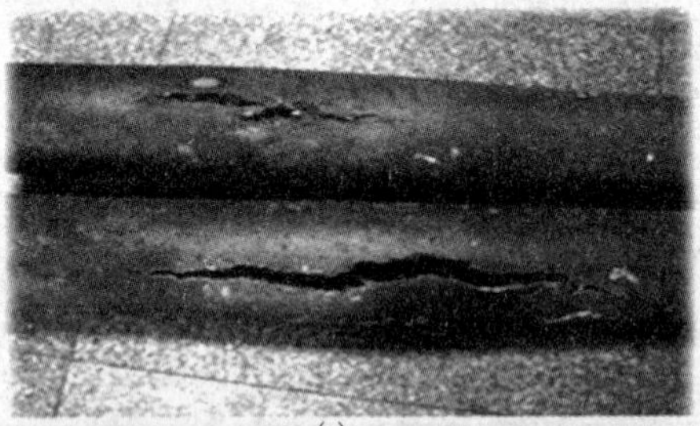

(a)

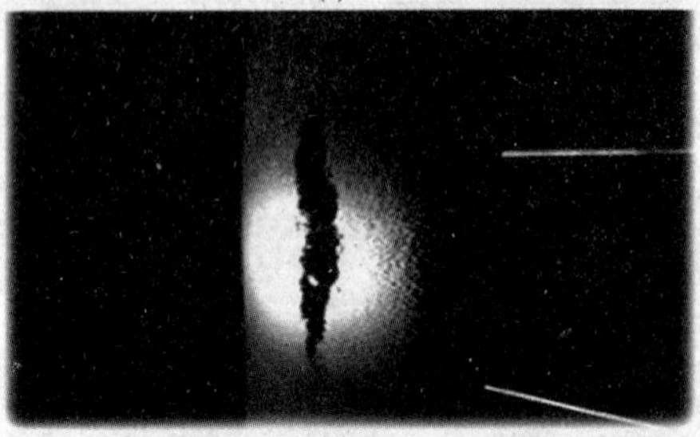

(b)

图2 炉管局部超温导致的破裂

本文使用的红外热像仪是美国FLIR公司的GF309红外热像仪，该热像仪配备有特殊的中波“火焰滤光片”，可穿透火焰对管式加热炉辐射室炉管表面温度进行观测，并记录动态的温度二维图像，可清晰呈现最细微的温差，在化学、石化和公共设施领域被广泛应用。

2.1.2 炉管红外热成像测试一般流程

炉管红外热成像测试一般流程如图3所示。

作者简介：陈鹏，男，工程师，主要从事加热炉节能监测与评价工作。

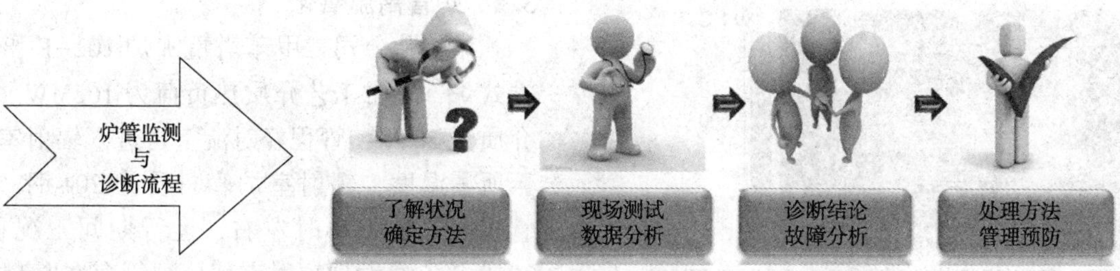

图 3 炉管红外热成像测试一般流程

2.2 炉管热故障的分类

炉管作为加热炉设备中的传热部件，其主要功能是为工艺介质提供合适通道，隔离工艺介质与热源，并提供足够的高温机械强度和良好的传热能力。根据加热炉多年运行的情况，炉管出现的热故障有以下几类：

（1）与通道截面有关的故障，如堵塞、扩径。

（2）与高温机械强度有关的故障，如高温蠕变、高温氧化、高温腐蚀、渗碳造成的材质劣化、由于蠕变氧化掉皮等造成的管壁减薄等。

（3）与导热有关的故障，如外表积灰积垢、氧化皮、高热阻层、管内结焦等。

以上热故障类型，仅应用温度场一项参数是不能独立完成的，还需用材料理论加以分析，红外热图只能提供定性的监测数据，在专业软件帮助下才可作出有关结论。

3 近年来加热炉的炉管测试案例

3.1 加氢类炉管蠕变弯曲、塑性鼓包过热破裂

某石化 1.7×10^6t/a 渣油加氢装置操作弹性为 60%~110%，年开工时数为 8000h。装置设置 4 个反应器，采用炉前混氢、热高分流程，装置以减压渣油、直馏重蜡油、焦化蜡油、催化柴油等组分为原料。装置反应进料加热炉 F101 采用单排双面卧管立式方箱炉，设计负荷为 14MW，炉管材质为 TP347H，炉管规格为 ϕ219.1×23mm（最小壁厚）。装置自 2021 年 5 月检修换剂后投料运行，计划于 2023 年 4 月检修。2022 年 11 月 1 日，加热炉 F101 西炉辐射段炉管泄漏着火，装置紧急停工抢修，2022 年 12 月 16 日恢复正常生产。

3.1.1 爆管前的红外测试及数据

2018 年 6 月，反应进料加热炉 F101 炉管出现弯曲变形，目视可见卧式炉管脱离支撑架托悬在空中，加热炉测评中心长岭站于 2018 年 6 月 21 日和 2019 年 10 月 21 日先后两次对该炉辐射室炉管进行全面红外热成像测试与诊断。“架空悬空”故障炉管如图 4 所示。

图 4 “架空悬空”故障炉管

反应进料加热炉 F-101 东西炉辐射室炉管南端面穿墙导向管现场检查如图 5 所示，数码照片如下：

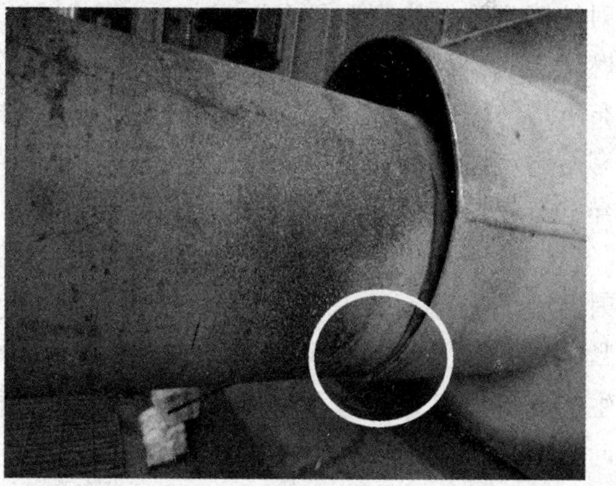
图 5 导向管检查现场

2018 年 6 月 21 日反应进料加热炉 F-101 西辐射室炉管红外测试热图如图 6 所示。

3.1.2 监测结论

（1）F-101 平均值温度为 496~566℃，最大值达 602℃，高于炉管壁温工艺指标（≯560℃）。

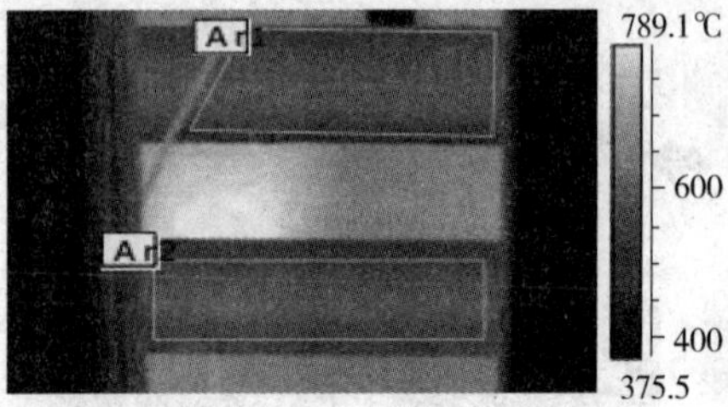

日期	2018/6/21
图像时间	15:51:51
文件名	IR_3870_渣油加氢F-101 Ⅰ东面自南向北第四个看火门.jpg
Ar1 最高温度	591.7℃
Ar2 最高温度	602.1℃
Ar1平均温度	559.9℃
Ar2 平均温度	568.5℃

图6 辐射室炉管红外测试热图

（2）通过F-101辐射室东西两面各7个看火孔的红外测试，判断辐射室燃烧器没有对称燃烧，燃烧器燃烧不均，炉管受热不均。

（3）加热炉辐射室炉管发生中度蠕变。

3.1.3 故障分析

炉管挠性弯曲可能与以下因素有关：

（1）炉管内介质出现偏流或炉膛局部温度过高，可能产生环向变形。

（2）炉管的物理参数在长期使用过程中发生变化，进而产生炉管蠕变。

（3）由于炉管进出口物料的温差，双向辐射炉管两侧的热膨胀量有差异；由于各炉管与燃烧器的相对位置不一，炉膛内烟气的温度分布不均匀，每根炉管沿长度方向的辐射传热具有不均匀性，由此使炉管表面热流密度产生差异，造成炉管在冷、热阶段产生一定的变形。

（4）根据理论分析和现场检查（F-101炉辐射室南端穿墙导向管底部与炉管接触明显过紧），炉管受热后受卡阻，当管壁温度升高时产生的变温热应力会远大于临界轴向力，穿墙导向管上部开口间距大，表明穿墙处产生卡阻进而造成炉管挠性弯曲，而且随着炉管温度升高，挠性弯曲会逐渐增大。

3.1.4 处理方法与预防措施

处理方法：炉管变形明显，须进行相应的炉膛降温处理。

预防措施：防止开停工时炉管反复弹性收缩，进而发生塑性鼓包、过热破裂。

3.2 炉管高温氧化

某炼化公司二甲苯塔重沸炉102-F-801为立式炉，正常工艺介质热负荷为162MW。工艺介质分20路，管程经对流室再进入辐射室加热至所需温度。辐射室炉管材质为20#钢，该炉管投用3.5万小时左右，运行期间工况稳定。2018年5月发现辐射室部分炉管存在“亮斑”现象。“亮斑”区域主要分布在加热炉一层平台辐射室北面从东向西数第二、第四看火孔。加热炉测评中心长岭站于2018年5月开始对该炉辐射室炉管进行全面红外热成像测试与诊断。经分析，判断该“亮斑”主要是在高温下产生的炉管氧化皮故障。

3.2.1 监测结论

（1）二甲苯塔重沸炉102-F-801“亮斑”区域最大值在562～585℃之间，“亮斑”部位表面温度高于炉管材质最高使用温度，达到或超过炉管材质的抗氧化极限温度。

（2）燃烧器燃烧不均，炉管受热不均。

（3）加热炉辐射室炉管存在氧化故障。

3.2.2 故障分析

（1）故障炉管氧化机理分析：炉管表面“亮斑”主要是由高温燃烧条件下炉管表面发生强烈氧化造成的，尤其是距火焰较近的炉管，氧化尤为严重。

（2）炉管氧化原因分析：

① 加热炉运行负荷大，炉内热强度偏大；

② 第2#、第4#看火门周围燃烧器火焰高度较高，且向内侧炉管管排架偏斜；

③ 燃烧器风门开度有偏差，热风风力较大；

④ 第2#、第4#看火门周围炉管介质有轻微偏流现象，导致近距离几根炉管温度较高；

⑤ 燃烧器风门开度稍大，过剩空气系数较高。

3.2.3 处理方法与预防措施

处理方法：抗氧化的原则是保证炉管外壁工作温度保持在抗氧化极限温度以下。碳钢炉管抗氧化极限温度为540℃，所以在加热炉运行过程中应严格控制炉温，禁止温度超过540℃。

预防措施：加强对辐射炉管表面温度的检测，使炉管在规定温度范围内运行，达到减缓辐射炉管组织转变速率、延长辐射炉管使用寿命的目的。具体如下：

（1）由于辐射热偏差对炉管金属表面温度的影响，所以必须参照金属管壁设计使用温度控制介质温度，并适时调整介质温度。针对炉管“亮斑”区域，在保证加热炉总出口温度不变且炉管温度平稳的前提下，适当提高第2#、第4#炉管流量。

（2）防止炉管表面局部长期超温运行，加强炉管表面温度检测，避免火焰扑炉管或火焰舔舐炉管现象发生。调节燃烧器，降低第2#、第4#看火孔处辐射室内燃烧器负荷，降低火焰高度。

（3）控制介质温度变化率与温度波动。投用、完善介质流量控制系统；稳定燃料气组分、压力；控制强制通风系统，保证通风稳定、均匀；保证火嘴燃烧火焰，防止发生火嘴堵塞现象；降低炉膛、炉管温度波动幅度、变化率；如果装置非计划紧急停车，必须防止炉管温度快速上升或快速下降。

3.3　炉管高温氧化爆皮

某炼化重整四合一炉602-F-201~204是U形炉管侧烧方箱炉，其重整进料加热炉F-201设计热负荷为16.567MW，重整1#中间加热炉F202设计热负荷为24.532MW，辐射室炉管材质为P9。2017年4月发现部分辐射室炉管存在“亮斑”现象，为查明问题炉管工作状态，加热炉测评中心长岭站对辐射室问题炉管进行了在线红外热成像测试与诊断。经分析，判断该“亮斑”为高温下产生的炉管氧化爆皮。

3.3.1　监测结论

（1）重整四合一炉602-F-201~202“亮斑”区域最大值在560~660℃之间，“亮斑”部位表面温度高于炉管材质最高使用温度。

（2）燃烧器燃烧不均，炉管受热不均。

（3）加热炉辐射室炉管管壁有氧化爆皮，存在深度氧化故障。

3.3.2　故障分析

（1）故障炉管氧化机理分析：炉管长期在高温受火的工况下运行极易发生氧化，当钢材温度为300℃时，表面即出现可见的氧化皮，当温度高于570℃时，铁与氧形成FeO，氧化过程加剧，而且温度越高氧化层越厚且越易剥落，氧化的最终后果是炉管壁厚减薄、材质劣化或破坏。

（2）大多数重整四合一炉型，由于采用自然通风，风门开口为敞开式，环境风速和风向的变化对火焰有影响，燃烧器燃烧状况普遍偏差，火焰发飘，且燃烧不稳定，甚至直接飘扫舔舐炉管。

3.3.3　处理方法与预防措施

处理方法：调整燃烧器火焰长度，清理四合一炉的燃烧器风道和燃料管线并改造燃烧器喷枪，以改善燃烧效果，或检修时更换燃烧器，使重整四合一炉燃烧器火焰均匀、整齐，辐射室内温度场分布均衡，避免燃烧器火焰飘扫舔舐炉管。

预防措施：为防止重整四合一炉炉管表面出现大面积连片高温氧化爆皮情况，一定要提前做好炉管检修更换储备准备工作，停炉检修时除需对炉管外壁表面进行相应清洁处理外，还需对炉管进行宏观检查、超声波检测、蠕胀检测、渗透检测及金相检验，以确保炉管能继续安全使用。中石油某石化企业2020年曾经出现重整四合一炉炉管裂管事故，判断与深度高温氧化有关。

4　结语

装置长周期运行，安全是前提，设备是基础，监测诊断是保障，管理是关键。为保证石化企业中众多加热炉的长周期安稳运行，避免因炉管过热、结焦、减薄等因素可能导致的不安全的隐患，红外热成像检测诊断技术在指导燃烧器调整、监测炉管的受热状态、确定合理检维修措施以及配合工艺运行的优化操作上，有着不可替代的作用。

一种反渗透膜壳端盖拆卸的专用工具

周建明　魏汉金
（中国石油四川石化有限责任公司，四川成都　611930）

摘　要　用于拆卸反渗透膜壳端盖的专用工具，属于脱盐水反渗透设备技术领域。该工具是体小轻便、操作方便的反渗透膜壳端盖拆卸的专用工具，能够在较短时间、快速地完成反渗透膜壳端盖的拆卸任务，提高反渗透膜壳端盖的拆卸效率。

关键词　反渗透膜壳；端盖拆卸；专用工具

1　技术背景

锅炉的来水采用脱盐水站的脱盐水，而反渗透设备是脱盐水站中最重要的水处理设备之一。当反渗透设备中的反渗透膜元件进行更换或者离线清洗时，需要将反渗透膜元件从反渗透膜壳中拆卸出来；在反渗透膜元件从反渗透膜壳中拆卸出来之前，需要将反渗透膜壳端盖拆卸下来。

反渗透膜壳端盖的拆卸，受限于膜壳内的三环挡圈卡槽定位和外弹力紧固、承压头密封安装、产水管及活接头的影响，反渗透膜壳的端盖无法使用撬棍拆卸，无法使用双手直接向外拉出，也不可以采用推撞对面反渗透膜元件的方式。如果没有好用的拆卸工具，反渗透膜壳端盖的拆卸效率低，也易造成反渗透膜元件、反渗透膜壳或者反渗透膜壳端盖的损坏。

在现有技术中，多数使用反渗透承压头产水活接头的螺纹和外接螺纹拉杆，通过外搭在反渗透膜壳端面的压板，利用螺帽旋出外接螺纹拉杆并带动反渗透膜壳端盖的移出。这种拆卸操作比较繁琐、费力，端盖的移动速度慢，拆卸效率低。

鉴于上述情况，有必要设计一种体小轻便、操作方便的反渗透膜壳端盖拆卸专用工具，提高反渗透膜壳端盖的拆卸效率。

2　设计方案

拆卸反渗透膜壳端盖的专用工具，属于脱盐水反渗透设备技术领域，包括牵引膜壳端盖的T形手柄螺丝(1)、拖拽T形手柄螺丝(1)的圆形连接支座(2)、固定在圆形连接支座(2)的拉杆螺栓(3)、承受撞击的旋在拉杆螺栓(3)头部的六角法兰面螺母(4)和穿套在拉杆螺栓(3)上的撞击六角法兰面螺母(4)的撞击子(5)。撞击子(5)能够在拉杆螺栓(3)上左右滑动。

3　实施方式

首先，使用内六角扳手松开固定反渗透膜壳端盖三环挡圈压板的内六角螺丝，并取下；取下三环挡圈压板；使用尖嘴钳子拽出三环挡圈。然后，T形手柄螺丝穿过圆形连接支座孔，完全旋入反渗透膜壳端盖的螺孔，使用撞击子撞击已经旋入拉杆螺栓的六角法兰面螺母，撞击子的撞击力拖拽反渗透膜壳端盖沿轴向一点一点向外拖动，并使反渗透膜壳端盖从膜壳中抽出，完成端盖的拆卸工作。

4　使用效果

本专用工具简单，明了，易懂，制作容易，成本低，实用性强，组装和拆卸便捷，操作方便，省时省力，在短时间内能够轻松完成反渗透膜壳端盖的拆卸任务，提高了拆卸效率。需要进一步地说明，可以使用圆形连接支座中心设置拉杆螺栓的方式，也可以使用圆形连接支座对称设置拉杆螺栓的方式。不同之处在于中心设置拉杆螺栓的方式，有一个撞击子可以使用；对称设置拉杆螺栓的方式，有两个撞击子可以同时使用，增加了拖拽反渗透膜壳端盖拆卸的轴向力。

本项技术已成功地运用于实际生产中，并申请了国家专利。

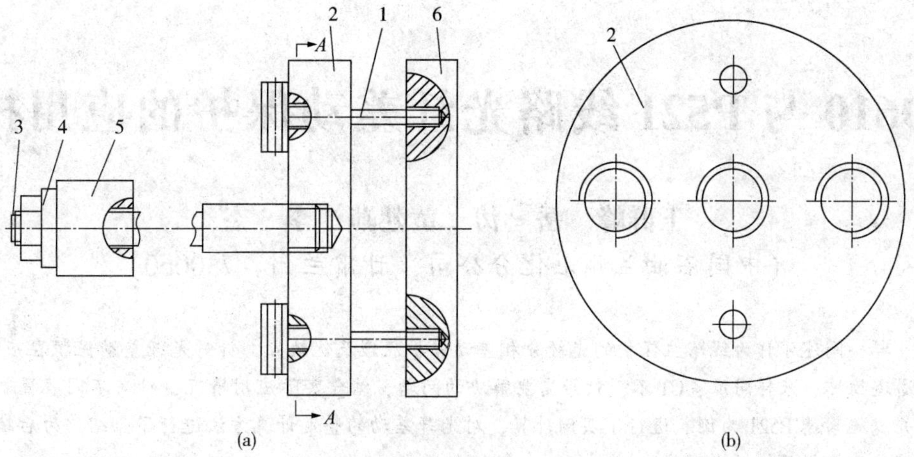

图 1　结构示意图

1—T 形手柄螺丝；2—圆形连接支座；3—拉杆螺栓；4—六角法兰面螺母；

5—撞击子；6—反渗透膜壳端盖

7SD610 与 P521 线路光纤差动保护的应用探讨

王群峰 岳 涛 黄廷燕 李 杰
(中国石油兰州石化分公司，甘肃兰州 730060)

摘 要 阐述了作为线路主保护的光纤分相差动保护原理及优缺点，针对光纤差动保护在应用中 CT 断线、通道故障、采样同步、CT 不一致等需要解决的问题，结合实际应用情况，针对不同装置制定相关对策。并以施耐德 P521 为例，进行了实例计算，对光纤差动的整定计算方法进行了介绍，为后续光差保护的正确应用提供了依据。

关键词 光纤差动保护；CT；整定计算

1 前言

在兰州石化供电系统中，由于线路的间距通常较小，因此，在线路保护设定中主要以传统的三段式电流保护为主，在进行继电保护校验时，部分回路存在灵敏度无法达到标准要求的问题。随着今年集团公司新版整定原则下发，要求线路保护过电流时限不大于 0.7s，导致线路保护在整定中时限难以配合问题更加突出。因此，增加线路纵联差动保护(纵差保护)成为一种必然的选择。传统的纵联差动保护主要依赖于导引线作为通路，其抵抗外部干扰的能力有限，这直接影响了纵差保护装置的可靠性运行。然而，随着近些年通信技术的不断发展与技术突破，以及自承载式(ADSS)光缆和架空地线复合光缆(OPGW)技术的成熟应用，光纤通信在数据传递过程中不再受到电磁干扰的影响，且具有稳定的工作性能、数据错误率低等优点，因此，利用光纤实现分相电流差动的保护被作为电网保护的主要方式，得到了更普遍的应用。

2 影响光纤差动可靠运行的因素及解决办法

2.1 采样同步的问题

对于差动保护，由于线路两侧采用不同保护装置进行采样，因此采样的同步性就显得尤为重要，一旦采样不同步，在计算时，计算电流不是同一时刻两侧电流的向量和，当达到最大误差是相差一个采用周期时，将加大区外故障时的不平衡电流，有可能导致装置误动。要解决这个问题，就要使两侧采样同步。

目前各保护厂家普遍通过采样时刻调整的方法达到采样同步的目的，这种方法主要是基于光纤通道收发延时相等这一原理，其算法叫作“等腰梯形算法”(也就是乒乓算法)。其原理如图 1 所示。

A 和 B 是两个相同的继电器，安装于线路的两端，在参数设定时，将 A 装置定为参考端(即主机)，B 设定为同步端(即从机)。主机依次通过时间点 t_{A1}，t_{A2}……对运行电流进行采样，从机的采样时间点则为 t_{B1}，t_{B2}……。设定在 t_{A1}时刻，主机向从机发出一个数据包，该数据包中包含一个时间戳 t_{A1}，以及其他的采样信息和状态信息，还有主机在 t_{A1}时刻计算线路的电流向量。这个数据帧在经过一个传输延时 t_{p1}后到达从机。从机把这个到达的时间标注为 t_{B*}。由于主机和从机装置是完全一致的，因此，从机也会向主机发送一个数据包。假设从机发出数据包的时刻记作 t_{B3}，那么这个数据包因此包含一个 t_{B3}的时间戳，在数据包中同时包含之前从主机收到的最后一个戳(即 t_{A1})和它们的延时信息 t_d。这个延时是指在到达桢的时间戳 t_{B*}和采样时间戳 t_{B3}之间的延时，即 $t_d=(t_{B3}-t_{B*})$。

从机发出的数据包在经过一个信道传输延时 t_{p2}后到达主机。它到达的时刻被主机记作 t_{A*}。从被返回的时间戳 t_{A1}，主机就可以计算出总的延时($t_{A*}-t_{A1}$)。这个总的延时等于传输延时 t_{p1}、t_{p2}和在从机的延时 t_d 之和，即

作者简介：王群峰(1970—)，男，高级工程师，研究方向为电气高低压运行及继电保护管理。

$$(t_{A*}-t_{A1})=(t_d+t_{p1}+t_{p2})$$

同时，由于继电器发送和接收数据都采用同一个通信通道，因此可以将传输延时看作完全一致。这个传输延时计算如下：

$$t_{p1}=t_{p2}=\frac{1}{2}(t_{A*}-t_{A1}-t_d)$$

当传输延时已经被推导出后，设定为从机的保护装置依据这个时间差进行多次的小幅调整，直到将 t_d 的时间调整到 0，此时两侧保护装置实现了数据采样的同步。

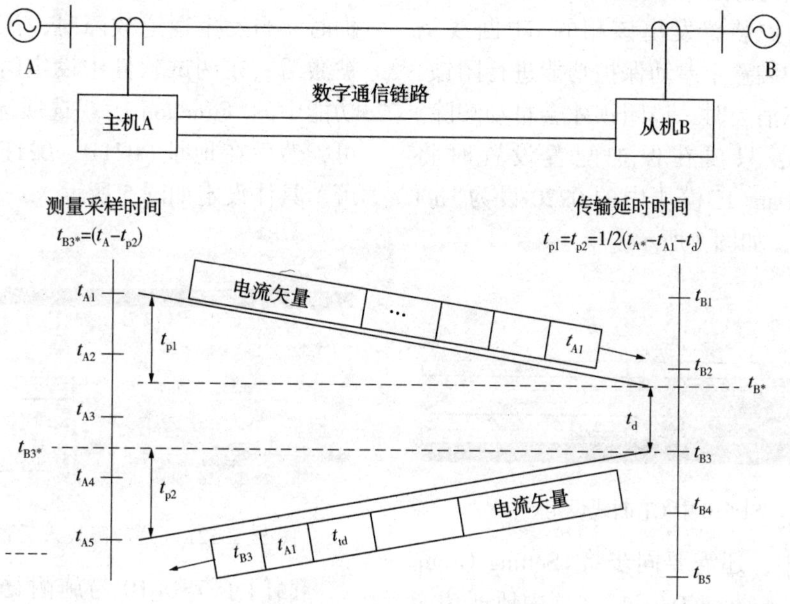

图 1　同步算法示意图

图 1 中：t_{A1}，t_{A2}——装置 A 的采样时刻；

t_{B1}，t_{B2}——装置 B 的采样时刻；

t_{p1}——装置 A 到 B 的传输延时；

t_{p2}——装置 B 到 A 的传输延时；

t_d——t_{A1}时刻的数据到达 B 和 B 发出 t_{B3}时刻数据的时间差；

t_{A*}——t_{B3}时刻的数据到达 A 的时刻；

t_{B*}——t_{A1}时刻的数据到达 B 的时刻；

t_{B3*}——装置 A 测量到的 t_{B3}的采样时刻。

2.2　CT 断线的问题

正常运行时，保护两侧差流为零，保护不会动作，当发生 CT 断线时，由于一侧失去电流，此时差流不为零，保护装置可能会引起误动。对于这种情况，施耐德 P521 和西门子 7SD610 保护在判据上略有不同，程序设定时，在保护装置设定时开启此功能并对其可靠性进行验证。

P521 采用的是负序电流和正序电流之比 (I_2/I_1) 的方法。因为，保护区内没有故障时，正常只有正序电流，不会出现负序电流，因此从理论上来说，I_2/I_1 在任意负荷下均保持稳定。在施耐德 P521 中只需要在“CT Supervision”模块中把 0220 CT Restrain 设为“Yes”即可，程序将自动运行 CT 断线功能，断线回复后自动解除闭锁。设定方法及位置如图 2 所示。

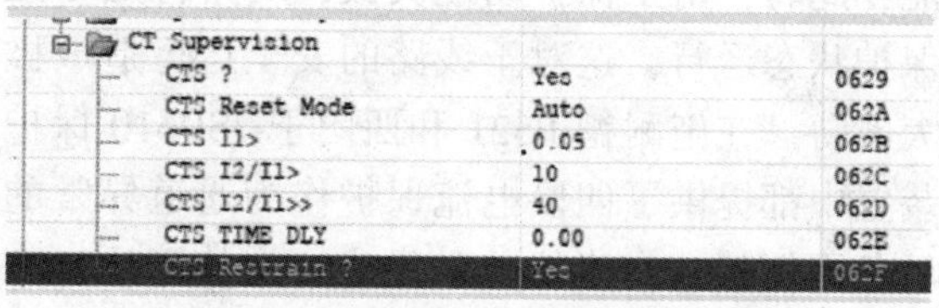
CT Supervision
CTS ?	Yes	0629
CTS Reset Mode	Auto	062A
CTS I1>	0.05	062B
CTS I2/I1>	10	062C
CTS I2/I1>>	40	062D
CTS TIME DLY	0.00	062E
CTS Restrain ?	Yes	062F

图 2　P521 中 CT 断线设定

西门子 7SD610 会对装置的各个相位电流进行监测，当发生 CT 断线时，断线相电流会突然下降到 0，此时，二次回路中出现的负序电流分量就会被保护装置检测到，但由于并不是系统真正发生故障，因此保护装置并未检测到零序电压分量，这就意味着该零序电流的出现并不是接地故障所导致的，因此将这一现象判定为 CT 断线，保护装置发出该相的 CT 断线信号，同时将保护装置中差动保护功能进行闭锁，只有在上述状态消失时，该闭锁才会自动解除。要实现该功能，只要在保护配置设置时将“Power System Data 1”模块中的 0220 设为“not connected”即可，如图 3 所示。

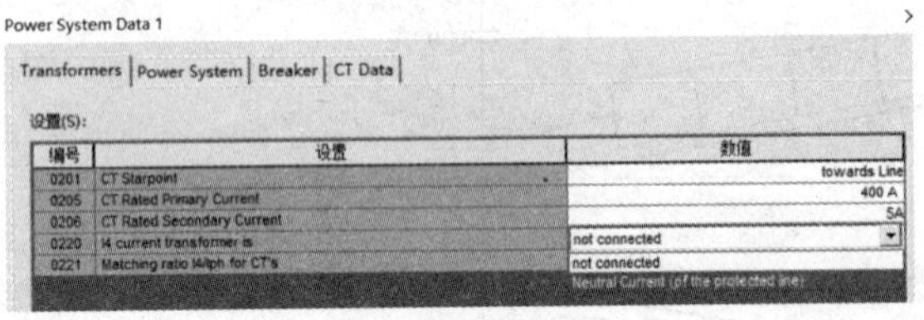

图 3　7SD610 中 CT 断线设定

设定过程中，还需要同步将“Setting Group A”模块的“PowerSystem Data 1”选项中地址功能 1135 设为“with Pole Open Current Threshold only”，如图 4 所示。

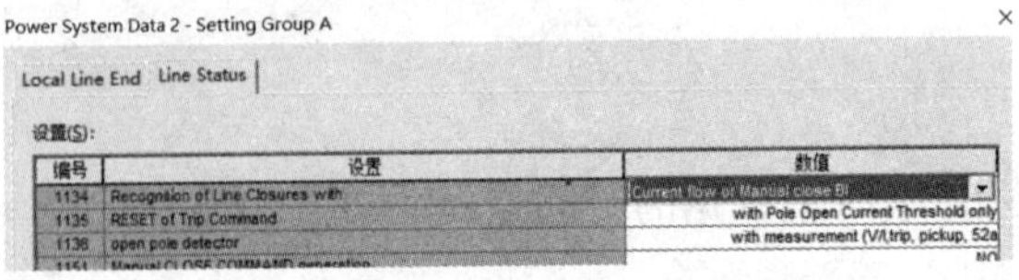

图 4　7SD610 中地址 1135 功能设定

2.3　通道故障的问题

只有当每个设备都能实时有效地接收到对侧数据时，差动保护装置才能正常运行，若出现光纤通道故障，此时光差装置接收的数据将产生异常，甚至引起保护误动。因此在出现通道故障时，保护装置就会立即闭锁差动保护功能，此时，由于保护功能失效，线路将处于无保护状态运行，这对于线路的安全运行造成极大威胁。在施耐德 P521 和西门子 7SD610 保护装置中都提供了四段电流保护作为通道异常的后备用保护，在光线差动发生通道故障后，装置闭锁差动保护功能，后备电流保护功能被激活，从而防止因通道问题而使线路失去保护的情况。

在施耐德 P521 装置的后备保护设置中，能够分别设置 4 段过电流和 4 段接地故障保护。其中前两段可以选择为反时限特性或定时限特性，但在第 3 段、第 4 段只能够设定定时限特性。它们既可以单独使用，也可以选择作为后备保护使用，在作为与差动保护配合的后备保护时，当发生通道故障时，该保护功能才能够被激活。在调试软件中设定时，需将过流保护功能中的“Function I>>”选项选择为“Backup”即可，然后在地址（021D，021E）中设定定值即可。具体设定如图 5 所示。

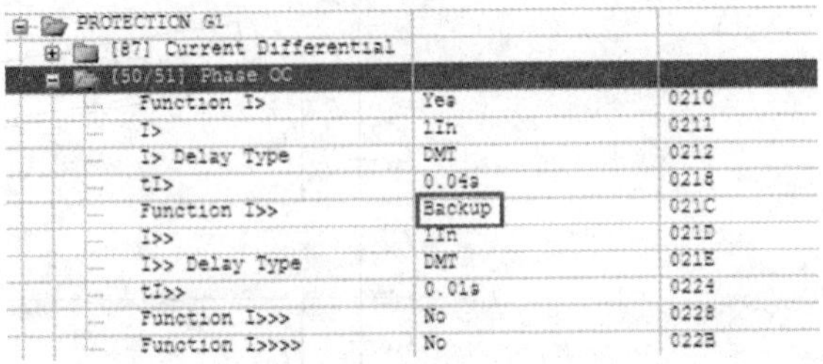

图 5　P521 通道故障投入后备电流保护设置

西门子 7SD610 与施耐德 P521 略有差异，西门子 7SD610 只有 4 段电流保护作为后备电流保护，其配置分别为 2 段定时限电流保护、一个反时限过流阶段和一个紧急过电流保护，当出现通道故障时，该功能自动被投入，同时差动保护被闭锁。与施耐德 P521 不同的是，前三个过流保护可以作为独立保护功能进行投退，第四段只能作为通道故障时的后备保护。在装置中设定是需要在“Setting Group A”模块中把“50(N)/51(N) Backup OverCurrent”选项的地址功能 2601 Operating Mode 设定为后备过流的工作模式，设定为 ON 则作为后备过流独立于差动保护，设定为 Only Emergency protection 则只在两侧装置通道故障时作为紧急后备保护启动，设定为 OFF 则意味着即使通道故障，后备保护也不会投入。具体设定如图 6 所示。

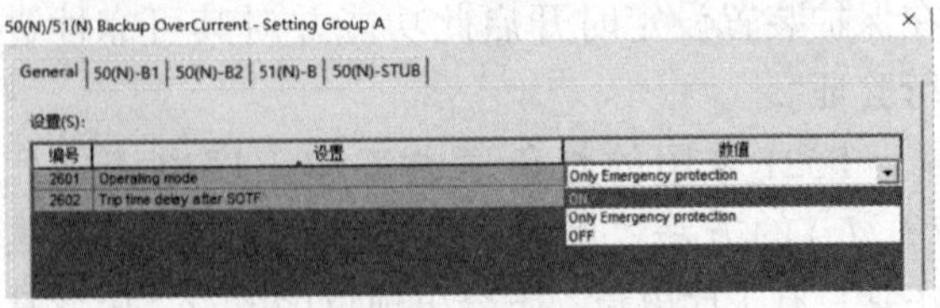

图 6　通道故障投入后备电流保护设置

2.4　CT 饱和问题

在电力系统中对电流纵联差动保护来说，电流互感器的饱和是一个不可避免的问题，尤其是我厂输电线路普遍较短，最短的只有 300m，最长的也不过 2350m，一旦输电线路出现接地短路情况，其产生的短路电流几乎等同于母线短路，这使得电流互感器的饱和问题显得尤为突出。考虑到由于 CT 器饱后引起二次电流的畸变，同时由于线路各端电流互感器对暂态响应存在的差别，因此在保护区外故障时也可能会导致差流增大，从而引起差动保护的误动作。不同保护厂家在消除因 CT 饱和对光差保护影响时，解决方案各有千秋。

2.4.1　施耐德 P521

在施耐德 P521 上，由于其没有独立的 CT 判饱和算法，所以它采用变斜率比率制动的方式来解决 CT 饱和问题。首先将第一段斜率 K1 设定为 30%，用于对区内故障的有效判定，同时保证了足够的灵敏度；第二段斜率需要考虑因区外故障引起的 CT 畸变或饱和导致的差动电流，故需要将制动值抬高，按照说明书推荐第二段斜率不应小于 100%，因此采用 150%，以应对发生严重穿越性故障时保护的稳定性。这样一来，通过调整斜率方式既兼顾了差动的灵敏度，又解决了外部故障下的系统稳定性问题，进而提升了光差反应的安全性能。

2.4.2　西门子 7SD610

在西门子 7SD610 中，采用其独有的 CT 极限因子算法，该算法引入了电流互感器的额定精度极限因子 n 以及额定功率 P_N，依据工作精度极限因子、额定精度极限因子和互感器误差系数，能够推导出互感器运行情况，保护装置会根据计算结果，对 CT 运行状态进行自适应特性匹配，同时将该计算数据运用到保护装置的差动计算模型中，可以有效地防止因互感器饱和导致的差动误动。其计算方式如下：

$$\frac{n'}{n}=\frac{(P_N+P_i)}{(P'+P_i)}$$

式中　n'——运行精度极限因子（有效精度极限因子）；

n——CT 的额定精度极限因子（P 后面的特征数字）；

P_N——电流互感器（VA）在额定电流下的额定负荷；

P_i——电流互感器（VA）在额定电流下的固有负荷，若无相关参数，可取 $P_i=20\%P_N$；

P'——在额定电流下实际连接（设备+二次回路）的负荷（VA）。

在装置中设定是将“PowerSystem Data 1”需要设置的以下三个参数予以修正（见图 7）。

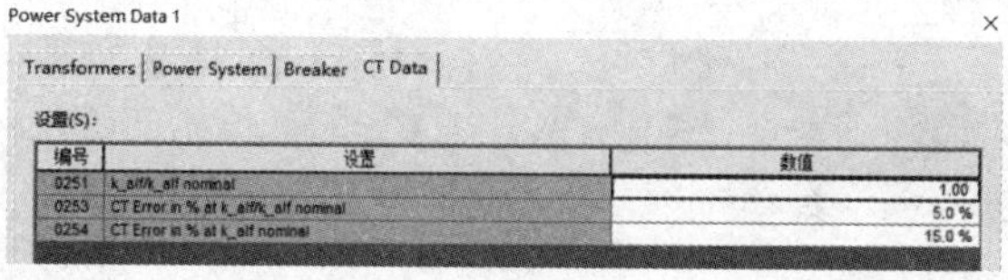

图 7　7SD610 中 CT 参数设定

这三个参数分别是：0251，装置内参数；0253，额定电流下的 CT 误差；0254，CT 精确度等级。详细参数可参考表 1 进行设定。

表 1　CT 参数设定推荐表

CT 精度级别	额定电流时的误差		额定过流倍数时误差	设定值		
	变比误差	角度误差		地址 0251	地址 0253	地址 0254
5P	1.0%	±60min	≤5%	≤1.5	3.0%	10%
10P	3.0%	—	≤10%	≤1.5	5.0%	15%

注：如果按照上述计算公式计算出 $\frac{n'}{n}\leq 1.5$，则在 0251 中输入实际计算值，若计算值大于 1.5，则取 1.5。

3　结论

（1）根据实际运行经验及与其他公司的应用状况对比分析，可以发现，为预防在区域外部故障中 CT 可能出现的磁饱和导致差动保护错误动的情况，不仅需要选择同一制造商、相同型号且容量满足条件的保护级电流互感器，同时还应深入了解并掌握不同保护装置的特性。

（2）采用线路光差保护，可以将线路电流保护动作时限由最长0.8s压缩至0s，大幅降低了线路短路故障时对系统的冲击，同时满足了集团公司继电保护整定计算原则的要求。

参考文献

1 DL/T 1502—2016 厂用电继电保护整定计算导则[S].

2 高春如，等. 发电厂厂用电及工业用电系统继电保护整定计算[M]. 北京：中国电力出版社，2012.

毕托巴流量计在催化剂企业中的应用

闫俊杰　李　立　李弘扬　杨年青　陈　震　高　科　肖　健　吴　浩
（中国石化催化剂有限公司长岭分公司，湖南岳阳　414012）

摘　要　本文介绍了毕托巴流量计的发展历程和测量原理，毕托巴流量计安装、维护的要点，并结合具体案例介绍了毕托巴流量计在高温烟气、氢气等特殊工况流量测量中的优点。同时介绍了毕托巴流量计技术改进和发展方向：①更高的测量精度；②更广泛的适用范围；③更智能化的特性；④更好的抗干扰能力；⑤更小的尺寸和更简化的结构；⑥加强与与其他设备的集成。

关键词　毕托巴流量计；安装；维护；智能化；抗干扰能力

毕托巴流量计是一种常用于工业领域的流量测量设备，它采用毕托巴效应原理进行测量。托巴流量计的主要功能是测量流体在流过管道中的体积流速或质量流速，并能够提供准确的流量数据供工程师和操作人员参考，能够广泛应用于液体或气体的流量测量。毕托巴流量计采用了一种精确可靠的测量原理，因此被广泛应用于石油、化工、水处理等领域。它不仅能够满足工业生产中对流体流量的准确监测要求，还能够针对流体运输、环境保护以及资源管理等方面的问题提供解决方案。

1　毕托巴流量计简介

1.1　毕托巴流量计的结构组成

毕托巴流量计由多个主要部件组成，包括管道、节流部件、压力传感器和计算系统。这些部件共同作用，实现对流体的流量测量。图1为毕托巴流量计结构，图2为毕托巴流量实物图。

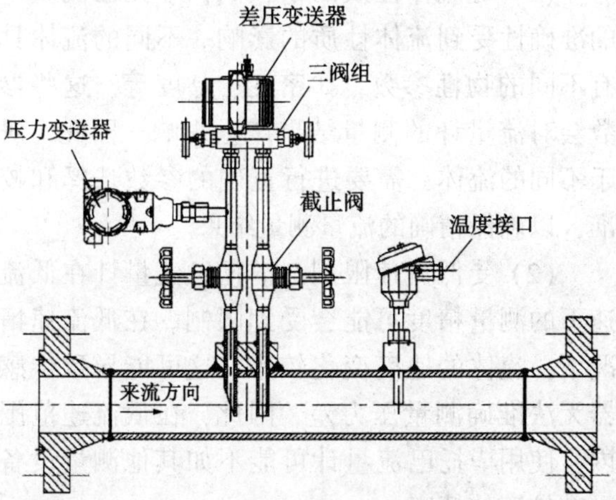

图1　毕托巴流量计结构图

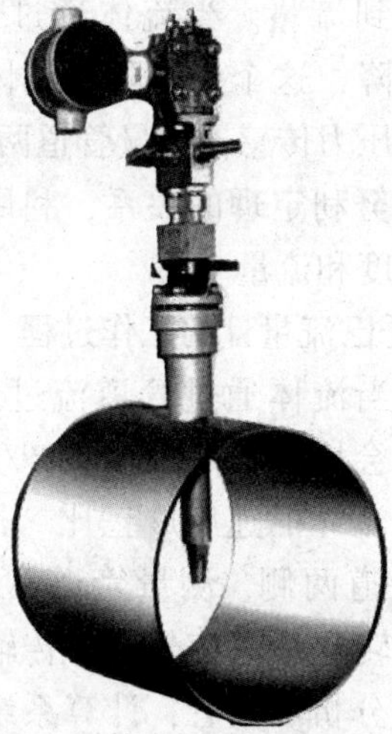

图2　毕托巴流量实物图

（1）管道是毕托巴流量计的基本组成部分。它起到引导流体流动的作用，并提供了流体流动的通道。管道的直径和长度可以根据实际需求进行选择，以适应不同流量范围的测量。

（2）节流部件也是毕托巴流量计的重要组成部分。它可以是孔板、喷嘴或转子等形式。节流部件通常被安装在管道中的特定位置，通过限制流体的通过来产生压力降。节流部件的选择取决于待测流体的性质和流量范围。

（3）压力传感器是用于测量管道两侧压力差的关键部件。它的作用是将压力差转化为电

作者简介：闫俊杰（1988—），男，2010年毕业于湘潭大学过程装备与控制工程专业，高级工程师，长期从事催化剂制造设备管理与维修工作。

信号，并将其传输给计算系统进行处理和分析。压力传感器需要具备较高的灵敏度和精确度，以确保测量结果的准确性。

（4）计算系统是毕托巴流量计的核心组成部分。它接收来自压力传感器的信号，并根据预先设定的算法和公式，计算出流体的速度和流量。计算系统通常由微处理器和显示器组成，可以实时监测和显示流体的流量数据。

1.2 毕托巴流量计的测量原理及工作过程

1）毕托巴流量计的测量原理

毕托巴流量计的测量原理基于伯努利定理。伯努利定理则描述了流体在管道中不同位置的压力、速度和高度之间的关系。基于这个原理，毕托巴流量计通过测量压力差来计算流体的速度，从而得到流量。当流体通过节流部件时，会造成压力降，这个压力降与流体的速度和流量成正比。压力传感器测量管道两侧的压力差，然后根据伯努利定理的关系，利用数学公式计算流体的速度和流量。

2）毕托巴流量计的工作过程

首先，当流体通过管道流过节流部件时，流体的速度会增加，同时也会产生压力降，这个压力降与流体的速度成正比。其次，压力传感器位于管道两侧，测量管道系统的压力差，它将压力差转化为电信号，并传输给计算系统进行处理和分析。接着，计算系统根据伯努利定理的关系，利用事先设定的算法和公式计算出流体的速度和流量，通过将压力差与流体的物理特性结合，计算系统能够准确地确定流体流量。最后，计算系统将测量结果显示在显示器上，供操作人员实时监测和记录。

在毕托巴流量计的工作过程中，精确的压力测量和准确的计算是保证测量结果准确性的关键。流体的物理特性（如密度、温度等）也需要在计算过程中考虑进去，以确保测量结果的准确性和可靠性。

1.3 毕托巴流量计的优缺点

1.3.1 毕托巴流量计的优点

毕托巴流量计作为一种流量测量设备，在工业应用中具有多个优点，使其成为流量测量领域的首选。以下是毕托巴流量计的主要优点：

（1）高精度：毕托巴流量计具有非常高的精度，能够准确测量各种流体的流量。通过合理选择和校准传感器，可以实现更高的测量精度，满足各个行业对于精确流量测量的需求。

（2）宽范围应用：毕托巴流量计适用于多种工业领域，无论是液体还是气体，无论是低流速还是高流速，都可以使用毕托巴流量计进行测量。同时，它还能应对具有多种物理性质的流体，并适用于不同管道材质和管道直径，具有较高的适用性。

（3）快速响应：毕托巴流量计响应速度快，能够实时测量流体的流量变化。这使得它在需要监控和控制流程的应用中非常有效，例如化工、石油、天然气和食品行业等。

（4）低压损失：相对于其他流量计，毕托巴流量计的压力损失较小。这意味着在流体通过管道时，较少的能量会转化为压力损失，从而减小流体能的浪费，并降低流体输送所需的能量成本。

（5）长寿命：毕托巴流量计的传感器通常采用耐腐蚀、耐高温和耐磨损材料制成，能够在恶劣的工作环境下长时间运行。这使得毕托巴流量计具有较长的使用寿命，减少了维护和更换设备的频率。

（6）易于安装和维护：毕托巴流量计结构简单、安装方便，对管道系统的入侵性小。同时，由于其传感器少且工作稳定，维护工作相对简单，并且不会对生产流程造成大的干扰。

（7）制造成本低：尤其是对大口径管道，与其他流量计相比，此优点尤为突出。

1.3.2 毕托巴流量计的缺点

（1）对流体性质的依赖高：毕托巴流量计的准确性受到流体性质的影响。不同的流体具有不同的物性参数，如密度、黏度等，这些参数会对流量计的测量结果产生影响。因此，对于不同的流体，需要进行正确的参数选择和校准，以确保精确的流量测量结果。

（2）受低流速限制：毕托巴流量计在低流速下的测量精度可能会受到限制。在低流速情况下，流体的速度变化较小，这可能导致传感器无法准确测量压力差。因此，在低流速范围内，使用毕托巴流量计可能不如其他测量设备具有较高的精度。

（3）对管道设计有要求：毕托巴流量计对管道设计有一定要求。具体来说，需要有足够的长度来确保流体能够达到稳态流动，并且需要有足够的直径变化来产生足够的压力差。如果管道设计不合理或不符合要求，可能会影响到流量计的准确性和稳定性。

（4）成本较高：相对于其他流量计，毕托巴流量计的成本通常较高。它的制造和维护成本较高，主要是由于其复杂的结构和需要使用高精度的传感器。这使得毕托巴流量计在一些应用中可能不具备优势，尤其是在低成本和大批量应用的环境下。

（5）不适用于脏污流体：毕托巴流量计在测量脏污流体时可能会受到影响。当流体中含有颗粒、杂质或沉淀物时，容易引起传感器堵塞或损坏，从而影响流量计的正常运行。因此，在处理黏稠、污浊或腐蚀性流体时，可能需要采取额外的预处理措施或选择其他类型的流量计。

（6）对安装空间有要求：毕托巴流量计在安装时需要一定的空间来满足其结构和传感器的要求。对于一些空间受限的应用，特别是在现有管道系统中进行改造或增设流量计时，可能会面临一些困难。因此，在安装毕托巴流量计时，需要充分考虑安装空间的限制。

2　毕托巴流量计的安装

2.1　毕托巴流量计的安装原则

毕托巴流量计安装的基本原则是确保测量准确、稳定和可靠。

（1）管道准备：在安装毕托巴流量计之前，需要对管道进行准备工作。首先，确保管道内无杂质和堵塞物，以免影响流量计的准确度。其次，检查管道的平整度和垂直度，避免造成测量误差。

（2）安装方式：毕托巴流量计可以采用直立式、水平式安装或倾斜式安装。在选择安装方式时，应考虑管道的布局和安装空间的限制。同时，还需根据流量计的规格和特性来确定最佳的安装方式，如图3~图5所示。

（3）密封性要求：为了确保流体不会泄漏，安装时需要注意密封的质量。使用符合标准的密封材料，确保密封处没有漏气或漏液的情况发生。

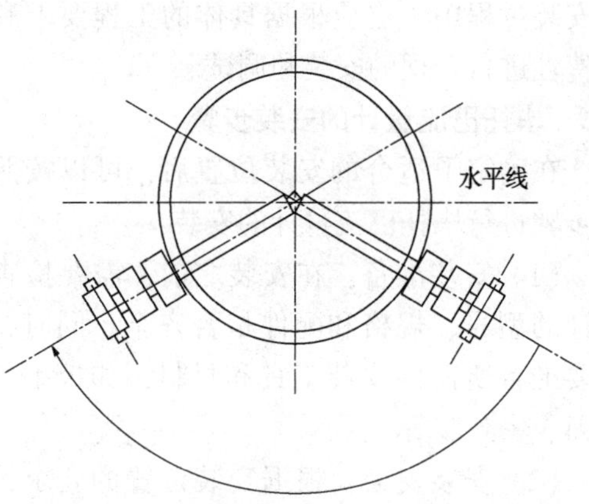

图3　测量液体流量时水平管道安装位置示意图

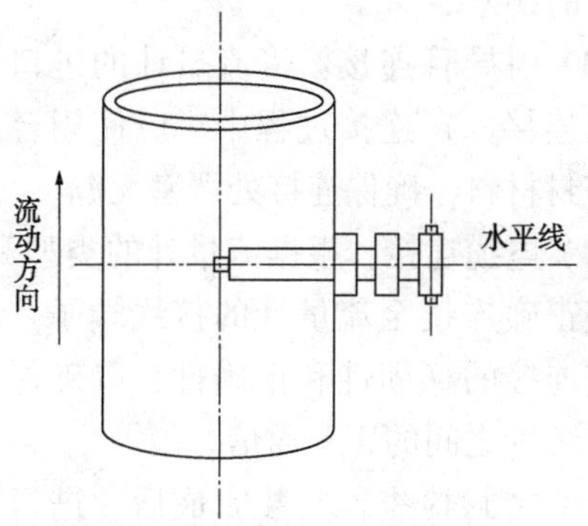

图4　垂直管道安装位置示意图

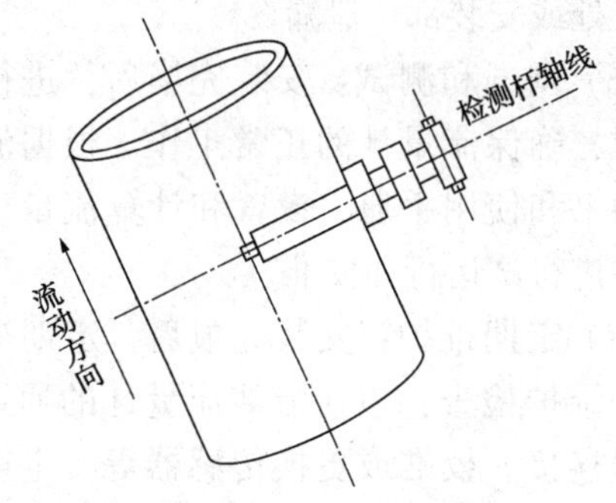

图5　倾斜管道安装位置示意图

（4）阻力与压力损失：安装毕托巴流量计时，需考虑其对管道系统的阻力和压力损失。流量计的选择应根据管道系统的工作压力和流速范围来确定，以确保在给定的工况下能正常工作，并且不会对系统造成严重的阻力和压力降低。

通过遵循以上基本原则，可以有效地确保毕托巴流量计的安装质量和测量准确度。在实际安装过程中，也应根据具体的工程要求和设备特性进行合理的安装和调试。

2.2 毕托巴流量计的安装步骤

在确定了适合的安装位置后，可以按照以下步骤进行毕托巴流量计的安装：

(1) 安装准备：在安装之前，需要检查流量计的型号、规格和配件是否齐全。同时，还需要准备所需的安装工具和材料，如扳手、螺丝刀、密封胶等。

(2) 安装支架：根据安装位置的要求，使用支架将流量计固定在管道上。确保支架安装稳固且与管道连接紧密，以避免流体泄漏和振动产生的误差。

(3) 引导管连接：将流量计的进口和出口与管道连接。在连接过程中，应使用合适的接头和密封材料，确保连接处严密无漏。

(4) 电缆连接：根据流量计的类型和要求，将电缆正确连接至流量计的接线端子。注意检查电缆连接的稳固性和正确性，以确保传感器与显示装置之间的正常通信。

(5) 密封检查：安装完成后，进行泄漏检查。通过增加适量的工作压力或使用泄漏检测仪器，检查流量计的密封性能，确保流体不会从连接处或安装部位泄漏。

(6) 调试和测试：安装完毕后，进行调试和测试，确保流量计的正常工作。根据流量计的说明书和使用手册，设置和计算流量计的参数，并进行试运行和校准。

(7) 定期维护：安装完成后，定期进行流量计的维护检查，包括清洁流量计的通道、检查电缆连接、校准或更换传感器等。定期维护可以延长流量计的使用寿命并保证测量准确度。

通过按照以上步骤进行安装和调试，可以确保毕托巴流量计的正常运行和准确测量。然而，在实际操作过程中，需要根据具体的设备要求和工程背景，灵活调整安装步骤并结合实际情况进行合理的安装和调试。

3 毕托巴流量计在催化剂企业的应用案例

3.1 毕托巴流量计在尾气流量计量中的应用

1) 应用场景

某催化剂生产装置尾气排放是受环保部门实时监控的。尾气成分主要为 VOC、氨气、NO_x，生产过程中需要对烟气气体成分进行分析检测，保证达标排放，其中烟气流量是重要的参数之一，需新增一台流量计进行尾气流量检测。表 1 为尾气工况参数。

表 1 尾气工况参数

管道尺寸	*DN*700
最大流量/(Nm^3/h)	2500
工作温度/℃	300℃
工作压力/kPa	6~14
安装方式	水平

2) 应用效果

经对比选型，选用了毕托巴流量计进行尾气流量检测。毕托巴流量计采用皮托速度面积法现场标定，通过高仿真 CFD 软件进行修正，有效地解决了直管段不足和流场分布不均同时对计量的影响。安装采用在线开孔插入式安装，可进行在线维护。传感器带反吹装置能够在介质粉尘堵塞的情况下进行方便的维护。其准确的计量符合环保排放检测的技术要求。同时，毕托巴流量计比涡街流量计价格便宜约 12 万。

3.2 毕托巴流量计在氢气流量计量中的应用

1) 应用场景

某催化剂生产装置反应过程中产生 H_2，H_2 流量作为反应程度的参考。原流量计采用转子流量计和质量流量计进行对比，不能长期稳定运行，计量误差大，需要经常维护，不能满足生产工艺的要求，直接影响产品质量。表 2 为 H_2 工况参数。

表 2 H_2 工况参数

管道尺寸	*DN*150
流量/(Nm^3/h)	0~400
工作温度/℃	150
工作压力/MPa	0.2
安装方式	水平

2) 应用效果

解决了低密度、低流速氢气的准确计量，同时能够很好地适应脏污并还原氢气对传感器的影响，使工艺有正确的数据且保证了产品质量。

3.3　毕托巴流量计在高温烟气流量计量中的应用

1）应用场景

某催化剂生产装置生产过程中会产生高温烟气，温度为1200～1300℃，对其流量测量成了难题，通过选型，选用了毕托巴流量计用于高温烟气，解决了高温烟气流量测量的难题。表3为高温烟气的工况参数。

表3　高温烟气工况参数

管道尺寸	*DN*350
流量/(Nm^3/h)	0～2000
工作温度/℃	1200～1300
工作压力/MPa	0.4
安装方式	垂直

2）应用效果

应用后，解决了因高温烟气温度过高(超过1200℃)对传感器的影响与破坏。同时解决了因烟气管道的流通截面大、气体流速很低不易计量以及烟气中含有固体粉尘、容易造成流量测量元件堵塞的难题，满足了生产需要。

4　毕托巴流量计的技术改进和发展方向

毕托巴流量计在测量技术和工业应用中具有广阔的前景，为了进一步推动毕托巴流量计在各个工业领域中的应用，并为工业生产的发展和改进作出重要贡献，毕托巴流量计需要在以下几个方面做进一步突破：

(1) 更高的测量精度：随着制造技术的提升和传感器技术的发展，毕托巴流量计的测量精度将不断提高。通过改进传感器的设计和材料选择，以及优化算法的应用，可以实现更高的测量精度，满足对于精确流量测量的需求。

(2) 更广泛的适用范围：毕托巴流量计将逐渐扩大其适用的流体范围。目前，毕托巴流量计主要应用于液体和气体的流量测量，但随着技术的进一步发展，它也可能被用于更多类型的流体(如高黏度液体和多相流体)测量。这将进一步扩大毕托巴流量计的应用领域。

(3) 更智能化的特性：随着物联网和人工智能技术的快速发展，毕托巴流量计将趋向于更智能化的特性。传感器的数据采集和处理将更加自动化，并与其他系统和设备进行实时的数据交互和分析。这将使得流量测量更加准确、高效和智能化。

(4) 更好的抗干扰能力：毕托巴流量计将不断改进其抗干扰能力，以提高在复杂工业环境下的稳定性和可靠性。通过改进传感器的抗腐蚀和抗干扰能力，以及增强仪器的防护性能，可以减小外界因素对流量测量的影响，提高其工作的稳定性和可靠性。

(5) 更小的尺寸和更简化的结构：随着微型化技术的不断发展，毕托巴流量计将朝着更小尺寸和更简化的结构方向发展。这将使得其更加轻便、便于安装和维护，并且能够更好地适应狭小空间和复杂环境。

(6) 与其他设备的集成：毕托巴流量计与其他设备的集成将越来越紧密。通过与现有的自动化系统和工业控制系统的连接，毕托巴流量计可以实现更高级别的流程控制和监测功能。这将增强流量测量及其应用的整体效果，提高生产过程的自动化水平和智能化能力。

5　结论

毕托巴流量计作为一种精确测量流体流量的仪器，在工业领域具有广泛的应用和诸多优势。其高精确度和稳定性使其成为流量测量的首选仪器，而与其他自动化设备的结合和环保要求的提高则进一步推动了其应用的拓展。随着技术的不断进步和经济的发展，毕托巴流量计的性能将进一步提升，成本将进一步降低，为化工企业提供更加准确、可靠的流量测量解决方案，助力化工企业实现高效运营和可持续发展。

参考文献

1　陈梅，李涛，王忠辉，等．毕托巴流量计测量原理及应用[J]．工业计量．2016，26(4)．65-68.

2　JJG 640—1994　差压式流量计[S].

3　孙志东．毕托巴流量计在废气焚烧装置的应用[J]．中国仪器仪表，2022(12)：29-32.

4　蔡武昌，孙淮清，纪纲．流量测量方法和仪表的选用[M]．北京：化学工业出版社，2001.

5　梁国伟，蔡武昌．流量测量技术及仪表[M]．北京：机械工业出版社，2002.

传感技术在石油化工企业电能精益化应用研究

汪世明

（中国石油天然气集团玉门油田公司，甘肃玉门 735200）

摘 要 当前，国内外石油化工企业升级扩建方兴未艾，效益为王的理念已深入人心，在转型升级高质量发展赛道上“谁能超越，谁才能生存”，在此发展事态下，精益管理成为企业在行业内提升竞争力的重要抓手，新型科学技术的研究、应用、推广在技术层面提供了新的方法。本文由常规节电方案着手，用精益管理“把毛巾拧干”的思维，聚焦生物传感技术在单点或区域照明控制方面的应用，推而广之，探索传感技术在石化企业各方面的应用，把先进控制技术与精益管理理念紧密融合起来，把降本控费应用到更深层面，以“实现用技术手段保障精益管控”之砖，引“以点带面推动企业高质量发展走向精致”之玉，以期开拓思维形成企业新的竞争力。

关键词 石化企业；防爆；传感器；管理精益；降本控费

当前，我国石油和化工行业正处于产业变革的历史交汇点，面临着资源环境约束加剧、要素成本上升、结构性矛盾日益突出、企业间竞争日趋白热化、新技术革新颠覆性爆发、管理手段日益精进，企业内外部挑战愈演愈烈。在当今新时代背景下，企业如何把最有效的管理思维转化为技术创新应用，不断提升各项技术指标，不断扩大经济效益，不断用新技术实现转型升级，以提高行业竞争力成为企业生存和发展的必由之路。精益管理是当下普遍认可的主流高效管理方案，其核心理念就是精益管理出最大效益，其有力支撑便是多专业融合的技术创新，其实现目标就是利润为王，在企业经营结构相对不变的客观条件下就是一切成本皆可降，节能型技术的突破无疑是降本控费的关键一招。

1 石化企业电气节能常用方案

石化行业属于高风险高收益行业，同产品结构企业间最大的竞争是安全和成本，这一行业特点决定了企业变配电系统架构通常的模式，即双回路供电+双(单)母线分段形式，同时，决定了用电设备如电动机、照明、各类控制柜均为防爆型，也决定了企业对装置各类设备巡检，尤其是现场设备巡检的高频次和严格要求等，这些无不是成本，无不反映在企业效益和竞争力上。在此客观条件下，石化电气节能方案层出不穷，通产采用的方案有无功补偿节约电费、峰谷错峰用电节约费用、采用高效变配电设备、利用高效节能用电设备、提高用电设备效率等，以及提高化工企业电力系统经济性的方法如系统结构性节能、节能型设备、节能管理等，这些措施的组合优化是获得效益最大化的有效途径之一。

1.1 无功补偿节能方案

石化行业变配电系统和电动机群通常采用容量冗余设计，设计选型通常选用 1.2 倍及以上可靠系数，常常造成变压器运行负荷低于 50%额定容量，电动机负载率低于 80%，对于催化装置主风机组拖动电机甚至低到 20%，由这些设备的负荷-功率因数特性曲线上不难看出，负载率低是造成自然功率因数低的主要原因。石化企业变配电系统消耗无功功率中，防爆型异步电动机占比约为 70%，变压器约为 20%，线路约为 10%。由于用电设备自然功率因数低，相应带来系统各级电压稳定性影响系统稳定性问题，此外提高用电系统性功率因数还可获得供电单位减免电费的奖励，由此可见，提高功率因数不仅利于系统安全可靠，也利于

作者简介：汪世明(1974—)，男，高级工程师，中石油炼化板块电气专家组成员，现从事石油化工企业变配电系统技术管理工作。

企业降本。

例如：某企业用电量为 2MkW·h，自然功率因数为 0.90，当地功率因数减免费率为 0.01 元，采用无功补偿技术后，功率因数提高至 0.95，则年节约电费 319 万元。

1.2　高效变配电结构方案

石化企业变配电系统自身能耗主要来自系统结构方式和运行方式两个方面，在系统结构方面，为保证变配电系统安全可靠性和线路能耗最低，系统结构通常采用负荷重心放射式结构和在各出线侧或在主变出线侧加装限流电抗器的形式，在运行方式层面多采用单(双)母线分裂母线无扰动快速切换方式，且统一电压等级配电系统不超过 2 级的形式配置。在用电设备 100%冗余配置条件下，主变容量费就是不小的数目。

例如：某石化企业，催化装置备用主风机(7400kW)采用独立变压器组(2MVA)启动方式，在主风机长期正常运行期间，按照当地大工业用电取费标准，仅该变压器月度备用容量费就需 30 万元。

限流电抗器一方面用于保持非故障回路电压稳定和降低开关柜短路能力，另一方面在正常运行时要消耗大量电能，目前部分企业通过正常运行时并联高速开关短接电抗器，短路时投运电抗器的方法优化限流电抗器的使用。例如：某石化企业用电容量为 6MkW，其主接线方式采用单母线分段方式，设置两台互为热备用主变，每台主变串接一台 3000A(10%电抗，单相有功损耗为 8.7kW)限流电抗器，采用平均电价 0.5 元/kW 计算，电抗器年耗电费约为 11.4 万元。

变压器自耗电费的情况与电抗器类似，可通过产品使用手册查出相关数据计算优化选用。

1.3　节能型电气设备方案

电动机是石化企业主要电力消耗设备，2021 年 6 月 1 日起，《电动机能效限定值及能效等级》(GB 18613—2020)正式实施。新标准将 IE3 定为三级能效的最低标准，一级能效比为 3.40 以上，二级能效比为 3.00~3.19，三级能效比为 2.80~2.99，低于 IE3 能效限定值的三相异步电动机(如 YE2 系列电机等)不允许再生产销售。由此可见在电动机选用上，能效比是电动机节能的关键指标。

石化企业用电设备数量最为庞大的是照明，单套装置就有数百盏，全企业须有数千盏，虽然单只照明用电量低，但考虑到总用电费用时不可小觑。当今，节能型光源如 LED 灯替代白炽灯、汞灯、钠灯已是选型使用的主流，其具有光电效率优(见表 1)、本质安全性高、寿命长、维护费用低等优势，使用 LED 光源可获得最大投入回报率。例如现场应用中，在满足现场照度需要条件下，将原光源 125W 卤钨灯更换为 25W LED 灯，全企业照明灯为 1000 盏，每天照明时间为 10h，平均电价以 0.5 元/kW 计算，则采用 LED 灯具后年可节约电费约为 18.3 万元。

表 1　常用光源性能

序号	光源名称	光电效率/(lm/W)	现场使用寿命/年
1	白炽灯、卤钨灯	12~24	0.5~1
2	荧光灯	50~70	1~2
3	钠灯	90~140	1
4	LED 灯	50~200	8~10

石化企业中，通常多数用电设备的投用还是停用是通过交流接触器的吸合与分断造成电能通断来实现的。在用电设备使用过程中，交流接触器线圈始终通电消耗电能，以保持吸持状态，普通交流接触器吸持功率为数瓦到百余瓦，算数平均值为 65W，随额定电流增加而增大。永磁型等节能型交流接触器是用永磁式驱动机构取代线圈电磁铁机构，交流接触器运行中仅消耗微弱电流(0.8~1.5mA)，吸持功率不到 0.5W，以石化企业低压电动机数 800 台计，年约节电 45 万 kW·h，采用平均电价 0.5 元/kW 计算，年可节约电费 22.5 万元。

在平方转矩型负载如风机、水泵上广泛采用变频技术、改变机泵叶轮等方案也是常用的效果很好的节能方案，因各类文章表述较为全面详实，此处不再赘述。

1.4　错峰用电方案

石化企业多数用电设备为一、二级重要负载，还有如照明、焦化装置切焦水泵、原油或成品油中间罐进料泵等是三级用电设备，其中还有约10%负荷是间歇性生产使用，为充分利用好大工业用电和复费率政策(见表2)，调整间歇性用电设备的运行时间，可作为节约电费支出的重要政策性途径。

表2 某地大工业用电复费率时段

序号	平段	峰段	谷段
1	7：00~8：00	8：00~11：30	23：00~7：00
2	11：30~15：30	15：30~16：30	
3	16：30~19：00	19：00~22：30	
4	22：30~23：00		
合计时长/h	8	8	8
10kV 电度价/(元/kW·h)	0.76	0.51	0.25

例如，某石化企业月平均间歇性用电量为100×10^4kW·h，则峰段、谷段、平段月均电费差分别可达26万元、51万元和25万元，效益成本情况不言而喻。

随着新技术领域的不断扩张，跨专业迅速融合，各类节电方案层出不穷，既有管理类的随手关灯等，又有透平废气发电等技术革新类，还有传统的同步电机补偿无功等，都有了长足的发展进步，如何把降本控费做到极致，还有一段路要走，就是要想尽一切办法“把节能这块毛巾拧干”。

2 传感技术简介

随着电子技术、新材料应用、各类传感原理的高速发展，传感技术在石化行业内的使用已非常广泛，各类压力、温度、流量、无损检测、位移、振动检测方案层出不穷，为更加准确、及时、可靠地反映过程变量的实时状态提供了硬件支撑。传感器有着洞察秋毫的灵敏性，这一固有优势与石化行业精益化管理的要求不谋而合。

2.1 传感器的常用特征

2.1.1 传感器的输入特性

1）量程

传感器在选用初期，要依据被测物理、化学、生物等特征选择恰当的表征参数，如温度、速度、物质成分等，还要依据表征参数可能的最大值和最小限值来选取合适的传感元件，其中最小限值常称为阀限值，最大值称为满量程。

2）过载能力

传感器的过载能力就是传感器可耐受的最大输入量，以保证在该输入量的情况下传感器各项性能技术指标不超出允许的误差范围，过载能力通常用最大值或者满量程的百分数表示。

2.1.2 传感器输入输出特性

1）静态响应特性

(1) 精度：表示测量结果与标准仪器测量绝对基准量的接近程度。

(2) 稳定性：在室温条件下经过一定时间，以传感器输出与标定时输出的差异程度来表示传感器的稳定性。

(3) 零漂：在规定时间内或在环境温度变化时传感器输出值的变化情况，称为时漂或温漂。

2）动态响应特性

动态响应特性是指传感器追随被测量变化的特性，通常有阶跃响应、频率响应特性等。

3 传感器与照明节能

石化企业各类装置繁多，其除办公区域、公用系统外均有防爆要求，无论装置区、泵组区通常采用防爆型平台灯具作为照明用具，供电负荷等级一般按照三类考虑，也是数量最为庞大的用电设备，通常有数千盏的数量，其使用时间因企业所处地理位置不同各有差异，但在节能控制方面只要对相关参数予以因地制宜的调整就可满足需要。

石化企业照明供电线路通常采用配电间集中配出总照明回路电源，现场按照就近区域集中配置防爆型配电箱，通过树状配电结构供电到每只灯具。运行时，配电室内照明供电回路断路器处于长期合闸状态，现场配电箱总进线开关处于合闸状态，各分支开关用于需要时操作工手动开关灯控制。由于人员对明暗的感知度不同、责任心不同、管理要求不同等原因，造成长明灯、未及时开关灯情况较为普遍，不仅浪费电能还损失灯具寿命，对操作人员素质要求也高，如利用各类感知技术实现自动控制(见图1)，这些问题将迎刃而解。在实际使用中，前置传感器部分和计算控制部分通常组合安装在现场，为更好地适应现场环境要求，也可将分体安装前置传感器部分安装在现场，计算控制器安装在现场配电箱内，之间通过4～20mA安全信号和0～5V电源电压建立控制联系。

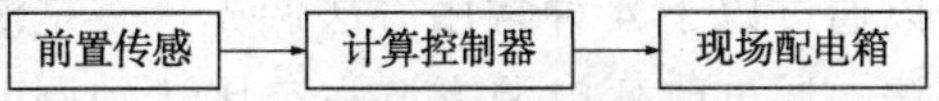

图1　照明控制结构图

3.1　时间控制

利用水晶在电压作用下以32768Hz周波振动，将此固有频率值通过计算器算化为1s石英谐振器的信号，经过电子控制器分频、累加、计算、放大，转换为标准通信模拟量或数字量信号输出，通过控制中间继电器动作提供用于照明回路交流接触器吸合/释放的开关量，其中由传感器、分频器、加法器、放大器、计算器(加法、减法等)、比较器和输出驱动模块组成电子控制器(以下简称控制器)，其结构如图2所示。也可利用北斗卫星导航系统授时精度10ns开放服务功能，作为控制器时钟源，保持已有供电结构和照明灯具安装情况不变，在配电室内照明馈出一次回路增加交流接触器，在其二次磁力启动控制回路串接时间程序控制器常开接点，利用控制器通信端口与标准时钟系统通信校时，根据实际需要的照明时间阶段在控制器内予以设定或通过RS232或RS485规约与装置DCS通信实现各类需要的自动控制或集中手动控制，以降低操作人员劳动强度，节约电能。

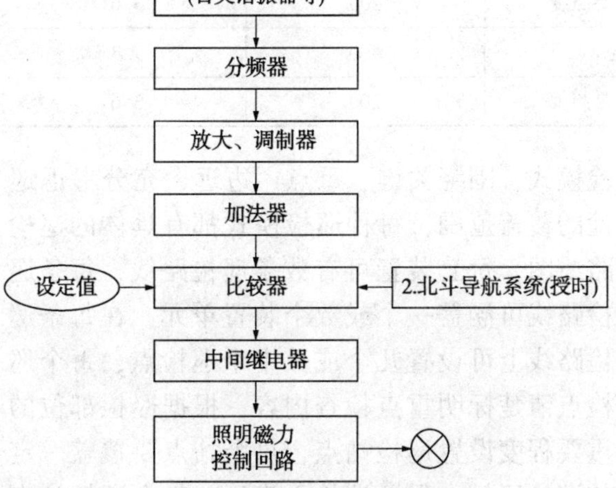

图2　时间照明控制器结构图

3.2　经纬度控制

根据开普勒定律，太阳赤纬决定晨昏线倾向，当地经纬度决定被晨昏线扫过时间即日出日落时间，以此可依据当地经纬度准确计算出本地区每天的日出日落时间。各石化企业所处地理位置遍布祖国大江南北，西部地区还艳阳高照，东部区域早已灯火阑珊，东西区域最大时差达2h以上，企业所处的地理位置可用经纬仪利用北斗卫星导航系统定位精度10m开放式服务功能，把定位或测定后作为计算器输入量，就可准确计算出当地日出日落时间，再依据当地地势地貌测量出日落日出辉度时间，输入到计算器，经纬度控制器就可提供照明灯具点亮和熄灭的最佳时间，照明用电时长可以准确到毫秒级以下(见图3)。

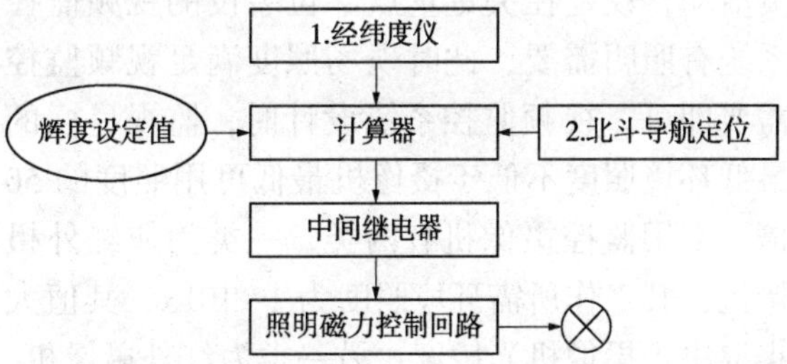

图3　经纬度照明控制器结构图

3.3　照度自动控制

当一定波长的光照射半导体材料时，半导体材料通常能强烈吸收光能，吸收系数约为10^5/cm数量级，半导体材料电子从夹带跃迁到导带，形成电子空穴对，使得半导体材料的电特性发生变化，通常有半导体的光电导效应、光生伏特效应。把光转换为电信号的光敏传感器较为常用的有半导体光敏传感器、光纤传感器等，利用其光电效应可感知石化企业各装置不同区域工作需要、不同气候条件、日夜等照度，如室内外、阴晴等情况下作业面需要的照度不同，通常员工巡检、常规作业的需要照度为50～200Lx，当照度不满足工作需要时，通过光感知器、计算器、驱动输出等模块构成照度控制器，其结构图如图4所示，实现按照现场照度设定自动输出照明开关控制信号，以满足区域照度要求差异较大的不同照明控制需要，实现节能优化。

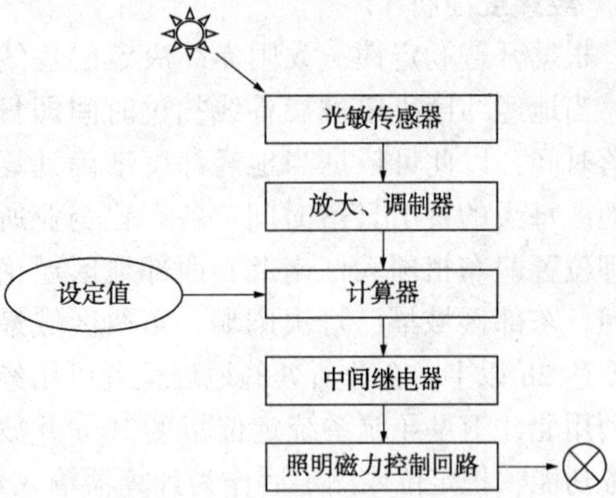

图4 照度照明控制器结构图

3.4 需要照度控制

石化企业装置现场和控制操作室的照明使用要求往往相去甚远，通常状况下，在控制操作室内往往需要24h照明，而现场没有作业人员活动，仅是在关键重点部位装设的视频监控系统有照明需要，此时现场照度满足视频监控需要即可。视频监控系统设计时，监视目标的最低环境照度不低于摄像机最低可用照度的50倍。常用监控摄像机有两类，一类为非红外摄像机，其工作所需环境照度为1~10Lx，其值大小取决于摄像机光敏度；另一类为红外摄像机，其所需照度为0.001Lx，甚至在无光环境下也可以成像。

当夜间装置现场有作业时，整个作业面和作业区域各出入通道就需要足够照度满足作业安全和施工质量的需要，其所需照度通常为1~10Lx。要兼顾以上两种情况，装置现场照明该采取何种方案？以LED灯具为例，通常LED灯具可以通过以下4种常用方法调光：一是波宽调制法，通过改变电源方波占空比达到调节灯具电流大小而实现调光；二是线性调光，通过改变LED驱动器控制元件引脚电压实现调光；三是分组调光，通过改变多组LED灯点亮或熄灭组数调光；四是可控硅调光法，利用IGBT调整LED驱动器220V(AC)电源电压实现调光。依据装置现场视频监控需要和是否有作业需要，确定现场照明照度，缩短照明时间或者最大限度降低照明浪费，可采用如图5所示的控制组合方式。假设全企业照明LED-50W灯具(光效为60~80Lm/W)为1000盏，最低照度或轮廓照明参照满月照度为0.3~0.5Lx，每天照明时间为10h，平均电价为0.5元/kW，每次巡检时长为1h，巡检间隔为1h，则与全照明方案比较年可节约电费见表3。

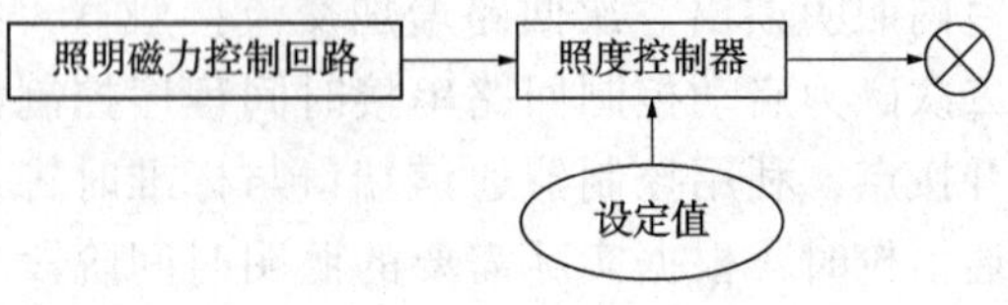

图5 照度控制结构图

表3 现场状况与需要照度节能

序号	视频监控	现场作业	照明控制方式	日节电量/(kW·h)	年节约电费/万元
1	无	无	最低照度或轮廓灯	400	7.3
2	无	有	作业(全区域、5h)需要照度	200	3.6
3	有	无	摄像机需要照度	400	7.3
4	有	有	作业(全区域、5h)需要照度	200	3.6

3.5 路线控制

石化企业属于连续高危流程性生产单位，在日常生产过程中，为及时发现设备设施隐患确保装置安稳长满优运行，现场定时巡检、高危巡检、极端天气条件下巡检等巡检模式都是有效的管理措施。巡检管理包含巡检路线、巡检频次、巡检站点、巡检内容、巡检时段、巡检间隔等方面内容，按照各装置规模、工艺流程、人员编制、岗位设置等实际情况，结合巡检模式，围绕关键、重点、边远、充分考虑巡检的覆盖范围，每种巡检模式都有具体的巡检路线图。每套装置可有数条巡检路线，每条巡检路线可涵盖一个或数个装置单元，在每条巡检路线上可设置几个或数十个巡检点，每个巡检点清楚标明重点检查内容，根据巡检部位的重要程度设置巡检站点，每个站点要覆盖一定的巡检区域，保证巡检无盲区，每个巡检站点要有巡检区域图，每半年按照重点部位、隐患部位的变化情况进行一次巡检路线的优化。各装置依据巡检路线、检查内容、巡检质量等，确定各站点最短巡检时间和各条路线总巡检时间，按照不同管理权限的人员巡检，确定巡检频次，例如，装置领导或技术干部每天参加陪检不少于1次，当班班长每班次参加巡检不少于1次，装置操作人员现场巡检间隔不得大于2h，涉及“两重点一重大”的生产、储存装置和部位的操作人员现场巡检间隔不得大于1h，以确保巡检质量。

在此条件下，照明节能控制还要满足巡检点查看需要照度要求，对于新、改、扩建装置，可在照明安装位置设计阶段就把同一巡检的照明作为1套时间控制单元进行考虑，对于照度控制设计宜按照巡检点设备和巡检内容予以优化，让照明设计与生产需要紧密结合。对于老旧装置照明，如考虑施工工作量最小，可依据每盏灯的工作时间和工作照度要求，在防爆穿线管与防爆平台灯头丝扣连接部位加装时间或照度控制器；如考虑投资最少，可进行同一条巡检线路上的照明灯具由同一配电控制，在同时间需同时开关灯的所有回路总控位置加装时间控制，在个别需要有特殊亮度需要的灯具处加装照度控制。假设全企业照明LED-50W灯具为1000盏，巡检路线照明灯具为600盏全照度控制，非巡检路线按视频监控最低照度考虑，每天照明时间为10h，平均电价为0.5元/kW，每次巡检时长为1h，巡检间隔为1h，则与全部照明控制比较年可节约电费6.4万元。

3.6　行进控制

依据市场需求的变化，石化企业要按照效益最大化的原则及时调整生产装置的开停和加工路线，对应的巡检路线和巡检点位设置也需要调整变化。为了适应这一变化，以人本位理念出发，以人的位置、位移、需要为参照目标的照明控制方案应运而生。

对于人的行进状态(位置、位移)的监测技术常用的有两种方式。一是光纤传感技术。光纤传感技术可以测量的物理量达70多种，具有灵敏度高、抗电磁干扰能力强、耐腐蚀体积小、耗电少、便于实现遥测等特点，其工作原理是利用被测变化量的调制传输光光波参数，然后对调制光信号进行检测得到被测量。二是红外传感技术。红外传感是将人体或物体辐射能转换为电能的一种传感技术，常见的红外探测器有热探测器和光子探测器。热探测器是通过测量入射红外辐射引起探测器敏感元件的物理参数发生变化来确定吸收红外辐射的量，其主要优点是响应波段宽、使用方便，一般用于红外辐射变化缓慢的场合，如光谱仪、测温仪等；光子探测器是利用半导体材料在红外辐射下的光敏效应进行探测，其优点是灵敏度高、响应速度快等。通过在适当位置加装行进检测器，确认装置现场巡检或者作业人员的行进状态，在人员行进所到达的位置前和将离开的位置后，控制所在位置的灯具明灭，实现随人员行进照明逐台点亮或关闭，也可依据需要，定制或调节某位置处的照度和照明时长，把节能做到极致，如图6所示。当装置某位置需要夜间较长时间作业时，可通过手动设置让相应区域的照明灯具持续点亮，待作业完成时再切换到正常工作模式。假设全企业照明LED-50W灯具为1000盏，全厂巡检路线为50条，非巡检路线按视频监控最低照度考虑，每天需要照明时间为10h，平均电价为0.5元/kW，每次巡检时长为1h，巡检间隔为1h，则与全部照明控制比较年可节约电费17.2万元。

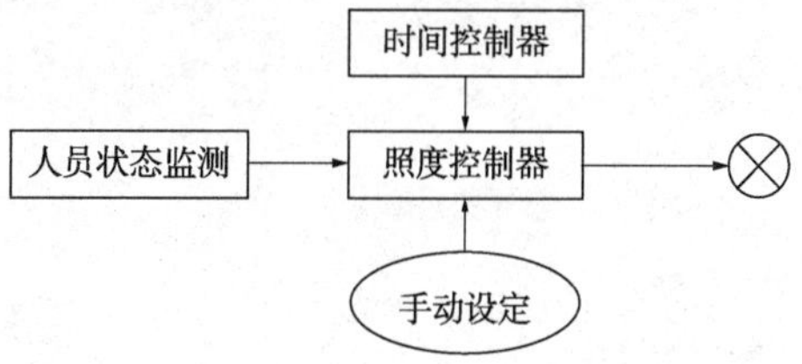

图6　行进照明控制结构图

以上6类石化企业照明控制方案中，除传感器部分因环境需要各有差异外，传感器输出量均可通过调制或编码实现标准化，控制器部分均由标准信号输入端口、计算器、设定器、通讯端口、输出驱动端口等组成，其控制部件是照明配电回路及其照明灯具，通过各类传感器的不同硬件组合方式或者全硬件个性化软件方式，就可以满足石化企业各类现场照明节能控制的需要。

4　结语

精益管理是石化企业转型升级高质量发展

的利器，是企业竞争力的持久推进剂，以此管理原理为基础的节能降本要求永远在路上。随着新材料、新技术、新原理的不断创新发展，永磁型低能耗等级电机、局域风光储发电、“绿电”消纳和代替等技术日渐成熟，经济效益日趋明显，电气节能策略也会有新的方案不断涌现，同时随着纳米技术、芯片技术的不断突破，控制器集成化、小型化甚至微型化也将不是在已有设施内部或续接安装的屏障，单只光源的节电进一步优化更是指日可待。

参 考 文 献

1 任元会，等. 工业与民用配电设计手册[M]. 北京：中国电力出版社，2005.

2 雷铭. 电力网降损节能手册[M]. 北京：中国电力出版社，2005.

3 郑铭芳. 低压电器选用维修手册[M]. 第2版. 北京：机械工业出版社，1995.

4 苏铁力，关振海，孙继红，等. 传感器及其接口技术[M]，北京：中国石化出版社，1998.

机泵温度元件故障分析

刘 伟
（中海石油宁波大榭石化有限公司机械动力部，浙江宁波 315812）

摘 要 机组轴系仪表是机组安全平稳运行的重要检测元件，当温度测量元件出现故障，必须及时有效处理，保障机组长周期运行。

关键词 机组；轴系仪表；温度元件；接地

1 前言

某石化有限公司于2022年投产30万吨/年聚丙烯装置，该装置采用Novnlen工艺包，原料(丙烯、乙烯)在催化剂的作用下聚合反应生成聚丙烯粉料通过挤压机形成聚丙烯颗粒。

机组轴系仪表是机组安全平稳运行的重要检测元件，所检测出的数据必须真实有效，所以在安装、单校、联校、试运等各个环节都必须进行多次确认，保障仪表长周期运行。

聚丙烯装置第一反应器循环气压缩机由美国某公司制造供货，压缩机型号为GT016T1D0，该压缩机为整体齿轮箱式离心压缩机，齿轮箱为整体运输，现场对接线箱进行接线施工。该机组安全运行半年时间后，温度点陆续出现异常波动甚至造成机组联锁停机，通过停机检查，对问题进行了归纳总结。

2 故障处理过程

2023年1月环气压缩机轴承温度0225-TT-310414从57.31℃突升至139.2℃，又突降至41℃，此过程在1s内完成，突升超过压缩机的联锁停机值(113℃)，造成压缩机联锁停机。

故障发生后，现场通过检查接线箱及机柜间各接线端子，未发现接线松动及接触不良现象；后现场测量了PT100电阻值，测到AC端子为114.9Ω、BC端子为114.9Ω、AB端子为0.9Ω，通过换算与远传至PLC系统值38.47℃相符，说明此时温度检测无问题，通过查看0225-TT-310414温度趋势，该温度在1s发生瞬时突变，后恢复正常。初步判断从接线箱至PLC无问题，需机组停机开盖进一步检查测温元件。

2.1 机组停机开盖检查温度元件

此机组共有温度监测点位8点，为1备1的状态，共有16点，现场对接线箱内16点进行测量，共发现6点位故障(见表1)。

表1 温度监测点位监测情况

TE1	TE2	TE3	TE4	TE5	TE6	TE7	TE8
开路	开路	开路	105Ω	开路	105Ω	开路	开路
TE9	TE10	TE11	TE12	TE13	TE14	TE23	TE24
105Ω	105Ω	105Ω	105Ω	105Ω	105Ω	105Ω	105Ω

通过机组开盖对温度进行检查，机组内部温度走线为两段式——温度检测元件至机组内部接线盒、内部接线盒至机组外部接线箱，外部接线箱接地良好，温度铠装通过树脂塑封在机械内部。

2.2 问题查找

通过测量检查，排除机组内部接线盒至外部接线箱线路故障，因铠装头胶质塑封，瓦片通过回厂拆卸，排除温度探头机械磨损，初步怀疑是温度元件本身质量问题，随后更换温度元件准备试运。

2.3 机组试运

机组重新投入试运，持续关注这16点的温度情况，通过电阻测量，发现了新问题，温度回路出现瞬间AC电压，随着试运时间的延长，温度回路电压跟着增加，初步判断为感应电，通过模拟不同机组运行工况，查找感应电的来源。

2.4 感应电来源查找

经仪表电缆路由检查，满足施工规范要求，机柜间电缆接地满足施工规范要求，现场接线箱接地满足接地要求(见图1)。

图1 感应电来源查找

2.5 接线箱内断开去机柜间接线

所有测试均断开机柜间内接线，所有测试均在现场接线箱内进行(见图2)。

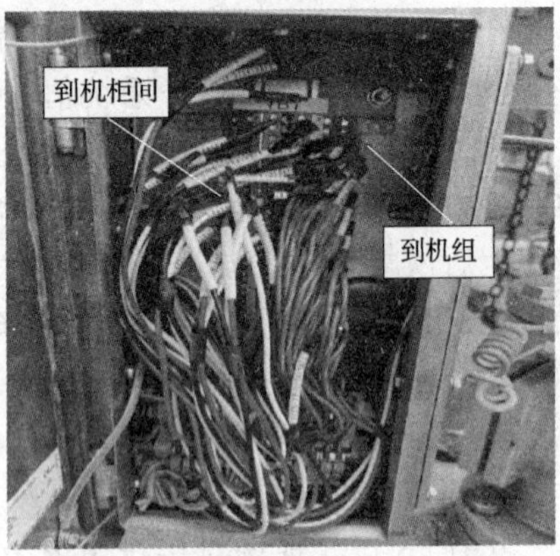

图2 接线箱内断开去机柜间接线

2.6 确认故障问题

检查所有电气设备、金属管道、设备外壳、机组本体、接线箱等所有设备接地，均良好，排除接地问题。

现场将油泵电机拆下，水平放置到地面。油箱加热器未运行，齿轮箱接线箱位置测量温度探头信号线对地电压为0V；启动油箱加热器，测量温度探头信号线对地电压为0V。启动油泵电机，测量温度探头信号线对地电压为0V。打开油泵电机接线盒，检查接线正常，测量绝缘正常。拆卸油泵电机侧联轴器HUB。

安装油泵电机到原位置。启动油泵电机，测量温度探头信号线对地电压为0V。启动油箱加热器，油温到达16℃后启动油泵电机，运行3h后测量齿轮箱接线盒处温度探头信号线对地电压，未测量到明显对地电压，电压值为0V。

恢复油泵联轴器HUB连接，油泵电机回装到位。再次启动油泵，1h后测量部分测温探头对地有电压。对地电压(AC挡)：TE2=3.2V，TE3=11.7V，TE5=7.9V，TE7=14.7V，TE8=19.1V，TE11=3.4V，TE12=4.5V。

启动油箱加热器，到达允许温度后启动油泵。

11：13测量接线盒处温度探头信号线对地电压(AC挡)：TE2=15.3V，TE5=18V，TE7=32.4V，TE10=19V，TE13=5.3V，其余为0V。

11：18测量接线盒处温度探头信号线对地电压(AC挡)：TE3=5V，TE7=16.7V，TE8=9V，其余为0V。

11：22测量接线盒处温度探头信号线对地电压(AC挡)：TE7=4.7V，TE8=20.5V。

11：30测量接线盒处温度探头信号线对地电压(DC挡)：TE5=-3.6V，TE7=-0.5V，TE8=-6.2V，TE10=-0.9V，TE=0.5V，其余为微电压或0V。

11：35测量接线盒处温度探头信号线对地电压(DC挡)：TE3=-1.1V，TE5=-0.7V，TE7=-0.6V，TE8=-6.2V，TE11=-0.5V，其余为微电压或0V。

调整PRV，打开PCV旁通阀，油压降到15kPa。

12：43用DC挡未检测到明显电压；12：

55 用 AC 挡未检测到明显电压。

调整油压到 20kPa，用 AC 挡和 DC 挡未检测到明显电压。

调整油压到 50kPa，13：17 用 AC 挡和 DC 挡未检测到明显电压。

调整油压到 100kPa，13：28 用 DC 挡检测探头信号线对地电压：TE7 = -3.5V，TE8 =-7.2V。

调整油压 150kPa，13：37 检测探头信号线对地电压(跟 100kPa 油压时接近)。

调整油压到 210kPa(正常值)，13：50 用 DC 挡检测电压，TE7=-7.6V，TE8=-12.9V。

通过以上测试，发现电压值随着油压的增加有所增大。

更换 2 组滤芯后测试仍在温度回路测量出感应电压，问题未解决。

2.7　温度屏蔽线接地

将机组接线盒处的温度回路外屏蔽进行接地，利用机组内壳有效接地，将机组内部温度尾线外屏蔽在接线盒前进行屏蔽接地，测试满足接地电阻要求(见图 3)。经过此种接线更改，仍在温度回路测量出感应电压，问题未解决。

图 3　温度屏蔽线接地

2.8　润滑油取样

润滑油水含量取样检测为 78mg/kg，其他信息由于公司检测设备原因，无法进行测量，询问润滑油厂家，此品牌为炼化企业常用品牌且检测报告满足标准要求，且在其他机泵相同情况下，正常使用。

3　机泵厂家整改

机泵厂家通过更换制定品牌润滑油解决温度回路带电问题，经过 3 个月运行测试，回路仍存在电压。

4　取消接线盒改为线缆直连

取消接线盒改为线缆直连，测试运行 3 个月后再次测量，回路无电压存在。

5　结论

通过以上测试，温度回路带电的原因已找到，为润滑油循环摩擦产生电荷在温度回路聚集，经与温度仪表制造厂咨询，电荷积累定量击穿温度元件暂无测试。

此种接线方式对温度仪表测量会造成影响，应尽量减少回路裸露造成的额外干扰，防止电荷进入温度测量回路。

冷冻机组仪表故障原因分析及对策

余庭辉

（中石化湖南石油化工有限公司设备管理部，湖南岳阳 414014）

摘 要 针对冷冻机组运行中存在的仪表故障频次高的问题，分析其原因，包括现场检测仪表设计选型不当、单点联锁仪表可靠性低、现场可编程控制器(PLC)市电供电不稳、PLC 中央处理器(CPU)、输入输出模块(I/O 单元)、通信单元、供电模块非冗余设计、PLC 现场运行环境恶劣等。通过采取现场检测仪表设计改型、单点联锁逻辑变更为二取二联锁逻辑、机组控制由 PLC 改为分散控制系统(DCS)控制、现场仪表电源由市电改为不间断电源(UPS)等措施，冷冻机组仪表故障引起机组非计划停机次数降为零，为生产装置安稳长运行提供了保障。

关键词 机组仪表；控制系统；仪表电源；原因分析；改进

湖南石化苯乙烯装置冷冻机组为该装置精馏系统提供合格的低温冷冻水，维持负压塔系统压力正常，避免苯乙烯产品因温度过高而造成产品不合格。冷冻机组由 A、B 两套机组构成，正常一开一备。每套机组由螺杆压缩机、油分离器、冷凝器、节流装置、蒸发器、控制系统、辅助单元等组成，主机采用螺杆制冷压缩机，由电机驱动。冷冻机组仪表包括现场检测仪表、现场可编程控制器(PLC)、电磁阀、控制阀、电控单元等。长期以来，机组仪表在使用过程中存在现场检测仪表及电控单元故障多发、PLC 运行不稳定等问题，导致机组频繁跳停，影响苯乙烯装置正常运行。本文对机组仪表存在的问题和原因进行了分析，提出了相应改进措施，实施后效果较好。

1 现状及存在的问题

1.1 机组控制原理

冷冻机组控制系统由 3 套 PLC 实现。现场设有 A 机组和 B 机组两个分控台和 A 机组、B 机组公用的总控台，分控台和总控台均装有 PLC、触摸屏、空气开关、交流接触器、热继电器、压力压差控制器、中间继电器、压力传感器等控制元件。A 机组和 B 机组的分控台分别实现本机组的运行监控和联锁保护；总控台 PLC 负责实现乙二醇水溶液、循环水、密封氮气等介质的压力、温度、流量参数检测和相应控制阀门(循环水出冷凝器开关阀、乙二醇水溶液出蒸发器开关阀、乙二醇水溶液供装置压力控制阀)的控制以及乙二醇泵变频调节，总控台 PLC 还负责将上述控制参数传输至分控台，负责 A 机组和 B 机组的协调控制。三套 PLC 系统监控参数通过 RS485 接口通信到控制室分散控制系统(DCS)，供操作人员实时监控。图 1 为机组控制系统结构示意图。

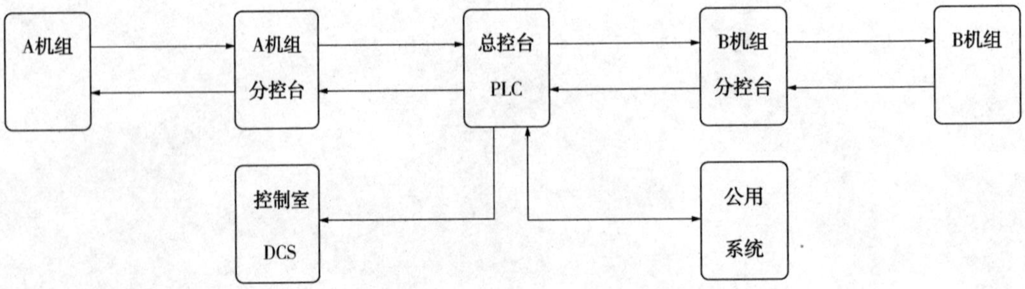

图 1 机组控制系统结构示意图

机组控制程序包括启动程序、正常停机程序和故障停机程序。当机组满足启动条件并接收到启动信号时，机组按照启动程序启动运行，如图2所示。

当正常运行的机组出现冷冻水或循环冷却水流量低于设定值、机组润滑油温超过限定值、机组出口冷冻水温度低于设定值或人为手动揌下停机按钮时，机组按照正常停机程序停止运行，如图3所示。

当正常运行的机组出现排气压力超过设定值、机组油压差低于设定值、主电机故障等异常情况时，机组紧急停机，如图4所示。

图2　机组启动程序示意图

图3　机组正常停机程序示意图

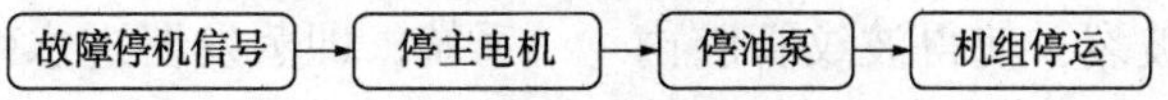

图4　机组故障停机程序示意图

冷冻机组与苯乙烯装置于2012年投入使用，其控制系统采用西门子PLC S7-300，现场检测仪表如油压差开关、供液电磁阀采用国外品牌，流量开关为国产FSF系列产品，转换与保护用的热继电器、空开、时间继电器为施耐德品牌。

1.2　存在的问题

机组长期运行中存在以下问题：

1）现场仪表问题

机组联锁保护用的流量开关可靠性低，故障频次高。每台机组设计两台流量开关，其中一台流量开关安装在机组冷凝器出口循环水管线上，用于检测机组冷却水流量，当机组冷却水流量低于设定值时，流量开关动作，触发机组保护停机；另外一台流量开关安装在机组蒸发器入口乙二醇管线上，用于检测乙二醇流量，当机组乙二醇流量低于设定值时，触发机组保护停机。机组投入运行以来，四台流量开关均发生过故障停机事件，并且流量开关故障后无法在线切出维修。

机组联锁保护用的油压差开关故障频次高，油压差开关因泄漏等原因导致了机组7次故障停机。油压差开关用于检测机组润滑油压力与机组排气压力的差值，当差值低于100kPa时，触发机组故障保护停机。

热继电器、空开、中间继电器等电气元件工作不稳定，存在误动作现象，引发总控台和分控台失电和润滑油泵停运等故障，导致机组停机3次。

2）控制系统问题

PLC控制器运行不稳定，出现CPU死机、输入和输出通道失效等问题，引起由总控台PLC控制的机组乙二醇变频泵调速信号丢失，变频泵跳停，导致机组故障停机5次。

机组仪表设计采用普通电源（GPS），并且与润滑油泵电机为同一供电回路，控制系统供电不稳定，因油泵电机供电问题导致整个控制系统失电1次。

机组距离操作室大约200m，机组启动、负荷调整、机组切换、机组停机等正常操作均需操作人员赶往现场进行操作，岗位员工劳动强度高。

2　原因分析

机组仪表故障原因包括现场检测仪表及电气元器件不可靠、仪表安装位置不当、现场运行环境恶劣、单点联锁可用性低、PLC及其输入输出模块非冗余配置、系统供电不稳定等。控制系统故障引发的机组跳停事件超过20余起，分析其主要影响因素有以下几个方面：

（1）4台流量开关在机组投用不到一年时间先后出现故障，拆开检查发现流量开关的叠片断裂或弹簧失效，应属于产品制造质量问题，更换为同型号的产品，流量开关故障率明显降低。

（2）每台机组设置3个压力或差压开关实现机组控制和联锁保护，分别为机组排气压力开关、过滤器差压开关、油压差开关，检测元件为弹簧加波纹管，其中油压差开关故障频次最高。

机组润滑油泵为柱塞泵，润滑油在管路中产生高频脉动，并且油泵输送的介质存在气、液两相的转换，油泵产生一定程度的振动，高频脉动和振动通过管路传导至油压差开关，导致油压差开关的定位杆上下窜动，一方面定位杆的窜动使得压差开关信号输出不稳定，产生“油压低”联锁停机信号，机组误停；另一方面定位杆的高频窜动导致油压差开关测量部位的波纹管因伸缩应力疲劳破裂，使得波纹管腔内润滑油和制冷剂泄漏，差压开关检测信号失真，机组联锁跳停。

（3）现场环境温度、湿度的变化影响PLC系统稳定工作。PLC、开关电源、安全栅、继电器、温度变送器等安装在防爆箱内，夏季温度高，热量散发不出去，影响电子设备正常工作，加速电子元件器老化，引起电子元器件失效，容易出现PLC死机、开关电源、继电器、空开误动现象，造成机组故障停机。

（4）PLC系统为S7-300，CPU、输入/输出(I/O)单元、通信单元、供电模块等都是非冗余设计，控制系统可靠性不高。一旦某个卡件故障，机组就会跳停，PLC的可靠性直接影响机组的安稳运行。

（5）PLC供电系统设计为市电220V，与机组油泵、油加热器等共用电源，现场仪表使用24V开关电源，非冗余设计，仪表及控制系统供电质量和可靠性不高。

3 改进措施

3.1 现场检测仪表

（1）流量开关重新选型并移位至上水阀内，便于故障时检修。每台机组有两个用于断水保护、联锁停机的流量开关，其中一个安装于冷凝器循环水管线上，移至上水阀内，故障时可以切出系统进行检修；另外一个安装于乙二醇系统，即蒸发器进水线上，故障时无法在线检修，需要移位。在联锁逻辑设置方面，增加机组循环水总管流量计流量低低和去装置乙二醇总管流量计流量低低联锁判断条件，分别与两个流量开关组成二取二逻辑。图5为乙二醇流量开关移位示意图。

（2）取消每台机组的油压差开关、排气压力开关、吸气压差开关，新增机组润滑油压力变送器、排气压力变送器、吸气压力变送器，将机组润滑油压力联锁改为二取二逻辑，将排气压力与润滑油压力差值联锁改为二取二逻辑。图6为机组压差及压力开关流程示意。

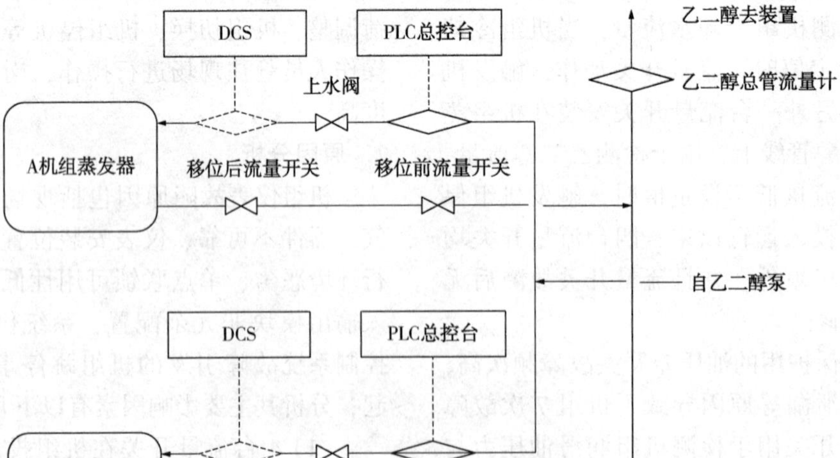

图5 乙二醇流量开关移位示意图

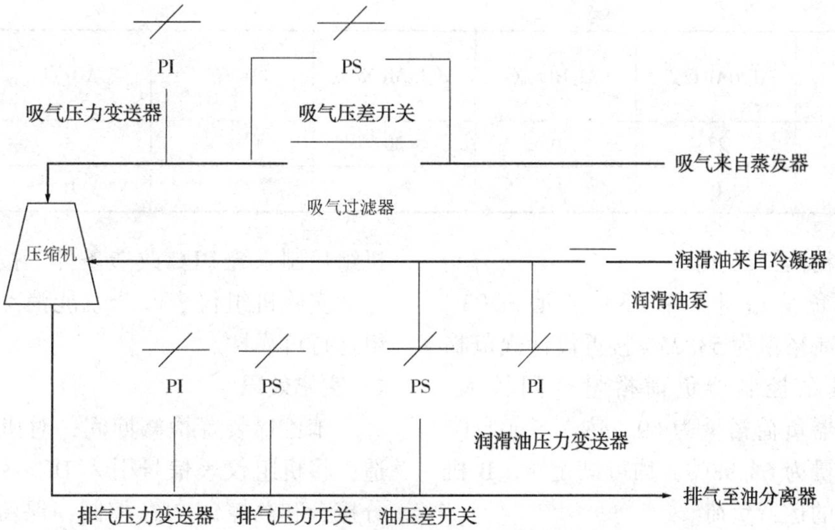

图 6　机组压差及压力开关流程示意

3.2　机组控制系统

将机组 PLC 控制改为室内 DCS 控制，DCS 控制器、输入/输出(I/O)单元、通信单元、供电模块等均为冗余配置，机组仪表电源改为冗余直流电源(UPS 供电)，一方面改善了机组控制系统运行环境，提高机组控制系统和供电系统稳定性；另一方面使操作人员在操作室就能实现对机组的远程监视和控制，大大降低了劳动强度。

1）机组 PLC I/O 点数

A、B 机组 PLC 输入输出点数见表 1，其中模拟量输入(AI)50 点，数字量输入(DI)30 点，模拟量输出(AO)3 点，数字量输出(DO)31 点，总共 114 点。

2）DCS 备用 I/O 点数

苯乙烯 DCS 现有备用 I/O 点数统计见表 2，DCS 共有四对控制器，Sm01_03 和 Sm02_04 为通用控制器，Sm03_PSA 为 PSA 单元专用控制器，Sm04_GDS 为可燃有毒气体报警器专用控制器。Sm01_03 和 Sm02_04 备用 I/O 点数为 823 点，可以满足冷冻机组控制系统改造需要，考虑 A、B 机组共用控制点极少，为了平衡两个控制器负荷，A 机组 I/O 信号处理由 Sm01_03 控制器实现，B 机组和公共点的 I/O 信号处理由 sm02_04 控制器实现。考虑机组联锁控制的安全性和可靠性，机组控制和联锁点的 AI、DI、AO、DO 卡件冗余配置。

表 1　冷冻机组 I/O 统计

I/O 类型	AI/点	DI/点	AO/点	DO/点
A 机组	15	15	0	11
B 机组	15	15	0	11
公共点	20	0	3	9
合计/点	50	30	3	31

表 2　DCS 备用 I/O 统计

卡件 控制器	AI_HART/点	AI_HL/点	AI_LLMUX/点	DI/点	AO/点	DO/点
Sm01_03	99	38	84	102	17	25
Sm02_04	137	13	114	127	17	46

续表

控制器 \ 卡件	AI_HART/点	AI_HL/点	AI_LLMUX/点	DI/点	AO/点	DO/点
Sm03_PSA	27	0	30	7	3	48
Sm04_GDS	0	43	0	0	0	0

3）DCS 当前运行负荷

DCS 当前负荷裕量，除 PSA 单元 Sm03_PSA 控制器负荷裕量为 53.25%接近设计规范临界值之外，其余控制器负荷裕量空间较大，Sm01_03 控制器负荷裕量为 69.24%，Sm02_04 控制器负荷裕量为 68.98%，均可满足 A、B 机组 I/O 所增加的运行负荷。

4）仪表直流电源负荷

DCS 仪表电源配置有三组冗余直流电源，分别给安全栅柜、端子柜、继电器柜、浪涌保护器柜、网络柜、现场其他仪表等提供 24V 直流电源，单边额定容量为 440A，当前运行负荷为 39.77A，负荷率为 9%，冷冻机组现场仪表改为 DCS 控制，增加 I/O 点数 114 点，增加直流电源负荷不超过 10A，因此当前配置的仪表直流电源负荷完全满足机组仪表改造需要。

5）主要设备控制方案

螺杆压缩机：在现场分控台设置紧急停机按钮，信号进 DCS。现场不设操作柱，压缩机启动、停机由 DCS 远程实现，电机故障信号、运行状态信号由电气送至 DCS。

润滑油泵：现场不设操作柱，油泵电机启动、停机由 DCS 远程实现，电机故障信号、运行状态信号由电气送至 DCS。

乙二醇泵：现场增设操作柱，电机启动、停机可由操作柱和 DCS 实现。当运行泵故障停机或出口压力低于 0.4MPa 时，备用泵能实现自启。电机故障信号、运行状态信号由电气送至 DCS。

电加热器：其启用、停止由 DCS 远程实现，运行状态信号由电气送至 DCS。

苯乙烯 DCS 为霍尼韦尔 PKS 系统，其控制器、电源模块、通信模块、带控制的输入输出卡件均冗余配置，DCS 运行的可靠性远比 PLC 高。通过上述统计分析，DCS 备用点数、控制器负荷裕量、仪表直流电源裕量等方面均符合机组控制系统 PLC 改造条件，按照主要设备控方案实施机组仪表改造就能消除故障，提高机组运行可靠性。

4 实施效果

苯乙烯装置检修期间，对机组仪表实施改造，将机组仪表信号引入 DCS，取消机组现场分控台和总控台 PLC 控制，保留机组原有控制方案，优化机组操作模式，改造取得预期效果。

一是机组仪表改造以后，机组仪表故障引起的非计划停机次数降为零，冷冻机组长周期安稳运行有了较大保障。

二是机组操作方式由现场操作改为远程操作，在 DCS 操作站画面上就可实现远程监视和控制，无需跑到现场点击 PLC 监视屏，员工的劳动强度大大降低，机组操作的可靠性得到进一步提升。

5 结论

（1）引起冷冻机组仪表故障的具体因素包括现场检测仪表设计选型不当、单点联锁仪表可靠性低、PLC 市电供电质量不稳、CPU、输入输出模块（I/O 单元）、通信单元、供电模块非冗余设计、PLC 现场运行环境恶劣等。

（2）通过采取现场检测仪表设计改型、单点联锁逻辑变更为二取二联锁逻辑、机组控制由 PLC 改为 DCS 控制、现场仪表供电由市电改为 UPS 等措施，冷冻机组仪表故障次数、机组非计划停机次数均降为零，为苯乙烯装置安稳长运行提供了保障，且降低了员工劳动强度。

（3）冷冻机组为橇装设备，对于新改扩建项目，在项目前期优化机组控制方式和仪表设计选型显得十分重要。基于在役装置，通过改造和优化仪表，降低故障频次，实现机组安稳运行。实践表明，冷冻机组仪表改造以后，冷冻机组与主装置同步运行率达 100%，未发生一起因仪表故障导致的非计划停机事故，改造效果明显，可为同类装置改造提供借鉴。

铁路信号计算机联锁系统技术改进与应用

郑纳娜
（中国石化洛阳分公司，河南洛阳　471012）

摘　要　本文介绍了国内铁路信号计算机联锁技术现状，阐述了双机热备、三取二和二乘二取二等三种联锁模式的结构原理和特点。针对现场应用中存在的问题，将现用三取二改进为二乘二取二的组成结构和技术内容，有效地提高了计算机联锁系统的安全性和运行效率，为铁路信号计算机联锁系统技术现场应用和维护提供参考。

关键词　计算机联锁；双机热备；三取二；二乘二取二

1　前言

铁路信号计算机联锁系统主要是以计算机技术为核心，综合采用通信、控制、容错、故障-安全等技术来实现车站联锁逻辑控制功能，对车站内信号机、道岔、轨道电路等基本信号设备实时控制，具有较高可靠性和故障-安全性要求的实时控制系统，直接关系铁路运输安全和作业效率。某石化公司铁路信号计算机联锁系统自2003年投用以来已运行近20年，因电路板、配线老化、设备元器件停产等因素造成故障频发、维修难度大以及运算量跟不上现场实际需要等问题，严重影响了安全生产和运行效率。该公司通过对该系统联锁模式进行技术改进，有效提高了设备运行安全可靠性及运行效率。

2　技术现状

铁路信号微机联锁技术主要历经了机械联锁、6502电气集中联锁和计算机联锁等三个阶段，目前计算机联锁技术已发展到第四代全电子计算机联锁技术。该技术将继电设备替换为全电子执行设备，使电气和电子信号的混合控制方式转变为全电子信号控制方式。联锁冗余结构主要有双机热备系统、三取二和二乘二取二等三种模式。

双机热备系统主要有两个处理器单元加电工作，运行中仅有一个处理器单元能够对被控对象进行控制，每个单元都具有独立故障检测和诊断的功能。在运行过程中，当主系联锁机发生故障时，可自动转换为备系运行。由于输入输出模块均接收主系联锁计算机信息，不能采用备系联锁计算机发出的相关信息，致使主、备系的运行结果无法通过比较来确保数据信息的准确性和一致性。因此，对系统的安全可靠性产生一定影响。

三取二系统结构主要由三套联锁机同时运行，执行逻辑运算两两比较，运算结果一致时才能输出，其中任意一个CPU故障都能经三取二来比较被立即发现和屏蔽，以保证发送到联锁总线的控制命令的正确性和一致性，并通过自诊断功能将错误控制在内部，保证整个系统的安全性。由于三取二系统的关键是硬件表决，对表决器的要求比较高，无法处理较为复杂的联锁控制条件。

二乘二取二系统结构中共有四个处理器单元，每两个处理器单元为一个系，单系为二取二结构，即在整个系统上集成两个处理器单元，同步实施、即时比较。两个单元的联锁运算产生的结果会分别通过信息通道传送给对方，然后对结果进行比较，如结果一致就会产生有效的驱动命令。在运行过程中，完成系统功能并将运算结果对外输出的一系为主系，另一系处于热备状态为备系，只对输入进行处理但运算结果不对外输出。主、备系可以保持同步运行和实时切换。在系统运行过程中，当主系发生

作者简介：郑纳娜，女，1995年毕业于石油大学(华东)化工设备与机械专业，高级工程师，现主要从事设备管理工作。

故障时，该系向切换模块发送切换信息，将另一系升为主系，将故障系变为备系维修状态。

随着电子信息技术的不断发展，国内铁路技术改造和新建铁路已优先考虑二乘二取二联锁结构，其相对于双机热备和三取二冗余结构具有更高的安全性和可靠性，在我国铁路信号系统特别是高铁计算机联锁中应用更为广泛。

3 技术改进

3.1 存在问题

公司铁路信号系统原设计为继电器联锁及人工手扳道岔等信号设备，2003 年改造为由联锁机和智能化模块执行机组成的计算机联锁系统，两者之间采用网络总线互联。联锁模块采用三取二容错方式，其任意一个 CPU 故障通过三取二比较被发现和屏蔽，以保证发送到联锁总线的控制命令始终一致正确。由于该计算机联锁系统设备长期不间断运行，出现电子配件老化严重、故障率较高等问题，且为生产厂家第一代产品，随着厂家设备升级致使部分配件被淘汰，造成信号联锁系统的系统故障维修难度较大，影响生产作业效率，存在铁路运输安全隐患。

3.2 改进内容

将现有三取二联锁系统改进为 DS6-60 全电子计算机联锁系统，采用二乘二取二冗余结构，二取二即为一套系统上集成双套 CPU 系统。双套系统严格同步、实时比对，只有双机运行一致时才对外输出或传输运算结果。由两个 CPU 构成一个子系统执行联锁任务(主机)，另外两个 CPU 处于热备状态(备机)，有效提高了计算机联锁控制系统的可靠性和安全性，且便于维修。

(1) 改进系统组成结构。

该全电子计算机联锁系统主要由人机界面层(MMI)、联锁层(CIL)和执行层(EEU)组成，如图 1 所示。人机界面层主要由控显机和维修机组成。控显机主要用于站场图形实时显示和车站值班员操作功能，维修机主要用于系统运行状态监视及现场操作和信号设备动作的记忆、查询、再现等，为维护人员提供良好的操纵界面。联锁层主要由联锁逻辑部组成，完成逻辑运算并产生输出命令，控制电子执行单元动作。执行层主要由通信机和电子执行单元组成，包括道岔控制模块、信号机控制模块、轨道控制模块和与其他系统接口的通用输入、输出模块等。

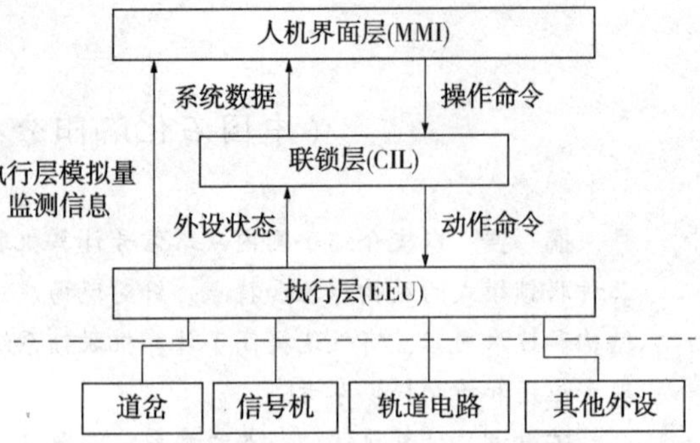

图 1 DS6-60 全电子计算机联锁系统组成示意图

DS6-60 全电子计算机联锁系统的联锁逻辑部、通信机和电子执行单元均按照二乘二取二结构设计，控显机设计为双机热备方式，维修机设计为单机，如图 2 所示。

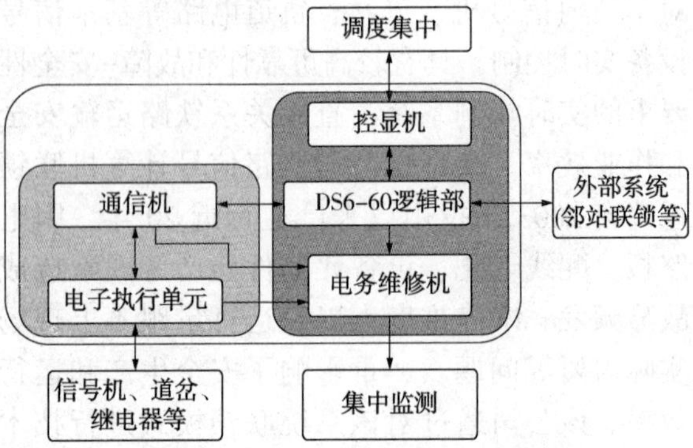

图 2 全电子计算机联锁系统结构示意图

(2) 采用新型的电子执行单元取代原有重力继电器组合作为控制单元，构建基于二乘二取二主机平台的全电子计算机联锁系统，实现对室外道岔、信号、轨道电路和其他接口设备的直接控制，完成车站联锁控制功能。

(3) 该系统联锁逻辑部分设计为两重系，分别为Ⅰ系和Ⅱ系，每一系为具有故障-安全的双套 CPU 系统，各系内部为二取二结构，任何一系都能独立工作，双系采用主从方式运行，任一系检测到严重故障，如系统内存校验错误、双 CPU 输出比较不一致等故障时，都会主动切换，故障系自动退出，另一系自动接替工作，实现系统连续不间断可靠运行，使系统具有高可靠性。CPU 单元软件采用不同编译器编译，可有效防止编译器产生共模错误，使系统安全性更高。

（4）该系统电子执行单元设计为智能单元，系统中每一个电子执行单元均按照双套冗余配置。正常工作时双套电子执行单元同时工作，采取竞争输出方式或并行输出方式控制被控设备，同时采集被控设备状态。双套电子执行单元中任一个发生故障后，另一个可继续维持正常控制功能。电子执行单元具有被控对象电压、电流等模拟量信号的检测功能，每个运算周期通过检测信息通道把各种模拟检测信息发送到系统维修机。

（5）系统各个层次和功能单元在设计上保证与其他部分的独立性，每个功能单元的功能、数据、故障等特性都进行严格的定义和封装，在子系统更换或存在外界干扰时，能够有效屏蔽对系统正常工作造成的干扰或冲击，有效保证系统中各子系统的可维修性。

（6）监控机由冗余热备的工业控制计算机A机和B机组成，物理上相互独立且均有人工操作（如办理进路）功能，通过双路工业以太网向安全联锁逻辑层中的联锁计算机发送操作命令，并接收来自联锁机的命令执行情况以及站场中各信号设备的表示信息，完成值班员的各种执行任务，并把执行结果实时显示在控制台或显示屏上，实现与联锁机信息的相互交换。

（7）执行层由各种全电子执行单元构成，全电子执行单元取代传统计算机联锁系统中的输入输出I/O板和继电器执行组合电路，采用电子电路设计和双CPU二取二工作模式，通过冗余光通信网络，与联锁机相结合完成末级控制和采集功能，驱动和采集室外信号设备状态，实现对室外信号设备的控制、监督、监测一体化。

（8）轨道模块由电子模块替代原JZXC-480型继电器作为轨道电路的接收设备，用于接收轨道信号电流，实时检测现场轨道电路的状态，通过总线传给联锁机，同时控制相应的电子开关，为同一区段的道岔模块提供区段锁闭的条件。

4　应用效果

（1）采用二乘二取二冗余结构设计，所有涉及安全信息处理和传输的部件均按照“故障-安全”原则采用双重结构设计，任何单点故障均不会影响系统的正常使用，满足铁路车站信号控制设备高可靠和高安全的使用要求，且系统软硬结构实现模块化和标准化，可扩展功能较强。采用了VxWorks实时操作系统，具有高可靠、高安全和高实时性等优点。

（2）采用全电子计算机联锁系统，取消了传统计算机联锁中继电器接口部分，采用电子单元直接控制信号设备，减少了系统施工和配线工作量，有效避免了施工和运用过程中配线引入错误，消除了因继电器之间配线复杂、使用频率高、通过驱动继电器接点执行命令动作故障概率较大等安全隐患。

（3）采用模块化设计，具有开放式结构且更加小型化和智能化，所有控制模块均安装在机械室内，施工简单、维修方便，由于具有信号集中监测功能，可实时监控运行状态，维护工作量小，基本不需要维修，如有必要可根据设备的监测状态进行故障修或状态修，具有高可靠性、高可维护性等优点。

（4）此次改进将原非标部分采用国标设计，信号显示颜色、粗细、亮度、比例设置等均按标准执行，更便于日常操作和维护检修。

5　结语

铁路信号计算机联锁系统采用二乘二取二冗余结构和全电子模块化设计，具有安全可靠性高、可扩展能力强、数据存储量大、逻辑运算能力快、维修成本低等优点，解决了原联锁系统故障率高、维修难度大等问题，有效提高了铁路运输的安全可靠性和生产作业效率。

参考文献

1　魏华强．计算机联锁铁路信号系统结构及维护重点［J］．创新科技，2013（4）：84-85.

仪表报警响应中心在实现预知维修过程的发展与应用

刘清源 李庆龙

(中国石油大庆炼化分公司，黑龙江大庆 163411)

摘 要 2020~2021年，中国石油炼化分公司组织多次会议或以文件形式督促各地区分公司加强报警管理、智能仪表管理。本文重点介绍大庆炼化公司仪表专业针对该项工作成立“区域报警响应中心”建设项目攻关组，历时2年时间，实现了30套系统、近12000多点报警信息集中管理工作，为预知性维修管理、装置及机组长周期稳定运行打下了坚实基础。

关键词 报警；DCS；FDM；PRM；无线测温

1 引言

炼化企业生产装置的安全和平稳生产是最根本的效益所在。但如何保证装置安全平稳生产，如何保证装置长周期运行，是摆在企业管理者面前最头疼、最主要的问题。

炼化装置安全生产管理大体分三个层级，即控制层、防止层、抑制层(见图1)，企业在前两个层级一直常抓不懈，资金投入较大而且成效显著；从企业的长远发展来看，如果再将抑制层的管理抓实、抓透，对筑牢安全基础将显得尤为重要。

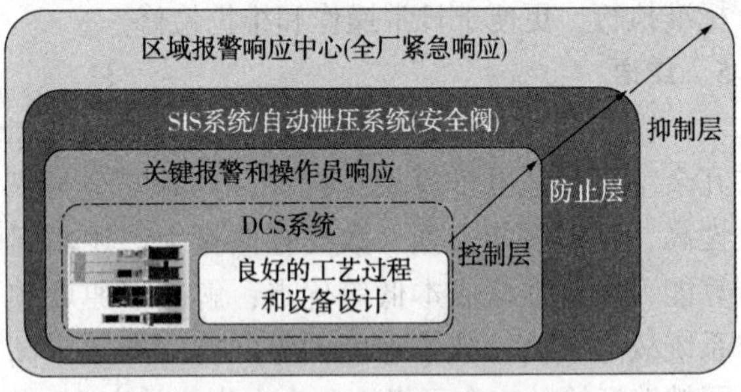

图1 安全生产管理层级示意图

1.1 企业目前现状

随着员工老龄化不断加剧，设备老旧程度不断增加，装置改扩建力度不断加大，演变为检维修作业量持续上涨，作业风险及安全平稳运行风险不断增加，维护难度逐步加大。

1.2 仪表报警信息未及时发现造成装置停工

2019年9时31分15秒，某公司二套聚丙烯装置2PV2307A阀门全开；操作人员在控制室手动关闭阀门，反应器压力保持不住，压力持续降低，工艺手动启动联锁，注入CO，装置紧急停工。

通过利用PRM系统查询定位器历史报警信息，故障定位器曾出现过“Deviation alarm”(偏差报警)、“Online deviation recovery”(在线偏差报警恢复)两条信息，该报警信息说明定位器输出与阀门实际位置曾出现过偏差且超时，生成报警信息。

由于该系统没有进行二次开发，无集中报警管理功能，维护及管理人员没有及时发现该报警信息，致使隐患扩大导致装置停工。

通过总结近几年各炼化企业的仪表专业典型事故案例，结合大庆炼化公司所处地理位置、各装置仪表现状、仪表专业人员构成等实际情况，建设了“区域报警响应中心”，利用技术手段强化现场仪表运行状态的集中监管，提高维护质量，减少无效劳动，将预知性维修工作落到实处，保证了装置安全平稳长周期运行。

2 建设方案

区域报警响应中心可实现预警管理，覆盖公司所有主体装置，建设、管理依托于控制系统、智能仪表、FDM、PRM及MES系统等，作用在于提高巡检效率，减少巡检工作量，及时发现设备异常报警和隐患问题，精准定位，将故障、隐患及风险消灭在萌芽状态。

目前可在以下六方面实现预警监控：控制系统硬件运行状态远程监控、控制系统网络运行状态远程监控、控制系统电源运行状态远程监控、现场智能仪表运行状态远程监控、现场智能仪表膜盒温度远程监控、现场仪表伴热无线监控。

在炼油集中控制中心，成立区域报警响应中心监控室，安装8台工作站，设置专人对8个生产部装置智能仪表运行状态、控制系统运行状态、伴热温度等进行不间断在线监控，及时发现报警、提前发现问题、及时通知维护人员进行处置(见图2)。

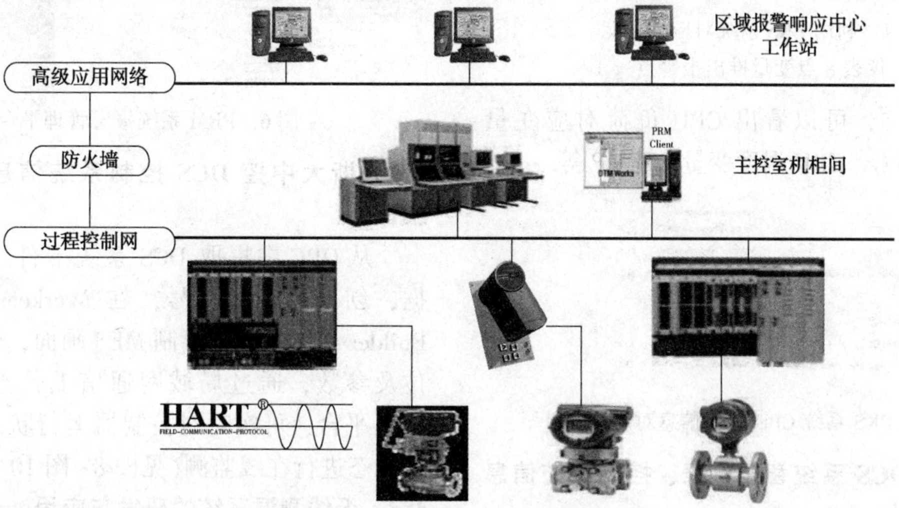

图2　区域报警响应中心网络拓扑

3　实施计划

(1) 2020年3~6月，对HART协议智能变送器膜盒温度、HART协议智能变送器及智能定位器运行状态等参数进行变量解读等工作。

(2) 2020年7~10月，对Honeywell DCS系统CPU、I/O卡件运行状态、负荷、温度、网络、电源运行状态等参数进行变量解读等工作。

(3) 2020年11~12月，对横河DCS系统CPU、I/O卡件运行状态、负荷、温度、网络、电源运行状态等参数进行变量解读及组态等工作。

(4) 2021年1~3月，对浙大中控DCS系统CPU、I/O卡件运行状态、电源运行状态等参数进行变量解读等工作。

(5) 2021年4~6月，通过Honeywell HMI-Web display builder、横河CENTUM、浙大中控SCDrawEs等图形编辑软件进行画面绘制、变量链接、脚本编译工作，同时实现MES画面建点组态、变量上传测试等工作。

4　项目实施

为保证项目顺利实施，成立攻关组，分别对Honeywell PKS系统、横河CS3000及VNET系统、浙大中控JX-300系统进行了近10个月的攻关，完成了30套控制系统硬件运行状态、网络运行状态、控制系统电源运行状态、现场智能仪表运行状态、现场智能仪表模盒温度、现场仪表伴热无线监测、可燃及有毒报警器运行状态、环保仪表指标数据运行状态共计12000多点数据链接、监控工作。

4.1　Honeywell DCS系统智能仪表、控制系统信息建点组态工作

通过Honeywell FDM系统，选择要监控的智能仪表变量，利用FDM与PKS双向通信功能，找到智能仪表在PKS系统对应的8点变量(见图3)，再通过PKS组态，推出1个FLAG点作为最终报警点(见图4)。

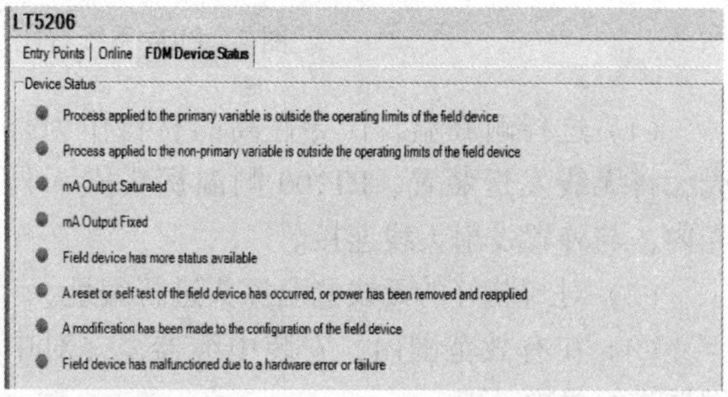

图3　FDM监控智能仪表常用的8点变量

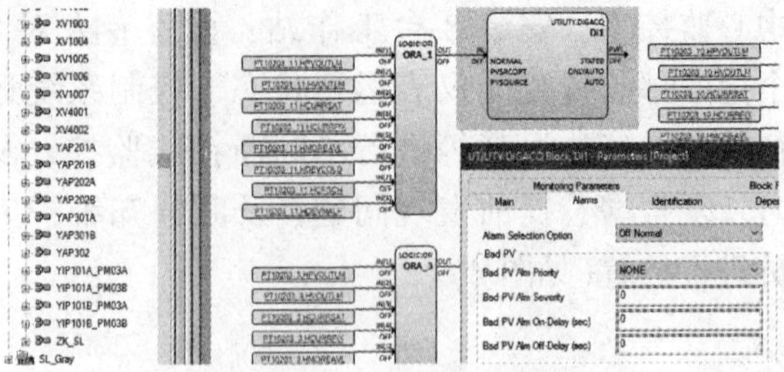

图 4 利用 PKS 系统对应的智能仪表 8 点变量推出报警点

通过图 5，可以看出 CPU 负荷对应变量 CPUFREEAVG、CPU 温度变量 CTEMP 等。

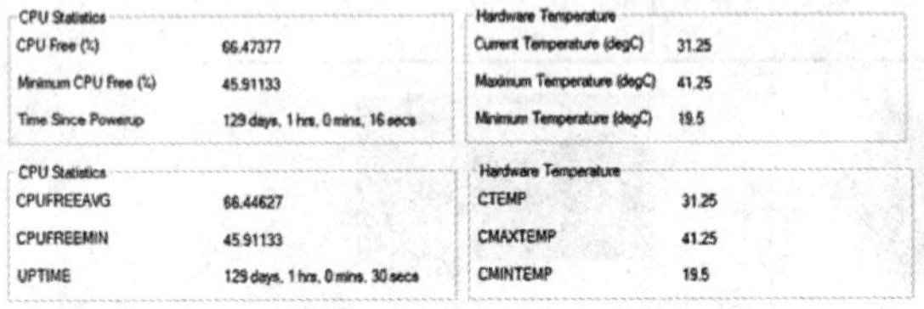

图 5 PKS 系统 CPU 卡件信息对应变量

4.2 横河 DCS 系统智能仪表、控制系统信息建点组态工作

在工程师站安装一台 OPC SERVER，与 PRM 工作站进行通信。通过 SQL 数据库软件，将 PRM 系统中的智能仪表状态变量进行解读，定义报警，集中监视(见图 6、图 7)。

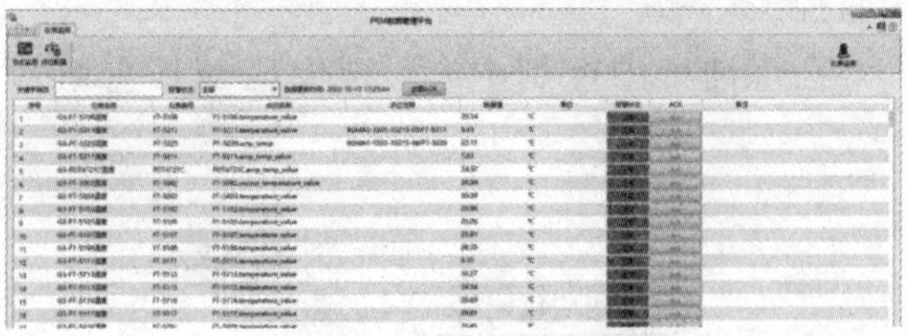

图 6 PRM 系统报警管理平台

4.3 浙大中控 DCS 控制系统信息建点组态工作

从 OPC 中提取 DCS 系统卡件运行状态数据，创建 MES 位号，在 Workcenter Display Builder 绘图软件中绘制 MES 画面，引用所需点位及参数，通过局域网通信上传至生产运行 MES 平台，可实时对控制器运行状态、卡件运行状态进行在线监测(见图 8~图 10)。

4.4 无线测温系统的研发与应用

无线测温探头的研制与安装如图 11 所示。

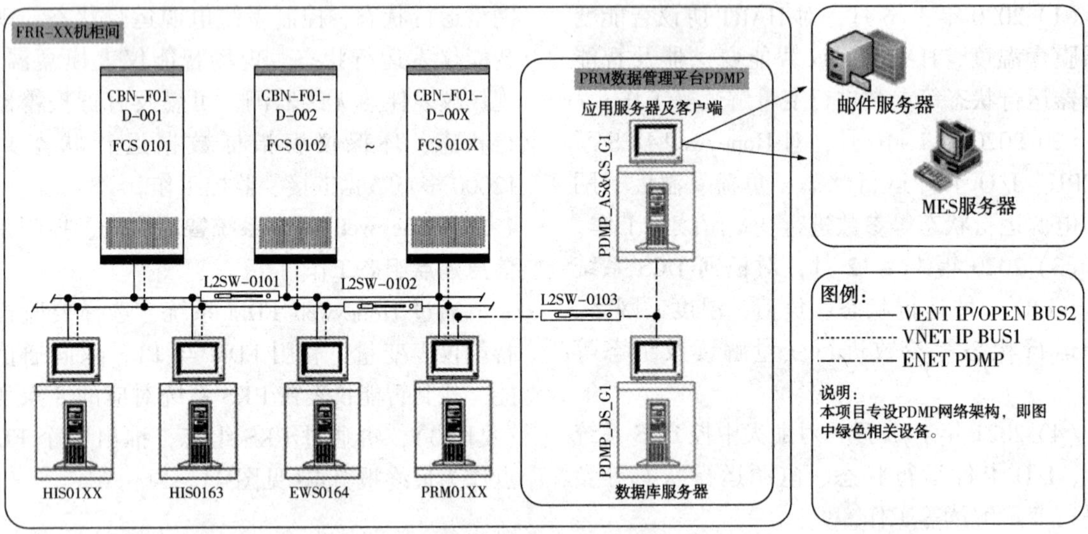

图 7 PRM 系统智能仪表诊断信息上传网络拓扑

(1) 选择耐高温、传导性高的材料作为外壳，将无线发送装置、PT100 测温探头嵌入外壳内，与外置发射天线连接。

(2) 对封装好的无线测温探头进行编址。

(3) 在有效范围内，安装中继器，并对中继器进行供电。

(4) 将报警监控软件安装在 WINXP 或 WIN7 操作站上。

(5) 通过软件，对安装在现场的无线测温探头进行组态，包括位号、安装位置、历史趋势等。

(6) 通过物联网，实现软件与现场无线测温探头通信，并进行实时数据监管。

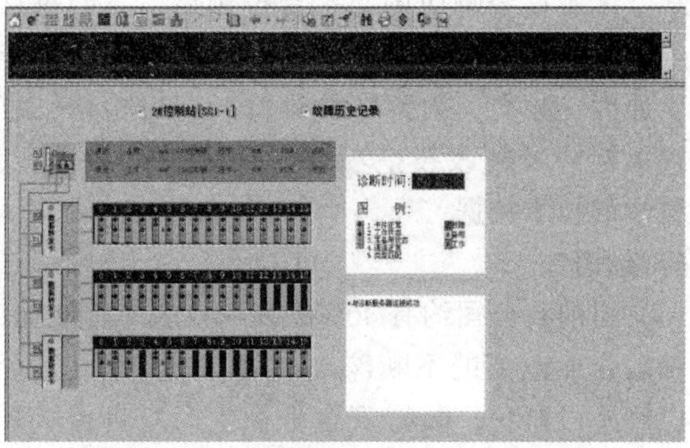

图 8 JX-300 系统卡件运行状态画面

储运部成品油作业区7#8#罐区控制系统状态监测参数列表

序号	装置位号	MES位号	仪表位号（组态点位号）	位号描述（可根据实际需要进行修改）
1	CS0102	CPY7_CS0102_YB	_CS_001_002.WORK	主控卡[2]SC1-1状态
2	CS0103	CPY7_CS0103_YB	_CS_001_003.WORK	主控卡[2]SC1-1状态（备）
3	CM0200	CPY7_CM0200_YB	_CM_001_002_000.WORK	数据转发卡[0]SC1-1状态
4	CM0201	CPY7_CM0201_YB	_CM_001_002_001.WORK	数据转发卡[0]SC1-1状态（备）
5	IO020000	CPY7_IO020000_YB	_IO_001_002_000_000.WORK	AI卡状态
6	IO020001	CPY7_IO020001_YB	_IO_001_002_000_001.WORK	AI卡状态
7	IO020002	CPY7_IO020002_YB	_IO_001_002_000_002.WORK	AI卡状态
8	IO020003	CPY7_IO020003_YB	_IO_001_002_000_003.WORK	AI卡状态
9	IO020004	CPY7_IO020004_YB	_IO_001_002_000_004.WORK	AI卡状态
10	IO020005	CPY7_IO020005_YB	_IO_001_002_000_005.WORK	AI卡状态
11	IO020006	CPY7_IO020006_YB	_IO_001_002_000_006.WORK	AI卡状态
12	IO020007	CPY7_IO020007_YB	_IO_001_002_000_007.WORK	AI卡状态
13	IO020008	CPY7_IO020008_YB	_IO_001_002_000_008.WORK	AI卡状态
14	IO020009	CPY7_IO020009_YB	_IO_001_002_000_009.WORK	AI卡状态
15	IO020010	CPY7_IO020010_YB	_IO_001_002_000_010.WORK	AI卡状态
16	IO020011	CPY7_IO020011_YB	_IO_001_002_000_011.WORK	AO卡状态
17	IO020012	CPY7_IO020012_YB	_IO_001_002_000_012.WORK	DI卡状态
18	IO020013	CPY7_IO020013_YB	_IO_001_002_000_013.WORK	DI卡状态

图 9 JX-300 系统卡件运行状态对应 OPC 变量表

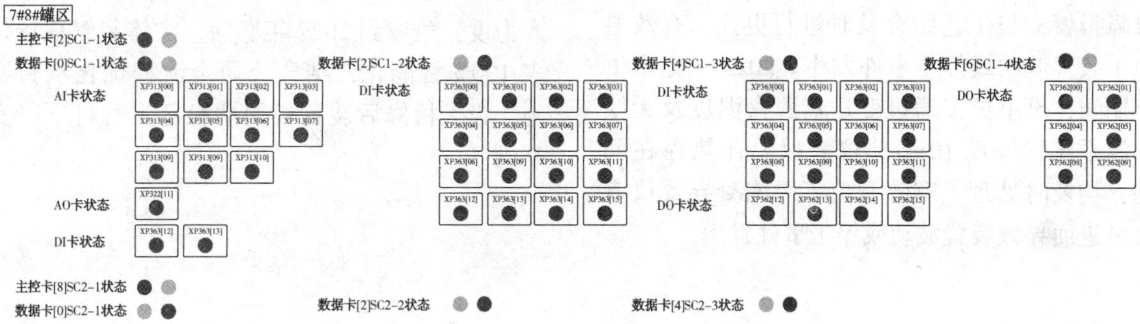

图 10 JX-300 系统卡件运行状态 MES 监控画面

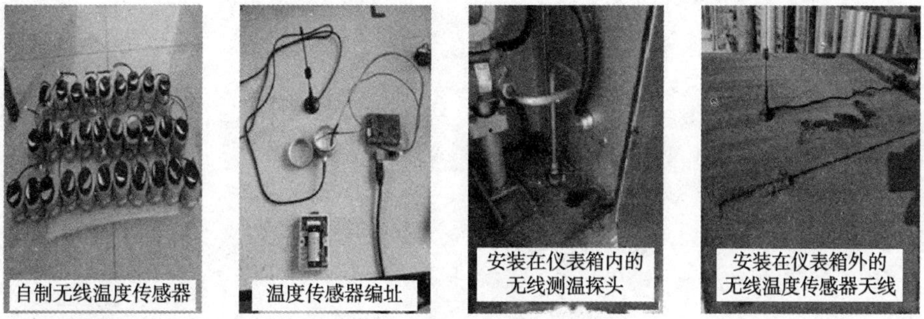

图 11 无线测温探头研制及安装

对于无线测温系统，现已完成炼油生产一部、炼油生产二部、炼油生产三部、化工生产一部、化工生产三部共计 1000 点关键仪表无线测温监测工作(见图 12)。

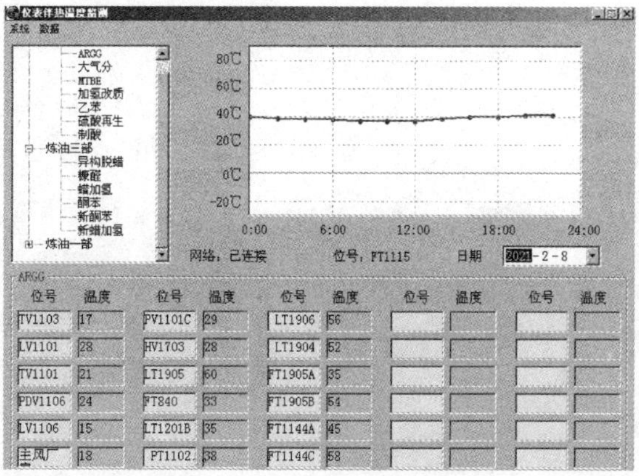

图 12 无线测温巡检画面

5 应用成效

该项目实施后，通过专业监控人员 24h 不间断监视，对控制系统、电源、智能仪表运行状态的报警信息进行集中监管，发现问题及时上报处理，大大减少或避免了因伴热问题、设备故障问题导致的平稳率超标、装置波动问题发生，提高了仪表运行的高可靠性，为装置的长周期运行打下了坚实基础(图 13)。

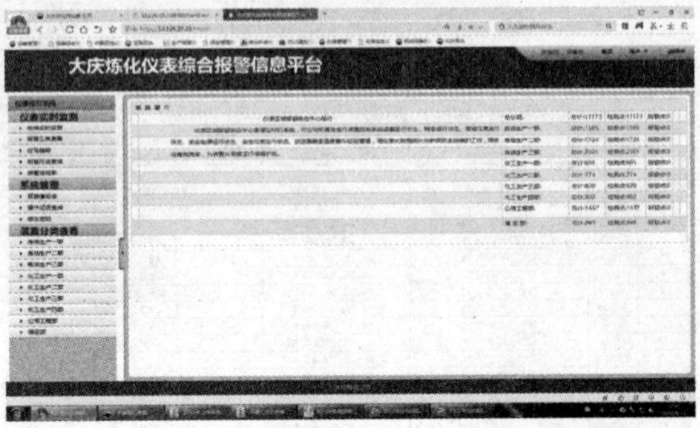

图 13

2022 年 9 月，管理人员通过区域报警响应中心平台监视发现二套聚丙烯装置 2 台定位器故障报警，与工艺结合及时进行更换，有效避免了装置波动或停工事件发生。2023 年冬季生产期间，班组员工通过变送器膜盒温度及无线测温系统，发现 10 多起仪表保温伴热存在问题，均及时处理，有效避免了因冻凝导致仪表失灵进而导致装置波动或停工事件发生。

区域报警响应中心平台投用后，我们每月组织开展总结分析工作，全面总结分析报警产生原因、频次，为预知性维修、窗口检修、装置大检修及技改技措项目立项提供更加详实、科学的技术数据。

6 结语

目前我公司约有 40%的现场仪表非智能化，随着企业改革的不断深入，岗位的减编、整合已经不可避免，装置安全平稳生产对自控水平的要求将越来越高，但自控水平提升要靠智能仪表、控制系统及先进的管理手段作为基础，因此下一步工作，我们将加大智能仪表资金投入力度，争取到 2027 年底前，主体装置现场仪表 100%智能化，结合公司全流程优化项目实施，为大检修后装置长周期稳定运行打下坚实基础。

运用 IGS 技术改进聚丙烯 SIS 系统通信方式

孙海军　梅昌利　郭义昌
（中国石化沧州分公司设备工程部，河北沧州　061000）

摘　要　本论文针对 Rockwell Automation 公司的 RSLinxClassic 与 Logix5571 控制器通信偶有中断问题进行分析，提出运用 IGS 技术改进聚丙烯 SIS 系统通信的方法，最终解决了因控制系统通信中断而引发的检查处理不及时带来的诸多问题。

关键词　SIS；RSLinx；IGS

2022 年 12 月 28 日，总部石化股份制〔2022〕14 号文发布了关于印发《中国石化炼化企业仪控专业管理规定》的通知，该通知共发布了 7 个细则，其中包含"中国石化炼化企业联锁保护系统管理细则"。这就给我们的预防性策略及定时性工作提出了更高的要求，如何保证 SIS 系统平稳运行，如何及时发现 SIS 系统的问题并尽快解决等是我们面临的一个新课题。

1　问题描述

聚丙烯装置的 SIS 系统采用罗克韦尔公司的 Logix5571 系列作为下位机，上位机采用 GE 公司的 IFIX 软件，上位机与下位机之间的通信采用 RSLinxClassic 冗余配置。一般情况下，在 IFIX 软件与 Logix5571 控制器通信有一路中断时，RSLinxClassic 会自动切换到另一路通信。

在现有网络通信架构下，IFIX 上位画面无法设置网络状态显示。运行部操作人员无法直接监测到通信网络问题，仪表维护人员也只能定期通过 RSLinxClassic 诊断来判断网络是否正常。

2　RSLinx 冗余模式介绍

RSLinx 是一个 OPC 适应的服务器。原聚丙烯 SIS 系统建立 OPC 对控制器的数据采集方式如下：

一路 OPC Topic 命名为 JBX100，Data Source 指向 IP 地址为 192.168.100.51 的 1756-L71 控制器；另一路 OPC Topic 命名为 JBX101，Data Source 指向 IP 地址为 192.168.101.51 的 1756-L71 控制器。Processor Type 选择 Logix5000；Polled Messages 复选，数值为 1000。Communications Driver 选择 AB_ETHIP-100 A-B Ethernet RUNNING。OPC Topic 配置如图 1 所示。

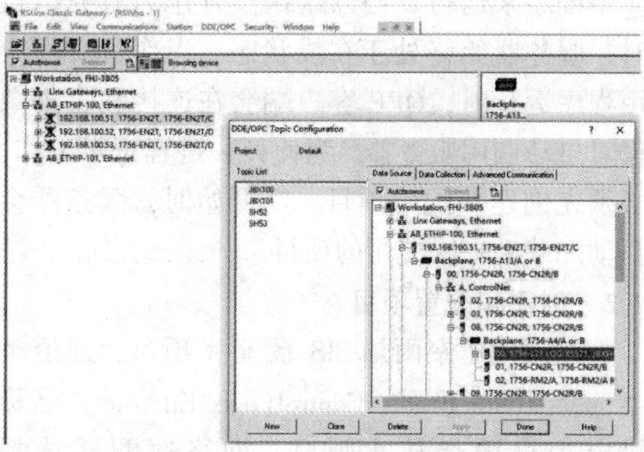

图 1　OPC Topic 配置

Alias Name 定义为 JBXFHJ，Alias Topics 添加 JBX100 和 JBX101，Switch on error 和 Switch on command 复选。

日常检查聚丙烯 SIS 系统网络运行情况可通过 RSlinx 的 RSWho 功能查询，如图 2 所示。

3　IGS 简介

IGS 是一种基于软件的服务器，用于在客户端应用程序、工业设备和系统之间实现精确通信和快速设置，并提供卓越的互用性。该服务器提供了各种插件、设备驱动程序以及组件，拥有最新和最好的行业标准协议，可以与数千种混合供应商设备和仪器进行通信。

作者简介：孙海军（1976—），男，河北沧州人，2005 年毕业于石家庄经济学院计算机科学与技术专业，工程师，现从事仪表管理工作。

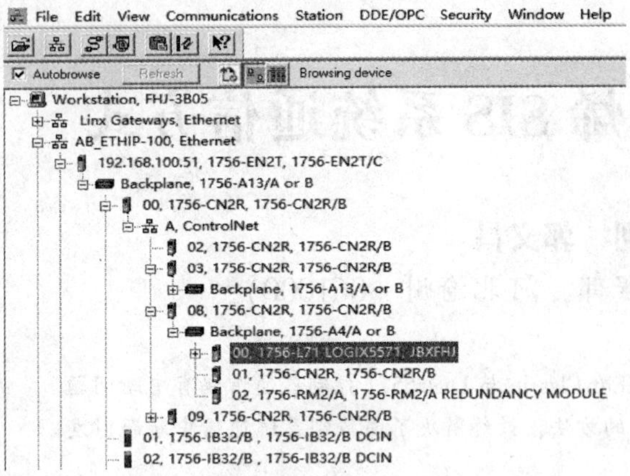

图 2 RSWho 诊断

4 聚丙烯 SIS 系统改进工作

4.1 运行 IGS 服务器

IGS 服务器既可作为服务，也可作为桌面应用程序来运行。当以默认设置作为服务运行时，服务器始终处于在线状态。当作为桌面应用程序运行时，OPC 客户端会在连接和收集数据时自动调用服务器。为使任一进程正常工作，必须先创建和配置项目。在开始时，服务器会自动加载上一次使用的项目。

4.2 创建和配置项目

首先创建聚丙烯 SIS 系统 A 项目，通道类型选择 Allen-BradleyControlLogix Ethernet；名称设定为聚丙烯放火炬 A；网络适配器选择 192.168.100.86：Intel（R）Ethernet Connection（5）I219-LM；当写队列中存在多个写操作时，选择如何将写操作数据传递到底层的通信驱动程序，优化方法选择仅写入所有标记的最新值；写操作与读操作的比例值选择 10；选择无效的浮点数发送到客户端时替换为零。

下一步则需要新建设备，设备名称设定为 JBXFHJ_A；与此 ID 关联的设备的特定类型选择 ControlLogix 5500；指定设备的驱动器特定节点 ID 按 <IP or Hostname>, 1, [<Optional Routing Path>], <CPU Slot> 格式设定为 <192.168.100.51>, 1, [0, 2, 9, 1], 0；确定扫描设备中标记的频率扫描模式为：遵循客户端指定的扫描速率；禁用缓存数据为新标记引用时提供首次更新，而不是立即轮询设备；与远程设备建立连接的最大允许时长设定为 3s，驱动程序等待目标设备发送完成响应的时间间隔设定为 1000ms，在认为请求已终止并且设备出错之前驱动器发送通信请求的次数设定为 3，下一个请求发送到目标设备之前驱动程序等待的时间设定为 0ms；禁用通信故障时降级功能；设备启动时不生成自动标记，创建时删除重复标记，允许自动生成的子组；TCP/IP 端口设定为 44818，数据请求和响应的最大字节数设定为 500，控制器关闭之前连接可以保持空闲的时长设定为 32s，单个事务中读取的原子数组元素标记的最大数量设定为 120；选择从控制器读取和寻址数据的协议模式为逻辑未分块，在检测到在线和离线编辑或 RSLogix/Studio 5000 下载之后服务器同步。

接下来需要创建数据库的标记源，可以选择从设备创建也可以选择从导入文件创建，我们选择 Logix Designer Import/Export File 导入文件 JBXFHJ. L5K。导入文件以纯文本形式表示项目数据，包括系统配置及相关通道数据配置等，部分内容如图 3 所示。

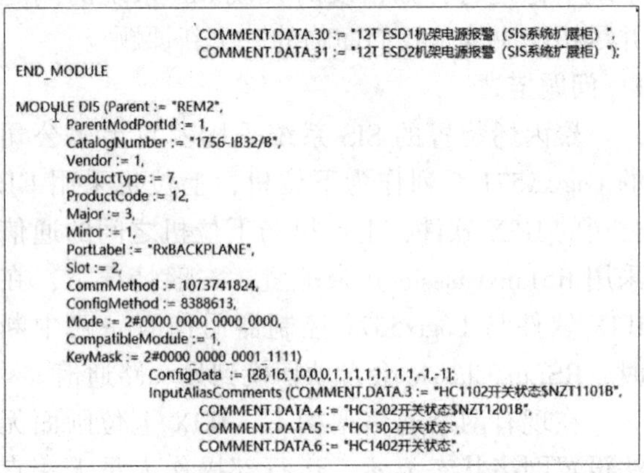

```
                    COMMENT.DATA.30 := "12T ESD1机架电源报警（SIS系统扩展柜）",
                    COMMENT.DATA.31 := "12T ESD2机架电源报警（SIS系统扩展柜）");
END_MODULE

MODULE DI5 (Parent := "REM2",
    ParentModPortId := 1,
    CatalogNumber := "1756-IB32/B",
    Vendor := 1,
    ProductType := 7,
    ProductCode := 12,
    Major := 3,
    Minor := 1,
    PortLabel := "RxBACKPLANE",
    Slot := 2,
    CommMethod := 1073741824,
    ConfigMethod := 8388613,
    Mode := 2#0000_0000_0000_0000,
    CompatibleModule := 1,
    KeyMask := 2#0000_0000_0001_1111)
            ConfigData := [28,16,1,0,0,0,1,1,1,1,1,1,1,1,-1,-1];
            InputAliasComments (COMMENT.DATA.3 := "HC1102开关状态$NZT1101B",
                    COMMENT.DATA.4 := "HC1202开关状态$NZT1201B",
                    COMMENT.DATA.5 := "HC1302开关状态",
                    COMMENT.DATA.6 := "HC1402开关状态",
```

图 3 JBXFHJ. L5K 文本部分内容

至此，IGS 配置完成。运行时的界面如图 4 所示。

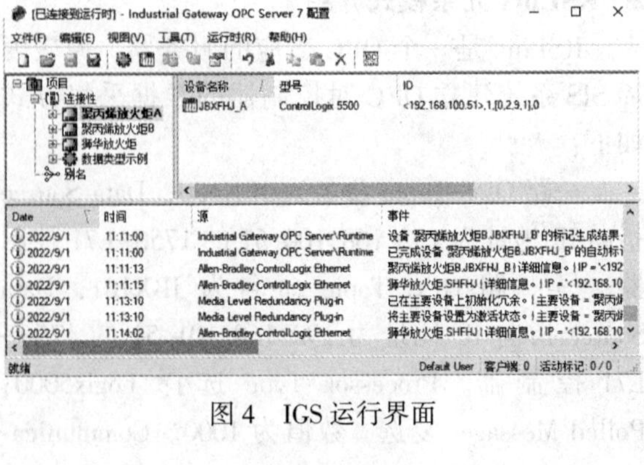

图 4 IGS 运行界面

4.3　IFIX 增加通信监测点

打开 IFIX 数据库管理器，新增 Tag，名称设定为 FHJ_A_TXZT，类型选择 DI，描述为放火炬 A 通信状态，扫描时间设定为 1，I/O 设备设定为 IGS，驱动器选择 IGS Industrial Gateway Server，I/O 地址为聚丙烯放火炬 A. JBXFHJ_A._System. _NoError。至此，聚丙烯 SIS 系统通信网络 A 新增监测点完成。依此类推，重复以上步骤完成 B 网和狮华网络新增监测点，分别命名为 FHJ_A_TXZT 和 SH_TXZT。

在 IFIX 页眉画面中增加三个 Oval 并匹配对应的文本描述，具体信息见表 1。以 Oval1 为例进行配置，Tag 点数据源对应选择 Fix32. FIX. FHJ_A_TXZT. F_CV，前景颜色阈值为 0 时匹配为红色，前景颜色阈值为 1 时匹配为绿色，组态完成的画面如图 5 所示。

表 1　Oval 明细

序号	Oval 名称	文本描述	备　注
1	Oval1	聚丙烯 A 通信	网络监测
2	Oval2	聚丙烯 B 通信	网络监测
3	Oval3	狮华通信	网络监测

5　结语

通过运用 IGS 技术改进聚丙烯 SIS 系统网络通信后，控制系统能够自动监测控制网络通信状态并在上位画面显示并报警提示(见图 5)。这有利于操作人员和维护人员及时发现并判断控制网络的异常及故障，有针对性地进行相应的检修处理，保证了聚丙烯 SIS 系统数据正常，为装置安、稳、长、满、优运行提供了有效支持。

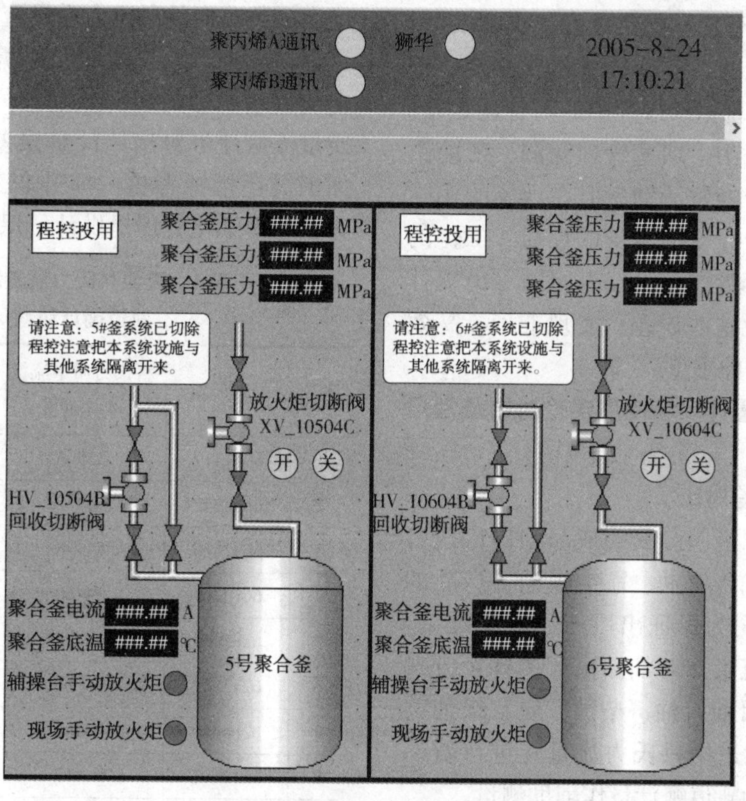

图 5　IFIX 组态画面

参　考　文　献

1　杨金彭，孙俊凯，郭淑萍，等．基于 IGS 的 Micro850PLC 与 IFIX 通信技术研究[J]．中国信息化，2020(3)：70-72.

质量流量计现场使用误差分析与改进对策

周于佩　周建国　张冰锋

（中国石化洛阳分公司，河南洛阳　471012）

摘　要　针对质量流量计在现场的实际应用情况，分析质量流量计出现误差的原因，提出相应的解决方案，保证质量流量计在成品油贸易结算过程中的准确性和可靠性，更好地为公司提质增效。

关键词　质量流量计；U形管；变送器；贸易交接；计量准确度

质量流量计作为经济活动量化的“标尺”和节能降耗的重要技术手段，在能源的计量和分析使用情况中起着重要作用。如果企业没有合理配备质量计量器具，就无法获得准确的计量数据，难以开展科学有效的统计与分析，也就无法为企业生产经营活动提供准确的决策依据。质量流量计虽然能通过准确计量量化考核、查找工艺的缺失、发现生产过程中的不合理之处，并且能挖掘技术潜力，堵塞管理漏洞，帮助企业更好地从事生产经营活动，但在现场的实际应用中仍然会因为介质的本身的性质、工作的条件、流量计的参数设定、仪表问题等出现计量误差。如何避免这些误差，实现准确、高效地计量是本文研究的重点。

1　科氏力质量流量计现场使用误差对比及常见误差

1.1　现场使用误差对比

目前中国石化洛阳分公司成品油出厂栈台有5个，承担柴油、汽油、航空煤油等产品的出厂。2011年公司为保证出厂产品流量准确，采用科氏力质量流量计对油品出厂的计量方式进行更新升级，目前汽油、柴油、航空煤油共120台质量流量计采用科氏力流量计进行贸易结算，同时以自动轨道衡计量作辅助测量。

由表1所示的某批汽油科氏力质量流量计和轨道衡计量对比数据可以看出：差量最大的出现在序号为1的车辆，车号为6611319，车型为GQ70，容积为78.7t，差量最小的出现在序号10的车辆，车号为6274475，车型为G70K，容积为69.7t。可以看出流量计和轨道衡计量出的数据差距较大的情况多出现于较大车型。同时随着装车进入后期，差值相对趋于平稳，较少出现相差在300t以上的情况。因此随着贸易量的增多，大型车辆的不断增加，流量计量的准确性更需要关注。除此之外，相较于轨道衡，绝大多数车辆的科氏力质量流量计计量量更大，计算精度上升，作为贸易结算的依据，可以为企业创造一定的经济效益；另一方面，科氏力质量流量计可对出厂计量误差细化控制，完善加工损耗指标考核，提升职工装车操作技能，为企业精细化管理提供计量保证。

表1　汽油科氏力质量流量计和轨道衡计量对比　kg

序号	车号	科氏力质量流量计计量量	轨道衡计量量	差量
1	6611319	53966	53594	−327
2	6608952	54462	54186	−276
3	6602560	54448	54246	−202
4	6613261	54460	54311	−149
5	6281154	48254	48179	−75
6	6273888	48255	48017	−238
7	6284486	48256	47950	−306
8	6612291	54467	54159	−308
9	6604662	54418	54077	−341
10	6274475	48256	48240	−16
11	6612722	54457	54316	−141

作者简介：周于佩，助理工程师，2022年毕业于集美大学，工学硕士，现从事油品装卸工作。

续表

序号	车号	科氏力质量流量计计量量	轨道衡计量量	差量
12	6607281	54463	54296	−167
13	6607106	54460	54565	105
14	6280595	48292	48065	−227
15	6613020	54460	54251	−209
16	6609051	54483	54318	−165
17	6603392	54458	54267	−191
18	6277461	48246	48006	−240
19	6609264	54450	54213	−237
20	6601325	54480	54237	−243

1.2　常见误差分析

科氏力质量流量计在成品油出厂贸易结算过程中起到了至关重要的作用，但由于科氏力质量流量计自身的特点和现场使用情况的复杂，容易造成流量计故障。因此为了最大限度地避免故障及影响生产，对科氏力质量流量计的现场使用情况和产生的问题进行了实际调研总结分析，得出以下4项末端因素：

①零点出现误差，主要是现场工艺和仪表对设备操作方面带来的影响；②作为和流量直接相关的参数斜率设置有误；③压力、温度等超限影响流量计计量情况；④工艺管线含气、流体介质影响、外界振动以及安装应力的影响会造成虚量的产生，从而使计量出现偏差。

1.2.1　零点影响

在科氏力质量流量计应用的过程中经常会出现管道中没有介质的流动，但仪表显示流量值，这种情况被称为零点漂移，造成这种情况的原因主要有现场工艺和仪表本身故障两方面。

（1）工艺影响　在现场操作过程中如果瞬时流量过大、过小或者在装车过程中流量忽大忽小，都会造成零点漂移。以成品油装车为例，假如在顶线或是装车过程中未能控制油品流量，使得流量过大高于90t/h时，将会给流量计带来较大误差；当装车鹤位开启过多或是鹤管下不到底时会造成流量过低，即低于40t/h时，会造成流量计计量精度和出厂量相差较大的情况。质量流量计需要满管计量，如果介质未满，被测介质流动缓慢，使传感器管振动不平衡，会影响传感器的性能和精度，导致仪表显示不准确。在实际的生产过程中，当周围的环境发生变化时，油品容易产生一定的物理反应，例如汽化，会出现气液混合的两相流，而流量计对于此类两相流情况并不能很好地进行测量。

（2）仪表故障　仪表故障主要是变送器或是传感器故障。可以从输入同一路信号或者驱动反馈电压入手来判断故障的原因所在。输入同一路信号，查看变送器零位是否正常，如果变送器零位不正常，则可能是由变送器本身问题或者电磁干扰等引起。在驱动反馈电压方面，如两路反馈差值大，在确保电缆连接无误的情况下，基本上可以确认传感器存在故障。

1.2.2　斜率影响

质量流量计测量公式如下：

$$Q_m = k_s \cdot \Delta t \tag{1}$$

式中　Q_m——质量流速，g/s；

k_s——流量标定系数，g/(s·μs)；

Δt——时间差，μs。

由此可以看出当k_s流量标定系数(斜率)一定时，Q_m仅与时间差Δt成正比。但k_s流量标定系数(斜率)和制造流量计的金属弹性呈函数关系，随着温度的变化金属弹性也会发生变化，此时k_s不再是常数，在进行计算时就会影响质量流量计的精确程度。除此之外，不同的质量流量计k_s流量标定系数(斜率)也是不同的，当更换流量计时，k_s流量标定系数(斜率)也会发生变化，如果没有重新进行更改和设置，也会造成流量计计量的误差。

1.2.3　外界温度

当外界环境变化时，例如温度升高，介质收到流量计壳体传输的热量后，密度和黏度也将发生一定的改变，计量将会产生偏差，同时温度的变化也会对传感器的尺寸和仪表电子元件产生影响。2022年冬季，台四1018鹤位流量计出现较大波动，如图1所示，流量计显示降至34t/h，经检查是温度骤然降低引起的变送器故障，修理后恢复正常。

1.2.4　产生虚量

产生虚量的原因主要有含气、流体介质影响、受外界振动影响三个方面。

（1）含气影响　密度值是判断是否含气的

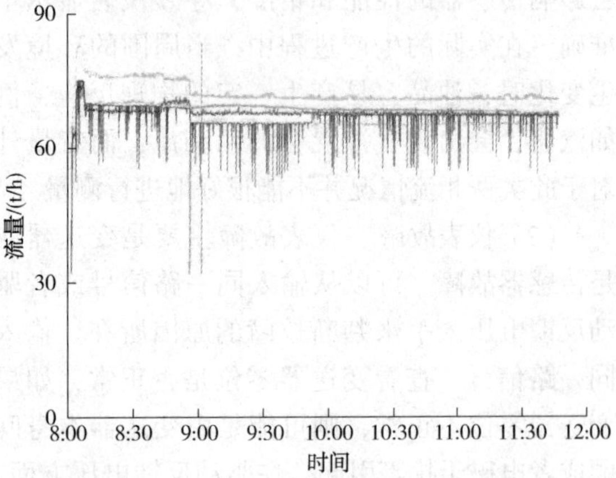

图1 台四1018鹤位流量计计量异常现象

重要指标，工艺管线如果含气将会影响敏感管的工作状态。因此在装车过程中要时刻关注台上仪表显示的油品密度和实验室测量出的密度情况，如果密度明显偏低，管内含气的可能性较大；如果密度明显偏高，要考虑是否为变送器接线未接牢，对数据的传输造成影响。

（2）流体介质影响　流体介质的状态和特性都会给管道敏感性造成一定的影响，夏季石脑油和汽油装车时，由于介质组分轻，管线内夹带有气体，个别鹤位装车阀打开后还没有开泵就出现小流量，如果不及时清除，会造成流量计走虚量，使槽车量欠量。

（3）外界振动影响　科氏力质量流量计对外界振动较为敏感，当质量流量计受到外界的振动或是安装应力的影响时，都会造成计量不准确的情况发生。

2 解决科氏力质量流量计误差的有效途径

2.1 正确零点标定

（1）在工艺方面，规范操作，正确控制油品流量，避免流量不稳定的情况出现。若为两相流状态或管道不满流，可以采用将小流量切除值提高到最大流量的0.5%~1.0%，打开段塞流功能，安装排气装置或者改变安装方法，通过管路循环将介质填满管道和传感器。

（2）在仪表故障方面，需要观察传感器的振动状态。如果振动对传感器有影响，可在传感器两端增加或者加强支撑部件，或是通过设置小流量切割值和适当增加阻尼值来解决。在变送器方面，首先判断变送器是因本身故障还是受电磁干扰影响，如果是本身故障就进行相应的更换或者修理；若是受电磁干扰影响，要注意流量计在安装时远离会产生大型磁场的设备。

2.2 定期检查斜率

当k_s为常数时，检查表内斜率和铭牌斜率是否一致，确保新换质量流量计后，斜率也随之更新，避免计量误差。当温度发生变化，k_s不再是常数时，利用温度校正系数进行修正，例如温度升高，测量管刚性降低，振幅增大，相位差增大，此时应向负向修正，同时将斜率根据温度补偿系数进行相应更改。

2.3 设定温度校正系数

当厂家将质量流量计交付使用时，都会给出相应的温度矫正系数，例如厂家给出的Flowcal系数为47.806/4.75，4.75即为温度矫正系数，即在温度变化100℃的情况下，误差为4.75%。因此在流量计的使用过程中，可以根据给出的数据设定好温度校正系数，并通过公式(1)来降低误差。

2.4 优化操作加强维护

首先，装车栈台质量流量计启用时，从工艺管线末端开始，输油泵开泵后，介质先流向管线末端，消除管线内气泡，保证工艺管线充满液体介质。其次，可以考虑安装消气器，减少气液的混合，避免产生两相流的情况影响测量的准确度。最后，在使用流量计前要及时检查流量计的工作状态，查看信息报警、指示灯情况等，对在用流量计要经常检查、巡检和维护，操作人员要检查传感器、变送器线路是否虚接、松动，及时紧固，时刻注意流量计的使用情况。

关注记录质流、温度、密度、零点等数据，关注温度和季节变化对质量流量计带来的影响，在油品装车的过程中注意关注每台流量计显示的温度、密度并和实验室的检验标准进行对照，便于及时发现异常；严格规范流量计的安装流程，在测量油品等相关介质时流量管应向下安装，安装流量计时要远离振动源，避免外界振动对流量计的影响。后期如果需要对安装的流量计进行校准，可以采用线上调试的方式，减少安装应力对质量流量计的影响。

3 结论

经过研究分析可以看出，科氏力质量流量

计在应用过程中各种因素对其的影响是客观存在的，在使用的过程中需要我们对介质的化学特性、物理特性、流量计本身、工作环境等有全面且客观的认识和了解。通过对流量计使用过程中出现的问题进行总结分析，根据问题找出相应的解决方案，进一步根据流量计的所处环境、测量介质和使用情况总结出质量流量计应用维护的具体方案，将质量流量计的作用发挥到最大。而如何更好地利用质量流量计，进一步开发质量流量计的潜能仍然是未来研究的重点。

参 考 文 献

1 仝家林，姜春起，张鸣翔，等. 关于质量流量计测量误差的分析与改进对策[J]. 天津科技，2022，49(3)：18-22.

2 李慧玲，丁长涛. 质量流量计的零点对计量精度的影响[J]. 计量技术，2013(5)：37-40.

3 袁杰，张俊. 质量流量计在成品油贸易交接计量中的应用探讨[J]. 河南化工，2017，34(5)：47-49.

6kV 快切装置启动后却切换失败典型案例分析

孟庆元 王 靖 陈小龙 翟羽佳
（中国石油华北石化分公司，河北任丘 062552）

摘 要 某石化公司上级电网波动，110kV 总降变 110kV Ⅰ段电源电压暂降，导致下侧的装置变“蜡油 110kV 变电站”6kV 侧快切装置动作，失压段进线开关 LY601 切开后，母联开关 LY603 合闸，由于母线电流激增超过了母联充电保护定值，母联充电保护动作跳闸，造成蜡油 110kV 变电站 6kV 侧Ⅰ段母线失电。通过本次典型事件，建模分析快切动作时大容量负荷电流暂态情况，根据理论分析修订保护参数、调整运行方式。

关键词 电网波动；快切装置；充电保护；建模分析

1 蜡油 110kV 变电站系统概况

蜡油 110kV 变电站设置有两台 110/6. 3kV 主变，单台容量 25MVA；6kV 侧正常运行方式为单母分段，两段电源分列运行，母联开关热备用并配备有 ABB SUE3000 无扰动快速切换装置。两段 6kV 母线所带设备如表 1 所示。

表 1 两段 6kV 母线所带设备

所属母线	设备名称	容量/(kVA/kW)	额定电压/kV	额定电流/A
Ⅰ段	1#接地变	250	6	24. 06
	蜡油 1#变	2000	(6. 3±2×2. 5%)/0. 4	183. 3/2886. 8
	蜡油 3#变	2000	(6. 3±2×2. 5%)/0. 4	183. 3/2886. 8
	高压贫胺液泵 P106A	1250	6	139. 8
	分馏塔底油泵 P202A	315	6	37. 2
	分馏塔进料泵 P203A	200	6	24. 3
	柴油泵 P204A	200	6	24. 3
	反应进料泵 P102A(运行柜)	5800	6	639
	新氢机 K102A(运行柜)	6700	6	742
	新氢机 K102C(运行柜)	6700	6	742
Ⅱ段	蜡油 2#变	2000	(6. 3±2×2. 5%)/0. 4	183. 3/2886. 8
	蜡油 4#变	2000	(6. 3±2×2. 5%)/0. 4	183. 3/2886. 8
	高压贫胺液泵 P106B	1250	6	139. 8
	分馏塔底油泵 P202B	315	6	37. 2
	分馏塔进料泵 P203B	200	6	24. 3
	柴油泵 P204B	200	6	24. 3
	反应进料泵 P102B(运行柜)	5800	6	646
	2#接地变	250	6	24. 06
	新氢机 K102B(运行柜)	6700	6	742

其中新氢机 K102A、B、C 设置有斜坡电压限流软启，限流倍数为 3 倍额定电流；反应进料泵 P102A 设置有斜坡电压限流软启，限流倍数为 4.5 倍额定电流；反应进料泵 P102B 设置有斜坡电压限流软启，限流倍数为 4.2 倍额定电流。设置有软启动的电动机启动过程结束后切换到工频回路运行。其余电动机均为全压直启控制方式。

快速切换装置有三种启动方式：

（1）手动启动：通过就地手动启动，两段母线均可以切换到母联。

（2）保护启动：可以通过外部保护装置启动信号来启动切换。

（3）低电压保护启动：没有外部保护启动的输入信号，也可以通过进线低电压信号启动切换。为避免 PT 断线导致低电压误动作，在低电压启动切换中增加了有流闭锁切换逻辑。

以上三种方式可以启动快切装置进行切换，启动快切后快切装置根据电网情况进行切换，切换方式共有四种，即快速切换、首次同相切换、残压切换、延时切换。

2　快切装置动作情况

2.1　4 月 8 日电网波动事件

4 月 8 日，上级电网 110kV 线路某处铜铝过渡的设备线夹连接处疲劳断裂，造成电压波动。蜡油 110kV 变电站 6kV Ⅰ段母线电压由 6.27kV 最低降至 3.55kV，快切装置低电压启动，快切装置首次同相动作。但随后，蜡油 110kV 变电站 LY603 母联开关充电保护跳闸，蜡油 110kV 变电站 6kV Ⅰ段母线失电。

2.2　6 月 29 日电网波动事件

6 月 29 日，因雷雨大风天气，上级电网 220kV 变电站的 2#电源继电保护“接地距离Ⅰ段”动作跳闸，重合闸成功，造成上级 220kV 变电站#2 主变负荷波动，引起给石化公司供电的 110kV 线路电压波动。蜡油 6kV Ⅰ段母线线电压由 6.32kV 降至 4.79kV，快切装置低电压启动，快切装置首次同相切换成功，但是由于动作后母联开关接受的冲击电流达到 7368A，大于母联充电保护定值 5490A，母联充电保护动作，LY603 母联开关跳闸，造成蜡油 110kV 变电站 6kV 侧Ⅰ段母线失电。

3　继电保护与快切装置配置情况

3.1　蜡油主变 6kV 侧现运行保护定值

蜡油 1#、2#主变 6kV 侧过流Ⅰ段保护定值为 9900A、1.2s；过流Ⅱ段 1 时限保护定值为 5400A、1.9s，过流Ⅱ段 2 时限保护定值为 5400A、2.2s。

3.2　蜡油 6kV 母联现运行保护定值

蜡油 LY603 母联限时速断保护定值为 5490A、0.9s，动作于跳闸；充电保护定值为 5490A、0.05s，动作于跳闸。

4　原因分析

4.1　4 月 8 日跳闸事件

快切动作母联合闸时，失压段母线蜡油变电站 6kV Ⅰ段运行电动机有：LY615 分馏塔底油泵 P202A、LY613 高压贫胺液泵 P106A、LY625 进料泵 P102A、LY629 新氢压缩机 K102A、LY617 分馏塔进料泵 P203A。其中 LY625 进料泵 P102A 与 LY629 新氢压缩机 K102A 虽然为软启动控制，但是电机启动完成后即切换工频运行回路，快切切换时，两台大容量电机均运行在工频运行回路，母联合闸后的再启动过程均是全压直接再启动。此次事件，母联合闸时再启动的电动机总容量为 14265kW，冲击电流为 5597A，超过母联充电保护定值 5490A，母联跳闸。

4.2　6 月 29 日跳闸事件

在电网波动前，失压段母线蜡油变电站 6kV Ⅰ段运行的电动机有：加氢进料泵 P102A、新氢压缩机 K102A、贫胺液泵 P106A、分馏塔底进料泵 P203A、柴油泵 P204A。根据故障录波信息，加氢进料泵 P102A 在进线跳闸、母联开关合闸瞬间，直启运行电流达到 4359A，贫胺液泵瞬间运行电流为 660A，新氢压缩机瞬间运行电流为 2438A，母线电流达到母联充电保护定值后跳闸，导致蜡油 6kV Ⅰ段母线失电。研究判断母联充电保护动作原因为区内负荷电流激增。此次事件，母联合闸时再启动的电动机总容量为 14150kW，冲击电流为 7368A，超过母联充电保护定值为 5490A，母联跳闸。

5　不同工况下快切切换冲击电流仿真

为了彻底分析清楚快切动作瞬间各电动机的暂态电流变化，石化公司结合继电保护科研单位，对蜡油 110kV 变电站快切装置动作后母联充电保护动作跳闸的情况进行了模拟仿真，并制定了强制切开不同负荷后的模拟仿真场景分类，分类模拟各种切换情况下的暂态压降、电流抬升数据，寻找解决方案。

（1）考虑失压一段最大运行负荷情况下，新氢压缩机 K102A、K102C、加氢进料泵 P102A、柴油泵 P204A、分馏塔进料泵 P203A、分馏塔底油泵 P202A、高压贫胺液泵 P106A 同时运行，此段电网波动时，电机转速降为最低转速全压再启动时的仿真(见图 1~图 4)。

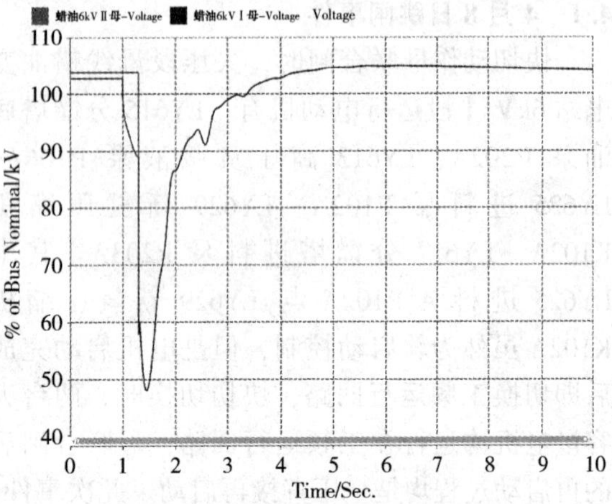

图 1 蜡油 1#、2#母电压最低降至 50%

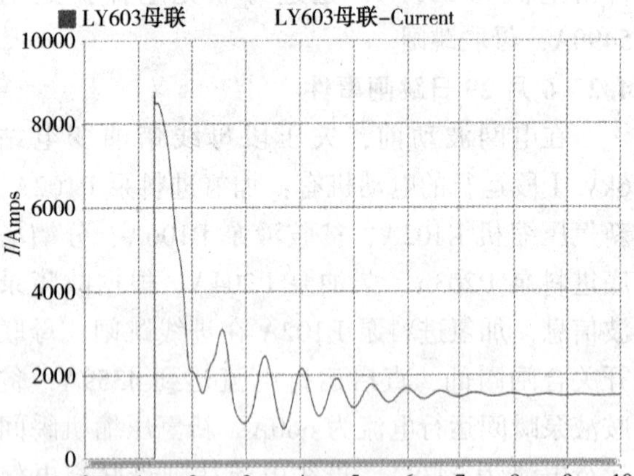

图 2 蜡油 6kV 母联最大冲击电流 8773A

（2）考虑新氢压缩机 K102A、加氢进料泵 P102A、柴油泵 P204A、分馏塔进料泵 P203A、分馏塔底油泵 P202A、高压贫胺液泵 P106A 同时运行，Ⅱ段新氢压缩机 K102B 运行，此段电网波动时，电机转速降为最低转速全压再启动时的仿真(见图 5~图 8)。

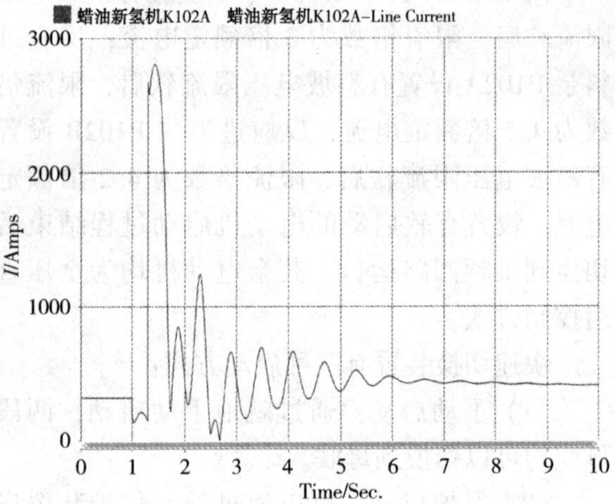

图 3 同步电机最大冲击电流 2806A

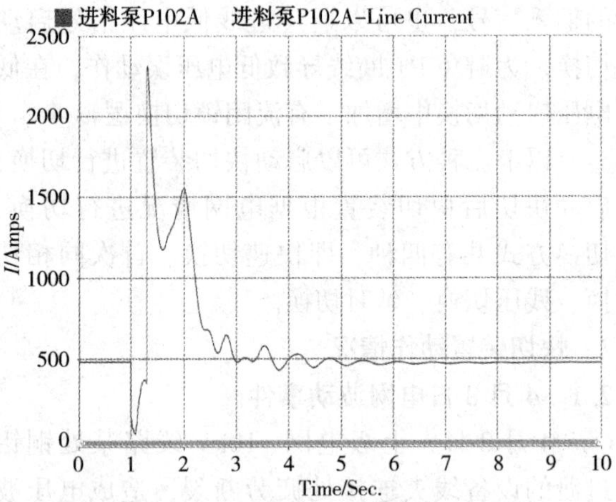

图 4 蜡油进料泵最大冲击电流 2314. 2A

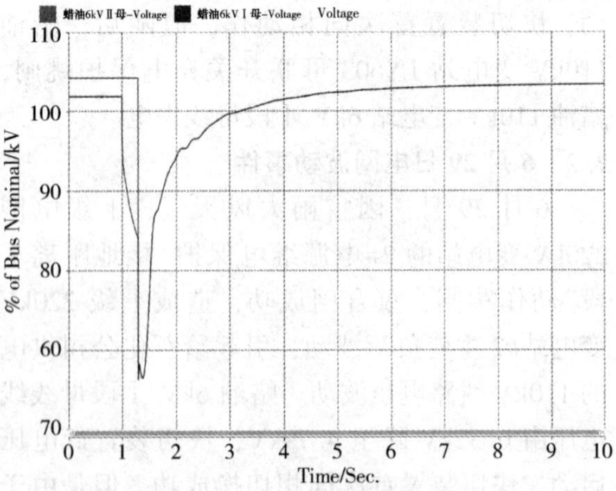

图 5 蜡油 1#、2#母电压最低降至 66. 4%

（3）考虑切除新氢压缩机 K102A、K102C、柴油泵 P204A、分馏塔进料泵 P203A、分馏塔底油泵 P202A、高压贫胺液泵 P106A，只有加氢进料泵 P102A 运行，此段电网波动时，电机转速降为最低转速时的仿真(见图 9~图 11)。

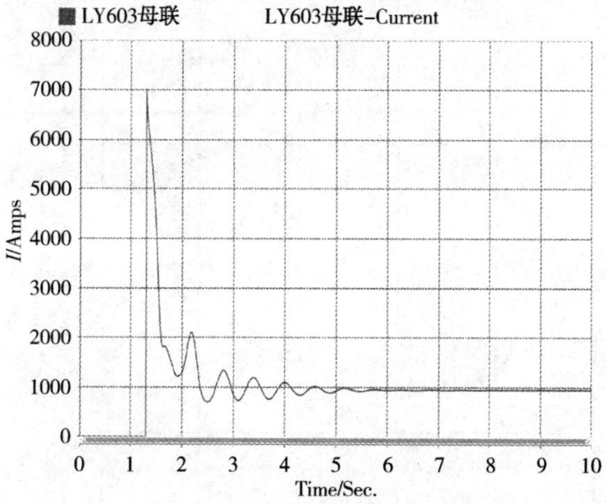

图 6　蜡油 6kV 母联最大冲击电流 7009A

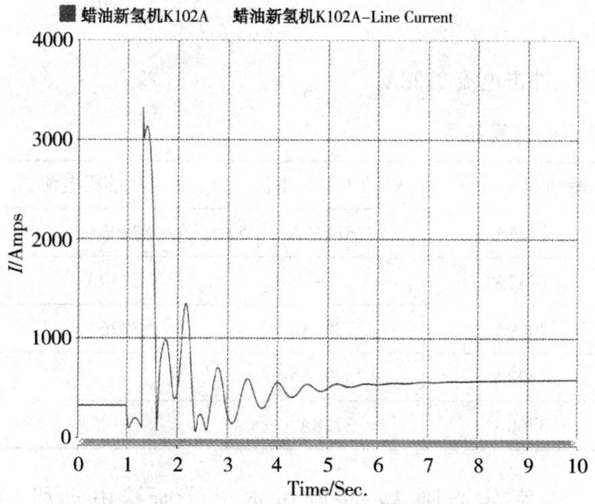

图 7　同步电机 K102A 冲击电流 3326A

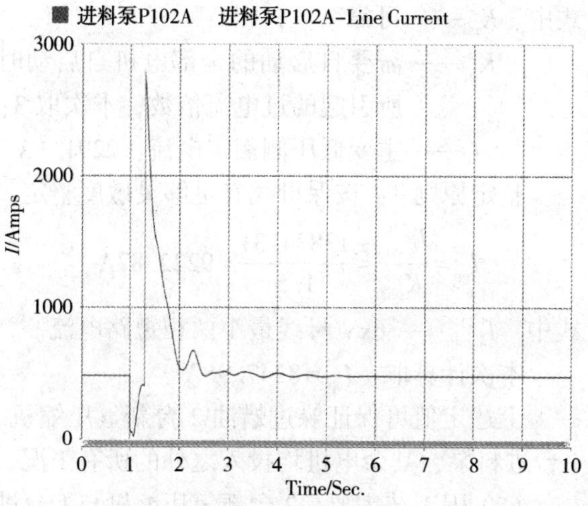

图 8　蜡油进料泵最大冲击电流 2788.3A

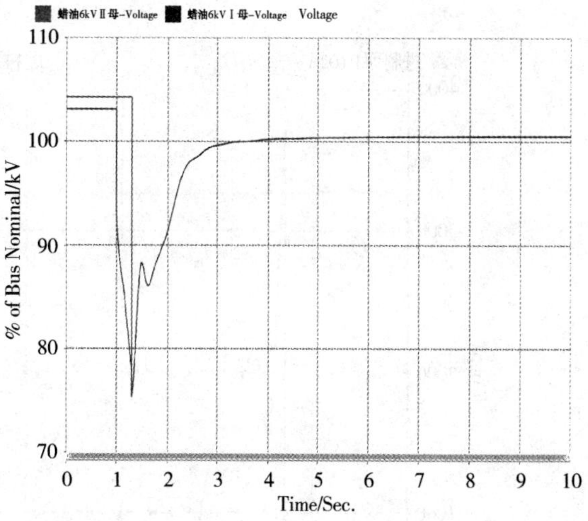

图 9　蜡油 1#、2#母电压最低降至 75.6%

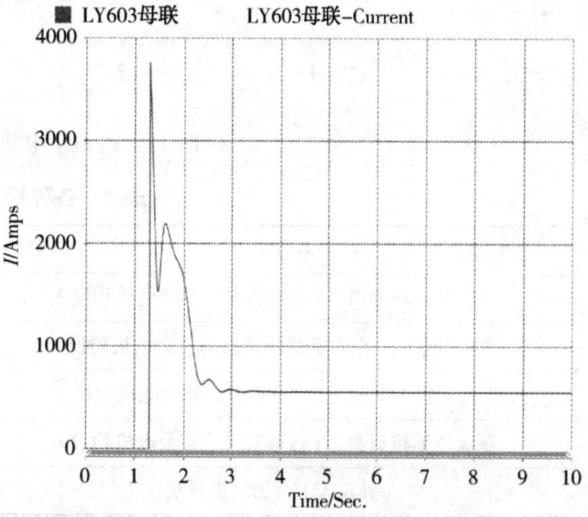

图 10　蜡油 6kV 母联最大冲击电流 3760A

蜡油 110kV 变电站失电快切的模拟仿真，分类分析各种切换情况下的暂态压降、电流抬升数据仿真结果汇总见表 2。

6　改进方案确定

(1) 结合继电保护科研单位，通过对仿真数据的分析，加氢裂化装置只要有 1 台新氢压缩机与 1 台进料泵在同一段母线运行，快切切换时母联充电保护都有可能动作。1 台新氢压缩机与 1 台进料泵在同一段母线运行正是蜡油 110kV 变电站的主要运行方式，快切切换时母联的冲击电流会超过母联充电保护定值 5490A，因此在保证灵敏度的前提下，可修改母联限时速断和充电保护定值，但是需要把上下级涉及的保护定值和配合关系重新梳理，使其躲过主要运行方式下快切切换时的冲击电流。

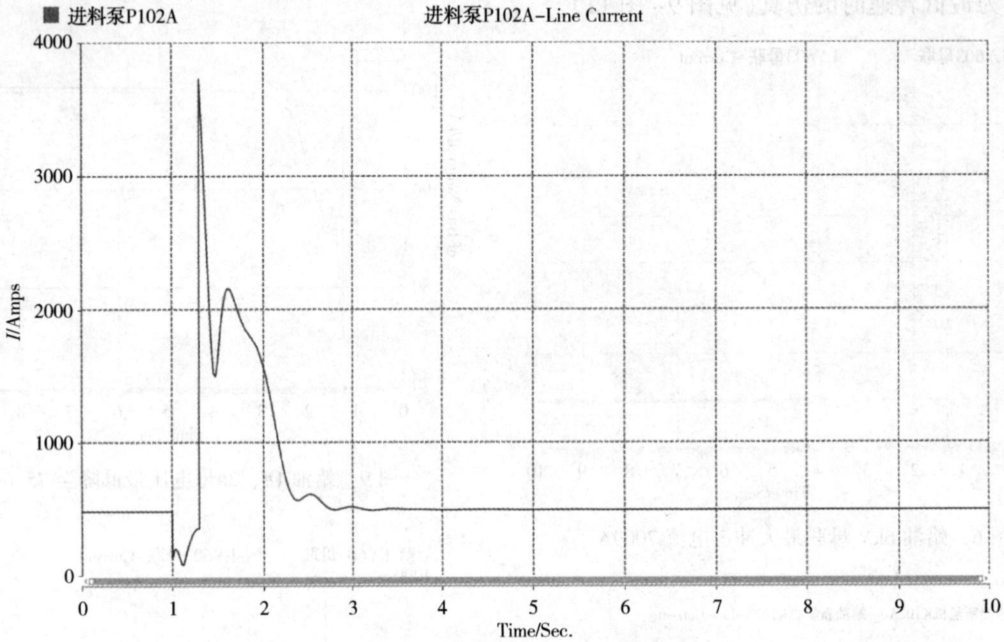

图 11 进料泵电机机端最大冲击电流 3728A

表 2 各种切换情况下的仿真结果

运行工况	蜡油 6kV 母联	蜡油进料泵电流	新氢压缩机电流
两台新氢压缩机、1 台进料泵，其余电机均投入	8773A	2314. 2A	2806A
进料泵退出，两台新氢压缩机与其余电机均投入	7782A	—	3259A
1 台新氢压缩机、1 台进料泵，其余电机均投入	7009A	2788. 3A	3326A
新氢压缩机退出、1 台进料泵，其余电机均投入	4427A	3349. 6A	—
只投入 1 台加氢进料泵	3760A	3728A	—

母联充电保护定值计算原则如下：

整定原则 1：按躲过本支路母线上最大容量电动机启动电流整定。

$$I_{op}=K_{rel}\times(I_e-I_M+K_s\times I_M)$$
$$=1.2\times(2291.1-639+4.5\times639)$$
$$=5433.12A$$

式中 K_{rel}——可靠系数，1. 2；

I_e——主变低压侧额定电流，2291. 1A；

I_M——6kV 启动电流最大电机(反应进料泵 P102A)额定电流，639A；

K_{st}——启动倍数，4. 5。

整定原则 2：按与下级最大限时速断定值配合。

$$I_{op}=K_{rel}\times I_{op}=1.2\times4313.25=5175.90A$$

式中 K_{rel}——可靠系数，1. 2；

I_{op}——反应进料泵速断定值。

整定原则 3：按躲过本母线所接电动机最大启动电流之和整定。

$$I_{op}=K_{rel}\times K_{zq}\times I_e=1.2\times3\times2291.1=8247.96A$$

式中 K_{rel}——可靠系数，1. 2；

K_{zq}——需要自启动的全部电机自启动时所引起的过电流倍数，本次取 3；

I_e——主变低压侧额定电流，2291. 1A。

整定原则 4：按保母线有足够灵敏度整定。

$$I_{op}=\frac{I_{k.\min}^{(2)}}{K_{sen}}=\frac{13834.31}{1.5}=9222.87A$$

式中 $I_{k.\min}^{(2)}$——6kV 母线最小两相短路电流。

本次计算取：$I_{op}=8247.96A$

上述定值可保证躲过蜡油 2 台新氢压缩机、1 台进料泵，其余电机均投入之外的所有工况。

(2) 因工艺需要，2 台新氢压缩机与 1 台进料泵在同一段母线运行的极端方式也会出现，在极端方式下快切切换时的冲击电流超过 8700A。为了应对此时的冲击电流，不再调大保护定值，而是从运行方式上采取措施，研究出以下两种方案来应对：

① 可以设置运行限制，建议工艺根据机组电源的分布合理规划各机组的投用，尽量避开大型机组运行在同一段母线上。当 2 台新氢压缩机 K102A 和 K102C 需要同时运行时，在开机之前将进料泵 P102A 切换成蜡油Ⅱ段上的 P102B 运行，要求工艺上新氢压缩机 K102A、K102C 与进料泵 P102A 不能同时开机运行，因为这 3 台电机总容量已达到 19200kW，折算成视在功率为 21333kVA，蜡油主变容量为 25000kVA，3 台电动机加上 2 台 6kV、2000kVA 变压器与柴油泵 P204A、分馏塔进料泵 P203A、分馏塔底油泵 P202A、高压贫胺液泵 P106A，设备容量已远超主变容量，也会导致母联合闸时的冲击电流过大引起保护误动。

② 新氢压缩机增加逆功率保护联跳功能，从而降低冲击电流。通过仿真数据分析确定，只要蜡油 6kV Ⅰ段上 3 台大容量电机不同时运行，快切切换时充电保护定值就能躲过冲击电流。

7　经验分享

(1) 石化企业大容量电机密集，特别是部分装置变高压电机比较集中，仅通过保护定值配合达到“晃电不停装置”要求，付出的代价较大。积极发挥电力调度职能，合理调整运行方式，能够大大提高快速切换动作成功率。

(2) 大容量电机的软启动方式，可以有效降低正常开车时的启动电流，减少对电网的冲击，但快切动作时，暂态下电动机均是全压启动，需要在确定保护方案时引起注意。

(3) 极端情况下，机组维修迫不得已需要单段电源带多台高压电机运行，可考虑增设逆功率保护，电压波动时可快速跳开易产生反电势的同步电机(不会造成装置停工的机组)，为快切正确动作争取有利条件。两段负荷均衡正常运行期间，同步机逆功率保护退出。

参　考　文　献

1　周文俊．电气设备实用手册[M]．北京：中国水利电力出版社，1999.

2　刘屏周．工业与民用供配电设计手册[M]．(第四版)．北京：中国电力出版社，2016.

3　李玉华，霍大勇．供电线路不当投切的事故分析[J]．工业安全与环保，2010(3)：26，29.

不间断电源UPS直流系统中交流纹波对铅酸蓄电池寿命的影响

王群峰　马宏文　王　辉　李　杰
（中国石油兰州石化分公司，甘肃兰州　730060）

摘　要　在日常阀控铅酸蓄电池维护时，要经常性地检测浮充纹波电流，跟踪直流纹波的变化，如果纹波电流有显著增加，应及时更换直流电容等滤波器件。2023年某石化企业大检修期间对部分运行UPS的直流电容、交流电容进行了更换。

关键词　交流波纹；蓄电池；浮充电压；波纹电压

在UPS系统中，交流电经过整流器转换为直流电后，由于整流器本身的非理想特性以及后续滤波电路的不完全性，直流电中往往会叠加有一定量的交流成分，这种叠加在直流电上的交流分量即为纹波。纹波的幅度和频率取决于整流电路的设计和性能。

不间断电源UPS在运行中往往会出现以下情况：2023年某石化企业装置变电所同一供电环境下的两台UPS，其中一台UPS的蓄电池使用了7年，另一台UPS的蓄电池使用了4年，这两台UPS均使用同一批次蓄电池，然而1号UPS的蓄电池使用正常，2号UPS的蓄电池出现老化现象。这种情况，往往是由2号UPS的直流电容老化导致的交流纹波过大造成的。

1　纹波对蓄电池寿命的影响

1.1　内部化学反应

纹波会导致蓄电池内部化学反应的不均匀性。在蓄电池的充电过程中，纹波的存在会使充电电流发生波动，这种波动可能导致蓄电池内部的化学反应不完全，从而影响蓄电池的容量和寿命。

特别是在充电后期，当蓄电池接近满电状态时，纹波的影响更为明显。过大的纹波可能会导致蓄电池过充，产生大量热量和气体，加速蓄电池的老化。

1.2　温度效应

纹波还会引起蓄电池内部温度的升高。由于纹波导致的充电电流波动和化学反应不均匀性，蓄电池在充电过程中会产生额外的热量，这些热量如果无法及时散发出去，将导致蓄电池内部温度升高，进一步加速蓄电池的老化过程。

1.3　机械应力

纹波还可能对蓄电池内部的极板产生机械应力。由于充电电流的波动，蓄电池内部的极板可能会受到不均匀的力作用，导致极板变形、开裂等机械损伤，这些损伤将直接影响蓄电池的性能和寿命。

2　交流纹波的形成

交流纹波是指在直流电压或电流中，叠加在直流稳定量上的交流分量。交流纹波电压是直流电压中的交流成分。理论上，直流电压是一个固定的值，但是在充电器中输出的直流是由交流电压整流、滤波后得来的，即使是最好的基准电压源，其输出电压也是有纹波的。

我们往往用交流纹波的峰峰值及有效值来描述纹波：峰峰值是指波形图中最大的正值和最大的负值之间的差。针对正弦波而言，峰峰值除以2是峰值，峰值乘以0.707是有效值。以市电为例，有效值为220V，峰峰值为622V，峰值为311V，有效值=峰峰值÷2×0.707。

2.1　纹波电压对于蓄电池的影响之一：导致蓄电池发热

蓄电池的高温会极大地影响使用寿命，超

作者简介：王群峰（1970—），男，陕西西安人，高级工程师，现从事电气高压运行及低压维护管理工作。

过25℃以上时，每升高10℃，使用寿命会减少一半。蓄电池的温度主要取决于蓄电池周围的环境温度和蓄电池内部温度，而内部温度主要来源于内部放热电化学反应和电流通过电阻元件的电阻热。

以一节西恩迪MPS12-100R(12V、100Ah)为例，在理想的无纹波的情况下，浮充电压=13.6V，浮充电流=0.2A，那么这节电池在浮充状态的用电消耗=13.6×0.2=2.72W，其中有2%为蓄电池自放电，2%～3%消耗在板栅腐蚀和气相反应中，约95%的浮充电流消耗在氧循环上，而氧循环是一个发热反应，这节电池在浮充阶段发热量=13.6×0.2×95%=2.58W。

而实际中，充电器存在输出纹波，会在此纯直流分量的发热量上，再叠加一个交流纹波分量发热量。如果浮充阶段的纹波电压(峰峰值)为0.12V，纹波电压比例(峰峰值)=0.12÷13.6=0.88%，此比例0.88%小于推荐值1.5%，但是此纹波电压造成的纹波电流(峰峰值)=0.12÷0.0052=23A，即纹波电流(有效值)为8.16A，超过了最大允许值5A，此纹波导致的热量增加量为0.35W，此热量相对于纯直流电路的热量2.58W，有13%的增加，此热量的增加会影响蓄电池的寿命，如表1所示。

表1　MPS12-100R发热量

直流部分发热量	浮充电压	13.6V	
	浮充电流	0.20A	
	浮充电功率	2.72W	
	直流部分发热量	2.58W	
纹波部分发热量	浮充电压	13.60V	
	纹波电压(峰峰值)	0.12V	
	纹波电压比例(峰峰值)	0.88	推荐≤1.5%，不得超过4%
	纹波电压(峰峰值)	0.0424V	
	纹波电压(有效值)	0.31%	推荐≤0.5%，不得超过1.4%
	蓄电池内阻MPS12-100R	0.0052Ω	
	纹波电流(峰峰值)	23.08A	
	纹波电流(有效值)	8.16A	不得超过容量1/20，也就是5A
	纹波部分发热量	0.35W	
总发热量	总发热量	2.93W	
	纹波导致的热量增加比例	13%	

胶体电池相对于AGM蓄电池内阻较大，浮充电流较小，而受纹波电压的影响较小；相反，AGM高功率蓄电池内阻较小，会受纹波影响较大。以西恩迪高功率蓄电池C&D12-370DNT为例，纹波仍是0.12V(峰峰值)，C&D12-370DNT的内阻较小，为4.65mΩ，因为此纹波电压，导致了15%的发热量的显著增加。因此，纹波电压和纹波电流两个参数均要关注(见表2)。

2.2　纹波电压对于蓄电池的影响之二：导致蓄电池排气

除了关注过大的纹波电压导致的蓄电池发热，也要关注纹波电压导致的排气和提前干涸。以蓄电池单体为例，2.35V的充电电压会使得蓄电池排气，所以建议单体电池充电电压不高于2.3V，如果浮充电压直流部分为2.25V，在其上叠加的交流瞬时峰值不得高于0.05V，如表3所示，也就是纹波的峰值过高，会导致排气和提前干涸。

2.3　纹波电压对于蓄电池的影响之三：影响循环寿命

蓄电池的单体开路电压是2.14V，如果浮充电压低于这个值，蓄电池就开始放电，如果浮充电压直流部分为2.25V，在其上叠加的交流瞬时谷值不得低于-0.11V(2.25-0.11=

2.14V)，如表 3 所示，也就是纹波的谷值过低，会导致放电。

如果纹波导致蓄电池放电，蓄电池将以纹波频率循环，不仅过大的纹波电流会产生极端的热量，而且会加速极板活性物质和板栅的腐蚀及其劣化。

表 2　C&D12-370DNT 发热量

直流部分发热量	浮充电压	13.6V	
	浮充电流	0.20A	
	浮充电功率	2.72W	
	直流部分发热量	2.58W	
纹波部分发热量	浮充电压	13.60V	
	纹波电压(峰峰值)	0.12V	
	纹波电压比例(峰峰值)	0.88	推荐≤1.5%，不得超过 4%
	纹波电压(峰峰值)	0.0424V	
	纹波电压(有效值)	0.31%	推荐≤0.5%，不得超过 1.4%
	蓄电池内阻	0.00465Ω	
	纹波电流(峰峰值)	25.81A	
	纹波电流(有效值)	9.12A	不得超过容量 1/20，也就是 5A
	纹波部分发热量	0.39W	
总发热量	总发热量	2.97W	
	纹波导致的热量增加比例	15%	

表 3　单体蓄电池充电参数

单体浮充电压	2.25V	
单体纹波电压(峰峰值)	0.10V	
单体纹波电压(峰值)	0.05V	
单体电压瞬时最高值	2.30V	单体超过 2.35V 充电电压后，电池开始排气
单纹波电压比例(峰峰值)	4.44%	推荐≤1.5%，不得超过 4%
单体浮充电压	2.25V	
单体纹波电压(峰峰值)	0.22V	
单体纹波电压(峰值)	-0.11V	
单体电压瞬时最高值	2.14V	单体低于 2.14V 后，电池开始放电
单纹波电压比例(峰峰值)	9.78%	推荐≤1.5%，不得超过 4%

3　加强蓄电池维护和选用，减少纹波的影响

(1) 查看电池外观：优质的铅酸蓄电池外观颜色均匀，无明显杂色，电极片表面平整光滑，无脱落或氧化现象，同时电池外壳应无裂纹、破损或渗漏现象，这些都可能影响电池的内部结构和性能，进而影响交流波纹的产生。

(2) 检查电池容量：电池容量是衡量电池性能的重要指标之一，使用万用表或电池负载测试仪测量电池的电压和电流等参数，对比电池参数手册上的数据，观察其是否符合规定数据范围。容量衰减速度快的电池可能更容易受到交流波纹的影响。

(3) 评估电池内阻：电池内阻反映了电池内部材料的变化情况，内阻过高可能是电池老化的表现，也可能会导致交流波纹的增加。通过测量电池的开路电压和负载电压来计算内阻，

判断电池的内阻是否在合理范围内。

(4) 考虑电池制造工艺和材料：优质的铅酸蓄电池在制造工艺和材料选用上会更加精细和合理，例如合理的电解液配制比例、优质的铅膏配制、较厚的板栅以及高质量的隔板等，都能提高电池的耐用性和抗交流波纹能力。

(5) 选择知名品牌和正规渠道：知名品牌和正规渠道销售的铅酸蓄电池通常具有更好的质量保证和售后服务。这些品牌往往在生产过程中有更严格的质量控制标准和更完善的检测手段，能够减少因制造缺陷导致的交流波纹问题。

4 结论

基于前面几点，没有纹波的直流充电是最理想的，然而实际上是做不到的，期望阀控铅酸蓄电池获得最佳的寿命应该采取以下措施：

(1) 在浮充阶段，充电器纹波电流<5A/100AH，充电器纹波电压比例（有效值）≤0.5%；

(2) 在恢复性充电阶段，纹波电压比例(有效值)≤1.5%；在循环使用的情况下，充电器纹波电压比例(有效值)≤1.5%。

参 考 文 献

1 薛观东．阀控式密封铅酸蓄电池的运行与维护[M]．北京：人民邮电出版社，2006.

2 胡文帅，王克俭，张健．蓄电池维护与故障检修[M]．北京：人民邮电出版社，2010.

3 钟国彬．铅酸蓄电池寿命评估及延寿技术[M]．北京：中国电力出版社，2012.

基于在线监测的220kV电缆故障诊断技术研究

俞 凯

（中海石油宁波大榭石化有限公司机械动力部，浙江宁波 315812）

摘 要 随着电力系统对高压输电电缆的安全性和可靠性要求不断提高，基于在线监测的220kV电缆故障诊断技术逐渐成为保障电缆稳定运行的重要手段。本文以大榭石化220kV输变电工程为例，系统分析了电缆的基本结构及常见故障类型，详细阐述了多种先进在线监测技术的原理与应用，结合输变电工程中的实际应用情况，介绍了如何通过合理的设备布局和先进的数据分析方法实现对电缆故障的快速识别和精准定位。研究结果表明，在线监测故障诊断技术的应用不仅显著提高了电缆的运行可靠性和故障响应速度，还有效降低了设备损坏维修成本，优化了电网的整体运行效率，为电力系统的安全性和经济性提供了坚实保障。

关键词 220kV电缆；故障诊断；在线监测

1 电缆结构与常见故障类型

1.1 电缆的基本结构与组成

220kV电缆通常由导体、绝缘层、屏蔽层、护套层以及其他辅助层组成。导体是电缆的核心部分，其主要功能是传输电能。导体材料一般选用高导电性能的铜或铝，通过多股绞合方式制成，从而确保导电性能优良并具有一定的柔韧性，能够承受机械应力。绝缘层是电缆结构中的核心部分，通常采用交联聚乙烯（XLPE）等高分子材料，具有优异的电气绝缘性能和耐热性能，能够在高温下保持稳定的物理和化学特性，从而保证电缆在高压输电过程中的安全性与可靠性。

金属屏蔽层的主要作用是屏蔽电磁干扰，确保电缆在运行过程中不受外界电磁环境的影响，同时也能够防止电缆内部故障电流对外部设备和人员造成伤害。护套层是电缆的最外层防护结构，通常采用聚氯乙烯（PVC）或聚乙烯（PE）材料，保护电缆免受外部机械损伤、化学腐蚀以及水分浸入等环境因素的影响，从而延长电缆的使用寿命。

为了进一步增强电缆的耐环境性能和操作灵活性，电缆的结构设计中还包括屏蔽带、抗水材料、外部防护涂层等多种辅助层。通常根据电缆的具体使用环境和技术要求进行优化调整，以确保电缆在复杂环境下稳定运行。

1.2 电缆常见故障类型

针对高压电缆的在线监测技术，深入了解其常见故障类型及其成因，对于提高故障诊断的准确性和及时性具有重要意义。电缆的常见故障类型主要包括绝缘老化、局部放电、过热和机械损伤等。

绝缘层作为电缆结构中至关重要的组成部分，主要起到隔离高压电流和保护导体的作用，但电缆在长时间的高电压、温度变化和电磁环境作用下，绝缘材料的性能会逐渐退化，使绝缘材料的机械强度、介电常数和耐电击穿性能下降，导致绝缘层的电气和物理性能逐渐失效。

局部放电是指在电缆绝缘层内或绝缘层与导体或护套的界面处，由于电场集中导致绝缘部分击穿而产生的微小放电现象。虽然局部放电的能量通常较小，但长期的局部放电会导致绝缘材料的逐渐劣化，最终可能引起绝缘层的击穿或严重故障。

电缆过热通常由过高的负荷电流、接头连接不良、绝缘层老化或环境温度过高等因素引起。电缆过热不仅会加速绝缘材料的老化，还可能引起电缆外护套熔化甚至火灾等严重事故。

作者简介：俞凯（1986—），男，2009年毕业于武汉科技大学计算机及网络工程专业，工程师，现从事变电所运行与电气维护工作。

电缆在安装、运输、施工和运行过程中，可能会遭受外部机械力量的破坏，如拖拽、压迫和弯曲等，所造成的机械应力会导致电缆护套层和绝缘层的破裂或变形，从而降低电缆的机械强度和电气性能，最终导致故障的发生。

2 220kV电缆故障诊断技术及其应用

在电缆的故障诊断中，在线监测技术能够提供实时监控和预警功能，显著提升电力系统的安全性和稳定性。本文以“大榭石化220kV输变电工程”项目为案例，介绍几种关键的在线监测技术及其实际应用效果。

2.1 电缆故障暂态行波定位技术

电缆故障暂态行波定位技术是一种先进的在线监测手段，能够在电缆发生故障时迅速定位故障点的位置，其基本原理是利用故障发生时产生的高频脉冲电流沿电缆传输时的行波特性，如图1所示。

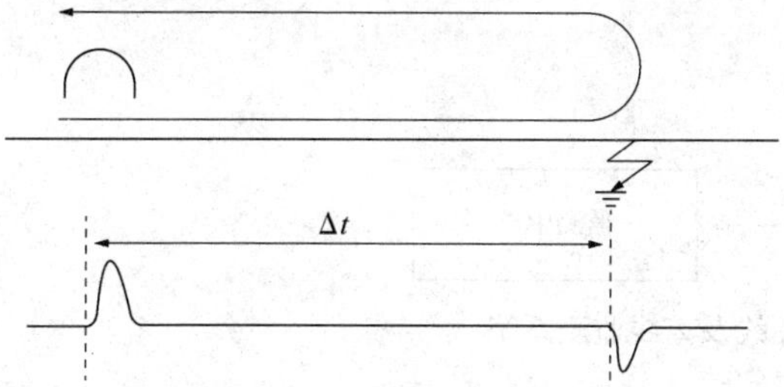

图1 脉冲反射原理图

当电缆绝缘出现故障，如击穿或局部放电时，电缆的输入阻抗发生变化，导致高频电流脉冲的反射。通过监测到达电缆端点的入射脉冲和反射脉冲的时间延迟，计算出脉冲往返电缆端点和故障点之间的传播时间，可以精确定位故障点的位置。此技术具有速度快、精度高的特点，能够在故障发生的瞬间通过高速采样技术和数据处理算法迅速获得故障点的位置，减少了故障排查和修复的时间。在大榭石化220kV输变电工程中，该技术的应用显著提高了电缆故障应急处理能力，提升了电力输电系统的安全性和稳定性。

2.2 局部放电在线监测技术

局部放电在线监测技术主要用于评估电缆的绝缘状态，尤其是高压电缆的绝缘老化和局部缺陷。局部放电通常是电缆内部绝缘结构发生局部击穿时产生的微小放电，这些放电在高压运行下会逐渐发展成更严重的绝缘失效。在本项目中，局部放电在线监测系统结合了数字信号处理技术和虚拟仪器技术，能够对电缆终端接头的局部放电数据进行长期监测和分析。通过频率特征分析、脉冲电流监测、光纤传感器检测等方法，系统能够准确识别和定位局部放电的发生位置及其严重程度，极大提高了电缆主绝缘老化和运行缺陷的发现概率，提升了线路的供电可靠性。

2.3 接地电流和接触电压在线监测技术

本项目的另一技术亮点是接地电流和接触电压在线监测技术的引入。单芯电缆在运行过程中会因涡流效应产生感应磁场，进而在外护层上形成感应电压和感应电流。通过在线监测这些感应参数的变化，实时评估电缆护套的完整性和健康状态。当电缆护套破损或老化时，感应电流和电压会发生明显变化，系统能及时发现这些异常并提供早期预警，有效防止更严重的故障发生。特别是在长距离、高压输电电缆的实际应用中，这种监测技术能够防止因护套破损引发的电缆绝缘失效和电力事故。

3 应用案例分析

3.1 项目案例：“大榭石化220kV输变电工程”电缆故障诊断系统

在220kV电缆故障诊断技术的研究中，具体项目案例的分析能够更直观地展示在线监测系统的实际应用效果与创新价值。“大榭石化220kV输变电工程”项目作为一个典型案例，成功地引入了多种先进的在线监测技术，并通过合理的设备布局和数据处理，实现了对电缆运行状态的高效监测和精确诊断。

在本项目中，传感器和信号采集设备的布置是故障诊断系统的核心环节，采用了局部放电传感器、光纤温度传感器、电流和电压传感器、机械振动传感器以及接地电流和接触电压传感器等多种设备，以实现对电缆的全面在线监测。局部放电传感器被精确安装在电缆的终端接头和关键节点位置，用于监测可能出现的绝缘放电活动。光纤温度传感器沿着电缆的全长均匀布设，能够实时监测电缆的温度变化，及时发现过热现象。电流和电压传感器则部署在变电站的关键位置，以监测电气参数的异常波动情况。尤其值得一提的是，项目中首次引入的接地电流和接触电压传感器，通过监测电缆护层的感应电流和感应电压变化，能够实时判断电缆护套的健康状态，及时发现潜在的缺陷问题。

除了设备的合理布局，本项目还结合了数字信号处理技术和虚拟仪器技术，进一步提升了在线监测的效果。大榭石化 220kV 输变电工程电缆及电缆终端局放在线及离线监测系统如图 2 所示。

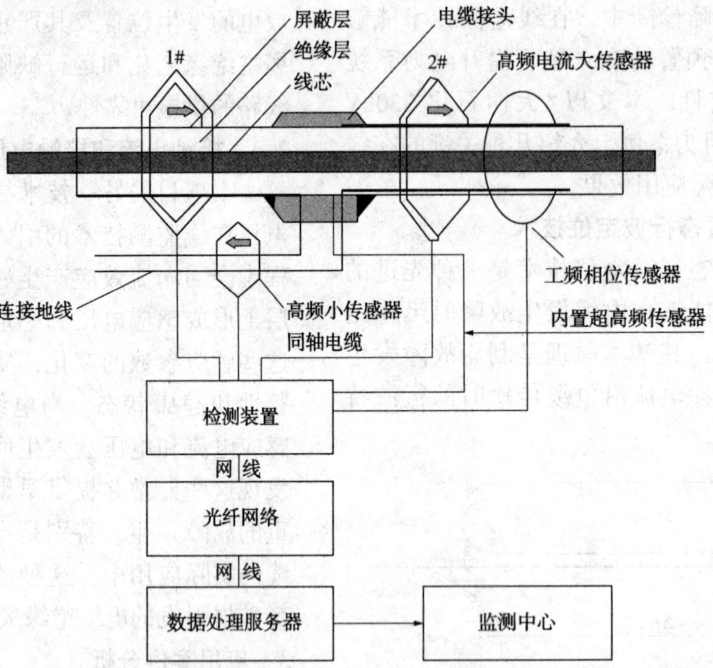

图 2　电缆及电缆终端局放在线及离线监测系统

传感器采集到的数据往往受环境噪声、电磁干扰等多种因素影响，这些噪声会显著降低数据的准确性。因此，项目中引入了多种降噪算法，如带通滤波、小波变换和自适应滤波等，来清除信号中的噪声成分，保留与故障特征相关的有效信息。通过这些降噪处理，确保了信号的纯净性和可靠性。

在数据处理和分析方面，本项目采用了趋势分析、谱图存储和诊断判据等先进方法。对于电缆局部放电监测，系统会对每个终端接头及各段电缆的测试谱图进行长期存储和趋势分析。这些谱图能够清晰显示电缆在不同运行状态下的局部放电特征，并通过对比分析发现异常变化。基于这些谱图的趋势分析结果，系统能够自动生成诊断判据，用于评估电缆绝缘水平及老化程度，从而为电缆的维护和检修工作提供科学依据。

特征提取是数据分析中的另一个关键步骤。系统通过时间域、频域和时频域的综合分析，提取出能够代表电缆故障状态的关键特征信息，如局部放电的脉冲幅度和频率、温度变化的梯度、电流和电压的异常波动等。这些特征信息被用于训练机器学习模型，以实现对故障类型和位置的智能诊断。通过引入模式识别和分类算法，系统能够自动识别不同类型的故障信号，并提供精确的故障定位结果，显著提高了故障诊断的效率和准确性。

3.2　故障识别与诊断效果评估

在电缆故障诊断技术研究中，通过对诊断系统在实际应用中的故障识别准确率进行评估，可以了解系统对电缆故障的检测能力和响应速度，确保高压输电系统的安全和稳定运行。同时，对故障预测的精度和误报率的分析也是评估系统有效性的重要方面，能够帮助优化监测策略，提高电缆故障诊断的整体效率。

在故障识别方面，诊断系统的准确率直接影响着高压电缆维护和管理的有效性。实际应用中，电缆故障诊断系统的故障识别准确率通常依赖于传感器布置的合理性、信号处理算法的精度以及特征提取方法的有效性等因素。高精度的局部放电监测、温度监控和振动分析能够精确捕捉电缆运行过程中发生的细微变化，将可能的故障信号与正常运行信号区分开来。通过数据分析和模型训练，系统能够不断学习和优化故障识别的模式，提高对各种故障类型的识别能力。故障识别准确率的提升有赖于大量的实际运行数据和不断优化的算法模型，这些数据和模型能够帮助诊断系统在电缆出现早期故障征兆时快速作出反应，及时发出预警信号，避免电缆因故障进一步扩展而导致严重的运行事故。

对于故障预测和误报率的分析，则是进一步验证诊断系统稳定性和可靠性的重要步骤。故障预测的准确性不仅要求系统能够在故障发生之前捕捉到相关信号，还需要将正常的波动信号与异常信号有效区分，减少不必要的预警次数。误报率高会导致系统频繁发出错误警报，不仅增加了维护人员的工作负担，还可能导致对真实故障的忽视。通过引入更先进的机器学习算法和大数据分析技术，故障诊断系统可以提高对故障模式的预测能力，同时有效降低误报率。例如，利用支持向量机、神经网络和决策树等算法，系统可以更精确地分析电缆故障的发生概率，识别正常信号的波动范围，减少错误警报的发生。结合历史故障数据和实时监测数据的动态分析，系统能够更好地平衡敏感度和特异性，提高预测的准确性，确保预警信息的可信度。

3.3　诊断系统的效益评估

“大榭石化220kV输变电工程”项目中的诊断系统效益首先体现在电缆运行可靠性和故障响应速度的显著提升上。通过集成电缆故障暂态行波定位技术、局部放电在线监测技术以及接地电流和接触电压在线监测技术，系统能够实现对电缆潜在故障的快速识别和精准定位。当电缆发生绝缘老化或机械损伤等问题时，系统可以在毫秒级别的时间内检测到异常信号并发出预警，极大地缩短了故障发现和响应的时间。这种快速诊断和反应能力，能够有效防止小故障扩展为大故障，避免因电缆突然断电而引发的大面积停电事故，不仅保障了输电系统的连续性和稳定性，还减少了因故障停电导致的直接经济损失和间接运营影响。

在经济效益方面，本项目的诊断系统通过提高电缆的维护效率，显著降低了运维成本。传统的电缆维护方式依赖于定期检查和大规模的预防性维护，这种方式不仅费用高昂，还容易造成资源浪费。通过引入先进的在线监测技术，运维人员可以基于实时数据进行有针对性的维护，而不再依赖于固定的维护周期。这样一来，减少了不必要的检查和维修工作，显著降低了人力和物力的消耗。此外，系统能够监测到电缆的长期状态变化，如绝缘材料的劣化趋势和机械应力的影响等，从而及时采取补救措施，延缓电缆老化速度，延长其正常运行周期。这种基于状态的预防性维护策略，不仅降低了电缆的更换频率，还减少了新电缆采购和安装的成本支出。

此外，创新技术的应用使得本项目的诊断系统能够更好地优化电网的整体运行效率。系统具备精准的故障诊断和定位能力，能够快速确定故障位置并指导维护人员进行高效的故障排查和修复，显著减少了电缆故障对电力供应的影响时间。与传统故障处理模式相比，这种智能化的诊断和维护大幅提升了电网的运营效率。同时，诊断系统提供的监测数据可以用于电网运行状态的整体分析，帮助优化电力调度和负荷管理，提高电力资源的分配效率和可靠性。例如，通过对历史数据的分析，可以预测未来可能出现的故障趋势，提前进行预防性维护，进一步增强了电网的稳健性。

4　结语

本文以“大榭石化220kV输变电工程”电缆故障诊断系统为典型案例，全面探讨了先进在线监测技术在高压电缆故障诊断中的应用及效益。通过对电缆故障暂态行波定位、局部放电监测、接地电流和接触电压监测等技术的详细分析，展示了这些技术如何在提升电缆运行可靠性、故障响应速度以及降低运维成本方面发挥的重要作用。项目的成功实施证明了创新在线监测技术的实际价值，不仅显著提高了电网的安全性和运营效率，还在长期的电力系统管理中展现了显著的经济效益和社会效益。未来，随着数据分析技术和智能化算法的进一步发展，这些监测技术将不断优化和升级，为电力系统的智能化和可持续发展提供更加坚实的技术支撑。

参考文献

1 李岩，刘玉娇，胡凡，等．电力电缆接头温度异常故障远程在线监测系统设计[J]．自动化技术与应用，2024，43(6)：90-93+102.

2 周哲睿．配电线路电缆故障诊断与处理研究[J]．光源与照明，2024(5)：69-71.

3 程萌．高压电缆绝缘在线监测与诊断系统分析[J]．数字技术与应用，2023，41(5)：159-161.

4 刘亚伟．高压电缆绝缘在线监测与诊断系统研究[J]．机械研究与应用，2022，35(3)：138-141+144.

石油化工装置0.4kV供电系统抗晃电技术完善

王　辉　王群峰　黄廷燕　马宏文
（中国石油兰州石化分公司，甘肃兰州　730060）

摘　要　本文阐述了在石油化工装置供电系统抗晃电改造中遇到的问题及解决方案，针对改造中0.1s内抗晃电动作不可靠、变频器在抗晃电中如何自启动以及抗晃电米宽运行数据的实时采集等问题，逐一进行解决，为后续抗晃电模块的正确应用提供依据。

关键词　晃电；来电再启动；数据传输

1　前言

在石油化工生产装置中，供电系统的稳定可靠至关重要。首先，稳定的供电能确保生产的连续性，石油化工生产通常需要一系列精确控制的工艺流程，一旦供电出现中断或不稳定，可能导致正在进行的反应突然停止，影响产品质量和产量，甚至可能损坏设备，重新启动生产过程不仅耗时耗力，还会增加成本。其次，石油化工装置中有各种精密的仪器和设备，如反应器、分离器、控制系统等，这些设备对电压和电流的稳定性要求较高。供电不稳定可能会引起设备故障、精度下降或误操作，严重影响生产效率和产品质量。

为提高石油化工供电系统可靠性，确保装置连续生产性，我厂对0.4kV供电系统进行了抗晃电改造，改造完成后，通过一阶段的试运行和试验中发现，对供电系统的可靠性得到了极大的提高，但是抗晃电设备在运行过程中存在以下几个问题。

2　0.1s内动作不可靠问题

通过自制的实验平台在不断试验过程中发现了，0.1s内动作不可靠的问题，其主要原因为现有失压信号采集来源于无源继电器，当外部晃点时，继电器实际电压可能并未达到动作值，但是由于继电器瞬间失压引起继电器无法发出信号，导致抗晃电模块对电压是否正常无法正确判定；其次，由于在改造中采用了来电自启动模式，而来电自启动控制器动作需要大约0.1s时间，当晃电时间过短时，设备由于接触器特性释放，来电自启动控制器未能来得及判断，从而设备无法自启，导致装置停车。

2.1　无源电压继电器故障进线断路器误动作问题

针对继电器误动作问题，对现有无源继电器进行更换，用有源工作的单相电子式电压继电器代替在用的无源继电器，避免进线断路器误动作。

拆除原有低电压继电器，全部更换为3台ABB CM-ESS低电压继电器，并且电压监测回路都为相-N接线方式，与继电器控制回路独立使用，电压监视继电器线圈在正常运行时不吸合，只有在进线失电或电压低于设定值时电压监视继电器才动作后吸合。

这样设计电压监视继电器不容易损坏且寿命更长，同时电压监视继电器故障后LED故障状态指示灯会点亮，方便巡检人员确认设备运行工况。通过现场实际验证，该方案不但方便日常维护，而且彻底解决了因元器件导致的晃电不自启问题。

2.2　自启动控制器动作时间问题

针对目前使用的来电自启动控制器动作需要大约0.1s时间的问题，利用电子式断电延时时间继电器KT的特性，对低压电机控制回路进行改造，同时重新设定自启动控制器与之配合，从而达到当发生小于0.1s内晃电时低压电机不受影响的目的。

改造完成后，通过V-ELEQ软件模拟及实

作者简介：王辉（1993—），男，甘肃张掖人，工程师，现从事电气高压运行及继电保护管理工作。

际接线验证该方案的可行性。通过软件模拟和实际测试，结合整个改造方案和模拟效果来看，采用时间继电器延时断开特性，保证低压电动机接触器在发生 0.1s 内的短时失电过程不脱扣，合理可行，能够有效弥补来电自启动控制器自身的不足。

同时该改造方案还具有以下优点：

(1) 投资低且改造简单，电子式时间继电器的价格在 200 元左右。

(2) 电子式时间继电器比传统的时间继电器性能更可靠，延时时间更准确。

(3) 对目前炼油区系统的装机容量论证计算，系统可以承受 0.1s 内晃电期间大批量电机再启动对电网的冲击。结合现有系统负荷率，该方案可以完全满足催化剂装置的需求。

3 变频器抗晃电问题

没有失电跨越功能的变频器，变频器在出现电压扰动的情况下，应能通过判断变频器的启停状态或运行状态来检测变频器是否停机，如果停机，要能在电压恢复正常后(母线电压和控制电压)自动根据 ERR 状态进行复位 ERR，然后再启动变频器。若要变频器恢复运行，必须满足以下两个条件：一是变频器故障信息复位；二是变频器发出再启动信号。

复位故障信息方面，晃电后电压恢复，故障信息的复位由变频器面板上操作改为控制端子接收，我厂使用的变频器均可实现该功能，具备改造的先决条件。

在发出再启动信号方面，故障信号复位后发出再启动信号，变频器即可立即运行，并且频率追踪至停机前频率。因此只要有来自独立电源的故障复位信号即再启动信号，即可实现变频器抗晃电。

因此，解决该问题的重点在于如何使用抗晃电模块。变频器抗晃电模块内部使用超级电容储能，当发生短时电压跌落，控制电源消失时，装置模块由超级电容组经过 DC-DC 电源模块继续为装置供电，能保证模块电源消失后能稳定工作 60s 左右，使设备能继续监测母线及控制电压，保证了信号具有独立电源。同时通过变频器故障信号输出及电压监测，判断是否出现欠电压状态，自动输出复位、再次启动信号启动变频器。根据其端子功能和参数设定要求，对变频器控制系统进行改造。具体改造如下：抗晃电模块通过 1、2、3 端子和 15、16 端子分别采集母线电压和控制端电压。

(1) 控制端电压发生扰动，接触器 KM1 失电，KM1 常开触点断开，导致变频器停机。此时抗晃电模块会通过 L、N 端子检测到控制电压波动并通过开关接点 12 判断变频器启停状态，若变频器停机且电压在设定的时间内恢复，模块会通过 4、5 出口输出再启变频器的脉冲信号，再启动变频器。

(2) 若母线电压发生扰动，变频器报欠压故障，此时变频器故障输出端口会由正常工作的常开变成故障时的常闭，致使 KM1 释放，导致变频器停机。此时变频器会因为母线电压扰动报故障，模块 6、7 端口发出复位信号，4、5 端口发出再启动信号，变频器恢复运行。

通过采用变频模式下晃电后再启动方案，在晃电后，将在电压恢复正常的第一时间重启变频器，及时恢复运行，大大提高了电机抗晃电性能和运行可靠性，为装置的平稳运行奠定了基础。

4 运行中无法实现通信问题

为解决抗晃电模块在运行过程中无法读取实时数据的问题，采用 XL01B-201BAP1(UART 接口半双工无线传输模块)代替传统的双绞线，实现无线传输。制作无线传输模块，给每个模块一个独立的地址，用笔记本读取相应地址的数据。

首先要将现有的串口数据接口转换成无线信号，这里通过 RS485 电平转接板将模块中的数据引出转换为无线 TTL 电平，通过 433M 透传模块实现信号的无线发射。计算机侧，采用无线 TTL 转 USB 模块和无线透传模块实现数据接收。

对模块通信的通信方式、波特率等参数进行设置，在调试软件和通信软件之间建立桥链接进行关联调试，通过现场实际测试，在不超过 30m 范围内可以可靠实现数据无线传输。同时，还可以在多个模块的情况下，通过设置本地模块地址和目标模块地址，实现一对多的通信传输，彻底解决了无法实时监测数据的问题。

5　结语

上述改造方案在运行上采用有源元器件，只有在有工作电源的前提下才能工作，而传统电压继电器如果发生故障，其节点闭合，如果三个同时发生故障，则进线跳闸，母联备自投误动作。相较于传统电压继电器，如果ABB单相电压监视器没有电源，其维持常开触点，母联备自投不会误动作。ABB单相电压监视器面板直观可见，如果继电器发生动作或者其他故障，通过面板的红色LED、黄色LED和绿色LED可以直观地看出问题，不需要再用万用表测量其接点的开闭情况。

对于变频器抗晃电问题，我们使用KHD-100-F型电压扰动再启装置。再启装置内部使用超级电容储能，当发生短时电压跌落，控制电源消失时，装置模块由超级电容组经过DC-DC电源模块继续为装置供电，能保证模块电源消失后能稳定工作60s左右，使设备能继续监测母线及控制电压，保证了信号具有独立电源。同时通过变频器故障信号输出及电压监测，判断是否出现欠电压状态，自动输出复位、再次启动信号启动变频器。根据其端子功能和参数设定要求，对变频器控制系统进行改造，实现变频器抗晃电。该技术在石化公司属于首次应用。

针对数据无法在线读取的情况，自主开发制作无线通信模块，实现数据的无线传输，从而解决运行中数据无法读取的问题。

综上所述，通过上述改造方案，不仅解决了石油化工装置0.4kV供电系统抗晃电改造中存在的问题，而且为装置连续生产提供了可靠的电力保障。

6kV 空压机无故跳闸发生的原因及对策

张西健
(中国石化天津分公司热电部，天津 300270)

摘 要 本文介绍了某6kV空压机无故障现象跳闸后人为强启动成功运行正常，从机务电气方面多维度地详细分析跳闸原因，提出了解决办法，制定了确实可行的对策，避免了跳闸的发生。

关键词 无故障；多维度；对策

1 空压系统介绍

本系统空压站共配置四台6kV空压机，编号为8#、9#、10#、11#，采用母管制两用两备或三用一备方式，每台空压机排气量为300m^3/min，压缩机的排气温度为111~131℃，管网的压力为0.8MPa。产生的压缩空气主要供应锅炉除灰系统、石灰石输送、除渣系统、汽机、布袋除尘器喷吹、制粉厂等装置用气。同时作为锅炉高压风机备用风，飞灰再循环仓、炉前仓顶部除尘器喷吹用气，脱硫细粉仓送粉用气，燃料油回油、冷渣器、软管站、锅炉点火燃烧器等用气。

8#、9#、10#、11#空压机6kV电源分别来自7段乙、8段乙、9段乙、7段乙。每台空压机配置一路辅助380V交流电源，给PLC、辅助油泵、加热器、进气电动导叶阀、控制电源等供电，PLC设有全恒压控制和自动复式两种智能型控制模式，当辅助电源失电时会造成主机停运，每台空压机由于是独立PLC控制，备用机未能实现自动启动。其中8#、9#辅助交流工作电源来自1#循环变(7段乙)，备用电源来自2#循环变(8段乙)，配置一个380V的双切开关，10#、11#辅助交流工作电源来自2#循环变，备用电源来自1#循环变，配置一个380V的双切开关，由于辅助电源是市电，经过多年的运行经验发现辅助电源如发生晃电，将会造成PLC失电从而导致主电机停运，10#、11#双切是后期增设的，目的是保证不因PLC失电造成主机停运。故障前空压机运行方式为8#、9#、11#空压机运行，10#空压机备用。

2 厂用电气系统介绍

此站配置三炉两机，每台炉配置一个厂用段，分别为6kV 7段甲、乙，6kV 8段甲、乙，6kV 9段甲、乙；设置一路公用厂用备用电源由2#高备变供，两台机组分别带6kV 7段甲、乙和6kV 8段甲、乙，其中6kV 7段甲、乙对应的机组为地方机组。为了减少机组上网电量，在2021年对厂用系统进行改造，将机组的厂用能方式自由地接待6kV 8段甲、乙，6kV 9段甲、乙负荷。

故障前的运行方式：7#、8#发电机运行，利用对应的主变在110侧合环运行，7#机利用7#厂高变带6kV 7段甲、乙和6kV 8段乙运行，8#机利用7#厂高变带6kV 8段甲运行。

3 事故经过

2022年12月2日15：10，压空管网压力大幅下降，由0.62MPa降至0.5MPa以下，查看监控画面，发现11#空压机自停。现场检查11#空压机控制屏，无联锁停机报警。查看各运行参数：油压力为1.98kgf/cm^2(1.63kgf/cm^{2}报警，1.03kgf/cm^{2}停机)，第2段进气温度为37℃(54℃报警，60℃停机)，第3段进气温度为37℃(60℃报警，70℃停机)，油温度为61℃(60℃报警，74℃停机)，电机负载端轴承温度为69℃(85℃报警，90℃停机)，电机非负载端轴承温度为63℃(85℃报警，90℃停机)，第1段振动值为8.9μm(35.3μm报警，40.4μm停机)，第2段振动值为8.5μm(35.3μm报警，40.4μm停机)，第3段振动值为7.6μm(30.8μm报警，35.2μm停机)，电机电流为

191A(额定电流为 228A)。均无导致联锁停机的可能。随后进行空压机启动前检查，油位、阀门、仪表气等均无异常，15：18，11#空压机重新启动，恢复运行。

电气后台报文显示故障录波启动：7#发变组(见图 1)、110kV4 甲母线母联电流突变(见图 2)，后台 6kV8 段乙差动启动返回(见图 3)，7-89GBPT 消谐动作(见图 4)，厂用系统除 11#空压机跳闸外其余正常。

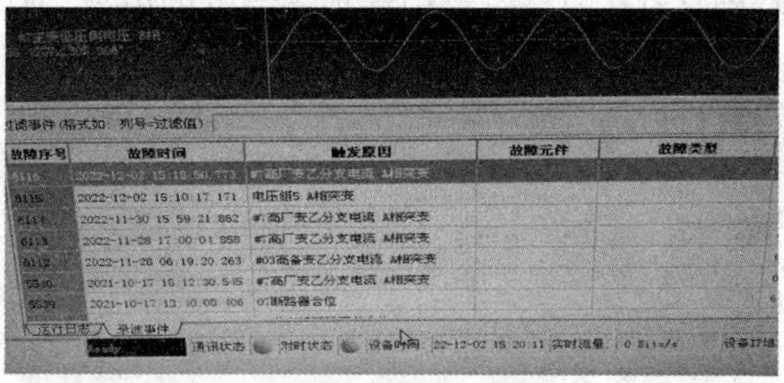

图 1　7#发变组故录

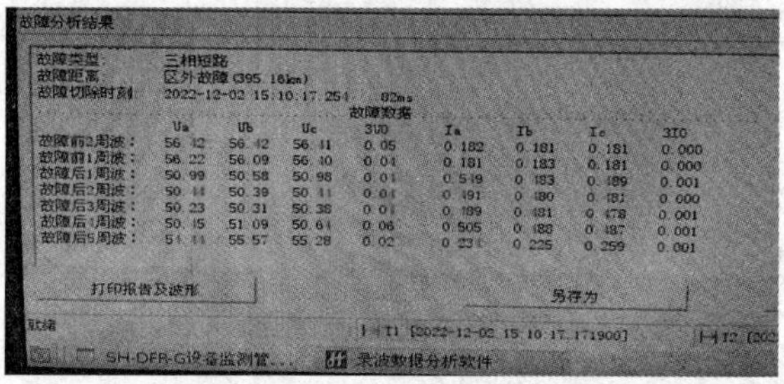

图 2　110kV4 甲母线母联电流突变

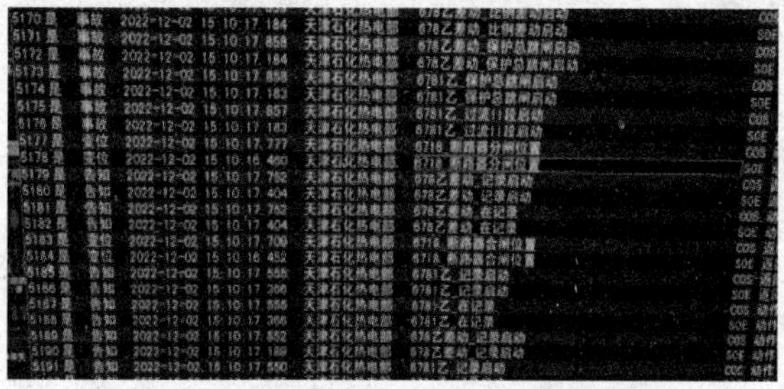

图 3　后台 6kV8 段乙差动启动返回

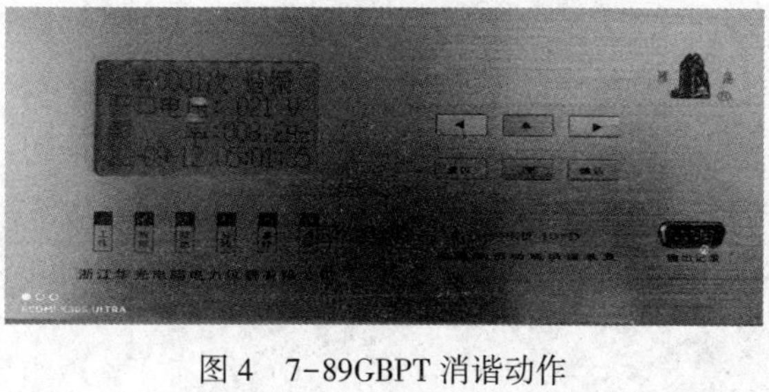

图 4　7-89GBPT 消谐动作

4　故障后检查

(1) 检查 10#、11#双切 PLC 双切开关是否切换：未切换。

(2) 检查发现 8#机故障录波也动作，显示区外故障，未上传后台(见图 5)。

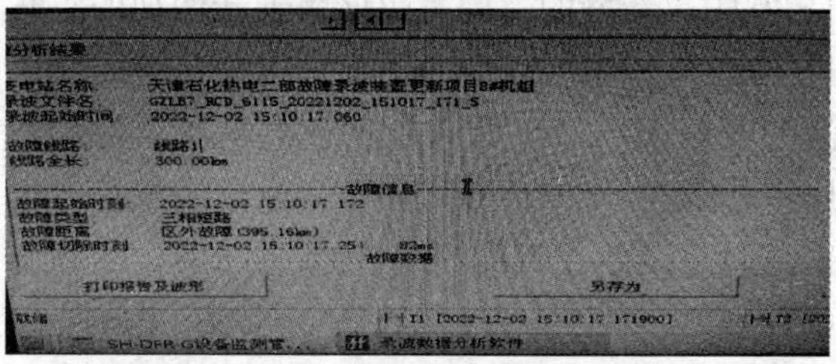

图 5　8#机故障录波

5　原因分析

虽然 PLC 双切开关未动作，但是供电电压有异常，经查 7#发变组录波 7-89GBPT 电压有波动，三相电压短时同时升高后降低，时间大约在 2ms 左右，同时说明消谐装置动作正确。6kV 8 段乙所带 2#循环变低压侧 380V 电压波动，11#空压机 PLC 由于晃电联跳主机，但是电压波动的故障点未找到。

继续排查 6kV 8 段乙电压。6kV 8 段乙确实出现电流增大，电压波动的故障现象，但 6kV 8 段乙母线上的负荷没有任何一个有故障跳闸的现象，唯独怀疑对外供电负荷 2#石灰石制粉电源线路，由于不清楚对侧具体的负荷，在发生事故的两天后询问石灰石配电室人员得知在相同时间段有一台 6kV 2#柱磨机(250kW)轴承抱死跳闸。

排查谐振原因，6kV 250kW 电机跳闸造成 L 与 C 相等，因为虽然故障前只带 6kV 8 段乙，但是其余时间带 6kV 8 段甲、6kV 9 段甲、乙电缆空载运行，在 2#柱磨机跳闸时 L 与 C 相等形成谐振条件。

8#机故障录波动作原因：虽然 8#机未带厂用 6kV 8 段乙，但 7#、8#机均通过 110kV 并网，发电机肯定会有响应。

6　建议整改措施

(1) 将空压机的辅助电源由双切开关改为 UPS 供电，从本质上解决因电压波动造成的空压机自停故障。

(2) 破坏谐振条件，鉴于 7#厂高变第二分裂绕组负荷轻，将不常用的灵活方式如带 6kV 8

段甲或 6kV 9 段甲电缆停电减少电容。

(3) 此次故障分析得益于故障录波、综保等装置进行了 GPS 对时，但是仍需排查并完善所有微机型装置的对时功能，包括下级站的对时，特别是改造后的新增设备，如消谐装置即是 2021 年新增的；同时应该完善新增加的点位进入故障录波的定义，如图 1 7#发变组故障录波的电压组 5，其实是乙侧绕组电压，乙侧电压也是 2021 年改造新增的。总之新装置接入老系统时应该站在系统全方位考虑问题，纳入专业管理。

(4) 加强上下级调度管理，了解下级负荷站运行方式及运行状态，且发生异常时应及时向上级站汇报情况，而不是上级站通过分析调查下级站的故障。

(5) 8#发变组故障录波启动未报警，应纳入报警范围。

7 总结

通过 6kV 空压机无故障现象跳闸，从机务电气方面多维度地详细分析跳闸原因，利用装置对时功能快速分析排查故障点，倒查下级站的故障，对故障暴露出来的问题进行完善总结，特别是对在改造过程中漏项需完善的内容，要不断完善和总结经验和对策，为装置的安稳运行提供保障。

有源滤波装置在低压配电系统的应用

吴朝祥

（中国石化仪征化纤有限责任公司设备管理部，江苏仪征 211900）

摘 要 本文介绍了有源滤波装置在低压配电系统的应用，包括APF设计容量确定方法、APF设计注意事项等。

关键词 谐波；APF；ct；低压配电系统

1 谐波的危害

电网谐波会对通信、电气设备带来负面影响，如电机附加损耗增加、机械振动增大、变压器局部过热、继电保护误动等，还会导致电缆、电容器等设备绝缘老化缩短寿命。更为严重的是，谐波会引起公用电网中局部并联谐振或串联谐振，从而引起事故。GB/T 14549—1993《电能质量 公用电网谐波》规定了谐波电压限值，以及谐波电流的允许值。JGJ 16—2008《民用建筑电气设计规范》将有源电力滤波器（APF）作为治理谐波的优选方案。

2 APF设计容量确定方法

谐波治理根据谐波源的集中度情况，可选择集中治理或就地治理。对于新建项目很难确切地计算出系统中的谐波含量，只能采取估算的方法。若采用集中治理，有源电力滤波器容量计算公式为：

$$I_h = \frac{S \times K}{\sqrt{3} \times U \times \sqrt{1+THD_i^2}} \times THD_i$$

式中 I_h——谐波电流；

S——变压器额定容量；

K——变压器负荷率；

U——变压器二次侧额定电压；

THD_i——总电流畸变率，取值范围根据不同行业或负载确定。

可根据估算的谐波电流值进行设备选型，亦可根据公共联接点（PPC）或内部联接点（IPC）对谐波的要求进行技术经济合理的选型。采用有源滤波装置，可根据谐波电流的估算值进行设计选型。以某工业企业为例，配电变压器容量为1600kVA，变压器变比为10/0.4，二级负荷正常运行时K取值为0.5，按设计图集《11CD403 低压配电系统谐波抑制及治理》THD_i取值为20%，根据上式计算可得谐波电流为239A。

以某合资品牌为例，APF的报价大概为800元/A，所以根据估算公式，二级负荷工业企业1600kVA变压器的有源滤波投入资金需19万元左右，单母线分断需投入38万元，这还不包括成套的费用，相对而言其价格较高。一般情况下，在工程中采取了各种限制谐波的措施，例如变频器安装输入电抗器等，所以实测的谐波含量会远低于估算含量。因此建议根据类似装置实测的谐波含量，进行APF的配置，这样可以大幅降低资金投入。

3 APF设计注意事项

（1）单台装置运行时，电流互感器接线滤波采样电流互感器（外部CT）既可以安装于负载侧，也可以安装于系统侧，优先考虑安装于负载侧（见图1）。其原因是为了保证滤波效果和减少干扰。系统电流互感器应尽可能靠近被测量的电流源，以减少导线长度和阻抗，从而降低信号损耗和噪声干扰。确认电流互感器的安装方向（P1靠近系统侧，P2靠近负载侧）及相序，以确保装置能够正常运行。

（2）多台装置运行时，电流互感器接线多台装置的并联运行可加大补偿电流值。并联时，多台设备共用一组取样电流互感器，取样电流互感器的电流信号连接到所有并联的装置中。

作者简介：吴朝祥，男，江苏仪征人，高级工程师，现从事工厂供配电、工业自动化工作。

电流互感器可以安装在负载侧(优先选用)，也可以安装在系统侧(见图2)。多台装置并联时，机柜内必须加装测量电流互感器，用于测量所有装置的总补偿电流。

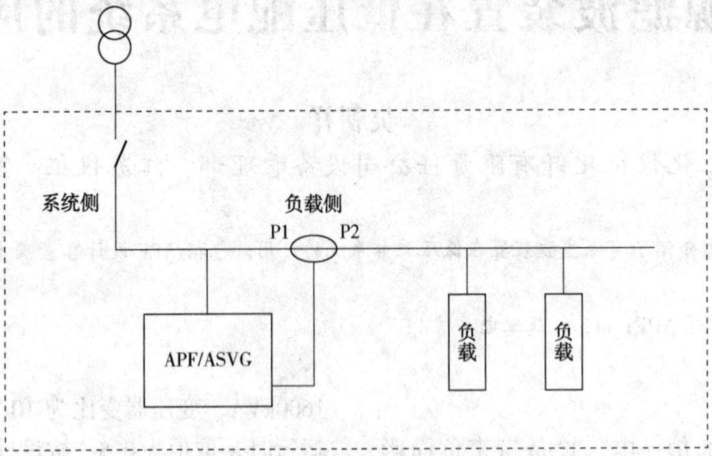

图1 单台装置运行时CT在负载侧的位置(优选方案)

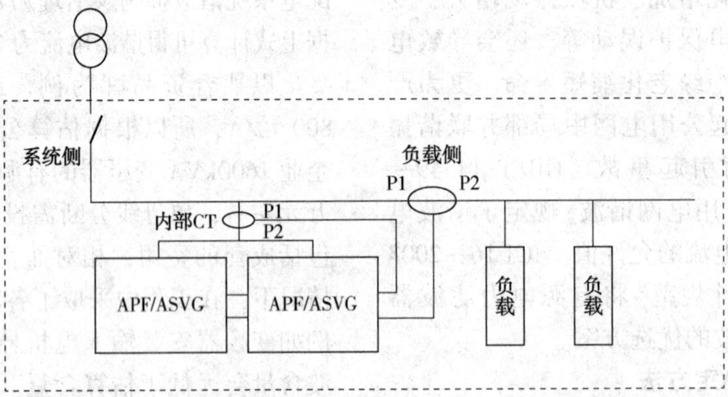

图2 多台装置运行时CT在负载侧的位置(优选方案)

如果单台滤波器独立使用，则不需要安装柜内采样CT。如果多台有源滤波器并联使用，需要安装柜内采样CT。柜内采样CT的主要目的是为了校准柜内发出的反向谐波电流与系统中实际需要滤波的谐波电流幅值之间的差额，保证谐波治理的精度。

(3) 单台装置+电容混合补偿柜混合补偿时，装置除完成谐波或者无功补偿外，还需要控制电容器进行无功补偿，其中内部CT测量的是所有模块和电容器的总补偿电流，外部CT测量的是负载侧电流(见图2)。如果外部CT测量系统侧电流，必须保证系统侧CT采样电流中无其他无功补偿装置的电流。

3.1 CT安装要点

外部电流互感器P1靠近系统侧，P2靠近负载侧(P1进线，P2出线)；内部电流互感器P1靠近系统侧，P2靠近装置侧(P1进线，P2出线)；电流互感器的S1接装置电流输入端(+)，S2接装置电流输出端(-)；电流互感器输入信号必须加装电流实验端子，方便装置安装调试；当多于一台的装置并联运行时，电流互感器必须安装在负载侧，只有一台装置单独运行时，电流互感器既可接在系统侧，也可接在负载侧，优先接在负载侧；电流互感器必须是专用的，互感器二次侧不得串联其他感应负荷，其选型建议参考表1。

表1 电流互感器规格

内 容	参 数 值
额定输出电流	5A
额定输出功率	≥5.0VA(1~5台装置并联运行)， ≥10.0VA(6~10台装置并联运行)
精度等级	0.5(或更高)
额定输入电流	CT一次额定电流一般按照变压器额定电流的1.5~2倍选择

3.2　充分考虑 APF 柜的散热

APF 核心功率半导体 IGBT 在运行过程中，和变频器及 UPS 一样存在发热问题。基于硅基的半导体器件特性的原因，发热问题不可避免，要充分考虑成套设备运行过程中的散热通风，避免柜内温度过高影响 APF 运行。目前 APF 模块除通过自身配备温度保护和自身散热的风扇来解决部分散热外，主要通过增加成套设备的通风量及加大功率散热风扇来解决这一问题，把不透风的面板换成大面积开孔的面板，并启动散热风扇后，柜内的温度会显著降低。建议在理论计算的基础上，适当加大散热风扇功率和门板的通风面积，强制空气流动，增加散热能力。

4　结语

APF 控制板将电网电压、电流模拟信号转换为数字信号交由 DSP+FPGA 双核系统控制运算，通过逆变桥及逆变电抗器将电力系统提供的能量转换成谐波及无功补偿电流，直流电容与逆变桥通过直流母线连接，最后通过与电网连接的电抗器，将所需要的补偿电流适当地调节桥式电路交流侧输出电压的幅值和相位，发出与系统谐波电流大小相等相位相反的补偿电流，达到谐波滤除的目的。APF 投入的电流是根据负载实时变化的，是连续输出，检测到多少谐波电流，就对应输出多少方向相反的电流抵消，是动态的。

但是，在实际运行中还需要注意位移功率因数(cosϕ)与进线柜多功能数显表中真功率因数(P.F)有差异的情况。如图 3 所示，电容器无功补偿的工作原理是在基波情况下提高系统中的功率因数，通过调节 Q_{50}来改变 S_{50}和 P_{50}的相位角 ϕ，提高 cosϕ 的数值。APF 虽然能有效降低谐波电流，减少由电流引起的额外功率损耗，但无法消除系统中已存在的背景谐波电压。因此即使安装了 APF，但若谐波电压问题(尤其是背景谐波电压)没有解决，即图中所示的谐波分量 D 受到谐波电压和谐波电流两方面因素的影响，真功率因数仍可能不会得到显著改善。所以在实际运行过程中，会产生电容柜控制器上显示的功率因数(cosϕ)大于进线柜多功能数显表中真功率因数(P.F)的情况。

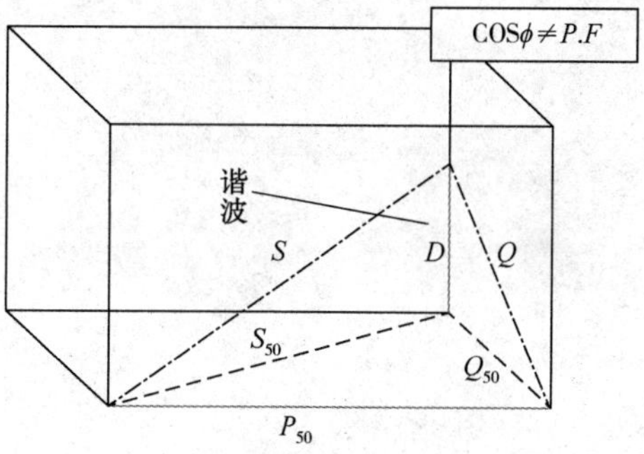

图 3　非线性负载的功率因数三角形

参　考　文　献

1　刘玉锋，屈勇．低压配电室有源滤波器治理可行性分析[J]．电气时代，2023(6)：66-68.

2　张环宇．电力有源滤波器在民用建筑的应用[J]．工程技术研究，2020(8)：139-140.

《石油化工设备维护检修技术》（2026版）征稿

第十六届（2025）石油化工设备维护检修技术交流会

《石油化工设备维护检修技术》由中国化工学会石化设备检维修专业委员会组织编写，由中国石油化工集团有限公司、中国石油天然气集团有限公司、中国海洋石油集团有限公司、中国中化集团有限公司和国家能源投资集团有限责任公司有关领导及其所属石油化工企业设备管理部门有关同志组成编委会，全国石化企业和相关科研、制造、维修单位，以及有关高等院校供稿参编，由中国石化出版社编辑出版发行。

本书自2004年首次出版发行以来，每年出版一版，在加强石油化工企业设备管理，提高设备维护检修水平和设备的可靠度，确保炼油化工装置安全、稳定、长周期运行等方面，发挥了重要作用，为石化企业技术人员提供了一个设备技术交流的平台。并在此基础上每年召开一届“石油化工设备维护检修技术交流会”，邀请中国石化、中国石油、中国海油、中国中化和国家能源集团总部及所属石油化工企业设备管理部门领导及设备技术人员，以及为石化企业服务的有关科研、制造、检维修单位和高等院校的领导和专家参会，就目前国内外炼油化工企业设备管理工作的现状和发展趋势，设备维护检修方面的新技术、新经验，以及影响装置长周期运行的难题攻关等技术进行研讨、交流和咨询，是我国石油化工设备行业的一大盛会。

每年年初本书征稿通知发出后，投稿十分踊跃。来稿多为作者多年来亲身经历实践积累起来的宝贵经验总结，内容涵盖设备运行、管理和维护检修方面的新技术、新设备、新材料、新经验，具体包括设备现代化管理的经验、先进的检维修技术、科研成果以及影响装置长周期运行的难题攻关等方面的文章，既有一定的理论水平，又密切结合石化企业的实际，内容丰富具体，具有很好的可操作性和推广性。

本书每年年初发出征稿通知，当年9月底截稿。本书内容按栏目分类，包括：设备管理、长周期运行、节能与环保、检维修技术、腐蚀与防护、机泵设备、状态监测与故障诊断、换热设备、润滑与密封、压力容器、工业管道与阀门、工业水处理、新设备新技术应用、电气设备及仪表自控设备等。

本书2026版的稿件征集工作已经开始，欢迎大家踊跃投稿，同时欢迎大家参加“第十六届（2025）石油化工设备维护检修技术交流会”。

详情请来电、来函咨询。

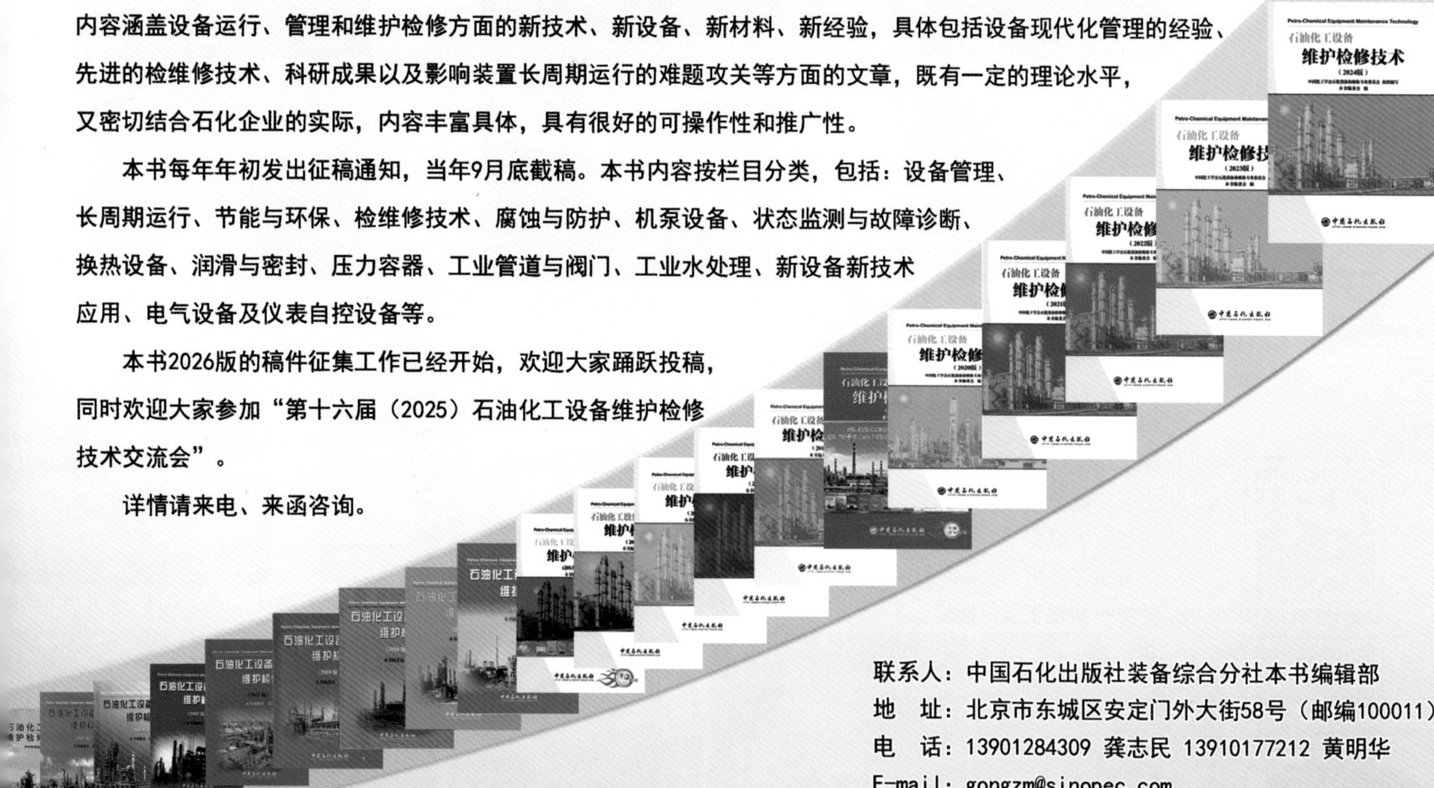

联系人：中国石化出版社装备综合分社本书编辑部
地　址：北京市东城区安定门外大街58号（邮编100011）
电　话：13901284309 龚志民 13910177212 黄明华
E-mail：gongzm@sinopec.com

SGPEC
捷派克

上海高桥捷派克石化工程建设有限公司

上海高桥捷派克石化工程建设有限公司是一家集石化装置运行维护、检维修、工程项目承包及管理和设备制造于一体的特大型专业公司，是上海市高新技术企业。公司汇集了机械、仪表、电气、工程和设备制造各类以“上海工匠”“浦东工匠”等为代表的高素质、高技能人才，具有丰富的检维修和项目管理经验，拥有40余项检维修、检验检测类专利技术，以先进的技术装备和雄厚的技术实力、出色的质量管理和优质服务，长期承担着各类大中型炼油、化工和热电等生产装置设施的建设、日常维护保养和特种设备的专业保养工作，在石化工程检维修行业中赢得了良好声誉。

GB/T 45001—2020
GB/T 50430—2017
GB/T 24001—2016
GB/T 19001—2016
QHSE管理体系

石油化工工程总承包壹级资质证书　高新技术企业证书　第十二届全国设备管理优秀单位　上海著名商标

捷派克凭借对石化用户群体和市场的长期深刻了解，确定了以装置运行维护为基础，形成了集装置检维修、工程项目总（分）包、项目管理、设备制造、产品研发等众多业务于一体的综合型格局。捷派克以用户的需求为第一动力，运用其长期服务于石化行业的丰富实践经验、出色的技术和质量、完善的应急响应体系以及强大的专家资源网络，既为用户群体带来了长期稳定的高附加值的服务，又长期致力于与用户建立稳定互利的合作关系，并为用户提供及时、高质量、高附加值的服务。

近年来，捷派克坚持“以发展促管理，以管理助发展”，在以高桥石化为核心用户的基础上，“走出去”拓展了中国石化、中国石油、中国海油以及一系列外资和民营企业的运行维护和检维修市场。为了给各类用户提供可放心的优质服务，同步大力提升资质品牌，公司积极与泽达学院、吉林省工程技师学院、岱山县职业技术学院等院校开展校企联合培养工作，加强人才储备和培养，建立了高科技产品研发基地、学生兵速成实训基地、漕泾运保基地、岱山运保基地，逐步形成了辐射整个长三角地区的业务网络。

SGPEC石油化工工程检维修介绍

各类装置检修

1. 大型机组检修
2. 进口泵检修
3. 电机维护修理
4. 电试检测
5. 主变压器检修
6. 各类仪表维护
7. 仪表组态分析
8. 各类石油化工设备检修

公司主要产品

1. 密闭型采样器
2. 原油在线自动取样器
3. 蓄电池在线监测系统
4. 高压直流不间断电源系统
5. 静态转换开关
6. 智能型自动加脂器

密闭型采样器

高压直流不间断电源系统

捷派克党群订阅号

捷派克官方公众号

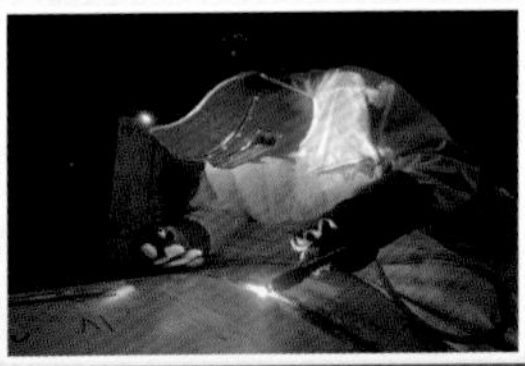

地址：上海市浦东新区大同路1250号　邮编：200137　电话：021-51786139　联系人：黄家安 17721136187　E-mail：h13611819475@163.com

渤海装备兰州石油化工装备分公司

中国石油集团渤海石油装备制造有限公司兰州石油化工装备分公司是炼油化工特种装备专业制造企业，是中国石油设备故障诊断技术中心（兰州）烟气轮机分中心、中国石油烟气轮机及特殊阀门技术中心。公司秉承“国内领先、国际一流”的理念，为用户制造烟气轮机、特殊阀门、执行机构及炼化配件等装备，是中国石油、中国石化、中国海油的一级供应商，与中国石油、中国石化签订了烟气轮机备件框架采购协议，并建立了集中储备库。产品获国家、省部科技进步奖29项，其中烟气轮机和单、双动滑阀获首届国家科学大会奖，“YL系列烟气轮机的研制及应用”获国家能源科技进步三等奖，烟气轮机荣获甘肃省名牌产品称号，冷壁单动滑阀荣获中国石油石化装备制造企业名牌产品称号。

公司能为客户提供技术咨询、技术方案、机组总成、设备制造、人员培训、设备安装、开工保运、烟气轮机远程监测诊断、设备再制造、专业化检维修、合同能源等服务与支持。

主要产品与服务

烟气轮机是能量回收透平机械，应用于炼油、化工、电力和冶金行业。工质（具有一定压力的高温烟气）通过烟气轮机膨胀输出轴功，驱动其他工作机械或发电机发电。烟机效率处于国际领先水平，节能效果显著。渤海装备兰州石油化工装备分公司可提供2000~33000kW全系列烟气轮机，已累计生产烟气轮机近300台。

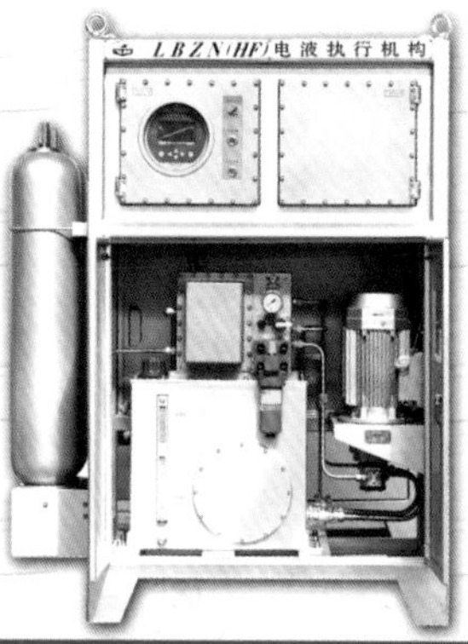

执行机构用来精确控制催化装置的滑阀、蝶阀、闸阀等设备，也可广泛用于电力、冶金、水利等行业要求高精度控制的设备上，具有技术领先、工作可靠、控制精准等显著优点。

特殊阀门主要有滑阀、蝶阀、闸阀、塞阀、止回阀、焦化阀、双闸板阀等，可以生产满足420万吨/年以下催化装置使用的全系列特殊阀门。其中双动滑阀通径可达2860mm，高温蝶阀通径可达4560mm，三偏心硬密封蝶阀通径可达1600mm，具有900℃的耐高温性能和高耐磨性能。

阀门的控制方式有气动控制、电动控制、电液控制、智能控制，其可靠性和灵敏度指标均达到国际先进水平。渤海装备兰州石油化工装备分公司已为全国各大炼厂及化工企业生产了近万台特阀产品。

专家团队监测接入诊断技术中心的烟气轮机运行情况，实时分析诊断，提出操作建议，发现异常及时与用户沟通，并指导现场处理，定期为用户提供诊断报告。

专业的服务队伍装备精良、技术精湛、全天候响应，为炼化企业提供优质的技术指导、设备安装、开工保运及现场检维修等服务。

地　　址：甘肃省兰州市西固区环行东路1111号
联系电话：0931-7849736　7849739
客服电话：0931-7849803　7849808
电子邮箱：lljxcjyk@163.com
传　　真：0931-7849710
邮　　编：730060

广告

南京金炼科技有限公司

Nanjing jinlian Technology Co.,Ltd.

致力于企业的节能、环保、防腐专业技术服务

南京金炼科技有限公司是由中国石油化工股份有限公司金陵分公司研究院2005年3月改制成立的有限责任公司，是“国家高新技术企业”“中国石化加热炉检测评定中心金陵中心站”“南京市工程技术研究中心”“南京市加热炉优化控制工程技术研究中心”。

公司坚持“技术创新集成”“客户优质服务”理念，秉承研究院科学、严谨的工作作风，20多年来一直致力于中国石化及其他各类大中小型企业的节能、环保、防腐专业技术服务。

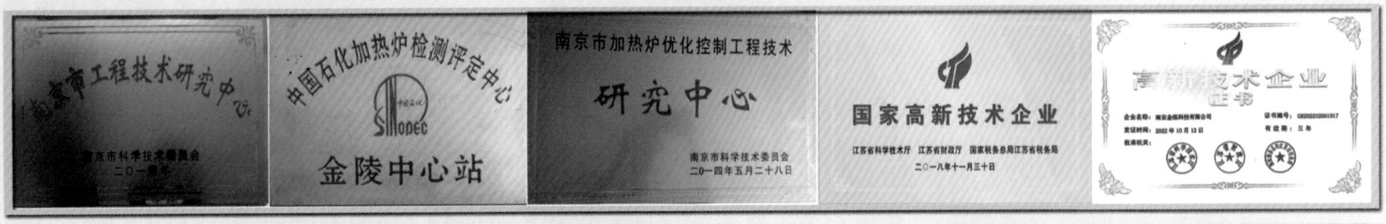

【主要经营业务】

检测技术服务：

◎加热炉检测、评价和诊断技术；

◎炉管表面温度检测，设备及热力管道保温效果监测与评价；

◎定点测厚检测；

◎设备腐蚀调查、腐蚀监测及油罐漏磁检测，建立腐蚀档案，提供防腐技术方案。

技术研发与设备制造：

◎加热炉节能环保升级创优“一站式”解决方案及实施；

◎加热炉多变量自动优化控制系统；

◎低氮高效燃烧器及低氮高效在线改造技术；

◎液态烃、汽油、轻质油纤维膜接触器脱硫技术和成套设备；

◎碱液再生抽提纤维膜接触器技术和成套设备；

◎硝酸异辛酯纤维膜接触器脱酸技术和成套设备。

工程服务：

◎加热炉复合衬里喷涂施工；

◎加热炉衬里局部修复技术及施工；

◎牺牲阳极设计与安装。

加热炉检测

燃烧器在线改造后效果

牺牲阳极阴极保护技术

设备腐蚀调查及腐蚀监测

管线的定点检测

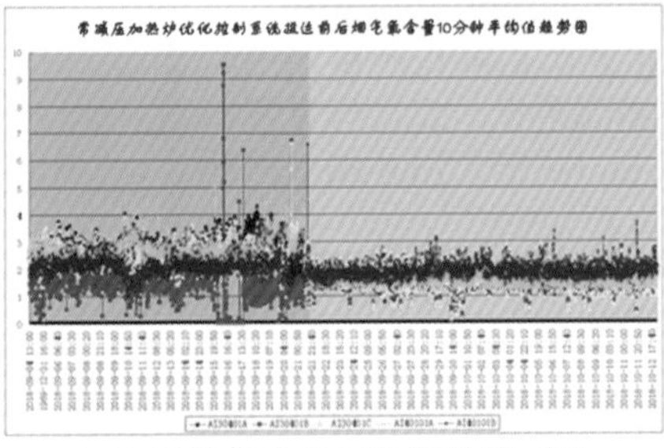
低氧燃烧优化控制运行效果对比

纤维膜脱硫成套设备及现场布置

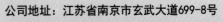

公司地址：江苏省南京市玄武大道699-8号
徐庄软件产业基地研发一区7幢3层

联系电话：13505159385　13951707923
13809043087　13914707876

电子邮箱：55258878@qq.com

广

岳阳长岭设备研究所有限公司

Yueyang Changling Equipment Research Institute (Co., Ltd.)

岳阳长岭设备研究所有限公司由中国石化长岭炼化公司设备研究所改制而成，是湖南省高新技术企业。

公司技术力量雄厚，共有专业技术人员近300余人，其中教授级高工和高工共30余人，中国石化集团公司突出贡献的技术和管理专家2人，中国石化集团公司学科带头人2人，岳阳市科技专家5人。出版学术专著4本，发表论文400余篇，10多项成果获得国家和省部科技进步奖，取得国家专利40项。

公司是中国石化加热炉节能测评中心、湖南省化工防腐蚀工程质量监测中心、岳阳市余热回收工程研究中心等挂牌单位，是中国石化、中国石油、中国海油等大型企业合格供应商和服务商。获得了安全生产许可证、特种设备安装改造维修许可证、辐射安全许可证、CMA计量认证以及防腐保温施工资质、环保工程专业承包资质、锅炉化学清洗A级资质、国家节能监测资质等，还通过了中国石化的工业清洗、节能测试等专业的检维修能力评定。

公司一直坚持践行做“绿色环保技术的先行探索者、危险作业机器人化的开拓者”的发展思路，针对石化企业钢制储罐腐蚀检测、除锈防腐等问题，立足“安全、环保、高效”新理念，开发了机器人水力除锈喷涂、机器人腐蚀检测等技术，并在中国石化、中国石油、兴长集团等石油化工企业成功应用。

企业资质证书

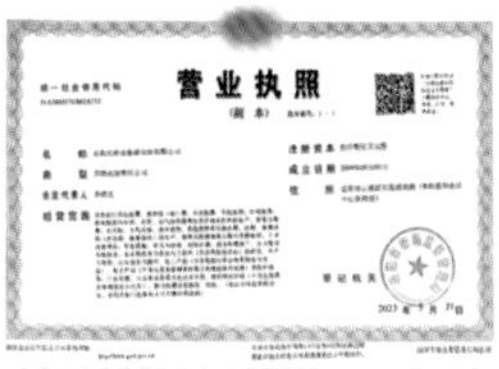

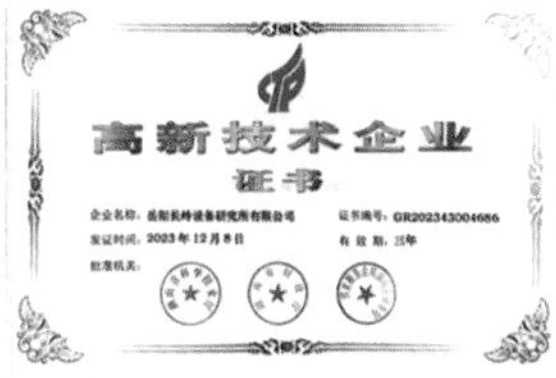

技术介绍之一

机器人水力除锈喷涂技术： 采用爬壁机器人搭载超高压水进行除锈，完全利用高能量的水流冲击，对钢板表面涂层或灰尘、污垢、锈蚀、氧化皮等进行破碎、挤压、冲刷，以达到清洗表面、除锈除漆的目的，除锈过程中产生的废水、废渣吸入至固液分离、净化设备中，实现无污染排放。

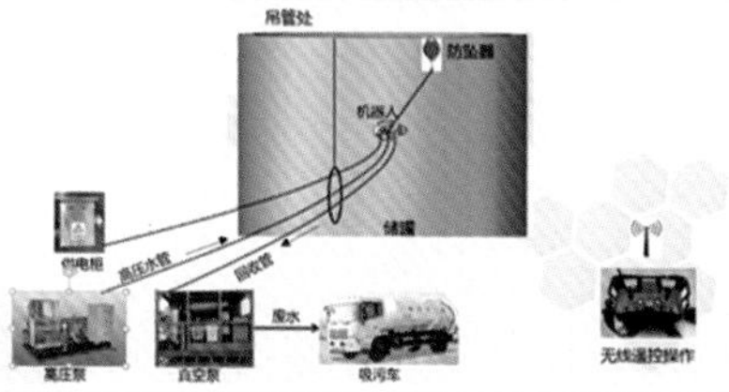

机器人除锈示意图

机器人除锈

机器人喷涂

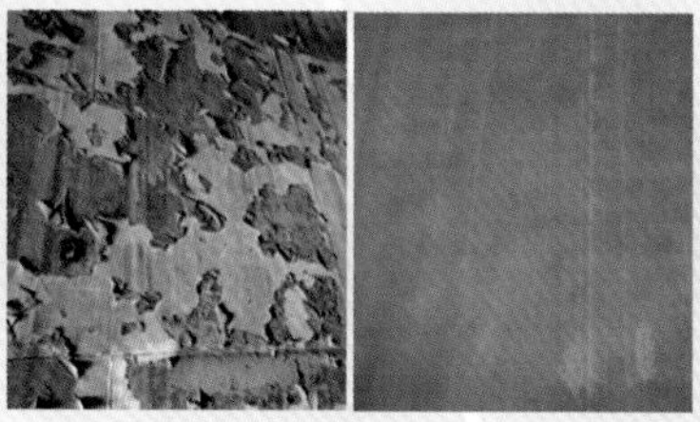
机器人除锈前后对比

技术特点：

1.安全方面：除锈防腐均采用机器人完成，作业过程中仅需要对机器人进行遥控，大大降低了作业风险。

2.环保方面：作业环境无粉尘，仅产生废水和废渣，经污水回收设备统一回收后进行净化处理，直接排放到污水处理系统污水管网。

3.施工效率：机器人除锈施工效率高，每小时除锈30～40㎡，是人工除锈效率的5～6倍，而且作业工序少，大大缩短了施工工期。

4.施工质量：除锈质量仅与水压和机器人移动速度相关，可根据不同的工况设置不同的参数，可快速剥离传统人工喷砂作业难以去除的坚硬旧防腐层，而且除锈质量稳定可靠，避免了人工喷砂不均匀或漏喷等情况。

5.施工费用：与常规的喷砂除锈防腐施工相比，采用机器人除锈费用可节省10%以上。

技术介绍之二

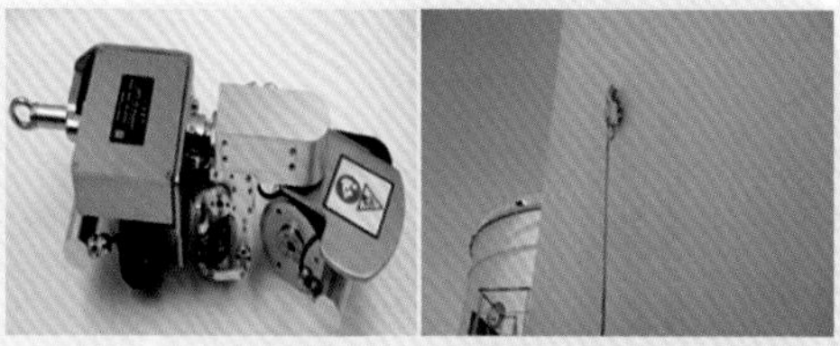

储罐爬壁机器人腐蚀检测技术： 利用两轮磁力爬壁机器人搭载各种无损检测设备，对钢制储罐、管道进行点检测厚或B扫测厚。

技术特点：

1.结构精巧、灵活性高。小巧精美的外观设计，可以让其方便地针对各类铁磁性管道和容器进行腐蚀检测。

2.磁吸超强。两轮磁爬机器人使用稀土磁体制作高强度永磁轮，即使出现意外断电，也不会发生车体从被检测表面掉落的危险。

3.控制精度高。机器人爬行速度0～6m/min无级可调，由精密编码器配合可实现设定检测间距的功能，可以更好地实现用户的检测需要。

4.无需脚手架、无需打磨防腐层、无需任何耦合剂，即可通过远程控制系统实现高空壁厚腐蚀的快速检测。

5.检测精度高，一般可以达到0.1mm左右。

地址：湖南·岳阳　电话：0730-8478118　8451977　传真：0730-8478568　E-mail：clsbs.clsh@sinopec.com

广告

中密控股
SINOSEAL HOLDING
您身边的密封专家
领先的技术和生产工艺，独特的产品格局，中国密封行业的领航者
国内销售：028-85367865/85373721 国际销售：028-85373902 邮箱：sales@sns-china.com
地址：成都市武侯区武科西四路8号 网址：www.sns-china.com
广告

北京航天石化技术装备工程有限公司

Beijing Aerospace Petrochemical Technology and Equipment Engineering Corporation Limited

高速泵

流量：1～360m³/h

扬程：80～3000m

电机功率：5.5～2000kW

适用温度：-130～340℃

立式高速泵

卧式高速泵

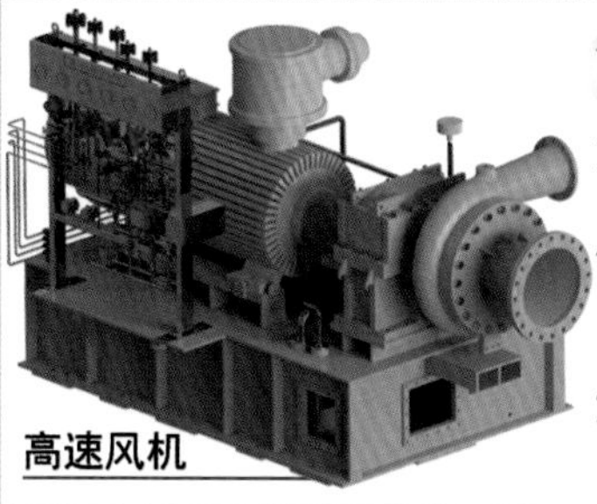

高速风机

高速风机

流量：50～1500m³/h

压比：1～2.5

电机功率：7.5～600kW

适用温度：-130～340℃

高压耐磨泵

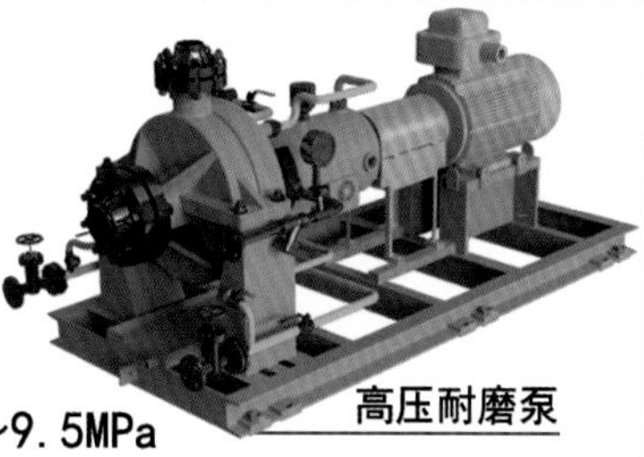

高压耐磨泵

流量：110～700m³/h

扬程：105～250m

最大吸入压力：5.5～9.5MPa

电机功率：75～630kW

介质含颗粒允许浓度：0～10%

企业优势

- 国内高速泵、高速风机型谱较全，立式、卧式参数全覆盖，中国石化、中国石油、中国海油、国家能源集团等大型企业战略供应商，国内各行业高速泵主力供应商，出口阿曼、韩国、俄罗斯等十余个国家。
- 军民高速融合，航天火箭发动机关键技术转化。
- 高层次技术团队，80%技术人员为国内一流高校相关专业博士、硕士。
- 国家特种泵阀工程技术研究中心，拥有离心泵结构设计、流场设计、转子动力学设计等大批设计分析软件。
- 航天品质质量保证，拥有完善的ISO 9001质量体系及航天军工产品生产条例。
- 强大的试验能力，拥有先进的高速泵试验台以及高速轴承、转子动特性等各类试验手段。
- 优质高效的售后服务，泵内零部件公司有现货库存，售后人员一专多能。
- 为进口高速泵提供技术咨询、设备维护、试验测试等全方位技术支持。

地址：北京经济技术开发区泰河三街2号　　邮编：100176

电话：010-8709 4357　010-8709 3661　　传真：010-8709 4369

邮箱：pump@calt11.cn

广告

利用不锈钢所含元素，通过化学方法改变不锈钢基体表面结构，可在任何复杂形状的不锈钢表面生成一种特定纳米级、氧化价态的致密新合金保护改性膜层，实现改性材料的优越抗腐蚀、抗结垢性能与低耗可循环使用，延长设备寿命2～5个生产周期。25年工业测试和应用，创炼厂蒸馏车间21年全周期纪录。

长岭某石化公司
800万吨/年常减压装置

惠州某石化公司
1200万吨/年常减压装置

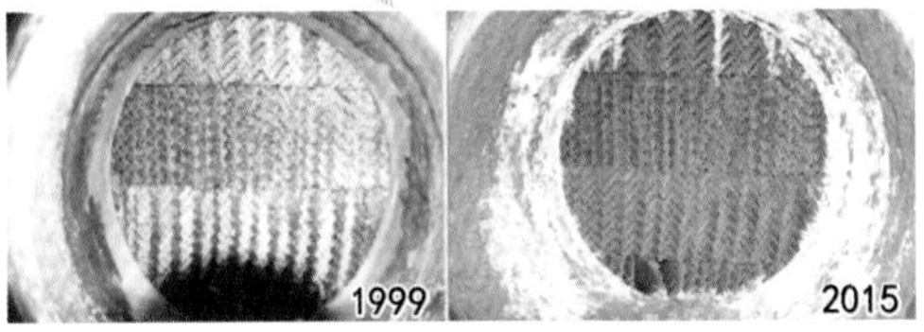

广州某石化公司蒸馏二车间

天津某石化公司
350万吨/年常减压装置

更多信息，请访问诚达科技官网 www.candortegh.com

公司：深圳诚达科技股份有限公司
地址：深圳市南山区学苑大道1001号南山智园C3栋9楼
电话：0755-82915900　　邮编：518057
邮箱：candor@candortech.com
网址：www.candortech.com

广告

湖北闲庭科技有限公司

湖北闲庭科技有限公司是从事石油化工设备研发、设计与制造的高新技术企业，具有A2级压力容器设计、制造许可，特种设备压力管道元件（工厂化预制管段）设计、制造许可，工业管道（GC2）安装许可资质。公司主要生产热交换器、容器、空冷器、塔器、正反旋弹性波旋高效换热管、绕管式热交换器、蒸汽集成伴热系统成套设备及伴热管无损抽装技术、油泥改质低温干化处理技术、废碱液处理技术、新型电化学水软化除硬技术及成套设备。

蒸汽集成伴热系统成套设备及伴热管无损抽装技术

技术特点：

安全、节能、环保、高效、安装便捷、使用周期长。

油泥改质低温干化技术

技术特点：

1. 酸化破乳除油，污油回收率高，油泥资源化显著。
2. 对油泥进行酸化破乳，将乳化水转化为自由水，为低温干化创造条件。
3. 酸性条件下，油泥改质催化剂，促使沥青质油改质。
4. 污水澄清排出，减小了浓缩污泥处理量。
5. 装置基本无粉尘危害。
6. 硫化物改质，装置无恶臭味。
7. 干化处理减量化效果显著。
8. 油泥脱水干化处理费用低。

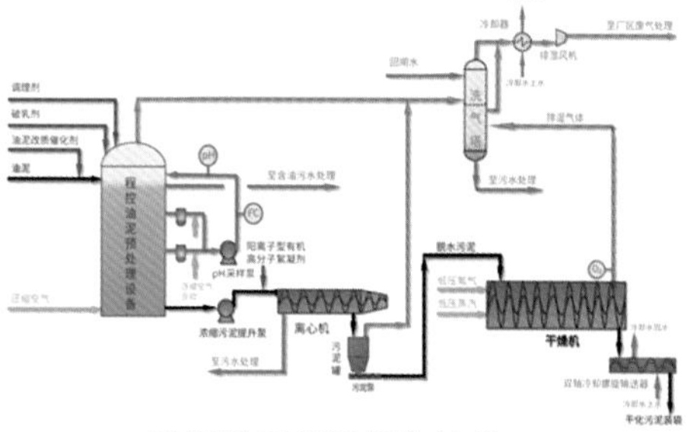

油泥改质低温干化技术

新型电化学水软化除硬技术

技术特点：

1. 充分利用阴阳极电解产生的酸碱，提高电化学除垢、除碱度效率。
2. 避免阴极表面水垢的沉积，使本体溶液成为硬度去除的主要场所。
3. 绿色、高效地实现固液分离。
4. 装备自动化水平高、无需人工干预。
5. 避免使用危险化学品及废液产生，减轻现场管理人员工作负荷。

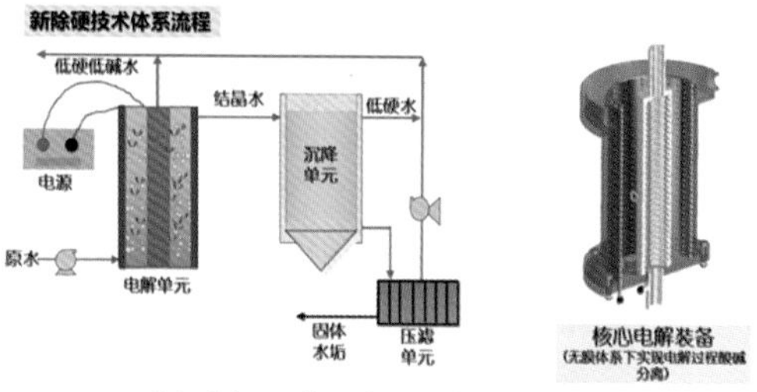

新型电化学水软化除硬技术

中科（广东）炼化脱硫反应器

废碱液处理技术

技术特点：

无堵塞、以废治废，自动除油，低消耗，低腐蚀、安全，费用低，多项选择。

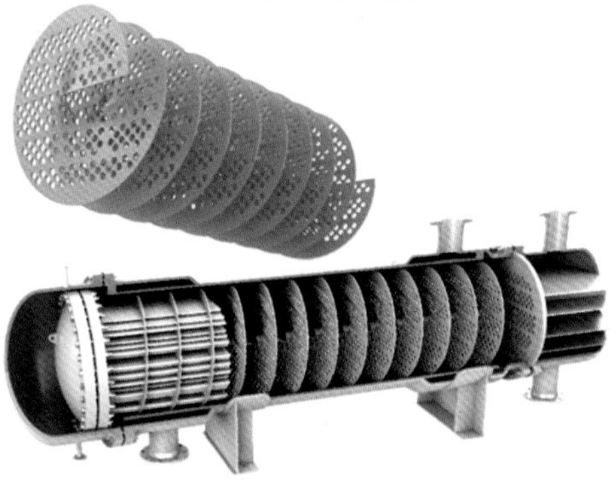

无中心管式螺旋折流板换热器

技术特点：

1. 壳程介质为螺旋柱塞流，壳程无滞留区、壳程压降低，总体传热系数、传热效率高。
2. 壳程不易结垢、传热热阻小，避免产生垢下腐蚀，延长了换热器管束使用寿命。
3. 换热器管束无支撑间距小，避免介质横向冲击诱发振动，换热管剪切失效的风险更小。
4. 折流板为连续螺旋，减少了漏流、刚性更好，方便安装和维护。

公司突破了制约连续螺旋折流板换热器合理、有效应用的工艺计算瓶颈，可以为设计方和用户提供选用该技术的理论依据：工艺计算书。

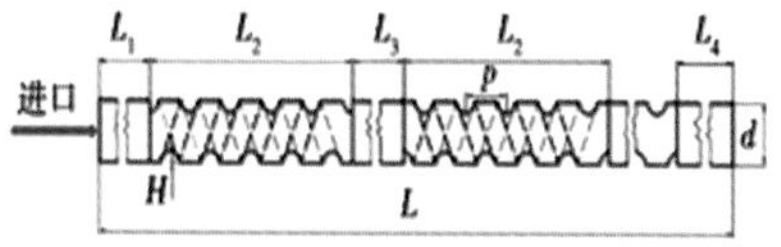

正反旋弹性波旋高效换热管

技术特点：

1. 流体在弹性波旋管内的流动方向和流速不断变化，增加了流体的扰动，因而在很小的流速下达到紊流，改层流为湍流，提高换热效率3～5倍。
2. 弹性波旋管的正、反方向不断转换，避免介质中带有腐蚀性的成分聚集，可有效防止点、坑腐蚀的形成。
3. 弹性波旋管的正反旋螺纹结构带自动反冲洗功能，可以防垢、除垢。

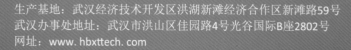

生产基地：武汉经济技术开发区洪湖新滩经济合作区新滩路59号
武汉办事处地址：武汉市洪山区佳园路4号光谷国际B座2802号
网址：www.hbxttech.com

销售热线：027-59250169
技术支持：027-59230179
邮箱：xianting86@163.com

广告

丽岛新材 Lidao New Material

江苏丽岛新材料股份有限公司

股票代码：603937

江苏丽岛新材料股份有限公司生产基地位于美丽的长三角——江苏常州，总占地面积为160000平方米，总投资超过人民币4亿元，年销售收入超过人民币13亿元，是一家专业研发、设计、生产销售不锈钢浮盘装备的厂家，主要产品涵盖浮盘、废水池浮动顶盖、各种形式的浮盘密封件以及相关的浮盘配件。公司致力于为全球范围内石油石化等高能耗、高污染行业客户提供节能、环保、安全的系统化解决方案，以提高能源效率、降低环境污染为己任，以客户满意的服务为发展方向，为客户和合作伙伴的事业发展持续贡献力量。

公司管理体系与国内国际先进水平全面接轨，通过了ISO 9001质量管理体系、ISO 14001环境管理体系、ISO 45001职业健康安全管理体系认证。与国内顶尖的石油化工专业院校及研究院围绕石化行业浮盘产品安全建立联合研发合作机制，持续研发创新，围绕产品安全标准和认证范围不断向纵深推进。

公司与中国石化的SEI、洛阳院、青岛安工院、上海院、南京工程公司，中国石油的寰球院、昆仑院，中国海油石化工程公司等多家单位进行广泛而深入的技术交流，产品结构设计与质量获得行业领导及专家的一致好评！公司引进国内外先进的技术和生产检测设备，实现全焊接蜂窝浮盘、废水池浮盘自动化生产。

公司研发办公大楼建筑面积约为8000平方米，厂区为全接液全焊接蜂窝不锈钢浮盘的加工制造基地，建筑面积约为160000平方米，车间内部布置了一条先进的蜂窝芯加工生产线，加工工艺是国际领先且国内最大的连续式气氛保护钎焊生产线之一，高度自动化钣金加工制造流水线是目前国内最大的自动化超声波探伤检测设备之一，具备年产10万平方米钎焊蜂窝板的生产制造能力。

全接液全焊接蜂窝不锈钢内浮盘

FULLY CONNECTED ANDFULLY WELDED HONEYCOMB STAINLESS STEEL FLOATING DISC

产品介绍 PRODUCT INTRODUCTION

全接液全焊接蜂窝浮盘：能够有效地从源头上解决需求方对于VOCs散逸防控的迫切需求，从本质上消除了储罐内部高浓度油气空间所存在的安全隐患问题，在有效解决相关领域节能、安全、环保问题的同时，为客户企业取得了良好的经济效益、安全效益和环境效益。

安全：浮盘整体实现全接液完全消除油气空间，尽全力降低安全事故隐患，减少火灾发生的可能性，保证储罐的安全运行。

结构稳定：结构稳固，浮力均匀稳定，强度超过API650(H4.2.1.4)要求7倍以上，可允许2～4人在上面行走，完成维护作业；抗油气冲击效果良好，可承受非正常操作时液体进气发生的气爆压力。

环保：浮盘整体直接覆盖介质表面，无油气挥发空间，实现全接液，可有效抑制油气挥发，效果可达99%以上。

节能：减少油气挥发量，同时减少维修频次，降低检修材料和施工费用；浮盘整体使用寿命20年以上，浮盘部件材料可以重复循环使用。

全接液胶粘蜂窝内浮盘

胶粘式蜂窝板的关键技术为胶粘剂的选择。该工艺初始采用环氧树脂类双组分反应型固化胶粘剂，特点是对铝材附着力好、耐高温、潮气影响小，缺点是胶膜脆，剥离强度不高，长期振动后蜂窝芯容易脱离。目前，胶粘式蜂窝板升级采用热塑性胶膜连续复合工艺，黏结强度是前者的2～3倍。

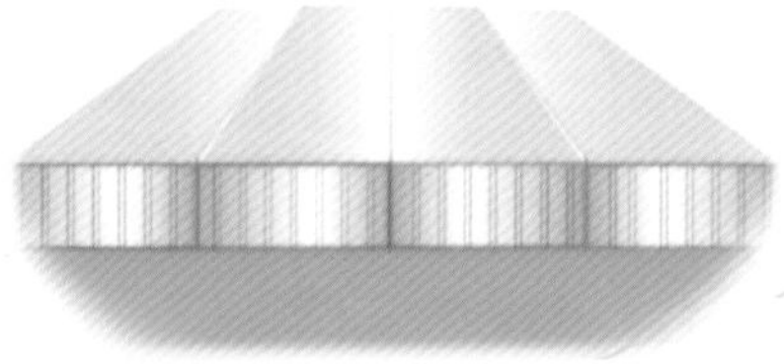

全接液全焊接蜂窝内浮盘

钎焊蜂窝板工艺是将材料加热到适当温度，应用钎料使材料产生结合，钎料的液相线高于450℃、但低于基体金属的固相线温度，钎料依靠毛细吸引作用流布于接头的紧密配合面之间，形成冶金结合，接头的力学性能远优于胶黏结头。

生产设备

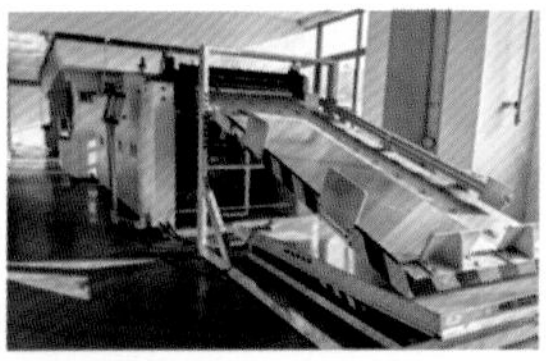

江苏丽岛新材料股份有限公司　　业务咨询：潘国翔　13775027519

地址：江苏省常州市钟楼区

广

炼化装置防腐一体化管控服务商

zkwell中科韦尔

企业简介

沈阳中科韦尔腐蚀控制技术有限公司(简称中科韦尔)是专注于腐蚀监测、检测以及石化装置防腐运维服务的高新技术企业和国家科技小巨人企业，成立于2011年。

公司成立以来，坚持技术创新，在防腐蚀监检测领域取得了pH智控、多功能电感、在线超声、电场矩阵、涡流检测等系列成果，形成了工业装置的腐蚀因素、腐蚀过程和腐蚀结果监测的技术体系。

腐蚀防控策略、隐患排查、停工腐蚀检查、工艺防腐监控、大数据预警、腐蚀综合分析与诊断，是中科韦尔为石化客户构建的“炼化装置安全长周期防腐一体化解决方案”，公司以用户的装置健康和设备安全为己任，专研技术，不断创新，并进一步以驻厂维保的方式保障一体化解决方案的执行，为石化客户的安全生产保驾护航。

资质荣誉

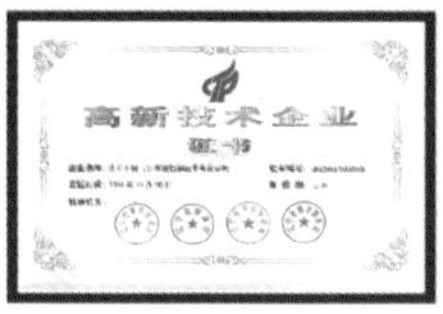

- 获得专利和软件著作权70多项
- 发表学术论文50篇，获省部科研成果5项
- 国家高新技术企业，辽宁省科技“小巨人”企业
- 成功备案瞪羚企业和规上企业
- 多次获得石化客户授予的“优秀服务商”称号

业务体系

腐蚀监测产品

腐蚀过程监测
电感探针 / 电化学探针

腐蚀结果监测
高温在线测厚 / 低温多点在线测厚 / 电场矩阵面壁厚监测

腐蚀影响因素监测
pH值在线监测/
塔顶注剂 -pH 值自动调节/
pH 电极自动清洗/
在线氯离子监测/在线水中油监测

防腐技术服务

腐蚀风险识别与防控策略

腐蚀分析与评估

驻厂腐蚀维保服务

停工装置腐蚀检查

腐蚀隐患排查技术

小接管专项排查技术

数字化防腐

腐蚀案例库

炼化防腐大数据预警平台

炼化防腐智能管控平台

地址：沈阳市浑南新区浑南四路1号5层　邮编：110180
邮箱：zkwell@zkwell.com.cn　电话：86-24-83812820 / 83812821 / 24516448
了解更多信息 请登陆中科韦尔官方网站 www.zkwell.com.cn

广告

广州市东山南方密封件有限公司
GUANGZHOU DONGSHAN SOUTH SEALS COMPANY LTD.

双金属自密封波齿复合垫片

国内外领先的新一代
高性能法兰连接密封垫片

产品详细资料请参阅公司网站：www.southseals.com

应用场合

各种高低压、高低温场合。

（1）高温、高压场合；

（2）温度、压力波动的场合；

（3）密封要求较高的重要场合。

应用范围

使用压力：负压～42.0MPa；

使用温度：-196～600℃；

通　　径：*DN*15～*DN*3000。

* 如超过此应用范围，我公司有专业的流体密封专家为您解决难题

典型应用场合

- 重整装置（连续重整装置）：反应器大法兰、人孔；
- 重油催化裂化（催化）装置：油浆蒸汽发生器；
- 汽油脱硫吸附装置（S Zorb）：过滤器大法兰；
- 焦化装置：底盖机大法兰、中盖法兰、油气管线；
- 各加氢装置：螺纹锁紧环换热器；
- 各装置的中压蒸汽管道和高压蒸汽管道。

* 需要进一步了解有关各种装置的应用实例请与我公司联系

应用装置

近几年双金属自密封波齿复合垫片已在石油化工系统和工程配套的设备制造等各行业获得广泛应用，并为广大客户解决了大量过去使用其他垫片不能解决的密封难题而受到一致的高度好评。目前，选用该垫片的企业达到119家，在各石化装置的实际使用总数已超过50000件，其中650mm以上的（容器、换热器和大直径管法兰）超过13000件，双金属自密封波齿复合垫片应用的直径超过3400mm，操作温度达到1000℃（超过450℃请与我公司具体联系），公称压力达到42MPa。

该垫片已经实际应用于：常减压装置、重整装置（连续重整装置）、重油催化裂化（催化）装置、（制硫装置）硫黄回收装置、汽油吸附脱硫（S Zorb）装置、异丙醇装置、制氢装置、焦化装置、加氢装置、加氢裂化装置、蜡油加氢装置、渣油加氢装置、干气制乙苯装置、裂解装置、（轻）柴油加氢装置、航煤加氢装置、焦化汽油加氢装置、润滑油加氢装置、聚丙烯装置、汽提装置、煤化工-水煤浆净化装置、PX装置、芳烃-正丁烷装置、轻烃回收装置、动力系统、储运装置、甲醇装置、甲醇制烯烃（MTO）装置、聚丙烯装置等，解决了这些装置大量泄漏的难题。

企业简介

我公司是专门从事工业设备密封件生产制造企业，公司从1992年开始一直专业从事石油、石油化工、化纤、电力、机械等工业部门各类设备、压力容器、换热器、阀门和管道等密封件的生产。长期以来，公司十分重视科技创新和产品开发，通过实验研究不断开发研制密封件新产品。20世纪90年代初，公司独创的专利产品“柔性石墨金属波齿复合垫片”和“波齿复合换热器垫片”以其独特的结构、优异的性能得到石油化工广大用户一致认可和高度好评，并在石油化工、电力、机械等工业部门获得广泛应用，成为90年代新一代高性能法兰连接密封垫片。该新型静密封垫片作为建国以来我国拥有完全自主知识产权的产品，在2003年制定了系列的行业标准和国家标准，我公司作为主要制定单位参与了SH/T 3430—2018、GB/T 19066、GB/T 13403的制定工作。自2008年开始，公司根据董事长吴树济高级工程师的专利技术研制开发了具有自密封特性的系列专利新产品“双金属自密封复合垫片”，通过试验研究和大量实际使用已经证明，“双金属自密封复合垫片”独特的自密封性能使它具有比以往性能优异的柔性石墨金属波齿复合垫片更为优秀和独特的密封特性。目前该专利垫片已在石油化工等行业的高温高压和温度压力波动等场合的设备和管道法兰上推广使用，取得了很好的效果，并为广大用户解决不少使用其他垫片难以解决的泄漏难题而受到石油化工用户的高度好评。

广州市白云区太和镇北太路1633号民营科技园科兴路9号

13609711802 吴先生　（020）83226636 |（020）83226718　wu.kaijun@southseals.com　（020）83226713

www.southseals.com

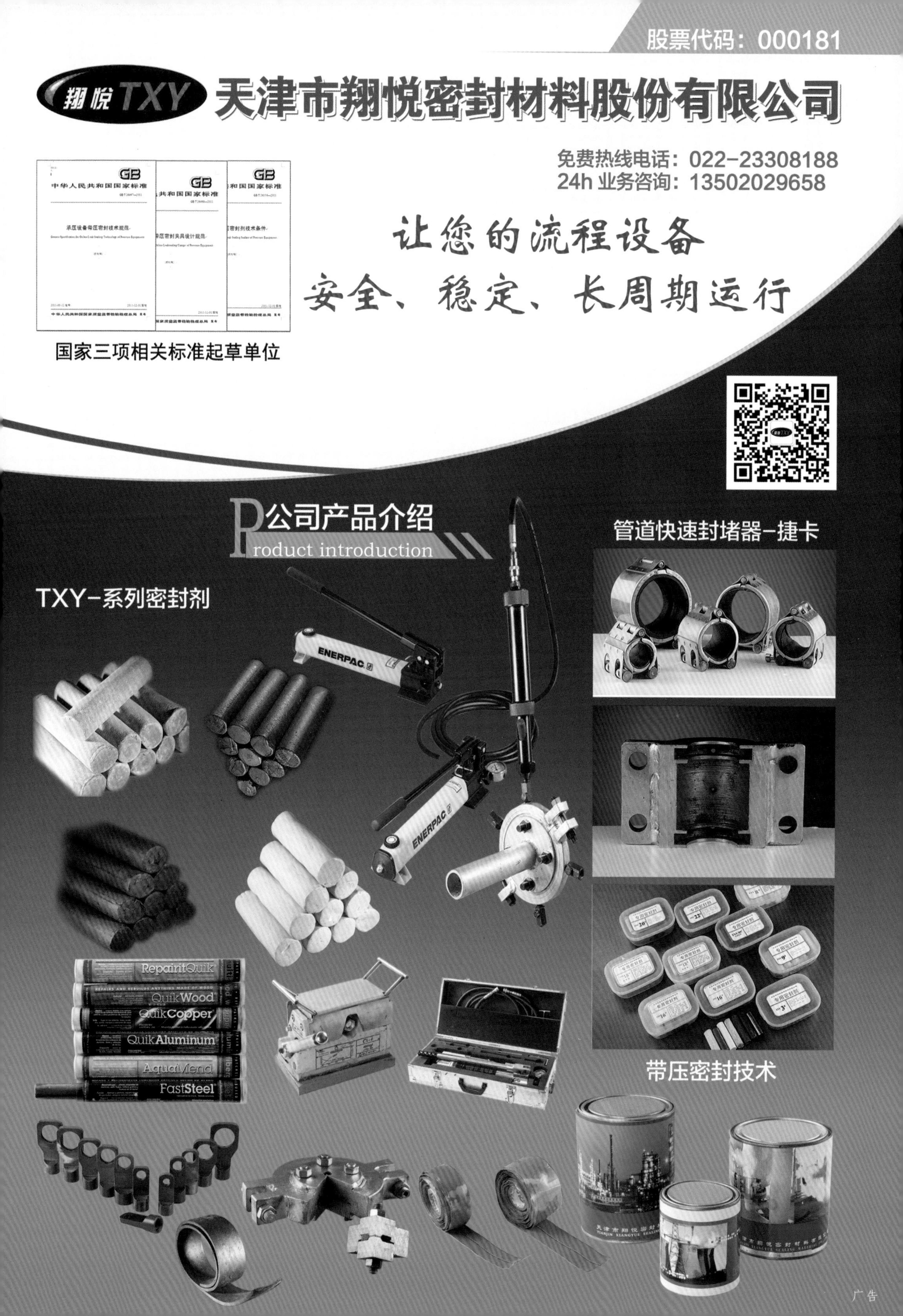
股票代码：000181
翔悦TXY
天津市翔悦密封材料股份有限公司
免费热线电话：022-23308188
24h 业务咨询：13502029658
中华人民共和国国家标准
承压设备带压密封技术规范
国家三项相关标准起草单位
让您的流程设备
安全、稳定、长周期运行
公司产品介绍
Product introduction
TXY-系列密封剂
管道快速封堵器-捷卡
ENERPAC
RepairitQuik
QuikWood
QuikCopper
QuikAluminum
AquaMend
FastSteel
带压密封技术
广告

yunhu® 云湖涂料
YUNHU ANTICORROSIVE PAINT

原油储罐新型长效环保涂料
中国石化联合开发产品

原油储罐浮顶受钢板变形、高温、长期积水、盐分腐蚀等因素影响，涂层在短期内发生失效，造成严重的钢板穿孔乃至更换浮盘，损失巨大。由中国石化与云湖涂料联合开发的新型长效环保涂料有效的解决了以上问题，目前在国储库、商储库、炼化企业等大型油罐上陆续推广使用，得到了一致好评。同时依托此技术形成了各类储罐包括外壁、内壁的新型长效环保涂料的综合解决方案，助力达成中国石化防腐绝热质量提升目标：新建15年，检维修10年。

无锡市太湖防腐材料有限公司（营销中心）
地址：江苏省无锡市滨湖区胡埭工业园南区朝阳路88号
电话：0510-85599374

江苏云湖新材料科技有限公司（生产基地）
地址：江苏省泰兴经济开发区团结路10号
电话：0523-87898828

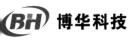

BH 博华科技

工业互联 设备健康 状态监测 故障诊断

主 控 超速保护 通用监测 继电器 温 度 通 信

动设备监控一体化国产化应用

监测、诊断、保护于一体
完全自主知识产权

BH9000

更简单

不需要专用键相模块
通用的供电模块
内置隔离式安全栅
支持热插拔

更可靠

满足SIL3认证
符合API670要求
控制器冗余工作
信号隔离设计

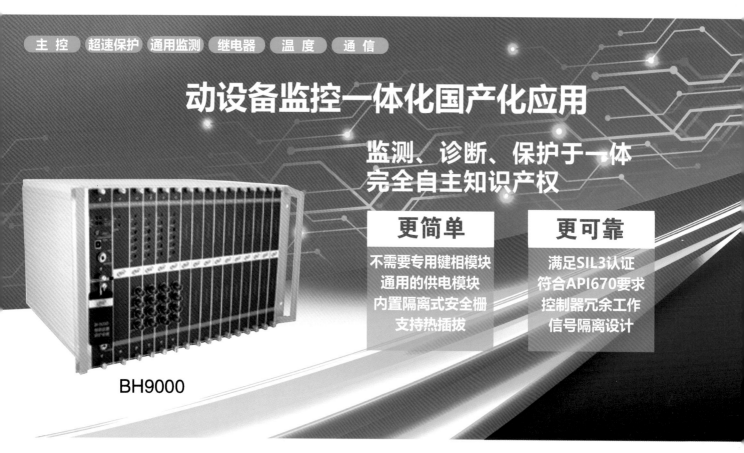

目前国内大型机组振动保护与状态监测系统应用中，振动保护系统由国外厂家系统垄断，状态监测系统一般采用国产系统，两套系统彼此独立，应用维护复杂。博华科技BH9000系统将振动保护与状态监测集成在一个19英寸、6U的标准框架内，实现振动保护与状态监测一体化。

BH9000系统提供连续的在线状态监测和振动保护功能；完全符合美国石油协会API 670标准，按照SIL3安全仪表等级标准设计。BH9000系统具有传统框架式振动保护仪表的功能，同时具备智能预警和状态监测功能。

振动保护系统 MPS

\+

健康管理系统 CMS/MMS

监测

轴振(摆度)、轴位移、键相、瓦振、偏心、胀差、热膨胀、转速、温度、曲轴箱振动、活塞杆沉降、动态压力等

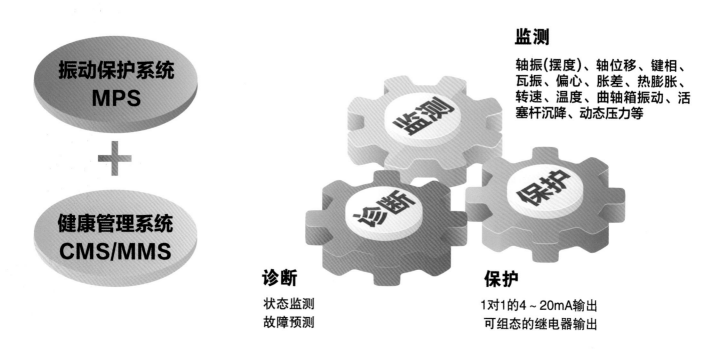

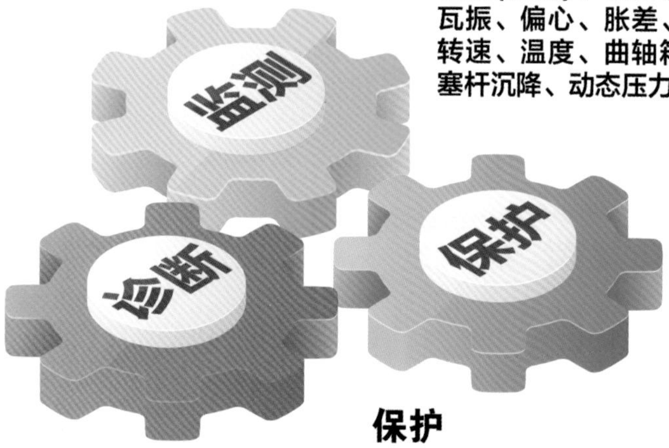

诊断

状态监测
故障预测

保护

1对1的4～20mA输出
可组态的继电器输出

北京博华信智科技股份有限公司

地址：北京市朝阳区北苑路186号万科时代中心奥林A座17层
网址：www.bhxz.net
电话：010-6444 6199
传真：010-6444 6196
邮箱：info@bhxz.net

广告

集泰，助绿色常在

JOINTAS 集泰股份

—— 股票代码：002909·SZ ——

广州集泰化工股份有限公司是一家以研发、生产和销售环境友好型水性漆和密封胶为主的国家高新技术企业。总部位于广州科学城，现有广州从化、增城、河北大城三大生产基地，拥有国家“绿色工厂”和CNAS国家认可实验室。集泰新产业基地位于安徽安庆开发区，占地约1000亩，于2022年8月开工建设，建成后将成为高度“集约化、智能化、低碳化”的花园式绿色工厂。公司于2017年在深交所上市，证券简称“集泰股份”，证券代码为002909。

集泰化工 绿色先锋

主板上市企业 国家绿色工厂 CNAS认证实验室 石化水性漆主力供应商

研发团队

CNAS实验室

自动化无尘投料生产车间

长周期 高观感 —— 集泰水性防腐漆全面升级

扬子石化沿江管廊“美丽长江”工程（2019.6）

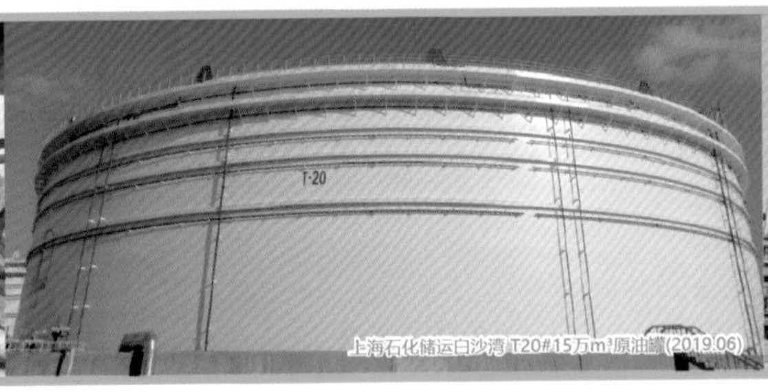

上海石化储运白沙湾 T20#15万m^3原油罐(2019.06)

镇海炼化炼油三部1加裂装置区（2016.12）

- 耐盐雾、耐老化超3300h,防腐可达30年
- 检修10年、新建15年，防护年限全满足
- 漆膜亮度达90%，高观感提升视觉形象

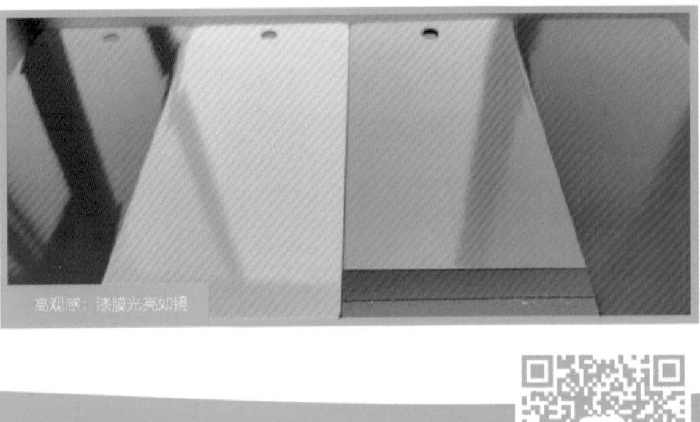
高观感：漆膜光亮如镜

服务热线：020-87604426

广州集泰化工股份有限公司